Gottfried Wilhelm Leibniz 1646—1716

DEUTSCHE AKADEMIE DER WISSENSCHAFTEN ZU BERLIN

1946–1956

1956

AKADEMIE-VERLAG · BERLIN

Herausgegeben von der
Deutschen Akademie der Wissenschaften zu Berlin

Redaktion: Johannes Irmscher und Werner Radig

Erschienen im Akademie-Verlag, Berlin W 8, Mohrenstraße 39
Lizenz-Nr. 202 · 100/492/56

Gesamtherstellung: Druckhaus „Maxim Gorki", Altenburg
Bestell- und Verlagsnummer: 5223
Printed in Germany

GELEITWORT

Auf Initiative deutscher Antifaschisten trat mit Unterstützung der sowjetischen Besatzungsbehörden im Jahre 1946 die Berliner Akademie wieder ins Leben. Sie baute auf der bewährten Tradition der vormals Preußischen Akademie der Wissenschaften auf, übernahm deren Mitglieder, soweit sie nicht nationalsozialistisch schwer belastet waren, und setzte die durch den Krieg unterbrochenen Arbeiten, zumal auf philologisch-historischem Gebiet, fort. Der nach dem gänzlichen Zusammenbruch notwendige Neuaufbau des Staats- und Wirtschaftslebens stellte auch an alle wissenschaftlich Arbeitenden die Forderung, nach ihren Kräften und Fähigkeiten dieser Aufgabe dienstbar zu sein. Der Akademie erwuchs die dringende Aufgabe, die wissenschaftliche Kapazität im Hinblick auf die Naturwissenschaften, die die Grundlagen der Technik bilden, weiter auszubauen. Große Forschungsinstitute für alle Gebiete der Naturwissenschaften einschließlich der Medizin, der Technik und der Landwirtschaft wurden ins Leben gerufen. Neben der Grundlagenforschung wurde der Anwendung der wissenschaftlichen Arbeit besondere Aufmerksamkeit geschenkt. Auf dem gesellschaftswissenschaftlichen Gebiet wurde der Umgestaltung des gesellschaftlichen Lebens im östlichen Teil Deutschlands Rechnung getragen.

Die Empfehlungen des Ministerrats zur weiteren Entwicklung und Verbesserung der Arbeit der Akademie vom Mai vorigen Jahres zeugen von dem engen Verhältnis der Akademie und der Regierung der Deutschen Demokratischen Republik, die ihrer höchsten wissenschaftlichen Institution neue große Perspektiven für ihre zukünftige Forschung zeigt und durch ihre Förderung die Voraussetzung für die gewünschten Ergebnisse schafft.

Neben den im wesentlichen auf unser Staatsgebiet gerichteten Aufgaben stand die Verpflichtung, die Einheit der deutschen Wissenschaft zu wahren, die sich in der Akademie, deren Mitglieder auf beide Teile Deutschlands verteilt sind, sichtbar verkörpert. Auch in der internationalen gelehrten Welt hat die Akademie ihr Ansehen aufrechterhalten und konnte sich des Besuches zahlreicher ausländischer Gäste erfreuen sowie umgekehrt ihre Mitglieder zu Kongressen ins Ausland delegieren.

Der Rückblick auf die Entwicklung der vergangenen zehn Jahre der neuen Deutschen Akademie der Wissenschaften, die doch auch unter den veränderten Verhältnissen die alte Berliner Akademie geblieben ist, erfüllt uns mit Stolz und verpflichtet uns zum Dank an die Mitglieder und Mitarbeiter, die ihre Arbeiten trugen. Der Regierung unserer Deutschen Demokratischen Republik, die in ungewöhnlichem Maße der Akademie ihre Unterstützung zuteil werden ließ, gebührt unsere größte Dankbarkeit. Die bisherigen Erfolge geben uns den Ansporn zu weiterem Schaffen im Dienste der Wissenschaft, die dem Wohlstand unseres Volkes und dem Ansehen der deutschen Kultur in aller Welt dient.

MAX VOLMER
Präsident der Deutschen Akademie der Wissenschaften
zu Berlin

INHALT

Von der Kurfürstlich-Brandenburgischen Societät zur Deutschen Akademie der Wissenschaften

VON ALFRED MEUSEL UNTER MITARBEIT VON GERHARD THIELE

1

Die Geschichte der Berliner Akademie ist zugleich ein gutes Stück Geschichte der deutschen Wissenschaft, ja nicht nur der deutschen Wissenschaft, zählte und zählt sie doch zahlreiche bedeutende Gelehrte anderer Länder zu ihren Mitgliedern.

Dieses Kapitel Wissenschaftsgeschichte darf aus zwei Gründen sogar besondere Aufmerksamkeit beanspruchen, einmal deshalb, weil es hier nicht um einzelne Gelehrte oder ein einzelnes Fach geht, sondern um die Geschichte einer Gesellschaft von Wissenschaftlern, deren Hauptanliegen es ist, in gemeinsamem Bemühen unser Wissen zu bereichern und das als richtig Erkannte zu verwirklichen. Zum anderen aber ist die Geschichte der Akademie mit all ihren Erfolgen und Rückschlägen ein lehrreiches Beispiel für die enge Verflechtung der Wissenschaft mit den anderen Zweigen des gesellschaftlichen Lebens. Dies wird bereits anschaulich durch die Hoffnungen und Enttäuschungen, die mit der Errichtung der Akademie verbunden waren.

Ihr Begründer, GOTTFRIED WILHELM LEIBNIZ, war einer der universellsten Geister seiner Zeit, kein weltabgewandter Gelehrter, sondern stets darauf bedacht, mit seinen Untersuchungen den Menschen zu nützen. „So oft ich etwas Neues lerne, so überlege ich sogleich, ob nicht etwas für das Leben daraus geschöpft werden könne." Von Beginn seiner wissenschaftlichen Laufbahn bis in sein hohes Alter bewegte ihn der Gedanke, die besten Gelehrten aller Länder in einer Gesellschaft zu gemeinsamer Arbeit zusammenzuführen. Nach einem einheitlichen Plan sollten die Forscher aller wissenschaftlichen Disziplinen danach streben, das Leben der Menschen zu verbessern. Aber sein Zeitalter war nicht annähernd reif für Gedanken solcher Größe. Seine Idee einer internationalen Zusammenarbeit der Wissenschaftler zu friedlichen Zwecken blieb eine geniale Vorwegnahme künftiger Entwicklungen. Da er einsah, daß eine universale Vereinigung der Gelehrten auf Anhieb unmöglich war, wollte er zunächst in allen Kulturstaaten Societäten gründen und diese später miteinander verbinden. Der Plan schien schon in seinem eigenen Vaterlande scheitern zu sollen. In dem in zahlreiche größere, kleine und kleinste Staaten zersplitterten Deutschland war wenig Raum für die Wissenschaft und kein Teilstaat fähig, eine Akademie mit gesamtdeutscher Zielsetzung ins Leben zu rufen. Der Kaiser, an den sich Leibniz zuerst wandte, weil er in diesem noch immer den Repräsentanten der Reichseinheit sah, sagte ab. Schließlich fand er Unterstützung beim brandenburgischen Kurfürsten. Lange zogen sich die Verhandlungen hin und erst als

FRIEDRICH III. die Königswürde unmittelbar in Aussicht hatte, willigte er in den Plan. Die Wissenschaft schien ihm gut geeignet, den Glanz seiner Königskrone zu erhöhen.

Am 11. Juli 1700 stiftete er die Kurfürstlich-Brandenburgische Societät der Wissenschaften, am nächsten Tage ernannte er LEIBNIZ zu ihrem Präsidenten. Die Societät wurde nun nach den Plänen von LEIBNIZ eingerichtet. Im Gegensatz zu den Universitäten, an denen noch immer rückständige Lehren in veralteten Formen verbreitet wurden, sollte die Societät eine Stätte der Forschung auf allen Gebieten sein, und zwar einer Forschung, die mit der Praxis eng verbunden war. Im Vordergrund standen die naturwissenschaftlichen Disziplinen, Mathematik, Physik, Chemie, Astronomie, die durch NEWTONs und LEIBNIZ' Arbeiten einen so großen Aufschwung genommen hatten.

Neben die physikalisch-mathematische und die medizinisch-naturwissenschaftliche Klasse traten die deutsche und die historisch-literarische Klasse. Die deutsche Klasse sollte die deutsche Sprache pflegen, sie rein erhalten und von unnützen Fremdwörtern säubern. Ihre erste Aufgabe war die Herausgabe eines vollständigen deutschen Wörterbuches. Ferner sollte die Klasse die Denkmale des deutschen Altertums, die Rechte und Gewohnheiten der Vorfahren sammeln und erläutern. Die historisch-literarische Klasse sollte vor allem die Geschichte der deutschen Nation und des brandenburgischen Staates aufzeichnen. Diese Aufgaben waren so groß, daß sie damals nicht gelöst werden konnten. Aber schon allein die Tatsache, daß sie gestellt wurden, zeugt von dem edlen Patriotismus, von dem LEIBNIZ beseelt war.

Eine Klasse für Philosophie gab es nicht. Die Philosophie sollte nicht als eine Spezialdisziplin betrieben werden, sondern vielmehr in der gesamten Arbeit der Societät zum Ausdruck kommen. LEIBNIZ beabsichtigte, an der brandenburgischen bzw. preußischen Societät nicht nur die besten einheimischen Gelehrten zu vereinen — deren waren sowieso nicht allzu viele —, sondern Gelehrte aus ganz Deutschland und auch aus dem Ausland heranzuziehen. Alle Ingenieure, Künstler, höhere Beamte und sonst an der Wissenschaft Interessierte sollten mit der Societät korrespondieren und ihr wichtige Dinge mitteilen.

Die finanziellen Voraussetzungen für die Verwirklichung dieser Ziele waren kläglich genug. Es zeigte sich bald, daß der König, als er die Akademie zuließ, weniger bezweckte, die Wissenschaften zu fördern, als sich vielmehr den Ruf eines Förderers der Wissenschaften zu erringen. Von Anfang an war ungewiß, wie die Societät finanziert werden sollte. Als in Brandenburg der julianische Kalender abgeschafft werden sollte, schlug LEIBNIZ vor, diese Arbeit der zu gründenden Societät zu übertragen. Der Astronom der Societät sollte jährlich die Kalender berechnen, dafür sollte die Societät das Monopol für Kalender erhalten und sich so selbst finanzieren. Aber das Kalendermonopol reichte nicht einmal dazu, die wenigen Angestellten der Societät hinreichend zu bezahlen und auch nur bescheidene Arbeitsmöglichkeiten zu schaffen. LEIBNIZ machte dem König immer neue Vorschläge, wie die Mittel der Societät vermehrt werden könnten, aber aus all dem wurde nichts. Die königliche Hofhaltung dagegen verschlang Unsummen. „Ein kostspieliges Fest weniger, und der Societät wäre geholfen gewesen", schrieb ADOLF HARNACK in seiner Geschichte der Königlich Preußischen Akademie der Wissenschaften, 1. Bd., 1. Hälfte (Berlin 1900), Seite 106.

So war die Societät zwar gegründet, aber noch längst nicht arbeitsfähig. Namhafte Mitglieder hatte sie nicht. Im Grunde war LEIBNIZ allein die Akademie, und er war auch eine

Akademie wert. Immer und immer wieder bemühte er sich, die Societät produktiv zu machen. 1710 konnte er endlich einen Erfolg buchen: Die erste Schrift der Societät, die „Miscellanea Berolinensia", Band 1, erschien. Die Societät führte sich damit würdig in die wissenschaftliche Welt ein. Der Band enthielt keine genialen Gedanken, aber er zeigte, daß man auch in Berlin auf dem Boden der neuen wissenschaftlichen Erkenntnisse stand, die in der zweiten Hälfte des 17. Jahrhunderts gewonnen worden waren. Von philosophisch-theologischen Streitereien, wie sie an den Universitäten noch immer üblich waren, war nichts mehr darin zu finden. Von den 60 Abhandlungen stammten allein 12 von LEIBNIZ.

Dank sollte er dafür nicht ernten. Am preußischen Hofe mißtraute man dem braunschweigischen Staatsdiener und suchte ihn aus seiner Stellung an der Berliner Akademie zu verdrängen. Ohne sein Wissen wurde 1710 das Statut der Societät in Kraft gesetzt. Am 19. Januar 1711 wurde die Societät, nach über zehn vorbereitenden Jahren, feierlich eröffnet. LEIBNIZ, der nicht daran teilnahm, wurde bei der Feier nicht einmal erwähnt.

Geld gab es auch jetzt nicht, d. h. die Societät war nicht lebensfähiger als zuvor. „Vom Hofe haben wir nichts zu gewarten", schrieb das Direktorium der Societät. In den Jahren 1712–1714 erhielt LEIBNIZ überhaupt kein Gehalt. Von 1715 an, so bestimmte der König, sollte er nur noch die Hälfte der Summe erhalten, die er vor 1712 bezogen hatte. Am 14. November 1716 starb der große Gelehrte. Seinem Sarge folgte niemand.

Der Nachfolger des 1713 verstorbenen preußischen Königs FRIEDRICH I., FRIEDRICH WILHELM I., hielt nichts von Dingen, die Geld kosteten und nicht unmittelbar praktisch wirksam wurden. Nur wegen ihrer Leistungen auf chemischem und medizinischem Gebiet (STAHL, NEUMANN, POTT) ließ er die Societät bestehen. Der König griff willkürlich in den Etat der Societät ein. 1714 verfügte er, daß die Akademie seine medizinisch-chirurgische Societät mit 1000 Talern jährlich zu unterstützen habe. 1731 zwang er sie gar, die königlichen Hofnarren zu bezahlen. Der König setzte unwürdige Personen an die Spitze der Societät. 1718 machte er seinen gelehrten Spaßmacher GUNDLING zum Präsidenten, 1731 FASSMANN, einen anderen seiner Spaßmacher, 1732 drang er der Societät seinen Hofnarren GRABEN ZUM STEIN als Vizepräsidenten auf. Die Akademie fügte sich den Befehlen des Königs. Erst 1733 erhielt sie in dem Hofprediger JABLONSKI, der die Societät mitgestiftet hatte, einen würdigen Präsidenten.

Unter diesen Bedingungen war die Societät nicht zu größeren Leistungen fähig. Sie war ohne bedeutenden Einfluß in Berlin; in Preußen oder gar Deutschland war sie gänzlich ohne Einfluß. Mitglieder von Rang hatte sie nicht — aber welcher Gelehrte von Rang mochte auch in einem Staat leben, dessen Monarch die Wissenschaft verachtete! Lediglich unter den auswärtigen Mitgliedern waren einige hervorragende Namen: GOTTSCHED, WOLFF, die Gebrüder BERNOULLI, CELSIUS, RÉAUMUR, MAUPERTUIS.

Publiziert wurden lediglich der jährliche Kalender und einige schmale Aufsatzbände. Vom Geiste einer neuen Epoche war darin nichts zu spüren, weder von der LEIBNIZ-WOLFFschen Philosophie noch von der englisch-französischen Philosophie. Neben der Societät bildeten sich bereits konkurrierende wissenschaftliche Vereinigungen, so 1736 die Gesellschaft zur Verbreitung der WOLFFschen Philosophie. Um die Societät wieder arbeitsfähiger zu machen, drängten ihre jüngeren, tatkräftigeren Mitglieder auf eine Neuorientierung der Societät. Aber sie waren auf den Hof angewiesen. Ein Bürgertum, das stark genug gewesen wäre, sich eine eigene Akademie zu schaffen, existierte in Preußen ebensowenig wie in einem anderen deutschen Einzelstaat.

2

Unter der Regierung FRIEDRICHS II. entwickelte sich die Societät zu einer Akademie französischen Stils und zu einem Hort der höfischen Aufklärung. Ihre Organisation wurde umgestaltet, bedeutende Gelehrte traten in ihre Reihen. Das Ansehen der Akademie wuchs, und bald stand sie gleichrangig neben den Akademien von Paris und London.

Weder verachtete FRIEDRICH II. die Wissenschaft wie sein Vater, noch sollte sie lediglich seinen Thron vergolden, wie es sein Großvater bezweckt hatte. Selbst hochgebildet, wußte er im Gegensatz zu seinen Vorgängern um die Wirksamkeit der Wissenschaft und gedachte, sich ihrer entsprechend zu bedienen.

Die Akademie war ihm eine glanzvolle Versammlung berühmter Gelehrter, die durch ihren Freisinn die Aufgeklärtheit des Monarchen unterstreichen sollte. „Seine Majestät Willensmeinung ist, eine ganz neue Académie des Sciences zu errichten, welche in der Welt brilliren soll", sagte GRAF VON SCHMETTAU, einer der Initiatoren der neuen Akademie.

Am 23. Januar 1744 wurde die „Académie Royale des Sciences et Belles-Lettres" feierlich eröffnet. Sie ging aus der Vereinigung der alten Societät mit der „Nouvelle Société Littéraire" hervor. Die Société Littéraire war eine Gesellschaft hoher Aristokraten am königlichen Hofe, französischer Literaten und einheimischer Gelehrter. Ihr Hauptzweck bestand darin, französische literarisch-philosophische Bildung zu verbreiten.

Die leitenden Köpfe der Société Littéraire benützten die Umbildung der Akademie dazu, wenigstens einen Teil der bürgerlichen Mitglieder hinauszudrängen und die neue Akademie zu einer höfischen Einrichtung zu machen. Während LEIBNIZ die Philosophie in der Arbeit aller Klassen verwirklicht sehen wollte, wurde jetzt eine besondere Klasse für Philosophie geschaffen. Die übrigen Klassen waren Mathematik, Physik und Philologie. Während LEIBNIZ seine Akademie zur Pflege deutscher Sprache und Geschichte verpflichtet hatte, wurde jetzt gefordert, die deutsche Sprache von der Akademie zu verbannen. 1745 verfügte der König, daß sämtliche Publikationen der Akademie in französischer Sprache abzufassen seien. Bald wurde in den Sitzungen nur noch französisch gesprochen, später wurde französisch auch Geschäftssprache der Akademie. Ausländer, speziell Franzosen, wurden in jeder Hinsicht bevorzugt. Unter den 171 auswärtigen, d. h. außerpreußischen Mitgliedern, die von 1746 bis 1786 aufgenommen wurden, waren lediglich 36 Deutsche.

Und ein Drittes machte den Unterschied zwischen der friderizianischen und der LEIBNIZschen Akademie aus. Die Akademie sollte nicht mehr Theorie und Praxis miteinander verbinden, sondern auf die Theorie beschränkt bleiben. Die Gelehrten sollten sich lediglich der Pflege der Wissenschaft widmen und sich um die öffentlichen Angelegenheiten nicht kümmern. In dieser Hinsicht sollten sie ruhig dem Staat, d. h. dem absoluten Monarchen, vertrauen.

Das Kalendermonopol brachte jetzt mehr ein als früher. Dafür wurde der Etat der Akademie, wie schon früher die Kasse der Societät, mit Ausgaben belastet, die nichts mit ihr zu tun hatten. Der König meinte, der Gelehrte müsse nicht nur die Freiheit und die Wahrheit, sondern auch die Armut lieben. Viele Gelehrte waren anderer Meinung und verließen Berlin und die Akademie.

Der Präsident der Akademie wurde mit fast autokratischen Befugnissen ausgestattet. Er allein berief neue Mitglieder bzw. hatte das alleinige Vorschlagsrecht für neue Mitglieder beim König. 1746 wurde der berühmte französische Mathematiker und Physiker MAUPERTUIS auf diesen Posten berufen. VOLTAIRE, der selbst Präsident der Akademie werden wollte, suchte MAUPERTUIS durch anonyme Pamphlete zu verdrängen. Dieser Streit war die Ursache für VOLTAIRES Fortgang von Berlin im Jahre 1752. Neben MAUPERTUIS wirkten an der Akademie unter anderen die Mathematiker EULER und LAGRANGE, die Chemiker MARGGRAF und ACHARD und der Physiker und Philosoph LAMBERT. Unter den auswärtigen Mitgliedern zählten VOLTAIRE, D'ALEMBERT, DIDEROT, MONTESQUIEU, LINNÉ und ALBRECHT VON HALLER zu den hervorragendsten.

Viele Arbeiten der ordentlichen und auswärtigen Akademiker erschienen in den Jahrbüchern der Akademie, den „Mémoires". Noch mehr als die Miscellanea der alten Societät wurden die Mémoires in der wissenschaftlichen Welt überaus geschätzt. Sie enthielten Abhandlungen von EULER, D'ALEMBERT und den anderen Koryphäen der Akademie, nicht selten auch Beiträge FRIEDRICHS II.

Des weiteren wurde die Akademie durch ihre zahlreichen Gutachten bekannt. Sie beantwortete unzählige Fragen aus allen Gebieten der Wissenschaft und beurteilte alle erdenklichen Erfindungen und Entdeckungen.

Am meisten drang sie jedoch mit ihren Preisaufgaben, die sie jährlich stellte, in die Öffentlichkeit. Die Aufgaben betrafen meist Probleme, die allgemein interessierten und von deren Beantwortung viel für die weitere Forschung abhing. An den Fragen und den eingegangenen Lösungen konnte man in nicht geringem Maße den Stand der Forschung in der jeweiligen Disziplin ablesen. An diesen Preisaufgaben beteiligten sich die besten europäischen Gelehrten. Für die Preisaufgabe von 1771, die nach der Herkunft der Sprache fragte, wurde HERDER preisgekrönt. 1780 errang er nochmals den Preis mit einer Abhandlung über das Verhältnis von Regierung und Literatur.

1759 starb nach langer Krankheit der Präsident der Akademie, MAUPERTUIS. In den nächsten Jahren versah EULER die Aufgaben des Präsidenten, ohne daß ihn der König zum Präsidenten ernannte. FRIEDRICH II. wollte wieder einen Franzosen an der Spitze der Akademie sehen und dachte dabei an D'ALEMBERT.

Der Siebenjährige Krieg hemmte die Arbeiten der Akademie sehr. Die Sitzungen fanden nur noch unregelmäßig statt, die Mémoires erschienen nicht mehr. Die Gehälter wurden vielfach nicht gezahlt, einige Mitglieder verließen Berlin und gingen nach Petersburg an die dortige Akademie.

1760 wählte die Akademie neun neue auswärtige Mitglieder, unter ihnen LESSING. FRIEDRICH II., der durch den Krieg überbeansprucht war, bestätigte zwar die Wahl, aber es deutet vieles darauf hin, daß ihm Lessing in seiner Akademie mißfiel. Die nächsten Vorschläge beantwortete er zunächst gar nicht, später lehnte er sie ab. Kurz nach Beendigung des Krieges erließ er Order, daß von nun an, bis er einen neuen Präsidenten ernannt habe, er allein bestimme, wen die Akademie als Mitglied aufzunehmen habe. Dabei ist es bis zu seinem Tode geblieben. D'ALEMBERT lehnte es trotz großzügiger Angebote FRIEDRICHS ab, Präsident der Akademie zu werden. Es war ihm lieber, den König zum Freund als zum Herrn zu haben.

Aber er beriet den König von Paris aus in allen Angelegenheiten der Akademie, so daß ihn die Berliner Akademiker als ihren heimlichen Präsidenten bezeichneten. Nach dem Tode D'ALEMBERTs 1783 übernahm CONDORCET die Rolle des Ratgebers.

1748 wurde LA METTRIE auswärtiges Mitglied, 1751 DIDEROT, 1754 HOLBACH. Wie sollte gerade LESSING des Königs Unwillen erregen? — Friedrich II. wollte seiner Regierung einen freiheitlichen Zug geben, und wie konnte das besser geschehen, als wenn an seiner Akademie Atheisten, orthodoxe Protestanten und Jesuiten unbescholten zusammen arbeiteten? Solange der Einfluß der radikalen Aufklärer gering war, zog er sie nach Berlin. Sobald sie jedoch an Ansehen gewannen, trennte er sich von ihnen. Als LESSING in die Akademie eintrat, war der linke Flügel der Aufklärung bereits sehr einflußreich. Außerdem war LESSING ein Deutscher und mußte schon deshalb in Deutschland eher sein Publikum finden als die Franzosen, denen eben aus dem Grunde, weil sie Fremde waren, dieser Zugang erschwert war.

Die Freiheit der Berliner Akademiker beschränkte sich darauf, über alle Dinge, die keine Beziehung zum Leben des Volkes hatten, ungehindert philosophieren zu dürfen. Von dem großartigen geistigen Aufschwung, den das deutsche Bürgertum im letzten Drittel des 18. Jahrhunderts nahm, war an der friderizianischen Akademie nichts zu spüren. Zu einer Zeit, in der KANT und HERDER philosophische Erkenntnisse von größter Tragweite gewannen, war die philosophische Klasse der Akademie nahezu verödet, und ihre restlichen Mitglieder gefielen sich darin, eklektisch NEWTON und WOLFF nachzubeten. Die Akademie sank immer mehr zu einer Societät von französischen Literaten und deutschen Spezialgelehrten herab. Die Sekretare der französischen Akademie leiteten zugleich die preußische Akademie. Für die Akademiemitglieder führte der Weg zum König über Paris. Kein Wunder, daß schließlich auch in den naturwissenschaftlichen Disziplinen, die anfangs so erfolgreich tätig gewesen waren, die Arbeit stagnierte und mit den entsprechenden Untersuchungen im Ausland nicht mehr konkurrieren konnte.

Nach dem Tode Friedrichs II. veränderte sich an der Akademie sehr wenig. Trotz verschiedener Reformvorschläge und Reformversuche blieb sie friderizianisch. Bis zum letzten Augenblick des altpreußischen Staates beharrte sie auf den Positionen der höfischen Aufklärung und verschloß sich allen neuen Ideen. Einer der Männer der neuen Zeit, ALEXANDER VON HUMBOLDT, nannte die Akademie 1786 ein Hospital, in dem die Kranken besser schlafen als die Gesunden. Dem widerspricht nicht, daß kurz vor der Katastrophe von 1806 die ersten deutlichen Anzeichen eines Wandels auch in der Akademie spürbar wurden.

Die Akademie blieb auch nach 1786 ohne Präsidenten. Bis 1795 wurde sie von dem Minister HERTZBERG betreut, seitdem versah ein Direktorium, beaufsichtigt vom König und seinen Räten, die Geschäfte. HERTZBERG versuchte, die Akademie den veränderten Zeitumständen anzupassen. Sein Versuch, das deutsche Element in der Akademie zu stärken und die französische Sprache an der Akademie durch die deutsche zu ersetzen, hatte lediglich Anfangserfolge. 1787 machte er die führenden Vertreter der Berliner Aufklärung zu Akademiemitgliedern, zu einer Zeit freilich, als deren Auffassungen bereits überholt waren. Und diese Aufklärer, unter denen kein Gelehrter von Rang war, die sich gegenseitig die Zierden ihres Jahrhunderts nannten und sich einbildeten, das Heil Preußens endgültig zu begründen, sollten die Arbeit der Akademie in den nächsten zwei Jahrzehnten bestimmen.

Neben CONDORCET, VOLTA und MAGELLAN wurden 1786/87 auch KANT, HERDER, FORSTER und WIELAND auswärtige Mitglieder, aber natürlich war es ihnen aus der Ferne nicht möglich, die Akademie in ihrem Sinne zu beeinflussen. Sie zu ordentlichen Mitgliedern zu machen, kam auch jetzt nicht in Frage, im Gegenteil, die Akademiker lehnten KANT z. B. entschiedener denn je ab.

Während die politischen Verhältnisse ganz Europas in ständiger Veränderung begriffen waren, versank die Akademie in völlige Stagnation. Sie erwachte nur dann, wenn es darum ging, den Status quo gegen etwaige Neuerungen zu verteidigen. Erbitterte Auseinandersetzungen gab es 1805 um die Aufnahme FICHTES in die Akademie. Schließlich wurde sein Eintritt abgelehnt. Dennoch war nicht ganz zu verhindern, daß das Neue auch in die Akademie Einlaß fand. HUFELAND, THAER, JOHANNES VON MÜLLER und ALEXANDER VON HUMBOLDT wurden Mitglieder der Akademie.

In einem Aufsatz vom Sommer 1806 schlug ALEXANDER VON HUMBOLDT vor, die Akademie nach dem Vorbild des französischen Nationalinstituts zu reorganisieren. Die berühmtesten Zeitgenossen sollten berufen werden. Vor allem sollte die Akademie eine deutsche Akademie werden und die in ihre Mitte wählen, die sich um den deutschen Namen am meisten verdient gemacht hatten, wie zum Beispiel GOETHE.

Der Zusammenbruch des altpreußischen Militärstaates bei Jena und Auerstedt und die darauffolgende Reformperiode machte auch für die Akademie den Weg zu neuer, größerer Wirksamkeit frei. Die nationale Befreiungsbewegung des deutschen Volkes gegen die napoleonische Fremdherrschaft führte ihr frische Impulse zu, die bedeutendsten Repräsentanten der bürgerlichen Emanzipation in Preußen gaben ihr ein neues weltanschauliches Fundament. Aus der Académie des Sciences et Belles-Lettres, die in den letzten Jahrzehnten immer mehr in Abwehrstellung gegen die aufstrebende bürgerliche Intelligenz gestanden hatte, wurde die Königlich Preußische Akademie der Wissenschaften, eine Akademie, die auf dem besten Wege war, eine bürgerlich-nationale zu werden. In der Folgezeit kam die Akademie der Bestimmung, die ihr LEIBNIZ gegeben hatte, eine Forschungsstätte der besten Gelehrten der Nation zu sein, um dem Wohle des Volkes zu dienen, sehr nahe. Was LEIBNIZ sehnlichst gewünscht hatte, ging jetzt wenigstens zum Teil in Erfüllung: Die Akademie nahm Gemeinschaftswerke von nationaler und internationaler Bedeutung in Angriff und erwies sich damit ihrer großen Aufgabe würdig.

ALEXANDER und WILHELM VON HUMBOLDT, SCHLEIERMACHER und NIEBUHR, die die neue Akademie schufen, waren Wissenschaftler anderer Art, als man sie bisher gekannt hatte: keine vom gesellschaftlichen Leben isolierten Spezialisten, sondern Gelehrte, die sich für das Schicksal ihrer Nation mitverantwortlich fühlten.

Die Akademie sollte auf der Gleichheit aller Mitglieder beruhen, neue Mitglieder sollten von allen gewählt werden. Ehrenmitglieder in Gestalt wissenschaftlich ungebildeter Aristokraten sollte es nicht mehr geben. Kein Präsident sollte mehr an der Spitze stehen, sondern die Sekretare der Klassen sollten die Akademie leiten. Die wissenschaftlichen Publikationen der Mitglieder, die fortan selbstverständlich in deutscher Sprache abgefaßt waren, sollten keiner Zensur unterliegen. Das heißt, die Akademie sollte demokratisiert und vom Staate unabhängiger werden. Das Ansehen der Akademie sollte nicht mehr auf der mehr oder minder großen Anzahl berühmter Männer beruhen, die sich der Monarch mit Geld verpflichtet hatte, sondern auf ihrer freien Verfassung, die eine ungehinderte Arbeit aller Mitglieder zu gemeinsamem Zwecke gewährleistete.

Der Krieg und der Tilsiter Frieden brachten die Akademie an den Rand des Bankrotts. Ihre Kriegsschäden beliefen sich auf 97000 Taler. Das Kalendermonopol brachte im halbierten Preußen keine ausreichenden Summen mehr ein. Die Gehälter konnten vielfach nicht mehr gezahlt werden.

Im Oktober 1807 wurde ein Reorganisationskomitee an der Akademie gegründet, dem anfangs ALEXANDER VON HUMBOLDT präsidierte. 1809 legte das Komitee dem Plenum einen Entwurf neuer Statuten vor, der gegen die Stimmen einiger Unverbesserlicher (u. a. NICOLAI) verabschiedet und dem Innenministerium eingereicht wurde. Dort ruhte er, bis WILHELM VON HUMBOLDT, der das Unterrichtswesen leitete, die Berliner Universität gegründet hatte. Dann wurde der Entwurf von einer staatlichen Kommission, der NIEBUHR angehörte, geprüft und am 24. Januar 1812 vom König bestätigt. Die Akademie mußte ihre wissenschaftlichen Institute an die junge Universität abtreten, zu der sie enge personelle Beziehungen hatte. Dieses enge Verhältnis von Lehre und Forschung, das bisher gefehlt hatte, förderte die Arbeit der Akademie und zugleich die der Universität. Weniger förderlich war es für die Akademie, daß ihr die Verfügung über die Institute entzogen wurde. Das nahm ihr die Möglichkeit, experimentelle naturwissenschaftliche Forschung zu treiben — ein Mangel, der später sehr verhängnisvoll werden sollte. Das Kalendermonopol wurde der Akademie genommen, dafür erhielt sie eine jährliche Staatsdotation von 20000 Talern.

Damit waren gute Voraussetzungen geschaffen, um der Akademie ein fruchtbares Arbeiten zu ermöglichen: sie war finanziell gesichert, hatte eine zeitgemäße Organisation und zählte die besten deutschen Gelehrten und hervorragende ausländische Wissenschaftler zu ihren Mitgliedern. In der Zeit ihrer Reorganisation wählte die Akademie WILHELM VON HUMBOLDT, FRIEDRICH AUGUST WOLF, SCHLEIERMACHER, NIEBUHR, BÖCKH, SAVIGNY u. a. zu ordentlichen und GAUSS, LAPLACE, CUVIER, VOSS, BESSEL u. a. zu auswärtigen Mitgliedern. Zu den korrespondierenden Mitgliedern zählten BERZELIUS und GAY-LUSSAC. Die Richtigkeit der neuen Verfassung der Akademie hat sich in den folgenden Jahrzehnten erwiesen. Das Statut von 1812 ist im wesentlichen bis ins 20. Jahrhundert hinein gültig geblieben.

3

Dank haben die Reformer nicht geerntet, weder die, die den preußischen Staat und sein Heer reorganisierten, noch die, welche die Berliner Universität gründeten und die Akademie erneuerten.

Im Kriege waren die Sitzungen der Akademie schlecht besucht, aber sie wurden nur selten unterbrochen. Am 6. Mai 1813, so steht im Protokoll, „konnte die Sitzung nicht gehalten werden wegen Zusammenrufung der gesamten Bürgerschaft in Angelegenheiten des Landsturms“, und am 21. Oktober 1813 „fiel die Sitzung aus wegen öffentlicher Feierlichkeiten“ aus Anlaß des Sieges der Verbündeten bei Leipzig.

Als die Fremdherrschaft beseitigt war, suchte die Reaktion den Einfluß nationalgesinnter Männer zurückzudrängen. Auch von der Akademie sollten patriotischer Geist und fortschrittliche Gedanken verschwinden. SCHLEIERMACHERs Wahl zum Sekretar der Philosophischen Klasse im Oktober 1814 wurde zunächst nicht bestätigt. Als das nicht mehr zu umgehen war, wurde er aus dem Staatsdienst entlassen. Zur Zeit der Karlsbader Beschlüsse wurden SCHLEIERMACHER und SAVIGNY als Demagogen bespitzelt, selbst in SCHLEIERMACHERs Predigten wurden Polizisten geschickt. WILHELM VON HUMBOLDT, der im Januar 1819 zum Minister ernannt wurde, sah sich schon im Dezember 1819 zum Rücktritt gezwungen. Das Zensuredikt von 1819 liquidierte auch die verbriefte Zensurfreiheit der Akademie. Diese wollte überhaupt nichts mehr publizieren, bis sie von der Zensur befreit wäre. Schließlich setzte sie es durch, daß sie ihre Schriften durch eine eigene Kommission zensurieren durfte.

Die Arbeit der Akademie bewies, daß mit ihrer Reorganisation in den Jahren 1808 bis 1812 zwar die Voraussetzungen für eine fruchtbare Tätigkeit geschaffen waren, daß die neuen Arbeitsprinzipien aber erst durchgesetzt werden mußten. Zu diesen Auseinandersetzungen trug bei, daß das Statut von 1812 nichts über die Hauptaufgaben der Akademie und ihre Arbeitsmethoden sagte. So sahen viele Mitglieder in der Akademie noch immer eine repräsentative Gesellschaft hervorragender Gelehrter, die sich ihre Forschungsergebnisse zwar gegenseitig mitteilten, im übrigen aber getrennt voneinander ihren speziellen wissenschaftlichen Interessen nachgingen.

Demgegenüber forderten NIEBUHR, SCHLEIERMACHER, SAVIGNY, BÖCKH und andere, die Akademie müsse mehr leisten, als die Gesamtheit ihrer Mitglieder vereinzelt leisten könne, sie müsse ihren Hauptzweck in großen wissenschaftlichen Unternehmungen sehen. Die Akademie solle keine Paradeinstitution sein, deren Mitglieder sich gegenseitig ihre Abhandlungen vorlesen, sondern sie solle in verschiedenen Arbeitsgemeinschaften Aufgaben lösen, die die Kräfte eines einzelnen Forschers übersteigen. Solche gemeinsamen Arbeiten würden der Wissenschaft am meisten dienen und wären deshalb der Akademie allein würdig. Außerdem wären umfangreiche wissenschaftliche Unternehmen in dem zersplitterten Vaterland am besten geeignet, den Zusammenhalt unter den deutschen Gelehrten zu wahren und zu festigen. Aus dieser Hauptthese wurde gefolgert, daß die Philosophische Klasse aufgehoben werden müsse, da sich in ihr nicht gemeinsam arbeiten lasse. Es sollte überhaupt nur noch zwei Klassen geben, eine geisteswissenschaftliche und eine naturwissenschaftliche. Für die größeren Unternehmungen sollten wissenschaftliche Assistenten eingestellt werden, außerdem sollte der Etat für wissenschaftliche Arbeiten erhöht werden.

Der Grundsatz, daß die gemeinsame Arbeit an umfassenden Aufgaben Hauptzweck der Akademie sei, setzte sich nur sehr langsam bei allen Mitgliedern durch. Noch länger dauerte es, bis die Behörden dieser Auffassung zustimmten. 1818 wählte die Akademie einen Ausschuß zur Revision der Statuten, aber nachdem dieser seine Vorschläge eingereicht hatte, verfügte die Regierung, daß alles beim alten bleiben sollte.

Die Praxis sollte erweisen, wieviel mehr gemeinschaftliche Arbeit vermag als vereinzeltes Forschen. 1815 schlug BÖCKH vor, die Philologen, Historiker und Juristen sollten gemeinsam eine Sammlung aller antiken Inschriften herausgeben und mit den griechischen Inschriften beginnen. Eine Kommission wurde gebildet, die Verbindung auch mit den entsprechenden ausländischen Gelehrten und Institutionen aufnahm. 1877 wurde das Corpus inscriptionum Graecarum, die wichtigste Quellensammlung für das Studium des griechischen Altertums, vollendet — soweit das damals überhaupt möglich war. 1817 wurde beschlossen, eine kritische Ausgabe der Werke des ARISTOTELES zu veranstalten. 1836 erschien diese Ausgabe in vier gewichtigen Bänden.

Als 1819 auf Initiative des FREIHERRN VOM STEIN die Gesellschaft für ältere deutsche Geschichtskunde gegründet wurde, die sich das Ziel setzte, „Monumenta Germaniae historica" herauszugeben, beteiligte sich die Akademie an der Vorbereitung dieses nationalen Unternehmens, und sie hat auch in der Folgezeit ihren Beitrag zu dem Werk geleistet.

Seit 1820 wurden von der Akademie fortlaufende meteorologische Beobachtungen angestellt. In den folgenden Jahren rüstete sie wissenschaftliche Expeditionen nach Nordostafrika und Abessinien aus, die dort zoologische, botanische, mineralogische, archäologische und völkerkundliche Studien treiben sollten. 1825 schlug BESSEL ein großes astronomisches Unternehmen vor, und zwar die Anfertigung vollständiger Himmelskarten. Zahlreiche Astronomen sagten ihre Mitwirkung zu. Nach 33 Jahren waren die Karten eines Viertels der Himmelskugel fertig.

1828 schlug die Akademie erneut eine Revision ihrer Statuten vor. Der Vorschlag, der die Notwendigkeit wissenschaftlicher Gemeinschaftswerke besonders betonte, wurde von der Regierung weder genehmigt noch verworfen, er sollte vielmehr erst erprobt werden. Die Philosophische und die Historisch-philologische Klasse vereinigten sich nun zur Historisch-philosophischen Klasse, die beiden anderen Klassen zur Physikalisch-mathematischen Klasse. Erst nachdem das neue Statut faktisch bereits zehn Jahre galt, wurde es 1838 bestätigt.

In den Jahren von 1812—1830 war die Berliner Akademie auf geisteswissenschaftlichem Gebiet sehr erfolgreich. In ihren Reihen wirkten die führenden deutschen Philologen, Historiker, Juristen und Philosophen: BÖCKH, BOPP, LACHMANN, NIEBUHR, RAUMER, SAVIGNY, SCHLEIERMACHER, WILHELM VON HUMBOLDT. Sie begründeten die moderne Altertumswissenschaft, die deutsche Philologie und Geschichtswissenschaft. Nur einer fehlte in diesem Kreise: HEGEL. Immer wieder entbrannten die heftigsten Auseinandersetzungen um die Aufnahme des großen Philosophen. Aber SCHLEIERMACHER, der in scharfem Gegensatz zu HEGEL stand, gelang es dank seiner beherrschenden Stellung in der Akademie immer wieder, HEGEL von ihr fernzuhalten, und zwar mit der gleichen Begründung, mit der auch Fichte der Eintritt verwehrt worden war: in die Akademie gehören nur Fachgelehrte und keine spekulativen Philosophen. Als wenn HEGEL nicht unendlich befruchtend auf die Fachwissenschaften eingewirkt hätte!

Die Physikalisch-mathematische Klasse konnte mit den Leistungen der Historisch-philosophischen Klasse nicht Schritt halten. Sie hatte zwar ALEXANDER VON HUMBOLDT, zeigte aber sonst nichts Besseres als die Naturwissenschaften in ganz Deutschland zur damaligen Zeit. Ihr Aufschwung erfolgte später, als die rasche Entwicklung des Kapitalismus das Bedürfnis nach exakter naturwissenschaftlicher Forschung weckte. Die ersten Ansätze dazu finden sich schon in den dreißiger und vierziger Jahren, aber erst als das deutsche Bürgertum den wirtschaftlichen Wettlauf mit den vorgeschrittenen Ländern England und Frankreich aufnahm, begannen die Naturwissenschaften in Deutschland aufzublühen.

In den beiden folgenden Jahrzehnten wurde der Umfang der Arbeit der Akademie immer größer. In steigendem Maße wurden Gelder der Akademie für wissenschaftliche Arbeiten verwandt, ohne daß freilich der Etat erhöht worden wäre. Finanziell unterstützt wurden nicht nur Forschungen von Mitgliedern, sondern auch solche von Wissenschaftlern, die nicht Mitglieder waren, an deren Arbeiten die Akademie aber interessiert war. Zum Beispiel erhielt WILHELM WEBER 1840 dreihundert Taler für eine Kette übersponnenen Kupferdrahtes zur Messung der Geschwindigkeit galvanischer Ströme. Seit 1836 gab die Akademie Monatsberichte über ihre Tätigkeit heraus, um die wissenschaftliche Öffentlichkeit mehr für ihre Arbeit zu interessieren.

Außer den bereits Erwähnten waren unter den in den Jahren 1815—1848 aufgenommenen ordentlichen Mitgliedern der Geograph RITTER, der Historiker RANKE, CHAMISSO — wegen seiner botanischen Arbeiten, die Brüder GRIMM und PERTZ, der Hauptredaktor der „Monumenta Germaniae". Unter den damals neugewählten auswärtigen Mitgliedern waren A. W. SCHLEGEL, GUIZOT, FARADAY. Zu den korrespondierenden Mitgliedern zählten UHLAND, OHM und AMPÈRE; eines der Ehrenmitglieder war der FREIHERR VOM STEIN.

Die wachsende Opposition des Volkes unter der Führung des erstarkenden Bürgertums gegen die Aufrechterhaltung des Feudalismus in Preußen und die Fortdauer der politischen Zersplitterung Deutschlands wurde selbst in der Akademie spürbar. Freilich äußerte sich der Protest gegen das absolutistische Regime der Hohenzollern hier nicht so offen wie auf den Märkten, in den Handwerksstuben und Kontoren, jedoch bei den verschiedensten Anlässen zeigte sich, daß auch unter den Akademikern Unzufriedenheit mit den bestehenden politischen Verhältnissen herrschte. Das Verhältnis zur Regierung war nicht mehr das alte. War die Akademie früher von wissenschaftlich aufgeschlossenen Beamten betreut worden, die schon zur Reformzeit ihr Amt übernommen hatten, so bekam sie es jetzt mit Bürokraten zu tun, die den Wissenschaftlern mißtrauten und sie im Grunde unnütz fanden. Unter solchen Umständen waren Spannungen unvermeidlich.

Als SCHELLING 1842 nach Berlin kam, um die Drachensaat der Hegelschen Philosophie auszutilgen, begrüßte ihn FRIEDRICH WILHELM IV. als „den von Gott gewählten und zum Lehrer der Zeit berufenen Philosophen." Viele Akademiker waren anderer Meinung. „Es ist Ausverkauf", äußerte einer von ihnen über SCHELLINGs Vorlesungen, und ALEXANDER VON HUMBOLDT erklärte bissig, SCHELLING käme wahrscheinlich, um in Berlin „das fünfte Weltalter mumienartig zu vollenden". 1847 führte das Auftreten RAUMERs zu offenen Auseinandersetzungen zwischen den konservativen und liberalen Akademiemitgliedern. In einer Festsitzung der Akademie übte RAUMER Kritik an der Politik des Königs — und zwar in Anwesenheit FRIEDRICH WILHELMS. Tags darauf erschien die Rede im Druck. Der König war empört und verlangte Genugtuung. Die konservativen Mitglieder wollten RAUMER ausstoßen und künftige Festreden vorher zensurieren. Das konnten die Liberalen jedoch verhindern. Schließlich blieb es bei einer Entschuldigung der Akademie beim König. Die liberale und demokratische Presse kritisierte das servile Verhalten der Akademie. Als RAUMER gar seine Mitgliedschaft niederlegte, war das Ansehen der Akademie schwer erschüttert.

Die Akademie geriet in der Revolution öfter als zuvor in das Blickfeld der Öffentlichkeit. Das Gremium, dem die besten Gelehrten der Nation angehörten, solle aus seiner Isolierung heraustreten und sich zu den Lebensfragen des Volkes äußern, so wurde gefordert. Die „Berlinischen Nachrichten" schrieben, die Akademie solle sich darauf besinnen, daß alle Wissenschaft nichts sei ohne die Völker, daß die Forschung kein Selbstzweck sei, sondern darauf abzielen müsse, dem Volk zu helfen. Die Sitzungen der Akademie sollten öffentlich sein, die Bevölkerung sollte mit den Arbeiten der Gelehrten vertraut gemacht werden. Die Akademie verwahrte sich dagegen, in das politische Leben mit einbezogen zu werden. Sie entzog sich damit selbst die Grundlage ihrer Erfolge. In den nächsten Jahrzehnten entfernte sich die Akademie mehr und mehr vom öffentlichen Leben und wurde immer weniger den Bedürfnissen des Volkes gerecht.

4

Das Jahr 1848 und die darauf folgenden Jahre leiteten auch für die Akademie einen neuen Abschnitt ihrer Entwicklung ein. Von den Männern, die in der Reformzeit das Antlitz der Akademie geprägt hatten, war kaum noch einer am Leben. Als letzter von ihnen starb 1859 ALEXANDER VON HUMBOLDT. War die bisherige Haltung der Akademie vom Geiste des philosophischen Idealismus, von den Gedanken des Neuhumanismus durchdrungen gewesen, so wurde sie fortan von einem anderen Denken beherrscht. Der Glaube an die Höherentwicklung des einzelnen und der Gesellschaft schwand und machte skeptischen und pessimistischen Auffassungen Platz. Im Zusammenhang mit der Entwicklung des deutschen Bürgertums, das es nach der verlorenen Revolution aufgab, seine politischen Interessen mit Entschiedenheit zu vertreten, und sich auf die Pflege seiner wirtschaftlichen Interessen beschränkte, wurde aus dem im politischen Leben tätigen Gelehrten der weltabgewandte Fachwissenschaftler. Waren die HUMBOLDTS, NIEBUHR und SCHLEIERMACHER noch Forscher gewesen, die nicht allein ihr Fach, sondern die ganze Wissenschaft bereicherten und im Leben der Nation ein gewichtiges Wort mitsprachen, so war der Wissenschaftler jetzt nur noch Akademiker, dessen Wirksamkeit auf seine Disziplin beschränkt blieb.

Der Anteil, den die Akademiker an der Arbeit ihrer Kollegen aus anderen Fächern nahmen, wurde geringer. Durch die Änderung der Statuten im Jahre 1881 wurden die Gesamtsitzungen zugunsten der Klassensitzungen eingeschränkt. 1882 traten an die Stelle der Monatsberichte die Sitzungsberichte, da monatliche Publikationen nicht mehr ausreichten.

Die Entwicklung des Kapitalismus stellte immer detailliertere Probleme, Natur- und Geisteswissenschaften entfernten sich weiter und weiter voneinander. Je mehr sich der Bereich der Wissenschaften erweiterte, um so enger wurde der Gesichtskreis des einzelnen Wissenschaftlers. Die Idee der Einheit der Wissenschaft, der Forschung im Dienste der Gesellschaft, die die Akademie doch repräsentieren sollte, ging in den folgenden hundert Jahren mehr und mehr verloren, trotz solcher Ausnahmen wie MOMMSEN und PLANCK. Das Bürgertum hörte auf, der Wissenschaft neue große Perspektiven zu weisen. — Die reichen Impulse für die Erneuerung der Wissenschaft, die von den genialen Begründern des wissenschaftlichen Sozialismus, MARX und ENGELS, ausgingen, wurden von der Akademie nicht aufgenommen. Sie hat sich ihnen versagt.

Die Akademie setzte ihre Arbeiten aus der Zeit vor 1848 fort und nahm neue Unternehmen in Angriff. Es kann nicht die Aufgabe dieses kurzen Abrisses der Akademiegeschichte sein, eine vollständige Übersicht über die umfangreichen Arbeiten der Akademie, die zum Teil heute noch laufen, zu geben. Die wichtigsten sollen aber doch wenigstens genannt werden.

1853 wurde unter Leitung MOMMSENs mit dem Corpus inscriptionum Latinarum begonnen, einem Werk, das auf dem Gebiet der Altertumswissenschaft seinesgleichen sucht. Die Arbeit sollte sich nicht, wie die Sammlung der griechischen Inschriften, auf bereits gedruckte Quellen stützen, sondern auf Forschungen am Orte. 1862 erschien der erste Band, die anderen folgten in regelmäßigen Abständen.

Die Reichseinigung von 1871 wurde von der Akademie einhellig begrüßt. Man feierte das Ereignis ohne nationale Überheblichkeit gegenüber dem französischen Volke. Im Gegenteil, DU BOIS-REYMOND erinnerte in seiner Festrede an all das, was die deutsche Kultur und Wissenschaft der französischen verdanke und sprach sich für einen baldigen Frieden zum Wohle beider Völker aus. Das geeinte Reich eröffnete auch für die Forschungsunternehmen der Akademie bessere Möglichkeiten, als sie bisher bestanden hatten. Der Etat, der sich immer noch auf die gleiche Summe wie 1812 belief, wurde endlich erhöht. Die Akademie konnte von nun an jährlich 45000—75000 Reichsmark für wissenschaftliche Arbeiten auswerfen.

1875 übernahmen die deutsche und die österreichisch-ungarische Regierung die Betreuung des Unternehmens der „Monumenta Germaniae". In die Zentraldirektion entsandten die Berliner, die Wiener und die Münchener Akademie je zwei Vertreter. Die Akademie beschloß kritische Editionen von Meisterwerken der neueren deutschen Literatur. Es erschienen Ausgaben der Werke von WIELAND, HAMANN, JEAN PAUL. Außerdem wurden Ausgaben der Schriften von LEIBNIZ, KANT, SCHLEIERMACHER, WILHELM VON HUMBOLDT und der Mathematiker KRONECKER und WEIERSTRASS in das Programm aufgenommen. Im Verein mit den Akademien von München, Göttingen und Leipzig wurde 1897 mit den Arbeiten an einem Wörterbuch der ägyptischen Sprache begonnen. Das Werk sollte den gesamten Sprachschatz der in hieroglyphischer Schrift geschriebenen Texte umfassen. 1908 übernahm die Akademie die Aufgabe, das Deutsche Wörterbuch der Brüder GRIMM fortzuführen und zu beenden.

Von den Unternehmungen der physikalisch-mathematischen Klasse sind zu nennen: erstens das Jahrbuch über die Fortschritte der Mathematik, das, einmalig in seiner Art, die mathematischen Zeitschriften des In- und Auslandes auswertet (gegründet 1870), zweitens die Geschichte des Fixsternhimmels, die alles sammeln soll, was von 1750—1900 an Ortsbestimmungen von Fixsternen gemessen wurde (angefangen 1900), drittens eine umfassende Übersicht und Beschreibung aller bekannten Tier- und Pflanzenformen (seit 1897).

5

Wie aus den genannten Unternehmungen der physikalisch-mathematischen Klasse ersichtlich ist, beschränkte sie sich auf Arbeiten, die sich am Schreibtisch erledigen lassen. Die Institute, die für die experimentelle Forschung notwendig waren, besaß die Klasse nicht. 1812 waren der Akademie die wenigen Institute, die sie damals besessen hatte, entzogen worden, und für Neugründungen hatte ihr die preußische Regierung die Mittel versagt. Der Anteil der Akademie an den großen Leistungen der deutschen Naturwissenschaft im 19. Jahrhundert war deshalb gering. Diese Leistungen wurden vornehmlich in den Instituten der Universitäten vollbracht. Die Universitätsinstitute sollten aber in erster Linie den naturwissenschaftlichen Nachwuchs heranbilden und dienten erst in zweiter Linie der Forschung.

Lange Zeit hatten sie beide Aufgaben erfüllen können, um die Jahrhundertwende war das nicht mehr möglich.

In den Jahren vor dem ersten Weltkrieg wurde eine Reihe naturwissenschaftlicher Forschungsinstitute gegründet, jedoch nicht im Rahmen der Akademie, sondern von der Kaiser-Wilhelm-Gesellschaft. Wir können hier nicht ausführlich über diese Gesellschaft berichten, aber einiges muß in diesem Zusammenhang doch dazu gesagt werden.

Mit dem Übergang Deutschlands vom Kapitalismus der freien Konkurrenz zum Imperialismus traten die deutschen Kapitalisten auf dem Weltmarkt in schärfsten Konkurrenzkampf mit denen anderer Länder. Die Gefahr zu unterliegen, verwies sie auf die Wissenschaft, die ihnen die Möglichkeit schaffen konnte, den Kampf zu gewinnen. Was sie brauchten, waren große technische Fortschritte, die ihnen die Überlegenheit über ihre Konkurrenten sicherten. Dafür mußten aber erst die wissenschaftlichen Grundlagen geschaffen, detaillierte Untersuchungen großen Ausmaßes angestellt werden. Dieser Aufgabe waren die Laboratorien der Betriebe nicht gewachsen, die Universitätsinstitute aus dem erwähnten Grunde ebensowenig. Was lag da näher, als die Akademien, die die besten Forscher zu ihren Mitgliedern zählten, instandzusetzen, die naturwissenschaftliche Grundlagenforschung zu übernehmen? Aber das Großbürgertum wollte Institute unter seinem direkten Einfluß, wie sie die amerikanischen, englischen und französischen Kapitalisten schon länger besaßen (Carnegie- und Rockefeller-Institute), und keine Einrichtungen an den Akademien, deren Tradition und Verfassung es ihm erschweren würden, die Forschungen maßgeblich zu bestimmen. So drang es in die Regierung, die Organisation entsprechender Institute zu übernehmen und erklärte sich bereit, die nötigen Mittel bereitzustellen. KAISER WILHELM II. willigte ein.

Am 11. Januar 1911 wurde die „Kaiser-Wilhelm-Gesellschaft zur Förderung der Wissenschaften“ mit einem Stiftungskapital von 15 Millionen Reichsmark und jährlichen Mitgliedsbeiträgen von weit über 100000 Reichsmark gegründet. Im Senat und Verwaltungsausschuß saßen unter anderem KRUPP VON BOHLEN UND HALBACH, VÖGLER, BOSCH, THYSSEN, RÖCHLING und SCHACHT. Vor dem ersten Weltkrieg besaß die Gesellschaft sieben Institute, im Krieg erhöhte sich die Zahl auf 15, von denen die meisten direkt für den Krieg arbeiteten (z. B. synthetische Herstellung von Ammoniak für Munition). 1936 hatte die Gesellschaft 32 Institute.

Die Akademie stellte aus den Reihen ihrer Mitglieder zwar einige Institutsdirektoren, jedoch sehr viel weiter gingen die gegenseitigen Beziehungen nicht. Die Akademie war auf die Organisation und die Forschungen der neuen Gesellschaft ohne nennenswerten Einfluß. Hatte die Akademie bisher wenigstens den Anspruch erheben können, die Gesamtheit der Wissenschaften zu vertreten, so war jetzt selbst der bloße Anspruch fragwürdig geworden. Die naturwissenschaftliche Forschung vertrat von nun an die Kaiser-Wilhelm-Gesellschaft, die entsprechende Klasse an der Akademie lieferte mit ihren Unternehmungen der eigentlichen Forschung lediglich einiges Handwerkszeug.

Während des ersten Weltkrieges gerieten die Arbeiten der Akademie ins Stocken. Noch mehr hatte sie unter der Not der Nachkriegsjahre zu leiden. Das Vermögen, das ihr zu Kriegsende noch verblieben war, ging in der Inflationszeit verloren. 1920 schloß sie sich mit den anderen deutschen Akademien, dem Verband deutscher Hochschulen, der Kaiser-Wilhelm-

Gesellschaft und anderen wissenschaftlichen Vereinigungen zur „Notgemeinschaft der deutschen Wissenschaft“ zusammen. Die vereinten Bemühungen aller wissenschaftlichen Organisationen sollte die Notlage der deutschen Wissenschaft überwinden helfen. Die Notgemeinschaft erhielt staatliche Zuschüsse, Zuschüsse von der Industrie (AEG, Siemens) und Zuschüsse von amerikanischer Seite (Rockefeller-Foundation, General Electric Company) — die amerikanischen Imperialisten investierten nicht nur Kapital in den deutschen Konzernen, sondern auch in den deutschen Forschungsinstituten.

In der Notgemeinschaft waren zum ersten Male alle wissenschaftlichen Institutionen Deutschlands vereinigt. Als in den nächsten Jahren die ursprünglichen Beweggründe der Vereinigung fortfielen, löste sie sich nicht auf, sondern bestand als „Deutsche Forschungsgemeinschaft“ weiter zu dem Zwecke, gemeinsame wissenschaftliche Unternehmen und die Zusammenarbeit mit ausländischen Forschern und Forschungseinrichtungen zu organisieren.

1927—1929 finanzierte die Forschungsgemeinschaft eine Deutsche Atlantische Expedition zur systematischen Meeresforschung. 1928 rüstete sie zusammen mit der Leningrader Akademie die Alai-Pamir-Expedition aus. 1930 unternahm sie unter der Leitung Alfred WEGENERs eine große Expedition nach Grönland.

Die Forschungsgemeinschaft war nicht die erste, wenn auch die umfassendste Vereinigung von Forschungsstätten zur Lösung gemeinsamer Aufgaben. Das bereits erwähnte Wörterbuch der ägyptischen Sprache war ja auch ein Gemeinschaftswerk, nämlich der Akademien von Berlin, München, Göttingen und Leipzig. 1893 hatten sich die Akademien von Wien, München, Göttingen und Leipzig zum Verband der deutschen Akademien zusammengeschlossen, dem später auch die Heidelberger und die Berliner Akademie beitraten. Dieser Verband stellte sich verschiedene große wissenschaftliche Aufgaben. An erster Stelle ist hier der Thesaurus linguae Latinae zu nennen, an dem auch Gelehrte aus Italien und der Schweiz mitarbeiteten. Die Arbeiten daran begannen 1899, bis 1933 erschienen vier Foliobände. Weiter wurde die Enzyklopädie der mathematischen Wissenschaften herausgegeben, mittelalterliche Bibliothekskataloge, ein mittellateinisches Wörterbuch und anderes. 1899 trat der Verband der neu gegründeten Association Internationale des Académies bei. Der erste Weltkrieg verhinderte eine fruchtbare Tätigkeit der Association und sie löste sich auf. Sie lebte nach dem Kriege in der Union Académique Internationale wieder auf, der auch Deutschland beitrat. Mit dem Verband der deutschen Akademien und der internationalen akademischen Vereinigung wurden die ersten Schritte getan, jenen großartigen Gedanken von LEIBNIZ zu verwirklichen, mit dem er seiner Zeit so weit vorausgeeilt war: alle wissenschaftlich Tätigen in einer Gesellschaft mit dem Zwecke, die Lebensbedingungen der Menschen zu verbessern, zusammenzuschließen.

Seit Anfang des Jahrhunderts, mehr noch seitdem die Kaiser-Wilhelm-Gesellschaft ihre Arbeit aufnahm, waren in der Akademie immer wieder Stimmen laut geworden, die Akademie müsse ihre Tätigkeit erweitern und neue Institute gründen, naturwissenschaftliche wie geisteswissenschaftliche, um ihrer Aufgabe, Mittelpunkt der gesamten Wissenschaft zu sein, auch weiterhin gerecht zu werden.

1930 endlich richtete die Akademie eine Denkschrift an die Regierung, in der sie Vorschläge unterbreitete, wie den Mängeln in der Arbeit der Akademie abgeholfen werden könne.

Erstens sollten statt der Kommissionen, die zur Durchführung langfristiger Arbeiten bestanden, Institute eingerichtet werden, zum Beispiel ein Institut für die Geschichte der Wissenschaften im Altertum und ein Deutsches Institut. Das letztere sollte die deutsche Kultur erforschen — ein Plan, so alt wie die Akademie selbst — und das Deutsche Wörterbuch, Mundartenwörterbücher, deutsche Texte des Mittelalters, eine Sammlung deutscher Volkslieder und anderes mehr herausgegeben.

Zweitens sollten das Astrophysikalische Observatorium, das Meteorologische Institut, das Geodätische Institut und die Biologische Anstalt der Akademie eingegliedert werden. Drittens wurde vorgeschlagen, an der Akademie naturwissenschaftliche Institute neu einzurichten. Als am dringlichsten wurde hierbei ein Forschungsinstitut für theoretische Physik genannt (ein solches besaß auch die Kaiser-Wilhelm-Gesellschaft noch nicht), da diese Disziplin in den letzten 25 Jahren zum Zentrum der exakten Naturwissenschaften geworden sei. — Aus all dem wurde nichts.

Das Schicksal der Denkschrift von 1930 verdeutlicht, daß die Akademie in der kapitalistischen Gesellschaftsordnung nicht mehr hoffen konnte, ihre wahre Bestimmung zu erfüllen. Das bewahrheitete sich noch mehr in den folgenden Jahren, die die Akademie weit zurückwarfen. Das lag am allerwenigsten an ihren Mitgliedern. Nach wie vor sah sie viele der besten Gelehrten in ihrer Mitte, die ehrlich bemüht waren, das Ihre für den Fortschritt der Wissenschaft zu tun. In der Zeit von 1848—1945 waren unter ihren ordentlichen Mitgliedern HELMHOLTZ, VIRCHOW, HARNACK, PLANCK, KOCH, NERNST, EINSTEIN, HAHN; unter ihren auswärtigen Mitgliedern LIEBIG, DARWIN, KELVIN, RÖNTGEN; unter ihren korrespondierenden Mitgliedern HERTZ, RAMSAY, ABBE, MENDELEJEW, RUTHERFORD; eines ihrer Ehrenmitglieder war ALBERT SCHWEITZER.

6

In der Geschichte der Berliner Akademie liegen ihre dunkelste und ihre lichteste Zeit dicht beieinander. Unter der faschistischen Herrschaft als Stätte freier Forschung überhaupt in Frage gestellt, wurde sie in dem Teil Deutschlands, der mit Hilfe der Roten Armee von seinen ärgsten Feinden befreit wurde, zu einem Hort wahrer Wissenschaft im Dienste des Friedens und der Demokratie.

Der Faschismus versuchte, die Akademie seinen antihumanen, reaktionären Bestrebungen unterzuordnen, aber es gelang ihm schwer, in die Akademie, die auf den großen Traditionen der deutschen Wissenschaft fußte, einzudringen, und recht eigentlich ist es ihm nie gelungen. Dennoch war es unvermeidlich, daß der Nazi-Staat mit dem ganzen Wust seiner wissenschaftsfeindlichen Ideologie hier und da auf die Akademie Einfluß gewann.

Der „Statistische Atlas des deutschen Volkes" zum Beispiel, den die Akademie 1930 zu bearbeiten begonnen hatte, wurde in den „Atlas des deutschen Lebensraums" umbenannt zu dem Zweck, die Angriffsabsichten der Nazis zu unterstützen. Viele hervorragende Gelehrte, die die Akademie in dieser Zeit zu ihren Mitgliedern wählte, wurden von der Regierung nicht bestätigt und damit von der Akademie ferngehalten.

Im Kriege kamen die Arbeiten der Akademie fast gänzlich zum Erliegen. Ihre Bestände wurden verlagert, vieles wurde zerstört. Nach dem Zusammenbruch fanden sich die in Berlin wohnenden Mitglieder wieder zusammen, um die Arbeit der Akademie auf neuer Grundlage fortzusetzen. Eine vorläufige Satzung wurde angenommen und bei der sowjetischen Besatzungsmacht beantragt, die Errichtung einer zentralen Organisation für die Forschung zu gestatten. Von Anfang an wurde dabei an eine alle Zweige der theoretischen und angewandten Wissenschaften umfassende Institution gedacht.

Das Jahr 1945 war ein Wendepunkt in der Geschichte Deutschlands. Auch die Berliner Akademie der Wissenschaften stand 1945 an einer bedeutsamen Wende. Zu keiner Zeit ihrer Geschichte besaß die Akademie bessere Möglichkeiten, die Ideen ihres Gründers zu verwirklichen als gerade jetzt. All das, was bisher ihre Schritte gehemmt hatte, lag vernichtet am Boden. Der Weg war frei für die Entwicklung der Akademie zu einer zentralen Forschungsstätte im Dienste der gesellschaftlichen Erneuerung. LEIBNIZ' Forderung: Akademien müssen alle geistigen Kräfte zu produktivem Schaffen sammeln, sollte nun in Erfüllung gehen. Was LEIBNIZ den Wissenschaftlern zugerufen hatte: sie sollten nicht im Olymp thronen, sondern zum Volke herabsteigen, um ihm mit ihren Mitteln zu helfen, sollte nun verwirklicht werden.

Nach einem Jahr wurden die vorbereitenden Arbeiten für die Neueröffnung der Akademie abgeschlossen. Am 1. August 1946 wurde sie wieder eröffnet, nicht als eine königliche oder kaiserliche oder preußische Akademie, sondern als die „Deutsche Akademie der Wissenschaften".

Johannes Stroux 1886—1954

Ansprache des Präsidenten Johannes Stroux bei der Eröffnungsfeier der Akademie am 1. August 1946

Hochverehrte Herren Offiziere und Vertreter der alliierten Mächte!

Hochverehrte Präsidenten der Länder, der deutschen Zentralverwaltungen und der Akademien! Magnifizenzen!

Sehr verehrte Kollegen unserer Universitäten und Hochschulen!

Verehrter Herr Oberbürgermeister und Vertreter des Magistrats der Stadt Berlin!

Sehr verehrte Herren Vertreter der Öffentlichkeit und der Parteien!

Meine sehr verehrten, mit uns in dieser Feier verbundenen Vertreter des geistigen und künstlerischen Lebens!

Meine verehrten Damen und Herren!

Die Bestätigung der Deutschen Akademie der Wissenschaften zu Berlin, die durch den Befehl des Marschalls Sokolowski, dessen Vertreter wir die Ehre haben unter uns zu begrüßen, unter dem Datum des 1. Juli 1946 erfolgt ist, ruft unsere Akademie unter neuem Namen zu einer neuen Periode ihres Daseins auf. *Es ist ein neues Leben, das wir empfangen.* Wir wollen durch unser Fest zuerst unseren tiefen Dank für das große Ereignis und die Bedeutung, die es für unsere Akademie in der Gegenwart hat und in ihrer Geschichte für alle Zukunft behalten wird, abstatten. *Zu neuem Leben erwachen* — das bedeutet: zu neuer Gewißheit des Daseins und zu neuer Freiheit des Denkens und Handelns auferstehen, nachdem der lastende Druck bedrohlicher Unsicherheit von uns genommen ist. Das Recht, das jeder großen geistigen Arbeit notwendig ist, für eine weitere Zukunft zu planen, ein langes Hoffen zu beginnen, ist uns wiedergegeben. Aus diesem neuen Leben der Akademie aber wird alles ferngehalten und verbannt werden, was in der Periode, die wir für immer hinter uns lassen, an Irrlehren und Verderbnis der Wissenschaft, an Mißbrauch ihrer Erfindungen und an Mitschuld über uns gekommen ist. Unsere Arbeiten werden den Schaden, den die Menschheit erlitten hat, heilen helfen und dazu beitragen, der deutschen Wissenschaft das verlorene Vertrauen zurückzugewinnen. Wo in der Geschichte nach tiefem Sturz ein Wiederaufstieg, nach Kulturverfall eine Erneuerung einsetzt, wird in der Überlieferung die aufatmende Gewißheit der Menschen dieser Generationen vernehmbar, daß *ein neues Leben, eine Vita nuova, für sie begonnen habe*, so daß in der Geistesgeschichte über diesen Begriff das Licht der neuen Hoffnung und Zuversicht gebreitet ist, die aus Verzweiflung, Resignation und Müdigkeit erlöst ähnlich der Genesung, die einem Todkranken zuteil wird.

Dieses Erlebnis wird uns Mitgliedern der Deutschen Akademie der Wissenschaften durch die Gewißheit zuteil, daß mit diesem Fest ein neues Leben unserer Institution beginnt. Als *Wissenschaftler* gründen wir unsere neue Periode auf den freien Geist der Wahrheitssuche. Die Wahrheit aber schwebt uns in all ihrer Realität und in all ihrer göttlichen Idealität als letztes Ziel des Forschens und der Wissensmehrung vor. Durch sie stehen wir im Bunde mit den letzten und höchsten Zielen der Humanität. Als *deutsche Wissenschaftler* erfüllen wir die Aufgaben unseres neuen Lebens im Geiste des neuen einheitlichen deutschen Volksstaates, den wir von dem kommenden Frieden erwarten und den wir auf geistigem Gebiete vorzubereiten bemüht sein werden. Aus der Gewißheit der Einheit deutscher Kultur und deutscher Geistesarbeit kann die neue Deutsche Akademie der Wissenschaften an keinem anderen Platz stehen. Deutsche Wissenschaft als Fundament deutscher Kultur ist ein Ausdruck der geistigen Einheit Deutschlands, aber auch eine Kraft, sie in ihrer Gefährdung zu schützen.

Als ein feierliches Versprechen, das die Deutsche Akademie der Wissenschaften an der Schwelle ihrer neuen, mit dem Leibniz-Tage des Jahres 1946 beginnenden Periode ablegt, gebe ich vor dem deutschen Volk und der deutschen Wissenschaft bekannt: Die Berliner Akademie stellt sich in den Dienst des ganzen deutschen Volkes. Sie wird in der neuen Periode, die sie heute beginnt, danach trachten, alle Wirkungen, die in ihrer bisherigen Tätigkeit zugunsten der Einheit deutscher Geistesarbeit von ihr ausgingen, zu verstärken. Die Aufgaben des Kartells der deutschen Akademien, in dem die Berliner Akademie die Rolle des federführenden Vorortes spielte, werden auch weiterhin nach besten Kräften gefördert werden, und wir haben fertige Pläne, diesen Aufgabenkreis zu erweitern und das Kartell neu zu beleben. Wir werden darüber hinaus danach streben, alle anderen Unternehmungen der deutschen Wissenschaft, denen unsere Mitarbeit förderlich sein kann, zu unterstützen, von welchen Organisationen und Forschungsanstalten, von welchen einzelnen Gelehrten und Forschern auch immer unsere Hilfe gewünscht wird. In der Neubildung und Gesundung des deutschen Kulturlebens werden die Zentren, an denen sich die schaffenden Kräfte sammeln und von denen die neuen Leistungen und Werte ausgehen, die entscheidende Führung haben. Sie werden zum Gelingen der ganzen Erneuerung nahe zusammenarbeiten müssen. Es müssen neue Wechselbeziehungen zwischen den Akademien untereinander, zwischen den Akademien, Universitäten und Forschungsinstituten entstehen, die wie in einem schön gemusterten Gewebe die Arbeitsfäden der gesamten deutschen Geistesarbeit zusammenwirken.

Unser Versprechen, daß unsere Akademie sich mit allen Kräften zu einem Zentrum deutscher Geistesarbeit entwickeln und, ohne die Bedeutung der Zonen- und Stammesgrenzen zu vergessen, der im Wesen der Wissenschaft liegenden Einheit des deutschen Geisteslebens dienen will, ist mit der Überzeugung verbunden, auf diese Weise auch über alle nationalen Begrenzungen hinaus für die friedliche Entwicklung des gesamten geistigen Lebens der Welt und die Idee der Humanität zu arbeiten. Wir hoffen und wünschen, daß der kommende Frieden die Verbindungen unter den Gelehrten und den wissenschaftlichen Forschungsanstalten in aller Welt wiederherstellt und die Akademien wieder zu gemeinsamen Unternehmungen zusammenfügt. Möchten doch bald die Beziehungen unserer Akademie zum Ausland wieder beginnen und uns mit dem großen Ertrag der Wissenschaften, der seit 1939 erzielt wurde, vertraut machen! Möchte bald der persönliche Austausch von Gedanken, Plänen und Eindrücken, der in jedem Gelehrtenleben so viel Anregung und Förderung bedeutet, als beglückendes Element in der Welt der geistigen Arbeit wiederaufleben! Diese unsere Wünsche sind an alle Länder gerichtet, mit denen uns in früheren und besseren Zeiten Zusammenarbeit und Freundschaft verbanden. Sie wenden sich heute, wie einstmals schon zur Gründungszeit in den Plänen und Absichten von LEIBNIZ, besonders nach Rußland und an die fortschrittliche Gelehrtenwelt der Sowjetunion, die uns durch ihren Marschall und durch das Wohlwollen, das sie und ihre Akademie der Wissenschaften uns entgegenbringen, die Eröffnung im jetzigen Zeitpunkt ermöglicht hat. Unseren künftigen Arbeitsplan stützen wir auf die neuen großen materiellen Möglichkeiten, die uns zur Wiederaufnahme und zur Erweiterung unserer Tätigkeit zur Verfügung stehen. Die Arbeitsstellen der bisherigen Unternehmungen werden in ihrer Besetzung erweitert und dadurch wird ein schnellerer Abschluß erreicht werden. Darüber hinaus sind in dem Monat zwischen dem Tage der Bestätigung und unserem Fest bereits die Pläne für zehn neue Unternehmungen aufgestellt worden. Es zeigt sich darin, wie lange und sehnsüchtig unsere Akademie auf die neuen Arbeitsmöglichkeiten gewartet hat, da in der vergangenen Zeit nur die kriegswichtigen Aufgaben Förderung erfuhren. Jetzt können die botanischen, astronomischen und geographischen Arbeiten mit neuen Mitteln und vermehrten Arbeitskräften fortgeführt, die großen Wörterbücher der Akademie mit mehr Nachdruck bearbeitet, die Serien der griechischen Ärzte, Rhetoren und Kirchenschriftsteller und die Bände der Inschriften-Corpora wieder zum Erscheinen gebracht werden. Jetzt tritt die Verpflichtung zur Vollendung der großen klassischen Ausgaben der Werke von LEIBNIZ, KANT und HUMBOLDT wieder an einen Ehrenplatz im neuen Arbeitsplan der Akademie. An den neuen Unternehmungen aber sind die Naturwissenschaften mit der Begründung eines Instituts für Geotektonik und einer Forschungsstelle für Wasser- und Gewässerkunde beteiligt, die Geisteswissenschaften mit einer Gesamtaufnahme des GOETHEschen Sprachschatzes in einem GOETHE-Lexikon, mit einem Institut für Vor- und Frühgeschichte und einem Institut zu Forschungen auf dem Gebiet der hellenistisch-römischen Philosophie und ihrer Quellen. Die Historische Kommission hat sich umorganisiert und wichtige Forschungspläne in ihr Programm aufgenommen. Die Akademie wird neue Kräfte heranziehen, um diesen großen Arbeitsplan zu bewältigen, und sie wird in ihren Unternehmungen die Fortbildungsstätten schaffen, in denen der gelehrte Nachwuchs der deutschen Jugend, die den Fortschritt der deutschen Wissenschaft in der Zukunft verbürgen soll, seine Weiterbildung und Spezialisierung empfängt. Was an gelehrten Instituten durch Angliederung an unsere Akademie eine neue und gesicherte Weiterarbeit finden kann, wird mit uns verbunden und in den Arbeitsplan der Akademie eingegliedert werden. Das gilt besonders von den hier verbliebenen Instituten der ehemaligen Kaiser-Wilhelm-Gesellschaft. Aber es wird nicht mehr das Charakteristikum der Organisation sein, daß sie aus Stiftungsmitteln unterhalten und von einem aus Industriellen und Privaten gebildeten Kuratorium geleitet wird. Die Akademie der Wissenschaften mit ihren eigenen großen Mitteln und damit die Selbstverwaltung der wissenschaftlichen Forschung durch die Gelehrten wird nunmehr an die Stelle treten. Ein Gedanke, den ADOLF VON HARNACK, der Begründer der Kaiser-Wilhelm-

Gesellschaft, schon in vertraulicher Darlegung dem Sekretar der Akademie, HERMANN DIELS, vorgetragen hatte, daß zwischen der Kaiser-Wilhelm-Gesellschaft mit ihren Forschungsinstituten und der Akademie auf die Dauer eine Vereinigung eintreten müsse, wird, soweit es die Verhältnisse erlauben, seine Verwirklichung finden. Dadurch aber, daß die Akademie mehr als bisher durch die Form der Forschungsinstitute ihre wissenschaftlichen Aufgaben erfüllen wird, werden sich ihr äußerer Aufbau wie ihre innere Arbeitsweise modernisieren. Auch in der stillen Welt der Wissenschaft und der Forschung gibt es die entscheidenden Momente, in denen das Planen und Überlegen des Verstandes von der Größe der Entscheidung zu leidenschaftlicher Begeisterung entfacht wird und ein glühender Wille über die kühleren Überlegungen hinweg in die Weite der Zukunft hinausgreift. Einen solchen Moment erleben wir in dem Sinne des heutigen Festes, in dem wir die Berliner Akademie der Wissenschaften aus den historischen Voraussetzungen ihrer großen und würdigen Vergangenheit hinüberleiten in eine neue Epoche, in der die Erneuerung des gesamten wissenschaftlichen Lebens vollbracht werden soll. Wir finden in diesem festlichen Augenblick das Recht und das Glück, ein in die Ferne reichendes Planen zu beginnen, das über die drückende Mahnung des Todes und der Vergänglichkeit, die noch auf uns lastet, siegt und uns mit den ewigen Aufgaben des Friedens verbindet. Weil unser Fest ein Fest der Wissenschaft ist, ist es ein Fest des Friedens, und alles, was die Akademie in ihrer neuen Lebensperiode leisten kann, wird den Segnungen des Friedens und der Humanität dienen und an der Wiederherstellung des Glückes der Menschheit mithelfen. Wie sollte nach aller Vernichtung des Lebens und der Lebenswerte, nach der Zeit der tiefen Verzweiflung ein solches Ziel uns nicht mit heißer Leidenschaft erfüllen! Aber es ist, wie es im Bereich der Wissenschaft natürlich ist, die nüchterne Leidenschaft, die sich nicht von Verstand und Überlegung losreißt. Wir sehen klar und ernst die Vernichtung der Werte, die wir überwinden müssen, wir bleiben uns der geistigen Grundlagen bewußt, die uns von den drei großen Perioden, in denen sich die Preußische Akademie der Wissenschaften entwickelt hat, als Vermächtnis mitgegeben werden. Wir erkennen, daß in dem großen Programm, das LEIBNIZ entwarf, Gedanken über die Zusammenhänge zwischen der Wissenschaft und der Wohlfahrt des Volkes, zwischen der Wissenschaft und den praktischen Erfordernissen des Lebens enthalten sind, die für die Gegenwart neue Fruchtbarkeit versprechen. Wir fühlen uns mit unserer Erinnerung wohl in der freien und toleranten geistigen Atmosphäre, die in der friderizianischen Akademie herrschte, und wir betrachten die Ansammlung der großen Geister, die sie zustande brachte, und die allgemeine nationale wie übernationale Autorität, die sie im europäischen Kulturleben errang, als vorbildlich. Der neue Geist der Wissenschaft, der von HUMBOLDT und dem Kreis der Gelehrten um ihn in der dritten Periode der Akademie programmatisch verkündet und durch die Wirksamkeit der großen Berliner Akademiker des 19. Jahrhunderts in seiner Bedeutung für alle Zweige des Wissens erwiesen wurde, muß in unserer neuen Akademie lebendig bleiben. Denn er hat letzte Wahrheiten über das Wesen der Wissenschaften entdeckt. Die tiefen Erschütterungen, aus denen die Neugestaltung unserer Akademie hervorgeht, zwingen uns, die hohen Grundwerte der Tradition, die wir von den vergangenen Zeiten übernehmen, in eine neue Ordnung zu bringen. Das Erlebnis unseres Unterganges hat die Maßstäbe, mit denen der Wert wissenschaftlicher Überlieferungen für die Gegenwart und ihre Bedürfnisse zu messen ist, völlig verändert. Gerade die Akademien müssen darin vorangehen, die Neuordnung der geistigen Welt, in der sich Wissenschaft und Forschung vollziehen, aus sich selbst und aus ihrer Arbeit hervorzubringen. Entscheidend dafür, daß diese gefunden wird, ist das Verhältnis der Akademie zur Öffentlichkeit, zum Volk und zum neuen demokratischen Staat.

Die Sorge, für den gemeinsamen Nutzen und die Wohlfahrt des Volkes zu arbeiten, die schon LEIBNIZ von uns forderte, wird ein Charakterzug ihres neuen Wesens sein, der sich aus der Einordnung der Akademie in den neuen sozialen Aufbau der Gesellschaft ergibt. Auch die Akademie wird aus der Sorge für die Existenz des Volkes und seine Wohlfahrt, aus der Liebe zum Volk neue Ideale und neue Kräfte empfangen, doch wird der Grundsatz, daß nur die geistige Natur des Menschen und die letzten Ziele des menschlichen Daseins der Geistesarbeit Gesetz und Richtung geben können, damit nicht im Widerspruch stehen. Die erneuerte Akademie der Wissenschaften zu Berlin wird nach der Vereinigung dieser scheinbaren Gegensätze streben: sie wird ihre Forschungsarbeit und deren Früchte der gegenwärtigen deutschen Kultur und dem Glück des deutschen Volkes dienstbar machen. Aber sie wird den hohen Flug der Geistesarbeit aufwärts richten auf die höchsten Ziele, die ihr gesteckt werden können; denn auch für uns gilt weiter das schöne Symbol, das LEIBNIZ in unserem Schmucksiegel für den Geist, der in unserer Akademie lebendig sein soll, entworfen hat: der Adler als Sinnbild des Menschengeistes, der sich emporschwingt zu den brüderlichen Gestirnen:

Cognata ad sidera tendit!

Schluß der Festrede
anläßlich der Eröffnungsfeier der Akademie am 1. August 1946

VON HANS KIENLE

Solche zwangsläufige Verflechtung der Wissenschaft mit der Industrie läßt uns mit banger Sorge all die Maßnahmen verfolgen, die von den Alliierten getroffen werden zur Vernichtung des Kriegspotentials und zur Verhinderung einer Wiederaufrüstung. Wir, die wußten, welche Möglichkeiten in den für Zwecke der Vernichtung geschaffenen Hilfsmitteln zur Lösung rein wissenschaftlicher Probleme stecken, haben die Zeit herbeigesehnt, wo es uns vergönnt sein würde, von diesem Wissen Gebrauch zu machen. Man wird uns den Wunsch nicht verargen, vor der Zerstörung zu retten, was besseren Zwecken zugeführt werden könnte, wenn wir uns auch klar sind darüber, daß das, was wir alle an totalem Kriegseinsatz der Wissenschaft auf der ganzen Welt erlebt haben, zu besonderem Mißtrauen Anlaß gibt. Es wird Aufgabe derer sein, die jetzt eine friedliche Neuordnung der Welt vorbereiten, wirksame Mittel gegen den Mißbrauch der Wissenschaft zu finden, ohne die Entwicklung der Forschung selbst durch Zerschlagung ihrer materiellen Voraussetzungen zu verhindern. Wenn in den beiden Erklärungen, die der Außenminister der Sowjetunion, MOLOTOW, vor kurzem über das Schicksal Deutschlands abgegeben hat, eindringlich auf die Notwendigkeit der Erhaltung einer leistungsfähigen Friedensindustrie hingewiesen wird, so erkennen wir darin ein bedeutsames Zeichen des Verständnisses, das unserer Lage entgegengebracht wird, und schöpfen daraus die Hoffnung, daß unsere Wünsche Gehör finden.

Neben den materiellen Vorbedingungen für die Arbeit verdienen auch die methodisch-organisatorischen einige Beachtung. Wir leben in einer Zeit zunehmender Spezialisierung. Erscheinungen wie ALEXANDER VON HUMBOLDT, der es unternehmen konnte, in seinem „Kosmos" eine Gesamtdarstellung des naturwissenschaftlichen Weltbildes zu geben, und der sich dabei zu einem großen Teil noch auf eigene Beobachtungen stützen konnte, sind heute undenkbar. Die großen Handbücher und Monographiensammlungen, in denen das Wissen unserer Tage niedergelegt ist, werden nicht von Einzelnen geschrieben; sie sind das Ergebnis gut organisierter Gemeinschaftsarbeit. In der Forschung selbst werden wesentliche Fortschritte erzielt durch fruchtbare Zusammenarbeit von Spezialisten, namentlich auf den Grenzgebieten zwischen den Einzelwissenschaften, die immer mehr an Bedeutung gewinnen.

So ist es kein Zufall, daß die in den wissenschaftlichen Zeitschriften veröffentlichten Arbeiten sehr oft die Namen von zwei und mehr Verfassern tragen und daß unsere Institute vielfach den Charakter von Kollektivwesen angenommen haben, wo nicht ein Chef den Untergebenen Arbeiten diktiert, wie es z. B. die alte Dienstanweisung des Astrophysikalischen

Observatoriums ausdrücklich vorsieht, wo vielmehr in einem Kreis Gleichgestimmter neue Gedanken geboren und in gemeinsamer Arbeit ausgewertet werden. Das Wort von der „Gelehrtenrepublik" erhält so einen neuen, tieferen Sinn; der Versuch der Übertragung des „Führerprinzips" ist gerade hier am kläglichsten gescheitert.

Vom einzelnen Institut als Kollektivwesen gelangen wir folgerichtig zu Arbeitsgemeinschaften über die Institutsgrenzen hinaus für die Bewältigung von Aufgaben, die den Rahmen des Einzelinstituts überschreiten. Und hier nun begegnen wir den Akademien in einer ihrer wichtigsten Funktionen: Träger der gesamten Forschungsarbeit zu sein. In der Akademie sollen sich die Besten auf allen Gebieten zusammenfinden. In den von ihr eingerichteten Kommissionen soll die Arbeit der großen Gemeinschaftsunternehmungen organisiert und aus Mitteln, über die die Akademie autonom verfügt, finanziert werden. In der Akademie soll letztlich alles zusammenfließen, was an Erkenntnissen gewonnen wird; von ihr sollen und werden, wenn anders sie ihre Aufgabe richtig begreift, Anregungen ausgehen zu neuen Forschungen.

Die Entwicklung, die Naturwissenschaft und Technik in Deutschland seit dem Ausgang des 19. Jahrhunderts genommen haben, hat die Akademien dieser ihrer großen historischen Aufgabe, wenigstens auf dem naturwissenschaftlichen Gebiet, teilweise entfremdet. Das Berliner Astronomische Jahrbuch wurde einst herausgegeben von der Berliner Akademie. Die akademische Sternkarte, deren Existenz allein es dem damaligen Observator an der Berliner Sternwarte, GALLE, ermöglichte, den neuen Planeten Neptun an dem von LEVERRIER vorausberechneten Ort aufzufinden, war ein Unternehmen der Berliner Akademie. Die Observatorien für Astrophysik und Meteorologie auf dem Telegraphenberg bei Potsdam sind durch die Initiative der Berliner Akademie entstanden; das erste Direktorium bestand aus den Akademiemitgliedern AUWERS, FOERSTER und KIRCHHOFF. ARTHUR V. AUWERS hatte eine Akademieprofessur inne und hat in dieser unabhängigen Stellung den großen Fundamentalkatalog des Berliner Jahrbuchs geschaffen, das Unternehmen der „Geschichte des Fixsternhimmels" ins Leben gerufen und das Astronomische Recheninstitut gegründet.

Es ist hier nicht der Ort und die Zeit, den Gründen nachzugehen, die bei der Ablösung der Akademie durch andere Institutionen eine Rolle gespielt haben. Nur auf zwei Tatsachen sei hingewiesen, die für die Beurteilung der heutigen Lage von Bedeutung sind.

In der Kaiser-Wilhelm-Gesellschaft, die entgegen den ursprünglichen Absichten ihres Initiators HARNACK unabhängig von der Akademie gegründet wurde, entstand eine Institution, die vornehmlich auf dem naturwissenschaftlichen Sektor zum Träger der freien, von der Universität losgelösten Forschung wurde. In ihr flossen all die reichen Mittel zusammen, die die Industrie für die Wissenschaft zur Verfügung stellte. Der Kaiser-Wilhelm-Gesellschaft gelang es dank einer großzügigen Politik, die besten Forscher an sich zu ziehen und sie zu fruchtbarster Entfaltung kommen zu lassen.

Neben die Kaiser-Wilhelm-Gesellschaft mit ihren zahlreichen eigenen Instituten trat dann, aus den Nöten der Zeit nach dem ersten Weltkrieg geboren, die Notgemeinschaft der deutschen Wissenschaft unter ihrem tatkräftigen Präsidenten Exz. SCHMIDT-OTT, der wir alle, die wir in den letzten drei Jahrzehnten als Forscher haben tätig sein können, so unendlich viel verdanken. Wo der Staat versagte und wo die fast ganz auf staatliche Mittel angewiesenen Akademien ihre große Aufgabe nur unvollkommen erfüllen konnten, sie zum Teil vielleicht nicht einmal sahen, da setzte die Notgemeinschaft ein. Sie beschaffte Instrumente, bezahlte Hilfskräfte, rüstete Expeditionen aus und wurde sehr oft nicht nur Helfer in der Not, sondern auch Quelle der Anregung.

Heute ist die Lage von Grund aus verändert. Die reichen Hilfsquellen der Kaiser-Wilhelm-Gesellschaft und der Notgemeinschaft sind versiegt und werden in absehbarer Zeit nicht mehr fließen können. Dafür aber besinnt sich der Staat bzw. das, was wir heute an staatlichen Einrichtungen bereits wieder besitzen, auf seine hohen Verpflichtungen gegenüber der Wissenschaft als einem wesentlichen Bestandteil der Kultur. Wir haben aus dem Munde des Präsidenten gehört, mit welch reichen Mitteln unsere Akademie ausgestattet werden soll. Wenn manchem angesichts der äußeren Notlage, in der wir uns befinden, Bedenken aufsteigen wollen, ob wir uns das leisten können, dann mag ihm entgegengehalten werden, daß der Verzicht auf eine der Zerstörung dienende Kriegsmaschinerie, die vordem fast alles verschlang, was der Fleiß unseres Volkes erarbeitete, alle Hilfsquellen frei macht für positive Arbeit zur Förderung der Kultur. Bei aller Beschränkung unseres materiellen Lebens dürfen und müssen wir doch groß denken, nicht in dem Größenwahn nationalsozialistischer Mammutpläne, denen das tragende Fundament fehlte, sondern in den der Aufgabe angemessenen richtigen Maßstäben, die allerdings bestimmt werden durch die Lebensbedingungen, die uns überhaupt gelassen werden.

Vielleicht wird der Name, mit dem die alte Preußische Akademie jetzt eine neue Ära beginnt: „Deutsche Akademie der Wissenschaften zu Berlin", mancherorts mißverstanden oder mißdeutet. *Wir* sehen in dem Namen weniger einen Anspruch auf eine Vormachtstellung in einem zentralistischen, von Berlin aus geleiteten Staat als vielmehr eine Verpflichtung, die der Akademie daraus erwächst, daß sie das verwaiste Erbe aus dem Zusammenbruch all der Einrichtungen antritt, die einst in Berlin ihren Sitz hatten, und daß sie darüber hinaus klar die große Chance erkannt hat, die ihr gerade in diesem Zeitpunkt durch die Besinnung auf ihre historische Aufgabe gegeben wird. Sie knüpft an alte Traditionen an und nimmt wieder auf, was ihr im Laufe einer von dieser Tradition abweichenden Entwicklung verlorenging, und sie wird sich neue Aufgaben stellen, die sich aus den erweiterten Verpflichtungen ergeben.

Wenn die Deutsche Akademie der Wissenschaften zu Berlin als „höchste wissenschaftliche Einrichtung", wie es in ihrem neuen Statut heißt, alles zusammenfaßt, was an Forschung innerhalb der Nation geleistet wird, ist sie damit zugleich Vermittlerin für die Zusammenarbeit der Nationen. Gerade in der Astronomie, deren Gegenstand menschliche Maße so weit übersteigt, steht internationale Gemeinschaftsarbeit stärker im Vordergrund als auf manchen anderen Gebieten. Einst wurde diese Arbeit getragen von der „Astronomischen Gesellschaft". Sie war bis zum ersten Weltkrieg *die* internationale Vereinigung der Astronomen, unter deutscher Führung, mit einem zur Hälfte aus Deutschen bestehenden Vorstand. Sie bestand weiter, als die internationalen Unionen ins Leben gerufen wurden und die Organisation der Zusammenarbeit übernahmen, verlor aber notwendigerweise an Bedeutung durch die politische Entwicklung seit 1933. Sie ist heute tot und wird wohl kaum wieder in der alten Form und Bedeutung aufleben können. Die internationale astronomische Zusammenarbeit der Zukunft wird in der International Astronomical Union geleistet werden. Es wird zu prüfen und zu klären sein, welche Rolle in diesem Zusammenhang künftig die Akademie als Vertreterin einer deutschen Wissenschaft spielen soll.

Über die Akademie wird auch einer der Wege erschlossen werden können, auf dem wir in Zukunft mehr als bisher werden gehen müssen, wenn wir teilnehmen wollen an dem friedlichen Wettbewerb der Nationen. Die klimatischen Bedingungen Mitteleuropas haben schon lange Pläne entstehen lassen zur Schaffung von Beobachtungsstationen außerhalb des Landes, und die Beschränktheit der eigenen instrumentellen Hilfsmittel hat dazu geführt, nach Gastarbeitsplätzen an großen Instituten des Auslandes Ausschau zu halten. Wenn hier nicht nur zufällige Initiative des Einzelnen wirksam sein wird wie vielfach bisher, sondern die Akademie fördernd und lenkend mit ihrem Gewicht sich einsetzt, wird der Erfolg nicht ausbleiben, den nicht zuletzt der Gedankenaustausch an solchen internationalen Arbeitsstätten mit sich bringt.

Damit komme ich zu der letzten Frage, die sich aufdrängt, wenn wir so große Aufgaben ins Auge fassen, die internationale Zusammenarbeit erheischen: „Welches wird denn überhaupt noch der deutsche Anteil am Fortschritt der Wissenschaft in Zukunft sein können?"

Hier darf ich anknüpfen an ein persönliches Erlebnis, das sich tief eingeprägt hat. Es war am 3. Mai 1933, als wir zur ersten Feier der Göttinger Universität unter der neuen Führung vor der Aula auf dem alten Wilhelmplatz standen. Der Vertreter der Dozentenschaft entwickelte das Programm der nationalsozialistischen Universität. Im Verlauf dieser Rede fielen, mit besonderer Betonung gesprochen, die inhaltsschweren Worte: „Dabei verzichten wir bewußt auf die Weltgeltung der deutschen Wissenschaft." Im Gegensatz dazu wurde später der „Führungsanspruch der deutschen Wissenschaft angemeldet", wurde die Unterwerfung unter das international gültige Urteil der Gesamtheit der Nationen, wie es etwa in der Verleihung der Nobelpreise wirksam wird, ersetzt durch die Anmaßung eigener Selbstverherrlichung.

Die Folgen dieses „bewußten Verzichtes auf Weltgeltung" sind es, die wir zu spüren bekommen haben. Die Wiederherstellung des richtigen Maßes aber zwischen Anspruch und Leistung wird eine unserer vornehmlichsten Aufgaben sein müssen. Wir wollen keinen Führungsanspruch anmelden, sondern wollen uns bemühen, die Weltgeltung der deutschen Wissenschaft wieder durch ehrliche Arbeit zu erringen. In der Deutschen Akademie der Wissenschaften zu Berlin aber wollen wir die Institution sehen, die als Verkörperung des wissenschaftlichen Lebens der Nation die international anerkannten Maßstäbe mit setzen hilft.

Was aber können wir heute der Menschheit noch oder schon wieder bieten nach einem Zusammenbruch ohnegleichen, der uns fast aller materiellen Hilfsmittel beraubt hat, die wir für nötig erachten, um die Arbeit mit auch nur einiger Aussicht auf Erfolg aufzunehmen?

Ein heißes Herz, das von brennender Liebe erfüllt ist zu der Wissenschaft, der wir einst als junge Menschen unser Leben verschrieben haben und der zu dienen wir durch all die Jahre des Infernos unablässig bemüht waren.

Einen kühlen Verstand, der hellsichtiger geworden ist durch das Erlebnis all des Leides, das über die ganze Welt ausgebreitet worden ist durch den Mißbrauch der Gewalt, die eine zu höchster Vollkommenheit gesteigerte Wissenschaft und Technik in die Hände der Menschen gelegt hat.

Und schließlich einen durch nichts zu brechenden Willen, über alle Anfechtung und Niedergeschlagenheit hinweg zu neuer Tat zu schreiten, um eine bessere Welt aufbauen zu helfen, in der der Geist über die Materie herrschen und die Voraussetzungen schaffen soll für die Pflege alles dessen, was wir unter Kultur schlechthin verstehen.

Damit wir den Tag erleben mögen, an dem wir aus innerster Überzeugung und ohne das leise Zagen, das wir heute noch nicht ganz bannen können, mit ULRICH VON HUTTEN wieder ausrufen dürfen: „*O saeculum, o litterae, iuvat vivere* — O Jahrhundert, o Wissenschaften, es ist eine Lust zu leben!“

Walter Friedrich * 1883

Max Volmer * 1885

Die Deutsche Akademie der Wissenschaften zu Berlin 1946–1956

VON WALTER FRIEDRICH
UNTER MITARBEIT VON HANS WITTBRODT

Im Mai 1945 endete der „totale" Krieg Hitlers mit dem totalen Zusammenbruch Deutschlands.

Einst blühende Städte glichen einem Trümmerfeld. Zerstört und verlassen waren Industrie- und Verkehrsanlagen, alte Kulturstätten, Universitäten und Forschungseinrichtungen lagen in Schutt und Asche. Geschwärzte Ruinen strahlten Mutlosigkeit und Verzweiflung aus; eine tiefe Resignation ergriff viele Menschen und lähmte ihre Schaffenskraft.

Aber das Leben ging weiter. Fortschrittliche Männer und Frauen verschiedener Weltanschauung fanden sich zusammen und waren bereit, die Verantwortung für die notwendige Erneuerung in Verwaltung und Wirtschaft zu übernehmen und die Erhaltung der deutschen Nation zu sichern.

Schwer lasteten die Verbrechen des Faschismus auf Deutschland. Alle demokratischen Kräfte mußten zusammengefaßt werden, um ein neues friedliches Deutschland zu schaffen, ein Deutschland, das aus den Fehlern der Vergangenheit gelernt hat und sich durch ehrliche Arbeit das Vertrauen der Völker wieder erringt.

Am 10. Juni 1945 wurde durch Befehl des Obersten Chefs der Sowjetischen Militäradministration, Marschall SHUKOW, die Bildung von antifaschistischen Parteien und Gewerkschaften zugelassen. In den folgenden Wochen entstanden in Berlin vier Parteien, die sich am 14. Juli 1945 zu einem Block der antifaschistischen Parteien zusammenschlossen.

Im ersten Aufruf dieses Blockes wurde damals u. a. erklärt:

> „Nur durch einen grundlegenden Umschwung im Leben und Denken unseres ganzen Volkes, nur durch Schaffung einer antifaschistisch-demokratischen Ordnung ist es möglich, die Nation zu retten. Die Vertreter der vier Parteien beschließen, unter gegenseitiger Anerkennung ihrer Selbständigkeit, die Bildung einer festen Einheitsfront der antifaschistisch-demokratischen Parteien, um mit vereinter Kraft die großen Aufgaben zu lösen. Damit ist ein neues Blatt in der Geschichte Deutschlands aufgeschlagen".

Der Block der antifaschistisch-demokratischen Parteien bestimmte die weitere politische Entwicklung im Gebiet der heutigen Deutschen Demokratischen Republik und wurde zur Grundlage der demokratischen Erneuerung.

Schon Ende Mai 1945, noch nicht einen Monat nach dem Zusammenbruch, hatte sich in Berlin eine Reihe von antifaschistischen Wissenschaftlern zusammengefunden, die vom neugebildeten Magistrat von Groß-Berlin als leitender Ausschuß für alle Fragen der Forschung und Hochschulen anerkannt wurden. Dieser Ausschuß gewährte der Akademie volle Unterstützung bei der Wiederaufnahme ihrer Tätigkeit.

Am 6. Juni 1945 fanden sich die in Berlin verbliebenen ordentlichen Mitglieder der ehem. Preußischen Akademie der Wissenschaften, soweit sie bei dem Fehlen jeder Post- oder Telefonverbindung und bei dem Mangel an Verkehrsmitteln eine Einladung hatten erhalten können, im Gemeindehaus zu Berlin-Zehlendorf zu einer ersten Sitzung zusammen; auf ihr wurde Hr. STROUX mit der vorläufigen Leitung der Akademie betraut. Schon in den nächsten Tagen fanden Besprechungen mit leitenden Mitarbeitern des Magistrats über die Weiterführung der Arbeiten der Akademie statt. Ein entsprechender Antrag an die damals allein

Wiederbeginn der Akademiesitzungen im Jahre 1945 in der Akademiebibliothek, Unter den Linden

in Berlin anwesende sowjetische Militärverwaltung wurde noch im Juni gestellt. Am 21. Juni wurden Hr. STROUX als Präsident und die HH. DIELS und HARTUNG zu Sekretaren gewählt. Damit hatte die Akademie wieder eine verhandlungsfähige Leitung.

Von diesem Zeitpunkt an fanden regelmäßig Akademie-Sitzungen statt. Sie begannen nach altem Brauch mit einem wissenschaftlichen Vortrag eines Mitgliedes; daran schlossen sich Beratungen über die Möglichkeit, die wissenschaftlichen Unternehmungen der Akademie fortzuführen. Nachdem die Sitzungen anfangs an verschiedenen Orten abgehalten worden waren, wurden sie im Spätherbst in das alte Gebäude der Akademie, Unter den Linden 8, verlegt. Es war freilich stark zerstört, vor allem fehlte es an Beleuchtung und Heizung. Doch die Opferwilligkeit der Mitglieder und der Angestellten setzte sich über diese Schwierigkeiten hinweg. Sie fanden dabei dankenswerte Unterstützung durch die Vertreter der sowjetischen Militärverwaltung.

Im Dezember 1945 erfolgte ein offizieller Besuch durch den bevollmächtigten Vertreter der Akademie der Wissenschaften der UdSSR, Generalmajor Prof. Dr. KULEBAKIN. Zahlreiche weitere Besprechungen über die zukünftige Gestaltung der Akademie mit den für Wissenschaft und Kultur verantwortlichen Vertretern der sowjetischen Militärverwaltung folgten. Auf Initiative der sowjetischen Behörden wurden die materiellen Sorgen der Wissenschaftler weitgehend behoben und die Voraussetzungen für eine gedeihliche wissenschaftliche Arbeit geschaffen. Auch die offen bezeugte Anerkennung der großen Leistungen der deutschen Wissenschaft wie die Achtung der Persönlichkeit des Wissenschaftlers stellten eine nicht zu unterschätzende Hilfe dar.

Akademiemitglieder
bei Wiederaufnahme der Forschungsaufgaben im Jahre 1945

Im August 1945 waren für die sowjetisch besetzte Zone deutsche Zentralverwaltungen „zwecks Entwicklung der Wirtschaft und Wiederherstellung des Verkehrs- und Nachrichtenwesens, der Gesundheitsfürsorge und Volkserziehung“ gebildet worden. Damit wurde die Betreuung der Akademie in die Hände der Deutschen Zentralverwaltung für Volksbildung gelegt, die von Paul Wandel geleitet wurde.

Bei den Beratungen über die Zukunft der Akademie gewann der Gedanke immer mehr Raum, die Akademie zu einem Zentrum der wissenschaftlichen Arbeit zu entwickeln und ihre Tätigkeit vor allem auf den naturwissenschaftlichen und technischen Gebieten zu erweitern. Insbesondere sollte die Akademie in den Stand gesetzt werden, mehr als bisher die Organisation der wissenschaftlichen Forschung selbst in die Hand zu nehmen. Dieser Gedanke war schon bei der Gründung der Akademie aufgetaucht und ist seither immer wieder von hervorragenden Gelehrten vertreten worden.

So hat G. W. Leibniz in seiner Denkschrift vom Jahre 1700 die Aufgabe der Akademie mit den Worten umschrieben:

„Solche Churfürstl. Societät müste nicht auf bloße Curiosität oder Wissensbegierde und unfruchtbare Experimenta gerichtet seyn, oder bey der bloßen Erfindung nüzlicher Dinge ohne Application und Anbringung beruhen; ... sondern man müste gleich Anfangs das Werck samt der Wissenschaft auf den Nuzen richten. Wäre demnach der Zweck theoriam cum praxi zu vereinigen, und nicht allein die Künste und die Wissenschaften, sondern auch Land und Leute, Feldbau, Manufacturen und Commercien, und, mit einem Wort, die Nahrungsmittel zu verbeßern[1]).“

Ein Jahrhundert später — im Statutenentwurf des Jahres 1809 — wurde auf Initiative ALEXANDER VON HUMBOLDTs wiederum die Forderung erhoben, der Akademie für die wichtigsten Wissensgebiete eigene Forschungseinrichtungen anzugliedern. Aber der König und seine Ratgeber billigten der wissenschaftlichen Forschung keine Selbstverwaltung zu, so daß auch dieser Statutenentwurf abgelehnt wurde.

Gegen Ende des 19. Jahrhunderts wurde — bedingt durch die schnelle industrielle Entwicklung — eine wesentliche Ausweitung der naturwissenschaftlichen und technischen Forschung immer dringender. Damals entstand, entgegen Wunsch und Meinung hervorragender Vertreter der Akademie, eine besondere Organisation, die Kaiser-Wilhelm-Gesellschaft zur Förderung der Wissenschaften, die im wesentlichen aus Stiftungsmitteln der Industrie unterhalten und von einem aus Industriellen und Privaten gebildeten Kuratorium geleitet wurde.

Erst in der sich abzeichnenden neuen sozialistischen Gesellschaftsordnung war es möglich, die Akademie zu einem führenden wissenschaftlichen Zentrum zu entwickeln. So entstand bereits ein Jahr nach der Kapitulation in Fortsetzung der Traditionen der ehrwürdigen Preußischen Akademie der Wissenschaften die

DEUTSCHE AKADEMIE DER WISSENSCHAFTEN ZU BERLIN.

Am 1. Juni 1946 erfolgte die Bestätigung durch Befehl des Chefs der Sowjetischen Militäradministration, und am 1. August 1946 fand die offizielle Eröffnungsfeier im Deutschen Theater in Berlin statt. In Anwesenheit der Vertreter aller alliierten Mächte, der Präsidenten der Länder und der deutschen Zentralverwaltungen der sowjetischen Besatzungszone sowie zahlreicher Vertreter des deutschen geistigen und kulturellen Lebens erklärte der erste Präsident der Akademie, Hr. STROUX, vor dem deutschen Volk und der deutschen Wissenschaft feierlich:

„Die Berliner Akademie stellt sich in den Dienst des ganzen deutschen Volkes. Sie wird in der neuen Periode, die sie heute beginnt, danach trachten, alle Wirkungen, die in ihrer bisherigen Tätigkeit zugunsten der Einheit deutscher Geistesarbeit von ihr ausgingen, zu verstärken.“

Die Akademie war und ist stets bestrebt, dieser Erklärung gemäß zu handeln und mit ihrer ganzen Autorität für die deutsche Einheit einzutreten.

[1]) A. HARNACK, Geschichte der Königlich Preußischen Akademie der Wissenschaften zu Berlin, Bd. 2, S. 76, Berlin 1900.

Trotz der zeitweiligen erheblichen Schwierigkeiten, die die politische Spaltung Deutschlands mit sich brachte, bemühte sich die Akademie, nicht nur ihre alten nationalen und internationalen Verbindungen aufrecht zu erhalten, sondern auch zahlreiche neue zu knüpfen. Sie erzielte erfreuliche Erfolge, stieß aber auch auf Ablehnung und Unverständnis, vor allem weil sie gewillt war, entschieden für ein friedliches, demokratisches Deutschland einzutreten, und weil sie den Kräften, die unser Vaterland und Europa zweimal in entsetzliche Katastrophen geführt haben, keinen Platz einzuräumen gedachte.

Am 31. Oktober 1946 beschloß das Plenum der Akademie das neue Statut, nach dem die Akademie „ihre Arbeit auf neuer Grundlage und in erweiterter Form" wieder aufnahm. Die Akademie sollte künftig Forschungsinstitute unterhalten, die „zum Wiederaufbau der geistigen und materiellen Kultur Deutschlands notwendig erscheinen".

Die materiellen Schwierigkeiten in den ersten Jahren waren recht erheblich und sind heute bereits weitgehend in Vergessenheit geraten. In den wieder notdürftig hergerichteten alten Räumen der Akademie im Gebäude der heutigen Deutschen Staatsbibliothek fanden hinter mit Pappe verkleideten Fenstern die Sitzungen statt, entstanden die Pläne zum Aufbau eines neuen deutschen wissenschaftlichen Lebens. Immer wieder war es erforderlich, aufkommende Resignation durch Initiative und Optimismus derer zu überwinden, die an ein neues Deutschland glaubten, das sie, fußend auf den humanistischen Traditionen, gemeinsam mit der fortschrittlichen Arbeiterschaft schaffen wollten.

Voller Dankbarkeit gedenken wir daher des ersten Präsidenten der Deutschen Akademie der Wissenschaften zu Berlin, Professor Dr. STROUX. Er leitete die Akademie in dieser Aufbauphase mit großem Geschick und mit vollem Einsatz seiner Persönlichkeit. Seiner wahrhaft humanistischen Einstellung ist es zu verdanken, daß es gelang, die Traditionen der Preußischen Akademie der Wissenschaften zu wahren und mit den fortschrittlichen Ideen und Forderungen der sich schon abzeichnenden sozialistischen Gesellschaftsordnung zu verbinden.

Bereits einige Monate später begann unter der Leitung des Direktors bei der Akademie, Dr. J. NAAS, der Aufbau der wissenschaftlichen Institute. Zunächst wurden schon bestehende wissenschaftliche Institute übernommen:

die Sternwarte Babelsberg,
das Astronomische Recheninstitut Babelsberg,
die Sternwarte Sonneberg,
das Zentralinstitut für Erdbebenforschung, Jena,

und im November 1946

das Astrophysikalische Observatorium, Potsdam,
das Geodätische Institut, Potsdam,
das Heinrich-Hertz-Institut für Schwingungsforschung, Berlin.

Im Dezember 1946 wurde für die Veröffentlichungen der Akademie ein eigener Verlag — Akademie-Verlag GmbH — gegründet. Ein Jahr später erweiterte sich der Bereich der Akademie wiederum beträchtlich. In den Bereich der Akademie wurden eingegliedert:

im Juni 1947

das Institut für Festkörperforschung, Berlin-Buch,

das Institut für Medizin und Biologie, Berlin-Buch,
das Laboratorium für Gasentladungsphysik, Greifswald,
und im April 1948
das Institut für Kulturpflanzenforschung, Gatersleben,
das Institut zur Steigerung der Pflanzenerträge, Paulinenaue.

Die traditionellen Arbeiten der Akademie auf den gesellschaftswissenschaftlichen Gebieten wurden wieder aufgenommen und in erweiterter Form fortgeführt. Dies galt besonders für die Arbeiten an den Wörterbüchern wie
dem Deutschen Wörterbuch (Grimmschen Wörterbuch),
dem Wörterbuch der deutschen Pflanzennamen,
dem Mittelhochdeutschen Wörterbuch,
dem Goethe-Wörterbuch
und für die editorischen Arbeiten wie die Ausgabe der Werke von Leibniz, Kant, Wieland und Jean Paul.

Auch die Arbeiten an den Werken der griechisch-römischen Altertumskunde wurden fortgesetzt, wobei eine Reihe von Unternehmen in dem Institut für hellenistisch-römische Philosophie, Berlin, zusammengefaßt wurde. Gleichfalls wurden alle orientalistischen Unternehmen in einem
Institut für Orientforschung, Berlin,
vereinigt.

Ferner übernahm die Akademie 1949 die seit 1925 von A. Brackmann und F. Hartung herausgegebenen
Jahresberichte für deutsche Geschichte.

Des weiteren wurde eine Reihe neuer wissenschaftlicher Einrichtungen in den ersten Jahren nach der Wiedereröffnung gegründet wie
im November 1946
das Geotektonische Institut, Berlin,
im Oktober 1947
das Institut für Bauwesen, Berlin,
das Institut für Slawistik, Berlin,
und im Jahre 1948
das Optische Laboratorium, Berlin,
das Institut für physikalische Hydrographie, Berlin,
das Institut für Faserstoff-Forschung, Teltow-Seehof,
das Institut für Technologie der Fasern, Dresden.

Damit war zunächst ein gewisser Abschluß in der Entwicklung der Akademie erreicht[2]).

Die übernommenen Institute mußten ausgebaut und modernisiert werden; diesen neugegründeten Einrichtungen waren Arbeitsmöglichkeiten zu schaffen; vor allem aber waren

[2]) Nähere Hinweise über die Aufgabengebiete der Institute und die wissenschaftlichen Veröffentlichungen der Mitarbeiter sowie weitere Einzelheiten über die Durchführung wissenschaftlicher Arbeiten finden sich in den Jahrbüchern der Deutschen Akademie der Wissenschaften zu Berlin 1946—1949 (Berlin 1950), 1950—1951 (Berlin 1951), 1952—1953 (Berlin 1955), 1954 (Berlin 1956).

die Institute wissenschaftlich anzuleiten und in ein System organisierter Forschung einzugliedern.

Hierfür bedurfte die Akademie in weit größerem Maße als bisher der Hilfe staatlicher Stellen. Auch die innere Organisation der Akademie war den erhöhten Anforderungen nicht mehr voll gewachsen. Für verschiedene wichtige Fachgebiete gab es keine ständig mitarbeitenden ordentlichen Mitglieder, und die Verbindung zwischen den wissenschaftlichen Einrichtungen und den fachlich zuständigen Mitgliedern war nicht befriedigend. Eine Verbesserung der Arbeit war nur durch weitreichende organisatorische Maßnahmen möglich.

Mit Befriedigung und Zustimmung wurde daher ein umfassender Plan zur Förderung der Wissenschaften begrüßt, der 1949 auf Initiative des Botschafters der Sowjetunion, Semjonow, einer Anzahl hervorragender Wissenschaftler zur Beratung vorgelegt wurde.

Das Plenum der Akademie befaßte sich in einer Sondersitzung mit den vorgeschlagenen Maßnahmen und billigte die die Akademie betreffenden Vorschläge.

Dieser Plan zur Förderung der Wissenschaften, der am 31. März 1949 von der Deutschen Wirtschaftskommission in der Sowjetischen Besatzungszone als „Verordnung über die Erhaltung und Entwicklung der deutschen Wissenschaft und Kultur, die weitere Verbesserung der Lage der Intelligenz und die Steigerung ihrer Rolle im öffentlichen Leben" (Kulturverordnung) beschlossen wurde, hatte für die weitere Arbeit der Akademie eine außerordentliche Bedeutung. In bezug auf die Akademie heißt es in dieser Verordnung u. a.:

„Mit Rücksicht auf die besonders große Bedeutung der Wissenschaft für die weitere Entwicklung der deutschen Friedenswirtschaft wird die Deutsche Akademie der Wissenschaften zu einem leistungsfähigen Zentrum für die Forschungsarbeit umgestaltet.

Unter Beachtung der Stellungnahme des Plenums der Deutschen Akademie der Wissenschaften erfolgt der Ausbau und die Reorganisation nach folgenden Grundsätzen:

Gliederung der Deutschen Akademie der Wissenschaften in folgende 6 Klassen:
Klasse für Mathematik und Naturwissenschaften,
Klasse für Sprach-, Literatur- und Kunstwissenschaften,
Klasse für Gesellschaftswissenschaften,
Klasse für medizinische Wissenschaften,
Klasse für landwirtschaftliche Wissenschaften,
Klasse für technische Wissenschaften.

Die Zahl der Mitglieder der Deutschen Akademie der Wissenschaften wird von 60 bis zu 120 erhöht.

Dementsprechend ist das Statut der Akademie bis zum 15. Juli 1949 zu überprüfen, die Bildung der neuen Klassen vorzunehmen und der Mitgliederstand der Deutschen Akademie der Wissenschaften durch Zuwahlen im Plenum der Akademie zu erweitern."

Auch erhebliche materielle Zuwendungen für den weiteren Aufbau der Einrichtungen der Akademie wurden bereitgestellt. So wurde u. a. das Gebäude der früheren Seehandlung (Preußische Staatsbank) am Gendarmenmarkt (jetzt Platz der Akademie) für die zentralen Einrichtungen der Akademie übergeben. Der Etat wurde beträchtlich erhöht, und es konnten zusätzliche Investitionsmittel bewilligt werden.

Nach Erlaß der Kulturverordnung stand noch reichlich ein Jahr bis zur Feier des 250-jährigen Jubiläums der Gründung der Akademie zur Verfügung. Diese Zeit wurde gut genutzt, so daß bei den Feierlichkeiten, die vom 10.—14. Juli 1950 stattfanden, den zahlreichen in- und ausländischen Gästen bereits ein eindrucksvolles Bild von den Arbeitsmöglichkeiten der Akademie vermittelt werden konnte.

Seit der Wiedereröffnung der Akademie wurde traditionsgemäß der Leibniztag festlich begangen. Weitere öffentliche wissenschaftliche Vorträge ihrer Mitglieder sollten dazu beitragen, für die Arbeiten der Akademie allgemeineres Interesse zu gewinnen. Doch waren diese Veranstaltungen meist nur einem kleinen Kreis interessierter Gäste zugänglich. Die breite Öffentlichkeit nahm jedoch nicht gebührend von der Akademie Notiz und war sich auch nicht bewußt, daß hier ein wissenschaftliches Zentrum der Nation entstand.

Die Feier des 250jährigen Bestehens sollte daher Anlaß sein, die Öffentlichkeit auf die Bedeutung der Akademie hinzuweisen. Zur Vorbereitung des Jubiläums sprachen zahlreiche Mitglieder der Akademie in den Betrieben über ihre Arbeiten. Die Werktätigen vieler Betriebe schenkten der Akademie wertvolle Geräte und Apparaturen für die weitere wissenschaftliche Arbeit.

Die Jubiläumsfeierlichkeiten vereinten eine große Zahl in- und ausländischer Gelehrter. Viele wissenschaftliche Verbindungen wurden geknüpft, durch den Krieg zerrissene persönliche Kontakte konnten wieder geschlossen werden. Den Höhepunkt der Festlichkeiten bildete der öffentliche Festakt in der Staatsoper, an dem mehr als 2000 Gäste teilnahmen, auf dem nach der Begrüßungsansprache des Präsidenten der Akademie, Hrn. STROUX, der Minister für Volksbildung, PAUL WANDEL, eingehend das Verhältnis von Staat und Wissenschaft behandelte und feststellte: „... von einer beherrschenden Stellung der Wissenschaft kann man erst dann sprechen, wenn nichts Wesentliches ohne sie geschieht, wenn die Wissenschaft in allen wichtigen Dingen, die den Menschen, die menschliche Gesellschaft betreffen, als erste Instanz befragt wird und ihr Urteil das gesellschaftliche Geschehen, die Entwicklung der Nation und der Völker, bestimmt."

Ein besonderes Ereignis bildete die Ansprache des Präsidenten der Republik, WILHELM PIECK, der der Akademie für ihre weitere Arbeit vollen Erfolg wünschte und zum Ausdruck brachte, „daß die Deutsche Akademie der Wissenschaften zu Berlin und mit ihr die deutsche Wissenschaft eine ruhmreiche Stellung im Kreise der internationalen Wissenschaften erreichen und für unser Volk eine Quelle des Wohlstandes und eine Stütze des Friedens werden wird".

Nicht weniger bedeutsam als die Feierlichkeiten des 250jährigen Jubiläums war die Ausarbeitung des ersten Fünfjahrplans der Akademie. Im Oktober 1950 erstattete der Direktor bei der Akademie dem Plenum der Akademie Bericht über die Einzelheiten des Planes, und im Juni 1951 befaßten sich das Präsidium und die Klassen auf Grund der bereits vorliegenden Erfahrungen erneut mit dem Plan. Dem Fünfjahrplan lagen drei Hauptgedanken zugrunde: „Es sollte zunächst einmal der weitere Ausbau vorhandener Einrichtungen der Akademie planmäßig vorbereitet werden, so daß eine innere Festigung und eine Erhöhung der Leistungsfähigkeit erreicht wird. Darüber hinaus sollten Arbeiten begonnen werden, die wegen fehlender Arbeitsstätten bisher noch nicht ausgeführt werden konnten. Und schließlich sollten solche Arbeiten durchgeführt oder verbessert werden, die der staatliche Fünfjahrplan, d. h. Verbesserung von Industrie und Landwirtschaft und Kultur, erfordert[3])."

Festakt der Deutschen Akademie der Wissenschaften
mit dem Präsidenten der Deutschen Demokratischen Republik, W. PIECK, zur 250-Jahrfeier

Der Plan sah daher vor allem den Ausbau der naturwissenschaftlichen und technischen Institute der Akademie vor. So sollten die Arbeitsmöglichkeiten bestehender Einrichtungen wie

des Heinrich-Hertz-Instituts für Schwingungsforschung,
des Optischen Laboratoriums,
des Zentralinstituts für Erdbebenforschung,
des Instituts für anorganische Chemie,
des Instituts für Faserstoff-Forschung,
des Instituts für Kulturpflanzenforschung und
des Instituts für Medizin und Biologie

wesentlich erweitert werden.

[3]) Jahrbuch der Deutschen Akademie der Wissenschaften zu Berlin 1950—1951, Berlin 1951, S. 49ff.

Den Bedürfnissen der Volkswirtschaft entsprechend sollten weiterhin eine Reihe neuer Institute entstehen wie

ein Institut für Strahlungsquellen,
eine Abteilung für angewandte Mathematik,
ein Institut für angewandte Chemie,
ein Institut für physikalische Chemie,
ein Institut für Katalyseforschung und
ein Institut für Kunststoffe[4]).

Für die Durchführung dieser Aufgaben waren für den Zeitraum 1951—1955 58 Millionen DM Investitionsmittel und 163 Millionen DM Haushaltsmittel vorgesehen. Dabei sollte die Zahl der Mitarbeiter, die im Jahre 1950 etwas mehr als 1100 betrug, auf 3900 gegen Ende des Jahres 1955 gesteigert werden.

Die gestellten Ziele wurden im wesentlichen erreicht; einige Vorhaben, wie z. B. die Gründung eines Instituts für physikalische Chemie, konnten nicht verwirklicht werden und mußten in den zweiten Fünfjahrplan übernommen werden. Die Entwicklung im einzelnen kann aus den wichtigsten Daten der Entwicklung der Akademie sowie aus Berichten der Institute entnommen werden (siehe S. 55ff.)[4]).

Besonders wichtige Aufgaben im ersten Fünfjahrplan der Deutschen Demokratischen Republik waren der Landwirtschaft und dem Bauwesen gestellt. Der Ministerrat faßte daher am 11. Januar 1951 den Beschluß, für die Gebiete der Landwirtschaftswissenschaften eine selbständige Akademie, die „Deutsche Akademie der Landwirtschaftswissenschaften zu Berlin", zu gründen. Damit entfiel auch die Notwendigkeit, in der Deutschen Akademie der Wissenschaften die Landwirtschaftswissenschaft als selbständiges wissenschaftliches Gebiet mit eigener Klasse weiterzupflegen. Die Klasse wurde aufgelöst, während das Institut für Kulturpflanzenforschung, Gatersleben, im Bereich der Akademie verblieb, da dieses vornehmlich Grundlagenforschung betreibt.

Dagegen wurde das Institut für Bauwesen gemeinsam mit dem Institut für Städtebau des Ministeriums für Aufbau zur Keimzelle der „Deutschen Bauakademie", die ebenfalls im Jahre 1951 ihre Arbeiten aufnahm.

Die durch die Kulturverordnung vom März 1949 eingeleitete Entwicklung der Akademie erforderte auch eine Überarbeitung der Satzungen des Jahres 1946. In der Struktur der Akademie waren durch die Bildung neuer Klassen große Veränderungen erfolgt. Die bisherige Form der Leitung und die Behandlung geschäftlicher Fragen im Plenum erwies sich als unzureichend. Die zahlreichen großen wissenschaftlichen Institute erforderten weitere Maßnahmen in bezug auf Anleitung und Koordinierung ihrer Arbeiten. Die Verbindung der Akademie zu den vielgestaltigen Problemen des praktischen Lebens machte die Heranziehung auch außerakademischer Mitglieder zu den Arbeiten der Akademie in verstärktem Umfange erforderlich.

Alle diese Probleme trugen dazu bei, daß das Plenum am 27. Juli 1950 eine Kommission zur Überarbeitung der bisherigen Satzungen einsetzte. Die Beratungen über die Satzungs-

[4]) Vgl. hier H. Wittbrodt, Wichtige Daten zur Entwicklung der Deutschen Akademie der Wissenschaften zu Berlin in den Jahren 1946—1956.

änderungen führten zunächst zu gewissen Veränderungen in der Leitung der Akademie, die in einem Antrag an den Minister für Volksbildung festgelegt und am 27. Februar 1951 vom Minister bestätigt wurden. In dem Antrag heißt es:

„Um in der Arbeit der Akademie die kollektive Leitung durch den Präsidenten und die Klassensekretare zu verstärken, um ferner die Leitung der Akademie beweglicher zu gestalten, werden die bisher im Plenum der Akademie behandelten Geschäfte dem Präsidium übertragen; auf Wunsch des Präsidenten oder einer Klasse müssen jedoch wie bisher geschäftliche Fragen auch im Plenum behandelt werden.

Die Leitung der Akademie liegt in den Händen des Präsidiums. Dieses besteht aus dem Präsidenten, dem Vizepräsidenten, den Sekretaren und dem Direktor, der als wissenschaftlicher Sekretar des Präsidiums diesem angehört.

Den Vorsitz im Präsidium und im Plenum hat der Präsident oder in seiner Vertretung der Vizepräsident bzw. einer der Klassensekretare.

Das Präsidium sorgt für den geregelten Gang der akademischen Arbeiten und wacht über die Beachtung der Satzungen. Die Leitung jeder Klasse liegt in den Händen des Sekretars der Klasse; er hat die Pflicht, über die Beschlüsse des Präsidiums der Klasse Bericht zu erstatten und die Stellungnahme der Klasse dem Präsidium vorzulegen[5]."

Des weiteren wurde die Deutsche Akademie der Wissenschaften durch Beschluß des Ministerrats vom 12. Juli 1951 der Regierung der Deutschen Demokratischen Republik direkt unterstellt.

Für die eingehende Behandlung vieler Wissensgebiete bedurfte die Akademie einer entsprechenden Erweiterung, die auch die Mitarbeit namhafter Fachgelehrter der Universitäten und Hochschulen wie der Industrie, des Gesundheitswesens und des kulturellen Lebens ermöglichte. So entstand bei der Klasse für medizinische Wissenschaften im Mai 1951 eine Sektion für Geschwulstkrankheiten. In der Folgezeit wurden noch zahlreiche Sektionen gegründet, von denen die meisten das wissenschaftliche Leben ihres Fachgebiets maßgeblich beeinflussen konnten.

Nach Ablauf der Amtszeit des ersten Präsidenten, Hrn. STROUX, wählte das Plenum im Frühjahr 1951 Hrn. WALTER FRIEDRICH zum Präsidenten der Akademie. Unter seiner Leitung führte das Plenum am 22. und 23. Januar 1953 eine Sondersitzung durch, deren Ergebnisse für die weitere Arbeit von großem Einfluß waren. An der Sitzung, die im Hause der Volkskammer der Deutschen Demokratischen Republik stattfand, nahmen ca. 500 Vertreter aus den wissenschaftlichen Einrichtungen der Industrie, der Landwirtschaft, des Gesundheitswesens und der Universitäten und Hochschulen teil. Die Regierung war durch den Ministerpräsidenten OTTO GROTEWOHL und weitere Regierungsmitglieder vertreten.

Nach dem einleitenden Referat zu Fragen der Beteiligung der Wissenschaft am Aufbau des Sozialismus in der Deutschen Demokratischen Republik, das der Vizepräsident, Hr. ERTEL, hielt, nahmen in der Aussprache neben dem Stellvertreter des Ministerpräsidenten WALTER ULBRICHT zahlreiche Wissenschaftler das Wort. Es wurden viele wertvolle Vorschläge und Anregungen gegeben und auch kritische Meinungen über die bisherige

[5]) Jahrbuch der Deutschen Akademie der Wissenschaften zu Berlin 1950—1951, Berlin 1951, S. 72.

Entwicklung der Akademie geäußert. Auf dieser Sitzung stellte die Akademie seit ihrer Wiedereröffnung im Jahre 1946 zum ersten Mal vor der wissenschaftlichen Öffentlichkeit ihre Arbeit zur Diskussion und entwickelte eine den Forderungen der Zeit angepaßte Konzeption ihrer Forschungen.

Wenn auch die Tagung zunächst keine unmittelbaren Auswirkungen hatte, so muß doch festgestellt werden, daß eine neue Periode in der Arbeit der Akademie eingeleitet wurde, die nach der Wahl von Dr.-Ing. Hans Wittbrodt zum Wissenschaftlichen Direktor in den abschließenden Beratungen über das neue Statut im Jahre 1954 und dem Beschluß des Ministerrats über die „Empfehlungen zur weiteren Entwicklung und Verbesserung der Arbeit der Deutschen Akademie der Wissenschaften zu Berlin" des Jahres 1955 ihre sinngemäße Fortsetzung fand.

Mit dem Statut, das am 13. Mai 1954 vom Plenum der Akademie in zweiter Lesung angenommen und vom Ministerrat der Deutschen Demokratischen Republik am 17. Juni 1954 bestätigt wurde, schuf sich die Akademie eine feste Grundlage für ihre Arbeit. Wesen, Aufgaben und Ziele wurden im neuen Statut wie folgt festgelegt:

„Eingedenk des Vermächtnisses ihres Gründers Gottfried Wilhelm Leibniz, ‚theoriam cum praxi zu vereinigen', sowie im Bewußtsein ihrer Verantwortung für die Entfaltung der Wissenschaft und für die demokratische und friedliche Entwicklung eines einheitlichen deutschen Staates, hat sich die Deutsche Akademie der Wissenschaften zu Berlin das nachstehende Statut gegeben:

§ 1

Die Deutsche Akademie der Wissenschaften zu Berlin ist eine Gemeinschaft hervorragender Gelehrter und Träger bedeutsamer Forschungsunternehmen. Als höchste wissenschaftliche Institution genießt die Akademie die besondere Fürsorge des Volkes und des Staates.

§ 2

Die Akademie hat die Aufgabe, durch ihre Arbeiten, Denkschriften und Gutachten zur Schaffung und Mehrung der geistigen und materiellen Güter der Nation beizutragen. Sie fördert die Verbreitung von Forschungsergebnissen und pflegt die wissenschaftlichen Beziehungen zwischen den Völkern.

§ 3

Zur Durchführung ihrer Aufgaben plant, unternimmt und leitet die Akademie wissenschaftliche Arbeiten. Sie gründet und unterhält Institute und andere Einrichtungen, die der geistigen und materiellen Entwicklung Deutschlands dienen.

Insbesondere fördert die Akademie die Forschungsarbeiten ihrer Mitglieder. Sie sorgt für die Veröffentlichung der von ihren Mitgliedern verfaßten oder durch deren Gutachten empfohlenen wissenschaftlichen Arbeiten."

Ausgehend von dem Gedanken, eine möglichst enge und stetige Verbindung zwischen Theorie und Praxis zu gewährleisten, wurde eine veränderte Klasseneinteilung im Bereich der naturwissenschaftlich-technischen Klassen vorgenommen, so daß die Akademie sich jetzt in folgende Klassen gliedert, die gleichen Rang haben:

Klasse für Mathematik, Physik und Technik,
Klasse für Chemie, Geologie und Biologie,
Klasse für Medizin,
Klasse für Sprachen, Literatur und Kunst,
Klasse für Philosophie, Geschichte, Staats-, Rechts- und Wirtschaftswissenschaften.

Durch diese neue Gliederung wurde auch eine eindeutige Zuordnung der wissenschaftlichen Einrichtungen auf die einzelnen Klassen möglich.

Im Statut werden weiterhin die Aufgaben des Plenums, des Präsidiums, der Klassen und Sektionen festgelegt und eine klare Zielsetzung für die Arbeit dieser Organe gegeben. Damit wurden die organisatorischen Voraussetzungen für die weitere Entwicklung der Akademie geschaffen. Es kommt nun darauf an, die Möglichkeiten, die das neue Statut bietet, voll auszunutzen und dafür zu sorgen, daß die Akademie durch hervorragende Leistungen zum allseitig anerkannten Zentrum wissenschaftlicher Arbeit wird.

Die Entwicklung der Akademie lag nicht nur den staatlichen Organen am Herzen, sondern wurde auch von der Sozialistischen Einheitspartei Deutschlands im besonderen Maße gefördert.

Die Partei der Arbeiterklasse hat ein besonderes Verhältnis zur Wissenschaft, da die Grundlagen ihrer Weltanschauung und ihre Politik auf wissenschaftlichen Erkenntnissen beruhen.

Es ist deshalb nicht verwunderlich, daß sich das Polit-Büro der Sozialistischen Einheitspartei Deutschlands ausführlich mit der weiteren Entwicklung der Akademie beschäftigte und viele Anregungen und Vorschläge namhafter Wissenschaftler dabei berücksichtigte. Die Vorschläge des Polit-Büros waren dann Gegenstand weiterer zahlreicher Beratungen in der Akademie selbst wie auch im Ministerrat gemeinsam mit dem erweiterten Präsidium der Akademie. Nach gründlicher Beratung wurden schließlich vom Ministerrat am 18. Mai 1955 die „Empfehlungen zur weiteren Entwicklung und Verbesserung der Arbeit der Deutschen Akademie der Wissenschaften zu Berlin" gebilligt.

Die Empfehlungen des Ministerrats waren richtungweisend bei der Ausarbeitung des zweiten Fünfjahrplans, der z. Z. von den wissenschaftlichen Gremien der Akademie beraten wird. Es sei deshalb ausführlicher über den Ministerratsbeschluß vom 18. Mai 1955 berichtet.

Die Empfehlungen des Ministerrats gehen zunächst davon aus, daß die Akademie eine in ganz Deutschland und international anerkannte wissenschaftliche Körperschaft ist. Es gelang, seit 1946 zahlreiche große naturwissenschaftlich-technische Institute aufzubauen und die traditionellen wissenschaftlichen Unternehmen der Akademie auf dem Gebiet der Gesellschaftswissenschaften erfolgreich fortzuführen. Die wissenschaftliche Tätigkeit der Akademie erweiterte sich durch die in den letzten Jahren für zahlreiche Fachgebiete gegründeten Sektionen.

Trotz dieser erfolgreichen Entwicklung konnte die Deutsche Akademie der Wissenschaften jedoch noch nicht den ihrer Bedeutung entsprechenden Platz in der Leitung des wissenschaftlichen Lebens einnehmen. Die wissenschaftliche Arbeit wird noch nicht genügend auf die Aufgaben, die sich aus unserer wirtschaftlichen und kulturellen Entwicklung ergeben, konzentriert. Der Aufbau der Institute war in der Vergangenheit häufig von Zufälligkeiten abhängig und erfolgte nicht immer in genügender Abstimmung mit den Plänen der Industrie, der Landwirtschaft und des Gesundheitswesens.

Zur Überwindung dieser Schwächen ist eine Veränderung der Arbeit der wissenschaftlichen Gremien der Akademie erforderlich. Die Akademie muß künftig langfristige Perspektivpläne für die einzelnen Wissensgebiete ausarbeiten, ihre Pläne öffentlich zur Diskussion stellen und dadurch zum Zentrum der Koordinierung wissenschaftlicher Tätigkeit werden.

Die Klassen, Sektionen und Institute der Akademie müssen unter Teilnahme von Vertretern der Ministerien neue Formen und Methoden der wissenschaftlichen Zusammenarbeit finden. So wird vorgeschlagen, für die Zusammenarbeit zwischen den Instituten der Akademie und der Industrie Verträge abzuschließen, in denen die gegenseitigen Leistungen genau festgelegt werden.

Die Empfehlungen enthalten weiterhin zahlreiche wissenschaftliche Anregungen für die Ausarbeitung des zweiten Fünfjahrplans der Akademie. Zum Beispiel wird der Klasse für Mathematik, Physik und Technik empfohlen, die Arbeit auf folgenden Gebieten zu verstärken:

1. elektronischer Halbleiter,
2. Vakuum- und Gaselektronik,
3. Physik der Regelungs- und Steuerungsvorgänge,
4. Physik der höchsten und tiefsten Temperaturen,
5. Lumineszenzvorgänge,
6. mechanisch-technologische, magnetische und dielektrische Eigenschaften der festen Körper,
7. Ultrarot- und Mikrowellenspektroskopie,
8. Ausbreitung elektromagnetischer Wellen,
9. Radioastronomie,
10. Kernphysik und kosmische Strahlung.

Weiterhin wird die Gründung einiger neuer Institute vorgesehen, von denen das Institut für Regel- und Steuerungstechnik für die Steigerung der Arbeitsproduktivität und die Verbesserung der Qualität der Produktion von besonderer Bedeutung sein dürfte.

Auch die großen Möglichkeiten, die sich durch die friedliche Anwendung der Kernphysik für viele Wissensgebiete ergeben, sollen berücksichtigt werden.

Der Klasse für Chemie, Geologie und Biologie sind ebenfalls zahlreiche Aufgaben gestellt. Die Akademie soll gemeinsam mit der Staatlichen Plankommission und den zuständigen Fachministerien einen Plan für die Entwicklung der chemischen Forschung in den nächsten Jahren ausarbeiten. Dieser Plan soll vor allem eine Erweiterung der Forschung auf so wichtigen Gebieten der Chemie enthalten wie

1. Inhaltsstoffe der Braunkohlen und der Kohlenwertstoffe,
2. anorganische und organische Hochpolymere, insbesondere kondensierte Phosphate, Chemiefasern und Kunststoffe sowie Silicium und Fluorverbindungen,
3. grenzflächenaktive Stoffe, Fettstoffe und Katalysatoren,

4. Eiweiß- und andere Naturstoffe sowie Vitamine und Hormone,
5. Komplex- und Einschlußverbindungen und metallorganische Verbindungen,
6. Chemotherapeutika und Antibiotika sowie Mikrobiologie und Grundlagen für biologische Großsynthesen,
7. Metalle und Halbleiter,
8. Silikate und andere gesteinsbildende anorganische Verbindungen.

Auch die Gründung neuer Institute wie eines Instituts für physikalische Chemie und eines Instituts für analytische Chemie wird vorgeschlagen.

Auf dem Gebiet der Geologie wird die Akademie ebenfalls ihre Tätigkeit verstärken. Neben dem Ausbau der schon vorhandenen Einrichtungen ist bereits eine Arbeitsstelle für angewandte Geologie gebildet worden, die sich mit geologischen Kartierungen besonders interessanter Gebiete befassen wird. Die Akademie soll außerdem geologische und geophysikalische Studien- und Forschungsreisen, gegebenenfalls auch gemeinsam mit anderen wissenschaftlichen Einrichtungen des In- und Auslandes, ausrüsten.

Auch der Entwicklung der psychologischen und biologischen Forschungen wird die Akademie größere Aufmerksamkeit schenken. So wurde bereits eine Arbeitsstelle für experimentelle und angewandte Psychologie gegründet; auch eine Sammelreise in die Mannigfaltigkeitszentren der Kulturpflanzen in China konnte im Mai dieses Jahres angetreten werden, die wichtiges Ausgangsmaterial für die Züchtung, Forschung und Verbesserung der pflanzlichen Produktion zur Verfügung stellen soll.

Weiterhin soll die Akademie den Arbeiten auf dem Gebiet der Mikrobiologie ihre besondere Aufmerksamkeit widmen, da diese volkswirtschaftlich und wissenschaftlich steigend an Bedeutung gewinnen. Darüber hinaus sollen Forschungseinrichtungen übernommen oder gegründet werden, die sich mit zoologischen Fragen beschäftigen.

Entsprechend der großen Bedeutung des Gesundheitswesens ist auch eine Verstärkung der medizinischen Forschungsarbeiten an der Akademie vorgesehen. Neben dem Institut für Medizin und Biologie, das die Aufgabe hat, auf breitester Basis die Entstehung des Krebses zu klären und neue Methoden in der Frühdiagnose und Behandlung von Krebskrankheiten auszuarbeiten und zu überprüfen, sollen vor allem die Arbeiten zur Bekämpfung der in steigendem Maße auftretenden Kreislauferkrankungen aufgenommen werden. Eine Arbeitsstelle für Kreislaufforschung wurde bereits gegründet.

Der Bekämpfung des Rheumas, der Tuberkulose und der Säuglingssterblichkeit sowie der Frage der Ernährung und der Lebensweise der Bevölkerung sollen weitere Arbeiten dienen. Weiterhin sollen auf breitester Basis die Voraussetzungen geschaffen werden, radioaktive Isotope sowohl therapeutisch wie experimentell in die Medizin und Biologie einzuführen.

Auch auf dem Gebiet der Gesellschaftswissenschaften ist eine wesentliche Verstärkung der wissenschaftlichen Tätigkeit vorgesehen. Die Akademie muß besonders darauf achten, die nationalen wissenschaftlichen Traditionen zu erhalten und zu mehren und durch ihre Arbeit das Nationalbewußtsein unseres Volkes zu festigen.

Die Geschichte der deutschen Nationalliteratur ist besonders zu pflegen. Die Geschichte der deutschen Nationalsprache vom Mittelalter bis zur neuesten Zeit soll in erweitertem Umfang bearbeitet werden.

Eine große Bedeutung haben die Arbeiten des Instituts für Slawistik, die der freundschaftlichen Zusammenarbeit und dem Verständnis zwischen dem deutschen Volk und den slawischen Nachbarvölkern dienen sollen. Daher wurde das Institut auch durch eine historische Abteilung erweitert.

Das international bekannte Institut für Orientforschung wird neben der Fortführung seiner bisherigen Arbeiten vor allem bis jetzt vernachlässigten Fächern wie der Indologie und der Sinologie seine besondere Aufmerksamkeit widmen.

Weiterhin erfolgte die Bildung eines Instituts für Geschichte, das neben der Herausgabe von Quellenpublikationen insbesondere die deutsche Geschichte der Neuzeit und der neuesten Zeit erforschen soll und eine besondere Abteilung für Wirtschaftsgeschichte besitzt.

Zum führenden Zentrum der Wirtschaftswissenschaften soll sich das Institut für Wirtschaftswissenschaften entwickeln, das sich vor allem mit der Erforschung der grundlegenden ökonomischen Fragen der Übergangsperiode vom Kapitalismus zum Sozialismus unter den spezifischen Bedingungen der Deutschen Demokratischen Republik befaßt. In Zusammenarbeit mit Fachleuten aus der Industrie wird das Institut auch Einfluß nehmen auf die Verbesserung der Planung und Organisation der Produktion bzw. des einzelnen Betriebes.

Schließlich sei noch erwähnt, daß bei der Akademie ein Institut für Dokumentation gegründet werden soll, dem die Anleitung und Koordinierung der gesamten Dokumentation auf den Gebieten der Naturwissenschaften, Landwirtschaft und Technik obliegt. Zur Sicherstellung einer engen Zusammenarbeit mit allen interessierten Stellen wird bei dem Institut ein Kuratorium gebildet, in dem die Fachministerien und die Akademie der Landwirtschaftswissenschaften vertreten sein werden.

Bemerkenswert ist auch, daß der Ministerrat der Akademie eine Reihe von Staatsaufträgen erteilt hat, die der Entwicklung bestimmter aktueller wissenschaftlicher Gebiete dienen. Für die Staatsaufträge wurden einzelne Akademiemitglieder verantwortlich gemacht, die die Aufgabe haben, die Durchführung der Arbeiten auch außerhalb der Akademie anzuleiten, zu überwachen, zusammenzufassen und für die Anwendung der gewonnenen wissenschaftlichen Erkenntnisse in der Praxis zu sorgen.

Mit diesen Staatsaufträgen bahnt sich eine neue Art der Planung wissenschaftlicher Arbeiten an, die weit unbürokratischer als in der Vergangenheit ist. Die erfolgreiche Durchführung der Staatsaufträge wird dazu beitragen, das Ansehen der Akademie wesentlich zu stärken und sie in die Lage zu versetzen, die Entwicklung von Wissenschaft und Technik maßgebend zu beeinflussen.

Entsprechend dem Beschluß des Ministerrats vom 18. Mai 1955 wurden folgende Institute und Einrichtungen, die bisher den Fachministerien unterstanden, in den Bereich der Akademie übernommen, und zwar:

Institut für angewandte Silikatforschung, Berlin,

Institut für Mikrobiologie und experimentelle Therapie, Jena,

die Druckereien

„Thomas Müntzer", Langensalza,

„Maxim Gorki", Altenburg,

„Werkdruck Gräfenhainichen", Gräfenhainichen,

und der VEB „Entwicklung und Fabrikation elektrischer Meßgeräte (EFEM)“ als Institut für Gerätebau, Berlin.

Die Druckereien werden unmittelbar für den Akademie-Verlag arbeiten. Dabei wird die Akademie besonderen Wert darauf legen, die deutschen Traditionen im wissenschaftlichen Druck zu erhalten und weiter zu pflegen. Mit dem Institut für Gerätebau erhält die Akademie

Rückkehr der Delegation der Deutschen Akademie der Wissenschaften aus Moskau im Jahre 1953

die Möglichkeit, Spezialgeräte und -anlagen selbst zu entwickeln und in kleineren Stückzahlen zu produzieren.

Auch der Weiterentwicklung wissenschaftlicher Kader wird die Akademie in Zukunft ihre erhöhte Aufmerksamkeit schenken. Vor kurzem verabschiedete der Ministerrat eine Verordnung über die Einführung der wissenschaftlichen Aspirantur an der Akademie. Die wissenschaftliche Aspirantur hat das Ziel, eine beschleunigte, gründliche und systematische Ausbildung für die Forschungstätigkeit auf allen Gebieten der Wissenschaft zu ermöglichen. Sie umfaßt deshalb eine fachliche, philosophische und fremdsprachliche Ausbildung. Es wird weiterhin auch in Aussicht genommen, daß an den naturwissenschaftlich-technischen

Instituten der Akademie Gastkurse zur Erlernung bestimmter wissenschaftlicher Methoden für wissenschaftliche Mitarbeiter der Praxis durchgeführt werden sollen.

Die internationalen Beziehungen der Akademie zu wissenschaftlichen Institutionen des Auslandes, insbesondere den Akademien, haben eine lange und reiche Tradition. Es entspricht dem Wesen der wissenschaftlichen Forschungstätigkeit, daß sie über alle Grenzen hinweg Verbindungen zwischen Forschern und Forschungsstätten schafft, wenn um die Lösung gleicher wissenschaftlicher Aufgaben gerungen wird.

Die Akademie zählt heute 104 ausländische Gelehrte zu ihren korrespondierenden Mitgliedern und steht mit 624 ausländischen Institutionen aus 50 Ländern in ständigem Schriftentausch. Regelmäßig nehmen die Mitglieder und Mitarbeiter der Akademie an den wichtigsten internationalen wissenschaftlichen Tagungen des Auslandes teil. Im Jahre 1955 war sie auf 77 internationalen Kongressen vertreten. Von den insgesamt 145 Studienreisen, die von der Akademie ins Ausland unternommen wurden, führten 83 in die UdSSR und in die Länder der Volksdemokratie, 62 in andere Länder. Auch die Beteiligung ausländischer Wissenschaftler an Fachtagungen der Deutschen Akademie wächst beständig. Im Jahre 1955 empfingen die Akademie und ihre Institute 266 ausländische Gäste zu Studienaufenthalten, Vorträgen und Tagungen.

Einen hervorragenden Anteil an den internationalen Beziehungen haben in Anbetracht der verwandten Zielsetzung und Struktur die Verbindungen zu den Akademien der UdSSR und der volksdemokratischen Staaten. Zahlreiche Akademie-Institute stehen in ständigem wissenschaftlichen Austausch mit den entsprechenden Instituten in diesen Ländern. Im Oktober 1955 wurden mit der Tschechoslowakischen Akademie der Wissenschaften und Anfang dieses Jahres mit der Polnischen Akademie der Wissenschaften Übereinkommen abgeschlossen, die der planmäßigen Erweiterung und Verbesserung der wissenschaftlichen Zusammenarbeit und der Festigung der Freundschaft zwischen unseren Völkern dienen. Ähnliche Abkommen mit anderen befreundeten Akademien sind in Vorbereitung.

Eine weitere aufwärtsführende Entwicklung der internationalen Zusammenarbeit ist durch die ständig wachsende wissenschaftliche Leistung unserer Forscher und durch die starke staatliche Unterstützung gewährleistet, die besonders in der Durchführung der Kulturabkommen wirkungsvoll in Erscheinung tritt.

Während die Akademie ihre Aufgabe ursprünglich vor allem darin gesehen hatte, den geistigen Austausch unter ihren Mitgliedern zu pflegen und im Lauf der Zeit mehr zufällig einzelne wissenschaftliche Unternehmungen, deren Durchführung die Kraft eines einzigen Mitglieds überstieg, ihrer Obhut unterstellt hatte, so ist sie jetzt zum Organisator der größten und bedeutendsten Forschungseinrichtungen unseres Landes geworden. Damit entstand eine Fülle von Problemen, die in der Arbeit der Akademie neu waren. Schon verhältnismäßig einfache Fragen erforderten viele Überlegungen. Zu diesen Fragen gehörte u. a.: In welcher Weise ist die Verwaltung zu zentralisieren bzw. zu dezentralisieren? Wie kann eine weitgehende Entlastung der wissenschaftlichen Leitung des Instituts von allen Verwaltungsfragen ermöglicht werden, ohne den entscheidenden Einfluß der Wissenschaftler auf die gesamte Führung einzuschränken?

Die richtige Organisation eines Instituts wie auch der gesamten Akademie ist ausschlaggebend mit der Qualifizierung des gesamten Mitarbeiterstabes verbunden und muß daher auch den jeweiligen sich verändernden Verhältnissen immer wieder neu angepaßt werden.

Besondere Sorge bereitete, wie die Erfahrungen der letzten Jahre zeigen, die richtige Form der Leitung der Akademie, die sich zu einem umfangreichen und vielfältigen Organismus entwickelt hat.

Der Präsident der Akademie der Wissenschaften der UdSSR A. N. Nesmejanow, der Vizepräsident der Deutschen Akademie der Wissenschaften H. Ertel und der Generalsekretär der Akademie der Wissenschaften der UdSSR Toptschijew

Von Jahr zu Jahr wurde die Form der kollektiven Leitung durch das Präsidium, durch das erweiterte Präsidium und durch die Klassen verbessert. Die Erfahrung lehrt eindeutig, daß Fehlentscheidungen einer kollektiven Leitung viel seltener vorkommen als bei einer autoritativen Leitung. Dabei ist es jedoch Voraussetzung, daß die Mitglieder der kollektiven Leitung ein hohes Verantwortungsbewußtsein besitzen und an allen zur Entscheidung stehenden Fragen ein wirkliches Interesse haben. Es hat sich gezeigt, daß die Entwicklung eines derartigen hohen Verantwortungsbewußtseins ein längerer Prozeß ist und eine innere Verbundenheit zur wissenschaftlichen Arbeit voraussetzt.

4*

Prof. Dr. INFELD-Warschau und Prof. Dr. LIBOIS-Brüssel auf der Riemann-Tagung der Deutschen Akademie der Wissenschaften

Eine der Hauptaufgaben der wissenschaftlichen Arbeit der Akademie ist sicherlich die Grundlagenforschung. Dabei muß der persönlichen Initiative des Forschers weitgehend Raum gegeben werden. Die großen Entdeckungen der Vergangenheit haben dies gezeigt. Andererseits darf eine gewisse Planung selbst bei der Grundlagenforschung nicht fehlen. Die Bedürfnisse der Praxis erfordern eine ständige Erweiterung unserer Erkenntnisse. Nur durch eine systematische Planung der wissenschaftlichen Arbeit kann dies sichergestellt werden. Es zeigte sich, daß dieses Problem viel schwieriger zu lösen ist, als zunächst angenommen wurde. Die Gefahr der bürokratischen Behandlung des Planungsvorganges wurde zunehmend stärker. Die bisherigen Methoden führten weitgehend zu einer reinen Registrierung der einzelnen Themen und der notwendigen finanziellen Mittel, wobei noch zu wenig Wert auf die Beseitigung aller die wissenschaftlichen Arbeiten hemmenden Faktoren gelegt wurde.

Es ist zweifellos, daß auf der Grundlage erarbeiteter wissenschaftlicher Erkenntnisse die Ausarbeitung von technischen Neuerungen und die Einführung der Neuerungen in die Industrie nach einem festen Plan möglich ist und daß dabei viel Zeit gewonnen werden kann.

Vor allem müssen diejenigen Gebiete der Wissenschaft in steigendem Maße bearbeitet werden, die für die Entwicklung unserer Gesellschaft von besonderem Nutzen sind. Es kommt demnach bei der Planung wissenschaftlicher Arbeiten darauf an, an den Instituten der Akademie die aktuellen Gebiete zu fördern. Dieses ist nur möglich, wenn die hervorragenden Vertreter der einzelnen Disziplinen bei der „Planung" mitwirken. Dabei ist es wichtig, eine richtige Einschätzung der geistigen und materiellen Kapazität der einzelnen Forschungseinrichtungen zu geben und für deren zweckmäßige Nutzung zu sorgen. Eine weitere wesentliche Aufgabe der Planung besteht darin, eine gute Zusammenarbeit zwischen den einzelnen wissenschaftlichen Einrichtungen zu sichern. Es bedarf nicht geringer Anstrengungen, die Arbeiten der Institute zu koordinieren, unnötige Doppelarbeit auszuschalten und doch einen gesunden Wettstreit zu pflegen, um so eine einseitige Behandlung wissenschaftlicher Probleme zu verhindern.

Die Aufgabenstellung der Akademie, wie sie schon G. W. LEIBNIZ formulierte, „theoriam cum praxi zu vereinigen", erforderte auch Überlegung, inwieweit die Akademie direkte Aufgaben der Praxis zu bearbeiten habe und wie die Ergebnisse der wissenschaftlichen Arbeit der Akademie in die Praxis zu überführen wären.

Prof. Dr. FOURQUET von der Sorbonne in Paris mit Präsident Prof. Dr. Dr. h. c. FRIEDRICH und Vizepräsident Prof. Dr. STEINITZ auf der Jahrestagung der Deutschen Akademie der Wissenschaften 1955

Die Ansichten über diese Fragen gingen auseinander und schwankten in den letzten Jahren. Es hat sich die Meinung durchgesetzt, daß es Hauptaufgabe der Akademie ist, die wissenschaftlichen Erkenntnisse zu mehren und so die Voraussetzungen für die Weiterentwicklung der Gesellschaft zu erarbeiten.

Dies bedingt, daß die Institute der Akademie enge Verbindungen zur Praxis haben müssen, um selbst die Probleme, wie sie in der Industrie, in der Landwirtschaft und in dem Gesundheitswesen auftreten, erkennen zu können. Es ist jedoch nur in Ausnahmefällen ihre Aufgabe, bei der Lösung dieses Problems selbst aktiv einzugreifen.

Die Akademie muß immer bestrebt sein, die prinzipiellen Aufgaben der Wissenschaft zu lösen, sie muß aber die Durchführung praktischer Aufgaben den Laboratorien und Instituten der Industrie, des Gesundheitswesens und der Landwirtschaft überlassen.

Die wissenschaftliche Tätigkeit der Akademie soll, um ein Wort des großen deutschen Mathematikers und Mitglieds der Akademie, C. F. GAUSS, zu gebrauchen, „die Freundin der Praxis sein, aber nicht ihre Sklavin".

Diese Überlegungen, in Verbindung mit den Empfehlungen des Ministerrats vom 18. Mai 1955, lagen auch bei der Ausarbeitung des zweiten Fünfjahrplans, der in zahlreichen Sitzungen der Klassen beraten würde, zugrunde.

Die Akademie glaubt, mit ihren Arbeiten im zweiten Fünfjahrplan nicht nur wesentlich für die weitere Entwicklung der Volkswirtschaft in der Deutschen Demokratischen Republik beizutragen, sondern auch durch die Pflege und Weiterentwicklung des wissenschaftlichen und kulturellen Erbes des deutschen Volkes Ruhm und Ansehen der deutschen Wissenschaft zu mehren.

Die Akademie dankt der Regierung der Deutschen Demokratischen Republik für die großzügige Förderung der deutschen Wissenschaft — eine wahrhaft patriotische Tat —, sie fühlt sich verbunden mit allen werktätigen Menschen unseres Landes, die durch ihre schwere Arbeit dies überhaupt erst ermöglichten.

Die Akademie wünscht sehnlich die Vereinigung unseres Vaterlandes zu einem friedliebenden, demokratischen Staat und ist entschlossen, alle ihre Kräfte einzusetzen, um alte wissenschaftliche Verbindungen zu erhalten und neue zu knüpfen, um mit ihren Mitteln und Möglichkeiten mitzuhelfen, Voraussetzungen zur Einheit der deutschen Wissenschaften und dadurch zur Einheit des Volkes zu schaffen. Sie ist auch unablässig bemüht, den wissenschaftlichen Kontakt mit den Gelehrten und den wissenschaftlichen Institutionen in aller Welt zu pflegen, um damit der Festigung der Freundschaft unter den Völkern zu dienen. Ihr Wesen hat sich in den letzten Jahren gewandelt, denn sie wurde zur Akademie des Volkes, und nach einem Worte von JOHANNES STROUX liegt in der bewußten Verwirklichung der darin ausgesprochenen Verpflichtung der Sinn ihrer neuen Zukunft. Eng mit der Gesellschaft verbunden, wirkt sie zum Wohle dieser Gesellschaft und unterstützt die Bemühungen, die einer glücklichen Zukunft des gesamten deutschen Volkes nützlich sind.

Wichtige Daten zur Entwicklung der Deutschen Akademie der Wissenschaften zu Berlin in den Jahren 1946–1956

ZUSAMMENGESTELLT VON DEM WISSENSCHAFTLICHEN DIREKTOR DER AKADEMIE, HANS WITTBRODT

I. Entwicklung des Standes der Mitglieder

1945

(Wiederaufnahme der Arbeiten im Juni 1945[1])

Fachgebiet	Ordentliche Mitglieder	Korrespondierende Mitglieder	Ehrenmitglieder	Todesfälle Ordentlicher Mitglieder	Todesfälle Korrespondierender Mitglieder	Todesfälle Ehrenmitglieder	Austritte Ordentlicher Mitglieder	Austritte Korrespondierender Mitglieder
Naturwissenschaften und Technik	24	45	1	2	3	—	—	—
Medizin	3	7	1	—	—	—	—	—
Gesellschaftswissenschaften	28	68	1	2	3	—	—	—
Insgesamt	55	120	3	4	6	—	—	—
Stand am 31. 12. 1945	51	114	3					

1946/47

(Veränderungen durch Zuwahlen, Wiederaufnahmen, Todesfälle usw.)

Fachgebiet	Ordentliche Mitglieder	Korrespondierende Mitglieder	Ehrenmitglieder	Todesfälle Ordentlicher Mitglieder	Todesfälle Korrespondierender Mitglieder	Todesfälle Ehrenmitglieder	Austritte Ordentlicher Mitglieder	Austritte Korrespondierender Mitglieder
Naturwissenschaften und Technik	5	1	—	4	6	1	—	—
Medizin	1	—	—	1	1	—	—	—
Gesellschaftswissenschaften	6	8	—	4	8	—	—	—
Insgesamt	12	9	—	9	15	1	—	—
Stand am 31. 12. 1947	54	108	2					

[1]) Vgl. Amburger, Die Mitglieder der Deutschen Akademie der Wissenschaften zu Berlin 1700–1950, Berlin 1950, S. 45.

1948/49

(Veränderungen durch Zuwahlen, Todesfälle usw.)

Fachgebiet	Ordentliche Mitglieder	Korrespondierende Mitglieder	Ehrenmitglieder	Todesfälle Ordentlicher Mitglieder	Todesfälle Korrespondierender Mitglieder	Todesfälle Ehrenmitglieder	Austritte Ordentlicher Mitglieder	Austritte Korrespondierender Mitglieder
Naturwissenschaften und Technik	23	2	—	—	3	—	—	—
Medizin	10	1	—	—	—	—	—	—
Gesellschaftswissenschaften	12	—	—	4	7	—	—	—
Insgesamt	45	3	—	4	10	—	—	—
Stand am 31. 12. 1949	95	101	2					

1950/51

(Veränderungen durch Zuwahlen, Todesfälle usw.)

Naturwissenschaften und Technik	6	16	1	1	3	1	2	—
Medizin	—	—	2	1	1	—	3	—
Gesellschaftswissenschaften	2	10	—	4	4	—	3	—
Insgesamt	8	26	3	6	8	1	8	—
Stand am 31. 12. 1951	89	119	4					

1952/53

(Veränderungen durch Zuwahlen, Todesfälle usw.)

Naturwissenschaften und Technik	18	—	—	5	1	—	—	—
Medizin	4	1	—	2	—	—	—	—
Gesellschaftswissenschaften	6	1	—	4	3	—	—	—
Insgesamt	28	2	—	11	4	—	—	—
Stand am 31. 12. 1953	106	117	4					

1954/55

(Veränderungen durch Zuwahlen, Todesfälle usw.)

Fachgebiet	Ordentliche Mitglieder	Korrespondierende Mitglieder	Ehrenmitglieder	Todesfälle Ordentlicher Mitglieder	Todesfälle Korrespondierender Mitglieder	Todesfälle Ehrenmitglieder	Austritte Ordentlicher Mitglieder	Austritte Korrespondierender Mitglieder
Naturwissenschaften und Technik	16	13	—	2	2	—	—	—
Medizin	6	17	—	—	3	—	—	—
Gesellschaftswissenschaften	10	23	—	2	3	—	—	—
Insgesamt	32	53	—	4	8	—	—	—
Stand am 31. 12. 1955	134	162	4					

1956

(Veränderungen durch Zuwahlen, Todesfälle usw.)

Naturwissenschaften und Technik	—	5	—	2	—	—	—	—
Medizin	—	1	—	—	—	—	—	—
Gesellschaftswissenschaften	—	8	—	2	2	1	—	—
Insgesamt	—	14	—	4	2	1	—	—
Stand am 1. 6. 1956	130	174	3					

Heimatländer der Korrespondierenden Mitglieder

Ägypten	1	Italien	13
Belgien	1	Norwegen	4
Bulgarien	1	Österreich	5
ČSR	3	Polen	3
Dänemark	4	Rumänien	1
Deutschland	70	Schweden	8
Finnland	2	Schweiz	5
Frankreich	6	UdSSR	16
Großbritannien	17	Ungarn	5
Holland	6	USA	3

II. Entwicklung des Standes der Mitarbeiter der wissenschaftlichen Einrichtungen einschl. der zentralen Verwaltung

Jahr*)	Wissenschaftliche Mitarbeiter	Technische Mitarbeiter	Betriebs-personal**)	Verwaltungs-personal	Insgesamt
1946	91		40		131
1949	311		621		932
1951	436		1071		1501
1952	499	1259	242	110	2110
1953	599	1299	494	236	2628
1954	704	1688	720	223	3335
1955	937	1995	893	179	4004
1. 6. 1956	1029	2517	1519	205	5270

III. Sektionen

Klasse für Mathematik, Physik und Technik	gegründet	Mitglieder am 1. 6. 1956
1. Sektion für Astronomie	1. 11. 51	8
2. „ „ Physik	25. 4. 53	34
3. „ „ angewandte Mathematik und Mechanik	21. 4. 55	26
4. „ „ allgemeinen Maschinenbau	8. 12. 55	18
5. „ „ Bergbau	31. 5. 56	35
6. „ „ Verkehrswissenschaften	in Vorbereitung	
7. „ „ Metallurgie	in Vorbereitung	
Klasse für Chemie, Geologie und Biologie		
1. Sektion für Chemie	1. 7. 53	36
2. „ „ praktische Geologie und angewandte Geophysik	21. 4. 55	23
3. „ „ Biologie	9. 6. 55	22
Klasse für Medizin		
1. Sektion für Geschwulstkrankheiten	24. 11. 51	25
2. „ „ Pharmakologie und Pharmazie	12. 12. 51	18
3. „ „ innere Medizin	7. 3. 52	33
4. „ „ Chirurgie	25. 3. 52	16
5. „ „ Hygiene	28. 5. 53	28
6. „ „ Geburtshilfe und Säuglingspflege	27. 3. 54	32
7. „ „ Ernährung	9. 3. 55	21
8. „ „ Dermatologie	22. 10. 55	24
	Übertrag	399

*) Für die in der statistischen Übersicht nicht angegebenen Jahre lagen keine Angaben vor.
**) Die Aufteilung in „technische Mitarbeiter — Betriebspersonal — Verwaltungspersonal" erfolgte erst ab 1952.

Klasse für Sprachen, Literatur und Kunst	gegründet	Mitglieder am 1. 6. 1956
	Übertrag:	399
1. Sektion für Altertumswissenschaft	20. 2. 54	30
2. „ „ Sprachwissenschaft	6. 11. 54	39

Klasse für Philosophie, Geschichte, Staats-, Rechts- und Wirtschaftswissenschaften

1. Sektion für Vor- und Frühgeschichte	5. 4. 52	18
2. „ „ Völkerkunde und deutsche Volkskunde	6. 12. 52	22
3. „ „ Geschichte	3. 5. 52	24
4. „ „ Wirtschaftswissenschaften	22. 5. 54	23
5. „ „ Philosophie	26. 6. 54	22
6. „ „ Rechtswissenschaft	23. 6. 55	17
	Insgesamt:	594.

IV. Wissenschaftliche Einrichtungen

1946

Übernahme bestehender Institute und Einrichtungen bzw. Wiederaufnahme unterbrochener Arbeiten:

Astrophysikalisches Observatorium, Potsdam
Sternwarte Babelsberg, Potsdam-Babelsberg
Sternwarte Sonneberg, Sonneberg/Thür.
Astronomisches Recheninstitut, Potsdam
Heinrich-Hertz-Institut für Schwingungsforschung, Berlin
Zentralinstitut für Erdbebenforschung, Jena (ab 1954 Institut für Bodendynamik und Erdbebenforschung)

Geodätisches Institut, Potsdam

Deutsche Kommission, Berlin (ab 1952 Institut für deutsche Sprache und Literatur)

Kommission für griechisch-römische Altertumskunde, Berlin (ab 1955 Institut für griechisch-römische Altertumskunde)
Leibniz-Kommission, Berlin
Ausgabe der Werke Kants, Berlin
Historische Kommission, Berlin
Monumenta Germaniae historica, Arbeitsstelle Berlin
Kommission für spätantike Religionsgeschichte, Berlin
Deutsche Literaturzeitung, Berlin

Neugründungen:

Forschungsinstitut für Mathematik, Berlin
Geotektonisches Institut, Berlin

Sprachwissenschaftliche Kommission, Berlin
Akademie-Verlag GmbH, Berlin

1947

Übernahme bestehender Institute und Einrichtungen bzw. Wiederaufnahme unterbrochener Arbeiten:

Institut für Gasentladungsphysik, Greifswald (bis 1952 Laboratorium für Gasentladungsphysik)
Institut für Festkörperforschung, Berlin-Buch
Institut zur Steigerung der Pflanzenerträge, Paulinenaue
Institut für Medizin und Biologie, Berlin
Forschungen und Fortschritte, Berlin

Neugründungen:

Institut für Bauwesen, Berlin (wurde 1950 der Deutschen Bauakademie übergeben)
Institut für hellenistisch-römische Philosophie, Berlin (1955 eingegliedert in das Institut für griechisch-römische Altertumskunde)
Institut für Orientforschung, Berlin (bis 1947 Orientalische Kommission)
Institut für Slawistik, Berlin (bis 1947 Slawische Kommission)
Institut für romanische Sprachwissenschaft, Berlin
Institut für deutsche Volkskunde, Berlin

1948

Übernahme bestehender Institute und Einrichtungen bzw. Wiederaufnahme unterbrochener Arbeiten:

Institut für Optik und Feinmechanik, Berlin (bis 1952 Optisches Laboratorium)
Institut für physikalische Hydrographie, Berlin
Institut für Faserstoff-Forschung, Teltow-Seehof
Institut für Kulturpflanzenforschung, Gatersleben

1949

Neugründung:

Institut für Technologie der Fasern, Dresden

1950

Neugründungen:

Institut Miersdorf, Miersdorf bei Zeuthen
Institut für anorganische Chemie, Berlin-Adlershof

1951

Neugründungen:

Institut für Strahlungsquellen, Berlin
Arbeitsstelle für Paläobotanik und Kohlenkunde, Berlin

1952

Neugründungen:

Institut für Kristallphysik, Berlin	(bis 1952 Laboratorium für Festkörperforschung)
Institut für vergleichende Pathologie, Berlin	(bis 1955 Arbeitsstelle für vergleichende Pathologie)
Institut für deutsche Sprache und Literatur	(bis 1952 Deutsche Kommission)

1953

Neugründungen:

Institut für organische Chemie, Berlin
mit den selbständigen Arbeitsgebieten:
a) Arbeitsgebiet für die Chemie organischer oberflächenaktiver Stoffe und Fette (gegr. 1954)
b) Arbeitsgebiet für Vor- und Zwischenprodukte (gegr. 1954)
c) Arbeitsgebiet für die Chemie der hochmolekularen organischen Verbindungen (Laboratorium für „Kunststoffe") (gegr. 1953)

Arbeitsstelle für Kristallstrukturanalyse, Berlin	(1948 gegr. als Abteilung des Instituts für Medizin und Biologie)
Institut für Vor- und Frühgeschichte, Berlin	(1947 als Kommission für Vor- und Frühgeschichte gegründet)

1954

Übernahme bestehender Institute und Einrichtungen bzw. Wiederaufnahme unterbrochener Arbeiten:

Institut für magnetische Werkstoffe, Jena
Institut für Katalyseforschung, Rostock
Wilhelm-Ostwald-Archiv, Groß-Bothen
Arbeitsstelle für Komplexchemie, Jena

Neugründungen:

Arbeitsstelle für Kunstgeschichte, Berlin
Institut für Wirtschaftswissenschaften, Berlin

1955

Arbeitsstelle für Tieftemperaturphysik, Berlin	
Arbeitsstelle für Mineralsalzforschung, Berlin	(1950 gegr. als Arbeitsbereich Kaliforschung, 1953 Abteilung für Mineralsalzforschung im Institut für anorganische Chemie, Berlin)

Arbeitsstelle für experimentelle und angewandte Psychologie, Berlin
Arbeitsgruppe Handwörterbuch der Medizin, Berlin
Deutsche Arzneibuch-Kommission, Berlin

Institut für griechisch-römische Altertumskunde, Berlin	(Teile des Instituts gehörten der Kommission für griechisch-römische Altertumskunde an)
Arbeitsgruppe zur Geschichte der deutschen und französischen Aufklärung, Berlin	

1956

Übernahme bestehender Institute und Einrichtungen bzw. Wiederaufnahme unterbrochener Arbeiten:

Institut für Mikrobiologie und experimentelle Therapie, Jena (am 25. 3. 1956)
Institut für angewandte Silikatforschung, Berlin (am 27. 2. 1956)
Arbeitsstelle für praktische Geologie, Jena
drei Druckereien:
„Werkdruck Gräfenhainichen", Gräfenhainichen
„Thomas Müntzer", Langensalza
„Maxim Gorki", Altenburg

Neugründungen:

Institut für Gerätebau, Berlin (ehemals Entwicklung und Fabrikation elektrischer Meßgeräte — EFEM)
Arbeitsstelle für Kreislaufforschung, Berlin
Institut für Geschichte, Berlin
Arbeitsgruppe Philosophiehistorische Texte, Berlin

V. Veröffentlichungen der Institute und wissenschaftlichen Einrichtungen

	1946—1949		1950—1951		1952		1953		1954		1955		1946—1955
	Zahl der Veröffentlichungen	Beschäftigte Wissenschaftler	Zahl der Veröffentlichungen	Beschäftigte Wissenschaftler	Zahl der Veröffentlichungen	Beschäftigte Wissenschaftler	Zahl der Veröffentlichungen	Beschäftigte Wissenschaftler	Zahl der Veröffentlichungen	Beschäftigte Wissenschaftler	Zahl der Veröffentlichungen	Beschäftigte Wissenschaftler	Zahl der Veröffentlichungen
Klasse für Mathematik, Physik und Technik	11	95	99	123	119	167	170	204	235	236	240	304	874
Klasse für Chemie, Geologie und Biologie	15	47	18	39	57	55	86	84	196	147	191	180	563
Klasse für Medizin	5	27	19	50	31	66	188	89	75	73	195	103	513
Klasse für Sprachen, Literatur u. Kunst	10	178	18	111	41	159	68	164	86	184	97	187	320
Klasse für Philosophie, Geschichte, Staats-, Rechts- u. Wirtschaftsw.	3	45	18	49	17	52	23	58	68	64	67	76	196
Insgesamt	44	392	172	372	265	499	535	599	660	704	790	850*)	2466

*) In der Summe der Wissenschaftler sind die 87 wissenschaftlichen Mitarbeiter der zentralen wissenschaftlichen Einrichtungen und der Zentrale Jägerstraße nicht enthalten.

VI. Veröffentlichungen des Akademie-Verlages GmbH, Berlin *)

Erscheinungs-Jahr	naturwissenschaftliche Veröffentlichungen		medizinische Veröffentlichungen		gesellschafts-wissenschaftliche Veröffentlichungen		Insgesamt	
	Titel	Bogen	Titel	Bogen	Titel	Bogen	Titel	Bogen
1947	9	166	—	—	5	33,5	14	199,5
1948	25	110	4	19	11	103	40	232
1949	43	277	4	12,5	15	82	62	371,5
1950	55	534,5	5	29,5	46	670,5	106	1234,5
1951	61	1039	4	5,5	22	335	87	1379,5
1952	79	1413	5	10,5	43	559,5	127	1983
1953	87	2086	9	157,5	55	780,5	151	3024
1954	157	2525,5	13	310,5	57	1602	227	4438
1955	142	3526	12	216	89	2050	243	5792
	658	11677	56	761	343	6216	1057	18654

VII. Die internationalen Beziehungen

I. Entwicklung des ständigen Schriftentausches **):

1. In der Zeit von 1951—1955 bestanden folgende ständige Tauschverbindungen zu Partnern des In- und Auslandes:

	1951	1952	1953	1954	1955
a) Anzahl der Länder	41	44	45	45	50
b) Anzahl der Tauschpartner	464	511	548	596	624

2. Im Jahre 1955 wurde im einzelnen mit nachstehenden Ländern getauscht:

Land	Tauschpartner	Land	Tauschpartner
Ägypten	2	Großbritannien	26
Afrique Cocidentale française	1	Holland	14
Albanien	1	Indien	13
Algier	1	Island	1
Argentinien	8	Israel	2
Australien	6	Italien	44
Belgien	19	Japan	24
Brasilien	1	Java/Indonesien	5
Bulgarien	3	Jugoslawien	6
Ceylon	2	Kanada	7
China	7	Korea	1
ČSR	28	Kuba	1
Dänemark	4	Libanon	2
Finnland	9	Luxemburg	1
Frankreich	25	Marokko	1
Griechenland	5	Mexiko	2

*) Die 42 verlegten Zeitschriften sind nicht enthalten.

**) Statistische Angaben über den ständigen Schriftentausch in den Jahren 1946—1950 liegen nicht vor.

Land	Tauschpartner	Land	Tauschpartner
Mongolische Volksrepublik	1	Schweiz	19
Neuseeland	4	Südafrika	4
Norwegen	6	Türkei	1
Österreich	20	UdSSR	16
Peru	1	Ungarn	14
Philippinen	1	USA	64
Polen	34	Uruguay	2
Portugal	6	Vietnam	1
Rumänien	3	Deutschland	139
Schweden	16		

II. Studienreisen von Mitgliedern und Mitarbeitern ins Ausland: *)

1953: 58 1954: 104 1955: 145 1956 (1. Halbjahr): 147

Die Reisen im Jahre 1955 verteilen sich auf folgende Länder:

Bulgarien	7	Niederlande	11
ČSR	30	Österreich	10
Frankreich	3	Polen	25
Großbritannien	7	Rumänien	1
Irland	3	Schweiz	14
Italien	7	UdSSR	10
		Ungarn	9

Größere Reisen führten ferner nach Ceylon (2), China (1), Griechenland (1), Libyen (2) und nach der Türkei (2).

III. Im Jahre 1955 wurden insgesamt 266 ausländische Gäste zu Kongressen, Studienreisen und Vorträgen empfangen.

Die Gäste kamen aus folgenden Ländern:

Bulgarien	19	Rumänien	12
ČSR	78	Schweden	5
Frankreich	7	Schweiz	4
Großbritannien	4	UdSSR	25
Österreich	9	Ungarn	38
Polen	44		

ferner aus Albanien, Argentinien, China, Dänemark, Indien, Jugoslawien, Korea, USA u. a.

VIII. Haushaltsmittel 1946—1955**) in TDM

	1946	1947	1948	1949	1950	1951	1952	1953	1954	1955
Klasse für Mathematik, Physik und Technik	243	1013	1263	1435	2430	3646	6259	9735	12070	13260
Klasse für Chemie, Geologie und Biologie	—	11	235	1091	2140	3570	6403	8884	11235	12534
Übertrag	243	1024	1498	2526	4570	7216	12662	18619	23305	25794

*) Statistische Angaben über Auslandsreisen und Besuche liegen für die Zeit von 1946—1953 nicht vor.

**) Die Angaben der Ist-Ausgaben sind auf das Kalenderjahr umgestellt.

	1946	1947	1948	1949	1950	1951	1952	1953	1954	1955
Übertrag	243	1024	1498	2526	4570	7216	12662	18619	23305	25794
Klasse für Medizin	—	292	857	653	1136	1916	3519	4619	4686	5271
Klasse für Sprachen, Literatur und Kunst	—	50	145	181	261	542	1506	2304	2615	2837
Klasse für Philosophie, Geschichte, Staats-, Rechts- und Wirtschaftswissenschaften	—	—	—	18	890	1097	792	856	1246	1710
„Sonstige“ wissenschaftliche Institutionen	—	369	185	510	879	93	136	1389	1835	2000
Einrichtungen der wissenschaftl. Leitung, der Versorgung und Verwaltung	662	2369	3791	4528	4621	6668	6663	6044	6599	9701
Insgesamt	905	4104	6476	8416	12357	17532	25278	33831	40286	47313

IX. Investitionsmittel 1946—1955 in TDM

	1946—1950	1951	1952	1953	1954	1955
Klasse für Mathematik, Physik und Technik	6610	2739	2254	1974	3245	3650
Klasse für Chemie, Geologie und Biologie	2959	1469	4028	3584	2595	2319
Klasse für Medizin	4044	2569	2476	1913	1352	1726
Klasse für Philosophie, Geschichte, Staats-, Rechts- u. Wirtschaftswissenschaften	—	—	—	—	37	—
Klasse für Sprachen, Literatur und Kunst	—	—	—	—	—	—
„Sonstige“ wissenschaftliche Einrichtungen	—	29	187	205	25	6
Leitung, Verwaltung und Versorgung	686	827	1184	1372	1233	995
Insgesamt	14299	7633	10129	9048	8487	8696

Orthogonale Trajektoriensysteme in stationären ebenen Strömungsfeldern inkompressibler idealer Flüssigkeiten

VON HANS ERTEL

I. Methodologische Bemerkungen zur Transformation der hydrodynamischen Gleichungen

Ein ebenes Strömungsfeld ist dadurch charakterisiert, daß die Bewegung sämtlicher Flüssigkeitspartikel in Ebenen verläuft, die einer festen Ebene parallel sind, so daß senkrecht übereinander liegende Flüssigkeitspartikel im Verlauf der Bewegung dauernd senkrecht übereinander bleiben und somit in sämtlichen Ebenen kongruente Bahnen beschreiben. Das ganze Strömungsfeld ist also durch die Strömung in einer Ebene, sagen wir der x, y-Ebene, vollständig bestimmt [M. LAGALLY, L. M. MILNE-THOMSON, Lit. (1,2)].

Ist die Bewegung stationär und die Flüssigkeit eine ideale, so lauten die Eulerschen hydrodynamischen Bewegungsgleichungen in Matrizenform beim Fehlen äußerer Kräfte:

$$1) \qquad \begin{pmatrix} \frac{\partial v_x}{\partial x} & \frac{\partial v_x}{\partial y} \\ \frac{\partial v_y}{\partial x} & \frac{\partial v_y}{\partial y} \end{pmatrix} \begin{pmatrix} v_x \\ v_y \end{pmatrix} = -\frac{1}{\varrho} \begin{pmatrix} \frac{\partial p}{\partial x} \\ \frac{\partial p}{\partial y} \end{pmatrix},$$

worin bedeuten: v_x, v_y = Geschwindigkeitskomponenten, p = Druck und ϱ = Dichte.

Die betrachtete Flüssigkeit sei inkompressibel; dann muß die Spur der quadratischen Matrix der Verzerrungsgeschwindigkeiten

$$2) \qquad M = \begin{pmatrix} M_{xx} & M_{xy} \\ M_{yx} & M_{yy} \end{pmatrix} = \begin{pmatrix} \frac{\partial v_x}{\partial x} & \frac{\partial v_x}{\partial y} \\ \frac{\partial v_y}{\partial x} & \frac{\partial v_y}{\partial y} \end{pmatrix}$$

verschwinden, also

$$3) \qquad M_{xx} + M_{yy} = \frac{\partial v_x}{\partial x} + \frac{\partial v_y}{\partial x} = 0$$

sein (Kontinuitätsgleichung).

Aus der Matrix M und der transponierten Matrix

$$4) \qquad M' = \begin{pmatrix} \frac{\partial v_x}{\partial x} & \frac{\partial v_y}{\partial x} \\ \frac{\partial v_x}{\partial y} & \frac{\partial v_y}{\partial y} \end{pmatrix}$$

kann die antimetrische Matrix

$$5)\qquad M - M' = \begin{pmatrix} 0 & \dfrac{\partial v_x}{\partial y} - \dfrac{\partial v_y}{\partial x} \\ \dfrac{\partial v_y}{\partial x} - \dfrac{\partial v_x}{\partial y} & 0 \end{pmatrix} = \begin{pmatrix} 0 & -\zeta \\ +\zeta & 0 \end{pmatrix}$$

mit dem Wirbel

$$6)\qquad \zeta = \frac{\partial v_y}{\partial x} - \frac{\partial v_x}{\partial y}$$

gebildet werden. Daher resultiert eine oft verwendete Transformation der hydrodynamischen Gleichungen durch die Substitution

$$7)\qquad M_{xy} = \frac{\partial v_x}{\partial y} = \frac{\partial v_y}{\partial x} - \zeta, \quad M_{yx} = \frac{\partial v_y}{\partial x} = \frac{\partial v_x}{\partial y} + \zeta$$

für die Elemente der *Nebendiagonale* der Matrix der Verzerrungsgeschwindigkeiten (2); diese Substitution führt auf die Form

$$8)\qquad \begin{cases} \dfrac{\partial}{\partial x}\left(\dfrac{v^2}{2}\right) - v_y \zeta = -\dfrac{1}{\varrho}\dfrac{\partial p}{\partial x}, \\ \dfrac{\partial}{\partial y}\left(\dfrac{v^2}{2}\right) + v_x \zeta = -\dfrac{1}{\varrho}\dfrac{\partial p}{\partial y} \end{cases}$$

der hydrodynamischen Gleichungen mit $v^2 = v_x^2 + v_y^2$.

Die nachstehende Rechnung benutzt eine andere Transformation, die dadurch entsteht, daß die Matrixelemente der *Hauptdiagonale* in (2), d. h. die Elemente

$$M_{xx} = \frac{\partial v_x}{\partial x}, \qquad M_{yy} = \frac{\partial v_y}{\partial y}$$

mittels der Kontinuitätsgleichung (3) wie folgt ausgedrückt werden:

$$9)\qquad M_{xx} = -\frac{\partial v_y}{\partial y}, \qquad M_{yy} = -\frac{\partial v_x}{\partial x},$$

so daß die Matrix (2) in

$$10)\qquad M = \begin{pmatrix} -\dfrac{\partial v_y}{\partial y} & \dfrac{\partial v_x}{\partial y} \\ \dfrac{\partial v_y}{\partial x} & -\dfrac{\partial v_x}{\partial x} \end{pmatrix}$$

übergeht.

II. Orthogonalität von Isoklinen und Isobaren in richtungsinkonstanten, stationären ebenen Strömungsfeldern inkompressibler, idealer Flüssigkeiten

Für inhomogene Strömungsfelder sind die Matrizen (2) bzw. (10) keine Nullmatrizen, und mit der Matrix (10) lauten jetzt die hydrodynamischen Bewegungsgleichungen:

11)
$$\begin{cases} -v_x \dfrac{\partial v_y}{\partial y} + v_y \dfrac{\partial v_x}{\partial y} = -\dfrac{1}{\varrho}\dfrac{\partial p}{\partial x}, \\ +v_x \dfrac{\partial v_y}{\partial x} - v_y \dfrac{\partial v_x}{\partial x} = -\dfrac{1}{\varrho}\dfrac{\partial p}{\partial y}. \end{cases}$$

Wir bestimmen die Richtung des Geschwindigkeitsvektors $\vec{v} \equiv (v_x, v_y)$ gegen die $+x$-Achse durch den Richtungswinkel Θ, so daß

12)
$$v_x = v \cdot \cos\Theta, \qquad v_y = v \cdot \sin\Theta, \qquad v_y/v_x = \operatorname{tg}\Theta.$$

Das Richtungsfeld $\Theta(x, y)$ wird durch die Isoklinen $\Theta(x, y) = \text{const}$ $(= c_1, c_2, \cdots)$ veranschaulicht, welche Punkte mit gleicher Richtung des Geschwindigkeitsvektors miteinander verbinden; die Isoklinen sind aus dem Stromlinienfeld graphisch oder auch instrumentell leicht konstruierbar [vgl. hierzu z. B.: J. W. SANDSTRÖM, W. HORT, F. E. RELTON, Lit. (3—5)]. In der dynamischen Meteorologie ist für die Linien $\Theta(x, y) = \text{const}$ auch die Bezeichnung „Isogonen" gebräuchlich. Wir schließen den speziellen Fall aus, daß die Funktion $\Theta(x, y)$ in allen Feldpunkten den gleichen Wert hat und behandeln im folgenden *richtungsinkonstante* Stromfelder.

Es ist nun

13)
$$\begin{cases} -v_x \dfrac{\partial v_y}{\partial y} + v_y \dfrac{\partial v_x}{\partial y} = -v_x^2 \dfrac{\partial}{\partial y}\left(\dfrac{v_y}{v_x}\right) = -v^2 \dfrac{\partial \Theta}{\partial y}, \\ +v_x \dfrac{\partial v_y}{\partial x} - v_y \dfrac{\partial v_x}{\partial x} = +v_x^2 \dfrac{\partial}{\partial x}\left(\dfrac{v_y}{v_x}\right) = +v^2 \dfrac{\partial \Theta}{\partial x}, \end{cases}$$

und hiermit nehmen die hydrodynamischen Bewegungsgleichungen (11) die Form an:

14)
$$\begin{cases} +\varrho v^2 \dfrac{\partial \Theta}{\partial y} = +\dfrac{\partial p}{\partial x}, \\ -\varrho v^2 \dfrac{\partial \Theta}{\partial x} = +\dfrac{\partial p}{\partial y}, \end{cases}$$

woraus

15)
$$\boxed{\frac{\partial \Theta}{\partial x}\frac{\partial p}{\partial x} + \frac{\partial \Theta}{\partial y}\frac{\partial p}{\partial y} = 0}$$

folgt und somit der Satz:

In ebenen richtungsinkonstanten Strömungsfeldern inkompressibler idealer Flüssigkeiten bilden im stationären Fall Isoklinen und Isobaren orthogonale Trajektoriensysteme.

Gemäß seiner Ableitung gilt dieser Satz sowohl für ebene Wirbel- als auch für ebene Potentialströmungen, denn die Annahme der Existenz eines Geschwindigkeitspotentials wurde nicht benötigt; ausgenommen von der Gültigkeit des Satzes sind die singulären Stellen der Funktion $\Theta(x, y)$ des Strömungsfeldes [R. ZURMÜHL, Lit. (6)].

III. Orthogonalität von Isoklinen und Linien gleicher potentieller Energie bei Existenz eines Potentials äußerer Kräfte

Wenn Komponenten X, Y äußerer Kräfte, die aus einem Potential Φ ableitbar sind:

$$(X, Y) = -\left(\frac{\partial}{\partial x}, \frac{\partial}{\partial y}\right) \Phi$$

in die Strömungsebenen fallen, gilt (15) in der Form, daß p durch die potentielle Energie $E_{pot} = \varrho\Phi + p$ zu ersetzen ist:

$$16) \qquad \boxed{\frac{\partial\Theta}{\partial x}\frac{\partial E_{pot}}{\partial x} + \frac{\partial\Theta}{\partial y}\frac{\partial E_{pot}}{\partial y} = 0},$$

da die hydrodynamischen Bewegungsgleichungen (14) jetzt

$$17) \qquad \left\{\begin{aligned} +\varrho v^2 \frac{\partial\Theta}{\partial y} &= +\frac{\partial}{\partial x}(\varrho\Phi + p), \\ -\varrho v^2 \frac{\partial\Theta}{\partial x} &= +\frac{\partial}{\partial y}(\varrho\Phi + p), \end{aligned}\right.$$

zu schreiben sind.

IV. Orthogonalität von Isoklinen und Isotachen in stationären ebenen Potentialströmungen

Existiert ein Geschwindigkeitspotential φ:

$$18) \qquad (v_x, v_y) = \left(\frac{\partial}{\partial x}, \frac{\partial}{\partial y}\right)\varphi, \quad \zeta \equiv 0,$$

so gilt im stationären Fall im ganzen Strömungsfeld die *Bernoulli*-Gleichung

$$19) \qquad \varrho\frac{v^2}{2} + E_{pot} = \varrho\frac{v^2}{2} + \varrho\Phi + p = \text{const.}$$

Eliminiert man E_{pot} aus (16) mittels der *Bernoulli*-Gleichung, so resultiert:

$$20) \qquad \boxed{\frac{\partial\Theta}{\partial x}\frac{\partial v}{\partial x} + \frac{\partial\Theta}{\partial y}\frac{\partial v}{\partial y} = 0}.$$

Die Kurven $v(x, y) = \text{const}\ (= v_1, v_2, \ldots)$ stellen die Isotachen dar. *In richtungsinkonstanten, stationären ebenen Potentialströmungsfeldern inkompressibler idealer Flüssigkeiten müssen somit nach* (20) *auch Isoklinen und Isotachen orthogonale Trajektoriensysteme bilden.*

V. Richtungskonstante ebene stationäre Potentialströmungen

Im Falle der Richtungskonstanz $\Theta(x, y) = \text{const}$ im ganzen Feld, also $\frac{\partial \Theta}{\partial x} = \frac{\partial \Theta}{\partial y} = 0$, ergeben die hydrodynamischen Gleichungen (17): $\varrho\Phi + p = \text{const}$; hieraus folgt mittels der *Bernoulli*-Gleichung (19): $v = \text{const}$ und somit vollständige Homogenität des Potentialströmungsfeldes.

VI. Ergebnis

Die Konstruktion der Isoklinen richtungsinkonstanter, stationärer ebener Strömungsfelder inkompressibler idealer Flüssigkeiten ermöglicht somit, wenn nur das Stromlinienbild (und nicht notwendig die Stromfunktion) gegeben ist, sofort eine Orientierung über

a) *das Isobarenfeld*, wenn kein äußeres Kraftfeld existiert,

b) *das Feld der potentiellen Energie*, wenn ein äußeres Kraftfeld existiert, das aus einem Potential ableitbar ist,

c) *das Isotachenfeld*, wenn ein Geschwindigkeitspotential existiert,

da die Iso-Linien der genannten Felder in diesen Fällen mit den Isoklinen orthogonale Trajektoriensysteme bilden.

Bei gegebener Stromfunktion sind die Stromlinien numeriert; dann können die Iso-Linien auch numeriert werden, da in diesem Fall ihr Gradient vollständig bestimmt ist.

Literaturnachweise

1. M. Lagally, Ideale Flüssigkeiten. Handbuch der Physik (Geiger-Scheel), Bd. VII, Berlin 1927, S. 3.
2. L. M. Milne-Thomson, Theoretical Hydrodynamics. Third Edition, London 1955, pag. 100.
3. J. W. Sandström, Über die Bewegung der Flüssigkeiten. Annalen der Hydrographie und Maritimen Meteorologie, Berlin 1909, S. 242.
4. W. Hort, Die Differentialgleichungen des Ingenieurs. 2. Aufl. Berlin 1925, S. 222.
5. F. E. Relton, Applied Differential Equations. London and Glasgow 1948, pag. 100.
6. R. Zurmühl, Praktische Mathematik für Ingenieure und Physiker. Berlin-Göttingen-Heidelberg 1953, S. 324.

Zum Stand der Informationstheorie

VON HANS FRÜHAUF

Einleitung

Im Leben des Alltags oder im Verkehr mit unserer Umwelt, ja selbst in der wissenschaftlichen Arbeit nehmen wir bewußt oder unbewußt kein Mittel so sehr in Anspruch wie das der „Information", und zwar aufgefaßt in des Wortes allgemeinster Bedeutung.

Eine Information geben und empfangen wir, wenn wir uns der menschlichen Sprache bedienen, um mit ihrer Hilfe direkt oder indirekt etwa über eine Nachrichtenverbindung (z. B. den Fernsprecher, den Fernschreiber, den Telegrafen oder auf schriftlichem Wege) mit anderen Menschen in geistigen Kontakt zu kommen. Eine „Information" liefert uns die Versuchsanordnung oder das Experiment, in dessen Verlauf wir den Zeiger eines Instrumentes ablesen, das Bild eines Oszillografen betrachten oder das Ergebnis einer mathematisch-physikalischen Rechnung interpretieren. Selbst unser Nervensystem bedient sich der Information in besonderen Organen, den sog. Rezeptoren, die die von außen kommenden Reize in Form von Signalen zu zentralen Stellen weiterleiten, wo sie verarbeitet werden, um wieder als Information an die sog. Effektoren, z. B. an die Muskeln oder Drüsen, weitergeleitet zu werden. Auch für die verschiedensten Vorgänge im „internen Betrieb" unseres Körpers, wo z. B. zur Aufrechterhaltung der Körpertemperatur die von den Rezeptoren empfangenen „Meßwerte" an die Effektoren signalisiert werden und so ein biologischer Regelkreis, betätigt durch Informationen, gebildet wird, gelten die gleichen Prinzipien.

Angesichts dieses vielgestaltigen Inhalts des Begriffs „Information" ist es eigentlich erstaunlich, daß selbst auf dem am meisten beanspruchten Anwendungsgebiet, nämlich dem der Übermittlung einer Information, z. B. bei der Übertragung von Sprache, von Zahlen, Zeichen oder Buchstaben, eine eigentliche „Informationstheorie" lange Zeit völlig fehlte. Erst in den zwanziger Jahren unseres Jahrhunderts, in einer Zeit also, in der die stürmische Entwicklung vor allem der elektrischen Nachrichtentechnik immer deutlicher den Ruf nach der Aufstellung einer möglichst allumfassenden und grundlegenden Theorie vernehmen ließ, zeigen sich die ersten Ansätze zu einer solchen Informationstheorie. Diese Informationstheorie sollte, diese Forderung wurde mit besonderer Dringlichkeit erhoben, in der Lage sein, eine Analyse der verschiedensten möglichen Verfahren der Übermittlung einer Information bezüglich ihrer Leistungsfähigkeit und ihrer Grenzen eindeutig zu gestatten und damit zugleich auch Wert, Bedeutung und auch den erforderlichen Aufwand zu bestimmen und zu überprüfen. Bei dem großen Umfang des bereits eingangs an einigen Beispielen gekennzeichneten Inhalts des Begriffs „Information" konnten natürlich nur grundsätzliche Überlegungen zu Gesetzen führen, die in ihrer Gesamtheit die Aufstellung einer befriedigenden Informationstheorie erlaubten.

Wenn wir uns mit ihr befassen wollen, scheint es zunächst erforderlich, in einer Art Überschau einmal das Grundlegende und damit das Wesentliche des Geschehens zu untersuchen, das im Zuge des Entstehens, der Umwandlung, der Übermittlung und schließlich des Empfangs einer Information abläuft.

Die Grundprobleme der Übermittlung einer Information

Dabei gilt es zunächst einmal, den Begriff „Information" auf einen Nenner zu bringen und ihn durch Angabe einer Maßzahl und einer Maßeinheit für den Physiker und Ingenieur eindeutig zu beschreiben. WARREN WEAWER hat in seiner „Mathematischen Theorie der Nachrichtenübermittlung" [1] dargelegt, daß, wenn wir mit anderen Menschen einen Gedankenaustausch vollziehen wollen, wir bewußt oder unbewußt drei grundsätzlich voneinander verschiedene Probleme lösen müssen:

1. Wir müssen, da wir nicht in der Lage sind, unsere Gedanken unmittelbar zu übertragen, uns bestimmter Zeichen oder Symbole, z. B. der Sprache, bedienen, um uns dem Empfänger, für den die Information bestimmt ist, verständlich zu machen. Mit diesem Problem befaßt sich — sofern es sich um die menschliche Sprache handelt — die sog. Semantik, das ist die „Wortbedeutungslehre".

Ganz ähnlich ist das Problem, das vorliegt, wenn wir z. B. einen Meßwert, etwa zur Kennzeichnung eines bestimmten Stromes, einer bestimmten Spannung oder vielleicht einer Geschwindigkeit oder Beschleunigung ablesen oder als Information übertragen wollen. Auch in diesem Falle müssen wir uns zunächst bestimmter Symbole oder bestimmter Zeichen, z. B. des Ausschlags des Zeigers eines Instrumentes, bedienen, wobei wir die vom Zeiger zurückgelegte Strecke, z. B. in Grad oder in Zentimeter, als Symbol für die Information ansehen können.

2. Damit beim Beispiel der menschlichen Sprache der Partner der Unterhaltung auch von der Richtigkeit der übermittelten Nachricht überzeugt wird, sind gewisse Forderungen bzgl. der Form, z. B. des logischen Aufbaues oder des Stils, zu beachten. Die damit zusammenhängenden Probleme werden als sogenannte „Wirkungsprobleme" bezeichnet, mit denen wir uns hier nicht beschäftigen wollen.

3. Die für bestimmte Gedanken gewählten Symbole oder Zeichen oder die zur Kennzeichnung eines Vorganges vom Meßinstrument gelieferten „Ausschläge" sollen nun in der Regel in irgendeiner geeigneten Form dem Informationsempfänger übermittelt werden. Bei diesem dritten Problem spielt die Frage nach dem „Wirkungsgrad", also nach der Zahl der in der Zeiteinheit maximal übertragbaren Informationen, nach der Geschwindigkeit, nach der Genauigkeit und der Vollständigkeit der Übermittlung der Information eine entscheidende Rolle. Die Wortbedeutung des Symbols selbst ist aber bei der Übermittlung der Information völlig ohne Belang. Es handelt sich also hier um ein rein physikalisch-technisches Problem, nämlich die geeignete Wahl des Symbols und die Übermittlung der „Symbole" über den zur Verfügung stehenden „Informationskanal."

Die Informationstheorie befaßt sich vor allem mit den unter 3. genannten Problemen, nämlich mit dem Wesen der Auswahl der Symbole und ihrer Übertragung über einen Informationskanal, wobei verständlicherweise in der Regel die Frage nach der höchstmöglichen Wirtschaftlichkeit des Systems durch Angabe des schon erwähnten, aber noch zu definierenden „Wirkungsgrades" beantwortet werden muß.

Andererseits ist die unter 1. angeführte „Wortbedeutung" des Symbols für die Informationstheorie ohne jedes Interesse; das Symbol ist im Sinne der physikalisch-technischen Übertragung nicht „gefühlsbetont", oder, um es drastisch an einem Beispiel zu demonstrieren: es ist der Informationstheorie völlig gleichgültig, ob das von ihr betrachtete Informationssymbol z. B. den Begriff ausdrückt, den wir unter „Gehaltserhöhung" verstehen oder den wir mit dem Wort „Gehaltskürzung" belegen. Zum Zwecke der Abgrenzung ist es erforderlich, an dieser Stelle noch kurz zu erwähnen, daß wie alle technisch-physikalischen Systeme so auch ein technisches Nachrichtenübertragungssystem gewisse Unvollkommenheiten besitzt, z. B. Verzerrungen der verschiedensten Art wie Dämpfungsverzerrungen oder Phasenverzerrungen usw. Mit der technischen Bedeutung dieser Unvollkommenheiten befaßt sich die sogenannte Systemtheorie, die also mit der Informationstheorie gemeinsam die „Nachrichtentheorie" als Oberbegriff hat.

Nach diesen kurzen Vorbetrachtungen wollen wir einmal das Grundschema einer jeden technischen Übertragung einer Information und dabei speziell einer technischen Nachrichtenübertragung ansehen.

In Abb. 1 ist dieses Schema skizziert. Wir erkennen: Informationsquelle, Senderumformer, Nachrichtenkanal, Empfängerumformer, Informationsaufnahmeorgan. Die Informationsquelle kann z. B. durch

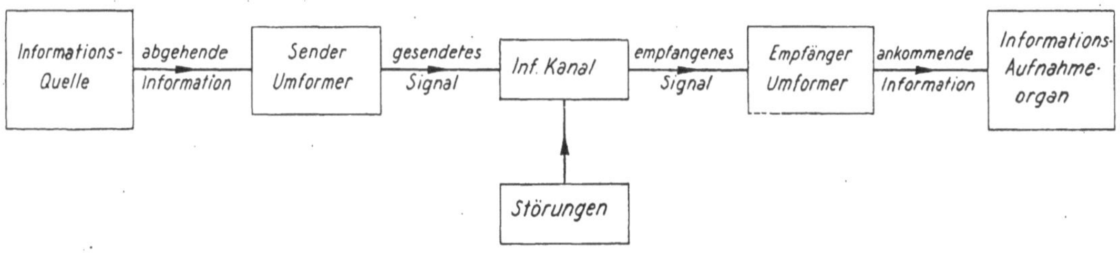

Abb. 1

einen Sprecher dargestellt werden, der die abgehende Nachricht in Form von Schallschwingungen einem Senderumformer, z. B. einem Mikrofon, zuführt, welches seinerseits den durch die Sprache gegebenen zeitlich sich ändernden Schalldruck in einen zeitlich analog verlaufenden elektrischen Strom (oder Spannung) umwandelt, der (entweder direkt oder über Verstärker-, Wandler- oder Sendeeinrichtungen) auf den Nachrichtenkanal gegeben wird. Der Nachrichtenkanal seinerseits kann gebildet werden durch eine Leitung, ein Kabel, die Luftstrecke, durch eine Dezistrecke oder durch ein anderes das gesendete Signal leitendes Medium (z. B. Luft oder Wasser bei Schall, bei Licht usw.). Sehr wesentlich ist nun, daß sich auf dem Übertragungskanal in allen Fällen Störungen in Form von Störgeräuschen einstellen, und sei der Kanal noch so gut „geschirmt", selbst wenn es sich „nur" um jene Störungen handelt, die durch Widerstands- und Röhrenrauschen verursacht werden. Ja, auf größeren Entfernungen wird das Problem der Informationsübertragung geradezu ein Problem des Kampfes gegen die Störungen. Natürlich kann man das gezeigte Schema z. B. auch auf die Umwandlung, die Messung und Übertragung irgendeiner physikalischen Größe anwenden. Auch dort liegt eine Informationsquelle vor, wobei wiederum die Information durch einen Sendeumformer in ein entsprechendes Signal, also ein entsprechendes Symbol verwandelt wird usw. Zunächst ist es nun einmal nötig, die Vielfalt der möglichen Informationen auf einen gemeinsamen Nenner zu bringen. Das soll im folgenden geschehen.

Die Maßeinheit der Information

Im Jahre 1924 stellten KÜPFMÜLLER und NYQUIST grundlegende Zusammenhänge zwischen der zur Übertragung einer Nachricht benötigten Zeit und der erforderlichen Frequenzbandbreite auf. Sie drückten diesen Zusammenhang durch das Gesetz

$$B \cdot T = k$$

aus, der sich gemäß Abb. 2 in der Ebene darstellen läßt als ein Rechteck mit den Seitenlängen B = Bandbreite und T = Zeit. Der Wert k ist dabei der „Informationsinhalt" der Nachricht, wobei wir, wie bereits erwähnt, in der Informationstheorie in Abweichung von dem sonst üblichen Sprachgebrauch nicht die Wortbedeutung eines Wortes, sondern seine Zusammenfügung aus einer Reihe von Signalen, also z. B. Schwingungen, Stromänderungen oder Stromschritten verstehen wollen. Mit dem in Abb. 2 angegebenen sogenannten Zeitgesetz der Nachrichtentechnik haben KÜPFMÜLLER und NYQUIST also bereits gezeigt, daß man bei der Übertragung einer Information Bandbreite B in Zeit T eintauschen kann und umgekehrt. Der praktische Versuch hierzu läßt sich leicht realisieren, wenn wir Sprache oder Musik auf einer Schallplatte, einem Magnettonband oder einem Filmstreifen aufnehmen und diese dann mit einer von der Aufnahmegeschwindigkeit verschiedenen Geschwindigkeit ablaufen lassen. Alle Frequenzen werden umgekehrt proportional zur benötigten Übertragungszeitdauer T verändert werden, und wir werden so das Gesetz $B \cdot T = k$ bestätigt finden. Offenbar hat die Konstante k, welche also den

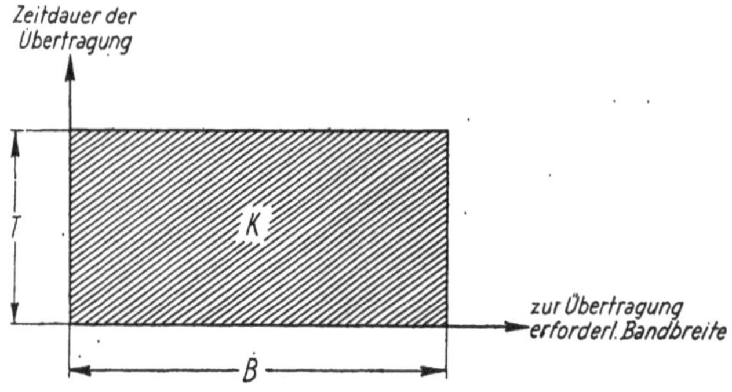

Abb. 2

Informationsinhalt darstellt, die „Dimension" $Hz \cdot sec$ = Schwingungen. Bei einer für die Übertragung kommerzieller Sprache erforderlichen Bandbreite von 3000 Hz und der durchschnittlichen Dauer eines gesprochenen Buchstabens von rund $^1/_{12}$ sec ergibt sich also für die Größe $k = {}^{3000}/_{12} = 250$ Schwingungen als mittlerer Informationsinhalt eines gesprochenen Buchstabens.

Im Jahre 1928 hat nun HARTLEY das von KÜPFMÜLLER und NYQUIST gefundene Zeitgesetz der Informationstechnik durch Einführen einer weiteren Bestimmungsgröße, nämlich der Amplitude, auf ein dreidimensionales, also räumliches Problem überführt und nunmehr nachgewiesen, daß man nicht allein Bandbreite B und Zeit T gegeneinander eintauschen kann, sondern daß man auch Amplitude mit Zeit oder mit Bandbreite „bezahlen" kann und umgekehrt.

Wir wollen das Problem zunächst an Hand eines einfachen Beispiels, nämlich der Übertragung von Impulsen, betrachten. Es sei angenommen, daß zur Übermittlung einer Nachricht nur solche Signale Verwendung finden, welche auf Grund nur zweier verschiedener Zustände, z. B. dem Zustand „Strom vorhanden" oder dem Zustand „Strom nicht vorhanden", aufgebaut werden. Diese erste Festlegung ist natürlich willkürlich und einschränkend, sie soll deshalb anschließend ergänzt werden, zunächst wollen wir sie aber anwenden, um gewisse Zusammenhänge kennenzulernen. Solche sogenannten Binärsysteme oder Dualsysteme werden bekanntlich nicht allein in der Nachrichtentechnik sehr häufig verwendet (Morsealphabet, Fünferalphabet für Fernschreibeinrichtungen usw.), sie spielen auch bei vielen Steuer- und Regelsystemen eine große Rolle.

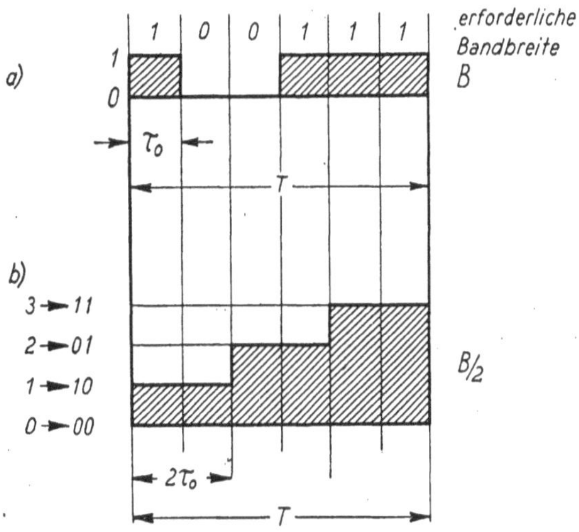

Abb. 3a und b

Abb. 3a zeigt das Beispiel eines beliebig gewählten „Informationsinhalts", der sich aus solchen Signalen zusammensetzt. „Strom vorhanden" ist dabei mit 1 und „Strom nicht vorhanden" mit 0 bezeichnet. Die Dauer eines Einfachbinärschrittes in diesem System sei mit τ_0 angegeben, der gesamte Informationsinhalt, das „Volumen" der Information, soll in der Zeit T übertragen werden. Es ist leicht einzusehen, daß die Bandbreite, die für die Übertragung der auf solchen Binärschritten aufgebauten Information erforderlich ist, von der Dauer τ_0 eines einfachen Binärschrittes abhängt und, wie KÜPFMÜLLER und NYQUIST nachgewiesen haben, gegeben ist durch die Beziehung $B = \frac{1}{2\,\tau_0}$. Führt man an Stelle des in Abb. 3a angegebenen Signals, das nur aus einer Folge von $2^1 = 2$ verschiedenen Möglichkeiten aufgebaut ist, das in Abb. 3b angeführte Signalsystem ein, welches $2^2 = 4$ verschiedene Möglichkeiten zuläßt, dabei aber offenbar den gleichen Informationsinhalt überträgt, so erkennt man, daß in diesem System die Dauer eines einfachen Binärschrittes doppelt so groß und damit die Frequenzbandbreite, welche die Information zur Übertragung benötigt, also halb so groß geworden ist, indessen die Zeit T, welche zur Übertragung des gleichen Informationsinhaltes erforderlich ist, sich nicht verändert hat. Der gleiche Informationsinhalt wird also bei gleicher Übertragungszeit in Abb. 3b mit der halben Bandbreite wie in Abb. 3a übertragen. Ein Kabel, das eine bestimmte Bandbreite hat, kann also mit dem System nach Abb. 3b doppelt so viel Informationen übertragen wie mit dem System nach 3a. Das wurde lediglich dadurch erreicht, daß eine Erweiterung des Einfachbinärsystems vorgenommen wurde, indem an Stelle von $2^1 = 2$ verschiedenen Möglichkeiten $2^2 = 4$ Möglichkeiten in der Amplitude zum Aufbau eines Signals zugelassen wurden. Bei Zulassung von $2^n = s$ möglichen verschiedenen Amplituden, also s-Amplitudenschritten, muß die Bandbreite von B auf $\frac{B}{n}$ absinken.

Aus der Beziehung $s = 2^n$ folgt $\operatorname{ld} s = n$[1]), und es ergibt sich, daß bei der Zulassung eines n-Binärgruppensystems die ursprüngliche Bandbreite B auf den Wert $\frac{B}{n} = \frac{B}{\operatorname{ld} s}$ sinkt. Man kann also nun den Informationsinhalt I, die „Information", nach Abb. 4 durch einen Würfel mit den Kantenlängen $2B$, T und der Amplitude ausgedrückt durch ihre Dynamik $n = \operatorname{ld} s$ darstellen. Allgemeiner lautet also die Gleichung für das Informationsvolumen (für die Informationsmenge) einer Information demnach $I = 2B \cdot T \cdot \operatorname{ld} s = 2B \cdot T \cdot n$ Binärschritte oder bit (bit = Abkürzung für binary digit = Binärschritt). Damit haben wir zumindest für den vorliegenden Fall der Binärsysteme eine Maßeinheit für die Information gefunden.

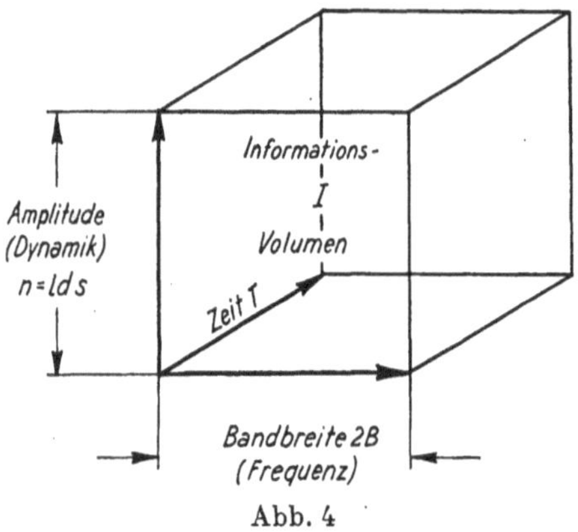

Abb. 4

Gehen wir jetzt von der ursprünglich willkürlichen Festlegung ab, nach der wir in Abb. 3 nur das Binärsystem zuließen, und gehen zum allgemeinen System mit beliebig vielen Stellungen über, so besagt also die erwähnte HARTLEYsche Konzeption nichts anderes, als daß sich ein quantitatives Maß für die Information in folgender Weise finden läßt:

Besitzt eine Einrichtung M mögliche Stellungen, so soll sie definitionsgemäß $I = {}^a\log M$ Informationseinheiten speichern können. Entstehen die M möglichen Stellungen allgemeiner aus m Einrichtungen mit je s verschiedenen „Zuständen", so ist nach den Gesetzen der Kombinatorik $M = s^m$ und damit auch $I = m \cdot \log_a s$ Informationseinheiten. Kann das System eine solche Information in jedem Zeitabschnitt der Dauer τ abgeben und erfolgt ein „Betrieb" während der Zeit T, dann wird die gesamte von der Informationsquelle abgegebene

[1]) Anm.: $\operatorname{ld} s = {}^2\log s$.

Information offenbar $I = \frac{T}{\tau} \cdot m \cdot \log_a s$ Informationseinheiten besitzen. Grafisch läßt sich der Ausdruck $M = s^m$ durch einen „Baum" gemäß Abb. 5 darstellen, wie er etwa bei der Netzdarstellung in der drahtgebundenen Fernmeldetechnik üblich ist. In den gewählten Beispielen ist einmal $s = 2$, $m = 4$ und damit $M = 2^4 = 16$ und das andere Mal $s = 4$, $m = 2$ und damit $M = 4^2 =$ ebenfalls 16. Die beiden Systeme der Abb. 5 müssen also

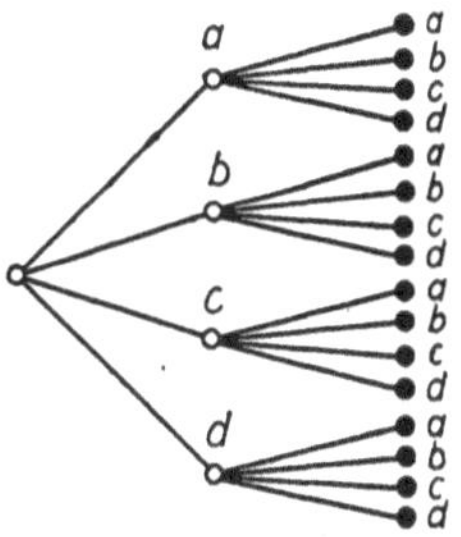

aa	ba	ca	da
ab	bb	cb	db
ac	bc	cc	dc
ad	bd	cd	dd

$s = 4;\quad m = 2$ $\qquad M = s^m = 4^2 = 16$

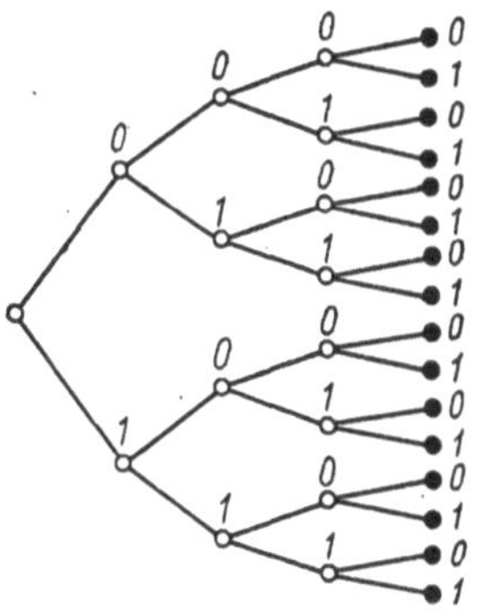

0000	0100	1000	1100
0001	0101	1001	1101
0010	0110	1010	1110
0011	0111	1011	1111

$s = 2;\quad m = 4$ $\qquad M = s^m = 2^4 = 16$

Abb. 5

gemäß der von uns gewählten Definition bzgl. ihrer „Informationsspeichermöglichkeit" und somit auch im Sinne der Informationstheorie äquivalent sein.

Die Wahl der z. B. in Abb. 5 verwendeten gleichen Zahl von Verzweigungen oder Stufen bei jedem der Knotenpunkte ist selbstverständlich keine zwingende Forderung. Im allgemeineren Fall wird $M = s_1 \cdot s_2 \cdot s_i - - - s_m = \prod_{i=1}^{m} s_i$, wofür Abb. 6 mit den Werten $s_1 = 4$, $s_2 = 3$, $m = 2$ und damit $M = 3 \cdot 4 = 12$ ein Beispiel gibt.

Bei der von uns bereits getroffenen Festlegung einer Definition für die Maßzahl der Information, nämlich $I = {}^{a}\log M$, war noch die Basis a des log offen geblieben. Natürlich

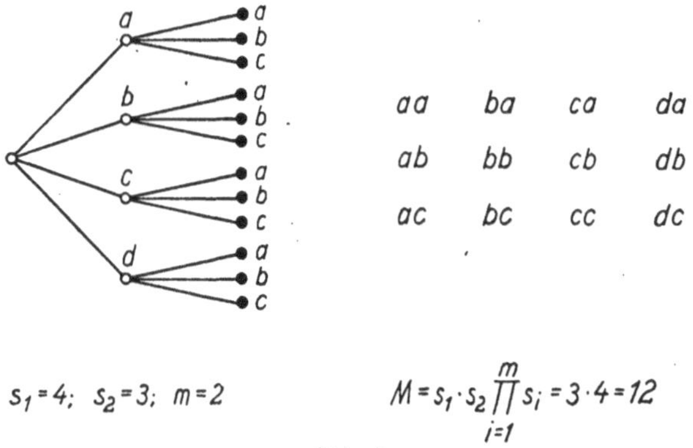

Abb. 6

legt die Wahl der Basis a nur den Wert der Einheit der Information fest, die Größe der Information bleibt natürlich erhalten. Man wird die Maßeinheit der Information zweckmäßig wählen. Eine vernünftige Festlegung der Informationseinheit kann z. B. gefunden werden, wenn man die Forderung stellt, daß die M möglichen „Stellungen", die gemäß unseren Überlegungen durch $M = \prod_{i=1}^{m} s_i$ gegeben sind, in s_i und n so zerlegt werden, daß die Summe $G = \sum_{i=1}^{m} s_i$ zum Minimum wird. Da G beispielsweise die Zahl der notwendigen Einrichtungen (z. B. Relais), multipliziert mit der Zahl der je Relais möglichen Schaltstellungen (Relaiskontakte), darstellt, läßt sich eine Minimierung des Ausdrucks $G = \sum_{i=1}^{m} s_i$ unter der Bedingung $M = \prod_{i=1}^{m} s_i$ offenbar auch als Minimum des Aufwandes interpretieren. Es ist also vernünftig, eine solche Wahl zu treffen. Die Rechnung, die hier nicht durchgeführt werden soll, liefert als Ergebnis $G \gtrapprox e \ln M$, ergibt also die Basis e; sie zeigt aber auch, daß das gesuchte Minimum sehr flach verläuft und daher die Wahl der Basis 2, welche aus rein praktischen und Zweckmäßigkeitsgründen der Basis e vorzuziehen ist, einen wesentlichen Unterschied bei der Festlegung der Einheit der Information nicht ausmacht. Man bedient sich also in praktischen Fällen in der Regel des dyadischen Logarithmus und erhält damit als Maß für die Information, wie schon oben verwendet, $I = \operatorname{ld} M$ mit der Maßbezeichnung bit (als Abkürzung für binary digit). Gelegentlich findet man in der Literatur auch die Bezeichnung nit (als Abkürzung für natural digit) und dit (als Abkürzung für decimal digit). Zur Erleichterung der Vorstellung sei gesagt, daß man die Zahl, die man für die Information I bei Verwendung der verschiedenen Maßeinheiten erhält, auch gewissermaßen als die Stellenzahl in dem betreffenden Maßsystem interpretieren kann. Beispielsweise wird eine Rechenmaschine, die 10 diskrete „Zustände" (z. B. die Zahlen 0 — 9) enthalten soll, unter gleichen Bedingungen im Dezimalsystem 1, im dyadischen (oder Dualsystem) 3,3, praktisch also 4 und im „natürlichen System" 2,3, also praktisch 3 Stellen haben müssen.

Auf Grund unserer Überlegungen und insbesondere aus Abb. 3 und 4 hatte sich ergeben, daß das „Informationsvolumen" I durch den Ausdruck $I = 2B \cdot T \cdot \operatorname{ld} s$ bit angegeben werden kann, wobei hier s die Zahl der möglichen Schritte oder Stellungen darstellte. Diese Gleichung besagt also offenbar, daß sich nicht nur die Zeit T gegen Bandbreite B austauschen läßt, sondern daß diese auch gegen Amplitudenstufen, exakter gegen Dynamik $\operatorname{ld} s$, eingetauscht werden können. Dieser Zusammenhang legt den Gedanken nahe, bei Vorliegen eines Informationskanals mit z. B. nicht ausreichender Bandbreite, der aber eine genügende Dynamik gestattet, mit Hilfe einer Vergrößerung der ursprünglichen Dynamik $\operatorname{ld} s$, Bandbreite B einzusparen. Ein solches Beispiel sei in Abb. 7 angeführt. Es bezieht sich auf eine Übertragung kommerzieller Sprache. Soll z. B. kommerzielle Sprache mit einer Bandbreite von $B_1 = 3000$ Hz und 32 Binärschritten auf 1500 Hz „komprimiert“ werden, dann benötigt man, wie Abb. 7 zeigt, $s_2 = s_1^{\frac{B_1}{B_2}} = 32^2 = 1024$ Amplitudenschritte. Es ist also möglich, Bandbreite zu „sparen“; das Beispiel lehrt allerdings, daß Bandbreiteneinsparung mit einem relativ großen Aufwand an Amplitudenschritten „erkauft“ werden muß, denn eine Einengung des Frequenzbandes auf die Hälfte muß im vorliegenden Beispiel mit einer Erhöhung der Anzahl der Amplitudenschritte auf das 32fache „bezahlt werden.“ Aus der angegebenen Beziehung lassen sich aber noch weitere Schlüsse ziehen, die ebenfalls an einem Beispiel erläutert werden sollen:

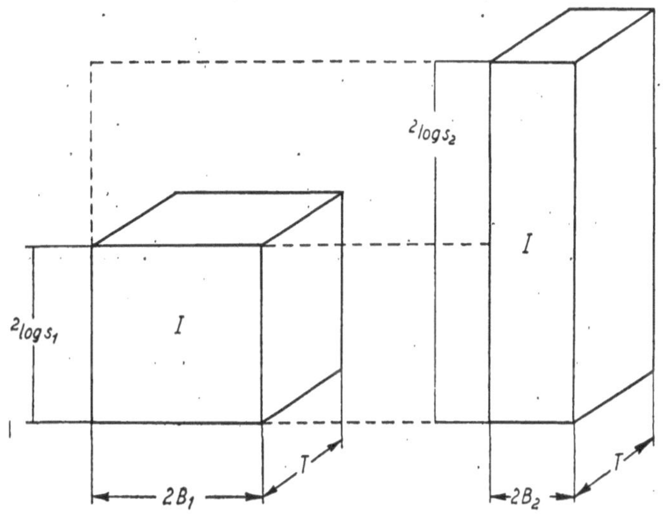

Abb. 7

Zur Übertragung kommerzieller Sprache benötigt man 3000 Hz Bandbreite und kommt bei Anwendung von Impulsübertragungsverfahren mit $s = 32$ Amplitudenschritten aus. Der Informationsfluß Φ ist definitionsgemäß Information / Zeit, also $\Phi = \frac{I}{T} = 2B \cdot \text{ld}\, 32 = 2 \cdot 3000 \cdot 5 = 30000 \frac{\text{bit}}{s}$ oder Baud. Die gleiche Nachricht, also der gleiche Text, läßt sich unter der Berücksichtigung, daß beim Sprechen ungefähr 12 Buchstaben auf 1 sec kommen und z. B. bei der Fernschreibmaschine für jeden Buchstaben 5 bit, also 5 Stromschritte erforderlich sind, mit einem Nachrichtenfluß von 60 Baud oder bit/s unter Verwendung von Telegrafierzeichen bewältigen. Dabei geht allerdings der „persönliche Charakter“ der Nachrichtenverbindung verloren, der bei der Sprachübertragung zwischen zwei Partnern vorhanden ist. Immerhin ist es bemerkenswert festzustellen, daß eine Übertragung mit Telegrafierzeichen bezüglich der Belastung des Nachrichtenkanals 500mal wirtschaftlicher ist als mit Sprache, und es ist angezeigt, daraus Folgerungen zu ziehen.

Die Entropie einer Informationsquelle

Nachdem wir im Vorausgegangenen Beziehungen für die Größe der Information und ihre Einheit aufgestellt haben und an einigen markanten Beispielen die Bedeutung dieser Gleichung gezeigt haben, wenden wir uns dem Begriff der Ergiebigkeit einer Quelle zu, wie sie von SHANNON [2] definiert wurde. Zunächst wollen wir den prinzipiellen Gedankengang wiederum am Dualsystem praktizieren und sodann auf den allgemeinen Fall übergehen.

Wenn wir über einen Nachrichtenkanal eine Information übertragen, so geschieht dies, wie wir wissen (bei Anwendung elektrischer Mittel zur Übertragung), dadurch, daß wir elektrische Schwingungen, Stromänderungen bzw. Stromschritte durch den Nachrichtenkanal senden. Verwenden wir der Einfachheit halber das Dual- oder Binärsystem, so heißt das also, daß wir auf das Übertragungssystem eine Information (ein Signal) geben, welches sich aus einzelnen Stromschritten oder Stromimpulsen zusammensetzt (z. B. den Stromimpulsen, welche eine Morsetaste oder Fernschreibmaschine auf die Leitung gibt). Wir wollen dabei den Zustand „Strom vorhanden" mit 1 und den Zustand „Strom nicht vorhanden" mit 0 bezeichnen. Bei der Übertragung irgendeiner Information über das Übertragungssystem wechseln also Zustände 1 und Zustände 0, und ihre Folge stellt die eigentliche Information dar. Die Auswahl dieser Zustände 1 oder 0 geht dabei aber nicht völlig willkürlich, sondern nach einer Wahrscheinlichkeitsgesetzmäßigkeit vor sich. Die Zustände 1 und 0 entsprechen nämlich bestimmten zu übertragenden Informationen, die über ein sehr großes Volumen aller vorkommenden Informationen ausgemittelt die Möglichkeit zulassen, auf Grund dieser rein statistischen Feststellung mit Wahrscheinlichkeit das Erscheinen des Zustandes 1 oder des Zustandes 0 „vorauszusagen." Besitzt der Zustand 1 die Wahrscheinlichkeit p, dann muß die Wahrscheinlichkeit für den Zustand 0 also $q = 1 - p$ sein, da schließlich die Wahrscheinlichkeit von 1 und 0 zusammengenommen immer $p + q = 1 = 100$ Prozent ergeben muß (denn andere Zustände als 1 oder 0 können im Einfachbinärsystem voraussetzungsgemäß nicht vorkommen). Ist im vorliegenden Beispiel die Wahrscheinlichkeit für 1 gleich der Wahrscheinlichkeit für 0, also $q = p = 0{,}5$, dann erfolgt die Auswahl der beiden möglichen in gleicher Zahl gespeicherten Zustände nach vollkommener statistischer Willkür, weicht dagegen p von q ab, ist also $p \neq q$, dann ist die völlig freie Auswahl der beiden Zustände eingeschränkt, und zwar um so mehr, je mehr p von q abweicht. Ist schließlich $p = 1$ und damit $q = 0$ oder umgekehrt, dann besteht für die Auswahl der beiden Zustände 1 bzw. 0 überhaupt keine Freiheit mehr, denn der sich einstellende Zustand läßt sich ja schon im voraus mit absoluter Sicherheit bestimmen, er kann nicht mehr ausgewählt werden. Wir können also den Kanal (Leitung) abschalten und an Stelle des Empfängers eine Apparatur setzen, die ständig die mit 100prozentiger Wahrscheinlichkeit zu erwartenden Signale am Empfangsort liefert. Eine Informationsübermittlung ist dann auch nicht mehr möglich. Eine solche Übertragung hat die Entropie Null, sie liefert nur noch überflüssige Zeichen. Die einzelnen Zeichen haben also keinerlei Informationsgehalt mehr, denn es ist das Kennzeichen der Information, daß es die Kenntnisse des Empfängers bereichert. Andererseits wird, wie wir sahen, die Entropie um so größer, je mehr sich $q = p = 0{,}5$ nähert; dort wird die Entropie ein Maximum, also auch der Nachrichtengehalt des einzelnen Zeichens ein Maximum darstellen. Überflüssige Zeichen sind in diesem Fall nicht vorhanden, die Entropie hat ihr Maximum (Abb. 8).

Geht man nun nicht von dem Einfachbinärsystem aus, sondern nimmt an, daß die Gesamtzahl der von einer Informationsquelle stammenden „Meldungen" aus einer größeren

Zahl, nämlich s-Zuständen besteht (z. B. verschiedenen Amplitudenschritten), welche in der Gesamtzahl von N-Signalen mit den Anzahlen $n_1, n_2 \dots n_s$ vertreten sind, dann ist $n_1 + n_2 + n_3 \dots n_s = N$. Die Wahrscheinlichkeit p, mit welcher die verschiedenen Signale (Zustände) auftreten, ist dann $p_1 = \frac{n_1}{N}$; $p_2 = \frac{n_2}{N} \dots p_s = \frac{n_s}{N}$. Wir können zur beliebigen Auswahl irgendeiner der N-Signale ein Binärsystem einführen (Abb. 9), durch welches wir schrittweise jeden beliebigen Zustand (der in Abb. 9 eingezeichneten acht verschiedenen Zustände) erreichen können. Jeder Zustand ist jeweils $n_1, n_2 \dots$ bzw. n_s mal in der Gesamtzahl der N-Signale vertreten. Wir nehmen an, daß wir, um einen beliebigen Zustand, z. B. 1, 2 ... s (in Abb. 9 durch schwarze Punkte gekennzeichnet) zu erreichen, H-Wahlschritte benötigen (im Beispiel von Abb. 8 also $H = 3$). Um ein ganz

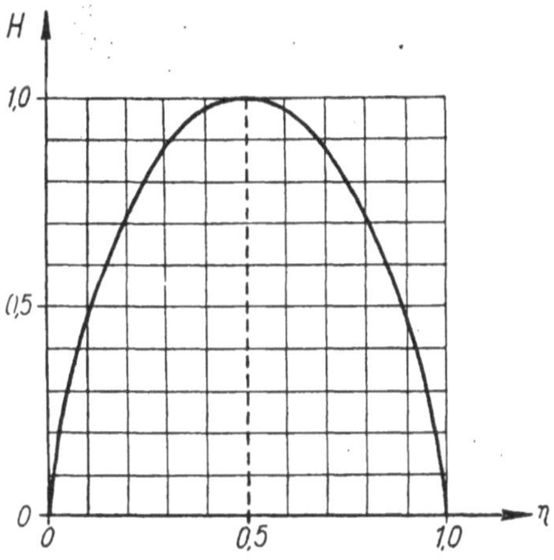

Abb. 8

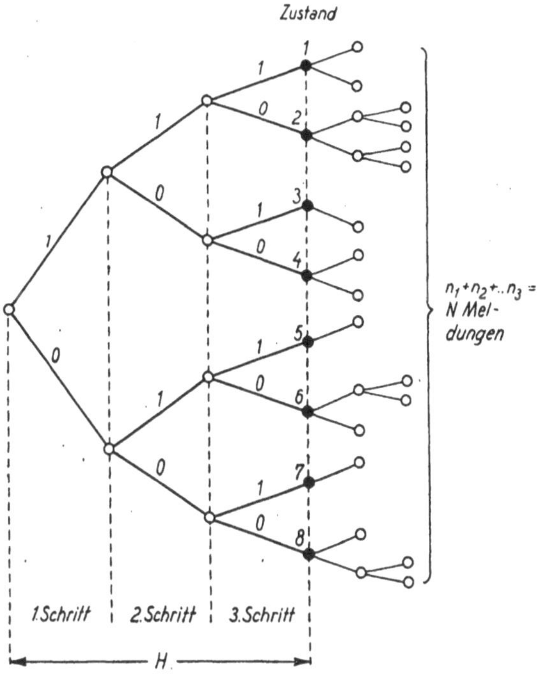

Abb. 9

bestimmtes der N-Signale zu erreichen, benötigen wir bekanntlich $\operatorname{ld} N$ Binärschritte, oder, wenn wir durch H-Wahlschritte bereits bis zu einem der Zustände 1, 2 ... s vorgedrungen sind, benötigen wir im Mittel noch weitere $\sum_{\nu=1}^{\nu=s} \frac{n_\nu}{N} \log n_\nu$-Binärschritte unter Berücksichtigung der Wahrscheinlichkeit $p = \frac{n}{N}$ der voneinander verschiedenen Zustände. Es läßt sich also schreiben

$$\operatorname{ld} N = H + \sum_{\nu=1}^{\nu=s} p_\nu \operatorname{ld} n_\nu \text{ und da } N = \sum_{\nu=1}^{\nu=s} n_\nu \text{ und außerdem } \sum_{\nu=1}^{\nu=s} p_\nu = 1, \text{ erhält man}$$

$$H = \sum_{\nu=1}^{\nu=s} p_\nu \operatorname{ld} \sum_{\nu=1}^{\nu=s} n_\nu - \sum_{\nu=1}^{\nu=s} p_\nu \operatorname{ld} n_\nu = -\sum_{\nu=1}^{\nu=s} p_\nu \operatorname{ld} \left(\frac{n_\nu}{\sum n_\nu}\right) = -\sum_{\nu=1}^{\nu=s} p_\nu \operatorname{ld} p_\nu .$$

Gemäß Abb. 9, von der wir bei der Berechnung der Entropie H ausgingen, stellt also dieser Wert die Anzahl derjenigen Schritte dar, welche wir im Mittel tun müssen, um zu einer Gruppe gleichartiger Zustände zu kommen. Die Entropie H ist also die Zahl der Binärschritte, welche im Mittel erforderlich sind, um eines der voneinander verschiedenen Signale zu kennzeichnen. Sie gibt also den mittleren Informationsgehalt eines Signals an.

Zur Definition der Entropie sei hier vermerkt, daß der Fachausschuß für Informations- und Systemtheorie der Nachrichtentechnischen Gesellschaft (NTG) in Anlehnung an die SHANNONschen Betrachtungen den Vorschlag gemacht hat, den mittleren Informationsgehalt eines Signals als den Grenzwert

$$H = -\lim_{N\to\infty} \frac{\operatorname{ld} n(N, q)}{N}$$

zu definieren, wobei $n(N, q)$ die Anzahl der aus der Gesamtzahl von N-Signalen bestehenden Informationen mit den höchsten Einzelwahrscheinlichkeiten ist, deren Gesamtwahrscheinlichkeit q ist. So läßt sich auch die Entropie einer Sprache bestimmen.

Die soeben angestellten Betrachtungen geben uns nun z. B. die Möglichkeit zu beurteilen, ob eine für die Übertragung einer Information gewählte Kodierung, etwa ein Morse- oder Fünferalphabet, die zur Bildung der Signale günstigste Lösung darstellt oder nicht.

Nehmen wir beispielsweise an, die Information besteht aus vier verschiedenen „Zuständen", im vorliegenden Falle aus 4 verschiedenen Buchstaben A, B, C, D, die im gesamten Text (Abb. 10) mit $N = 800$ Buchstaben enthalten sind, und zwar $A = 400$mal,

$N = 800$ Buchstaben
davon: 400 mal Buchstaben A
200 „ „ B
100 „ „ C
100 „ „ D

$$p_A = \frac{400}{800} = \frac{1}{2} \qquad p_C = \frac{100}{800} = \frac{1}{8}$$

$$p_B = \frac{200}{800} = \frac{1}{4} \qquad p_D = \frac{100}{800} = \frac{1}{8}$$

$$H = -\left(\frac{1}{2}\,{}^2\!\log\frac{1}{2} + \frac{1}{4}\,{}^2\!\log\frac{1}{4} + \frac{1}{8}\,{}^2\!\log\frac{1}{8} + \frac{1}{8}\,{}^2\!\log\frac{1}{8}\right)$$

$$= \frac{1}{2} + \frac{1}{2} + \frac{3}{8} + \frac{3}{8}$$

$$= \frac{7}{8}\ [\text{bit}]$$ (im Mittel je Buchstaben)

Kodierung:

A	B	C	D
0	10	110	111

Abb. 10

$B = 200$ mal, $C = 100$ mal und $D = 100$ mal, dann ergeben sich für die einzelnen Buchstaben A, B, C, D die Wahrscheinlichkeiten, mit denen sie im Text auftreten, zu

$$p_A = \frac{1}{2}; \quad p_B = \frac{1}{4}; \quad p_C = \frac{1}{8} \text{ und } p_D = \frac{1}{8}.$$

Für die Entropie ergibt sich dann der Wert

$$H = -\left(\frac{1}{2}\log\frac{1}{2} + \frac{1}{4}\log\frac{1}{4} + \frac{1}{8}\log\frac{1}{8} + \frac{1}{8}\log\frac{1}{8}\right) = \frac{1}{2} + \frac{1}{4} + \frac{3}{8} + \frac{3}{8} = \frac{7}{4}\text{ bit}$$

im Mittel je Buchstaben.

Die Binärkodierung $A = 0$, $B = 10$, $C = 110$, $D = 111$ befriedigt diese Entropieforderung, denn sie benötigt bei der Übertragung von N-Buchstaben $N\left(\frac{1}{2}\,1 + \frac{1}{4}\,2 + \frac{1}{8}\,3 + \frac{1}{8}\,3\right) = \frac{7}{4}$ N-Binärschritte, also wie verlangt, $\frac{7}{4}$ bit im Mittel je Buchstaben.

Eine günstigere Kodierung, bei welcher weniger Binärschritte erforderlich sind (selbstverständlich unter Einrechnung evtl. notwendiger Abstandsschritte, um die einzelnen Buchstaben unterscheiden zu können), kann es also nicht geben.

An Hand dieses Beispiels möge darauf aufmerksam gemacht werden, daß uns die im Rahmen der Informationstheorie ermittelte Gleichung für die Bestimmung der Entropie wohl gestattet, zwar die Forderung z. B. für die optimale Kodierung anzugeben, daß sie aber nichts darüber aussagt, auf welchem Weg im einzelnen diese Kodierung zu erreichen ist.

Nach dieser Betrachtung läßt sich noch die maximal mögliche Entropie angeben: Sie wird offenbar dann erreicht, wenn alle vier Buchstaben mit der gleichen Wahrscheinlichkeit im Text auftreten. Dann wird $H_{max} = 2$. Da in dem gewählten Beispiel sich die Entropie zu nur $\frac{7}{4}$ bit ergab, während die maximale Entropie $H_{max} = 2 = \frac{8}{4}$ erreichen kann, enthält offenbar der von uns im Beispiel gewählte Text einen überflüssigen Anteil, gewissermaßen einen Fülltext oder einen Weitschweifigkeitsanteil. Wir bezeichnen ihn als „Redundanz". Die Redundanz ist also jener Anteil, welcher zur Übermittlung der Information überflüssig ist, der unsere Kenntnis nicht bereichert. Er stellt, bildlich gesprochen, die Schlacke in der Information dar und bedeutet demnach eine unnötige Belastung des Informationskanals. Da die Redundanz die Ergänzung der tatsächlich vorhandenen Entropie H zur maximalen Entropie H_{max} darstellt, errechnet sie sich zu $r = 1 - \frac{H}{H_{max}}$. Die Redundanz der Informationsquelle ist also eine wertvolle Rechengröße, da sie erkennen läßt, mit welchem Anteil eine Übertragung überflüssigerweise belastet ist.

Bei der ersten Betrachtung der Entropie hatten wir eine Einschränkung, die sich aus der Verwendung des Dualsystems ergibt, in Kauf genommen, um den grundsätzlichen Gedanken kennenzulernen. Wir wollen schließlich als allgemeinen Fall die Entropie einer kontinuierlichen Informationsquelle ermitteln. Diese Entropie wird erhalten, indem man in dem bereits oben verwendeten Ausdruck für die Entropie einer Informationsquelle mit gequantelten Signalen, nämlich $H = -\sum_{\nu=1}^{\nu=s} p_\nu \operatorname{ld} p_\nu$ an Stelle der Wahrscheinlichkeiten die Wahrscheinlichkeitsdichte und an Stelle der Summe das Integral setzt. Man erhält also:

$$H = \int_{-\infty}^{+\infty} p(x) \log p(x)\, dx,$$

wobei $p(x)$ die (eindimensionale) Wahrscheinlichkeitsdichte am Punkt x darstellt. Es läßt sich mit Hilfe der Variationsrechnung zeigen, daß unter den Nebenbedingungen

$$\int_{-\infty}^{+\infty} p(x)\, dx = 1 \quad \text{und} \quad \int_{-\infty}^{+\infty} p(x)\, x^2\, dx = \sigma^2$$

die Maximalbildung der Entropie eine Wahrscheinlichkeitsverteilung von der Form

$$p(x) = \frac{1}{\sqrt{2\pi}\,\sigma} \cdot e^{-\frac{x^2}{2\sigma^2}},$$

d.h. also, eine GAUSSsche Wahrscheinlichkeitsverteilung mit der Streuung σ^2 ergibt. Hierfür wird die maximale Entropie $H_{\max} = \log \sqrt{2\pi e \sigma}$. Die Überführung auf den dyadischen Logarithmus erfolgt — wenn dieser als zweckmäßig erwünscht ist — in der üblichen Weise.

Für eine N-dimensionale Verteilung $p(x_1, x_2 \ldots x_N)$ mit $N = 2\,BT$ Werten während der Dauer T wird die Entropie entsprechend $H_N = -\int - \int p(x_1, x_2 \ldots x_N)\, dx_1\, dx_2 \ldots dx_N$. Sofern die einzelnen Probewerte voneinander unabhängig und außerdem die Funktionen selbst, außer der angegebenen Frequenzbeschränkung, noch stationär sind, ergibt sich für die Entropie je Probenwert in diesem Fall

$$H = \lim_{N \to \infty} \frac{H_N}{N} = \int p(x) \log p(x)\, dx$$

und somit der gleiche Wert wie für den eindimensionalen Fall.

Einen solchen Fall stellt z. B. das thermische Widerstandsrauschen dar. Dieses hat eine GAUSSsche Amplitudenverteilung $p(x)$ und ein konstantes Leistungsspektrum, gegeben durch die bekannte NYQUIST-Beziehung: $\frac{R}{B} = 4kT°$ (wobei hier bekanntlich R und $T°$ die Leistung pro Bandbreite bzw. die absolute Temperatur bedeuten, B = Bandbreite und k BOLTZMANNsche Konstante). Es läßt sich auch die Entropie einer solchen Rauschquelle ermitteln zu $H = \log \sqrt{2\pi e R}$. Die Entropie pro Sekunde einer solchen Quelle mit „weißen Rauschen" von der mittleren Leistung R im Band von $0 \div B$ wird damit

$$H' = 2B \log \sqrt{2\pi e \cdot R} = B \log 2\pi e \cdot R.$$

Das Rauschen im Informationskanal

Wir wollen uns nun mit den Eigenschaften des Informationskanals befassen. Die Aufgabe eines Informationskanals ist es, wie der Name schon vermuten läßt, eine Information von einem Ende des Kanals zum anderen Ende „zu schleusen". Wir können zunächst einmal annehmen, daß der betrachtete Kanal die Fähigkeit besitzt, kontinuierliche Signale zu übertragen. Wir nennen einen solchen Kanal einen kontinuierlichen Kanal. Beim Fehlen jeglichen Störgeräusches und Vorhandensein stetiger Signale (Sprache, Musik) würde sich gemäß Abb. 11 die stetige Funktion $A_{(t)}$ auf eine „Stufenkurve", also auf unstetige Signale zurückführen lassen. Bezeichnet man die (gleichgroßen) zunächst endlichen Zeitabschnitte mit $\Delta\tau_0$, die maximal auftretende Schwingungsamplitude mit a und die einzelnen Stufen mit Δa, dann wird unter Berücksichtigung des bereits Gesagten das Informationsvolumen während der Zeit T dargestellt durch den Ausdruck

$$I = \frac{T}{\Delta\tau_0} \operatorname{ld}\left(1 + \frac{a}{\Delta a}\right)$$

$$= 2B \cdot T \operatorname{ld}\left(1 + \frac{a}{\Delta a}\right).$$

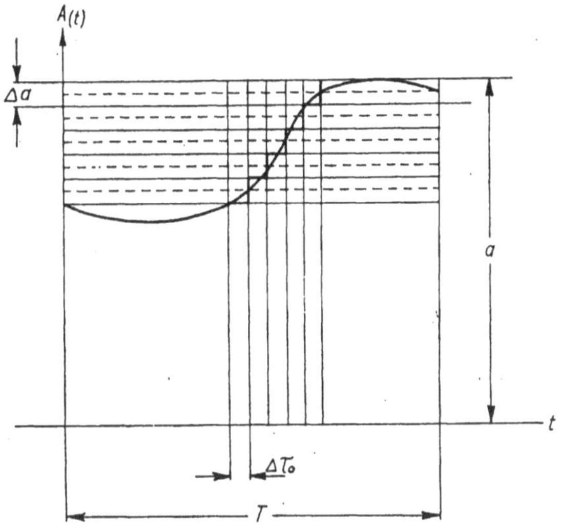

Abb. 11

Geht man von der „Stufenkurve" nun zu stetigen Signalen über, indem man $\Delta a \to o$ und auch $\Delta\tau_0 \to o$ gehen läßt, so wird das Informationsvolumen scheinbar unendlich. Die erste Begrenzung liegt aber schon darin, daß ein unendlich breites Frequenzband B nicht realisierbar ist, während die zweite Begrenzung dadurch gegeben ist, daß die Mittel, die wir bei einer praktischen Übertragung der Informationsfunktion verwenden, stets eine korpuskulare Natur besitzen. Das gilt nicht allein für die Stromfunktion, die sich aus einzelnen Elementarladungen (der Größe $e_0 = 1{,}6 \cdot 10^{-19}\, Cb$) zusammensetzt, sondern z. B. auch für die Empfangsorgane zur Aufnahme der Sprache, Musik oder von Zeichen. Diese lassen nur endliche Unterschiede in der Amplitude erkennen, so daß also damit bereits gewisse Größen der Amplitudenunterschiede erzwungen werden. Darüber hinaus verhindert aber, wie wir bereits sahen, auch der Nachrichtenkanal selbst die Verwendung unendlich kleiner Amplitudenstufen in der Informationsfunktion, da in ihm trotz bester Abschirmung durch die stets vorhandenen Störgeräusche in Form von Wärmerauschen der Widerstände und dem Röhrenrauschen gewisse Amplitudenwerte beim Informationssignal überschritten werden müssen, sollen diese nicht durch die statistischen Störgeräusche zugedeckt werden. Die Amplitudenstufen hängen also selbst bei einer stetig angenommenen Signalfunktion nicht allein vom Vorhandensein und der Größe von Geräuschen (entsprechend der korpuskularen Natur des bei der Übertragung verwendeten Stromes), sondern auch vom Aufnahmeorgan, also dem Ohr des Empfängers ab, das nicht allein eine Reizschwelle besitzt (unterhalb welcher die Nervenfasern der Basilarmembran des Ohres nicht ansprechen), sondern das erst bestimmte Lautstärkestufen als Erhöhung oder Schwächung eines Lautstärkeeindrucks wahrnehmen kann. Eine stetige Signalfunktion über den gesamten Übertragungsweg hinweg gibt es also im strengen Sinn in der Tat nicht. Man wird aber bei der Nachrichtenübertragung die Stufen zweckmäßig festlegen, um den Aufwand auf das wirtschaftlich und qualitativ zulässige Maß zu beschränken.

Wenn man zunächst die Annahme macht, daß die bereits erwähnte Rausch- bzw. Störleistung $R \ll$ gegenüber der Nutzleistung N ist, so hat das im Informationsempfänger ankommende Signal die Leistung $N + R$. Damit eine Übertragung noch sinnvoll ist, muß die einzelne Stufe des Nutzsignals N noch mindestens in dem gesamten Signal erkannt werden können. Wenn also N die Nutzleistung und R die Störleistung darstellen, dann läßt sich die Zahl der Schritte angeben durch $s = \sqrt{\frac{N+R}{R}} = \left(1 + \frac{N}{R}\right)^{\frac{1}{2}}$ und der Nachrichtenfluß wird also:

$$\Phi = 2B \cdot \mathrm{ld}\, s = 2B \cdot \mathrm{ld} \left(1 + \frac{N}{R}\right)^{\frac{1}{2}} = B\, \mathrm{ld} \left(1 + \frac{N}{S}\right).$$

Es läßt sich im einzelnen zeigen, daß diese Gleichung auch dann Gültigkeit besitzt, wenn das Verhältnis $\frac{N}{R}$ beliebige Werte annimmt. Wir haben bereits gesehen, daß die Entropie des (sog. weißen) Rauschens gegeben ist durch den Ausdruck:

$$H_R = \mathrm{ld} \sqrt{2\pi e \cdot R}\,.$$

Auf den Übertragungskanal wirkt also eine Geräuschquelle dieser Entropie neben der Entropie H_N des Nutzsignals. Wenn, was wir voraussetzen wollen, die Nachrichtenquelle und die Geräuschquelle als voneinander völlig unabhängig angesehen werden dürfen, dann läßt sich der durch den Informationskanal fließende Informationsfluß durch die Differenz zwischen der Entropie H_{N+R} und die Entropie H_R der Störquelle darstellen. Für die maximal mögliche Kapazität des Informationskanals läßt sich dann schreiben:

$$C = 2B \cdot (H_{N+R} - H_R)_{\max}\,.$$

Den Wert für die Entropie H_R haben wir bereits vorliegen. Den größten Wert für die „Summen-Entropie" $(H_{N+R})_{\max}$ werden wir erhalten, wenn wir aus der unendlichen Zahl von möglichen Signalen der Bandbreite B eine solche Summe auswählen und dem Kanal zuführen, daß deren Amplituden bei festgelegtem mittleren Amplitudenquadrat wie beim Störgeräusch eine GAUSSsche Verteilung aufweisen. Führt man die Rechnung durch, dann ergibt sich für $(H_{N+R})_{\max} = \mathrm{ld} \sqrt{2\pi e (N + R)}$ und damit für die Kanalkapazität

$$C = 2B\,(H_{N+R} - H_R) = B \cdot \mathrm{ld} \left(\frac{N+R}{R}\right)$$

eine Gleichung, die für eine GAUSSsche Verteilungsfunktion Gültigkeit besitzt. Eine Untersuchung der einzelnen Nachrichtenübertragungssysteme zeigt nun leider, daß wir von dem optimalen Wert der Ausnützung der Kanalkapazität noch sehr weit entfernt sind. Der praktische Fall eines vom weißen GAUSSschen Rauschen abweichenden Rauschspektrums läßt sich nach PILOTY [3] durch eine Größe K berücksichtigen, die offenbar in der Praxis > 1 sein muß und nur für weißes Rauschen, wie errechnet, den Wert 1 annehmen kann. Man erhält so den für die Kanalkapazität allgemein geltenden Ausdruck $C = B \cdot \mathrm{ld}\, K\left(1 + \frac{N}{R}\right)$.

Das Ergebnis dieser Betrachtungen können wir kurz wie folgt zusammenfassen: Wenn eine Informationsquelle eine Entropie H in bit pro Zeichen besitzt und zur Übertragung ein Kanal mit der Kapazität C bit/sec vorliegt, dann läßt sich die Information so in „Code-Zeichen" verwandeln, daß im Mittel $\frac{C}{H}$ Zeichen pro sec über den Kanal übertragen werden. Eine schnellere Übertragung über den Kanal ist keinesfalls möglich.

Es wurde bereits erwähnt, daß wir mit unseren heute zur Übertragung verwendeten Einrichtungen von diesem Ideal weit entfernt sind. Die Einrichtungen werden auch um so komplizierter, je mehr die „ideale", eben aufgestellte Forderung erreicht werden soll. Zwischen der theoretisch optimalen Kodierung und der technisch brauchbaren Lösung steht also der wirtschaftliche Aufwand.

Die Zahl der Möglichkeiten, z. B. eine in Form der natürlichen Sprache vorliegende Information geeignet zu kodieren, ist sehr groß. Auch wurde bereits erwähnt, daß uns die Informationstheorie zwar angibt, inwieweit eine gewählte Kodierung günstiger ist als eine andere, ja sogar wie weit sie den theoretisch-optimalen Wert erreicht; über den zu beschreitenden Weg, eine solche Kodierung zu erreichen, gibt aber die Informationstheorie keinen unmittelbaren Aufschluß.

Sehr häufig läßt sich die Sprache auch weitgehend der für die eigentliche Nachricht nicht erforderlichen Bestandteile entledigen. Wie dies möglich ist, möge an einem speziellen Beispiel gezeigt werden:

Es möge natürliche kommerzielle Sprache mit einer den internationalen Bestimmungen entsprechenden Bandbreite von $B = 300 \div 3400$ Hz übertragen werden. Bei einem Störabstand von 50 db (entsprechend einem Leistungsverhältnis des Stör-Nutzsignals von $1 : 10^5$) ergibt sich die notwendige Kanalkapazität nach den angestellten Überlegungen zu:

$$C = B\, \mathrm{ld}\left(1 + \frac{N}{S}\right) \approx 3100\, \mathrm{ld}\, 10^5 \approx 3100 \cdot 16{,}5 \approx 51\,000\ \mathrm{bit}/s.$$

Das bedeutet, daß bei der Übermittlung von 12 gesprochenen Buchstaben je Sekunde rd. 4300 bit/Buchstabe aufgewendet werden müssen. Die gleiche Nachricht kann man mit den Mitteln der Puls-Amplituden-Modulation bei $s = 32$ Amplitudenstufen und einer Abtastung der Nachrichtenfunktion mit 6400 Impulsen je sec entsprechend einer oberen Grenzfrequenz von 3400 Hz praktisch gleichwertig übertragen, wozu eine Kanalkapazität von $C = 2\, B \cdot \mathrm{ld}\, s = 6400 \cdot 5 = 32\,000$ bit/sec und damit bei 12 gesprochenen Buchstaben pro sec von $\approx$ 2500 bit/Buchstabe ausreicht, gegenüber 4300 bit/Buchstabe bei der direkten, nicht gequantelten Übertragung der Sprache. Man kann in ähnlicher Weise so für verschiedene Übertragungseinrichtungen den Aufwand für die Übertragung eines einzelnen Buchstabens oder Zeichens errechnen und die Werte in einem Schaubild auftragen [4]. Dies ist in Abb. 12 geschehen, wobei auf der Ordinate die Anzahl der über den Nachrichtenkanal „durchzuschleusenden" Schwingungen/Zeichen und auf der Abszisse die Dynamik für die einzelnen Übertragungssysteme dargestellt sind als Ausdruck $\text{ld} \sqrt{1 + \frac{N}{S}} = n$.

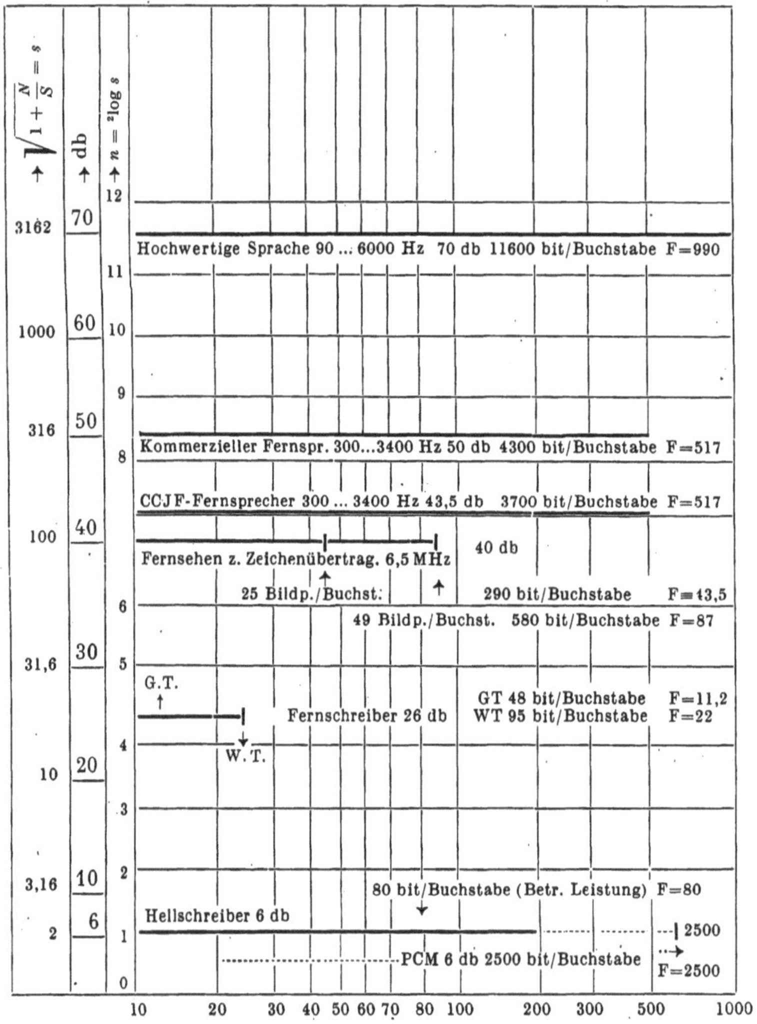

Auf den Buchstaben bezogene Bandbreite (2 · Schwingungen/Buchst.) $F = \frac{2B}{b}$ →

Auf einen „mittleren Buchstaben" bezogene Bandbreite und Dynamik verschiedener Nachrichtensysteme sowie deren „Aufwand" in bit/Buchstabe

Abb. 12

Außerdem wurden noch der db-Maßstab sowie das zugehörige Spannungsverhältnis = Zahl der Schritte als $s = \sqrt{1 + \frac{N}{S}}$ eingefügt. Diese Darstellung hat eine gewisse Anschaulichkeit, weil sich bei linearem Maßstab für jede Übertragungsart, also Fernsprecher, Fernschreiber, Hellschreiber usw., in dem Bild der „Aufwand" in bit/Zeichen ergeben würde als das Produkt von Ordinate und Abszisse, also als Fläche, die unter dem für das betreffende Nachrichtensystem markierten Band liegt.

In der Abbildung ist außerdem noch die „auf den Buchstaben bezogene Bandbreite" $F = \frac{2B}{b}$ eingetragen. Es läßt sich für die dargestellten Einrichtungen aus der Abbildung Bandbreite, Dynamik (Störabstand), Zahl der Amplitudenschritte, Aufwand in bit/Buchstabe und Bandbreite/Buchstabe ablesen.

Die Abbildung gibt zu erkennen, daß zur Übertragung eines Buchstabens der Aufwand sehr verschieden sein kann und daß, wenn es allein um die Übertragung einer bestimmten Anzahl von Buchstaben geht, die Telegrafie-Verfahren, z. B. Fernschreiber, Hellschreiber usw., weit überlegen sind. Das gilt besonders auch für stark gestörte Kanäle, bei denen nur eine geringe Dynamik erreicht werden kann. In diesem Gebiet macht sich das PCM-Verfahren als besonders geeignet bemerkbar. Wenn die Übertragung eines mittleren Buchstabens, wie aus der Abbildung hervorgeht, sehr unterschiedlich ist, dann ist der Grund darin zu suchen, daß die redundanten Anteile der Nachricht sehr verschieden groß sind. Befreit man z. B. die Sprache von diesen, dann läßt sich die Nachricht mit erheblich geringerem Aufwand übertragen, wie wir dies an einem oben bereits dargestellten Beispiel, dem Puls-Amplituden-Modulationsverfahren gezeigt haben.

Andererseits kann aber durch solche Verfahren, wie schon erwähnt, sich ein neuer unerwünschter Bestandteil in das Übertragungssystem einschleusen. Ein Beispiel für ein solches im Nachrichtensignal unerwünscht in Erscheinung tretendes Signalelement ist das Rauschen in einem Pulsmodulationssystem, dessen Amplituden nicht stetig, sondern „gequantelt" übertragen werden. Dieses Rauschen, das sich von dem üblichen Röhren- oder Widerstandsrauschen grundsätzlich unterscheidet, hat auf das gesamte Modulationssystem einen beträchtlichen Einfluß.

Bekanntlich wird, besonders bei Pulsmodulationsverfahren, die Modulationsschwingung in einem festgelegten zeitlichen Rhythmus abgetastet. Ein der jeweils abgetasteten Amplitude entsprechendes Signal wird sodann auf den Nachrichtenkanal gegeben. Bei der Umwandlung des stetigen Signals in die Stufenkurve wird für die volle Aussteuerung eine bestimmte Anzahl von Amplitudenschritten zugelassen: beim kommerziellen Fernsprechen beispielsweise 32.

Auf der Empfängerseite muß natürlich eine Rückverwandlung der Stufenkurve in die stetige Funktion vorgenommen werden. Dies ist nicht ohne weiteres möglich, da zwischen der ursprünglichen Modulationsschwingung und der aus ihr gewonnenen Stufenkurve Amplitudenunterschiede bestehen, die durch das „Quantisieren" der Amplitude hervorgerufen wurden. Es tritt also zu dem ursprünglichen Signal ein unerwünschtes Signalelement, nämlich das „Quantisierungsrauschen" hinzu. Dieses Quantisierungsrauschen spielt bei solchen Übertragungssystemen, wie z. B. der Puls-Code-Modulation als einer der bemerkenswertesten Modulationsarten eine bedeutende Rolle.

In Abb. 13 ist der prinzipielle Vorgang des Quantisierens, d. h. der Verwandlung der stetigen Funktion $A_{(t)}$ in die Stufenkurve wiedergegeben. Wenn an Stelle der stetigen Funktion die Stufenfunktion tritt, dann tritt also ein Fehler in der Amplitude auf. Der maximale Fehler kann natürlich die Hälfte einer Quantisierungsstufe Δa nicht überschreiten. Man ist also in der Lage, ihn durch geeignete Wahl der Zahl der Stufen s auf ein erträgliches Maß zu beschränken. Sicher wird zwischen der Zahl der Amplitudenschritte und dem durch diese Schritte entstehenden Quantisierungsrauschen ein Zusammenhang bestehen. Er läßt sich leicht ermitteln.

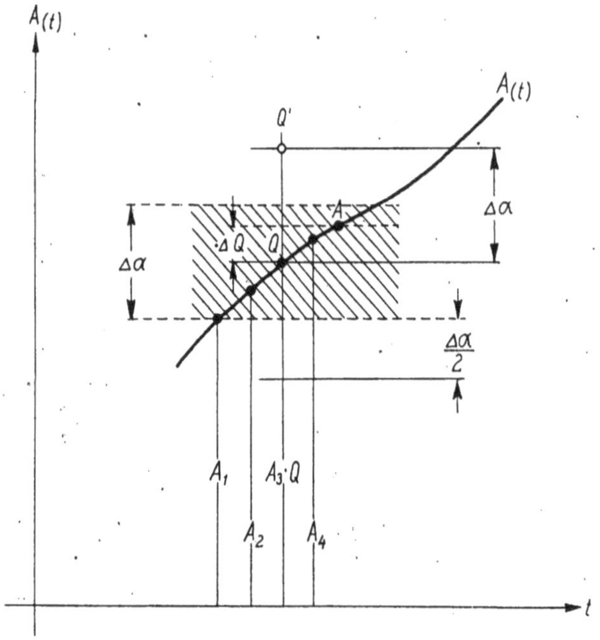

Abb. 13

Das System der Zuordnung der Amplituden der stetigen Modulationsfunktion $A_{(t)}$ zu der neugebildeten quantisierten Amplitudenfunktion, also der Stufenkurve, bewirkt, daß beim Überschreiten der in der Abbildung gestrichelten Mittellinie, z. B. zwischen den zwei quantisierten Amplituden Q und Q', die jeweils am nächsten liegende quantisierte Amplitude ausgewählt wird. Daraus geht hervor, daß der quantisierten Amplitudenstufe Q alle stetigen Amplituden in dem schraffierten Bereich zugeordnet sind und damit der Abstand zu der durch Q gehenden Horizontalen maximal $\frac{\Delta a}{2}$ ist. Die möglichen Punkte auf der stetigen Kurve im schraffierten Bereich der Breite Δa haben von der quantisierten Amplitude Q verschiedene Abstände, und man kann annehmen, daß diese verschiedenen Abstände mit einer für jeden Punkt gleich großen Wahrscheinlichkeit auftreten. Ein objektives Maß für die Wiedergabetreue mit Bezug auf die Amplitude A eines bestimmten Punktes ist das mittlere Quadrat seiner Entfernung zur Waagerechten durch den Punkt Q mit der quantisierten Amplitude Q, also $(\overline{A} - \overline{Q})^2 = (\Delta Q)^2$.

Wenn man nun mit x einen beliebigen Abstand im Bereich $Q \pm \frac{\Delta a}{2}$ bezeichnet und mit n die Zahl aller vorkommenden Abstände $x_1, x_2, x_3, x_4 \ldots x_n$, dann wird offenbar das mittlere Quadrat dieser Abstände und damit auch die mittlere Quantisierungsleistung

$$(\Delta Q)^2 = \frac{1}{n}(x_1^2 + x_2^2 + \cdots x_n^2) = \frac{1}{n}\sum x_n^2 = \frac{1}{n \cdot dx}\sum x_n^2 \cdot dx$$

und wenn man nun zur Grenze übergehend $n =$ unendlich und $dx = o$ macht, wird $n \cdot dx = a$, und aus der Summe wird das Integral:

$$(\varDelta Q)^2 = \frac{1}{\varDelta a} \int\limits_{x=-\frac{\varDelta a}{2}}^{x=\frac{\varDelta a}{2}} x^2\, dx = \frac{(\varDelta a)^2}{12}.$$

Der Ausdruck $(\varDelta Q)^2 = \frac{(\varDelta a)^2}{12}$ ist also die Leistung des Quantisierungsrauschens. Mit den Bezeichnungen der Abbildung erhält man also die Beziehung

$$A^2 = Q^2 + \frac{(\varDelta a)^2}{12} \qquad \text{also:}$$

Leistung der ungequantelten Amplitude	=	Leistung der gequantelten Amplitude	+	Rauschleistung der Quantisierung

Die Leistungen der beiden Amplituden A^2 und Q^2 unterscheiden sich also durch das Quantisierungsrauschen, dessen Leistung $N_Q = (\varDelta Q)^2 = \frac{(\varDelta a)^2}{12}$ beträgt. Ein solches Quantisierungsrauschen muß sich offenbar ähnlich auswirken, wie das durch den Schroteffekt in Elektronenröhren oder das durch Wärmerauschen in Widerständen entstehende Störgeräusch, und das trifft in der Tat zu. Zwischen beiden Rauscharten ist aber ein wesentlicher Unterschied, der darin besteht, daß das Quantisierungsrauschen im Nachrichtensystem nur auftritt, solange ein Signal übertragen wird, nicht aber in den Pausen, während das Wärmerauschen bzw. Röhrenrauschen auch in den Gesprächspausen vorhanden ist.

Aus den angestellten Betrachtungen lassen sich sehr wesentliche Schlüsse ziehen.

Wir wissen, daß die Zahl der zulässigen Amplitudenschritte s in einem Nachrichtenkanal auf Grund der Informationstheorie bestimmt wird durch die Größe der vorhandenen Störleistung S und der Nutzleistung N gemäß der Beziehung:

$s = \sqrt{\frac{N+S}{S}} = \sqrt{1 + \frac{N}{S}}$. Andererseits besteht zwischen dem Amplitudenbereich a, der Größe der diskreten Stufenhöhe $\varDelta a$ und der Zahl der Amplitudenschritte s die Beziehung: $s = 1 + \frac{a}{\varDelta a}$. Mit $s^2 = 1 + \frac{N}{S}$ erhält man durch Einsetzen von

$$S = N_Q = \frac{(\varDelta a)^2}{12}; \quad N = (s^2 - 1)\; S = \frac{(s^2-1)\,(\varDelta a)^2}{12} = Q^2.$$

Aus dieser Gleichung läßt sich erkennen, wie Nutzleistung, Stufenzahl und Stufenhöhe miteinander zusammenhängen. Man kann die Gleichung noch etwas anders schreiben, nämlich $\frac{Q}{\varDelta a} = \sqrt{\frac{s^2-1}{12}}$ und erhält daraus unmittelbar für eine gegebene Anzahl von Amplitudenstufen s das Verhältnis von Quantisierungsamplitude zur Stufenhöhe.

Da ein konstantes Verhältnis $\frac{Q}{\Delta a}$ nur bei einer logarithmisch gequantelten Amplitudenskala möglich ist, wird durch diese Gleichung auch angezeigt, daß diese die Amplitudenskala mit dem für jede Amplitude günstigen Nutz- zu Rauschverhältnis ist. Andererseits kann aber die Amplitude Q im Grenzfall nicht kleiner werden als a, so daß damit die untere Grenze der Stufenzahl festgelegt ist, bei der eine Nachrichtenübermittlung im Grenzfall eben noch möglich wäre. Die Gleichung für die Nutzleistung der gequantelten Amplitude $N = \frac{(s^2-1)(\Delta a)^2}{12} = Q^2$ kann man noch etwas anders schreiben. Es ist nämlich

$$N = \frac{(s^2-1)(\Delta a)^2}{12} = \frac{1}{S}\left\{\left(+\frac{\Delta a}{2}\right)^2 + \left(+\frac{\Delta a}{2}\right)^2 + \left(+\frac{3\Delta a}{2}\right)^2 + \left(-\frac{3\Delta a}{2}\right)^2 + \left(+\frac{5\Delta a}{2}\right)^2 + \left(-\frac{5\Delta a^2}{2}\right) + \cdots \left[+\frac{(s-1)\cdot\Delta a}{2}\right]^2 + \left[-\frac{(s-1)\Delta a}{2}\right]^2\right\}.$$

Das ist aber offenbar die Summe der Leistungen aller einzelnen Amplituden $\pm\frac{\Delta a}{2}$, $\pm\frac{3}{2}\Delta a + \cdots$, welche durch die Gesamtzahl der Amplituden a dividiert den Mittelwert der Leistung der gequantelten Amplitude ergibt. Wenn man Abb. 14, in der die einzelnen gequantelten Amplituden aufgetragen sind, betrachtet, dann erkennt man leicht die Bedeutung dieser Gleichung.

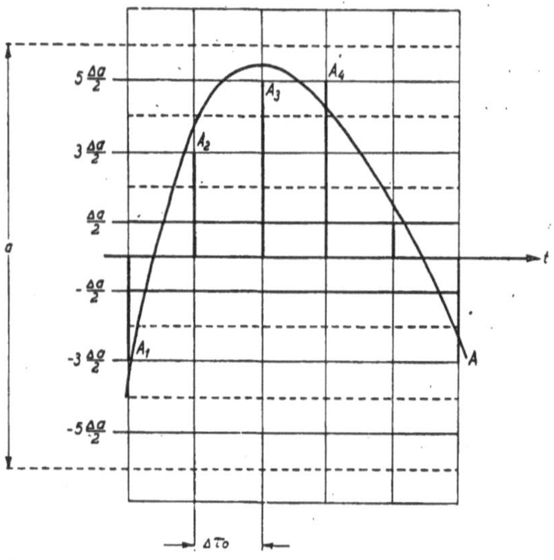

Abb. 14

Vergleich einiger Modulationssysteme mit der „Idealen Modulation"

Auf Grund angestellter Überlegungen ergab sich für einen Kanal der Bandbreite B bei einem Nutz-Rausch-Leistungsverhältnis von N/R (beides mit GAUSSscher Verteilungskurve, „weißes Rauschen") die Kanalkapazität zu:

$$C = B \cdot \mathrm{ld}\left(1 + \frac{N}{R}\right) \mathrm{bit}/s.$$

Dabei ist angenommen, daß das Band B zunächst durch seine natürliche Lage gekennzeichnet sei, z. B. für Sprache zwischen 300 ÷ 3400 Hz. Natürlich kann man mit den Mitteln der Modulation dieses Frequenzband in eine andere Frequenzlage umsetzen, etwa mit Hilfe der Amplituden-Einseitenband-Modulation (AM—1 Sb). Die Breite des Frequenzbandes bleibt dabei aber erhalten, der Wert von ld $\left(1 + \frac{N}{R}\right)$ ist überdies derselbe. Damit stellt diese Gleichung offenbar auch den maximalen Informationsfluß, d. h. die Kanalkapazität C auch eines hochfrequenten Kanals der Bandbreite B dar, bei einem $\frac{N}{R}$ — Nutz-Rausch-Leistungsverhältnis. Die angegebene Gleichung sagt nun erstaunlicherweise aus, daß die Kanalkapazität einen mit der Bandbreite linearen Anstieg besitze. Das ist aber nur scheinbar richtig, denn in Wirklichkeit ist das Rauschen (GAUSSsche Verteilung, „weißes Rauschen") ja bekanntlich in der Leistung pro Bandbreite erhalten, d. h. die Rauschleistung wächst mit der Bandbreite, nicht aber die vorgegebene Nutz- bzw. Signalleistung, die ja konstant bleibt. Man muß also in die Gleichung an Stelle von $\frac{N}{R}$ den Wert $\frac{N}{R_0 \cdot B}$ einsetzen, wobei R_0 die Rauschleistung pro Bandbreite bezeichnet. Die Gleichung für die Kanalkapazität wird also: $C = B \,\mathrm{ld}\left(1 + \frac{N}{B \cdot R_0}\right)$. Man erkennt sofort, daß sich die Kanalkapazität C einem Grenzwert nähert. Mit größer werdendem B geht $\mathrm{ld}\left(1 + \frac{N}{B \cdot R_0}\right)$ schließlich $\to 0$, während B selbst $\to \infty$ läuft. Führen wir $B = k \cdot B_0$ ein, wobei B_0 die Bandbreite sein soll, bei der Nutz- und Rauschleistung gleich groß sind, also $B_0 R_0 = N$ gilt, dann wird

$$C = k B_0 \,\mathrm{ld}\left(1 + \frac{N}{k B_0 R_0}\right) \text{ bit}/s$$

$$\frac{C}{B_0} = k \,\mathrm{ld}\left(1 + \frac{1}{k}\frac{N}{B_0 R_0}\right) = k \,\mathrm{ld}\left(1 + \frac{1}{k}\right) \text{ bit}.$$

Diese Gleichung ist grafisch in Abb. 15 aufgetragen. Der Grenzwert für C/B_0 ergibt sich zu $\mathrm{ld}\, e = 1{,}443$ bit, d. h. zu $\lim_{k \to \infty} C = C_{\max} = 1{,}443\, B_0 = 1{,}443 \frac{N}{R_0}$ bit/s. Der Wert für $C_{\max}$ stellt also die Kanalkapazität eines gestörten kontinuierlichen Kanals von ∞ Bandbreite dar.

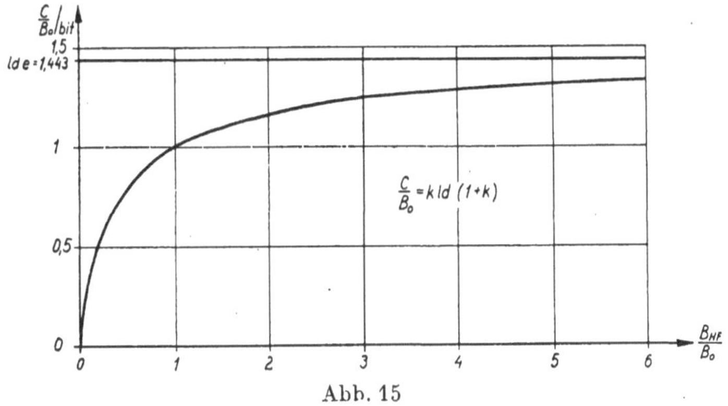

Abb. 15

Auf Grund dieser Überlegungen können wir ein „Ideales Modulationssystem" beschreiben, das dadurch gekennzeichnet ist, daß bei vorgegebener Bandbreite B und einem vorgegebenen Nutz-Rausch-Leistungsverhältnis $\frac{N}{R}$ die hochfrequente Kanalkapazität voll ausgenützt wird, d. h. also $C_{HF} = C_{NF} = B_{HF} \cdot \mathrm{ld}\left(1 + \frac{N}{R}\right) = B_{NF}\, \mathrm{ld}\left(1 + \frac{M}{S}\right)$. Ein solches „Ideales

Modulationssystem" (IMS) soll also definitionsgemäß in der Lage sein, den niederfrequenten Nutz-Störabstand der Modulationsleistung M von der Störleistung S im niederfrequenten Band B_{NF} optimal in den Nutz-Störabstand $\frac{N}{R}$ im hochfrequenten Band B_{HF} zu übersetzen. Ein solches IMS muß also der Gleichung genügen:

$$\left(1 + \frac{M}{S}\right) = \left(1 + \frac{N}{R}\right)^{\frac{B_{HF}}{B_{NF}}}.$$

Untersucht man die verschiedenen bekannt gewordenen Modulationsverfahren in dieser Richtung, dann ergeben sich, ohne daß die erforderlichen Berechnungen an dieser Stelle angeführt werden sollen [5], Kurven, die zum Schluß noch für einige markante Beispiele gezeigt werden mögen.

Abb. 16 gibt das Verhältnis $\frac{C}{B_{NF}}$ als Funktion von $\frac{B_{HF}}{B_{NF}}$ an für einen Wert von $\frac{N}{R} = 14{,}5$ db $\left(\text{entsprechend } \frac{N}{R} = 28{,}2\right)$, wobei die Kurve für das IMS kräftig ausgezogen eingezeichnet ist.

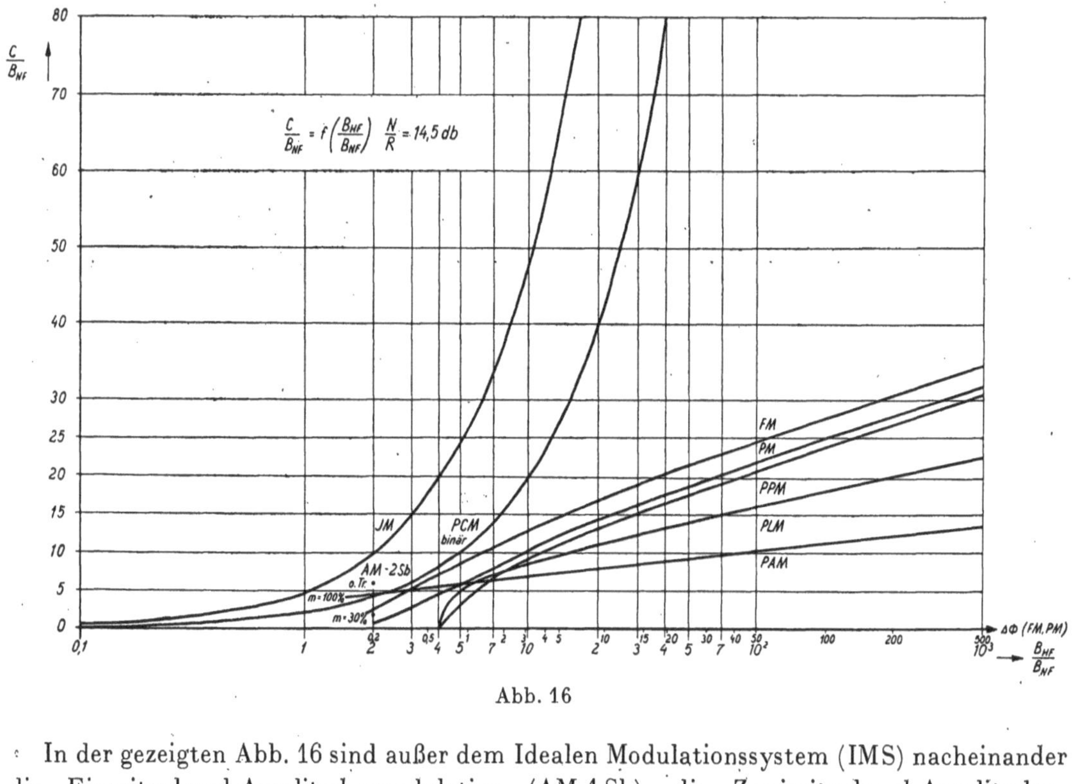

Abb. 16

In der gezeigten Abb. 16 sind außer dem Idealen Modulationssystem (IMS) nacheinander die Einseitenband-Amplitudenmodulation (AM-1 Sb), die Zweiseitenband-Amplitudenmodulation (AM-2Sb), die Puls-Code-Modulation (PCM), die Frequenzmodulation (FM), die Phasenmodulation (PM) und verschiedene Pulsmodulationsverfahren, nämlich die Puls-Phasen-Modulation (PPM), die Puls-Längen-Modulation (PAM) eingetragen.

Wie zu erwarten, besitzt keine der heute praktisch verwendeten Modulationsverfahren eine bezogene Kanalkapazität $\frac{C}{B_{NF}}$ in bit, die größer ist als das oben gekennzeichnete „Ideale Modulationssystem" (IMS). Im Gegenteil: die Kurven geben eindeutig zu erkennen, wie weit wir mit den üblichen Modulationsverfahren noch vom Ideal entfernt sind, was bereits oben erwähnt wurde.

Diese Ausführungen zum Stand der Informationstheorie möchte ich mit dem Hinweis schließen, daß wir in der Informationstheorie ein Mittel vorliegen haben, das den eingangs gestellten Forderungen entspricht und das uns in die Lage versetzt, den Wirkungsgrad der einzelnen Übertragungssysteme zu untersuchen und festzustellen und auch seine möglichen Grenzen zu ermitteln. Die Informationstheorie kann aber darüber hinaus ebenso wenig wie etwa der 2. Hauptsatz der Thermodynamik spezielle konstruktive Hinweise für die Entwicklung von Verfahren oder Einrichtungen geben, wohl aber kann sie uns zeigen, ob es sinnvoll und prinzipiell überhaupt möglich ist, ein bereits erreichtes Ziel nun noch weiter hinauszustecken. Ebenso vermag die Informationstheorie darzutun, welche Verbesserungen mit einem weiteren technischen Schritt verknüpft sind. Darin aber liegt gerade der große praktische Wert und die große praktische Bedeutung der Informationstheorie, über deren Stand ich zu unterrichten versucht habe.

Literatur

1. C. E. Shannon and Warren Weaver, The Mathematical Theory of Communication (The University of Illionis Press, Urbana 1949).
2. C. E. Shannon, A mathematical theory of communication, Bell. Syst. Techn. J., July and October 1949.
3. —, Neuere Entwicklung der Nachrichtentheorie, Techn. Mitt., PTT 28 (1950), S. 337—342 (Übers. aus Electronics 23, 1950, S. 80—83).
4. —, Prediction and Entropy of Printed English, BSTJ 30 (1951), 50—64.
5. —, Communication in the presence of Noise, Proc. Inst. Radio Engrs. 37 (1949), S. 10—21.
6. R. Piloty, Über die Beurteilung der Modulationssysteme mit Hilfe des nachrichtentheoretischen Begriffs der Kanalkapazität, AEÜ 4. 1950, 493—508.
7. H. Frühauf, Die Informationstheorie als Werkzeug des Nachrichteningenieurs, Wiss. Zeitschr. d. TH Dresden, 3 (1953/54) H. 4.
8. —, Über die Grundprobleme der Theorie der Nachrichtenübertragung, Nachrichtentechnik H. 2/1954, H. 6/1954.
9. P. Fey, Vergleich der Modulationsverfahren mit Hilfe der Informationstheorie, Diplomarbeit am Inst. f. Hochfrequ. Techn. u. E-Röhren d. TH Dresden (Inst. Dir. Prof. Dr. Frühauf), 1955.
10. H. Zemanek, Informationstheorie, E. u. M., Nr. 7/1954.
11. P. M. Woodward, I. L. Davies, Informationstheory and inverse probability in Telecommunications, PIEE March 1952.
12. N. E. Blachmann, A comparison of the information capacities of amplitude- and phase-modulation communication systems, PIRE 53.
13. J. R. Pierce, A. L. Hopper, Nonsynchronous time division with holding and with random sampling, PIRE Sept. 1952.
14. W. D. White, Theoretical aspects of a asynchronous multiplexing, PIRE March 1950.
15. W. G. Tuller, Theoretical limitations on the rate of transmission of information, PIRE May 1949.
16. W. Runge, Vergleich der Rauschabstände von Modulationsverfahren, AEÜ H. 3/1949.
17. F. L. H. M. Stumpers, Theory of frequency-modulation noise, PIRE Sept. 1948.
18. H. W. Bode, C. E. Shannon, A simplified derivation of linear least square smoothing and prediction theory, PIRE April 1950.

19. P. NEIDHARDT, Methoden zur Redundanzminderung im Fernsehen, Nachrichtentechnik H. 6/1954.
20. —, Der Informationsinhalt der Farbfernsehsendung als Funktion der Nachrichtenkapazität des Übertragungskanals, Nachr. Techn. Bd. 4, 1954, Nr. 2, 54—62.
21. —, Der Informationstheoretische Wirkungsgrad (Wiedergabefaktor einer Fernsehkette, NTF, 2. Sonderheft (1955).
22. —, Korrelation, Redundanz und Rauschen im Fernsehsignal, Nachr. Techn. Bd. 5, 1955, Nr. 8, 341—346.
23. —, Der Begriff des Wirkungsgrades in der Informationstheorie, Elektr. Rundschau Nr. 1/1956, 15—19.
24. K. KÜPFMÜLLER, Über Einschwingvorgänge in Wellenfiltern, ENT 1, 1924, 141—152.
25. —, Transients in Telegraph and Telephone Engineering, Teksnisk Tidskrift Nr. 9 u. 10 (1931).
26. —, Die Systemtheorie der elektrischen Nachrichtenübertragung S. 163—167, Stuttgart: S. Hirzel 1949.
27. —, Die Entropie der deutschen Sprache, FTZ Bd. 7 (1954), 265—272.
28. H. NYQUIST, Certain Factors affecting Telegraph Speed, BSTJ 3, 1924, 324—346.
29. R. V. L. HARTLEY, Transmission of Information, BSTJ 7, 1928, 535—563.
30. H. F. MAYER, Prinzipien der Pulse-Code-Modulation aus „Advances in Electronics", Vol. III, 1951, Academic Press Inc. New York N. Y.
31. D. GABOR, Theory of Communication, JIEE Bd. 93, 1946, Part III, 429—457.
32. F. STRECKER, Nachrichtenfluß und Frequenzbandbreite, Veröff. Nachr. 4. Folge, Bd. 5, 1935, 227—233.
33. W. MEYER-EPPLER, Die Nachrichtentheorie von C. E. Shannon, FTZ 1950, Nr. 5, 161—164.
34. C. LAGOWITZ, Über Entropieverluste in Fernsehempfängern, Nachr. Techn. Bd. 5, 1955, Nr. 9, 396—399.
35. K. O. SCHMIDT, Ein Beitrag zur Frage der Frequenzbandbreite bei der elektrischen Übertragung von Sprache, Jahrb. d. el. Fernmeldewes. 1934, 230—254.
36. —, Ergebnisse und Aussichten zur Zusammendrängung des Frequenzbandes, Jahrb. d. el. Fernmeldewes. 1939, 150—193.
37. —, Die Beeinträchtigung der Verständlichkeit im Fernsprechverkehr durch Geräusche, Jahrb. d. el. Fernmeldewes. 1941/42, 110—127.
38. —, Die Grenzen für die Verbesserung der Verständlichkeit im Fernsprechverkehr, TFT 1943, H. 3, 54—60.
39. —, Frequenzbandbreite, Übermittlungszeit und Amplitudenstufenzahl (Geräuschabstand) bei den verschiedenen Nachrichtenarten im Rahmen der Shannon-Theorie, FTZ 1953, H. 12, 555—563; FTH 1954, H. 1, 33—43.
40. P. A. FISCHER, Tagung über Nachrichtentheorie (Bericht über das vom Departement of Electrical Engineering des Imperial College of Science and Technology in London veranstaltete Symposium an Information Theory in der Zeit vom 26.—29. September 1950), FTZ 4, 1951, 79—85.
41. —, Die Grundgedanken der modernen Theorie der Nachrichtenübertragung, Der Fernmelde-Ing., 1951, H. 4, 1—32.
42. N. WIENER, Cybernetics or Control and Communication in the Animal and the Machine, New York: John Wiley 1948.
43. —, Extrapolation, Interpolation and Smoothing of Stationary. Time Series with Engineering Applications, New York: John Wiley 1950.
44. —, Generalized harmonic analysis. Acta Math. 55, 1930, 117—258.
45. H. HOLZWARTH, Die neuere Technik der Richtfunkverbindungen, VDE-Fachber. 12, 1949, 168—177, oder Entw. Ber. d. S & H. AG 14, 1951, 31—36.
46. —, Die Modulationsverfahren mit Frequenzaufteilung (Pulsmodulation) zur Mehrfachausnutzung von Richtfunkverbindungen, Frequenz 4, 1950, H. 2, 33—40; H. 3, 64—71; H. 4, 97—101.
47. R. K. POTTER, C. A. Kopp, H. C. Green, Visible Speech, New York: Van Nostrand. 1947.
48. R. H. HALSEY and J. SWAFFIELD, Analysis-synthesis Telephony with Special Reference to the Vocoder J. Inst. El. Engrs. III 95, 1948, 391—411.
49. W. JACKSON, Information Theory, Nature 167, 1951, 20—22.
50. H. A. REEVES, U.S.-Patent 2272070, 3. Febr. 1942; französ. Patent 852183, 23. Okt. 1939 (Int. Standard Eletric Corp).
51. M. W. GOODALL, Telephony by pulse code modulation, Bell. Syst. Techn. J. 26, 1947, 395—409.
52. H. S. BLACK, Pulse code Modulation, Bell. Labor. Rec. 25, 1947, 265—269.
53. H. S. BLACK and J. O. EDSON, PCM equipment. Electr. Engng. 66, 1123—1125, 1947; Trans. Amer. Inst. Electr. Engrs. 66, 1947, 47—131.
54. —, Codes pulse modulation minimizes noise, Electronices 20, 1947, 126—131.

55. H. S. BLACK, Bandwith an noise in communication system, Electronics 21, 1948, 72—75.
56. L. A. MEACHAM and E. PETERSON, An experimental multichannel pulse code modulation system of total quality, Bell. Syst. Techn. J. 27, 1947, 1—43.
57. R. W. SEARS, Electronic beam deflection tube for pulse code modulation, Bell. Syst. Techn. J. 27, 1948, 44—57.
58. W. R. BENNET, Spectra of quantized signals, Bell. Syst. Techn. J. 27, 1948, 446—471.
59. C. B. FELDMANN, A 96 channel pulse code modulation system, Bell. Labor Rec. 26, 1948, 364—369.
60. B. M. OLIVER, I. R. PIERCE and C. E. SHANNON, The philosophy of PCM, Proc. Inst. Radio Engrs. 36, 1948, 1324—1331.
61. A. G. CLAVIER, Evaluction of transmission efficiency according to Hartleys expression for information content, Electr. Comm. 25, 1948, 414—420.
62. A. G. CLAVIER, P. F. PANTER and W. DITE, Signal to noise ratio improvement in a PCM system, PIRE 37, 1949, 355—359.
63. E. M. DELORAINE, Pulse modulation, PIRE 37, 1949, 702—705.
64. R. M. FANO, Techn. Report No 65, The Research. Laborytory of Electronics M. I. T. 1949.
65. S. O. RICE, Mathematical analysis of random noise, Bell. Syst. Techn. J. 23 (1944), S. 282—332; Bell. Syst. Techn. J. 24, 1945, 46—156.
66. H. M. JAMES, N. B. NICHOLS and PHILIPS, Theory of Servomechanismus, New York: McGraw Hill 1947, S. 262ff.
67. W. REICHARDT, Binärschritte und gerichtete Impulse im Lichte der Informationstheorie, HF-Technik u. Elektroakustik, Bd. 64, November 1955, H. 3, 76—83.

Das Institut für Gasentladungsphysik

VON RUDOLF SEELIGER, GREIFSWALD

Das Institut für Gasentladungsphysik ist aus einer Forschungsstelle im Jahre 1952 entstanden und beschäftigt heute 9 Wissenschaftler und 19 Hilfskräfte, von denen ein Teil an der Durchführung der gestellten Aufgaben direkt beteiligt ist. Die von uns betriebene Forschung gehört der Grundlagenforschung an, und insofern ist das Institut eine primär wissenschaftlich eingestellte Forschungsstelle. Aber es fallen dabei auch rein praktische Erfahrungen ab, so daß die Verbindung mit der Technik stets erhalten bleibt und sich Fragen eröffnen, die unmittelbar auch andere Institute der Akademie interessieren.

Unter Gasentladung versteht man ganz allgemein den Durchgang von elektrischen Strömen durch Gase mit allen dabei eine Rolle spielenden Elementarprozessen. Sie sind eines der Gebiete der Physik, die heute zu einer für den einzelnen kaum mehr zu übersehenden Ausdehnung angewachsen sind. Deshalb ist es am besten, an den Aufgaben, die wir im Verlauf eines Jahres (1955) bearbeitet haben, zu zeigen, welche Ziele im Institut verfolgt werden.

Eine erste Gruppe von Untersuchungen beschäftigte sich mit der Glimmentladung, und zwar mit deren kathodischen Entladungsteilen und mit einer Sonderform der positiven Säule. Vor der Kathode nimmt bekanntlich die Lichtemission ab, und es fragt sich nun, wie im einzelnen diese Abnahme beschaffen ist. Eine Reihe von älteren Untersuchungen hat hier zwar bereits Hinweise ergeben, aber quantitativ war darüber fast nichts bekannt. Wir haben deshalb versucht, mit einem Elektronenvervielfacher die spektralen Intensitäten auszumessen. Dazu gehörte eine brauchbare Form der Entladungsröhre, eine geeignete Vorrichtung zur Verschiebung der Entladungsteile und ein geeigneter Elektronenvervielfacher. Es sind dies Aufgaben, die erst nach langen Vorversuchen gelöst werden konnten. Als Entladungsrohr eignete sich am besten eine Doppelröhre, deren innerer Teil ein spaltenförmiges Fenster hatte, durch das der interessierende Teil der Entladung abgebildet wurde. Am Spalt vorbei wurde die ganze Entladung durch eine magnetische Verschiebung bewegt. Als Elektronenvervielfacher wurde als der beste ein von Zeiss kürzlich herausgebrachtes Modell benutzt, mit dem man noch 10^{-14} Watt bei $\lambda = 4500$ AE mit Sicherheit messen konnte. Untersucht wurden die Gase Helium, Neon, Wasserstoff, Stickstoff, Sauerstoff und Quecksilberdampf, die nach dem Bau ihrer Spektren geeignet waren. Wenn auch die Diskussion im einzelnen noch nicht abgeschlossen ist, läßt sich jetzt schon sagen, daß eine Reihe von interessanten Ergebnissen gefunden wurde; so z. B. verschwindet ein Maximum im negativen Glimmlicht der Tripplettlinien des Heliums, wenn man durch Zumischung geeigneter Gase die Metastabilen zerstört, aus denen sie gespeist werden. Letzten Endes will man durch solche Untersuchungen Aufschluß gewinnen über die Art des Mechanismus der Lichtanregung der einzelnen Atome in den verschiedenen Entladungsteilen, und wir haben deshalb auch die Verteilung der Feldstärke vor der Kathode genauer untersucht. Auch hier gibt es bereits Arbeiten mit demselben Ziele, aber sie sind nicht ganz übereinstimmend miteinander. Wir haben uns deshalb entschlossen, eine Ausmessung der Feldverhältnisse mit einer Sondenmethode durchzuführen, die nach Möglichkeit alle Fehlerquellen berücksichtigt. Deshalb mußte zuerst dafür gesorgt werden, daß die Sonde bis auf $\frac{1}{100}$ mm genau in der Entladung verschoben werden konnte, was durch eine Spindelvorrichtung mit ausgeheiztem Graphitmehl als Schmiermittel schließlich erreicht wurde. Als Sonde mußte eine Glühsonde dienen, deren mittlerer freier Teil an Ort und Stelle fixiert war; ihre Dimension bestimmten die Genauigkeit der Messung. Ergebnisse sind noch nicht vorhanden, werden aber bald zur Verfügung stehen.

Die Kenntnis des Feldverlaufs vor der Kathode ist aber nur Mittel zum Zweck; was wir wissen wollen, ist, warum sich ein Feld von gegebener Anordnung einstellt, und hierüber kann nur die Theorie Aufschluß geben. Dabei handelt es sich vor allem um das erst neuerdings berücksichtigte Problem, wie die Elektronen sich in einem Feld bewegen, das von hohen Werten an der Kathode bis zum Ende des Kathodenfalles absinkt, und es traten hier ähnliche Schwierigkeiten auf wie bei der mathematischen Erfassung der Theorie der Sonden bei höheren Drucken. Hier haben wir uns an zwei englische Arbeiten angeschlossen und nach einer kritischen Untersuchung versucht, die Ausbildung der Raumladung und ihre Begrenzungen schärfer zu fassen. Im wesentlichen handelt es sich darum, beim Übergang vom Plasma zur Sonde ohne Unstetigkeiten in der Ladungsverteilung auszukommen. Die Durchführung macht sehr erhebliche mathematische Schwierigkeiten.

In der positiven Säule liegen die Dinge bei allen Gasen und Metalldämpfen so, daß sich in ihr ein längs der Säule konstanter Potentialfall einstellt, der für ein Gas nur vom Druck, von der Stromstärke und von der Rohrweite abhängt. Wir haben nun gefunden, daß Sauerstoff davon eine Ausnahme macht, in dem es unter bestimmten Verhältnissen zwei Formen der Säule gibt, die sich durch verschiedene Gradienten voneinander unterscheiden. Woran dies liegt, ist zur Zeit noch ganz unbekannt, ja es ist sogar zweifelhaft, ob es sich wirklich um zwei verschiedene Säulen im üblichen Sinne handelt. Dieses aufzuklären, ist das Ziel unserer Bemühungen. Bisher haben wir z. B. gefunden, daß die beiden Gradienten zusammenhängen mit einer verschiedenen Beteiligung von Atomen und Molekülen des Sauerstoffs. Es geht dies daraus hervor, daß durch katalytische Einwirkungen der Rohrwand auf die Entladung die eine Form gegen die andere verschoben werden kann. Vielleicht führt nun auch eine Massenspektrographanalyse weiter, für die wir uns die notwendige Anordnung gebaut haben. Sie vorzunehmen ist erforderlich, weil sich nach langen Bemühungen gezeigt hat, daß der Sauerstoff zu den Gasen gehört, mit denen theoretisch kaum etwas anzufangen ist. Der Massenspektrograph arbeitet mit nur magnetischer Ablenkung und gestattet, ein Trägerbündel aus der Entladung herauszunehmen und zu untersuchen. Nach vielerlei anfänglichen Schwierigkeiten sind wir nun soweit, schon recht gute Aufnahmen zu erhalten. Die Form mit dem kleinen Gradienten scheint das Vorhandensein von O_2^+-Ionen anzuzeigen, während die andere nur das von O ergibt.

Zur Glimmentladung gehören ferner noch die Arbeiten über die sogenannte Ringentladung. Wenn man ein Gas bei niedrigem Druck einem rasch wechselnden elektromagnetischen Feld aussetzt, kann sich in ihm senkrecht zu den magnetischen Feldlinien ein leuchtender Ring ausbilden, eben die sogenannte elektrodenlose Ringentladung. Mit dieser Entladung haben sich bereits eine Reihe von Forschern beschäftigt; aber viele ihrer Eigenschaften sind noch ungeklärt, und zwar gerade bei mittleren Frequenzen von einigen MHz. So haben wir z. B. gefunden, daß der Ringentladung eine Vorentladung vorausgehen kann, gekennzeichnet durch eine geringere Intensität und eine stärker dämpfende Rückwirkung auf den elektrischen Teil der ganzen Anordnung. Untersucht wurden bereits die Edelgase Helium, Neon, Argon, Xenon und Krypton, an die sich Wasserstoff, Stickstoff, Sauerstoff und Quecksilberdampf anschließen sollen, um jene Vorentladung zu erfassen. Gewisse Gesetzmäßigkeiten für ihre Zündspannung in Abhängigkeit von Frequenz und Gasdruck konnten wir bereits finden; ob es aber gelingt, diese theoretisch zu deuten, dürfte noch sehr fraglich sein, weil die Sachlage eine zu verwickelte ist.

Dies zeigt sich auch bei einer unserer theoretischen Arbeiten. Hier handelt es sich darum, für eine Mikrowellenentladung, d. h. für noch wesentlich höher liegende Frequenzen, die Stromspannungshcarakteristik abzuleiten. Es gibt zwar einige amerikanische Arbeiten, bei denen eine Theorie der Elektronentemperatur entwickelt wird, aber wir hoffen, diese Theorie wesentlich vereinfachen zu können.

Wenden wir uns zuletzt den Bogenentladungen zu, so ist eine Untersuchung über die Bogenbildung aus der Glimmentladung zuerst zu betrachten. Nach heutiger Anschauung, die wohl das Wesentliche trifft, kann bei einer Gruppe von Metallen überhaupt kein Bogen entstehen, weil weder für einen thermischen noch für einen Feldbogen die Verhältnisse an der Kathode geeignet sind, im Gegensatz zu den andern Metallen. Zu der erstgenannten Gruppe gehören Kupfer, Eisen, Silber usw. Wir haben nun versucht, zunächst einen Bogen an Kupfer in Stickstoff zu zünden, wobei streng darauf geachtet werden mußte, daß das Kupfer und der Stickstoff völlig rein waren. Ergebnisse wurden noch nicht erhalten, da wir vorerst mit der Ausarbeitung der Methode beschäftigt waren.

Wenn wir mit Arbeiten der eben beschriebenen Art eine Basis liefern zu können hoffen zur Frage, wie ein Bogen entsteht und warum es unter gewissen Umständen überhaupt keinen Bogen gibt, beschäftigen sich zwei Untersuchungen mit dem vollausgebildeten Bogen. Die eine hatte zum Ziel, einzelne Spektrallinien von leicht zu schmelzenden Metallen im Bogen bei Atmosphärendruck zu untersuchen. Dazu brauchten wir ein Gerät, das uns erlaubte, die Form der Linien direkt wiederzugeben, und das wir auf neuer Grundlage entwickelten. Die Form der Linien wird auf dem Schirm eines Braunschen Rohres aufgezeichnet. Dazu gehört u. a., daß das Spektrum dabei mit Hilfe eines Schwingspiegels über den Austrittsspalt bewegt wird; diese Bewegung erfolgt bei uns nach einer neuartigen Methode, nämlich durch die Ausnutzung der Resonanz des Schwingers.

Bei der zweiten Aufgabe sollte die Energieverteilung im Spektrum von Edelgashochdrucksäulen in Abhängigkeit vom Druck und Strom erforscht werden. Diese spektrale Abhängigkeit ist zwar schon für einzelne spezielle Entladungen gemessen worden, jedoch noch nicht für eine Entladung unter Variation aller Versuchsparameter. Ein Doppelmonochromator wurde an den Absorptionsbanden von geeigneten Substanzen geeicht und dann mit ihm und mit einer Verstärkeranordnung das zu untersuchende Spektrum verglichen mit dem einer Wolframbandlampe, deren spektrale Verteilung nach einer neueren Arbeit für die verschiedenen Temperaturen und Wellenlängen als bekannt angesehen werden kann. Unbekannt war jedoch bisher noch der Druck in der Lampe. Nachdem es uns nun gelungen war, eine empirische Formel für den Druck als Funktion der Leistung zu finden und ihre Brauchbarkeit messend zu erproben, sind die Grundlagen vorhanden, auf denen man weiterbauen kann. Durchgemessen ist bereits die Energieverteilung einer Xenonlampe im Ultraroten.

Diese kurze Übersicht über die Aufgaben, die im Institut im Verlauf eines Jahres begonnen oder vollendet wurden, dürfte zeigen, wieviel es auf dem Gebiet der Gasentladungen noch zu tun gibt und daß die Deutsche Akademie der Wissenschaften recht daran tat, hier helfend einzugreifen.

Georgius Agricola

VON GEORG SPACKELER

Wir haben uns hier zu einer Feierstunde[1]) zusammengefunden, um das Gedächtnis eines Mannes zu ehren, der dank seines offenen Auges und seines klaren Verstandes, aber auch dank seiner literarischen Belesenheit die Entwicklung der bergbaulichen Technik maßgeblich beeinflußt hat und der in der Geschichte der Technik einen ehrenvollen Platz einnimmt, der dabei vom Erzbergbau des sächsischen Erzgebirges aus seinen Weltruf begründet hat, Georgius Agricola.

Es mag vielleicht kühn erscheinen, wenn wir im Schiller-Jahr gleichzeitig von einem „Agricola-Jahr" sprechen. Man wird vielleicht sagen, daß Agricola doch nicht neben Schiller genannt werden könne. Gewiß: Schiller lebt im deutschen Volke; seine Werke werden, so glauben und hoffen wir, im deutschen Volke unsterblich bleiben. Agricola gehört der Geschichte an. Aber seine schriftstellerischen Werke waren von maßgeblichem Einfluß nicht nur auf die Mitwelt, sondern auch auf die folgenden Jahrhunderte, da sie weit über Deutschlands Grenzen hinaus Beachtung fanden.

Agricolas Verdienst war es, daß er das Aufsuchen und die Gewinnung der Mineralien und das Erschmelzen der Metalle, das bis dahin fast ausschließlich auf zufälligen Funden und auf langsamer handwerksmäßiger Entwicklung beruhte, zu einer Wissenschaft machte, um die Naturkräfte in den Dienst der Menschen zu stellen und die gesammelten Erfahrungen der Nachwelt nutzbar zu machen.

Er wurde der Vater der Mineralogie und der Verfasser des ersten Lehrbuches über Bergbau und Hüttenwesen. Gerade unserer Bergakademie geziemt es daher, dieses Sohnes des Sachsenlandes zu gedenken, der im Erzgebirge wirkte und von hier aus den Ruf der deutschen Berg- und Hüttenleute in der Welt begründet hat und der als Humanist in des Wortes bester Bedeutung und als deutscher Patriot unsere Anerkennung verdient.

Agricolas Leben fiel in die Periode, die man als die Zeit des Humanismus und der Renaissance bezeichnet, die Zeit, von der Ulrich von Hutten das bekannte Wort prägte: „O Jahrhundert, es ist eine Lust, in Dir zu leben!" Das Mittelalter mit seiner absoluten Herrschaft der Kirche über das geistige Leben und der Einpressung des Glaubens in engstirnige Dogmen, die letzten Endes zum Feudalismus geführt hatten, klang aus. Die neue Bewegung ging von Italien aus, wo in den Handelsherren der aufblühenden Städte, besonders Venedigs, sich ein neuer Stand, der Geldadel, gebildet hatte, der seinem Reichtum durch Förderung von Kunst und Wissenschaft einen glänzenden Mantel umzuhängen suchte. Die antiken Schriftsteller wurden neu belebt, die Kunst von ihren mittelalterlichen Fesseln befreit. Auch die kirchlichen Dogmen wurden erschüttert; selbst die alte Lehre, daß die Erde Mittelpunkt der Welt sei, geriet ins Schwanken. Kolumbus und Vasko da Gama machten ihre Entdeckungsfahrten um die Zeit, als Agricola geboren

[1]) Festansprache anläßlich der Gedenkfeier zu Ehren von Georgius Agricola am 15. 6. 1955 (Berg- und Hüttenmännischer Tag) in Freiberg zum 400. Todestag.

wurde. Ein Zeitgenosse AGRICOLAS war KOPERNIKUS, der die geozentrische Auffassung der Welt endgültig stürzte und das heliozentrische System, daß die Sonne Mittelpunkt des Weltalls sei, von allem Zweifel befreite. Gerade ein Menschenalter vor AGRICOLA wirkte LEONARDO DA VINCI, 20 Jahre vor ihm kamen ERASMUS VON ROTTERDAM, ULRICH VON HUTTEN, ALBRECHT DÜRER und HANS HOLBEIN d. Ä. zur Welt, während außer dem eben erwähnten KOPERNIKUS, LUTHER und MELANCHTHON, THOMAS MÜNTZER, MICHELANGELO, RAFFAEL und TIZIAN, PARACELSUS und HANS HOLBEIN der J. als AGRICOLAS wirkliche Zeitgenossen bezeichnet werden müssen.

Es wäre aber falsch, die Zeit lediglich vom Gesichtspunkt der Kunst und Wissenschaft im Sinne HUTTENS zu betrachten. Es war vielmehr eine Zeit des Brodelns und Gärens, eine Zeit innerer Unruhe und heftiger Fehden. Ich darf hier nur auf die Reformation und ihre Kämpfe verweisen. Zu dem gleichen Zeitpunkt, an welchem AGRICOLA sein erstes Studium an der Universität zu Leipzig beendete, im Herbst 1517, schlug LUTHER seine 95 Thesen an die Schloßkirche zu Wittenberg. Es begannen die Religionskämpfe, die für lange Zeit Deutschlands Schwäche begründeten, zumal zahlreiche deutsche Fürsten die Reformation dazu mißbrauchten, die Kaisermacht zu schwächen und sich selbst zum Kirchenfürsten des eigenen Landes zu machen. Von den Handelsherren ging die Bewegung der geistigen Erneuerung zwar auf das Bürgertum über, das Handwerk und die Zünfte in den Städten erlebten ihre Blütezeit, aber die Masse der Menschen, insbesondere die Bauern, erhielten keinen Anteil an den Segnungen der Zeit. Geistlichkeit und Adel hatten sich jahrhundertelang um die Macht gestritten und ihre Fehden auf dem Rücken des Volkes ausgetragen. Gegen die leibeigenen Bauern hielten sie fest zusammen. Als diese endlich ihre unerträgliche Lage zu sprengen suchten und als spontan der Große Deutsche Bauernkrieg ausbrach zu einer Zeit, als AGRICOLA 31 Jahre alt war, unterlagen die Bauern den besser geordneten Landsknechtsheeren des Adels. Die Unruhen waren zwar unterdrückt, nicht aber war die gärende Stimmung des Volkes beseitigt.

Auch in den Städten konnte der steigende Wohlstand nicht über schwierige soziale Probleme hinwegtäuschen. Die Zünfte beschränkten die Zahl der zugelassenen Meister; wer nicht in guter Beziehung zu ihnen stand, war verurteilt, sein Leben lang ein unselbständiger Geselle zu bleiben. Ganz besonders schwierig aber wurden die Probleme in den Bergbaugegenden. In der 2. Hälfte des 15. Jahrhunderts waren die Silbererze des oberen Erzgebirges entdeckt und die Bergstädte Schneeberg, Annaberg usw. gegründet. Damit ging das „Berggeschrei" durch die Lande. Unternehmungslustige Männer, aber auch Abenteurer strömten aus weitem Umkreise in den neuen Bergstädten zusammen, um ihr Glück im Bergbau zu versuchen, ähnlich wie im letzten Jahrhundert häufig Goldfunde ein „Goldfieber" erzeugten. Da diese Leute nichts vom Bergbau und vom Schürfen verstanden, sondern auf zufällige Funde angewiesen waren, mißlang vielen von ihnen das Vorhaben, schnell Geld zu verdienen. Sie mußten in die Dienste glücklicherer Nachbarn eintreten, denen ein guter Fund gelungen war und die dadurch in der Lage waren, andere Leute gegen Lohn zur eigenen Hilfe heranzuziehen oder gar allein für sich arbeiten zu lassen. So entstand auch in den Bergstädten eine Klasse abhängiger und unzufriedener Leute, die sich zahlenmäßig schnell vermehrte, als die oberflächlich greifbaren Erze abgebaut waren und die Beschaffung technischer Einrichtungen für Förderung, Wasserhaltung und Wetterführung nötig wurde, also Kapital vorgestreckt werden mußte. Es entstand der gewerkschaftliche Bergbau, d. h. ein Bergbau, bei dem die Miteigentümer der Bergwerke, die Gewerken, wie man sie nannte, nicht mehr mit dem Bergbau in Verbindung standen, sondern nur auf Grund ihrer Kapitalbeteiligung, ihrer Kuxe, die Ausbeute bezogen, allerdings nach Bedarf auch Zubuße zahlen mußten. Nicht nur aus den sächsischen Städten, besonders aus Zwickau, floß dem Bergbau Geldkapital zu, auch aus den ferneren Teilen des Reiches, aus Köln, Augsburg, Nürnberg u. a. beteiligten sich vermögende Kaufherren mit Geldeinlagen an dem Geschäft.

Die Chronisten berichten immer ungern über Ereignisse, die ihrem mächtigen Landesherren unwillkommen waren. Trotzdem wissen wir von verschiedenen Bergarbeiterrevolten in den sächsischen Bergstädten. Zu erwähnen ist hier vor allem der große Streik in Joachimsthal 1525, 2 Jahre vor AGRICOLAS Eintreffen dort, der sicherlich eine Auswirkung des Bauernkrieges war und über 2 Monate dauerte und seinen Höhepunkt in der Erstürmung und Plünderung des Rathauses und des Schlosses des Berghauptmannes Grafen v. SCHLICK fand. Der Aufstand wurde zwar militärisch überwunden, zwang den Grafen aber zu erheblichen Zugeständnissen über Lohnzahlung, Kontrolle der Beamten und Straffreiheit für die Rädelsführer. Unbekümmert davon ließ der Herzog allerdings zwei von ihnen hinrichten.

In diese gärende und brodelnde Zeit stellte das Schicksal AGRICOLA hinein, der sich als aufrechter Mann mit Verständnis für die Nöte des Volkes in sie hineinfand. Er war 1494 als GEORG BAUER oder PAUER in Glauchau geboren. Über seine Jugend wissen wir wenig. Daß sein Vater ein wohlhabender Tuchmacher gewesen sein soll, wird häufig angenommen, ist aber nicht verbürgt. Nach dem Schulbesuch in Glauchau kam AGRICOLA auf die damals berühmte Lateinschule in Zwickau, um im Alter von 20 Jahren, für damalige Zeit ein hohes Alter für den Studienbeginn, die Universität Leipzig zu beziehen und sich dem Studium der klassischen Philologie zu widmen, wodurch er sogleich in enge Verbindung mit den Leipziger Humanisten kam. Der Sitte der Zeit entsprechend, latinisierte GEORG BAUER seinen Namen in GEORGIUS AGRICOLA. Nach vierjährigem Studium erwarb er den akademischen Grad des Baccalaureus Artium, worauf er eine Stellung als Lehrer der griechischen Sprache an der Schule in Zwickau erhielt. Sehr bald wurde ihm als Rektor die Leitung der Schule übertragen, die er schnell zu hoher Blüte brachte. In dieser Zeit fällt auch sein erstes schriftstellerisches Werk über den Unterricht im Lateinischen und die lateinische Grammatik, eine pädagogische Schrift, die große Beachtung fand. Aber schon nach 4 Jahren Aufenthalt in Zwickau gab er diese Tätigkeit auf, um, nunmehr 28jährig, an die Universität Leipzig zurückzukehren und sich hier neben der Philosophie auch der Medizin zu widmen. Nach weiteren 2 Studienjahren ging er auf Wanderschaft nach Italien, studierte in Bologna und wahrscheinlich auch in Padua, um an einer italienischen Universität die Würde eines Dr. med. zu erwerben. Dann trat er unvermittelt in die Dienste des damals großen und berühmten Verlags- und Druckereihauses Manutius in Venedig als Mitarbeiter ein. Diese Firma befaßte sich mit der Bearbeitung und dem Druck der alten griechischen und römischen Klassiker, so daß AGRICOLA eine ungewöhnlich günstige Gelegenheit hatte, die verschiedensten Werke kennenzulernen. Besonderen Anteil hatte er an der Ausgabe der Schriften der griechischen Ärzte HIPPOKRATES (um 400 v. Z.) und GALEN, der sein Lebenswerk um 200 n. Z. beendete. Hier in Venedig kam er auch mit den Schriften des arabischen Arztes und Philosophen AVICENNA, der um das Jahr 1000 lebte, in Berührung, der die Lehre von der Ewigkeit der Materie schuf und durch planmäßige Beobachtung der Natur ihre Gesetzmäßigkeit zu erforschen suchte. Für AGRICOLAs Weitblick dürfte diese Zeit in Venedig von nicht zu unterschätzender Bedeutung gewesen sein, denn das Haus Manutius war ein Mittelpunkt des geistigen Lebens der Zeit, wo er Angehörige der verschiedensten Nationen, u. a. THOMAS MORUS aus England, kennenlernte.

Nach 3 Jahren, 32 Jahre alt, kehrte AGRICOLA aus Italien in seine sächsische Heimat zurück. Nach kurzem Aufenthalt in Zwickau und Chemnitz ging er nach Joachimsthal, der jüngsten der erzgebirgischen Bergstädte, die auf Grund der reichen Silberfunde erst 11 Jahre vorher gegründet war und ein großes Berggeschrei ergeben hatte. Ein Jahr später, 1527, übernahm er hier die Stelle als Stadt- und Knappschaftsarzt und zugleich damit die Führung der Apotheke. Die Stadt soll zu dieser Zeit 15000 Einwohner, davon 8000 Bergleute, gehabt haben, war also wesentlich volkreicher als Zwickau und Chemnitz.

Mit der Frage, was AGRICOLA bewogen hat, sich gerade Joachimsthal als Wohnsitz zu wählen und womit er sich im ersten Jahr seines dortigen Aufenthaltes bis zur Anstellung als Stadtarzt beschäftigt hat, hat sich die Forschung vielfach befaßt. Es wird angenommen, daß er dort Studien zur Wiederentdeckung der von den alten Klassikern erwähnten mineralischen Heilmittel anstellen wollte. Das mag ein Grund gewesen sein. Ich möchte aber noch auf eine andere Möglichkeit hinweisen, selbst auf die Gefahr, daß ich von Enthusiasten dieserhalb angegriffen werde: In seiner italienischen Zeit als Student und als Mitarbeiter in einer Druckerei kann AGRICOLA keine Reichtümer erworben haben. Nach 3jähriger Arzttätigkeit in Joachimsthal aber war er schon so wohlhabend, daß er unabhängig dastand und, obwohl er sich inzwischen verheiratet hatte, seine Stelle als Stadtarzt aufgeben konnte. Die Jahre 1530—33 bilden eine Lücke in der Agricolaforschung. Vermutet wird, daß er Reisen in fremde Bergwerksbezirke unternommen und seine Kenntnisse erweitert hat. Dazu muß er aber über Geld verfügt haben. 1533 ließ er sich in Chemnitz wieder als Arzt nieder. Sehr bald erfahren wir, daß er zu den reichsten Leuten der Stadt gehört. In seiner Schrift von den alten und neuen Metallen (1546) erkennt er selbst an, daß er durch die Güte des ewigen Gottes einen Anteil am Bergsegen habe und daß ihm Kuxe von Gruben der Joachimsthaler Gegend ständige Ausbeute gebracht haben. Was liegt da näher als die Vermutung, daß AGRICOLA selbst dem Berggeschrei gefolgt ist und als Schürfer in Joachimsthal sein Glück versucht hat? Aus der Masse der Schürfenden hob er sich dadurch hervor, daß er aus den Schriften der Alten, besonders aus PLINIUS, Kenntnisse erworben hatte, in welcher Form die Erze auftreten und auf welche Anzeichen man beim Schürfen achten muß. AGRICOLA wußte, daß der Pflanzenwuchs, die Feuchtigkeit des Bodens, die Beobachtungen bei Reifbildung, die Terrainform u. a. Schlüsse auf Erzvorkommen zulassen. Diese Kenntnisse setzen ihn in die Lage, mit Erfolg zu arbeiten. Gerade bei uns Bergleuten kann der Nimbus eines Mannes nicht deshalb sinken, weil er selbst Hacke und Spaten in die Hand genommen, geschürft und gegraben hat; im Gegenteil! Er hat die Lehren der alten Griechen und Römer zunächst selbst erprobt und durch eigene Beobachtung erweitert. Seine charakterliche Größe zeigt sich darin, daß er seine Erfahrungen nicht für sich selbst behielt, um dadurch immer neue Reichtümer aufeinander zu häufen, sondern daß er in seinen Werken alle Beobachtungen zu gemeinem Nutzen festgelegt hat, um die Enttäuschung der fleißig schürfenden Bergleute zu verhüten und einen gesunden Bergbau zu gewährleisten. Wie dem auch sei, AGRICOLA hat in dieser Zeit nicht nur die Bergleute als Arzt behandelt, er ist auch zu ihnen in die Grube hineingeklettert, hat dort ihre Arbeitsbedingungen studiert und damit den fortschrittlichen Weg gewiesen, nicht nur Krankheiten zu heilen, sondern ihnen vorzubeugen. Weitere 22 Jahre bis zu seinem Tode wirkte er dann als Arzt in Chemnitz. Neben seiner ärztlichen Kunst übte er auch eine erhebliche Tätigkeit auf den verschiedensten Wissengebieten aus, u. a. wurde er Hofhistoriograph des Herzogs und nachher des Kurfürsten von Sachsen. Mehrmals war er Bürgermeister. Während des Schmalkaldischen Krieges 1546/47 war er als Diplomat in Diensten seines Herzogs auf Reisen.

Die für uns wichtigste Arbeit seiner Chemnitzer Zeit war aber die schriftstellerische Tätigkeit. Hier entstanden die meisten seiner Schriften, vor allem die mineralogischen Studien und sein Hauptwerk „De re metallica". Die Herausgabe dieses letztgenannten Werkes hat er nicht mehr erlebt. Er hat sein Manuskript 1550 abgeschlossen. Durch die vielen künstlerisch ausgestatteten Holzschnitte verzögerte sich aber die Drucklegung, so daß das Werk erst 1556, ein Jahr nach AGRICOLAs Tode, im Buchhandel erschien.

Seine Werke sind, der Sitte der Gelehrten der Zeit entsprechend, sämtlich in lateinischer Sprache geschrieben. Das war ihrem Absatz im Auslande und dem Ruf AGRICOLAs über

Deutschlands Grenzen hinaus zweifellos dienlich; nur einzelne Werke sind nach seinem Tode in deutscher Sprache gedruckt herausgegeben. So erschien eine deutsche Ausgabe seines Hauptwerkes „De re metallica", übersetzt von dem Baseler Professor BECH, 2 Jahre nach der lateinischen Ausgabe. Die Schwierigkeit deutscher Ausgaben lag darin, daß zu dieser Zeit die deutsche Schriftsprache erst durch LUTHER geschaffen wurde, so daß die in Basel erschienene deutsche Ausgabe nicht in allen deutschen Gauen verständlich war und eine zweite in Magdeburg gedruckte Ausgabe ganz anders lautete. Die lateinische Ausgabe war daher auch nicht nur in größerer Auflage gedruckt, sondern auch schneller vergriffen.

Insgesamt sind uns aus AGRICOLAS Feder 17 gedruckte Schriften, Bücher oder Büchlein erhalten. Die Schriften verteilen sich folgendermaßen: 5 über Mineralogie, 1 über Zoologie, 7 über Maße, Gewichte, Preise und Münzen, 1 über Medizin und 1 — sein Hauptwerk — über Bergbau und Hüttenwesen, dazu 1 Schrift politisch-nationaler Art, die sog. Türkenrede, auf die ich zurückkommen werde. Für viele werden die Schriften über Maße, Gewichte und Preise vielleicht am wenigsten wichtig erscheinen. In damaliger Zeit fanden sie erhebliche Beachtung, denn es war bei der Vielgestaltigkeit des Maß- und Münzwesens ein dringendes Bedürfnis, nicht nur, der Zeit des Humanismus entsprechend, die Maßzahlen der alten Klassiker mit den neuen vergleichen, sondern auch in Deutschland Parallelen unter den verschiedenen Maßzahlen ziehen zu können. Es sei darauf verwiesen, daß allein im Erzgebirge die Bergmannslöhne in sechs verschiedenen Währungen —rheinischen Gulden, gewöhnlichen, Schreckenberger-, Engelsberger-, kleinen und Weißgroschen gezahlt wurden. Die Schriften stellten Praxis und Wissenschaft daher auf eine exakte Basis.

An vielen Stellen sind medizinische Betrachtungen in AGRICOLAS Arbeiten eingestreut; besonders befaßt er sich mit mineralischen Heilmitteln, wobei er sich weitgehend auf die Kenntnisse der Alten, besonders GALEN stützen konnte. Rein medizinisch ist seine Schrift über die Pest, 1543, eine Folge der großen Epidemie des Jahres 1541/42. Wenn er sich auch von manchen alten Überlieferungen und Anschauungen noch nicht ganz frei machen konnte, so erinnert es doch an unsere heutige Zeit, wenn er die Übertragung der Krankheit durch Berührung, durch Ungeziefer, durch die Luft, durch verdorbene Speisen und schlechtes Wasser schildert und besonders zur Sauberkeit mahnt, eine Forderung, mit der er SEMMELWEIS um 300 Jahre vorauseilte. Hier bei den medizinischen Schriften möchte ich einen Abschnitt aus AGRICOLAS Hauptwerk „De re metallica" vorwegnehmen, den über die Berufskrankheiten der Berg- und Hüttenleute, dem er den Grundsatz voranstellt „Denn wir müssen größeren Wert auf die Erhaltung der Gesundheit legen als auf den Gewinn". Er warnt vor allem die Bergleute vor Rheumatismus als Folge des kalten Grubenwassers und empfiehlt kräftige hohe Stiefel mit dem Bemerken, daß ein Verstoß gegen diese Warnung sich nach wenigen Jahren bitter rächen würde. Er kennt die schädliche Wirkung des Staubes auf die Lungen, wodurch Asthma und schließlich Tuberkulose entstehen, ebenso die Gefahren durch matte Wetter und die Abgase des Feuersetzens. Die Forderung nach guter Bewetterung wird daher immer wieder von ihm erhoben. In Altenberg warnt er vor dem „Gift der Grubenluft, das Wunden bis auf die Knochen ausnagt und Eisen verzehrt", womit offenbar an die Wirkung des As_2O_3-Gehaltes der Luft infolge des Feuersetzens gedacht ist. Das „Gift schwimmt", so schreibt er, „auf dem Sümpfen und spritzt herum, besonders wenn das Feuer noch nicht erloschen ist". Er fordert, daß beim Feuersetzen die Zündung am Freitag abend erfolgt und daß Sonnabend und Sonntag die Grube menschenleer bleibt, damit das Feuer bei Wiederanfahrt am Montag früh erloschen ist. Daß AGRICOLA mit dieser Forderung die Gunst der Landesherren und der Kuxbesitzer erworben hat, ist nicht anzunehmen. Hier spricht der verantwortliche Arzt und vor allem der aufrechte und gerade Mann.

Nun zu seinen bergmännischen Schriften! AGRICOLAs Erstlingswerk „Bermannus" oder „Vom Bergbau", das er schon kurz nach seiner Niederlassung in Joachimsthal fertigstellte und das 1530 schon erschien, ist in Form eines Zwiegespräches geschrieben. Sein Freund BERMANN, seines Zeichens Hüttenschreiber, latinisiert BERMANNUS, führt 2 Ärzte, von denen einer offenbar AGRICOLA selbst darstellt, durch das Bergwerksgebiet von Joachimsthal. Nur kurz werden die technischen Einrichtungen über Tage, die Kaue, Haspel und Schachthängebänke erwähnt. Beim Schürfen ist die Hauptaufgabe, die wertvollen Mineralien aus den Bergen herauszuerkennen, so daß das Gespräch sich hauptsächlich um die vorkommenden Erze, aber auch um die Verwendung der Mineralien als Heilmittel dreht. Der Leser muß staunen über die vielseitige Kenntnis der klassischen Literatur, da das Werk geschmückt ist mit einer großen Zahl von Zitaten der philosophischen und medizinischen Schriften wie ARISTOTELES, THEOPHRAST, HIPPOKRATES, GALEN, DISCOVIDES u. a., aber auch naturkundiger Historiker, bes. PLINIUS usw. Die Schwierigkeit, eine exakte Mineralogie aufzubauen, lag darin, daß eine wissenschaftliche Chemie noch kaum bestand; sie war von den Alchimisten beherrscht, die AGRICOLA wegen ihrer Geheimniskrämerei und der oft vorhandenen Phantastereien ablehnt. So enthält dieses Erstlingswerk noch mancherlei Unklarheiten. Es kommt hinzu, daß AGRICOLA die bergmännischen Ausdrücke ins Lateinische übersetzen mußte, so daß bei der ersten deutschen Ausgabe der Übersetzer, Prof. BECH in Basel, vor fast unüberwindlichen Schwierigkeiten stand.

So ist nicht immer klar erkenntlich, wo die Unterschiede zwischen Blei, Bleiglanz und anderen Bleimineralien zu suchen sind. Zinn wird als Plumbum candidum, „weißes Blei" bezeichnet. In späteren Schriften kommt auch das Wort „stannum" vor, womit vermutlich ein Reichblei gemeint ist. Wie die Worte „molybdänum" und „cobald" zu übersetzen sind, ist ungeklärt, denn beide Metalle waren einwandfrei nicht bekannt. AGRICOLA selbst hat dieses Erstlingswerk auch keinem Verlag angeboten, vielmehr hat sein Freund PLATEANUS, Lehrer in Joachimsthal, nach den Berichten ein „Grammatikus und der Medizin Beflissener", den Entwurf zur Begutachtung an ERASMUS VON ROTTERDAM in Basel gesandt, der ihn sogleich mit einer Empfehlung an den Verlag Froben in Basel weitergab, bei dem dann auch die weiteren Schriften verlegt sind.

AGRICOLAs weitere Studien stellten die mineralogischen und lagerstättenkundlichen Arbeiten auf festere Füße. Er begann dabei vor allem mit einer Systematik der Mineralien. Die Kristallform kannte er noch nicht, doch finden sich Andeutungen, z.B. beim Bleiglanz, über die Bedeutung der Spaltbarkeit. Die Härte wurde nicht systematisch, aber empirisch als Kennzeichen angegeben. So unterschied er z. B. Bleiglanz und Silberglanz dadurch, daß man bei letzterem durch Beißen mit den Zähnen eine Verformung herstellt. Er studierte ferner die Löslichkeit, das Zusammenvorkommen von Mineralien und ihre Abhängigkeit vom Nebengestein. Vor allem aber bildete er die Lehre von den Farben der Mineralien aus, was später GOETHEs besonderen Beifall fand. Von seinen mineralogisch-geologischen Schriften sind zu nennen:

1. „De natura eorum quae effluunt ex terra", „Von der Natur dessen, was aus der Erde herausfließt". Diese Arbeit befaßt sich nicht nur mit Quellen, sondern auch mit Gasen, z. B. dem Zwickauer Flözbrand, der in AGRICOLAs Jugend seinen Höhepunkt erreichte, sowie mit Fumarolen und Solfataren, mit Erdbeben und Vulkanen.

2. In der Schrift „De ortu et causis subterraneorum" „Von den Entstehungsursachen der unterirdischen Dinge" behandelt er anfangs ebenfalls den Vulkanismus, um dann auf gewisse Grundlagen der allgemeinen Geologie, auf Sedimentation und Gesteinszerstörung durch Erosion überzugehen.

3. Das wichtigste mineralogische Werk ist das Buch „De natura fossilium", „Von der Natur der Minerale", denn so ist das Wort „fossilium" zu übersetzen. In diesem Buch ist die erwähnte Bestimmung der Mineralien nach der Farbe enthalten.

4. Die Reihe der mineralogischen Schriften schließt ab mit dem Büchlein „De veteribus et novis metallis", „Von den alten und neuen Erzlagerstätten", in welchem er einen Überblick über die zu seiner Zeit gebauten, aber auch über die alten in der klassischen Literatur genannten Lagerstätten zu geben sucht.

Bei all diesen Schriften mußte AGRICOLA auf eigenen Studien aufbauen. Vorgänger gab es kaum, da die wenigen Schriftsteller seines Jahrhunderts im alchimistischen Fahrwasser segelten. Dem „Nutzlich Bergbüchlein" seines Kollegen, des Freiberger Arztes und Bürgermeisters RÜHLEIN v. CALW, das zuerst 1500 erschien, mag er die äußere Form des Zwiegespräches und gewisse Anregungen für den Bermannus entnommen haben; aber RÜHLEIN war Alchimist. Die Bildung des Goldes erklärte er durch Einwirkung der Sonne, die des Silbers durch Wirkung des Mondes auf Schwefel.

Ich komme nunmehr zum Hauptwerk AGRICOLAs, „De re metallica", „12 Bücher vom Bergbau", denn das Wort „metallicus" ist nicht etwa mit „Metall" zu übersetzen. Auch der Hauer wird von AGRICOLA als ein „metallicus" bezeichnet. Nach heutigem Sprachgebrauch würden wir nicht 12 Bücher, sondern 12 Kapitel sagen.

Hier möchte ich die Frage, wieweit AGRICOLA hierbei Originalarbeit geleistet hat und inwieweit ihm außer den Klassikern bes. PLINIUS Vorbilder zur Verfügung standen, vorwegnehmen. In Frage kommen besonders 3 Werke, die von RUDHARDT, von BIRINGUCCIO und von SEBASTIUS MÜNSTER. RUDHARDTs Joachimsthaler Bergbüchlein 1523 brachte eine Beschreibung der Joachimsthaler Erzgänge. Wenn es auch mehr eine Werbeschrift war, so ist doch nicht zu bezweifeln, daß AGRICOLA dieses kleine Büchlein fleißig studiert und wissenschaftlich ausgewertet hat.

Um den Italiener BIRINGUCCIO zu würdigen, ist es nützlich, seinen Lebenslauf zu kennen; er war nacheinander Bergwerksdirektor, Kommandeur der Artillerie, Verwalter des Salpetermonopols und schließlich Baumeister des Papstes, wobei ihm nebenamtlich die Geschützgießerei unterstand. Sein Buch „Pirotechnica", die Feuerwerkskunde, war 1540 in Venedig erschienen. Es befaßt sich zum Teil mit Mineralogie und Lagerstättenlehre, mit Probierkunst und Hüttenwesen, wenig mit Bergbau, weitgehend aber mit chemischen Produkten und Legierungen, mit Schmelzen und Gießen, mit Geschützen und Granaten sowie mit Festungskrieg. Viel konnte AGRICOLA aus diesem Buche nicht entnehmen. Außerdem ist erwiesen, daß er das Buch durch ein Geschenk erst 1549 erhielt, als sein „De re metallica" überwiegend fertiggestellt war. Nur im letzten Buch von „De re metallica" über Alaune, Salze u. a. ist deshalb ein Einfluß BIRINGUCCIOS anzunehmen. Auffallend ist allerdings eine starke Annäherung beider Autoren in dem Kapitel über die Probierkunst. Dies erklärt sich aber sehr einfach. Beide haben gleiche Quellen benutzt, insbesondere ein 1505 oder 1518 in Augsburg erschienenes Probierbüchlein, das die handwerksmäßig festgelegten Erfahrungen zum Probieren der Erze eingehend beschrieb.

Bezüglich SEBAST. MÜNSTERs darf ich auf die Würdigung seines Werkes im Freiberger Forschungsheft D 5 „Präludien zu Agricola" aus der Feder von Dr. WILSDORF verweisen. MÜNSTERs Kosmographie, ein Werk, das an ALEXANDER VON HUMBOLDTs 300 Jahre später erschienenen „Kosmos" erinnert, kam 1544 heraus. AGRICOLA stand mit MÜNSTER in Briefwechsel; er hat das Buch also zumindest gekannt. Hier dürfte WILSDORFs Meinung richtig sein, daß beide Gebende und Nehmende waren, daß beide Anregungen voneinander empfangen haben, daß aber keine Plagiate entstanden.

Bei der ungeheuren Vielseitigkeit des Buches „De re metallica" ist es mir nicht möglich, im Rahmen dieses Vortrages auf Einzelheiten einzugehen. Das 1. Buch z. B. brauche ich auch nur kurz zu streifen; es behandelt die Notwendigkeit des Bergbaus und setzt sich mit den noch mittelalterlich beeinflußten Leuten auseinander, die den Bergbau für Teufelswerk hielten.

Im 2. Buch beginnen nach Betrachtungen über das Risiko des Bergbaus und die Gefahrenteilung durch gewerkschaftlichen Zusammenschluß seine Ausführungen über das Schürfen. Er schildert das wahllose Schürfen Unkundiger und verweist auf die äußeren, schon erwähnten Anzeichen, die zum Auffinden des Ganges zu beachten sind. AGRICOLA verwirft hier die Wünschelrute, die er als „Zauberstab" bezeichnet und die dem kundigen Manne, der die Natur beobachtet, nichts nützt.

Mit dem 3. Buch kommen wir zu den Lagerstätten und ihrem Abbau. Im Bilde stellt AGRICOLA z. B. das Schürfen Unkundiger dar. Es läßt die Planlosigkeit der Arbeit der meisten Schürfer erkennen. Neben dem Rutengänger wird an allen Stellen gehackt und gegraben, während er uns dann zeigt, daß die Erze sich vorzugsweise in den Gängen, d. h. den Spalten des Gebirges befinden, die langgestreckt, aber schmal durch das Nebengestein hindurchlaufen.

Im 4. Buch wird das Bergrecht behandelt. Die 2. Hälfte des Buches gibt eine genaue Schilderung der Aufgaben der Bergbeamten vom Berghauptmann bis herunter zum Steiger und legt die Schichteneinteilung fest, ein Abschnitt, der vermutlich durch die erwähnte Bergarbeiterrevolte 1523 bedingt und beeinflußt ist, deren Beilegung nur durch die Festlegung solcher genauen Vorschriften gelungen war.

Das 5. Buch behandelt die Aus- und Vorrichtung, den Abbau und das Markscheidewesen. Die Ausrichtung erfolgt durch Stollen oder Schächte, wobei die Verbindung zwischen beiden zur Sicherung der Wetterführung und Wasserhaltung notwendig ist. Die natürliche Wetterführung, aber auch ihre Schwächen sind AGRICOLA bekannt.

Die Gewinnung erfolgte, soweit nicht Keilhaue oder Schlägel und Eisen ausreichten, durch Feuersetzen. Das Abbrennen des Holzhaufens erhitzt das Gestein oberflächlich so, daß schalenförmige Abplatzungen entstehen, die leicht hereingeklopft werden können. Der sicheren Zündung wegen werden die Hölzer mit „Bärten" versehen. Im Abschnitt über das Markscheidewesen geht AGRICOLA von der direkten Messung für den Durchschlag zwischen Schacht und Stollen aus, wobei die ganze Dreiecksmessung in einer Ebene vor sich geht. Er kennt aber auch die Messungen im Raume mit ungleichseitigen Dreiecken und die markscheiderischen Verfahren zur Festlegung der Richtung bei Messungen im Raum; er beschreibt den Kompaß, die Setzwaage, das Lot und die üblichen Längenmeßvorrichtungen.

Im 6. Buch wird die eigentliche Bergtechnik, insbesondere die Bergwerksmaschinen, behandelt. Zunächst beschreibt er alle bergmännischen Gezähe. Auffällig ist dabei, daß AGRICOLA hier wie im folgenden sehr genaue Meßzahlen über Größe und Gewicht aller Geräte angibt, ohne auf die Frage einzugehen, weshalb gerade diese Maße gewählt sind. Es handelt sich also um Meßzahlen, die handwerksmäßig durch Erfahrung allgemein festgelegt waren, ohne daß man sich über die Gründe für die Wahl gerade dieser Zahl klar war. Sie entsprechen aber dem, was der Mann ohne Überanstrengung leisten konnte, bei den Förderwagen z. B. der hohen Reibung der damaligen Radlager und dem schlechten Zustand der hölzernen Gestänge mit einem Führungsdorn zwischen den Leitbäumen. AGRICOLA erläutert hier auch den Ausdruck „Hund"; er soll daher stammen, daß der Wagen beim Fahren, also beim Gleiten des Führungsdornes am Holzgestänge, einen Ton erzeugt, der manchen Leuten dem Bellen eines Hundes ähnlich dünkte.

Auch die Schachtfördernug stellt AGRIOCLA in Bildern dar. Er zeigt den einfachen, mit Menschenkraft betriebenen Haspel, der rechts von *einem* Mann durch ein Haspelhorn, links aber von 2 Mann an Hebeln bedient wird. Das Schwungrad ist erforderlich, um die Ungleichheit der Arbeit links auszugleichen.

Ferner zeigt er das sog. Tretrad, 2 Männer auf drehbarer Scheibe, welche mit den Füßen über ein Vorgelege die horizontale Welle mit dem Seilkorb antreiben. Mit einer solchen Anlage konnte ein üblicher Kübel von max. 200 Liter Inhalt aus rund 50 m Tiefe gehoben werden.

AGRICOLA führt schließlich den Pferdegöpel bei der Schachtförderung vor, durch den die senkrechte Göpelwelle nur langsam, die Seiltrommel über das Vorgelege aber mit angemessener Geschwindigkeit gedreht wird. Für das Einhängen von Lasten ist dabei die Bremse mit dem Bremsklotz erforderlich, die von dem Manne an der Fördertonne fernbetätigt wird. Zum erstenmal dürfte hier das Problem der Fernbetätigung angeschnitten sein. Diese Maschine soll bis zu 70 m Tiefe geeignet sein. An Wasserhaltungseinrichtungen kennt AGRLCOLA 3 Arten, das Schöpfen mit Eimern oder Kannen, die Pumpen und die sog. Heinzenkünste. Im Bilde zeigt er das Schöpfen mit sog. Bulgenkünsten, ähnlich wie heute bei Becherwerken, und den Antrieb durch das Tretrad, an dessen Stelle auch ein Pferdegöpel oder ein Wasserrad treten kann. Der Einbau von Radstuben und Wasserrädern im Schacht — mit Abfluß des Wassers durch den Stollen — diente daher in erster Linie dem Antrieb von Wasserhaltungsmaschinen. Die Pumpen waren anfangs aus Holzrohren hergestellte Maschinen, in denen der lederne Ventilkolben auf- und abgehoben wurde.

AGRICOLA gibt im Bilde auch eine doppelt wirkende Handpumpe mit Saugrohr und Druckrohr und ihre Einzelteile wieder und zeigt die sog. Heinzenkunst, eine Kette mit Lederballen daran, die in den hölzernen glatten Rohren sich dicht an die Wandung anlegen und beim Aufwärtsgang das Wasser heben. Schließlich ist das Heben der Wasser mit dem Kübel zu erwähnen. Um den Kübel auf und ab zu bewegen, hat man das Kehrrad gebaut, ein Wasserrad mit 2 entgegengesetzten Schaufelrichtungen, eine Einrichtung, die später ganz allgemein zur Förderung im Schacht benutzt wurde. Als Zeichen dafür, wie lange AGRICOLAs Darstellungen für die Technik nutzbar waren, darf ich erwähnen, daß ich selbst im Oberharz im Jahre 1909, allerdings auf einem Nebenschacht, ein solches Kehrrad noch bedient habe. — Große Aufmerksamkeit widmet AGRICOLA den *Wettermaschinen*. Seine ärztlichen Betrachtungen darüber habe ich schon erwähnt. AGRICOLA gibt eine einfache Vorrichtung, um den Wind zu fangen, wieder. Die Wetterfahne regelt die Stellung der Öffnung.

3 Bilder zeigen die Wetterführung: eine Wettertrommel, in welcher um die Achse drehbare Flügel angebracht sind, um die Luft durch die Zentrifugalkraft nach außen in eine Wetterlutte hineinzudrücken. Als Antrieb dient in diesem Falle ein Pferdetretrad. Oben und unten sehen wir die Bewetterung durch Blasebälge. Unten steht der Blasebalg für saugende Bewetterung in Anwendung. Oben ist blasende Bewetterung mit 2 abwechselnd wirkenden Blasebalgen vorgesehen. Als Abschluß des bergmännischen Teiles erwähne ich die verschiedenen Möglichkeiten der Fahrung der Bergleute, die AGRICOLA in einem Bilde wiedergibt: den Mann auf der Leiter, Seilfahrt auf dem Knebel, rutschende Einfahrt auf dem Leder, reguliert durch ein Halteseil, und den Mann auf der flachen Treppe, auf der auch Pferde ein- und ausgehen können, eine Art, die nicht aus dem sächsischen Erzgebirge stammt, die AGRICOLA aber vielleicht aus Mansfeld kannte.

Das 7. Buch handelt vom *Probieren der Erze*. Es schildert nicht nur die Herstellung der Öfen, Tiegel, Muffeln, Kapellen und Scherben, sondern auch die zahlreichen damals bekannten Methoden zur Untersuchung der Erze, besonders auf Gold, Silber, Blei und Zinngehalt. Es ist unmöglich, im Rahmen meines Vortrages auf diese z. T. verwickelten Prozesse einzugehen.

Das 8. Buch behandelt die *Aufbereitung der Erze* einschl. des Röstens. Eine große Rolle spielte zu damaliger Zeit das Handscheiden und Klauben auf der Scheidebank. Besondere Bedeutung hatte dies für die Gewinnung von gediegenem Silber im Erz, das am Ausgehenden der Gänge reichlich vorkam. Solche Erze wurden mit einem schweren Hammer, dem sog. Quetscher, von Hand zerkleinert, wobei das gediegene Silber zu Blech ausgehämmert wurde, während alle übrigen Mineralien zu Graupen und Gries zerkleinert und abgesiebt wurden. Alle übrigen Prozesse gehörten der naßmechanischen Aufbereitung an. Die Gesetze des Setz- und Herdprozesses waren handwerksmäßig schon damals angewandt. Die verwachsenen Erze wurden unter Pochstempeln oder zwischen Mühlsteinen zerkleinert und dann den Gerinnen oder Herden aufgegeben, in denen man durch eingeschaltete Querbretter wechselnde Geschwindigkeiten des Wasserstromes erzeugte und durch geregelte Rauhigkeit des Bodens die schweren Körnchen zur Ausfällung brachte. Kontinuierliche Arbeit war noch nicht vorhanden, die abgesetzten Erze wurden periodisch ausgeschlagen und auf Herden oder auf Setz- und Schüttelsieben weiter verarbeitet. Aus der großen Zahl von Bildern über die Aufbereitung, insgesamt 66, kann ich nur drei hier hervorheben.

Ich erwähne ein Beispiel der Verbindung von Gerinnen mit Schüttel- und Stauchsetzsieben. In den am Galgen aufgehängten und dauernd dagegengestoßenen Grobsieben wurde eine erste Trennung erzielt. Das periodisch herausgenommene Gut von Graupen wurde sorgfältig nach Schichten getrennt und den Sieben verschiedener Körnung aufgegeben. Daß diese Siebe nicht nur waagerecht geschüttelt, sondern auch als Stauchsetzmaschinen durch Heben und Senken benutzt wurden, wird nicht hervorgehoben, ist nach den zahlreichen Bildern aber anzunehmen.

Agricola zeigt Herde für die Weiterverarbeitung des feinen Materials mit verschiedener Rauhigkeit der Herdplatte. Abb. 1 stellt das Waschen von Seifengold im Schütteltrog dar. Ich habe dieses Bild ausgewählt, weil es besonders kennzeichnend wiedergibt, daß Agricolas Zeichner nicht nur den technischen Vorgang in Bildern festhält, sondern daß er diese durch eine schöne Landschaft und durch Hinweise auf die Zeit

Abb. 1. Das Waschen von Seifengold im Schütteltrog, daneben Vögte

ausschmückt. Sie sehen nicht nur wie auch in vielen anderen Bildern eine Stadt mit Türmen und Mauern im Hintergrunde, sondern auch die beiden Vögte, die dafür sorgen, daß der Landesherr seinen Zehnten bekommt und das übrige Gold an die fürstliche Münze verkauft wird. Ähnliche satirische Hinweise sind in manchen Bildern enthalten.

Nur kurz erwähnen möchte ich, daß Agricola auch schon die Goldgewinnung durch Amalgamation und die Wirkung fetthaltiger Substanzen für die Seifengoldgewinnung kannte. U. a. erklärte er das berühmte

„Goldene Vließ", das nach der griechischen Sage den Argonautenzug veranlaßte, als ein Schafsfell, das zur Seifengoldgewinnung benutzt war und unerwartet großen Erfolg gebracht hatte, so daß es richtig vergoldet erschien.

Mit dem 9. Buch beginnen die *Hüttenprozesse* zunächst mit einer genauen Beschreibung der üblichen Öfen mit allem Zubehör einschl. der Angaben zum zweckmäßigen Bau der Schmelzhalle. Die für das Roherzschmelzen genannten Öfen sind sämtlich Schachtöfen, d. h. Öfen, bei denen Erz, Kohle und Zuschläge gemeinsam in einem Raum eingetragen werden. Genaue Anweisungen gibt er für die Zustellung des Ofens, das Anheizen, das Entfernen von Ansätzen an der Ofenwand und für das Ausbessern des Mauerwerkes. Der beste Hüttenmann, so sagt AGRICOLA, ist der, welcher die Erze gerade in der richtigen Mischung in den Ofen bringt, der die Feuchtigkeit des Aufgabegutes und die Windzufuhr aus dem Blasebalg geschickt regelt und für die dem Erz entsprechende richtige Hitze sorgt, so daß nur Rauch und nicht Staub entweicht. Im Vorherd scheidet sich das erschmolzene Metall, das, wenn es Blei ist, die Edelmetalle enthält, vom Stein und von der Schlacke. Die chemische Zusammensetzung des Steines war noch nicht geklärt, doch wußte man, daß seine Bildung auf dem Gehalt von Kies im Erz beruht. Beim Erkalten wurde zunächst die Schlacke abgekratzt, dann der Stein zur Weiterverarbeitung herausgehoben und zuunterst der Metallkuchen gewonnen.

Die 2. Hälfte des 9. Buches bringt die Anweisung für das Erschmelzen der einzelnen Metalle, wobei zahlenmäßige Angaben über zweckmäßige Mischungen und Zuschläge gegeben werden. —

Dr. PRESCHER-Dresden ging von der Überzeugung aus, daß der Künstler der Holzschnitte, der Sitte der Zeit entsprechend, seinen Auftraggeber irgendwo im Bilde festgehalten haben müsse. Er fand ihn in dem Bild aus der Zinnhütte, wo er notierend am linken Rande sitzt (Abb. 2). Das Bild ist unverkennbar. Ich glaube aber, noch ein zweites Bild AGRICOLAs gefunden zu haben, das ich in Abb. 3 wiedergebe. Es ist eine Hütte zum Verarbeiten Cu-haltiger Eisenerze. Hier sitzt AGRICOLA in der heißen Hütte am Tisch, während sein Famulus gerade einen kühlen Trunk tut. Von den Hüttenleuten ist er durch seine vornehme bürgerliche Kleidung unterschieden.

Im 10. Buch wird die Trennung der gemeinsam gewonnenen Metalle voneinander behandelt, eingehend z. B. die Trennung von Silber und Gold im Scheidewasser. Den Hauptteil aber bildet die Trennung des Goldes und Silbers vom sog. Werkblei auf dem Treibherd, ein Prozeß, der heute wohl technisch verbessert ist, im Prinzip aber noch in gleicher Weise in Anwendung steht.

Den Schluß des Buches bilden Betrachtungen über das Feinbrennen des Silbers auf den sog. Testscherben. Ist der Silberkuchen fertiggebrannt, so kommt der Vertreter des Landesherrn, haut Probestücke heraus, bestimmt durch Probieren den Feingehalt und danach den Preis und schlägt das Wappen des Fürsten, das Gewicht und den Gehalt in den Silberkuchen ein.

In dieser Bemerkung liegt ein Stich auf den hohen Anteil der Fürsten am Ertrag des Bergbaus.

Im 11. Buch steht die *Kupfererzeugung* im Vordergrunde. Dank persönlicher Beziehungen zu einer Chemnitzer Kupferhütte hatte AGRICOLA Gelegenheit, gerade diese Prozesse gut zu studieren. Das zeigt dieses Buch, in welchem er eine Fülle von Möglichkeiten zur Verarbeitung des Kupfers unter Gewinnung der darin vorhandenen Fremdmetalle, besonders des Silbers, darstellt. Der häufigst gewählte Weg ging über die Legierung der kupferhaltigen Substanzen mit Blei, das Verfahren, das bis zur allgemeinen Einführung der Kupfer-Elektrolyse, also bis in unser Jahrhundert hinein, in Anwendung gestanden hat.

Das 12. Buch schließlich behandelt die Erzeugung von Kochsalz aus Sole mit Sonnenwärme in Salzgärten oder künstlich in Sudhütten sowie die Gewinnung von Soda, Salpeter, Schwefel, Alaun und Vitriol, Erdpech und schließlich Glas. Mit Ausnahme des Glases, dessen Herstellung AGRICOLA aus Venedig kannte, dürfte er in diesem Abschnitt am wenigsten auf eigenen Beobachtungen aufbauen. Als Gewährsmann nennt er mehrfach PLINIUS, den großen römischen Naturforscher, der bei dem großen Vesuvausbruch des Jahres 72 n. Z. den Tod fand, als er zum Studium des Naturereignisses den Berg erklettern wollte, dessen Berichte also mehr als ein Jahrtausend zurücklagen. Vermutlich hat er für diesen Abschnitt auch das schon erwähnte Buch „Pirotechnia" von BIRINGUCCIO herangezogen, was durchaus den Sitten der Zeit entsprach, so daß ich mich damit begnüge, einen Glasofen mit den Glasbläsern, die mit Lungenkraft arbeiten, zu erwähnen. Auch hier wieder ein Hinweis, wie lange AGRICOLAs Darstellung Geltung hatte: eine Glashütte mit etwas größerem Ofen und mehr Bläsern drum herum, sonst aber ganz gleicher Art zur Herstellung des Massenartikels Flaschen wurde mir noch im Jahre 1902 als durchaus modern gezeigt. In den Kunstglashütten des Riesengebirges blieb die gleiche Arbeitsweise viel länger noch in Anwendung.

Betrachten wir rückschauend AGRICOLAs wissenschaftliches Lebenswerk, so müssen wir bekennen, daß er den Schwierigkeiten der Zeit zum Trotz etwas Grundlegendes geschaffen

Abb. 2. Vor der Zinnhütte. Links (am linken Bildrand) sitzt eine notierende Gestalt, die für AGRICOLA gehalten wird

Abb. 3. Schachtofen. Im Vordergrunde der Hütte sitzt rechts eine Gestalt in vornehmer, bürgerlicher Kleidung, wahrscheinlich AGRICOLA

hat. Diese Schwierigkeiten lagen in der mangelnden Kenntnis der physikalischen, mechanischen und vor allem chemischen Gesetze. Daß Bleiglanz und Kupferkies Sulfide waren, war den Chemikern noch unbekannt. Nicht einmal der Luftdruck war bekannt; denn Otto von Guericke führte sein berühmtes Experiment mit den luftleeren Halbkugeln erst über 100 Jahre später durch. Und der Sauerstoff, dessen Kenntnis die Grundlage für oxydierende und reduzierende Hüttenprozesse bildet, wurde erst über 200 Jahre später entdeckt. Wir müssen es daher verstehen, daß er die Prozesse nicht wissenschaftlich begründen konnte, sondern daß er sich auf die handwerksmäßige Erfahrung stützte. Diese aber hat er weitgehend erforscht und meisterhaft dargestellt. Damit schuf er die Unterlagen, um die Probleme zu erkennen, an denen die Forschung der späteren Zeit ansetzen mußte. Wenn es auch 200 Jahre dauerte, bis sich die Erkenntnis durchsetzte, daß zum Wohle des Landes eine Bergakademie nötig sei, so hat Agricola an dieser Erkenntnis doch erheblichen Anteil. Er begründete den Ruf des deutschen Bergmannes in der Welt. Wenn er daher von Gottlob Abraham Werner als Vater der Mineralogie und von seinem Übersetzer Schmid in Freiberg 1806 als der „Plinius der Neuzeit" bezeichnet wurde, so hatte diese Anerkennung ihre Berechtigung. Wir wissen z. B., daß der große Physiker Newton den Agricola gelesen hat und daß Lomonossow ihn nicht nur studierte, sondern auch für seine Heimat, das damalige Rußland, nutzbar machte, wie überhaupt seine Werke weit über Deutschlands Grenzen hinaus beachtet wurden.

Ich kann aber nicht schließen, ohne noch der Stellungnahme Agricolas zu den Ereignissen seiner Zeit zu gedenken. Als Humanist hatte er ein soziales Verständnis und ein Herz für die Nöte seiner Mitmenschen. Besser als aus manchen Worten ersehen wir das aus seinen ausführlichen Betrachtungen über die Berufskrankheiten der Berg- und Hüttenleute, womit er zweifellos etwas grundlegend Neues schuf. Allerdings lebten die Humanisten zu sehr im klassischen Altertum, um für manche Fragen der neuesten Zeit, z. B. für die schwere Lage der deutschen Bauern und den deutschen Bauernkrieg, volles Verständnis zu haben. Um so bedeutsamer war Agricolas Eintreten für das Deutsche Reich und die deutsche Einheit. Wir sehen das aus seiner konfessionellen Einstellung. Er begrüßte zunächst Luthers Auftreten und war mit Melanchthon und anderen führenden Protestanten befreundet. Aber er blieb, obwohl er Bürgermeister einer rein lutherischen Stadt war, bei der Zugehörigkeit zur katholischen Kirche. Was ihn dazu veranlaßt hat, steht nirgends geschrieben; über sein inneres Denken hat er nichts offenbart. Sicherlich aber war es die Erkenntnis, daß viele deutsche Fürsten, wie ich schon sagte, die Reformation benutzten, um die Macht des Kaisers zu schwächen und sich selbst zum Kirchenfürsten ihres Landes zu machen. Verbleiben beim Katholizismus bedeutete in diesem Streit Parteinahme für den Kaiser. Als der Kurfürst Moritz im Schmalkaldischen Kriege seinen berüchtigten Frontwechsel vornahm und als Protestant zur Partei des Kaisers überging, stellte Agricola sich für eine diplomatische Mission zur Verfügung, sicherlich in der Erwartung, dadurch der Einheit des Reiches und der Beilegung des unseligen Religionskrieges zu nützen. Er blieb dabei ein aufrechter Mann. Daß er von seinem Herzog, nachmaligem Kurfürsten, zum Hofhistoriographen ernannt war, habe ich erwähnt; aber seine Ausarbeitung über die Geschichte des Hauses Wettin blieb im Tresor des Hofarchivs in Dresden unveröffentlicht liegen.[2]) Man kann aus den Vorgängen nur schließen, daß diese Schrift historisch einwandfrei war, aber in der Ausschmückung der Taten des Fürstenhauses nicht befriedigte, daß er vielmehr, entgegen der Sitte seiner devoten Zeit, die ungeschminkte Wahrheit gesagt hat. Am kennzeichnendsten für seine Einstellung ist seine erwähnte Türkenrede. Als die Türken siegreich durch Ungarn vordrangen und zum ersten Male in der Nähe von Wien standen, erschien 1531 in deutscher und lateinischer Sprache AGRICOLAs offener Brief an die deutschen Fürsten mit der Mahnung, in dieser ernsten Stunde gegen den gemeinsamen Feind zusammenzustehen. In flammenden Worten preist er den Frieden, der Ehrenhaftigkeit, Tugend und Wohlstand bedeute, wendet sich aber an Kaiser, Fürsten und Volk mit der Aufforderung, in dieser gefahrvollen Stunde im Kampf zusammenzustehen und mahnt mit den Worten: ,,Derenthalber, ob gleich Haß, Neid, Zweiläufte oder Zwiespalt unter uns wären, sollten sie doch um des gemeinsamen Nutzens hingelegt werden", ein Wort, das ebensogut in der heutigen Zeit ausgesprochen werden könnte.

So kann ich meine Rede schließen mit dem Hinweis, daß wir AGRICOLA nicht nur als den Naturforscher und den Begründer der technischen Wissenschaften feiern, sondern auch als echten Humanisten, der in die Grube hinunterkletterte und die Arbeit der Bergleute studierte, womit er, um ein zeitgemäßes Wort zu gebrauchen, ein Bündnis zwischen Intelligenz und Werktätigen schuf — damals etwas unerhört Neues —, daß wir in ihm aber auch den aufrechten Mann ehren, dessen Mahnung zur Einheit wir auch in der heutigen Zeit beherzigen sollen.

[2]) Sie soll dem Vernehmen nach leider dem Angriff 1945 zum Opfer gefallen sein.

Bemerkungen zu den Abbildungen

Abb. 1. Das Bodenbrett A; das Seitenbrett B; die eisernen Drähte C; die Handhaben D.

Abb. 2. Der Ofen A; sein Abstich B; der erste Vorherd C; sein Stich D; Schlacken E; der eiserne Haken F; der zweite Vorherd G; die Wände des Rauchfanges H; der Besen I; die Kupferplatte K; Zinngitter L; Signiereisen M; Hammer N.

Abb. 3. Der Ofen A; die Stufen B; Erz C; Kohlen D.

Zum Problem einer photographischen Kamera für extrem ungünstige Belichtungsverhältnisse

VON PAUL GÖRLICH

Es gibt gelegentlich technische Probleme, deren Lösungen man als möglich bezeichnen kann, weil man alle Teilprobleme in der wissenschaftlichen Grundlagenforschung nachweisbar beherrscht, die aber trotzdem oft jahrelang keine Verwirklichung finden. Die Summe der Schwierigkeiten bei der Realisierung aller Teilprobleme übersteigt unter Berücksichtigung der einsetzbaren menschlichen und finanziellen Kapazität in einem solchen Fall mehr oder weniger stark den Schwierigkeitsgrad, der bei Überführung eines wissenschaftlichen Ergebnisses in eine technisch brauchbare Form bei vergleichbaren Gegebenheiten praktisch immer fühlbar wird. Es scheint ein in solcher Weise charakterisiertes technisches Problem vorzuliegen, wenn man die Frage stellt, ob man alle Erkenntnisse der Grundlagenforschung bereits ausgenutzt hat, um eine photographische Kamera für extrem ungünstige Belichtungsverhältnisse zu schaffen.

Falls unter B die Objektleuchtdichte und unter t die Belichtungszeit verstanden wird, ergibt sich auf der photographischen Schicht eine Beleuchtungsstärke E der Größe

$$E = aB\omega \tag{1}$$

und damit eine Belichtung L der Schicht

$$L = aB\omega t. \tag{2}$$

Der Faktor a stellt den Lichtverlustfaktor der zwischen Objekt und photographischer Schicht befindlichen optischen Mittel dar und ω den Raumwinkel des einfallenden Lichtbündels. Hierbei ist noch nicht die Frage aufgeworfen, welche geringste Belichtung bei vorgegebener Empfindlichkeit S der photographischen Schicht nötig ist, um die Dichte 0,1 über dem Schleier zu erhalten, welche bestehende Beziehung also zwischen $L_{\min}$ und S ausgenutzt werden kann. Unter „extrem ungünstigen Belichtungsverhältnissen" sei ein sehr kleiner Wert des Produktes Bt verstanden. Das Produkt Bt wird dann sehr klein, wenn das Objekt schnelle Änderungen seiner Leuchtdichte aufweist und dadurch die Anwendung kleiner Belichtungszeiten t für den Fall einer etwa notwendigen zeitlichen Auflösung der Leuchtdichteänderungen gefordert wird. Wird darüber hinaus B, etwa infolge geringer Eigenstrahlung, noch sehr klein, so liegt L bald unter der kleinstmöglichen Belichtung $L_{\min}$ für Kopierfähigkeit der photographischen Schicht. Die Aufgabe besteht deshalb darin, die Größe L wenigstens so groß zu halten, daß Kopierfähigkeit der Schicht gewährleistet ist

($L \geqq L_{min}$), wobei (wie bereits bemerkt) beachtet werden muß, daß L_{min} von der Empfindlichkeit der photographischen Schicht (für Licht) abhängig ist. Im gesamten gesehen muß man also versucht sein, jeden Faktor auf der rechten Seite der Gleichung (2) so groß wie möglich zu halten.

In vielen Fällen läßt sich auf die Größe der Objektleuchtdichte B kein oder nur ein geringer Einfluß nehmen, so daß sich das betrachtete Problem im wesentlichen auf die Möglichkeiten konzentriert, die eine auf dieses Problem zugeschnittene Kamera bietet.

Es bleibt daher zu prüfen, was in bezug auf die Größe ω, t und a getan werden kann, um die Schichtbelichtung L zu vergrößern. Der Raumwinkel ω steht mit der Blendenzahl z durch die Beziehung

$$\omega = \frac{\pi}{4} z^2 \tag{3}$$

und z wiederum durch

$$z = f/D \tag{4}$$

mit der Objektivbrennweite f und dem Objektivdurchmesser D in Beziehung. In der Berechnung und der Konstruktion photographischer Objektive ist man praktisch bis an die Grenze des Erreichbaren vorgedrungen, und man kann verhältnismäßig sauber abschätzen, was von der Objektivseite aus zur Lösung des betrachteten Problems noch zu tun übrig bleibt. Praktisch und serienmäßig ausgeführt wurden Linsenobjektive mit einer Brennweite von $f = 55$ mm und einem Öffnungsverhältnis (D/f) 1:0,85, weiter mit $f = 120$ mm und einem Öffnungsverhältnis 1:1, sowie Spiegelobjektive mit $f = 160$ mm und einem Öffnungsverhältnis 1:0,65. Man darf wohl aussprechen, daß diese Objektive die Grenze des Möglichen darstellen. Für das betrachtete Problem wird man die Forderung stellen, leicht auswechselbar, etwa mittels Revolverkopf, Objektive verschiedener Leistung, bis an die Grenzleistung gehend, einschalten zu können.

Um die Belichtungszeit t nötigenfalls extrem klein werden lassen zu können, ist man genötigt, Kurzzeitverschlüsse zu benutzen, wenn man nicht die Beleuchtung durch den Funken vorzieht. Zum Kurzzeitverschluß lassen sich der Kerr-Effekt sowie der Faraday-Effekt, aber auch Bildwandler und Fernsehaufnahmerohre benutzen.[1]) Es dürfte sich als zweckmäßig erweisen, für praktische Zwecke den Faraday-Effekt vorzuziehen. Bekanntlich gilt für die Drehung der Polarisationsebene $\alpha(\lambda)$ in Abhängigkeit von der Feldstärke und von der Länge l der durchstrahlten Schicht

$$\alpha(\lambda) = V(\lambda)\, l\, |\mathfrak{H}|, \tag{5}$$

wenn unter V die Verdetsche Konstante verstanden wird. Der Vorteil, den Faraday-Effekt als Kurzzeitverschluß auszunutzen, liegt darin, daß optisch saubere Substanzen mit großer

[1]) Vgl. z. B. H. SCHARDIN und E. FÜNFER, Z. angew. Phys. **4** (1952) 185; dort weitere Angaben über Originalliteratur; spezielle Literatur über Benutzung von Kerr-Zelle, z. B. Mesures Contrôle ind. **18** (1953) 469, von Bildwandler, z. B. J. S. COURTNEY-PRATT, Research **2** (1949) 287, Atomes (1953) 281 und von Ikonoskop, z. B. H. A. PRIME und R. C. TURNOCK, Rev. sci. Instr. **20** (1949) 830.

Verdetscher Konstante und großflächige Polarisatoren Verwendung finden können.[2]) Die Möglichkeiten, Verschlußzeiten bis in die Größenordnung einer Zehnerpotenz unterhalb von μ sec zu erzielen, sind gegeben. Praktisch erreicht wurde in brauchbarer technischer Form bisher bereits die Größenordnung μ sec.

Als nächstes steht die Frage, ob es Mittel gibt, um den Faktor a, der naturgemäß < 1 ist, $= 1$ werden zu lassen. Man muß also hinter den Verschluß einen Lichtverstärker einschalten, der das optische Bild nicht verschlechtert. Hierzu gibt es zwei Möglichkeiten, entweder die Benutzung eines Aufnahmeorgans auf elektronischer Grundlage mit Rasterung, wie es im Fernsehen üblich ist und wodurch eine elektrische Verstärkung gegeben ist, oder die Benutzung eines Bildwandlers, der bekanntlich als Lichtverstärker wirken kann, weil man mit Hilfe angelegter Spannungen den lichtelektrisch ausgelösten Elektronen Energie zuführen kann.[2]) In den Fällen, in denen extrem ungünstige Lichtverhältnisse nicht vorliegen (etwa im Gebiet der msec), können die Lichtverstärker, wie aus Obigem schon hervorgeht, in Doppelfunktion, nämlich gleichzeitig als Kurzzeitverschluß, verwendet werden, wodurch demnach in diesem Falle der Faraday-Verschluß unnötig würde.

Unter den zwei elektronischen Lichtverstärkern wählt man zweckmäßig den Bildwandler seines geringeren technischen Aufwandes wegen aus. Er hat außerdem den Vorzug, daß man ihn so ausbilden kann, daß sich die photographische Schicht ins Vakuum einschleusen läßt, so daß Schwärzung durch das Elektronenbild ohne nochmalige Umwandlung über ein Fluoreszenzlichtbild geschehen kann. Auf diese Weise ist praktisch die Auflösung die gleiche wie bei einer Kamera ohne Lichtverstärker. Die Güte des durch das Objektiv aufgenommenen Bildes bleibt erhalten. Die Technik des Ein- und Ausschleusens des Photomaterials in die Vakuumröhren hat sich in den letzten Jahren durch die Erfordernisse der Elektronenmikroskopie sehr stark entwickelt und kann auf die Bildwandler übertragen werden.[3])

Das direkte Beaufschlagen der photographischen Schichten durch die Elektronen hat noch den Vorzug der Empfindlichkeitssteigerung dadurch, daß durch geschickte Auswahl der Photokathoden, die für die ins Auge gefaßte photographische Dokumentation eines Ereignisses in einem vorgegebenen Wellenlängenbereich des vom Objekt ausgehenden Lichtes besonders ausgesucht sind, eine solche maximal erreichbar werden kann. Diese Auswahl ist möglich vom äußersten UV bis ins nahe Infrarot ($\sim 1{,}2\ \mu$). Im sichtbaren Spektralbereich von etwa 650 bis zu ~ 350 mμ kann mit Quantenausbeuten bei Verwendung von Cäsium-Antimonkathoden bis zu $\sim 30\%$ gerechnet werden. Untersuchungen über die Einwirkung schneller Elektronen auf die photographische Schicht sind ebenfalls aus der Praxis der Elektronenmikroskopie bekannt[4]) und lassen erkennen, daß mit wachsender Elektronengeschwindigkeit die Schwärzung der Emulsion zunimmt, jedoch oberhalb einer

[2]) In neuester Zeit technisch ausgebildete Faraday-Verschlüsse, vgl. z. B. H. E. Edgerton und Ch. W. Wyckoff, J. Soc. Mot. Pict. Telev. Eng. **56** (1951) 398; H. E. Edgerton und K. J. Germeshausen, J. Soc. Mot. Pict. Telev. Eng. **61** (1953) 296; Electronics **27** (1954) 198, Heft 2; ältere Untersuchungen siehe z. B. J. A. Anderson und S. Smith, Astrophys. J. **64** (1926) 295; Soboljew, N. N., J. exp. theor. Phys. (russ.) **17** (1947) 655.

[3]) Vgl. z. B. P. Görlich, Die Anwendung der Photozellen, Leipzig 1954, S. 320.

[4]) Vgl. z. B. B. v. Borries, Die Übermikroskopie, Berlin 1949, S. 186, 214 usw.; zur Frage der hochauflösenden photographischen Emulsionen vgl. G. Möllenstedt, Optik **13** (1956) 13.

bestimmten Geschwindigkeit, bei der die Reichweite der Elektronen größer ist als die Emulsionsdicke, wieder abnimmt, weil ein immer größerer Prozentsatz von Elektronen in der Unterlage der Emulsion abgebremst wird und photographisch nicht mehr wirksam sein kann.

Besonders in den letzten beiden Jahren zeichnet sich die Möglichkeit, den Bildwandler zu ersetzen und auf eine andere Art eine Lichtverstärkung zu erzielen, immer deutlicher ab.[5]) Eine elektrolumineszierende Schicht wird mit einer photoleitenden Halbleiterschicht in optischen Kontakt gebracht und diese Kombination zwischen zwei lichtdurchlässige und elektrisch leitende Schichten eingeschlossen. Unter richtiger Bemessung der an die lichtdurchlässigen Schichten angelegten Spannung ($\sim$60 bis 3000 Hz und $\sim$600 bis 800 V) wird die elektrolumineszierende Schicht bei Belichtung des Halbleiters zum verstärkten Leuchten angeregt.

In solchen Fällen, in denen höchste Auflösung nicht benötigt wird und demzufolge die photographische Schicht nicht im Entladungsrohr angeordnet sein müßte, könnte das Bildwandlerbild durch eine nachgesetzte Kombination mit elektrolumineszierender Schicht verstärkt werden. Man hätte dann den Vorteil, jedes gewünschte Spektralgebiet ins Sichtbare übersetzen und sehr stark verstärken zu können, so daß sich normale photographische Emulsionen verwenden ließen.

Zusammenfassung: Es wird darauf hingewiesen, daß mit Hilfe einer Kombination mehrerer zum Teil bereits technisch erstellter Einzelelemente bzw. Baugruppen die Möglichkeit der Konstruktion einer wenn auch kompendiösen und komplizierten Kamera für extrem ungünstige Belichtungsverhältnisse besteht. Der Fragenkomplex ist durch ein Patent aus dem Jahre 1953[6]) ausgelöst worden.

[5]) R. K. ORTHUBER und ULLERY, L. R., J. Opt. Soc. Am. **44** (1954) 297; B. KAZAN und F. H. NICOLL, Proc. Inst. Rad. Eng. **43** (1955) 1888.

[6]) P. GÖRLICH, DDR-Patent 10754.

Die Sternwarte Sonneberg der Deutschen Akademie der Wissenschaften

VON CUNO HOFFMEISTER

Im Herbst des Jahres 1924 verhandelte der Verfasser mit der Thüringischen Landesregierung wegen staatlicher Unterstützung, eventuell Verstaatlichung seiner privaten Beobachtungsstation in Sonneberg und Verlegung in ein zu schaffendes Gebäude auf einem etwa 2,5 km nordöstlich der Stadt gelegenen 638 m hohen Berggipfel. Die Bemühungen hatten Erfolg: Zwar konnte sich die Regierung nicht dazu verstehen, das Institut in staatliche Obhut zu nehmen, doch sagte sie ihre ideelle und finanzielle Unterstützung zu und legte der Stadtverwaltung Sonneberg nahe, die Sternwarte zu einer städtischen Anstalt zu machen. Mit Unterstützung der Stadt, des Landes Thüringen und der Carl-Zeiss-Stiftung wurde ein sehr bescheidenes Gebäude mit einer 4,5-m-Kuppel errichtet und am 28. Dezember 1925 der Öffentlichkeit übergeben. Das Instrumentarium war vorhanden, teils aus Privatbesitz des Verfassers, teils als Leihgabe der Deutschen Forschungsgemeinschaft, die die Arbeiten der Sternwarte schon seit 1921 gefördert hatte.

So wurde die Sternwarte ein städtisches Institut. Die naheliegende Frage, was die Stadtverwaltung zu ihrer entgegenkommenden Haltung veranlaßt hat, kann dahin beantwortet werden, daß neben kultureller Aufgeschlossenheit auch das Bestreben mitgewirkt hat, in der damaligen „Wiederaufbauzeit" nach Weltkrieg und Inflation einen neuen Anziehungspunkt für den Fremdenverkehr zu schaffen, denn Sonneberg hatte außer seiner schönen Umgebung und dem sehr bemerkenswerten, wohl einzigartigen Deutschen Spielzeug-Museum wenig in dieser Hinsicht aufzuweisen. So versah das Institut zugleich die Funktion einer „Volkssternwarte". Jedoch bestand von Anbeginn kein Zweifel, daß der damalige Status nicht als endgültig angesehen werden konnte. Die Übernahme von Aufgaben im Dienste der von Prof. GUTHNICK-Babelsberg geschaffenen Photographischen Himmelsüberwachung legte schließlich den Gedanken einer engeren Verbindung mit der Sternwarte Babelsberg nahe. Die Stadtverwaltung, von diesen Plänen unterrichtet, verstand sich 1928 zu einem Erweiterungsbau für die Bibliothek, die bis dahin in Sonneberg geblieben war, und im Jahre 1930 wurde ein Vertrag zwischen der Stadt Sonneberg und dem Land Preußen abgeschlossen, wonach Gebäude und Gelände zunächst mietweise überlassen und das Institut verstaatlicht wurde unter der Bezeichnung „Universitäts-Sternwarte Berlin-Babelsberg Abteilung Sonneberg". Der Unterzeichnete erhielt die Stelle eines plm. Assistenten und Abteilungsleiters ab 1. Januar 1930. Endgültiger Ankauf der Gebäude und des Geländes erfolgte erst 1937/38.

Die erhoffte Aufwärtsentwicklung vollzog sich aus bekannten wirtschaftlichen und politischen Gründen mit starker Verzögerung. Insbesondere die seit 1929 betriebene Indienststellung eines größeren Instruments für den Felderplan zur Statistik der Veränderlichen Sterne mit dem Ziel, die Sonneberger Arbeiten auf das Niveau der von der Harvard-Sternwarte in Cambridge/Mass. (USA) ausgeführten gleichartigen Behandlung südlicher Felder zu heben, wurde erst 1938 verwirklicht, einige Jahre zu spät. Denn als das einzigartige Instrument von 400 mm Öffnung und 1600 mm Brennweite durch Demontage 1945 für Sonneberg verlorenging, war nur ein Teil seiner Aufgaben im Rahmen des „Felderplanes" erledigt. Der Abschluß des Felderplanes wird durch diesen Verlust nicht unmöglich gemacht, wohl aber um 5 Jahre hinausverlegt. Elemente und Lichtkurven schwacher Veränderlicher werden visuell am Fernrohr erarbeitet, das Fehlen der technischen Mittel muß also durch persönlichen Einsatz der Beteiligten ausgeglichen werden.

Es ist hier wohl geboten, einen weiteren Plan zu erwähnen, der, wäre er verwirklicht worden, nicht wenig dazu hätte beitragen können, das Ansehen der deutschen Wissenschaft nach dem Kriege wiederherzustellen. Es bestand die Absicht, sobald der Hauptteil des Felderplanes erledigt wäre, mittels des 400 mm-Astrographen eine bis zur Sterngröße 17,5 reichende Gesamtkarte des nördlichen Himmels herzustellen. Eine Anzahl Aufnahmen war bereits durchgeführt. Die Karte sollte zur 250-Jahrfeier der Berliner Sternwarte erscheinen. Der Plan ist inzwischen in noch vollkommenerer Weise mittels des großen Schmidt-Spiegels auf Palomar Mountain in Kalifornien ausgeführt worden.

Durch den Ausgang des zweiten Weltkrieges entstand auch allgemein eine sehr schwierige Lage für die Sternwarte Sonneberg. Die Universität Berlin wurde zunächst eine städtische Institution und hatte keinerlei Interesse für ein Institut, das nicht im Bereiche Berlins lag. Nach Monaten der Unsicherheit half die Carl-Zeiss-Stiftung, und gerade als der Plan einer organisatorischen Verbindung der Sternwarte mit der Stiftung, der Firma Carl Zeiss und dem Lande Thüringen spruchreif geworden war (Ende August 1946), trat die Deutsche Akademie der Wissenschaften auf den Plan. Mit dem 1. Januar 1947 übernahm sie die Sternwarte in ihre Obhut.

Eine Drehkuppel und vier Holzhäuser mit Fahrdach besaß das Institut bei der Übernahme durch die Akademie, vier Kuppeln und drei Holzhäuser sind es zu Anfang 1956, und die Errichtung zweier weiterer Kuppeln ist geplant. Sechs Mitarbeiter besaß die Sternwarte zur Zeit des Hochstandes 1939, 27 Planstellen hat sie heute. Von ihrer Tätigkeit aber sollen die einzelnen Sachbearbeiter selbst berichten.

Der Verfasser möchte diese einleitende Betrachtung nicht schließen, ohne einige Fragen beantwortet zu haben, die unausgesprochen zwischen den Zeilen stehen. Es unterliegt gar keinem Zweifel, daß die Bedeutung der Astronomie für die Kultur der Menschheit in den letzten Jahrzehnten stark gewachsen ist und sehr wahrscheinlich weiter zunehmen wird. Das hat offensichtlich zwei Gründe: erstens ergaben sich enge Beziehungen zur Physik, insbesondere der Atomphysik, und zweitens ist die Himmelsforschung, besonders in einer ihrer jüngsten Zweige, der Kosmologie, berufen, eine wesentliche Rolle zu spielen beim allmählichen Aufbau einer Weltanschauung auf der Grundlage des philosophischen Realismus.

Haben wir die Möglichkeit, dazu Wesentliches beizutragen? Wenn man die Entwicklung der letzten Jahre betrachtet, ist man leicht geneigt, zu resignieren: nur ganz große technische Mittel vermögen grundsätzliche Fortschritte zu erbringen. Selbst ein 2-m-Spiegel ist keine Besonderheit mehr, sondern schon beinahe ein Normalinstrument einer einigermaßen modern sein wollenden Sternwarte. Hemmend wirken weiter das schlechte Klima und, was oft übersehen wird, die kurzen Sommernächte der höheren Breiten. Aber auch die theoretische und rechnerische Arbeit wird mehr und mehr technisiert und ist damit, mindestens zum Teil, vom Besitz kostspieliger Anlagen wie elektronischer Rechenmaschinen abhängig geworden. Der Vorteil ist also ganz auf der Seite der Anderen. Dabei zeigen sich bei diesen Anderen Erscheinungen, die man nur mit Verwunderung registrieren kann. Eine wahre Hochflut von Veröffentlichungen bricht über uns herein. Die Angst, die Priorität einzubüßen, treibt die Jagd nach dem Glück zu immer wilderen Formen an. Die immer mehr um sich greifende spezialisierte Lenkung der Forschung durch den Staat oder staatlich kontrollierte Organisationen tut das übrige. „Une avalanche de publications" schrieb unlängst ein Franzose. Wir Abseitsstehenden sehen dies alles mit Befremden: Ist es gut oder nicht? Die Antwort zu suchen, ist müßig. Aber wir sehen auch, gerade weil wir abseitsstehen, unsere in der sorgfältigen Kleinarbeit liegenden Möglichkeiten. Wenn es wahr ist, daß sich in der Beschränkung der Meister zeigt, so ist uns in diesen Jahren Gelegenheit geboten, unsere Meisterschaft zu beweisen. Die folgenden Abschnitte sollen auch von diesem Bemühen Zeugnis geben. Vielleicht aber liegt unsere historische Aufgabe darin, den Geist der wahren Forschung, des kompromißlosen und nicht zweckgebundenen Suchens nach der Wahrheit, über eine turbulente Zeit hinweg zu erhalten.

Die Instrumente der Sternwarte

Als R. Brandt zu Beginn des Jahres 1929 in das Institut eintrat, war folgendes Instrumentarium vorhanden:

1. eine 4,5-m-Zeiss-Kuppel mit Astrograph (Leitrohr B-Objektiv 135/2030 mm, zwei Zeiss-Triplets 170 mm 1 : 7, 140 mm 1 : 5) für Aufnahmen des Felderplanes der veränderlichen Sterne (20 × 20, 13 × 18 cm);
2. ein Holzhaus (I) mit abfahrbarem Dach, enthaltend einen älteren 6-Zoll-Merz-Refraktor (162/2700 mm) für visuelle Beobachtungen und einen Astrographen mit Ernostar-Objektiv 135/240 mm (1 : 1,8) für Aufnahmen im Rahmen der Himmelsüberwachung. Der Felderplan bezweckt die Bearbeitung ausgewählter Himmelsfelder längs des nördlichen Milchstraßenzuges bezüglich der Statistik veränderlicher Sterne. Die Gewinnung der hierzu erforderlichen Aufnahmen mit 2- bis 3stündiger Belichtungszeit obliegt, abgesehen von gelegentlichen Vertretungen, seit 1929 dem Links-Unterzeichneten. Die Himmelsüberwachung soll möglichst häufig etwa einstündig belichtete Aufnahmen festgelegter Himmelszonen bei großem Feld (30 × 30 Grad) liefern (für Novae, Kometen, veränderliche Sterne; 16 × 16 cm).

Die genannten Instrumente sind noch heute für die gleichen Funktionen in Betrieb.

1932 wurde von der Sternwarte Berlin-Babelsberg ein Ernostar-Doppelastrograph 135/240 mm zur Erweiterung der Himmelsüberwachung in einem Holzhaus (II) mit abfahrbarem Dach aufgestellt (16 × 16 cm).

1934 wurde ein weiteres derartiges Holzhaus (III) erbaut, es diente bis 1950 der Beherbergung eines von der Sternwarte Babelsberg gelieferten 350/1400-mm-Newton-Parabolspiegelteleskops auf parallaktischer Zeiss-Montierung. Das Instrument wurde zur Beobachtung des Lichtwechsels veränderlicher Sterne visuell benutzt.

1938 kam nach langen Verhandlungen mit den damaligen Regierungsstellen ein moderner Zeiss-Astrograph 400/1600 mm für Platten 30 × 30 cm in einem weiteren Holzhaus (IV) mit elektrisch abfahrbarem Dach zur Aufstellung. Dieses Instrument diente der Erweiterung des Felderplan-Unternehmens. Es ging, zusammen mit dem Doppel-Ernostar, im August 1945 als Kriegsfolge verloren.

1947 wurde in das Holzhaus IV der 148-mm-Refraktor mit Tessarkamera 140 mm 1 : 5 (13 × 18 cm) der ehemaligen Sternwarte Wolfersdorf (Schloß Fröhliche Wiederkunft) des Herzogs von Sachsen-Altenburg verbracht und in den Dienst des Felderplanes übernommen. Im gleichen Jahr errichtete die Firma Carl Zeiss-Jena dem Institut ein weiteres Gebäude, den zweiten Steinbau (Haus V), gekrönt mit einer 6-m-Zeiss-Kuppel (früher Sternwarte Kiel). Die Kuppel enthielt zunächst eine leihweise von der Sternwarte Jena überlassene Montierung, der ein 200-mm-Refraktor aufgebaut wurde.

1948 wurde auch die 4,5-m-Zeiss-Kuppel der Sternwarte Wolfersdorf nach Sonneberg gebracht und dem ersten unter der Akademie-Verwaltung errichteten Invest-Neubau (Haus VI) angebaut. Das Gebäude dient der Abt. Lichtelektrische Photometrie. In der Kuppel wurde das vordem in dem Holzhaus III befindliche 350/1400-mm-Spiegelteleskop aufgestellt und zur gleichfalls lichtelektrischen Beobachtung veränderlicher Sterne mit zwei Zeiss-Hilfsspiegeln zum Cassegrain-Fernrohr umgebaut und mit einem ebenfalls von Wolfersdorf stammenden Toepfer-Photometer versehen.

Im Frühjahr 1952 gelangte in der 6-m-Kuppel des Hauses V eine neue Schmidt-Kamera zur Aufstellung: Durchmesser der Korrektionsplatte 50 cm, des Spiegels 70 cm, Brennweite 173 cm, Plattengröße 13 × 13 cm, Seitenlänge des komafrei abgebildeteten Feldes $4\overset{\circ}{.}0$. Das optische System stammt von Ing. Alfred Wilke, Berlin-Finkenkrug, Montierung und Rohrmontierung von Zeiss-Jena. Das Instrument ist mit einem 200/3000-mm-Leitfernrohr versehen und dient, wie früher der 400-mm-Astrograph, dem erweiterten Felderplan sowie speziellen astrophysikalischen Arbeiten. Vorhanden sind zwei Objektivprismen von 3 bzw. 7 Grad brechendem Winkel für Spektralaufnahmen.

In einer neuen, 1954 aufgestellten 5-m-Zeiss-Kuppel mit elektrischem Antrieb auf dem Neubau VII wurde 1955 ein von den Unterzeichneten in der Werkstatt erbautes parallaktisches 460/2620-mm-Newton-Spiegelteleskop aufgestellt, das seit Ende 1955 der visuellen Beobachtung schwacher veränderlicher Sterne dient. Der Spiegel stammt von Ing. Wilke, die optische Leistung des Instruments ist sehr gut (Reichweite 16. Größe). Die mit Unterstützung einiger Handwerker und Maschinenfabriken erstellte schwere Gabelmontierung muß zufolge der gesammelten Erfahrungen noch in einigen Punkten verbessert bzw. verstärkt werden.

Im Frühjahr 1957 wird mit dem Bau eines neuen, großen Verwaltungsgebäudes begonnen, das mit zwei Zeiss-Kuppeln versehen sein wird (5 m und 8 m). In die 5-m-Kuppel soll der jetzt in Holzhaus IV befindliche Wolfersdorfer Astrograph verbracht werden, in die 8-m-Kuppel die jetzt in der Kuppel von Haus V aufgestellte 70-cm-Schmidt-Kamera. In dieser Kuppel wird ein bei Zeiss-Jena im Bau befindliches 60-cm-Cassegrain-Spiegelteleskop mit lichtelektrischem Photometer aufgestellt. Die Himmelsüberwachung wird gleichfalls erweitert und wurde im Herbst 1956 mit vier einheitlichen Tessar-Kameras 60/210 mm auf vorhandener Zeiss-Montierung ausgestattet. Diese soll später in einem Beobachtungsraum mit abfahrbarem Dach auf dem neuen Gebäude aufgestellt werden.

Zur Auswertung von Himmelsaufnahmen bauten die Unterzeichneten in der Werkstatt verschiedene kleinere feinmechanisch-optische Geräte und Teile für Registriereinrichtungen für die lichtelektrische Photometrie, außerdem einige optische Spezialgeräte. Ein modernes lichtelektrisches Plattenphotometer wurde von der Firma G. Görisch, vorm. R. Toepfer, in Potsdam gebaut. Ein Komparator neuer Konstruktion als Ersatz für ein 1945 verlorenes Gerät dieser Art ist von Carl Zeiss-Jena im April 1956 geliefert worden.

Seit 1950 befindet sich im Kellerraum des Hauses V eine Nebenstation des Instituts für Erdbebenforschung und Bodendynamik in Jena, ausgestattet mit einer photographisch registrierenden Apparatur nach Prof. KRUMBACH. Die Beobachtungen gehen zur Auswertung nach Jena. Die laufende Betreuung und Überwachung wird von R. LEHMANN besorgt.

Pflege und Reparaturen der beobachtungstechnischen Einrichtungen beanspruchen einen großen Teil der Kapazität der Verfasser. Aber auch eigene Entwicklungsarbeiten und Neukonstruktionen sind auszuführen. Die im Jahre 1929 eingerichtete Werkstatt (eine kleinere Drehbank) erfuhr einen laufenden Ausbau durch moderne leistungsfähige Maschinen, besonders seit 1948 (Leitspindeldrehbank, Fräsmaschine und div. andere Geräte). Sie wird nach Fertigstellung eines Kulturhaus-Neubaues noch 1956 in einen größeren Raum verlegt und weiter modernisiert.

R. BRANDT, wiss.-techn. Ass. R. LEHMANN, Feinmechaniker-Meister.

Elektrophysikalisches Laboratorium

In den letzten 50 Jahren setzen sich in der Physik und auch in den anderen Naturwissenschaften immer mehr elektrische Meßverfahren durch. In der Astronomie handelt es sich dabei um die möglichst genaue Messung kleinster Lichtintensitäten. Für diese Zwecke verwenden wir neuerdings Photozellen mit eingebautem Sekundärelektronenvervielfacher (Multiplier), die das Licht in elektrischen Strom umwandeln und diesen Strom gleichzeitig etwa 10^5 bis 10^6fach verstärken.

Seit September 1955 wird für die Untersuchung des Nachthimmelleuchtens ein in eigener Werkstatt hergestelltes Photometer benutzt. Dieses Gerät ist mit einem amerikanischen Multiplier vom Typ 1 P 21 ausgerüstet. Bildet man mit einem Linsensystem auf dessen Kathode einen Quadratgrad des Nachthimmels ab, so beträgt der Ausgangsstrom etwa $2 \cdot 10^{-8}$ A. Dieser Strom wurde bei den ersten Versuchen mit einem empfindlichen Multiflexgalvanometer gemessen. Zur Vereinfachung der Beobachtungen wurde dieses mit einer photographischen Registriervorrichtung versehen. Diese Methode hat aber gewisse Nachteile. Man kann z. B. während der Registrierung nur unter Schwierigkeiten die einwandfreie Funktion der ganzen Meßeinrichtung überprüfen. Außerdem ist ein Galvanometer sehr erschütterungsempfindlich. Zur Vermeidung dieser Nachteile entschlossen wir uns, einen stabilen Tintenschreiber zu verwenden, bei dem man während des Betriebes bereits die Meßkurven überprüfen kann. Besonders geeignet erwiesen sich dafür die sogenannten Kompensationsschreiber, wie sie in Industriewerken zur Registrierung von Temperaturen verwendet werden. Da diese Geräte einen sehr niederohmigen Eingang haben, müssen sie über einen Gleichstromverstärker an den Multiplier angeschlossen werden.

Die Entwicklung eines Gleichstromverstärkers bereitete zuerst größere Schwierigkeiten. Besonders die Forderung nach genügender Stabilität des Nullpunktes über mehrere Stunden ließ sich schwer verwirklichen. Nach umfangreichen Versuchen bewährte sich schließlich für diesen Zweck ein stark gegengekoppelter Gleichstromverstärker in Brückenschaltung. Um eine Kontrolle über die gelegentlich auftretenden kleinen Nullpunktschwankungen zu haben, registrieren wir automatisch nach jeweils 12 Minuten den Nullpunkt. Außerdem wird die Empfindlichkeit bzw. Verstärkung der ganzen Anlage stündlich mit einer radioaktiven Leuchtscheibe überprüft.

Weitere Versuche unternehmen wir mit „Gleichstromverstärkern", bei denen der Eingangsgleichstrom durch einen Zerhacker in Wechselstrom umgeformt wird. Dieser Wechselstrom läßt sich dann in elektrisch äußerst stabilen Wechselstromverstärkern fast beliebig verstärken und anschließend wieder gleichrichten. Dieses Verfahren hat sehr viele Vorteile. Besonders die von reinen Gleichstromverstärkern her bekannten Nullpunktschwankungen lassen sich völlig vermeiden. Ein Nachteil ist jedoch, daß in dem gleichgerichteten

Ausgangsstrom bestimmte Wechselstromkomponenten vorhanden sind, die sich, wenn man an den Ausgang einen Kompensationsschreiber anschließen will, störend bemerkbar machen. Dagegen bewährten sich diese Verstärker sehr gut bei Verwendung eines Fallbügelschreibers.

Eine weitere wichtige Aufgabe ist die Stromversorgung der genannten Geräte. Besonders hohe Anforderungen werden an die Betriebsspannung der Multiplier gestellt. Man verlangt eine Gleichspannung von 900 V, die höchstens um $\pm 0{,}1$ V schwanken darf. Wir beschäftigen uns mit der Entwicklung eines Regelgerätes, das die Verwendung der um $\pm 15\%$ schwankenden Netzspannung für diese Zwecke möglich macht.

D. Wallis

Bibliothek und Veröffentlichungen

Es besteht wohl kein Zweifel, daß die Bibliothek für ein wissenschaftliches Institut von besonderem Wert ist. Wir stehen mit ca. 300 Instituten, die sich auf ungefähr 40 Länder verteilen, im Literaturaustausch, was gerade für die astronomische Forschung von großer Bedeutung ist, da sie nur auf der Basis eines internationalen Austausches der wissenschaftlichen Erkenntnisse wirklich gedeihen kann.

Unsere Bibliothek umfaßt ca. 4000 gebundene Bände, wovon rund 2000 auf Lehrbücher und Monographien und 2000 auf Zeitschriften und Veröffentlichungen entfallen. Zunächst erscheint es ganz interessant, die Gesamteingänge an Literatur (Bücher, käuflich erworbene Zeitschriften, Tauschveröffentlichungen) von verschiedenen Jahren zu vergleichen:

1948	1949	1950	1951	1952	1953	1954	1955
480	600	650	700	700	1430	1490	1850

Die ständig wachsende Anzahl der Eingänge ist einerseits auf die vorbildliche internationale Zusammenarbeit, zum anderen aber auch auf den Fortschritt der astronomischen Forschung in allen Ländern zurückzuführen.

Zur schnellen Auffindung der wissenschaftlichen Bücher führen wir einen Verfasser- und einen Sachkatalog in Zettelform. Außerdem wurde ein übersichtliches Verzeichnis der Institute, mit denen wir im Literaturaustausch stehen, angelegt. Mit Hilfe dieses Verzeichnisses kann man den Standort der einzelnen Publikationen rasch ermitteln.

Durch Unterbrechung der internationalen Verbindungen in der Kriegs- und Nachkriegszeit entstanden in unserer Bibliothek große Lücken. Eine unserer Hauptaufgaben bestand und besteht daher darin, die fehlende Literatur zu beschaffen. Die ausländischen Institute stellten uns in großzügiger Weise die gewünschten Veröffentlichungen zur Verfügung. In vielen Fällen schlossen wir die Lücken durch die Anschaffung von Mikrofilmen.

Besondere Bedeutung wurde im letzten Jahr der Modernisierung unserer Bücherei beigemessen.

Wie schon eingangs erwähnt, senden wir im Austausch an ca. 300 Institute der ganzen Welt unsere eigenen Publikationen, die im folgenden aufgeführt werden sollen:

1. Veröffentlichungen der Sternwarte Sonneberg.
   (Bisher erschienen: Band I_{1-5}, Band II_{1-6}, davon 1955 II_4, 1956 $II_{5,6}$.)
2. Mitteilungen der Sternwarte Sonneberg.
   (Bisher erschienen: Nr. 1—46, davon Nr. 44—46 i. J. 1954.)
3. Mitteilungen über veränderliche Sterne.
   (Bisher erschienen: Nr. 1—213, davon Nr. 174—213 i. J. 1955/56.)
4. Sammlung von Abdrucken.
   (Bisher erschienen: Nr. 1—10, davon Nr. 10 i. J. 1953.)

C. Jagott

Gesellschaftliche Tätigkeit

Die Verbindung zur Volkshochschule reicht in die ersten Anfänge dieser Institution zur Zeit nach dem ersten Weltkrieg zurück; sie wurde bei der Neugründung nach dem zweiten Weltkrieg sofort wieder aufgenommen. Groß ist die Zahl populärwissenschaftlicher Vorträge, die von Mitgliedern der Sternwarte für den Kulturbund zur demokratischen Erneuerung Deutschlands und die Gesellschaft zur Verbreitung wissenschaftlicher Kenntnisse gehalten werden.

In dankbarer Erinnerung der Förderung, die die Sternwarte besonders in ihren Anfängen seitens der Stadt Sonneberg erfahren hat, sind auch die öffentlichen Führungen beibehalten worden. Wenngleich die zunehmende Reisetätigkeit eine starke Belastung in den Sommermonaten mit sich brachte, trotz der Beschränkung auf angemeldete Gruppenführungen, soll dieser Brauch auch weiterhin bestehen bleiben. Das Fehlen eines Vortragsraumes zwang bisher dazu, größere Gruppen im Freien zu begrüßen, doch wird dieser Mangel durch einen Anbau behoben, der im Jahre 1957 fertiggestellt sein soll.

In diesem Zusammenhang ist auch die Herausgabe der Zeitschrift „Die Sterne" durch den Unterzeichneten und die alljährliche Bearbeitung eines „Kalenders für Sternfreunde" von P. AHNERT zu erwähnen. Beide Veröffentlichungen erscheinen im Verlag Johann Ambrosius Barth, Leipzig.

C. HOFFMEISTER

Der Felderplan zur Statistik der veränderlichen Sterne

Ziel: Dieses auf etwa drei Jahrzehnte berechnete Unternehmen bildete neben der Erforschung der interplanetaren Materie das eine der beiden bereits bei der Gründung der Sternwarte geplanten Hauptarbeitsgebiete. Sein Ziel ist die möglichst vollständige Auffindung aller veränderlichen Sterne bis zur 16. photographischen Größe in einer lückenlosen Reihe von Feldern (daher der Name des Programms) längs der zentralen nördlichen Milchstraße und die Untersuchung und Bestimmung der Art ihres Lichtwechsels.

Instrumente: Als Instrument stand von der Gründung der Sternwarte Ende 1925 bis Anfang 1938 nur eine Astrokamera von 170 mm Öffnung und 1200 mm Brennweite zur Verfügung. Das Plattenformat 20 mal 20 cm bildet 83 Quadratgrad ab, die bei zweistündigen Aufnahmen unter besten Luftverhältnissen erreichbare Grenzgröße ist $16^{m}.3$. Anfang 1938 wurde ein Astrograph der Firma Carl Zeiss mit 400 mm Objektivöffnung und 1600 mm Brennweite aufgestellt. Sein Plattenformat betrug 30×30 cm, die Größe des abgebildeten Feldes 110 Quadratgrad. Da mit der lichtstärkeren Optik bereits in einer Stunde die 17. Größenklasse erreicht wurde, konnte erwartet werden, daß die Aufnahmen für den gesamten Felderplan bis spätestens 1950 beendet sein würden. Leider wurde diese Hoffnung vernichtet, da das Instrument 1945 als Reparationslieferung für die während des zweiten Weltkrieges in der Sowjetunion zerstörten astronomischen Institute dorthin abgeliefert werden mußte. Erst Anfang 1952 kam als Ersatz eine Schmidt-Kamera mit einer Öffnung der Korrektionsplatte von 500 mm, einem Spiegeldurchmesser von 700 mm und einer Brennweite von rund 1750 mm zur Aufstellung. Die von ALFRED WILKE geschliffene Optik dieses Instruments übertrifft an Reichweite und Abbildungsgüte den 400-mm-Astrographen erheblich — mit einstündiger Belichtungszeit wird die 18. Größe erreicht —, aber leider ist das Plattenformat sehr klein (13×13 cm, 16 Quadratgrad), so daß es nur für spezielle Aufgaben innerhalb des Felderplans verwendet werden kann. Die Gesamtzahl der bisher speziell für dieses Programm erhaltenen Aufnahmen beträgt 5458 an der 170-mm-Kamera, 1658 am 400-mm-Astrographen und 383 am Schmidt-Spiegel, insgesamt 7499.

Methode: Aus einer größeren Reihe von Aufnahmen eines Feldes wurden im allgemeinen fünf Plattenpaare ausgewählt und fast ausschließlich von Prof. HOFFMEISTER am Stereokomparator verglichen. Von den so gefundenen neuen Veränderlichen wurden die Positionen sowie vorläufige Art und Umfang des Lichtwechsels bestimmt und zusammen mit einem Umgebungskärtchen in ein Beobachtungsheft eingetragen. Die weitere Bearbeitung wurde durch Prof. HOFFMEISTER und seine Mitarbeiter (s. Veröffentlichungsverzeichnis) in folgender Weise vorgenommen: Die Helligkeit der Veränderlichen wurde auf allen Platten eines Feldes durch Vergleich mit konstanten Nachbarsternen ermittelt. Das System dieser Vergleichsterne wurde alsdann durch Anschluß an eine Sequenz von Standardsternen (Selected Areas) photometrisch geeicht, so daß schließlich auch der Lichtwechsel der Veränderlichen selbst in der üblichen photometrischen Größenskala ausgedrückt werden konnte.

Die Diskussion der so gewonnenen kurven- oder tabellenmäßigen Darstellungen des Lichtwechsels ergab dann in den meisten Fällen eine endgültige Entscheidung über die Zugehörigkeit des Sterns zu einer der bekannten Klassen der Veränderlichen. Von den regelmäßigen Veränderlichen wurden genaue Perioden- und Amplitudenwerte sowie Angaben über etwaige Besonderheiten des Lichtwechsels gegeben, von den unregelmäßigen eine erschöpfende Beschreibung ihres Verhaltens im Beobachtungszeitraum. Die erzielten Ergebnisse sind in einer Reihe von bisher acht Veröffentlichungen (Die veränderlichen Sterne der nördlichen Milchstraße, Teil I bis VIII) niedergelegt, die fortgesetzt wird.

Bisherige Ergebnisse: Bis zur Abfassung dieses Berichts sind auf diese Weise über 3000 Veränderliche untersucht worden. Nur bei knapp 10% von ihnen konnte bisher kein definitives Urteil über ihr photometrisches Verhalten gewonnen werden. Es handelt sich dabei hauptsächlich um lichtschwache Sterne, die auf den Platten des 400-mm-Astrographen entdeckt, aber nach dem Verlust dieses Instruments nicht mehr weiterbeobachtet werden konnten, sowie um Veränderliche mit raschem Lichtwechsel, dessen Art aus den meist in größeren Zeitabständen erhaltenen Aufnahmen nicht ermittelt werden kann. Ein großer Teil der letzteren Sterne konnte aber durch Reihenaufnahmen am 400-mm-Astrographen oder am Schmidt-Spiegel sowie durch visuelle Beobachtungen, für die neuerdings ein Spiegelteleskop mit 460 mm Öffnung zur Verfügung steht, erledigt werden.

Die endgültige Auswertung dieser Resultate wird nach Abschluß der Einzelbearbeitungen durch eine umfassende statistische Bearbeitung geschehen. Schon jetzt zeichnen sich äußerst interessante Perspektiven vor allem hinsichtlich der sehr ungleichförmigen Verteilung der einzelnen Klassen der Veränderlichen in den verschiedenen Längenbereichen der Milchstraße ab; das untersuchte Gebiet umfaßt die galaktischen Längen zwischen 30 Grad und 210 Grad und schließt die Gegend des Antizentrums ein. Außerdem konnten bisher unbeobachtete Verhaltensweisen an Sternen bekannter Art (rasche Helligkeitsänderungen bei sonst langsam veränderlichen roten Riesensternen, zeitweilige Periodizität bei U Geminorumsternen, also bei Hauptreihensternen mit Helligkeitsausbrüchen, die in unregelmäßigen Intervallen erfolgen) festgestellt und neue Klassen von Veränderlichen (z. B. algolähnliche Sterne) definiert werden. P. AHNERT

Bearbeitung einzelner Veränderlicher

Die Bearbeitung einzelner, hellerer veränderlicher Sterne bis zur Größe $13^{m}_{\cdot}0$ ist ein von der Internationalen Astronomischen Union mit großem Interesse verfolgtes Programm, an dem neben der Sternwarte Sonneberg das Harvard-Observatorium und die Sternwarten in Moskau, Odessa und Stalinabad beteiligt sind. Ermöglicht wird den genannten Instituten diese Arbeit durch ein umfangreiches Material photographischer Himmelsaufnahmen, besonders Aufnahmen ihrer Himmelsüberwachungsinstrumente.

Die sehr große Plattensammlung der Sternwarte Sonneberg, die bis in das Jahr 1926 zurückreicht, gewährleistet die Untersuchungen des Lichtwechsels eines Sterns am nördlichen Himmel auf mindestens 400, in besonderen Fällen sogar bis 800 und 1000 Aufnahmen. Durch die Expeditionen von Prof. HOFFMEISTER nach Südwestafrika in den Jahren 1937/38 und 1952/53 wurden auch Überwachungsaufnahmen vom südlichen Himmel gewonnen. Bei der Bearbeitung einzelner Sterne handelt es sich durchweg um die Erforschung des Lichtwechsels, der von einem beachtlichen Teil Veränderlicher nicht oder nur ungenügend bekannt ist. Bei bekannten periodischen Veränderlichen werden auf Grund der jahrzehntelangen Beobachtungsreihen Verbesserungen der Elemente des Lichtwechsels gegeben. Eine große Bedeutung muß auch der Klärung von Widersprüchen beigemessen werden. Es kommt oft vor, daß Beobachter durch kurze, teilweise leider aber auch unzulängliche Beobachtungsreihen ein falsches Bild des Lichtwechsels gewinnen. Bei Neuentdeckungen von Veränderlichen und Novae gewährleistet das Plattenmaterial eine Zurückverfolgung des Lichtwechsels, ein Vorteil der photographischen Beobachtungsmethode, der bis jetzt noch nicht durch etwas Gleichwertiges ersetzt werden konnte, obwohl mancherorts die Photographie auch schon als überholt und unmodern angesehen wird. Wie die Erfahrungen zeigen, führen trotz der zahlreichen Aufnahmen nicht alle Untersuchungen zum Erfolg, weil eine oder zwei Aufnahmen pro Nacht nicht ausreichen, um den Lichtwechsel von kurzperiodischen Sternen mit Perioden von einigen Stunden oder aber auch sehr raschen, unregelmäßigen Lichtwechsel seiner Art nach erkennen zu lassen. Hier ist sowohl eine Verdichtung der photographischen Reihen als auch die Heranziehung visueller Beobachtungen anzustreben, letzteres besonders auf Grund der günstigen Erfahrungen, die der Direktor der Sternwarte bei der Untersuchung von 75 meist sehr rasch wechselnden Veränderlichen mit dem Material visueller Beobachtungen gemacht hat, das er von seiner zweiten Afrikareise mitgebracht hat.

Das Betätigungsfeld bei der Bearbeitung einzelner Veränderlicher ist sehr groß und vielgestaltig, aber auch mühevoll. An der Sternwarte Sonneberg werden die Arbeiten gemäß den Beschlüssen der Internationalen Astronomischen Union verstärkt. Berufspraktikanten helfen den Mitarbeitern, das kaum erschöpfliche Plattenmaterial auszuwerten. W. GÖTZ

Die photographische Himmelsüberwachung

Im Jahre 1926 faßte der damalige Direktor der Universitätssternwarte Berlin-Babelsberg, Prof. GUTHNICK, den Plan, eine ständige photographische Überwachung des bei uns sichtbaren Himmels mit lichtstarken Objektiven einzurichten. Diese Objektive mußten ein großes Gebiet des Himmels erfassen und bei mäßigen

Belichtungszeiten noch möglichst schwache Sterne abbilden. Nach vielen Versuchen fiel die Wahl auf das Ernostar-Objektiv von 135 mm Öffnung und 240 mm Brennweite, Öffnungsverhältnis also 1 : 1,8. Das brauchbare Gesichtsfeld ist 900 Quadratgrad groß. Eine halbstündige Aufnahme bildet Sterne der Größe $13^m.5$ noch gut ab.

Die Sternwarte Sonneberg erhielt wegen ihrer günstigen Lage die südlichste Zone $-17^\circ.5$ zugeteilt. Aber schon im Jahre 1933 wurde der Babelsberger Doppelastrograph nach Sonneberg überführt, wo seitdem mit drei Objektiven gearbeitet wurde. Später kamen dann noch ein Tachar von 100 mm Öffnung und ein Triotar von 60 mm Öffnung dazu. Als im Jahre 1945 durch die Kriegsauswirkungen die beiden Babelsberger Ernostare verlorengingen, konnten sie nur durch ein Zeiss-Tessar von 165 mm Brennweite ersetzt werden. Es ist jetzt geplant, die Himmelsüberwachung wieder auf einen einheitlichen Objektivtypus umzustellen. Die seit einigen Jahren laufenden Versuche mit einem von der Firma Carl Zeiss neu entwickelten Tessar mit 60 mm Öffnung und einer Brennweite von 210 mm zeitigten so gute Ergebnisse, daß inzwischen noch ein Tessar gleicher Brennweite und drei weitere von 70 mm Öffnung und 250 mm Brennweite erworben worden sind. Diese fünf Tessare und das Ernostar-Objektiv sollen auf zwei Montierungen so angebracht werden, daß es in einer guten Winternacht gelingt, den gesamten bei uns sichtbaren Himmel aufzunehmen. Bei diesem Umbau der Himmelsüberwachung soll eine weitere Neuerung bei beiden Montierungen durchgeführt werden, die sich als außerordentlich fruchtbar erwies. Auf eine Montierung wird in Verlängerung der Stundenachse eine Kamera derart in einer Gabel aufgehängt, daß sie sowohl in Stunde als auch in Deklination unabhängig von den übrigen Kameras bewegt werden kann. Werden mit dieser Kamera die zirkumpolaren Felder aufgenommen, so ist es möglich, Reihen zu erhalten, die nicht durch die Sonnenlücke unterbrochen werden.

Die Plattensammlung der Sternwarte Sonneberg hat durch die Aufnahmen der Himmelsüberwachung einen erheblichen Umfang angenommen. Waren es 1938 noch etwa 14000 Platten, so sind es jetzt, 28 Jahre nach Beginn des Unternehmens, etwa 36200 Überwachungsplatten, während die Gesamtzahl der Platten des Sonneberger Archivs über 55000 beträgt. Mit Hilfe dieses umfangreichen Materials ist es jetzt möglich, einen großen Teil der veränderlichen Sterne heller als 12. Größe erschöpfend zu bearbeiten. Schwierigkeiten treten mitunter bei der Bearbeitung kurzperiodischer Veränderlicher auf. Dieser Mangel soll aber in Zukunft dadurch beseitigt werden, daß auch mit den Überwachungskameras von jedem Feld Reihenaufnahmen ausgeführt werden. Dadurch wird es dann möglich sein, der Hauptaufgabe der photographischen Überwachung des Himmels vollständig gerecht zu werden, nämlich der planmäßigen Aufsuchung und Bearbeitung noch unbekannter veränderlicher Sterne und der Notwendigkeit, Unterlagen für die Verbesserung der Elemente schon bekannter Veränderlicher zu schaffen. Aus diesem Grunde wird an der Sternwarte Sonneberg eine ständige Überwachung aller am Nordhimmel stehenden Mirasterne heller als 11^m im Maximum durchgeführt. Erfaßt sind dabei 279 Sterne, von denen seit dem Jahre 1950 nahezu 550 Epochen erhalten worden sind. Seit 1952 wird an der 14-cm-Tessarkamera des Wolfersdorfer Refraktors eine zusätzliche Überwachung einer kleinen Zahl von Milchstraßenfeldern durchgeführt, die eine Erfassung der Veränderlichen bis zur Größe $14^m.5$ in möglichst dichten Aufnahmereihen zum Ziel hat. In den Jahren 1938 bis 1952 wurde ein Programm von über 50 Mirasternen visuell beobachtet, dessen Ziel die Ableitung von für diese Klasse von Veränderlichen allgemein gültigen Regeln war (AHNERT). In der abschließenden Bearbeitung von 46 dieser Objekte konnten eine Reihe von Beziehungen zwischen den wichtigsten Eigenschaften der Mirasterne teils neu abgeleitet, teils präzisiert werden.

H. HUTH

Hauptreihen-Veränderliche

Die systematische Untersuchung der veränderlichen Sterne mit geringer absoluter Helligkeit, die also in der Nähe der sogenannten Hauptreihe des Diagramms Spektraltypus-Leuchtkraft liegen, ist ein sehr junges Arbeitsgebiet. Bis vor gar nicht langer Zeit hielt man die Anzahl dieser Sterne für gering. Der Sonneberger Felderplan hat jedoch überraschend viele Objekte auffinden lassen, deren Lichtänderungen (rasch, unperiodisch und von großer Amplitude) und deren geringe Leuchtkraft so charakteristisch waren, daß man sie in der mehrmals erweiterten, jetzt reich bevölkerten Klasse der „Hauptreihen-Veränderlichen" zusammenfaßte.

Es gilt nun, das Beobachtungsmaterial bezüglich Feinheiten im Lichtwechsel und Eigentümlichkeiten der Spektren so weit anzureichern, daß eine physikalische Theorie dieser Erscheinungen, ein Modell eines solchen Veränderlichen, entworfen werden kann. Besondere Aufmerksamkeit wird dabei den in gewissen Gegenden gehäuft, meist in Verbindung mit Wolken interstellarer Materie und zum Teil mit Aggregaten von sehr heißen, vermutlich jungen O- und B-Sternen auftretenden Varianten zu schenken sein. Gerade wurde die Bearbeitung des Lichtwechsels der Mitglieder eines derartigen Haufens (NGC 2264 Monocerotis) abgeschlossen. Es ergaben sich einige bemerkenswerte Zusammenhänge zwischen photometrischem Verhalten, Farbe und Spektrum. Vor allem zeigte sich, daß bei einigen Sternen unvermutet rasche Schwankungen der Helligkeit auftreten. Es ist zu hoffen, daß die lichtelektrische Einrichtung des geplanten 60-cm-Spiegels eine genauere Beobachtung dieser Phänomene bei helleren Objekten der genannten Art ermöglicht. Vorerst hat sich auf unsere Anregung ein französisches Observatorium erboten, drei Hauptreihen-Veränderliche lichtelektrisch zu beobachten.

Für eine theoretische Beschreibung der Vorgänge in diesen Objekten gibt es gewisse Anhaltspunkte. Es liegt nahe, die völlige Regellosigkeit der Helligkeitsschwankungen mit Erscheinungen im Stern in Verbindung zu bringen, die ebenfalls ganz irregulär ablaufen, nämlich mit der in einer Konvektionszone stattfindenden, im wesentlichen nur durch statistische Methoden zu beschreibenden Turbulenz. Vorgänge in der den Stern umgebenden „Hülle", hauptsächlich durch die Turbulenz angeregte Verdichtungswellen und hydromagnetische Wirkungen könnten mit dem Auftreten von Emissionslinien und dem womöglich nichtthermisch entstehenden zusätzlichen Kontinuum in Zusammenhang gebracht werden.

Eine quantitative Theorie wird aber erst dann erfolgversprechend sein, wenn auf dem Wege der Beobachtung mehr über die mittleren Zustandsgrößen jener Sterne erkannt worden ist, speziell über die Eigenschaften, die diese Sterne von unserer ihnen äußerlich so ähnlichen Sonne unterscheiden. W. WENZEL

Lichtelektrische Sternphotometrie

Seit Anfang dieses Jahrhunderts benutzte GUTHNICK in Babelsberg zur Photometrie von Gestirnen Photozellen. Dies war für die Beobachtung veränderlicher Sterne von großer Bedeutung. Die Photozelle gestattete es, mit den entsprechenden Meßinstrumenten ausgerüstet, kleinste Helligkeitsschwankungen, die unter $0{,}1^{m}$ liegen, wahrzunehmen.

An unserer Sternwarte, die sich seit Jahrzehnten mit der Photometrierung von Gestirnen befaßt, konnte, durch den Krieg bedingt, erst 1951 die lichtelektrische Sternphotometrie eingeführt werden. Wenn das von der Wolfersdorfer Sternwarte erworbene Photometer, das an den 35-cm-Spiegel montiert wurde, auch noch nach dem alten GUTHNICKschen Typus gebaut war: Vakuum-Photozelle mit Cäsium-Antimon-Kathode und Lindemann-Elektrometer, und wenn auch noch nach dem alten Meßverfahren der Methode der Aufladezeiten, wo die Bewegung der Elektrometernadel über eine Meßstrecke gestoppt wird, gearbeitet wird, so war es doch ein Anfang, und es konnte Erfahrung gesammelt werden. Eine Neuerung wurde indessen eingeführt. Als Vergleichshelligkeiten wurden nämlich nicht nur Sterne benutzt, sondern auch über mehrere Jahre konstante radioaktive Leuchtscheiben. Das hat den Vorteil, daß man gleichzeitig noch überprüfen kann, ob die Vergleichsterne konstant sind, die Instrumentenkonstanten sich nicht geändert haben und die Nacht von gleichbleibender Güte war. Wir haben solche Leuchtscheiben, die an die unsrige angeschlossen sind, inzwischen an die Sternwarten Jena, Babelsberg, Potsdam, Bonn, Wien und Innsbruck versandt, so daß diese ihre Arbeiten auf ein einheitliches photometrisches Bezugssystem reduzieren können. 1951 bis 1953 bewährte sich dann das lichtelektrische Photometer bei der Überprüfung des Lichtwechsels von β Cephei, γ Ursae minoris und γ Cassiopeiae, so daß nunmehr mit ihm ein umfassendes Programm durchgeführt wird. Diesem Programm liegt die Tatsache zugrunde, daß bis heute der Astrophysik eine systematische Untersuchung der hellen Sterne über die Konstanz oder Variabilität ihrer Strahlung fehlt. Eine solche Untersuchung ist aber für die Erkenntnis des Aufbaus der Sternmaterie und ihrer Atmosphären und des Aufbaus des Sternsystems von Bedeutung. Deshalb werden jetzt mit unserem lichtelektrischen Instrument etwa 150 Sterne gemessen, die heller sind als $4^{m}_{.}5$, denn nur solche hellen Sterne gestattet unser Instrument mit größter Sicherheit zu messen. Es sind dies jene Sterne, die infolge ihrer täglichen Bewegung eine Zenitdistanz kleiner als 20° erlangen können. Dies hat sich für die Ausschaltung der Extinktion und zufälliger Störungen durch die Erdatmosphäre als nützlich erwiesen, da die Sterne nur im Bereich dieser kleinen Zenitdistanzen gemessen werden. Die Sterne werden dabei untereinander und zu einer Bezugsnacht differentiell angeschlossen, und die graphische Darstellung ihrer Differenzen läßt dann sofort die Sterne erkennen, die systematisch streuen, das heißt, die als veränderlich verdächtigt werden können. Es handelt sich hierbei um Helligkeitsamplituden zwischen $0^{m}_{.}05$ und $0^{m}_{.}1$. Nach vorläufigen Ergebnissen läßt sich schätzen, daß von den 150 Sternen etwa 20% wahrscheinlich veränderlich sind. Nach Beendigung dieser statistischen Untersuchung müssen dann noch alle der Veränderlichkeit verdächtigten Sterne systematisch auf ihren Lichtwechsel untersucht werden.

Auch soll der 35-cm-Spiegel nach Beendigung dieses Unternehmens ein modernes lichtelektrisches Photometer mit einem Sekundärelektronenvervielfacher erhalten. Die jetzige Statistik könnte dann zur Vervollkommnung noch auf schwächere Sterne ausgedehnt werden, vielleicht auch auf ganze Sternhaufen. Dies könnte sich auch auf jüngste kosmogonische Probleme befruchtend auswirken. G. JACKISCH

Physik der Kometen

Die moderne Kometenforschung hat gezeigt, daß in diesen Himmelskörpern Prozesse vor sich gehen, die für die Physik und Chemie von grundsätzlichem Interesse sind. Der Aufbau eines Kometen in Form einer Wolke von festen Partikeln, gemischt mit freibeweglichen Molekülen, Ionen und Elektronen, ist ein wichtiges Modellbeispiel für das Verhalten der Materie als Plasma im Hochvakuum. Das Studium der Beleuchtungsgesetze an diesen Wolken verspricht, genauere Erkenntnisse über ihren Aufbau zu ergeben. Hierbei stößt man auf ein allgemeines photometrisches Problem, das theoretisch bisher noch nicht gelöst werden konnte, da bei der Beleuchtung solcher Staubwolken eine komplizierte Zusammenwirkung von Beugung, Reflexion, Polarisation sowie von Beschattungs- und Bedeckungseffekten stattfindet.

Wir haben daher begonnen, im Laboratorium an freischwebenden künstlichen Teilchenwolken verschiedener Struktur diese Gesetze prinzipiell und experimentell zu studieren, um sie dann praktisch auf die Physik der Kometen sowie der interplanetaren Materie anwenden zu können. Mit einer besonderen Apparatur gelang es so, auf experimentellem Wege neue Einblicke in diese Gesetzmäßigkeiten zu gewinnen, wobei zunächst Teilchen von der Größenordnung 15 μ benutzt wurden. Die Experimente werden mit einer neuen Apparatur fortgesetzt, die gestattet, noch Teilchen bis zu 1 μ Durchmesser freischwebend in der Luft photometrisch zu studieren.

Das Eigenleuchten der Kometenwolken im Strahlungsfeld der Sonne ist ein weiteres wichtiges physikalisches Problem. Das Studium der Helligkeitsentwicklung eines Kometen gestattet uns hier, die photochemischen Umwandlungsprozesse in diesen Himmelskörpern quantitativ zu erfassen. Es gelang durch genaue Untersuchung der abnormen Helligkeitsschwankungen von Kometen, direkte Beziehungen zu entsprechenden Strahlungsvorgängen auf der Sonne festzustellen und insbesondere den Einfluß der Korpuskularstrahlung der Sonne in ursächliche Beziehung zu Vorgängen in den Kometenatmosphären zu bringen. Die Prüfung der Helligkeitsschwankungen der Kometen und die beobachterische Überwachung dieser Erscheinungen verspricht unter diesen Gesichtspunkten in Zukunft auch für die Sonnenphysik wertvolle Hinweise. Spektralanalytische und lichtelektrische Beobachtungen an unseren modernen Instrumenten sollen hier wertvolle Grundlagen liefern.

Ganz besonders wichtig sind in diesem Zusammenhang auch das Studium der Kometenschweife und die Untersuchungen über die Bewegungen der Schweifmaterie, die sowohl die Theorie der Photodissoziation bisher bestätigt haben, als auch wertvolle Aufschlüsse über die Impulse geben, die vom solaren Strahlungsfeld und insbesondere der bereits erwähnten Korpuskularstrahlung der Sonne ausgehen. Hier gilt es vorwiegend, photographisches Beobachtungsmaterial an unseren lichtstarken Himmelskameras zu sammeln und für die Bearbeitung aufzubereiten. Während bisher die Astrophysik sich bei solchen Untersuchungen im wesentlichen immer noch auf das schon sehr alte Material des Kometen Morehouse aus den Jahren 1908 und 1909 stützen mußte, gelang es mit den lichtstarken Objektiven der Sternwarte Sonneberg, von dem sehr aktiven Kometen 1943 I und anderen Kometen modernes Beobachtungsmaterial des Schweifes zu gewinnen, das in einem Sammelwerk von 60 Tafeln allen interessierten Astrophysikern als eine wissenschaftliche Fundgrube zugängig gemacht werden wird. Auch hier ist eine ständige Fortsetzung dieser Arbeiten für die Physik der Kometen von größter Wichtigkeit. N. RICHTER

Himmelsmechanik

Während einstmals die Himmelsmechanik einen der Hauptpunkte astronomischer Forschung bildete, ist sie in dieser Hinsicht heute mehr und mehr von der aufstrebenden, erfolgversprechenden Astrophysik verdrängt worden. Viele Astronomen halten die Himmelsmechanik für ein weitgehend abgeschlossenes Wissensgebiet, das aber — leider — zur astronomischen Allgemeinbildung gehört. Trotzdem finden sich auf diesem Gebiet für den Interessenten noch viele verlockende Fragestellungen und auch neuartige Probleme. So war es Frau Dr. AHNERT-ROHLFS, die in ihren Sonneberger Untersuchungen eine himmelsmechanische Erklärung für die sehr große Breite des Meteorstromes der Perseiden gab. Mit Hilfe der GAUSSschen Methode zur Berechnung von Säkularstörungen erster Ordnung erbrachte sie den Nachweis, daß differentielle Störungen im Verlauf von etwa 10^5 Jahren durchaus eine solche Strombreite entstehen lassen können. Weitere Arbeiten über den Scorpius-Sagittarius-Strom wurden leider durch den Tod der Forscherin allzu früh beendet. Als ihr Nachfolger stellte der Verfasser dieses Abschnitts zunächst allgemeine Betrachtungen über die auf interplanetare Kleinkörper wirkenden Kräfte an. Licht- und vor allem Korpuskularstrahlungsdruck spielen eine nicht zu unterschätzende Rolle bei der Veränderung der Bahn eines sehr kleinen Körperchens, wofür die Kometenschweife ein überzeugendes Beispiel geben. Trotzdem verlieren für größere Teilchen nur auf Newtonscher Anziehung beruhende Untersuchungen nicht an Wert, wenn man kürzere Zeiträume betrachtet. Gerade auf Grund von andersartigen Kräften könnten Kleinkörper in die Kommensurabilitätsgebiete des Sonnensystems hineingetragen werden, was möglicherweise ein Instabilwerden der Bahn zur Folge haben könnte. Daher wird das Problem der zu Jupiter kommensurablen oder nahe kommensurablen Bahnen, das bereits für die Theorie der Planetoiden und andere Probleme des Sonnensystems herangezogen worden ist, auch im Hinblick auf die Kleinkörper von großer Bedeutung. Zur Zeit laufende Untersuchungen des Verfassers deuten vorläufig im Falle der Trojanerbewegung, einer 1 : 1-Kommensurabilität zu Jupiter, nicht auf eine Instabilität, im Gegenteil scheinen sogar periodische Bewegungen großer Amplitude um die Punkte, die mit Sonne und Jupiter ein gleichseitiges Dreieck bilden, möglich zu sein. Die soeben erwähnten Untersuchungen wurden zum Teil mit Reihenentwicklungen durchgeführt, zum andern beruhen sie auf langdauernden numerischen Rechnungen, an denen sich, ebenso wie bei den Rechnungen von Frau AHNERT-ROHLFS, Angestellte der Sternwarte mit Ausdauer beteiligten. Abschließend mag der Hoffnung Ausdruck gegeben werden, daß durch Zusammenarbeit mit Instituten, die über moderne programmgesteuerte Rechenanlagen verfügen, eine wesentliche Förderung der Himmelsmechanik, insbesondere des Kommensurabilitätsproblems, ermöglicht werde.

J. SCHUBART

Physik der Hochatmosphäre

Beschäftigung mit den Problemen der interplanetaren Materie und den flächenhaften Lichtquellen des Nachthimmels, vor allem des Zodiakallichts in seinen verschiedenen Erscheinungsformen, führten den Verfasser schon vor mehr als zwei Jahrzehnten zur Physik der hohen Atmosphäre. Die Verbindung ergab sich von selbst auf zweifache Art: erstens wirkt das Eigenlicht der hohen Atmosphäre als Störung bei den anderen Beobachtungen, zweitens aber werden die Erscheinungen in Höhen von 80 bis 200 km auch direkt vom interplanetaren Raum her beeinflußt (vgl. Wissenschaftliche Annalen 1, 133, 1952). Besonderes Interesse forderten bei diesen Arbeiten die abnormen Steigerungen der Helligkeit des Nachthimmels, die bisher nur in Sonneberg systematisch beobachtet worden sind (Monographie in Erg. d. exakten Naturwissensch. 24, 1, 1951). Die bisherigen Erfahrungen legen die Deutung nahe, daß diese Erscheinungen durch Staubeinbrüche von außen her gesteuert werden. Die Energie der zusätzlichen Lichtstrahlung wird dabei aus dem Vorrat gespeicherter Sonnenenergie der Atmosphäre entnommen, die hauptsächlich als Dissoziationsenergie des Sauerstoffs zunächst absorbiert und dann durch Molekülrekombination $0 + 0 \rightarrow 0_2$ wieder frei wird. Die Staubteilchen dürften hierbei nicht direkt beteiligt sein, sondern als neutrale Stoßpartner den Vorgang intensivieren. Die durch Helmholtzsche Wogen hervorgebrachte Streifenbildung mit ihren oft recht beständigen Formen bot dabei die erste Gelegenheit, die Luftströmungen von Schichten oberhalb von 100 km zu erforschen (Zeitschrift f. Meteorologie 1, 33, 1946). Die Leuchtstreifen liegen in Höhen von 90 bis 180 km mit einem Maximum bei 120 bis 130 km. Bei ihrem Auftreten ist auch der Zustand der Ionosphäre beeinflußt, und daß in der Mehrzahl der Fälle die Elektronenkonzentration vermindert scheint, stimmt zu der Staubhypothese.

Damit wird aber auch die Ausbreitung der Radiowellen gestört, weil die Ionosphäre nicht mehr als gleichmäßig brechendes Medium wirkt, sondern von Ort zu Ort starke Dichteunterschiede aufweist. In diesen Komplex von Erscheinungen gehören auch die „Leuchtenden Nachtwolken", Materieschichten bei 80 bis 85 km Höhe, die jedoch nur im reflektierten Sonnenlicht, besonders in der sommerlichen Mitternachtsdämmerung höherer Breiten, sichtbar werden. Ihnen wird auf der Sternwarte Sonneberg seit einigen Jahren erhöhte Aufmerksamkeit geschenkt. Auch die beiden Expeditionen des Verfassers und seiner Frau nach Südwestafrika 1937/38 und 1952/53 dienten u. a. der Erforschung der hohen Atmosphäre. Die Frage, ob die Leuchtstreifen auf niederen Südbreiten überhaupt auftreten, ist positiv entschieden worden. Daneben wurden besonders auf der zweiten Reise umfangreiche Beobachtungsreihen am Tage und in der Dämmerung gewonnen, Messungen der Farbanteile, der Zenitpolarisation, der Lage der Neutralpunkte der atmosphärischen Polarisation, der Beugungserscheinungen im Aerosol, des Erdschattens, immer im Hinblick auf mögliche Einwirkungen von der hohen Atmosphäre her, und es scheint, daß in der klaren Luft jenes Landes solche Einwirkungen nachweisbar sind.

Die nächste Aufgabe wird sein, die Beobachtungsmittel zu modernisieren. Die regelmäßige Registrierung der Nachthimmelhelligkeit ist bereits eingeleitet. Das große Hindernis aller dieser Arbeiten ist das schlechte Klima Mitteleuropas. Auf einer Station in klimatisch günstiger Gegend hätte man längst viel bessere Resultate erhalten können.

C. HOFFMEISTER

Die Sternwarte Sonneberg

Physik der nichtmetallischen Kristalle [1]

VON OSTAP STASIW

Die allgemeine Thematik des Instituts ist die Erforschung der physikalischen Eigenschaften der nichtmetallischen Kristalle. Insbesondere richtete sich die Aufmerksamkeit auf die Untersuchung derjenigen Prozesse, die nach der Absorption der Strahlung zur Bildung der photochemischen Reaktionsprodukte führen. Sowohl vom theoretischen und experimentellen wie auch vom praktischen Standpunkt aus eigneten sich dafür besonders Silberhalogenide mit geringen Zusätzen, die sich mischkristallartig im Kristallgitter einbauen lassen.

Allgemeine Betrachtung zur Untersuchung der photochemischen Prozesse

Will man den Mechanismus untersuchen, der nach der Absorption der Strahlung zur Bildung der photochemischen Reaktionsprodukte führt, dann merkt man leicht, daß ein solcher Mechanismus neben der Abspaltung und Wanderung von Elektronen und Ionen durch Absorption der Strahlung noch deren Anlagerung umfassen muß. Dies erfordert genaue Kenntnisse der Eigenschaften des Gitters und der damit zusammenhängenden Strukturfehler im Bau der Kristalle. Neben den Kristallbaufehlern, die als thermodynamisch-definierte Störstellen im gesamten Kristallgitter auftreten, existieren auch solche an inneren und äußeren Oberflächen. Letztere bestehen im Kristallgitter aus groben Rissen und Blasen und vor allem aus Mosaikgrenzen.

Im ersten Abschnitt der Untersuchungen im Institut richtete sich die Aufmerksamkeit besonders auf die photochemischen Prozesse, die im Zusammenhang mit den thermodynamisch definierten Störstellen ablaufen und die sich bequem mittels der chemischen Statistik erfassen lassen. Eine solche Statistik erlaubt, Störstellenmodelle zu entwickeln. Will man jedoch die Richtigkeit solcher Störstellenmodelle nachprüfen, dann sieht man, daß neben der Untersuchung der photochemischen Prozesse gleichzeitig eine Untersuchung der elektrischen und lichtelektrischen Eigenschaften, der optischen und thermischen Vorgänge im Kristallgitter erforderlich ist. Ihre thermischen Eigenschaften können insbesondere durch die Untersuchung der materiellen Transportvorgänge in Silberhalogeniden ermittelt werden. Dazu gehören die Messungen der Elektronen- und Ionenleitung, der Diffusion, des Verlustwinkels, neuerdings auch die Messung der Kernresonanzabsorption. Insbesondere durch Messung der Ionenleitung, der Diffusion und des Verlustwinkels konnten im Institut einige Eigenschaften der Störstellen ermittelt werden. Auf diese Weise ist es möglich, ein Kristall-

[1]) Bericht aus dem Institut für Kristallphysik.

modell, das aus Gitterionen und Störstellen besteht (dazu gehören auch die durch Bestrahlung gebildeten Elektronen und Defektelektronen), zu bekommen und seine Eigenschaften vor der Bestrahlung zu ermitteln. Diese molekularen Störstellen spielen bei den photochemischen Prozessen eine entscheidende Rolle.

Die summarischen Eigenschaften der Störstellen

In dem ersten Abschnitt konzentrierten sich die Aufgaben des Instituts auf die chemisch-statistischen Fragen, die sowohl theoretisch wie auch experimentell untersucht wurden. Die summarisch-statistischen Untersuchungen liefern Fehlordnungsmodelle, die experimentell nachgeprüft und mit den photochemischen Prozessen in Einklang gebracht werden können. Und doch sind diese Modelle nur qualitativer Natur. Sie erfassen nicht genau die Einzelprozesse. Diese Einzelprozesse werden in den summarisch-statistischen Betrachtungen durch willkürlich wählbare, aus dem Experiment ermittelte Konstanten beschrieben, und sie liefern zunächst nur die halbe Wahrheit. Jedoch war dies der einzige Weg, um die Grundlagen für die Untersuchung der physikalischen Eigenschaften im nichtmetallischen Kristallgitter zu schaffen.

In diesem ersten Abschnitt der Untersuchungen wurde die Bildung der photochemischen Reaktionsprodukte im Silberbromid und Silberchlorid mit Zusätzen von Ag_2S und Ag_2Se verfolgt. Es wurde dabei festgestellt, daß für eine hohe photochemische Ausbeute bei der Bestrahlung nur die mischkristallartig eingebauten Fremdionen maßgebend sind. Eine große Zahl der photochemischen Reaktionsprodukte, die bei der Bestrahlung solcher mit Zusatz sensibilisierten Kristalle entstehen, konnte durch Untersuchungen der Absorption bei tiefen Temperaturen festgestellt werden. Experimentell konnte gezeigt werden, daß ausgeschiedener, in kolloidaler Form im Gitter eingebauter Zusatz für die Bildung der photochemischen Reaktionsprodukte praktisch unwirksam ist. Für die Untersuchungen der photochemischen Prozesse waren diese Erkenntnisse schon ein entscheidender Fortschritt. Früher hat man nämlich vermutet, daß die Entwickelbarkeit eines Kornes in der photographischen Emulsion dadurch zustande kommt, daß sich die Elektronen und Ionen bei der Bestrahlung an bereits vorhandene Kolloide anlagern und die nachträgliche Entwickelbarkeit einer photographischen Platte verursachen. Demgegenüber zeigten die Versuche, daß die Entwickelbarkeit des Kornes wahrscheinlich durch Anlagerung von Elektronen und Ionen an atomare Zentren erfolgt. Gröbere, im Kristallgitter vorhandene Aggregate (die eventuell noch vor der Belichtung existieren) liefern lediglich den unerwünschten Schleier bei der Entwicklung.

Die Analyse dieser Messungen konnte durch parallellaufende Untersuchungen bestätigt und ergänzt werden. So wurde die elektrische Leitfähigkeit von Silberbromid und Silberchlorid mit Zusätzen von zweiwertigen Cadmium-, Blei- und Schwefelionen und einwertigen Kupferionen untersucht. Aus diesen Messungen konnten Störstellenkonzentrationen und Beweglichkeiten von Störstellen abgeleitet und Schlüsse auf die Wechselwirkung von Störstellen und die dabei auftretenden Energiegrößen gezogen werden. Durch Messungen der Diffusion und des Verlustwinkels ist es möglich gewesen, den Nachweis der Assoziation von isolierten Störstellen zu erbringen.

Schließlich wird es möglich sein, mit den gegenwärtig in Angriff genommenen Untersuchungen der Kernresonanz an Silberhalogeniden mit und ohne Zusatz sowohl die Art wie auch den Assoziationsgrad der einzelnen Störstellen zu ermitteln. Gegenwärtig werden noch vollständigkeitshalber photochemische Prozesse an Silberhalogeniden mit Zusätzen von Ag_2O durchgeführt. Photochemische Prozesse können auch durch Einwirkung von energiereicher Strahlung stattfinden. Deshalb wird gleichzeitig die Bildung der photochemischen Reaktionsprodukte bei Bestrahlung mit Röntgenlicht untersucht.

In dieser kurzen Darstellung sind nur die wichtigsten Arbeiten, die zur Klärung der statistisch-thermodynamischen Eigenschaften angestellt wurden, aufgeführt. Sie liefern, wie schon erwähnt wurde, Störstellenmodelle qualitativer Natur.

Untersuchungen der Einzelprozesse

Während des zweiten Abschnittes, seit etwa 2 Jahren, richtete sich wieder die besondere Aufmerksamkeit auf die Untersuchung der Einzelprozesse, die nach der Absorption der Strahlung zur Bildung der photochemischen Reaktionsprodukte führen. Für die photochemischen Prozesse ist es natürlich wichtig, zu erfahren, auf welchem Wege die durch das Licht erzeugten Elektronen entstehen, und schließlich einiges über die Wechselwirkung dieser Elektronen mit Störstellen, die für die Bildung der photochemischen Reaktionsprodukte von Bedeutung sind, auszusagen. Die Eigenschaften der Störstellen und ihre Wechselwirkung wurde im Rahmen der summarischen Betrachtungen durch phänomenologische Konstanten, die aus dem Experiment gewonnen werden können, ermittelt. Betrachtungen über die Einzelprozesse können zunächst nur auf den Grundlagen der Quantenmechanik angestellt werden. Wichtig ist es jedoch, den Mechanismus der Einzelprozesse, der bei der theoretischen Betrachtung eine entscheidende Rolle spielt, experimentell zu ermitteln.

Wie schon im vorigen Abschnitt gezeigt wurde, konnte nach der Bestrahlung durch Messung der optischen Absorption bei tiefen Temperaturen gezeigt werden, daß die Bildung der photochemischen Reaktionsprodukte durch Anlagerung von Elektronen und Ionen an geeigneten Störstellen erfolgt. Es bestanden jedoch unterschiedliche Auffassungen über die bei der Absorption der Strahlung stattfindenden Einzelprozesse im Silberhalogenidgitter. Insbesondere wurden zwei Auffassungen diskutiert. Einerseits kann die Absorption der Strahlung zur Abspaltung und Bildung freier Elektronen im Gitter führen. Solche Vorgänge wurden von uns vermutet. Andererseits wurde von anderen Autoren angenommen, daß bei der Absorption des Lichtes erst Anregungszustände entstehen. Diese wandern im Gitter, und bei der Anlagerung der wandernden Anregungszustände an Störstellen werden zuerst photochemische Reaktionsprodukte erzeugt. Durch Messung der lichtelektrischen Leitung an reinen Silberhalogeniden und solchen mit Zusätzen konnte experimentell gezeigt werden, daß der Einzelprozeß bei der Absorption aus der Abspaltung und Bildung von freien Elektronen besteht. Angesichts dieser Tatsachen (um nun auch weitere Einzelprozesse zu ermitteln) war es wichtig, nach dem Schicksal dieser freien Elektronen zu fragen. Dabei spielt z. B. die mittlere Wegstrecke der Elektronen oder ihre Lebensdauer eine entscheidende Rolle. Selbstverständlich ist zu erwarten, daß diese beiden Prozesse nicht allein vom Zusatz, sondern auch von der Vorgeschichte der Silberhalogenide abhängen. Es kann z. B. die Dauer der Lagerung (wie das auch bei photographischen Filmen der Fall ist) eine Rolle spielen. Im allgemeinen hat man es nämlich nur mit Teilgleichgewichten der Kristalle nach ihrer Herstellung zu tun. Nach der Lagerung können diese Teilgleichgewichte geändert werden. Dies hat zur Folge, daß sowohl die Konzentration als auch die Art der Störstellen geändert werden. Die Konzentration und die Art der Störstellen können im Rahmen der summarischen Betrachtungen berechnet werden. Zur Klärung dieser Vorgänge wurden die Photoelektronen an der Kristalloberfläche abgelöst und mittels einer Impulsmethode in das Innere mit einem elektrischen Feld gebracht. Ohne auf Einzelheiten der Experimente einzugehen, sei gesagt, daß es möglich ist, mittels dieser Methode Einzelprozesse, die zur Bildung der photochemischen Reaktionsprodukte führen, zu untersuchen. Sie eröffnen die Möglichkeit für theoretische Untersuchungen der physikalischen Vorgänge im nichtmetallischen Kristallgitter. Die phänomenologischen Konstanten in der thermodynamisch-statistischen Auffassung können nunmehr eingehender diskutiert werden und Anhaltspunkte für die modellmäßigen Berechnungen dieser Prozesse für die Theorie liefern. Daneben spielen diese Kenntnisse eine Rolle auch für die Praxis. Damit werden nicht allein die photographischen Prozesse erfaßt. Auch die Vorgänge, die in der Halbleiterphysik wichtig und für die Praxis von Bedeutung sind, werden dabei behandelt. Bei den gegenwärtigen Arbeiten des Instituts, also im zweiten Abschnitt der Forschung, wird insbesondere das Gewicht auf die Untersuchung der Einzelprozesse gelegt. Sie ist als Perspektivplan für die weiteren Arbeiten in den nächsten Jahren anzusehen.

Aufgabe dieses Aufsatzes war, nur in ganz groben Zügen[2]) eine Übersicht über den Stand und die Perspektiven des Instituts zu geben.

[2]) Es wurden viele Aufgaben überhaupt nicht erwähnt. Ebenfalls wurde auf die Erörterung der Einzelfragen verzichtet.

Bedeutung und Aufgaben des Geodätischen Instituts Potsdam

VON KARL REICHENEDER

1. Historische Entwicklung

Wenn man den Ursachen nachgeht, welche zur Gründung des Geodätischen Instituts geführt haben, dann muß man die Mitteleuropäische Längengradmessung in 52° Breite an die Spitze stellen, über deren Vorgeschichte wir in der Einleitung zu der 1893 erschienenen Veröffentlichung des Geodätischen Instituts Potsdam folgendes erfahren:

„Der kaiserlich russische geheime Staatsrath und Direktor der Hauptsternwarte zu Pulkowa, W. STRUVE, wandte sich am 13. November 1857 an den Wirklichen Geheimen Rath A. v. HUMBOLDT mit einer schriftlichen Darlegung seiner Wünsche bezüglich der Beteiligung Preußens an der zwischen dem Atlantischen Ocean und dem Kaspischen Meere geplanten Längengradmessung. Dieses Schreiben wurde von dem Kriegsminister Grafen v. WALDERSEE bereits am 19. November 1857 in einem diesen Wünschen durchaus entgegenkommenden Sinne beantwortet, wobei zugleich die Zusicherung erfolgte, daß Generalmajor BAEYER mit den erforderlichen Arbeiten betraut werden sollte..."

JOHANN JACOB BAEYER (geboren 1794) wurde von seinen Verpflichtungen als Chef der trigonometrischen Abteilung im Preußischen Generalstab entbunden und für diese Arbeiten zur Verfügung gestellt. Er verfaßte 1861 seine dem Andenken ALEXANDER v. HUMBOLDTs gewidmete Denkschrift zur Gründung einer Mitteleuropäischen Gradmessung, betitelt „Über die Größe und Figur der Erde", und erreichte auch, daß diese Organisation 1862 ins Leben gerufen wurde. Auf der 1. Konferenz der „Mitteleuropäischen Gradmessung" 1864 in Berlin, wurde als wissenschaftlicher Kopf eine sog. „Permanente Commission" gewählt, als ausführende Hand ein „Zentralbüro" errichtet.

Auf Betreiben BAEYERs, der gemeinsam mit Prof. FOERSTER, dem Direktor der Berliner Sternwarte, ein „Promemoria betr. die Organisation eines Instituts für höhere Meßkunde" 1867 verfaßte, wurde obiges Zentralbüro zu einem Geodätischen Institut erweitert. BAEYER berichtet darüber auf einer Sitzung der Permanenten Commission in Florenz 1869:

„Die von der Kgl. Staatsregierung zu Gradmessungszwecken pro 1868 einmalig bewilligte Summe von 23480 Talern ist pro 1869 im Ordinarium des Kultusministeriums in den Staatshaushalt aufgenommen worden in der Absicht, soweit diese Summe reicht, mit der Gründung eines Geodätischen Instituts vorzugehen, welches für die Dauer der Europäischen Gradmessung von dem Präsidenten des Internationalen Zentralbureaus geleitet, die darauf bezüglichen Arbeiten dieses Bureaus unter Mitwirkung der Permanenten Commission ausführen soll, dem aber nach Beendigung der Europäischen Gradmessung die dauernde Wahrung und Fortbildung der höheren Geodäsie, der Astronomie und der mathematisch-physikalischen Wissenschaften in Preußen als bleibende Aufgabe gestellt wird"

und auf der 3. Konferenz der Europäischen Gradmessung in Wien 1871:

„Erst mit der Gründung des Geodätischen Instituts vom 1. Januar 1870 ist das Zentralbureau in den Stand gesetzt worden, einen geregelten Arbeitsplan für Sommer und Winter einführen zu können."

Dieses Datum muß als Geburtstag des Geodätischen Instituts Potsdam angesehen werden. Die Diensträume waren zu Lebzeiten BAEYERs (gestorben 1885) in verschiedenen Privathäusern Berlins untergebracht und wurden 1892 unter seinem Nachfolger HELMERT in das neue Gebäude auf dem Telegraphenberg in Potsdam verlegt.

Man wollte zweifellos dem Geodätischen Institut einen seiner damaligen Bedeutung würdigen Rahmen geben. Kurz vorher war nämlich auf der Allgemeinen Konferenz der „Europäischen Gradmessung" in Berlin 1886 auf Antrag Preußens deren Erweiterung zur „Internationalen Erdmessung", und in Artikel 1 der diesbezüglichen Übereinkunft beschlossen worden:

„Das Zentralbureau der Internationalen Erdmessung mit seinen bisherigen Attributionen bleibt mit dem Geodätischen Institut zu Berlin in solcher Weise verbunden, daß der Direktor des Geodätischen Instituts zugleich Direktor des Zentralbureaus der Internationalen Erdmessung ist und die Kräfte und Mittel des Instituts auch den Zwecken der letzteren dienen."

Dem Zentralbureau oblag die Entgegennahme, Zusammenstellung und Weiterleitung von Berichten, die Sammlung und Sichtung von wissenschaftlichem Material, die Verwaltung von Archiv und Bibliothek der Internationalen Erdmessung. Es mußte die Verhandlungen leiten und Arbeiten ausführen, welche für die Gleichförmigkeit der geodätisch-astronomischen Messungen notwendig erscheinen. Außerdem hatte es die theoretischen und praktischen Fortschritte der Geodätischen Wissenschaft im Auge zu behalten, so daß es die Spitzenstellung innerhalb der Internationalen Erdmessung tatsächlich ausfüllte.

In dem „Statut für das Königliche Geodätische Institut" vom 15. 8. 1887 wurde dessen Geschäftskreis und in § 1 folgendes Aufgabengebiet festgelegt:

„Die Aufgabe des Geodätischen Instituts besteht in der Pflege der Geodäsie durch wissenschaftliche Untersuchungen und in der Ausführung derjenigen astronomischen und physikalischen Bestimmungen, welche in Verbindung mit geodätischen Bestimmungen zur Erforschung der Gestaltung der Erde, vorzugsweise innerhalb des Landesgebietes, dienen.

Zu den Arbeiten des Instituts gehören hiernach:

1. Astronomische Bestimmungen der Lage der Lotrichtungen nach geographischer Länge und Breite an möglichst vielen geeigneten, durch geodätische Messungen miteinander verbundenen oder zu verbindenden Punkten des Landes und der Nachbarländer, letzteres soweit es zur Einordnung der Arbeiten für das Landesgebiet in die allgemeine Erforschung der Erde erforderlich ist;
2. astronomische Orientierungen an möglichst vielen Punkten des geodätischen Netzes;
3. Bestimmungen von Zenithdistanzen zwischen geeigneten Punkten desselben;
4. Bestimmung der Intensität der Schwere an möglichst vielen Punkten;
5. Untersuchungen der mittleren Lage und der Schwankungen des Meeresspiegels an den Küsten des Landes;
6. Untersuchungen über den Einfluß der Brechung der Lichtstrahlen in der Atmosphäre bei den Messungen unter Nr. 1 bis 3;
7. Grundlinienmessungen, Triangulierungen und Nivellierungen innerhalb der durch § 5 vorgezeichneten Grenzen;
8. Untersuchungen über die Hilfsmittel und Methoden der in den vorhergehenden Nummern gedachten Arbeiten;
9. rechnerische Verbindungen der astronomischen und physikalischen Arbeiten mit den geodätischen;
10. alle theoretischen, rechnerischen und experimentellen Untersuchungen, welche dazu dienen, die Erforschung der Gestaltung des Erdkörpers und die geodätische Aufnahme des Landes zu fördern."

Hatte das Geodätische Institut schon unter BAEYERs Führung großes Ansehen erworben, so gelangte es unter der Leitung HELMERTs bald zu Weltruf. FRIEDRICH ROBERT HELMERT (geboren am 31. 8. 1843), Lehrer an der Berliner Universität und Mitglied der Akademie der Wissenschaften, war einer der bedeutendsten Geodäten und bahnbrechend auf dem Gebiet der physikalischen Geodäsie, insbesondere der Gravimetrie.

Es würde den Rahmen dieses Aufsatzes weit übersteigen, wenn ich hier die Verdienste HELMERTs aufzählen oder mich über den glanzvollen Aufstieg des Geodätischen Instituts Potsdam unter seiner Leitung im einzelnen verbreiten wollte. Es sei aber gestattet, einen Auszug aus einer Rede des französischen Astronomen FAYE im Wortlaut wiederzugeben, welche er auf der Allgemeinen Konferenz der Internationalen Erdmessung in Berlin 1895 an die Preußische Regierung richtete und die am deutlichsten zeigt, welch hohes Ansehen das Geodätische Institut Potsdam zu jener Zeit in der ganzen Welt genoß:

„.... Man kann wohl sagen, daß es gerechtfertigt ist, wenn diese große und entscheidende Zusammenkunft unter den Schutz eines deutschen Ministers gestellt wird; denn die Erdmessung ist offenbar wesentlich deutsch, obgleich sie eine Vereinigung von Staaten aller Nationalitäten darstellt. Sie ist deutsch hauptsächlich durch ihren Gründer, den General BAEYER, den ich das Glück hatte zu kennen, das will sagen: zu lieben und zu achten. Sie ist ferner deutsch wegen des Preußischen Geodätischen Instituts, jener Anstalt, die in der Welt einzig dasteht und mit beträchtlichen Mitteln ausgestattet ist, die so freigebig zu unserer Verfügung gestellt werden und welche wir durch die Wechselfälle erhalten sehen möchten. Früher war dies anders. Im vergangenen Jahrhundert war Frankreich fast allein auf dem Gebiete der Geodäsie tätig, wie es die Namen unserer berühmten Vorgänger bezeugen: PICARD, MAUPERTUIS, BOUGUER, DE LA CONDAMINE, MÉCHAIN, PICOT, und ARAGO. Im gegenwärtigen Jahrhundert haben zwei geniale Männer, GAUSS und BESSEL, die wissenschaftliche Geodäsie hochentwickelt. Sie haben sie zu einer Wissenschaft von einer Vollkommenheit gestaltet, die wir heute zu repräsentieren und zu fördern bestrebt sind. Aber es ist das Verdienst des Generals BAEYER gewesen, die zivilisierten Nationen zu einem gemeinsamen Werk zu vereinigen. Er hat es allein verständlich gemacht, daß die Geodäsie nicht allein den Staaten dient durch die Herstellung der großen Kartenwerke, welche die Grundlage aller öffentlichen Arbeiten bilden, sondern daß sie auch die Wissenschaft fördert, denn die Wissenschaft kann jene bewundernswerten Messungen nicht entbehren, welche uns die Gestalt und die Dimensionen unseres Planeten mit immer wachsender Genauigkeit kennen gelernt haben. . . .“

In diese Blütezeit fiel der erste Weltkrieg wie ein Nachtfrost ein. Da Deutschland 1918 von allen internationalen wissenschaftlichen Organisationen ausgeschlossen wurde, mußte das Zentralbüro der Internationalen Erdmessung seine Tätigkeit in Potsdam einstellen und damit ging dem Geodätischen Institut ein großer Wirkungskreis verloren.

Das wissenschaftliche Leben war dort jedoch nicht erloschen und hat auch zwischen den beiden Weltkriegen beachtliche Erfolge aufzuweisen. So gelang es dem damaligen Direktor KOHLSCHÜTTER zusammen mit BONSDORFF, dem Direktor des Finnischen Geodätischen Instituts, alle an der Ostsee liegenden Staaten, einschließlich der Sowjetunion, in der „Baltischen Geodätischen Kommission“ zu vereinigen, welche wertvolle Arbeiten geleistet hat. Auch die Einführung der Quarzuhren im Zeitdienst des Geodätischen Instituts ist KOHLSCHÜTTERs Verdienst. Im übrigen hatten sich die Aufgaben des Geodätischen Instituts, welche 1936 durch eine neue Dienstordnung festgelegt wurden, in ihren Grundlagen kaum geändert. In dem Absatz

„Ferner hat das Institut die Aufgabe, die Verbindung mit den wichtigeren Auslandsinstituten mit ähnlichem Arbeitsgebiet aufrechtzuerhalten und den Anschluß der deutschen Forschung an die Forschungsergebnisse des Auslandes zu wahren“

kommt die damals einzige Möglichkeit allgemeiner internationaler Zusammenarbeit zum Ausdruck.

Die Bemühungen KOHLSCHÜTTERs um Aufnahme Deutschlands in die Internationale Union für Geodäsie und Geophysik führten nämlich erst 1937 zum Erfolg. Der Ausbruch des 2. Weltkrieges erstickte jedoch die kaum gelegte Saat im Keime.

2. Stand und Aufgaben des Geodätischen Instituts in der Gegenwart

Bis 1945 war das Geodätische Institut Potsdam dem Minister für Wissenschaft, Erziehung und Volksbildung unterstellt. Der letzte Weltkrieg war nicht spurlos an ihm vorübergegangen. Gebäudeschäden und eine erhebliche Einbuße an Geräten und in der Bücherei waren die Folge. Nach den dringendsten Aufräumungsarbeiten und notdürftigen Instandsetzungen lief der wissenschaftliche Betrieb nur langsam wieder an. Dank der Initiative von Prof. KIENLE, Direktor des Astrophysikalischen Observatoriums Potsdam, wurde das *Geodätische Institut 1946 in die Deutsche Akademie der Wissenschaften zu Berlin eingegliedert.* Die allgemeinen Nachkriegserscheinungen wie Materialknappheit, Instrumentenmangel, fehlende Nachwuchskräfte und der Abgang älterer Wissenschaftler behinderten die wissenschaftliche Arbeit; abgesehen davon war die geodätische Forschung durch Kontrollratsgesetz 25 eingeschränkt. So wurde das Hauptaugenmerk zunächst darauf gerichtet, den Zeitdienst wieder in Gang zu bringen, während in den übrigen Abteilungen vorwiegend nur theoretische Untersuchungen durchgeführt wurden.

Ende 1952 war die Zahl der Wissenschaftler am Geodätischen Institut auf 4 abgesunken — weniger als die Hälfte des Vorkriegsstandes — und hatte damit ihren Tiefpunkt erreicht. Aber unsere junge Republik hatte sich inzwischen so gefestigt, daß sie an die Erneuerung der geodätischen Grundlagen und des Kartenwerks herangehen konnte; dabei wurde auch die große praktische Bedeutung der höheren Geodäsie mehr und mehr erkannt. Als sich diese Erkenntnis schließlich allgemein durchgerungen hatte, begann der damalige komm. Direktor Prof. PAVEL tatkräftig mit dem Wiederaufbau des Instituts. Junge Geodäten wurden eingestellt und moderne Geräte angeschafft. Auch nach dem Tode Prof. PAVELs — er erlag 1954 einem Herzschlag während der Tagung der Internationalen Union für Geodäsie und Geophysik in Rom — konnte dank der großzügigen Unterstützung seitens der Deutschen Akademie der Wissenschaften die positive Entwicklung fortgesetzt werden. Schließlich hat die Regierung der Deutschen Demokratischen Republik der Bedeutung des Geodätischen Instituts durch den Ministerratsbeschluß vom 18. 5. 1955 Rechnung getragen, demzufolge die Arbeiten des Geodätischen Instituts Potsdam ihrer internationalen Bedeutung gemäß zu fördern sind. Heute arbeiten im Geodätischen Institut Potsdam bereits wieder 11 akademisch ausgebildete Wissenschaftler; sein Personalstand hat sich gegenüber 1952 verdoppelt.

Das Geodätische Institut bearbeitet nach wie vor Probleme der theoretischen und praktischen Geodäsie. Sein Aufgabenbereich verteilt sich auf Grund der noch zu bestätigenden neuen Ordnung zur Zeit auf 4 Abteilungen:

1. Mathematische Geodäsie:

Behandlung mathematischer Probleme der Geodäsie. Untersuchungen über Ausgleichungsverfahren, Geoid und Lotabweichungen. Weiterentwicklung moderner Rechenmethoden und ihrer Hilfsmittel (Tafelwerke, Rechenmaschinen, Rechenautomaten). Wissenschaftliche Mitarbeit bei der Schaffung von Lage- und Höhenfestpunktfeldern.

2. Physikalische Geodäsie:

Absolute Schweremessungen. Gravimetrische Untersuchungen und Messungen für wissenschaftliche Zwecke. Weiterentwicklung der Methoden und Geräte zum Studium des Schwerefeldes der Erde. Untersuchungen der Höhensysteme. Behandlung physikalischer Fragen der Geodäsie.

3. Praktische Geodäsie:

Entwicklung neuer physikalischer Verfahren der geodätischen Streckenmessung einschl. elektrischer Impulsverfahren. Eichung, Prüfung und Weiterentwicklung von geodätischen Instrumenten. Untersuchungen zu Grundlinien-, Winkel- und Höhenmessungen.

4. Astronomische Geodäsie:

Zeitdienst, Normalfrequenz, Weiterentwicklung der Quarzuhren. Schwankungen der Erdrotation. Astronomisch-geodätische Arbeiten und ihre Weiterentwicklung. Arbeiten für fundamentale Längenbestimmungen. Breitendienst. Beobachtung von Sternbedeckungen.

Auf Wunsch staatlicher Stellen wird das Geodätische Institut im Rahmen seiner Möglichkeiten auch Aufgaben der Landesvermessung übernehmen. Ferner wirken die Mitarbeiter des Geodätischen Instituts bei der Ausbildung wissenschaftlich qualifizierter Kräfte mit.

Die volkswirtschaftliche Bedeutung der Geodäsie liegt letzten Endes immer in der Herstellung von Kartenwerken. Diesem Ziel dient auch die moderne Forschung, insbesondere die Bestimmung von Größe und Figur der Erde.

Bereits etwa 200 Jahre v. Chr. hat ERATOSTHENES als erster den Radius der Erdkugel ermittelt. Seit NEWTON die physikalische Begründung für die Abplattung des Erdellipsoids gegeben hat, bemüht man sich, durch ausgedehnte Gradmessungen die Länge des äquatorialen und polaren Durchmessers immer genauer zu bestimmen.

Schließlich ist in den letzten Jahrzehnten sogar die Möglichkeit eines dreiachsigen Ellipsoids vielfach erörtert worden. Das in dieser Richtung ausgewertete Beobachtungsmaterial deutet zwar auf eine schwache Exzentrität des Äquators hin; aus praktischen Erwägungen heraus legt man jedoch den Triangulationen auf der Erdoberfläche auch jetzt noch ein geeignet gewähltes Rotationsellipsoid zugrunde. Die eingangs hervorgehobene Aufgabe der geodätischen Forschung läuft heute darauf hinaus, die Abstände (Geoidundulationen) zwischen diesem Referenzellipsoid und dem wirklichen Geoid zu bestimmen. Die Aufgabenstellung hat sich also im Laufe der letzten 2000 Jahre wesentlich verfeinert. Trotz ihres vorwiegend wissenschaftlichen Charakters ist die Forderung nach der Feinstruktur des Geoids aus der Praxis der Landesvermessung gewachsen.

Bei der bisher vorherrschenden astronomisch-geodätischen Methode zur Bestimmung der Erdfigur lag das Schwergewicht auf der Bestimmung von Lotabweichungen. Sie kann nur relative Geoidundulationen, bezogen auf einen geeigneten Zentralpunkt, liefern und ist naturgemäß nur auf dem Festlande, d. h. nur auf $^1/_5$ der Erdoberfläche anwendbar. Für großräumige geodätische Verbindungen können allerdings Beobachtungen von Sonnenfinsternissen und Sternbedeckungen durch den Mond, je nach Umständen auch die erst in neuerer Zeit aktuell gewordenen elektromagnetischen Impulsverfahren zur Messung sehr langer Dreiecksseiten herangezogen werden.

Heute tritt die gravimetrische Methode stark in den Vordergrund, welche auf einer vor rund 100 Jahren entwickelten Formel von STOKES fußt und absolute Geoidabstände bzw. Lotabweichungen zu liefern imstande ist. Freilich setzt auch sie Beobachtungswerte auf der ganzen Erde, also auch auf den Weltmeeren voraus, doch sind Schweremessungen zur See bereits mit ausreichender Genauigkeit möglich.

Mit allen Fragen, welche in dieser Hinsicht auftauchen, setzt sich auch das Geodätische Institut Potsdam in theoretischen Studien auseinander, welche gegebenenfalls durch vorhandenes Beobachtungsmaterial belegt oder durch neue Messungen ergänzt werden. Die Notwendigkeit, nach 1945 auch in der Deutschen Demokratischen Republik von dem modernen Ansprüchen nicht mehr genügenden Ellipsoid von Bessel zu dem Krassowskischen Referenzellipsoid überzugehen, hatte umfangreiche Rechenarbeiten zur Folge, insbesondere mußten neue Tafelwerke aufgestellt werden. Mit dem Problem der Ausgleichung trigonometrischer Netze hat sich die Abteilung mathematische Geodäsie von jeher beschäftigt; die in der letzten Zeit vom Geodätischen Institut herausgegebenen Veröffentlichungen beweisen, daß diese Tradition mit Erfolg fortgesetzt wird.

Wie schon erwähnt, ist die Gravimetrie ein wesentlicher Bestandteil der geodätischen Forschung, der durch die Entwicklung moderner Gravimeter neuerdings eine starke Belebung erfahren hat. Schweremessungen sind früher ausschließlich mit Pendelapparaten durchgeführt worden und hatten die Bestimmung der Abplattung gemäß dem bereits 1738 veröffentlichten Theorem von CLAIRAUT zum Ziel. Obwohl die Benutzung der Federwaage bereits Ende des vergangenen Jahrhunderts von geodätischer Seite vorgeschlagen wurde, hat erst um 1930 eine rapide Entwicklung im Gravimeterbau eingesetzt. Die Impulse dazu hat die angewandte Geophysik gegeben, als sie die Bedeutung der Gravimetrie für die Lagerstättenforschung erkannt hat. Selbstverständlich bedient sich auch die Geodäsie dieser modernen Geräte für ihre Aufgaben, wobei gegenwärtig die Bestimmung orthometrischer Höhen und die Untersuchung von Geoidteilen im Vordergrund des Interesses stehen. Es braucht kaum betont zu werden, daß man sich auch im Geodätischen Institut Potsdam mit diesen Fragen beschäftigt.

Trotz der überlegenen Meßgenauigkeit und -geschwindigkeit moderner Gravimeter sind die Pendelmessungen auch heute noch zur Etalonierung von Gravimeter-Eichstrecken und zur Sicherung des Schwereniveaus in gravimetrischen Netzen erforderlich.

Das Geodätische Institut Potsdam, welches über jahrzehntelange Erfahrungen im Bau von Pendelapparaten und in der Beobachtungstechnik verfügt, hat in diesem Zusammenhang auch in den letzten Jahren Pendelmessungen in der Deutschen Demokratischen Republik durchgeführt und beteiligt sich weiterhin an den vorliegenden Arbeiten.

Die vordringlichste Aufgabe, welche das Geodätische Institut zu erfüllen hat und wofür bereits Vorarbeiten im Gange sind, ist jedoch die Neubestimmung der absoluten Schwerkraft in Potsdam. Die letzte Messung dieser Art ist hier in den Jahren 1900 bis 1906 von KÜHNEN und FURTWÄNGLER durchgeführt worden und hat bekanntlich dazu geführt, daß die damals im Pendelsaal des Geodätischen Instituts Potsdam gemessene Schwerkraft 981,274 gal sich als Bezugswert für alle Schwerewerte auf der ganzen Erde eingebürgert hat. Die nach 1945 laut gewordenen Bestrebungen, Potsdam als internationale Hauptschwerestation aufzugeben, verpflichten uns doppelt: 1. dafür einzutreten, daß alle ausländischen Wissenschaftler zum Zwecke von Schwerkraft-Anschlußmessungen jederzeit ungehindert nach Potsdam kommen können und 2. im Geodätischen Institut Potsdam eine Neubestimmung der absoluten Schwerkraft durchzuführen.

Die Deutsche Akademie der Wissenschaften ist ihrerseits in richtiger Einschätzung der Sachlage diesen Forderungen durch mehrere Präsidiumsbeschlüsse gerecht geworden.

Die Abteilung Praktische Geodäsie beschäftigt sich vorwiegend mit der Längenmessung. Gerade hier hat die Forschung im Ausland seit dem letzten Kriege gewaltige Fortschritte gemacht. Es sind hier die elektrischen Impulsverfahren (Radar, Shoran, Decca) für große Entfernungen, das von BERGSTRAND zuerst entwickelte, auf der Modulation von Lichtwellen beruhende Verfahren für mittlere Entfernungen und das vorwiegend zur Eichung von 24 *m*-Meßdrähten benutzte, aber auch für größere Entfernungen angewandte optische Interferenzverfahren zu nennen. Das letzte ist früher bereits von Prof. MÜHLIG auch im Geodätischen Institut Potsdam mit Erfolg erprobt, die Anlage aber durch Kriegseinwirkungen zerstört worden. Diese Untersuchungen werden jetzt auf dem 30 m langen Pfeiler in dem 1955 fertiggestellten Eichgebäude wieder aufgenommen, insbesondere mit dem Ziel der absoluten Eichung von 24 *m*-Invardrähten.

Auch heute noch spielen diese Drähte für die Maßstabbestimmung in geodätischen Netzen eine große Rolle. Das Verhalten und die Eigenschaften dieser Drähte werden daher im Geodätischen Institut eingehend studiert und ihre Ausdehnungskoeffizienten auf einer eigens dafür eingerichteten Thermoanlage bestimmt.

Die 960 m lange Vergleichsbasis an der Michendorfer Chaussee in Potsdam, welche vor 1945 dem Reichsamt für Landesaufnahme gehörte und zur relativen Eichung aller Grundlinien in Deutschland diente, ist vom Geodätischen Institut übernommen und für die Belange in der Deutschen Demokratischen Republik instand gesetzt worden.

Zu den Nebenaufgaben der Abteilung Praktische Geodäsie gehörte immer schon die Prüfung von Libellen und die Bestimmung der Teilungsfehler von Meßkreisen, wichtige Bauelemente vieler geodätischer und astronomischer Instrumente. Solche Untersuchungen geben vor allem den Herstellern wertvolle Hinweise und sind daher für die Produktion dieser Geräte von großer Bedeutung.

Eine der wichtigsten Aufgaben des Geodätischen Instituts Potsdam ist der Zeitdienst in der Abteilung Astronomische Geodäsie. Bekanntlich liefert die Erdrotation das Maß für die Zeit. Im Geodätischen Institut Potsdam sind zum ersten Male die theoretisch vermuteten Schwankungen der Erdrotation einwandfrei nachgewiesen worden, was nur dank der Leistung seiner Quarzuhren möglich war. Diese periodischen Schwankungen der Umdrehungsgeschwindigkeit unserer Erde — es handelt sich dabei um Unterschiede der Tageslänge von höchstens 0,004 sec im Laufe eines Jahres — werden ständig im Geodätischen Institut verfolgt. Auch die in den letzten Jahren hier aufgenommenen Beobachtungen von Sternbedeckungen durch den Mond, welche zur Verbesserung der Brownschen Mondtafel in Greenwich zentral ausgewertet werden, gestatten, indirekt langfristige Rotationsschwankungen zu erkennen.

Die Grundlage des Zeitdienstes bilden die von mehreren Beobachtern laufend durchgeführten Zeitbestimmungen. Es werden dabei die Durchgänge von Sternen durch den Meridian mit sogenannten Passage- oder Durchgangsinstrumenten beobachtet und mit Hilfe der Quarzuhren zeitlich festgelegt. Diese häufigen Beobachtungen von Sterndurchgängen werden andererseits wieder zur Verbesserung der Sternörter in den Astronomischen Jahrbüchern verwertet.

Der Zeitdienst des Geodätischen Instituts Potsdam liefert über mehrere Kabel die Grundlage nicht nur für die genaue Zeit in der Deutschen Demokratischen Republik, sondern auch für die Eichung von Wellenlängen in der Rundfunktechnik. Vom Geodätischen Institut wird nämlich das Zeitzeichen gesteuert, welches morgens und mittags der Deutschlandsender ausstrahlt; vom Geodätischen Institut werden die Sekundenkontakte zur Synchronisation der „Sprechenden Uhr“ abgegeben, die als Zeitansage im Telefon bekannt ist, und vom Geodätischen Institut aus wird die Normalfrequenz 1000 Hz über die Post an die Bedarfsträger der Wissenschaft, Wirtschaft und Industrie herangetragen.

Zu den Aufgaben eines Zeitdienstes gehören auch die laufende Aufnahme und Auswertung fremder Zeitsignale. Die Ergebnisse werden zentral im Bureau de l'Heure, Paris, verarbeitet. Nach dessen Veröffentlichungen steht der Potsdamer Zeitdienst hinsichtlich der Genauigkeit mit an der Spitze unter allen Zeitdiensten auf der ganzen Welt.

Es bedarf keiner Frage, daß das Geodätische Institut bestrebt ist, diese Spitzenstellung zu behaupten und sich daher dauernd um eine Verbesserung seines Zeitdienstes bemüht, was sowohl die Beobachtungsmethode als auch die instrumentelle Ausrüstung anbelangt. In den letzten Jahren konnten die stark beschädigten Meridianhäuser, der Helmertturm und das Uhrenhaus ordnungsgemäß instand gesetzt und sämtliche technischen Anlagen überholt und modernisiert werden. Im Keller wurde ein besonderer Akkumulatorenraum eingerichtet und ein Dieselaggregat zur Versorgung der Quarzuhrenanlage bei Netzausfall aufgestellt, moderne Längst- und Kurzwellenempfänger sind angeschafft worden. Eine neue Quarzuhr der Firma Rohde u. Schwarz konnte vor einem Jahr in Betrieb genommen und erst kürzlich ein modernes Durchgangsinstrument von Zeiss eingesetzt werden. In diesem Zusammenhang sind physikalische Untersuchungen über die Genauigkeit des Signalempfangs und der Kontaktgabe sowie über das Verhalten der Quarzuhren, insbesondere der Einlauferscheinungen zu erwähnen. Auch die umfangreichen Untersuchungen über den Einfluß meteorologischer Daten auf die Zenitrefraktion dienen einer Verbesserung des Zeitdienstes.

Die Abteilung Astronomische Geodäsie hat auch fundamentale Ortsbestimmungen, insbesondere astronomische Längenbestimmungen durchzuführen und wesentlichen Anteil an der Erfüllung der von unserer Regierung gestellten Aufgaben.

Es braucht kaum hervorgehoben zu werden, daß das Geodätische Institut bei allen wissenschaftlichen Problemen, welche die Landesvermessung unmittelbar berühren, mitarbeitet, und daß die Zusammenarbeit mit den Dienststellen, welche die praktischen Vermessungsarbeiten in der Deutschen Demokratischen Republik durchzuführen haben, sehr eng und fruchtbar ist. Als dort für die speziellen Aufgaben die notwendigen Kräfte und Ausrüstungen fehlten, hat das Geodätische Institut bereitwilligst dafür entsprechende Kader ausgebildet, die Erfahrungen seiner Mitarbeiter und die Kapazität seines Instrumentariums und seiner Werkstätte zur Verfügung gestellt und sich damit unschätzbare Verdienste in der Deutschen Demokratischen Republik erworben. Die Reihe der Veröffentlichungen des Geodäschen Instituts Potsdam wurde nach 1945 fortgesetzt. In ihnen berichten seine wissenschaftlichen Mitarbeiter über größere abgeschlossene Forschungsarbeiten. Darüber hinaus sind aus ihrer Feder auch zahlreiche Beiträge in den Fachzeitschriften erschienen.

Ab 1955 wird im Geodätischen Institut ein Geodätisches Kolloquium durchgeführt, wo über besondere aktuelle Probleme vor einem größeren Kreis von Fachkollegen referiert und diskutiert wird.

Es hieße die Bedeutung der Institutsbibliothek verkennen, wenn sie hier unerwähnt bliebe. Sie wurde mit der Gründung des Geodätischen Instituts eingerichtet und verzeichnete vor 1945 über 20000 Druckschriften. Leider sind wesentliche Teile durch Kriegsereignisse verloren gegangen, doch liegt auch heute noch der Bestand weit über 10000. Es war unser Bestreben, diese unersetzlichen Werte würdig unterzubringen und die vorhandenen Lücken zu schließen. In den letzten Jahren ist es gelungen, aus den Ländern der Volksdemokratie und insbesondere aus der Sowjetunion in großem Umfang wissenschaftliche Literatur zu erhalten; auch der Tauschverkehr mit dem westlichen Ausland hat erfreulicherweise wieder stark eingesetzt.

Eine der wichtigsten Aufgaben des Geodätischen Instituts Potsdam ist es auch heute noch, sich über die Forschungsergebnisse in anderen Staaten zu unterrichten und mit den Institutionen in Fühlung zu bleiben, welche ein ähnliches Arbeitsgebiet haben. Wissenschaftliche Tagungen bieten in dieser Hinsicht die beste Gelegenheit zu fruchtbaren Diskussionen. Ein besonderes Bedürfnis ist es, wissenschaftlichen Meinungsaustausch mit westdeutschen Fachkollegen zu pflegen.

Praktische geodätische Arbeiten internationalen Charakters haben sich mit den benachbarten Ländern der Volksdemokratie angebahnt. Dagegen konnte sich das Geodätische Institut bisher nicht an den Arbeiten innerhalb der Internationalen Union für Geodäsie und Geophysik beteiligen, da die Deutsche Demokratische Republik im Gegensatz zur Bundesrepublik nicht Mitglied dieser weltumspannenden Organisation ist, welche General BAYER vor beinahe hundert Jahren als Mitteleuropäische Gradmessung aus der Taufe hob und deren Tagungen jedesmal nicht nur eine glanzvolle Demonstration wissenschaftlicher Zusammenarbeit sind, sondern auch den besten Überblick über die Probleme der Geodäsie vermitteln. Die Wege zu gemeinsamen Arbeiten mit der Bundesrepublik sind zwar durch die bei der Bayrischen Akademie der Wissenschaften in München bestehende Deutsche Geodätische Kommission, der auch namhafte Vertreter der Geodäsie in der Deutschen Demokratischen Republik angehören, geebnet, doch sind diese Wege zum Teil noch durch Schlagbäume versperrt.

Wir sehen uns eben heute vor die Tatsache gestellt, daß nicht nur eine politische Trennungslinie quer durch Deutschland verläuft, sondern daß die Bewohner beider Teile unserer Heimat sich sogar im wahrsten Sinne des Wortes am Rande zweier verschiedener Ellipsoide gegenüberstehen — hier KRASSOWSKI, dort HAYFORD. In Anbetracht der erfolgreichen Bemühungen General BAEYERs um eine internationale Zusammenarbeit in der Erdmessung müssen alle Deutschen, muß insbesondere aber das Geodätische Institut Potsdam diese Tatsache schmerzlich empfinden.

3. Perspektiven des Geodätischen Instituts Potsdam

Wenn sich die geschilderte Situation durch eine geodätische Verbindung beseitigen ließe, wäre dies die dankbarste Aufgabe der Gegenwart. Eine nüchterne Beurteilung der gegebenen Tatsachen läßt aber keinen Zweifel darüber offen, auf welcher Seite wir im Augenblick praktisch mitarbeiten und wo wir vorwiegend nur die Rolle eines Zuschauers spielen können. Sobald die Deutsche Demokratische Republik Mitglied der Internationalen Union für Geodäsie und Geophysik wird, so wie es die Sowjetunion, die Polnische, Tschechoslowakische und Ungarische Volksrepublik bereits sind, könnte sich diese Sachlage ändern.

Das Geodätische Institut Potsdam würde davon nicht unberührt bleiben, doch ist die Übernahme internationaler Verpflichtungen nicht entscheidend für seinen wissenschaftlichen Ruf oder gar für seine Existenz. Nicht die Ausgliederung des Zentralbüros der Internationalen Erdmessung, welches in der Hauptsache Verwaltungsaufgaben zu erfüllen hatte, oder die Abtrennung des Internationalen Breitendienstes waren die wesentlichen Ursachen dafür, daß das wissenschaftliche Leben im Geodätischen Institut nach 1918 nicht mehr so stark pulsierte wie vordem, sondern der Verlust seines genialen Leiters ROBERT HELMERT. Es gibt auch in der Gegenwart Beispiele, daß für das Ansehen eines wissenschaftlichen Instituts nicht die Größe oder die politische Vormachtstellung des Landes entscheidend sind, sondern nur die Leistungen seiner Mitarbeiter. Als Beispiel sei hier das Finnische Geodätische Institut genannt.

Auch die Deutsche Demokratische Republik ist nur ein kleines Land, aber es besitzt das Geodätische Institut Potsdam, dessen Aufgabe die Forschung auf geodätischem Gebiet ist und dessen Tradition alle seine Mitarbeiter zu besonderen Leistungen verpflichtet. Es kann keinen Zweifel darüber geben, daß sie bei ihrer Arbeit, deren Früchte in der Deutschen Demokratischen Republik gepflückt werden, von seiten der Regierung und der Deutschen Akademie der Wissenschaften weitestgehend Unterstützung finden.

Schon früher wurde das Ziel der geodätischen Forschung umrissen, welches heute auf die Bestimmung der Geoidundulationen hinausläuft. Da der größte Teil unserer Erde in dieser Hinsicht noch als unerforscht gelten kann, ist man von der Lösung des Problems noch weit entfernt, und Generationen werden sich damit noch zu beschäftigen haben. Es wird dem Forschungsgeist aller Wissenschaftler, auch der des Geodätischen Instituts Potsdam, vorbehalten bleiben, neue und bessere Wege zur Erreichung dieses Zieles zu finden. Besonders erfolgversprechend scheint zur Zeit die gravimetrische Bestimmung von Lotabweichungen zu sein.

Der Pflege der Geodäsie als angewandte Mathematik schenkt das Geodätische Institut ein besonderes Augenmerk. Die tausendjährige Verbundenheit von Geodäsie und Mathematik dokumentiert allein schon das Wort „Geometrie". Man wird sich hier insbesondere mit Problemen beschäftigen müssen, welche mit der Rechnung auf dem Ellipsoid, mit der Berechnung des Schwerefeldes der Erde und mit der Auflösung umfangreicher Gleichungssysteme zusammenhängen. Es ist kein Zufall, daß die Fehlertheorie und die damit zusammenhängende Ausgleichung von Beobachtungen in der Geodäsie ihre stärkste Belebung erfahren haben; denn gerade im Vermessungswesen werden täglich eine Unzahl von Beobachtungen ausgeführt. Die Richtlinien dafür, daß diese Messungen nach günstigen Gesichtspunkten angesetzt und planvoll gelenkt werden, sind auf Grund fehlertheoretischer Untersuchungen aufzustellen, deren praktische und wirtschaftliche Bedeutung daher nicht hoch genug eingeschätzt werden kann. Auch der Einsatz moderner Rechengeräte für die geodätischen Belange ist ins Auge zu fassen.

Wie bereits erwähnt, sind im Geodätischen Institut bereits Vorbereitungen für die Neubestimmung der absoluten Schwerkraft in Potsdam im Gange. Diese Aufgabe soll nach dem Prinzip des Reversionspendels, aber unter Berücksichtigung neuer Gesichtspunkte gelöst werden und wird mehrere Jahre in Anspruch nehmen, da es sich dabei um eine apparative Neuentwicklung und um eine Präzisionsmessung mit vielen Nebenuntersuchungen handelt. In diesem Zusammenhang wird auch die Schwerkraft mit einem Gravimeter laufend registriert, sobald die erwarteten Geräte eintreffen.

Die relativen Pendelmessungen haben noch zur Sicherung des Schwereniveaus in gravimetrischen Netzen eine große Bedeutung. Ihre Förderung ist daher auch in der Zukunft notwendig, wobei insbesondere Verbesserungen hinsichtlich der Beobachtungsmethode und der apparativen Ausrüstung zu erwägen sind. Im Vordergrund des Interesses stehen auch Schweremessungen auf See. Daher wird der statische Schweremesser von Prof. HAALCK für diese Zwecke weiterentwickelt.

Auf dem Gebiet der (geodätischen) Längenmessungen hat das Geodätische Institut den großen Vorsprung des Auslandes aufzuholen. Die zur absoluten Eichung von 24 *m*-Invardrähten mit Hilfe der Interferenz von Lichtwellen eingeleiteten Untersuchungen sollen auf größere Entfernungen ausgedehnt werden; vor allem muß die Längenmessung nach dem Prinzip modulierter Lichtwellen demnächst in das Arbeitsprogramm aufgenommen werden, denn gerade sie hat für die praktische Landesvermessung die größte Bedeutung. Aber auch den übrigen Verfahren zur Überbrückung sehr großer Entfernungen ist trotz des dafür notwendigen Aufwandes die gebührende Beachtung zu schenken.

Die Untersuchungen an Invardrähten, diese wichtigsten Hilfsmittel bei der geodätischen Längenmessung, mit der Perspektive einer ständigen Verbesserung der Meßmethodik und -genauigkeit dürfen auch in Zukunft nicht vernachlässigt werden.

Es ist selbstverständlich, daß der Zeitdienst im Geodätischen Institut Potsdam nicht nur wegen seiner hervorragenden Bedeutung für das Wirtschaftsleben in der Deutschen Demokratischen Republik, sondern auch wegen seiner internationalen Bedeutung und zur dauernden Verfolgung der Rotationsschwankungen der Erde ununterbrochen weitergehen muß. Das Bestreben muß darauf gerichtet sein, durch notwendig erscheinende Untersuchungen und gegebenenfalls Verbesserungen diesen Zeitdienst immer auf dem modernsten Stand zu halten. In diesem Sinne ist es auch zu begrüßen, daß seit kurzem den Bemühungen des Instituts, die Sekundenkontakte des Potsdamer Zeitdienstes über einen Sender dauernd auszustrahlen, bereits ein gewisser Erfolg beschieden ist. Wenn auch diese Sendung vorläufig versuchsweise nur abends erfolgt, so ist doch zu hoffen, daß die Potsdamer Zeitzeichen, ähnlich wie bei modernen Zeitdiensten in anderen Ländern, bald den ganzen Tag über zu hören sind. Auch die allerdings mit erheblichen Investitionen verbundene Aufstellung eines fotografischen Zenitteleskops ist zu erwägen, da mit diesem Gerät in anderen Zeitdiensten bereits beachtliche Erfolge erzielt wurden.

Das Geodätische Institut Potsdam wird seinen Zeitdienst auch für die (astronomische) Längenbestimmung im „Geophysikalischen Jahr" 1957/58 mit einsetzen. In diesem Zusammenhang ist auch an Breitenbestimmungen gedacht mit der Absicht, sie später in das Arbeitsprogramm aufzunehmen. Der geodätischen Anwendung von Sternbedeckungen und Verfinsterungen soll mehr Aufmerksamkeit zugewandt werden.

Auch in der Zukunft wird sich das Geodätische Institut an den Aufgaben beteiligen, welche von der Regierung an das Institut herangetragen werden, und seine Kräfte für den Aufbau in der Deutschen Demokratischen Republik einsetzen.

Im Vorhergehenden sind nur die Schwerpunkte der am Geodätischen Institut Potsdam betriebenen Forschungen angedeutet. Darüber hinaus wird man sich je nach den Umständen auch mit theoretischen und praktischen Untersuchungen beschäftigen, welche auf anderen Gebieten der Geodäsie liegen. Da das Geodätische Institut Potsdam vorwiegend eine Pflegestätte der höheren Geodäsie ist, kommt dem astronomisch-gravimetrischen Sektor die größere Bedeutung zu. Eine allgemeine Ausweitung, beispielsweise auf das Gebiet der Photogrammetrie, scheitert gegenwärtig an den beschränkten Raumverhältnissen.

Zum Schluß möchte ich nicht unerwähnt lassen, daß das Geodätische Institut Potsdam nach der Wiedervereinigung Deutschlands wieder den seiner Tradition entsprechenden Platz in unserem Vaterlande einnehmen soll, wie die Deutsche Geodätische Kommission, vor allem ihr erster Präsident, Professor MAX KNEISSL, München, mehrfach versichert hat. Hoffen wir, daß dieser Tag nicht mehr fern ist!

Ein Beitrag zur Geschichte des Prinzips der kleinsten Wirkung — in memoriam G. W. Leibniz, Jakob Bernoulli und M. Planck —

VON KURT-R. BIERMANN

Jeder Erinnerungstag unserer Akademie ruft dazu auf, derjenigen Männer und ihrer Arbeiten zu gedenken, deren Mitgliedschaft ihr Ansehen begründet oder vermehrt hat. So erscheint es nicht als ein Zufall, wenn H. KIENLE in seiner Ansprache bei der Eröffnung der Deutschen Akademie der Wissenschaften zu Berlin am 1. August 1946 einleitend MAX PLANCK als Repräsentanten der Naturforscher, die an die Existenz einer unabhängig vom erkennenden Subjekt vorhandenen realen Außenwelt glauben, erwähnte.[1])

Wenn wir den diesjährigen Gedenktag zum Anlaß nehmen, um eine Brücke von PLANCK zur Gründungszeit der Berliner Akademie zu schlagen, so lassen wir uns dabei von zwei Gesichtspunkten leiten:

Niemand wie MAX PLANCK verstand es — was er an OTTO HAHN rühmte —, Entdeckungen dadurch wahrhaft wertvoll zu machen, daß er weitgehende Schlüsse an sie knüpfte.[2]) Die von ERWIN SCHRÖDINGER fixierte Zielsetzung, jeden Einzelfall als Ausfluß weniger einfacher Gesetzmäßigkeiten zu erkennen[3]), verwirklichte MAX PLANCK in seinem langen Forscherleben. Er verstand es — was er an MAX VON LAUE pries —, das Wesentliche vom Unwesentlichen, das Notwendige vom Zufälligen, das Reale vom Konventionellen reinlich zu scheiden.[4]) MAX PLANCK stellte — was er an HEINRICH RUBENS besonders hervorhob — stets sein Wissen und Können in den Dienst großer Gedanken.[5])

Nicht, daß er — wie ALBERT EINSTEIN es ausdrückte — mit der Quantenhypothese die klassische Mechanik für den Fall stürzte, daß genügend kleine Massen mit hinreichend kleinen Geschwindigkeiten und genügend großen Beschleunigungen bewegt sind[6]), — nicht diese Leistung, die — wie MAX VON LAUE sagte — seinen Namen auf alle Zeiten verewigt[7]), ist der erste Grund, warum wir im folgenden seinen Namen mit denen von GOTTFRIED WILHELM LEIBNIZ und JAKOB BERNOULLI in Verbindung bringen werden, sondern weil sich aus seinen zahlreichen Stellungnahmen zu allgemeineren Fragen, in denen sich sein Suchen

[1]) H. KIENLE: Die Maßstäbe des Kosmos, Berlin 1948, S. 3.

[2]) M. PLANCK: Erwiderung auf die Antrittsrede O. Hahns vom 2. Juli 1925; enthalten in: Max Planck in seinen Akademie-Ansprachen, Berlin 1948, S. 87.

[3]) E. SCHRÖDINGER: Antrittsrede vom 4. Juli 1929, a. a. O. S. 118.

[4]) M. PLANCK: Erwiderung auf die Antrittsrede M. v. Laues vom 30. Juni 1921, a. a. O. S. 37.

[5]) M. PLANCK: Gedächtnisrede auf H. Rubens von 28. Juni 1923, a. a. O. S. 69.

[6]) A. EINSTEIN: Antrittsrede vom 2. Juli 1914, a. a. O. S. 21.

[7]) M. v. LAUE: Traueransprache bei der Beisetzung M. Plancks am 7. Okt. 1949; enthalten in: M. Planck, Wissenschaftliche Selbstbiographie, Leipzig 1948, S. 3ff.

nach dem Absoluten und Invarianten[8]) manifestierte, eine solche Verbindung zwangsläufig ergibt. Selten sind wohl schönere und treffendere Worte über LEIBNIZ gesprochen als von MAX PLANCK am 1. Juli 1926[9]): „Was beim näheren Studium der Persönlichkeit von GOTTFRIED WILHELM LEIBNIZ immer wieder in die Augen fällt und was ihn hoch über alle Zeitgenossen erhebt, ist die Vereinigung der Gabe, sich in die höchsten und feinsten Probleme irgendeines speziellen Wissensgebietes zu vertiefen und es durch tiefgreifende neue Ideen so zu bereichern, wie es nur ein Fachgelehrter ersten Ranges zu tun vermag, mit der entgegengesetzten Fähigkeit, die wirksamen Zusammenhänge zwischen den Einzelwissenschaften in ihren großen Zügen zu erkennen, und mit dem unablässigen Drang, die Synthese der Wissenschaft nach innen und nach außen auf jede ihm möglich erscheinende Weise und mit Anwendung aller ihm zur Verfügung stehenden geistigen und materiellen Mittel in die Tat umzusetzen."

Der zweite Anlaß, warum wir einen bescheidenen Beitrag zur Geschichte eines gerade von MAX PLANCK wiederholt behandelten Gesetzes zu leisten versuchen werden, besteht darin, daß die Arbeiten der Klassiker der Wahrscheinlichkeitsrechnung, zu denen uns unsere Betrachtung führen wird, ein erhebliches, nicht nur historisches, sondern auch fachwissenschaftliches Interesse bei der derzeitigen kritischen Überprüfung der Grundlagen dieser Theorie besitzen. Es zeigt sich auch hier, „daß manche Fragen, welche man durch die wissenschaftliche Forschung der letzten beiden Jahrhunderte erledigt glauben durfte, neuerdings wieder in Fluß gekommen sind".[10])

MAX PLANCK maß dem „Prinzip der kleinsten Wirkung", nach welchem später auch das elementare Wirkungsquantum seinen Namen erhalten hat[11]) und von welchem im folgenden zu sprechen sein wird, eine ganz außerordentliche Bedeutung bei.

In seiner Ansprache vom 21. Januar 1932 befaßte sich PLANCK u. a. mit dem Prioritätsstreit um das genannte Prinzip[12]), über den hier nur dieses zusammenfassend gesagt sei: MOREAU DE MAUPERTUIS, damaliger Präsident der Berliner Akademie, veröffentlichte 1748 in Berlin eine Arbeit „Les loix du mouvement et du repos déduites d'un Principe Métaphysique".[13]) In dieser Abhandlung wird das sogenannte Prinzip der kleinsten Wirkung dargestellt, dessen Aussage PLANCK so formulierte, „daß unter gewissen als möglich gedachten Vorgängen stets gerade derjenige in Wirklichkeit stattfindet, welcher mit dem Mindestaufwand von Aktion oder Wirkungsgröße verbunden ist".[14]) Die auf Grund der 1752 in Leiden durch den Mathematiker und Leibniz-Forscher SAMUEL KÖNIG publizierten Abschrift eines Leibnizbriefes vom 16. Oktober 1707 anhebende Auseinandersetzung bewegte damals leidenschaftlich die ganze wissenschaftliche Welt. Die Untersuchungen, ob der Brief echt und damit die von MAUPERTUIS veranlaßte und von LEONHARD EULER unterstützte, das Gegenteil besagende Erklärung der Akademie ungerechtfertigt sei, haben sich bis in die jüngere

[8]) M. PLANCK: Wissenschaftliche Selbstbiographie, Leipzig 1948, S. 31 f.
[9]) MAX PLANCK in seinen Akademie-Ansprachen, Berlin 1948, S. 93.
[10]) M. PLANCK: Ansprache am Leibniztag, d. 3. Juli 1930, a. a. O. S. 134.
[11]) M. PLANCK: Religion und Naturwissenschaft, Leipzig 1938, S. 25.
[12]) M. PLANCK in seinen Akademie-Ansprachen, Berlin 1948, S. 137 ff.
[13]) Histoire de l'Académie Royale des Sciences et Belles Lettres, 1746, S. 267 ff.
[14]) M. PLANCK: Ansprache am Leibniztag, d. 29. Juni 1922, a. a. O. S. 43.

Zeit hingezogen.[15]) Wenn auch der Adressat des Briefes noch nicht einwandfrei ermittelt werden konnte, so steht heute fest, daß KÖNIG Recht hatte, MAUPERTUIS und die Akademie im Unrecht waren und, um wieder mit PLANCK zu sprechen, LEIBNIZ als der Entdecker des Wirkungsprinzips zu betrachten ist, MAUPERTUIS aber zu dessen Gunsten zurücktreten muß, auch wenn der eine gewisse Formulierung des Prinzips enthaltende Brief durch LEIBNIZ nie geschrieben worden wäre.[16])

Wir wollen nun zu zeigen suchen, daß sich im Briefwechsel zwischen G. W. LEIBNIZ und JAKOB BERNOULLI gewisse Berührungspunkte zwischen Gedanken BERNOULLIS und dem Prinzip der kleinsten Wirkung finden. Über Fragen der Wahrscheinlichkeitsrechnung korrespondierten die beiden großen Männer von April 1703 bis November 1704. BERNOULLI deutete dabei die Ergebnisse seines bereits 20 Jahre währenden intensiven Nachdenkens über die Probleme der Wahrscheinlichkeitstheorie an. BERNOULLI hatte seine neuen Ideen gefunden, weil bei ihm zwei Voraussetzungen vorhanden waren, die das Genie charakterisieren und die LEOPOLD INFELD an ALBERT EINSTEIN so exemplifizierte: „Zunächst und vor allem hat er die Fähigkeit, Fragen zu stellen. Zweitens hat er die Fähigkeit, jahrelang über das gleiche Problem nachzudenken, bis die Dunkelheit in das Licht des Verstehens übergeht."[17])

Gegen die von JAKOB BERNOULLI vorgenommene empirica aestimatio der Wahrscheinlichkeiten äußerte LEIBNIZ folgende Bedenken[18]): Wenn die Werte

$$x_0, x_1, \ldots, x_n$$
$$y_0, y_1, \ldots, y_n$$

gegeben sind, so kann durch Interpolation $y = f(x)$ gefunden werden. Somit kann eine Kurve durch die Punkte $(x_0, y_0), (x_1, y_1), \ldots, (x_n, y_n)$ hindurchgelegt werden. Jetzt sei ein weiterer Punkt (x_r, y_r), wobei $x_0 < x_r < x_n$, $y_0 < y_r < y_n$, angenommen. Durch erneute Interpolation wird $y = g(x)$ gefunden. Die neue Kurve geht sowohl durch die Punkte $(x_0, y_0), (x_1, y_1), \ldots, (x_n, y_n)$, wie auch durch (x_r, x_r). Da die Lage von (x_r, y_r) unendlich oft verändert werden kann, so sind auch unendlich viele Kurven möglich. Mit den Punkten sind aber die Beobachtungen, mit den Kurven die Folgerungen oder Abschätzungen vergleichbar. Wenn auch keine vollständige Abschätzung der Wahrscheinlichkeiten empirisch möglich sei, schreibt LEIBNIZ, so sei sie doch für die Praxis nützlich und hinreichend.

Hierauf geht JAKOB BERNOULLI u. a. in seiner Antwort ein.[19]) Wenn von fünf Funktionswerten, so führt er sinngemäß aus, angenommen wird, daß sie auf einer Parabel liegen, so ist

[15]) C. J. GERHARDT: Über die vier Briefe, die SAMUEL KÖNIG in dem Appel au public, Leide MDCCLIII [sic!], veröffentlicht hat, Sitz. Ber. d. Kgl. Pr. Akademie der Wissenschaften, 1898, S. 419ff. W. KABITZ: Über eine in Gotha aufgefundene Abschrift des von S. KÖNIG in seinem Streite mit MAUPERTUIS und der Akademie veröffentlichten, seinerzeit für unecht erklärten Leibnizbriefes, Sitz. Ber. d. Kgl. Pr. Akademie der Wissenschaften, 1913, S. 632ff. Vgl. auch die Darstellung, die ADOLF HARNACK in der Geschichte der Kgl. Pr. Akademie der Wissenschaften zu Berlin, I, 1, Berlin 1900, S. 333ff., gibt, sowie H. v. HELMHOLTZ, Rede über die Entdeckungsgeschichte des Princips der kleinsten Action, bei HARNACK, a. a. O., III, S. 282ff.

[16]) M. PLANCK in seinen Akademie-Ansprachen, Berlin 1948, S. 137ff.

[17]) L. INFELD: Albert Einstein. Sein Werk und sein Einfluß auf unsere Welt, deutsch, Wien 1953, S. 58.

[18]) Brief vom 26. Nov. 1703. — Die zitierten Briefe sind enthalten in Leibniz' mathemat. Schriften, herausgegeben von C. J. GERHARDT, Halle 1855, Band 3, 3, 1.

[19]) Brief vom 20. April 1704.

die Hypothese, daß eben diese fünf Punkte den tatsächlichen Sachverhalt widerspiegeln, gesicherter, als wenn nur vier Punkte durch Beobachtung festgestellt wurden. Wenn auch die Zahl der Kurven unbegrenzt ist, die durch die fünf Punkte hindurchgehen, so gibt es ,,unendlich mal unendlich" viele Kurven, die durch die vier ersten, aber nicht durch den fünften Punkt hindurchgelegt werden können und die alle durch die fünfte Beobachtung ausgeschlossen wurden. Doch jeder Schluß auf Grund solcher Beobachtungen wäre leichtfertig, würde man nicht unterstellen, daß die gesuchte Kurve zu den einfacheren gehört. Die Berechtigung dieser Hypothese ist BERNOULLI deshalb wahrscheinlich, da man sehe, daß *die Natur beständig den einfachsten Wegen folgt* (... cum naturam ubique vias simplicissimas assectari videamus). Wenn wir hierin auch keine Formulierung des Prinzips der kleinsten Wirkung zu erblicken haben und keineswegs etwa ein Prioritätsanspruch JAKOB BERNOULLIS geltend gemacht werden soll, so sind doch gewisse Beziehungen unverkennbar. Das wird besonders deutlich, wenn wir den Bernoullischen Ausführungen noch ein von PLANCK gebrachtes Beispiel für die Manifestation des Prinzips der kleinsten Wirkung folgen lassen: ,,Die Photonen, welche den Lichtstrahl bilden, ... wählen sich unter allen möglichen Kurven, die sich ihnen darbieten, stets diejenige aus, die sie am schnellsten zum Ziele führt."[20])

LEIBNIZ' Einwände haben unzweifelhaft erheblich zur Klärung der Fragen beigetragen; erachtete sie doch BERNOULLI für wichtig genug, um auf sie in seiner Ars conjectandi, deren außerordentliche wissenschaftliche Bedeutung keiner näheren Begründung bedarf, widerlegend zurückzukommen. Sein Werk über die Wahrscheinlichkeitsrechnung blieb unvollendet; sein Neffe NICOLAUS (I.) BERNOULLI gab es 1713 heraus.[21]) Der Tod hatte JAKOB BERNOULLI am 16. August 1705 die Feder aus der Hand genommen. Erschütternd klingt die Klage des noch nicht fünfzigjährigen BERNOULLI über seinen schlechten Gesundheitszustand, der ihn am Aufzeichnen seiner Gedanken hinderte.[22]) Trotzdem genügte das, was er zu Papier gebracht hatte, um seinem Namen ein dauerhaftes Denkmal in einem Zweige der Mathematik zu setzen, dessen Bedeutung für Wissenschaft und Technik immer noch wächst.

Wenn ein MAX PLANCK dem Prinzip der kleinsten Wirkung so große Aufmerksamkeit schenkte, so erscheint uns der vorliegende Hinweis gerechtfertigt, zumal er uns erlaubte, dreier Männer zu gedenken, denen die Wissenschaft und unsere Akademie Großes verdankt. Auf G. W. LEIBNIZ wie auf JAKOB BERNOULLI trifft das Wort, das HENDRIK ANTOON LORENTZ 1927 sprach und das es wert ist, in die Erinnerung zurückgerufen zu werden, ebenso zu wie auf MAX PLANCK, an den es gerichtet wurde, denn jedem von ihnen war es beschieden, Gedanken zu fassen, die wie kaum andere anregend und befruchtend gewirkt haben: ,,Sie fanden einen köstlichen Edelstein, der, auf dunklem und geheimnisvollem Hintergrund strahlend, sein Licht nach allen Richtungen aussendet, vorher ungeahnte Zusammenhänge erkennen läßt und die entlegensten Gebiete beleuchtet."[23])

[20]) M. PLANCK: Religion und Naturwissenschaft, Leipzig 1938, S. 25.

[21]) Deutsch von R. HAUSSNER: Ostw. Kl. Nr. 107 u. 108, Leipzig 1899.

[22]) Brief vom 3. Okt. 1703.

[23]) Zitiert nach P. DEBYE, Physik; enthalten in: 25 Jahre Kaiser-Wilhelm-Gesellschaft zur Förderung der Wissenschaften, II, Berlin 1936, S. 46f.

Zum Abschluß sei uns gestattet, dem Wunsche Ausdruck zu geben, daß die Deutsche Akademie der Wissenschaften zu Berlin künftig auch die Erforschung der Wissenschaftsgeschichte und hier besonders die Untersuchung der Beiträge, die von Akademiemitgliedern zur allmählichen Entstehung des heutigen Weltbildes geleistet wurden, in ihren Aufgabenbereich einbeziehen möge.

Zur Problematik der Konstitutionsaufklärung nieder- und hochmolekularer anorganischer Sauerstoffsäuren und ihrer Salze

VON ERICH THILO

Einleitung

Die im Institut für Anorganische Chemie der Deutschen Akademie der Wissenschaften zu Berlin durchgeführten Untersuchungen über Bildung und Konstitution hochmolekularer anorganischer Salze der kondensierten Phosphate und Silikate führten zu einer Problematik prinzipiellen Charakters, die im folgenden an einigen möglichst einfachen Beispielen aus dem Gebiet der Sauerstoffsäuren und deren Salze dargelegt werden soll.

Sauerstoffsäuren sind Verbindungen, die ihrer chemisch analytischen Zusammensetzung nach aus gewissen „sauren" Oxyden und Wasser bestehen und durch Summenformeln wie

$$Z_xO_y \cdot z\,H_2O$$

wiedergegeben werden können. Der Säurecharakter derartiger Verbindungen beruht darauf, daß das in der Verbindung enthaltene Wasser mindestens zum Teil als sogenanntes Konstitutionswasser gebunden wird und in der Verbindung in Form von „sauren" Hydroxyl-Gruppen enthalten ist, d. h. solchen, die in Lösungen, z. B. in Wasser, nach dem Schema

$$X\,OH + H_2O \rightleftarrows XO^- + H_3O^+$$

mehr oder weniger vollständig in negativ geladene Säureanionen und positiv geladene Hydroxoniumionen dissoziieren. Hydroxoniumionen sind Anlagerungsverbindungen von H^+-Ionen an ein Wassermolekül.

So entsteht z. B. die Schwefelsäure aus dem Säureoxyd oder Säureanhydrid SO_3 und Wasser nach der Gleichung:

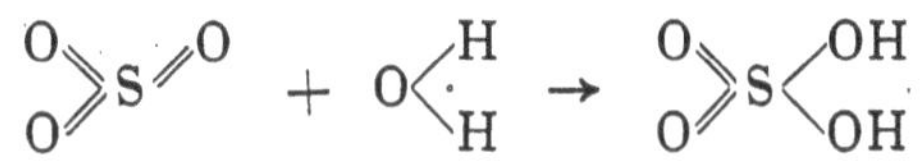

$$SO_3 \; + \; H_2O \; \rightarrow \; H_2SO_4$$

in einer Reaktion, in der sich ein Molekül des Säureanhydrids SO_3 mit einem Molekül Wasser verbindet. Dabei wird das gesamte, dem Oxyd angebotene Wasser konstitutionell gebunden, und die mit dem Wasser eingebrachten Wasserstoffatome liegen schließlich in Form von OH-Gruppen vor.

Dieses Beispiel ist zwar typisch und das ihm zugrunde liegende Schema ist in zahllosen Fällen beobachtet und bestätigt, aber keineswegs stellt es den allgemeinen Fall dar. Sehr viele Beispiele — und besonders bei sogenannten kondensierten Säuren — gibt es, bei denen das Verhalten nicht dem Grundtypus folgt und das in den Verbindungen

$$Z_xO_y \cdot z\,H_2O$$

enthaltene Wasser nur zum Teil in Form saurer Hydroxylgruppen vorliegt. Das Problem der Konstitutionsaufklärung der Säuren besteht dann in den meisten Fällen im Versuch der Feststellung, wieviel der H-Atome des in der Verbindung enthaltenen Wassers in Form von sauren OH-Gruppen vorliegen. Zwei Teilfragen haben eine besondere Bedeutung, von denen die erste sich prinzipiell auf alle Arten von Säuren und ihre Salze bezieht, die zweite praktisch nur bei sogenannten kondensierten Säuren und deren Salzen auftaucht.

I. Monomere Säuren und ihre Salze

Als monomere Säuren bezeichnet man solche, die nur ein von Sauerstoff umgebenes Zentralatom Z im Säuremolekül oder dessen Anion enthalten.

Beispiele dafür sind die

Schwefelsäure 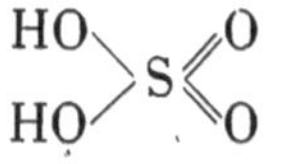 $= H_2SO_4$

Phosphorsäure  $= H_3PO_4$

und Kieselsäure 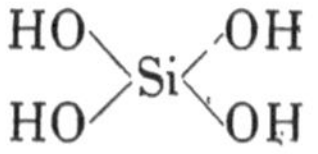 $= H_4SiO_4$.

In den beiden ersten Verbindungen dieser Reihe ist es anscheinend einfach, die Konstitution zu bestimmen. In wäßriger Lösung dissoziieren sie weitgehend in ihre Anionen und Hydroxoniumionen

$$SO_4H_2 + 2\,H_2O \rightleftarrows SO_4^{2-} + 2\,H_3O^+$$
$$PO_4H_3 + 3\,H_2O \rightleftarrows PO_4^{3-} + 3\,H_3O^+.$$

Das erkennt man leicht daran, daß ihre wäßrigen Lösungen „sauer" reagieren, also sauer schmecken und gewisse Farbstoffe — Indikatoren genannt — umfärben und daß in den genannten Fällen 2 bzw. 3 Äquivalente Base benötigt werden,

$$SO_4^{2-} + 2\,H_3O^+ + 2\,Na^+ + 2\,OH^- \rightarrow 2\,Na^+ + SO_4^{2-} + 4\,H_2O$$
$$PO_4^{3-} + 3\,H_3O^+ + 3\,Na^+ + 3\,OH^- \rightarrow 3\,Na^+ + PO_4^{3-} + 6\,H_2O,$$

um die „saure Reaktion" der Lösung aufzuheben, die Säure zu „neutralisieren".

Aus den „neutralisierten" Lösungen, in denen sich die Kationen der Base, im Beispiel die Na^+-Ionen und die Säureanionen neben dem bei der Neutralisation gebildeten Wasser befinden, kristallisieren neutrale Salze aus. Das sind Säuren, in denen die H-Atome der sauren Hydroxylgruppen durch das betreffende Metall ersetzt sind.

Manche Säuren und die aus ihnen gebildeten Salze kristallisieren aber wasserhaltig, das Na_2SO_4 als Glaubersalz z. B. mit 10 Molekülen Wasser $Na_2SO_4 \cdot 10\,H_2O$. Die Schwefelsäure selbst gibt neben mehreren anderen „Hydraten" eines — $H_2SO_4 \cdot H_2O$ —, das pro Atom Schwefel 2 Moleküle H_2O, pro Molekül fertiger Schwefelsäure also 1 Molekül Wasser enthält.

Es fragt sich, wie in diesen Verbindungen, speziell im Monohydrat der Schwefelsäure, das Wasser gebunden ist. Ist es konstitutionell, also so gebunden, daß nun 4 Atome Wasserstoff in Form von OH-Gruppen vorliegen und die Konstitution für das Monohydrat der Schwefelsäure als Säure (a) oder als Verbindung mit freiem Wassermolekül, sogenanntes Kristallwasser (b)

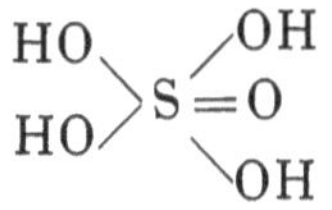
(a)

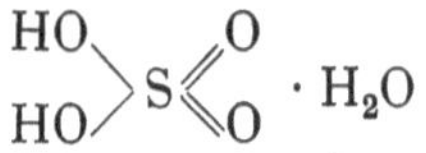
(b)

zu formulieren ist? Wäre die Säureformel (a) richtig, dann sollte man erwarten, daß Lösungen dieses Hydrates bei der Neutralisation 4 Basenäquivalente verbrauchen. Das ist nicht der Fall. Die Lösungen aller Schwefelsäurehydrate verbrauchen zur Neutralisation stets nur 2 Äquivalente Base pro Atom Schwefel. Die Formel (b) als Hydrat gibt also die Tatsachen richtig wieder, denn die Schwefelsäure enthält nur zwei durch Metall ersetzbare H-Atome, die als Protonen in die Lösung dissoziieren.

Aber könnten im Monohydrat der Schwefelsäure nicht auch Hydroxylgruppen enthalten sein, die so „schwach sauer" sind, daß sie in wäßriger Lösung praktisch nicht merkbar dissoziieren, also keine Protonen an Lösungsmittelmoleküle abgeben, aber dennoch durch Metall ersetzbar sind? Das ist prinzipiell keineswegs ausgeschlossen, denn es ist eine allbekannte, sehr wichtige Tatsache, daß von mehrbasischen Säuren die H-Atome von sauren Hydroxylgruppen um so weniger dissoziieren, um so schwächer sauer werden, je mehr Hydroxylgruppen am selben Zentralatom gebunden sind, und dennoch sind ihre H-Atome meist durch Metall ersetzbar. Vielleicht, so muß man sich fragen, liegt im Monohydrat der Schwefelsäure doch eine Verbindung vor, in der der Schwefel mehr als zwei saure OH-Gruppen trägt.

Es gibt sogenannte basische Salze wie die Verbindung $Cu_3SO_6 \cdot 2\,H_2O = CuSO_4 \cdot 2\,Cu(OH)_2$ des zweiwertigen Kupfers, die zunächst für die oben vorgetragene Hypothese und gegen die Annahme zu sprechen scheinen, daß die Schwefelsäure unter allen Umständen nur zwei durch Metall ersetzbare H-Atome enthalten müsse.

Man hat sich so an die Formel H_2SO_4 für die Schwefelsäure gewöhnt — und die Zusammensetzung einer Unzahl von wasserfrei kristallisierenden Salzen, die der Formel Me_2SO_4 entsprechen, bestätigen diese Formel —, daß man die Frage nach dem Wahrheitsgehalt dieser Formulierung überhaupt nicht mehr stellt. Dennoch hat diese Frage ihre prinzipielle Berechtigung.

Im Fall der Schwefelsäure und ihrer Salze, den Sulfaten, stellt das genannte basische Kupfersulfat eine von wenigen Ausnahmen dar, die tatsächlich als Sonderfälle zu betrachten sind. Denn mit den stärksten Basen, die die besten Salzbildner sind, bildet die Schwefelsäure wasserfreie Salze, Me_2SO_4, in denen zwei und nur zwei H-Atome pro Atom Schwefel durch Metall ersetzt sind. Auch nur zwei Alkoholreste R lassen sich mit dem Rest der Schwefelsäure zu Estern der Konstitution

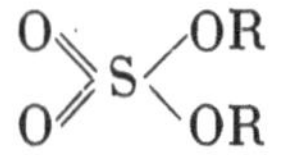

verbinden.

In allen diesen Verbindungen ist der 6wertige Schwefel mit zwei doppelt und zwei einfach gebundenen Sauerstoffatomen verknüpft. Aber keine Theorie verbietet ernsthaft, daß der Schwefelsäure unter gewissen Umständen nicht die Formel H_6SO_6

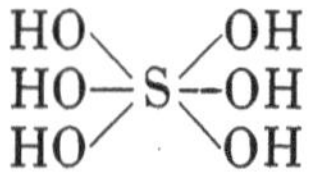

zukommen könnte, was für die entsprechende Säure des dem Schwefel analogen Tellurs, die Tellursäure H_6TeO_6 erwiesen ist.

Faßt man alle Befunde über die Schwefelsäure und ihre Salze zusammen, so kommt man zum Schluß, daß die Formel H_2SO_4 zwar die „normale" und „beste" sei, daß aber für Ausnahmefälle eine andere Formulierung auf Grund rein chemischer Beobachtungen zunächst nicht ausschließbar ist.

Daß auch in den Ausnahmefällen wie dem Monohydrat der Schwefelsäure und den basischen Salzen dem Ion der Schwefelsäure die Formel $[SO_4]^{2-}$ zukommt, zeigen, soweit bisher untersucht, alle röntgenographischen Strukturbestimmungen. In allen wurde eindeutig erwiesen, daß in von der Schwefelsäure abgeleiteten Salzen — auch den abnorm zusammengesetzten — der Schwefel ausnahmslos im Mittelpunkt eines Tetraeders liegt, an dessen 4 Ecken sich je ein Sauerstoffatom befindet. Das Wasser im „Monohydrat" ist also nicht direkt an den Schwefel gebunden und in dem basischen Salz ersetzt nur ein Cu-Atom zwei H-Atome, das weitere Cu liegt in den Kristallen als $Cu(OH)_2$, Kupferhydroxyd vor. Der Schwefelsäure ist also tatsächlich nur die eine Formel H_2SO_4 zuzuschreiben.

Ganz analoges gilt für die Monophosphorsäure, auch sie enthält nur 4 an das zentrale P-Atom gebundene Sauerstoffatome.

Als viel schwieriger erweist sich die Frage nach der Konstitution der Kieselsäure H_4SiO_4. Ihre wäßrige Lösung reagiert nicht sauer; schon der kleinste Zusatz einer Base zur Lösung der Kieselsäure ruft alkalische Reaktion hervor. Nur bei großem Überschuß an starken Basen lassen sich aus ihren Lösungen gut kristallisierende und wieder lösliche Salze gewinnen, die man als Salze der Monokieselsäure aufzufassen hat. Aber kein Salz läßt sich aus wäßriger Lösung gewinnen, in dem alle 4 H-Atome durch Metall ersetzt sind. Die metallreichsten enthalten 3 Äquivalente Base pro Atom Silicium und außerdem meist eine mehr oder weniger große Zahl von Wassermolekülen.

Das wasserärmste, aus Lösungen zu gewinnende Natriumsilikat hat die Zusammensetzung $Na_3HSiO_4 \cdot 5H_2O$. Daß aber der Monokieselsäure die Formel H_4SiO_4 zukommt, zeigt die Existenz einer großen Zahl von in Wasser sehr schwer löslichen Salzen, wie z. B. das Ca_2SiO_4 und Mg_2SiO_4, die durch Reaktion im festen Zustand aus den entsprechenden Mengen der Oxyde CaO und SiO_2 bzw. MgO und SiO_2 zu erhalten sind. Das Mg_2SiO_4 (der Olivin) ist so häufig, daß er als Hauptbestandteil im Basalt gebirgsbildend in der Natur vorkommt. Solchen Salzen kann nur eine Säure der Formel H_4SiO_4 entsprechen. In der Monokieselsäure trägt das Silicium 4 saure OH-Gruppen, die allerdings nur so schwach sauer sind, daß sie in wäßriger Lösung keine Protonen abgeben, obwohl sie durch Metall ersetzbar sind. Außerdem ist röntgenographisch erwiesen, daß auch in allen untersuchten kristallisierten Silikaten das Silicium ausschließlich von 4 Sauerstoffatomen tetraedrisch umgeben ist. Daher ist es nicht wahrscheinlich, daß die Monokieselsäure, die nur in Lösung bekannt ist, mehr als 4 OH-Gruppen am Silicium enthält, zumal die höchste beobachtete Wertigkeit des Siliciums gleich 4 ist.

Auch in basischen Salzen der Monokieselsäure, wie z. B. im Ca_3SiO_5, dem als Zementmineral besonders wichtigen Tricalciumsilikat, haben röntgenographische Untersuchungen gezeigt, daß das Silicium nur an 4 Sauerstoffatome gebunden ist. Das fünfte Sauerstoffatom liegt in Form einer CaO-Gruppe vor, die mit den übrigen Ca-Atomen und den SiO_4-Gruppen ein gemeinsames Kristallgitter aufbauen.

Fassen wir das Gesagte zusammen, so ergibt sich, daß die rein chemische Untersuchung von basischen und wasserhaltigen Salzen keinen unbedingt zwingenden Schluß auf ihren tatsächlichen Bau zuläßt. Auch bei einfachen Beispielen finden sich Sonderfälle, für die mit rein chemischen Methoden keine zwingenden Konstitutionsbeweise zu erbringen sind. Erst die röntgenographische Strukturbestimmung kann in schwierigen Fällen exakte Konstitutionsbeweise liefern.

II. Kondensierte Säuren und ihre Salze

a) Die kondensierten Phosphate

Obwohl die kondensierten Silikate ihren Bauprinzipien nach länger bekannt sind als die kondensierten Phosphate, sind letztere doch früher der chemischen Konstitutionsaufklärung zugänglich geworden. Deshalb sollen die kondensierten Phosphate hier zunächst behandelt werden. Besonders aber auch deshalb, weil bei ihnen die Konstitutionsbeweise einfacher und eindeutiger zu führen sind als bei den kondensierten Silikaten.

Seit den vor nun fast 150 Jahren durchgeführten Untersuchungen GRAHAMS ist es bekannt, daß außer der Mono-Phosphorsäure H_3PO_4 weitere Säuren des Phosphors und ihnen entsprechende Salze existieren, die wasserärmer sind und die analytische Zusammensetzung $H_4P_2O_7$ und HPO_3 haben. FLEITMANN und eine Reihe späterer Forscher faßten diese Verbindungen als Entwässerungsprodukte der Mono- oder, wie sie früher genannt wurde, Ortho-Phosphorsäure auf, schrieben ihr die Konstitutionsformeln

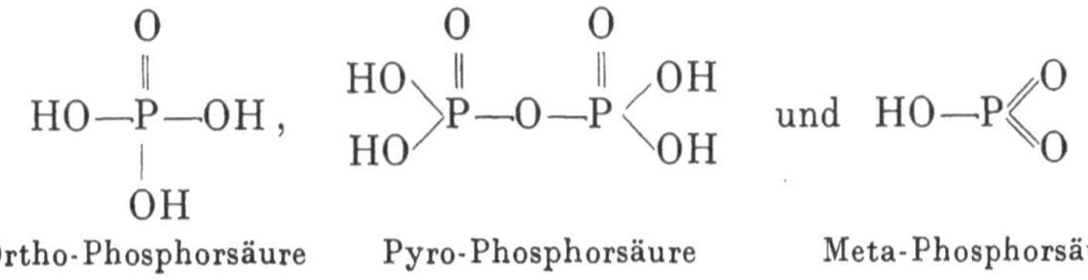

Ortho-Phosphorsäure   Pyro-Phosphorsäure   Meta-Phosphorsäure

zu und bezeichneten sie als Pyro- bzw. Meta-Phosphorsäure, ihre Salze als Pyro- und Metaphosphate.

Bald zeigte sich aber, daß zwar die Pyrophosphate eine einheitliche Verbindungsklasse darstellen, deren Anionen dieselbe Zusammensetzung $[P_2O_7]^{4-}$ haben, daß aber die vermeintlich einheitlichen Metaphosphate eine große Zahl von in ihrem chemischen Verhalten sehr verschiedenen Verbindungstypen umfaßt.

Heute ist es sichergestellt, daß es 4 Typen von Phosphorsäuren und ihnen entsprechenden Salzen gibt, die sich durch folgende Konstitutionsformeln wiedergeben lassen.

Die Anionen der kondensierten Phosphate

Metaphosphate	Polyphosphate	Iso-Metaphosphate	Vernetzte Phosphate
Ringförmige Anionen	Ketten-Anionen	Aus Ringen und Ketten kombinierte Anionen	$[P_nO_{3n-x}]^{(n-2x)-}$
$[P_nO_{3n}]^{n-}$	$[P_nO_{3n+1}]^{(n+2)-}$		
$n = 3,\ n = 4$	oder		
	$[H_2P_nO_{3n+1}]^{n-}$	(Nur Ester bekannt)	
	$n = 1$ bis 10^6		
z. B. Trimetaphosphat	z. B. Tetraphosphat	Iso-Tetrametaester	
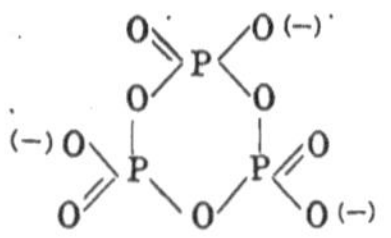	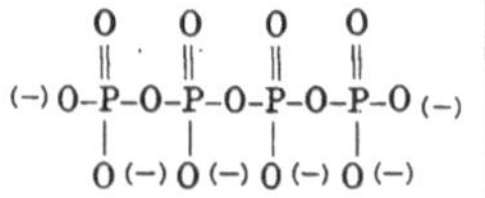	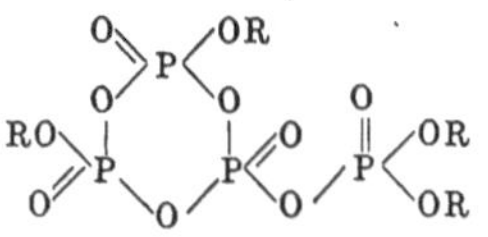	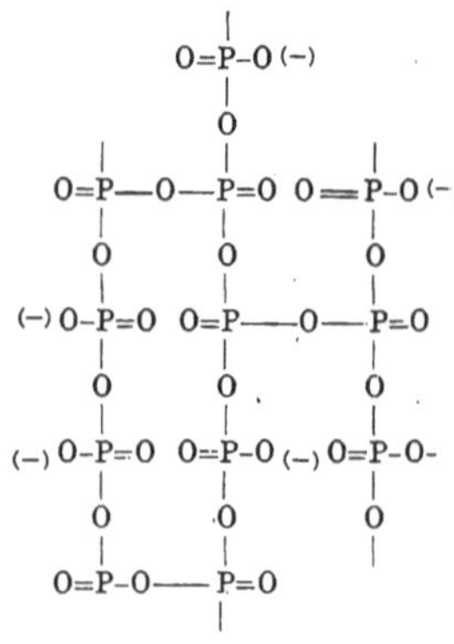

1. „Metaphosphate im eigentlichen Sinne" mit der Zusammensetzung $(Me\,PO_3)_n$; deren Anionen ringförmig gebaut sind,
2. Polyphosphate $(Me_n\,PO_3)_n \cdot H_2O$, deren Anionen aus Ketten bestehen, in denen eine mehr oder weniger große Zahl n von Phosphoratomen über Sauerstoff miteinander verknüpft sind, wobei n alle ganzzahligen Werte zwischen 1 und ungefähr 10^6 annehmen kann,
3. Iso-Metaphosphate, die formal dieselbe Zusammensetzung $(Me\,PO_3)_n$ wie die eigentlichen Metaphosphate haben, deren Anionen aber Kombinationen von Ringen und Ketten darstellen,
4. vernetzte Phosphate, die weniger als ein Kationenäquivalent pro Atom Phosphor enthalten und aus Polyphosphatketten bestehen, die untereinander noch über Sauerstoffatome miteinander verknüpft sind.

Alle diese Verbindungen werden als kondensierte Phosphorsäuren bzw. kondensierte Phosphate bezeichnet, weil sie sich durch Kondensationsreaktionen nach dem Schema

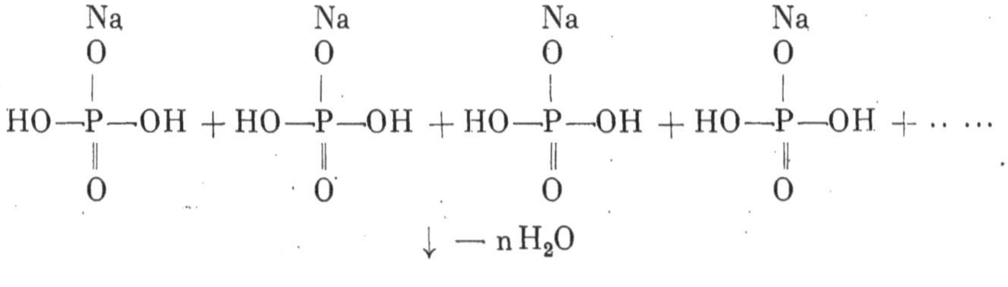

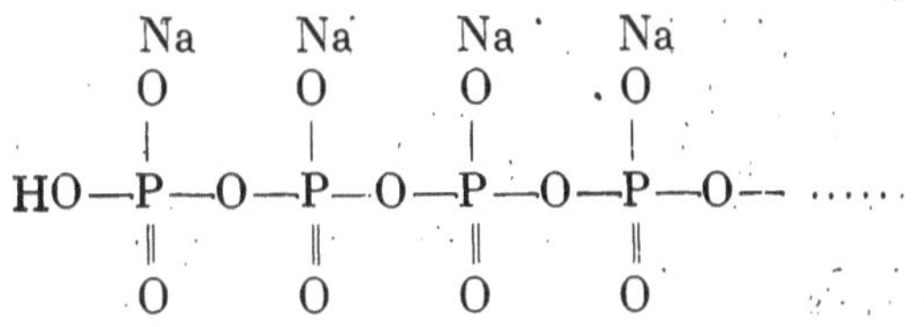

oder

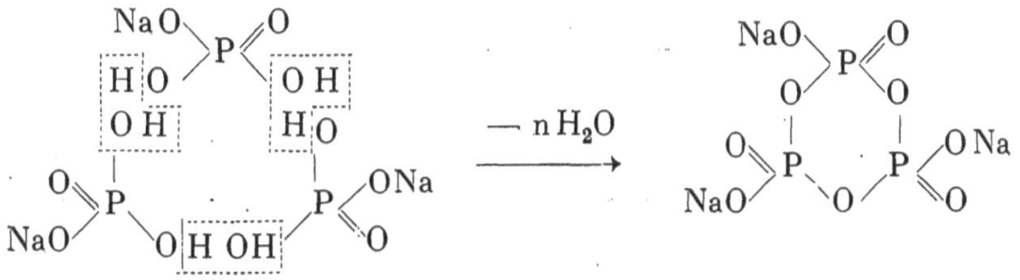

unter „Kondensation", d. h. Austritt von Wasser aus je zwei benachbarten Molekülen bilden. Bei jeder so entstandenen Verbindung tritt zunächst prinzipiell dieselbe Frage auf, die oben für die Schwefelsäure diskutiert wurde, die, ob jedes Phosphoratom tatsächlich nur 4 Sauerstoffatome zu nächsten Nachbarn hat und nicht noch ein weiteres Wassermolekül anlagert, wonach jedes Phosphoratom der entsprechenden Säure 3 OH-Gruppen tragen würde. Da aber keine einzige Beobachtung bekannt ist, die für diese Annahme sprechen würde, hätte eine Diskussion über die Frage, ähnlich wie bei der Schwefelsäure, bisher nur vom Prinzip her eine Bedeutung. Dennoch gelten bei den kondensierten Phosphaten dieselben Überlegungen, die oben für die Schwefelsäure diskutiert wurden, und das in erhöhtem Maße, weil allen chemisch geführten Strukturbeweisen der kondensierten Phosphate ausdrücklich die Annahme zugrunde liegt, daß der Phosphor in den genannten Verbindungen nur tetraedrisch von Sauerstoff umgeben ist, eine Annahme, die sich allerdings in jedem bisher röntgenographisch untersuchten Fall als zu Recht bestehend erwies, auch dann, wenn die entsprechenden kondensierten Phosphate wasserhaltig sind.

Unter dieser Voraussetzung hat der zu führende Konstitutionsbeweis bei kondensierten Phosphaten die Aufgabe, die Art und Zahl der (P—O—P)-Verknüpfungen in den einzelnen Verbindungen festzustellen.

Von den eigentlichen *Metaphosphaten* mit ringförmigen Anionen sind bisher nur 2 Typen bekannt geworden. Die Anionen des ersten enthalten 3, die des zweiten Typs 4 P-Atome im Molekül.

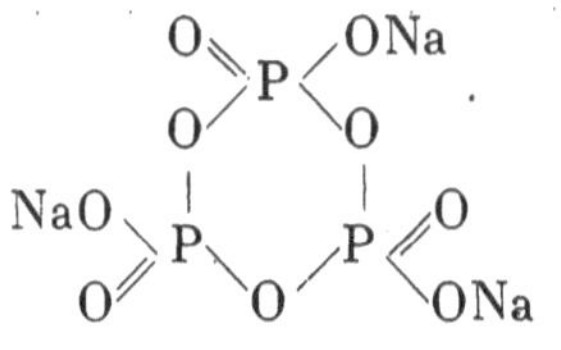

$Na_3P_3O_9$

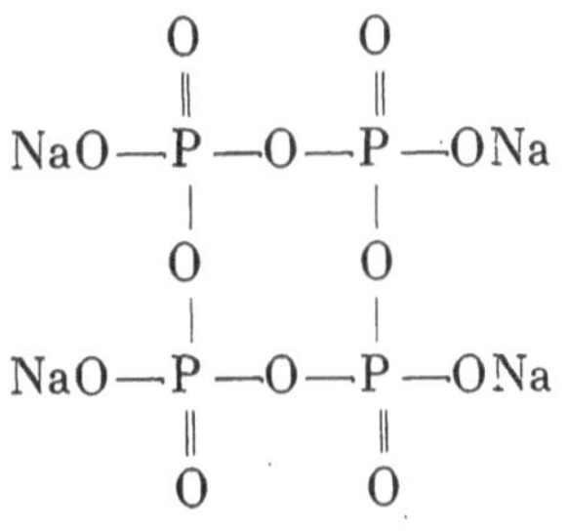

$Na_4P_4O_{12}$

Den Beweis dafür liefert die Molekulargewichtsbestimmung in schmelzendem Glaubersalz, derzufolge die Tri-Metaphosphate 3, die Tetra-Metaphosphate 4 PO_3-Gruppen im Molekül enthalten. Daß diese über Sauerstoffatome zu Ringen verknüpft sind, zeigt die Existenz wasserfreier Salze. Wären sie es nicht, so würde z. B. dem Natrium-Tri-Metaphosphat, das die Zusammensetzung $Na_3P_3O_9$ hat, eine Formel

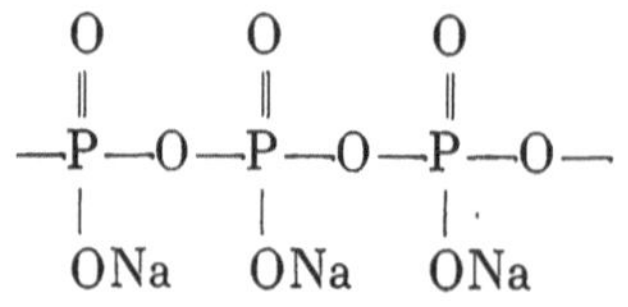

zukommen müssen, in der ein P-Atom nur 3 nächste Sauerstoffnachbarn hat. Schließlich gehen sowohl das Tri-Meta- als auch das Tetra-Metaphosphat beim Behandeln mit Laugen unter Ringsprengung und Aufnahme von 2 Mol NaOH vollständig in die entsprechenden Salze der Polyphosphatgruppe, die Tri- und Tetraphosphate

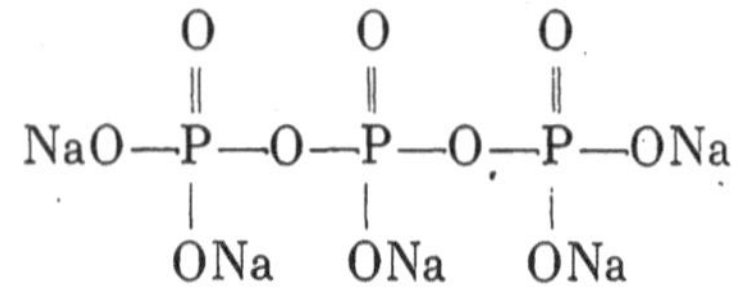

Natriumtriphosphat

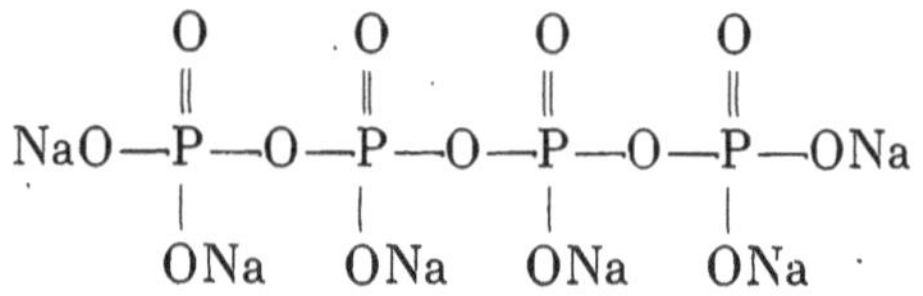

Natriumtetraphosphat

über.

Daß die *Polyphosphate* kettenförmige Anionen haben, ergaben folgende Beobachtungen. Für das Mono- (= Ortho-), das Di- (= Pyro-) und das Triphosphat folgt die Konstitution eindeutig aus der Zusammensetzung der wasserfreien Salze

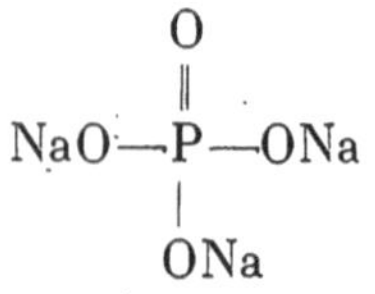

Mono-

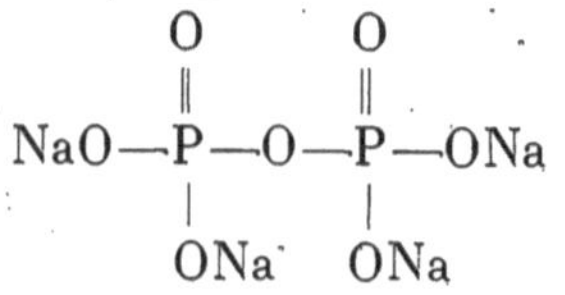

Di-

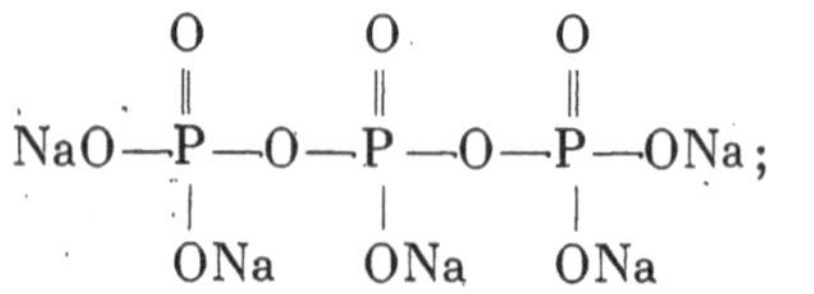

Triphosphat

für ihre Formulierung besteht keine andere Möglichkeit, wenn man das Argument der ausschließlichen Koordinationszahl 4 des Phosphors dem Sauerstoff gegenüber anerkennt.

Bei allen höhermolekularen Polyphosphaten ist die Ableitung der Formel aus der Zusammensetzung aber nicht mehr möglich. Dem Tetraphosphat $Na_6P_4O_{13}$ werden schon zwei verschiedene Konstitutionsformeln (a) und (b) gerecht:

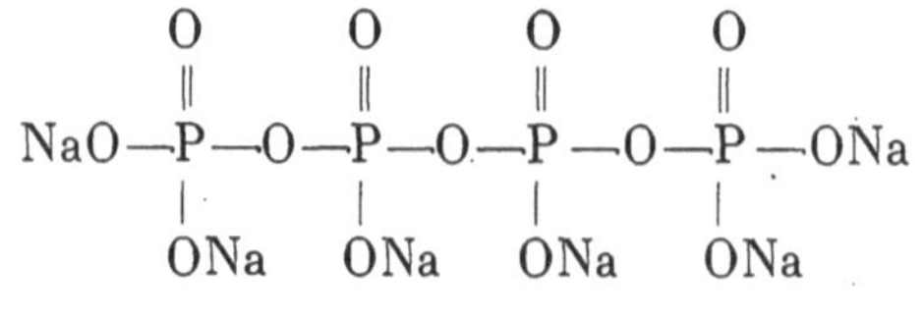

(a)

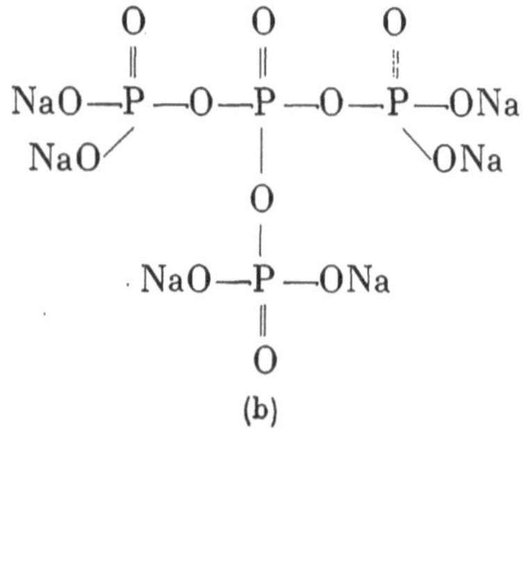

(b)

Von diesen beiden kann aber die Formel (b) nicht zutreffen, denn erstens spalten sich die Tetraphosphate unter gewissen Bedingungen quantitativ in zwei Moleküle Diphosphat auf, während aus einem Molekül der Konstitution (b) entweder je ein Molekül Monophosphat und Triphosphat oder 2 Moleküle Mono- und ein Molekül Diphosphat oder schließlich nur Monophosphat entstehen könnte. Eine Spaltung der Formel (a) in der Mitte kann dagegen sehr wohl, wie beobachtet, zur Bildung von 2 Molekülen Diphosphat führen. Außerdem reagiert das Tetraphosphat alkalisch, und zwar so, daß beim Auflösen in Wasser 2 Mol NaOH entstehen. Das ist aus der Formel (a) verständlich, denn 2 Na-Atome sind über Sauerstoff als zweite an je ein P-Atom gebunden, die 4 anderen als erste, während bei einem Molekül der Form (b) je 3 Atome Na als zweite und 3 als erste über Sauerstoff an P-Atome gebunden sind. Hiermit kann nur die Form (a) richtig sein, in der die 4 P-Atome der Tetraphosphate in unverzweigter Kette über Sauerstoff aneinander gebunden sind.

Ganz entsprechend ist es bei allen anderen Polyphosphaten, denn alle enthalten je 2 leicht durch Wasser abspaltbar, hydrolysierbare Atome als Endgruppen unabhängig davon, wieviel P-Atome das ganze Molekül enthält.

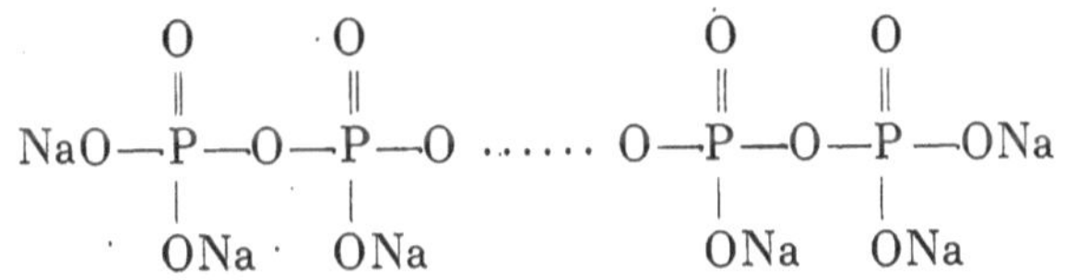

Diese Beweisführung, die durch eine große Reihe weiterer Befunde gestützt wird, ist nur darum möglich, weil die (P—O—P)-Bindungen in den Meta- und Polyphosphaten sehr beständig sind und erst in der Wärme durch Wasser gespalten werden.

Anders ist es bei den *vernetzten Phosphaten;* in ihnen liegen Bindungsverzweigungen vor, die sich dadurch von den normalen unverzweigten Bindungsfolgen unterscheiden, daß sie schon bei Zimmertemperatur durch Wasser leicht hydrolytisch gespalten werden, wobei die vernetzten Phosphate in normale Polyphosphate mit unverzweigter Kette übergehen.

Ein verzweigtes Polyphosphat mit z. B. 7 P-Atomen und der Konstitution

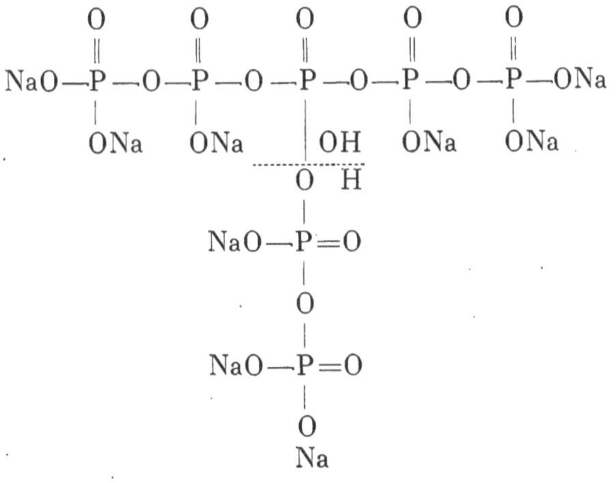

geht in ein Gemisch aus einem Molekül Penta- und einem Molekül Diphosphat über.

Im Prinzip analog verläuft der Konstitutionsbeweis für die *Iso-Metaphosphorsäuren*, von denen bisher allerdings nur Ester, aber noch keine Salze bekannt sind.

Der Konstitutionsbeweis für die einzelnen kondensierten Phosphate, das sei zusammenfassend besonders hervorgehoben, hat zur Voraussetzung, daß in ihnen der Phosphor nur mit der Koordinationszahl 4 dem Sauerstoff gegenüber auftritt, was durch röntgenographische Strukturuntersuchungen und die Tatsache der Existenz wasserfreier kondensierter Phosphate erwiesen ist und außerdem die Tatsache, daß die Meta- und Polyphosphate bei gewöhnlicher Temperatur in wäßriger Lösung sehr stabile Verbindungen sind. Das ist bemerkenswert, obwohl die Bildung der kondensierten Phosphate unter Energieverbrauch vor sich geht und die Kondensationsprodukte daher einen mit zunehmendem Kondensationsgrad steigenden Energieinhalt haben.

b) Die kondensierten Silikate

Im Gegensatz zur Aufklärung der Konstitution der kondensierten Phosphate treten beim Versuch zur Konstitutionsermittlung der kondensierten Kieselsäuren beziehungsweise Silikate eine Reihe prinzipieller Schwierigkeiten auf, die es bedingen, daß die Chemie der Silikate bisher immer noch in ihren Anfängen steht.

Von den meisten wasserfrei kristallisierenden Silikaten ist heute die Struktur mit Hilfe von röntgenographischen Strukturanalysen bekannt. Es zeigt sich, daß einander entsprechend zusammengesetzte kondensierte Phosphate und Silikate im Prinzip den gleichen Bau haben.

Anders ist es bei den wasserhaltigen Verbindungen. Alle wasserhaltigen kondensierten Phosphate enthalten das Wasser in Form von Kristallwasser so, wie es oben für das Hydrat der Schwefelsäure gezeigt wurde. Der Bau ihrer Anionen wird weder in wäßriger Lösung noch beim Kristallisationsprozeß geändert.

Bei den Silikaten dagegen ist das nicht der Fall. Schon in Lösungen der Monosilikate liegen nur bei großer Verdünnung die monomeren Ionen vor. Mit zunehmender Konzentration finden jedoch — und das schon bei Zimmertemperatur — dieselben Kondensationsreaktionen statt, deren Mechanismus auf S. 158 für die Phosphate beschrieben wurde, bei diesen aber erst unter Zuführen von Energie ablaufen.

Wenn eine solche Silikatlösung, in der sich also ein Gleichgewicht zwischen einer großen Zahl verschieden hochmolekularer Kondensationsprodukte eingestellt hat, zum Kristallisieren gebracht wird, können je nach den Bedingungen ganz verschiedene Substanzen in Form von Kristallen entstehen. Und genau wie es für die Monokieselsäure gezeigt wurde, treten auch die kondensierten Silikate als mehr oder weniger wasserhaltige Silikate auf, deren Konstitution zu ermitteln besondere Schwierigkeiten mit sich bringt.

Die Hauptschwierigkeiten der Konstitutionsermittlung der kondensierten wasserhaltigen Silikate beruhen einesteils darauf, daß, wie gesagt, in den Lösungen auch von einheitlichen Silikaten stets eine Vielzahl von Anionen enthalten ist, von denen nicht mehr nachzuweisen ist, woraus und auf welchem Wege sie sich gebildet haben, jedenfalls aber höchstens nur zum Teil aus denjenigen Anionen bestehen, die die Baueinheit der festen, in Lösung gebrachten Verbindung ausmachten.

Die zweite Schwierigkeit besteht darin, daß sich aus der analytischen Zusammensetzung eines wasserhaltigen Silikates nur in ganz wenigen Ausnahmefällen ein Schluß auf den Bau des Salzes ziehen läßt.

Ein einfaches Beispiel möge das erläutern.

Es gibt Calciumsilikate der Zusammensetzung CaH_2SiO_4, die einem Molverhältnis — und nur das kann eine quantitative chemische Analyse liefern — von $CaO : SiO_2 : H_2O = 1 : 1 : 1$ entspricht. Würde es sich bei dieser Verbindung um ein normales Salz handeln, so würde man ihm die Konstitution

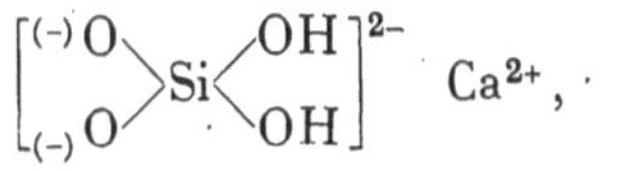

also die eines zweifach sauren Salzes der monomeren Kieselsäure zuschreiben. Da dieses Salz aus wäßrigen Lösungen entsteht, in denen sich, wie gesagt, Kondensationsgleichgewichte der Art

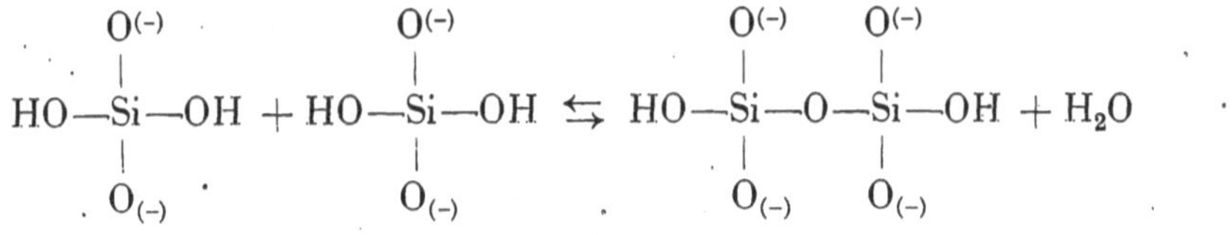

und

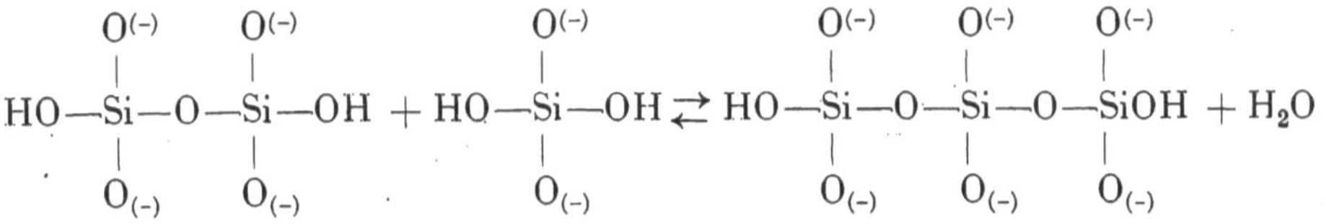

und entsprechende weitere zu noch höherkondensierten Anionen einstellen, könnten die aus solchen Lösungen entstehenden Salze folgendermaßen zu formulieren sein

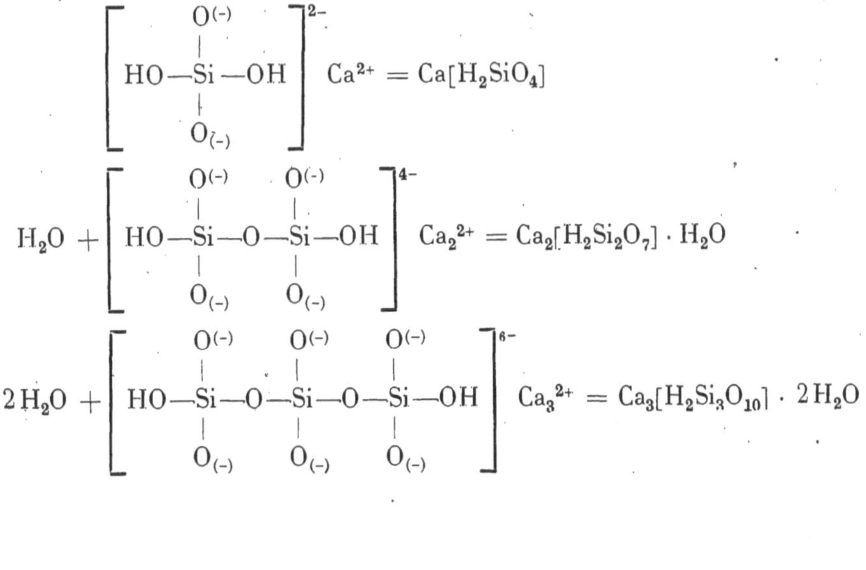

und so fort bis

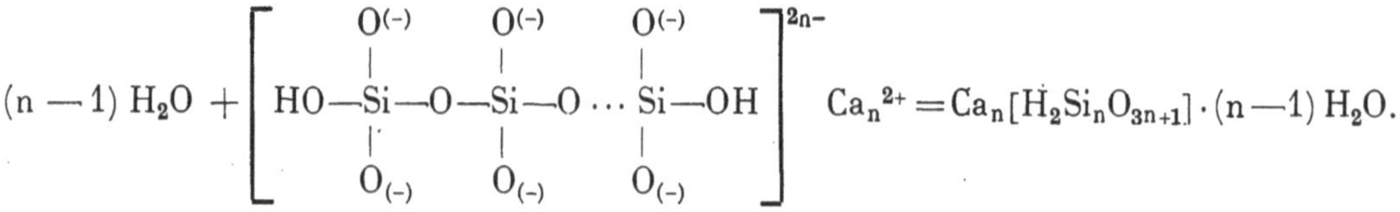

Alle diese Salze hätten analytisch die gleiche Zusammensetzung $CaO : SiO_2 : H_2O = 1 : 1 : 1$. Abgesehen vom Kondensationsgrad unterscheiden sie sich durch den Anteil ihres Gesamtwassergehalts, der in Form von sauren OH-Gruppen an Silicium und dem, der als Kristallwasser gebunden ist. Gäbe es eine Möglichkeit festzustellen, wieviel vom Gesamtwassergehalt in der einen oder anderen Form gebunden ist, dann wäre zwar noch kein endgültiger Strukturbeweis geglückt, aber seine endgültige Erledigung sehr viel leichter geworden. Leider ist aber, bisher wenigstens, eine sichere und einwandfreie Unterscheidung zwischen sauren OH-Gruppen am Silicium und Kristallwasser in Silikaten nur in einzelnen Fällen möglich gewesen.

Die beiden Formen „Kristallwasser" und „saure OH-Gruppen am Silicium" sind aber nicht die beiden einzigen, in denen das Wasser in einem Silikat gebunden sein kann. Drei weitere Formen sind außerdem zu unterscheiden.

Kondensierte Silikate können auch basische Salze bilden. Der Verbindung CaH_2SiO_4 könnte demzufolge auch die Formel

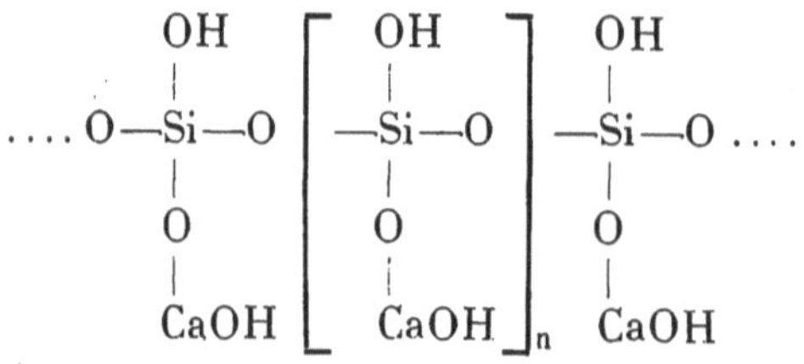

entsprechen. In dieser Verbindung wäre ein Teil des Wassergehalts in Form von an Calcium gebundenen „basischen" OH-Gruppen beziehungsweise OH^--Ionen im Kristall enthalten, in einer Form also, wie es auch im oben beschriebenen basischen Kupfersulfat vorliegt.

Daneben aber haben Silikate die bei anderen Verbindungen nicht sehr häufig beobachtete Eigentümlichkeit, in Fasern oder Schichten zu kristallisieren, die aus kettenförmigen oder schichtig gebauten SiO_4-Tetraederverbänden bestehen, zwischen denen Wasser eingelagert ist. Dieses „Einlagerungs-" oder „Schichtenwasser", das oft die Quellung von Silikaten, z. B. von vielen Tonmineralien, bedingt, besteht aus Schichten von sehr vielen miteinander verknüpften Wassermolekülen, deren Verknüpfung über sogenannte Wasserstoffbindungen erfolgt. Das „Schichtenwasser" unterscheidet sich vom vorhin genannten „Kristallwasser" dadurch, daß das Kristallwasser im eigentlichen Sinne nur in Form von isoliert im Kristallgitter liegenden H_2O-Molekülen auftritt, während das Schichtenwasser eine eigene große Baueinheit im Kristall bildet.

Schließlich spielt beim Versuch der Konstitutionsaufklärung von Silikaten noch eine fünfte Art von gebundenem Wasser sehr oft eine das Experiment erschwerende Rolle. Im allgemeinen bilden die aus wäßrigen Lösungen zu erhaltenden Silikate extrem feinteilige Pulver mit sehr großer Gesamtoberfläche. Wie jede andere Oberfläche binden auch die Silikate die Moleküle des in normaler Atmosphäre enthaltenen Wassers sehr fest an ihre Oberfläche. Einen solchen Vorgang bezeichnet man als Adsorption. Da nun die Adsorptionskräfte anscheinend von derselben Größenordnung sind wie die Kräfte, durch die die anderen in Silikaten auftretenden Wasserbindungsformen zustande kommen, kann an feinteilige Silikatpulver adsorbiertes Wasser sehr wohl sowohl der Menge als auch der Bindungsfestigkeit nach zu Täuschungen Anlaß geben und wie chemisch gebundenes Wasser erscheinen.

Eine echte Konstitutionschemie der Silikate und im besonderen die der wasserhaltigen kondensierten Silikate hat somit eine eigene Problematik, die, wie gezeigt, zum Teil auch schon bei einfachen wasserhaltigen Salzen auftritt, im Fall der Silikate aber dadurch zusätzlich erschwert ist, daß bei den Silikaten die Übergänge von Verbindungen des einen in die eines anderen Kondensationsgrades so extrem leicht erfolgen und daher auch schon während einer Untersuchung vor sich gehen können. Mit diesen Umwandlungen geht notwendig und gleichzeitig ein Teil des in einer Form gebundenen Wassers in eine andere Bindungsform über.

Der Weg, der zur Lösung der Problematik der Konstitutionsaufklärung der kondensierten Silikate führt, kann daher nur der sein, zu versuchen, reine Typen der einzelnen Verbindungsarten herzustellen und ihr Verhalten mit empfindlichen und schonenden Methoden zu studieren.

Über die Aufgaben des Instituts für Faserstoff-Forschung Teltow-Seehof

VON ERICH CORRENS

Die großtechnische Erzeugung von künstlichen Fasern hat erst vor etwa 30 Jahren begonnen, und eine nennenswerte Rolle im allgemeinen Verbrauch von Faserstoffen spielen diese Produkte seit einer noch kürzeren Zeit. Zuerst hat man versucht, die natürlichen Fasern, Seide und vor allem Baumwolle, nachzuahmen, und so waren die ersten künstlichen Fasern aus Grundstoffen, wie wir sie bei diesen natürlichen Faserstoffen, also Cellulose und Eiweiß, kennen, aufgebaut. Fast rein empirisch, ohne eindeutige Kenntnisse über die Natur dieser Grundstoffe, sind die ersten Verfahren zur Erzeugung künstlicher Fasern in staunenswerter Weise aufgefunden und zur technischen Reife entwickelt worden. Als dann die wirtschaftliche Bedeutung der Kunstfaserindustrie erkannt worden war, setzte eine theoretisch-wissenschaftliche Erforschung dieses Gebietes ein, die mit den grundlegenden Arbeiten von K. H. MEYER und H. MARK, K. FREUDENBERG und besonders H. STAUDINGER über die Natur der fadenbildenden, makromolekularen Substanzen ihren Anfang nahm. Die vor allem an Cellulose gewonnene Erkenntnis, daß zur Faden- und Filmbildung kettenförmige, lineare und unverzweigte Makromoleküle unerläßlich sind, hat dann über die erste technische Herstellung einer Faser aus synthetischen Substanzen, der sogenannten PeCe-Faser aus Vinylverbindungen, durch E. HUBERT und seine Mitarbeiter in Wolfen und kurz darauf durch die Arbeiten über die Polyamide und Polyester von CAROTHERS in Amerika zu der Nylon- bzw. Perlonfaser und zu der Terylenfaser geführt. Damit setzte auf der ganzen Welt eine außerordentlich intensive Forschungsarbeit über die Möglichkeiten ein, durch Kondensation oder Polymerisation Substanzen herzustellen, die sich in den Eigenschaften der daraus hergestellten Fasern besonders auszeichnen und so für bestimmte Verwendungszwecke die der Naturfasern übertreffen. Besondere Schwierigkeiten entstanden dabei dadurch, daß vollkommen neue Untersuchungs- und Arbeitsmethoden für die hochpolymeren, makromolekularen Natur- und Kunststoffe geschaffen werden mußten. Lag die Führung in der technischen und wissenschaftlichen Entwicklung der Kunstfaserindustrie im Anfang ohne Frage bei uns in Deutschland, so haben wir sie Ende der zwanziger Jahre an die angelsächsischen Länder verloren, eine Tatsache, die um so schmerzlicher ist, als, wie soeben schon erwähnt, die ersten wegweisenden, grundsätzlichen wissenschaftlichen Erkenntnisse in Deutschland erarbeitet worden waren.

Trotz aller Anstrengungen und trotz ohne Frage auch großer Erfolge ist die Diskrepanz zwischen empirischer Erfahrung und theoretisch wissenschaftlicher Erkenntnis auf dem Gebiet der Herstellung künstlicher Fasern ganz allgemein gesprochen aber immer noch sehr groß.

Die wirtschaftliche Bedeutung der künstlichen Fasern für ihre Verwendung in der Textilindustrie, aber auch für technische Zwecke kann heute nicht mehr in Zweifel gezogen werden, sie ist durch die Produktionsentwicklung der letzten Jahre in aller Welt, besonders aber in Amerika, klar zutage getreten (ich verweise auf die diesbezüglichen eingehenden Ausführungen des Mitarbeiters unseres Instituts Prof. Dr. H. KLARE in den Wissenschaftlichen Annalen, 4. Jahrg., 1955, S. 201—205).

Beim Wiederaufbau und Ausbau unserer Wirtschaft in der Deutschen Demokratischen Republik ist von den verantwortlichen Stellen die Wichtigkeit der Kunstfaserindustrie zur Erreichung eines hohen Lebensstandards unserer Bevölkerung des öfteren betont und unsere Produktionsmöglichkeiten sind erweitert und verbessert worden. Bei unseren Bestrebungen, neue, besonders geeignete Faserstoffe künstlich herzustellen und uns bei der Erzeugung der schon bekannten Kunstfasern von den Zufälligkeiten empirisch gefundener Herstellungsmethoden zu befreien, ist die Vertiefung und Ausweitung unserer wissenschaftlichen Erkenntnisse die entscheidende Voraussetzung. Aus diesem Grunde hat die Deutsche Akademie der Wissenschaften schon Anfang 1948 die Errichtung eines Instituts für Faserstoff-Forschung als eines ihrer ersten neu gegründeten Institute beschlossen und die Erweiterung und Verbesserung der Arbeitsmöglichkeiten ständig gefördert. Mit dem Ende des Jahres 1954 wurde im wesentlichen der Bau der Forschungslaboratorien beendet und so die Enge der zunächst bestehenden provisorischen Arbeitsmöglichkeiten beseitigt; jetzt ist durch die Vervollständigung der apparativen Einrichtungen das Institut voll arbeitsfähig zu machen.

Nach der kurz geschilderten Situation der Kunstfaserindustrie ist die Aufgabe einer wissenschaftlichen Forschungsstätte auf diesem Gebiet klar vorgezeichnet, denn jede neue theoretische Erkenntnis wird sich durch ein vertieftes Verständnis für die grundsätzlichen Zusammenhänge eines Arbeitsvorganges hier besonders stark in einer Verbesserung der Produktionsbedingungen widerspiegeln. Unter den schwierigen Verhältnissen des ersten Aufbaues unserer Wirtschaft hat das Institut zunächst teilweise eine verhältnismäßig stark technisch ausgerichtete Hilfe leisten müssen. Nach dem Ausbau von Forschungs- und Entwicklungsstellen bei unseren drei größten Betrieben hat es sich in den letzten Jahren immer mehr theoretisch-wissenschaftlichen Arbeiten widmen können, wobei auch die mehr technisch ausgerichteten Untersuchungen keine zeit- und produktionsbedingten Fragen, sondern allgemeine grundsätzliche Probleme der Herstellung künstlicher Fasern behandeln. Diese Entwicklung unserer Arbeiten, die an sich von Anfang an angestrebt worden war, ist keineswegs als eine Lockerung unserer engen Bindungen mit den Produktionsstätten und Fachministerien zu deuten; ganz im Gegenteil ist eine deutliche Vertiefung unserer Beziehungen gerade durch die Bearbeitung vieler, die Industrie interessierenden Probleme vom Grundsätzlichen her festzustellen. Die Tätigkeit einer ganzen Reihe von Mitarbeitern des Instituts in leitenden Positionen des Arbeitskreises Chemiefasern und in seinen Arbeitsgruppen zeigt dies sehr deutlich und gewährleistet auch, daß die Ergebnisse der Arbeiten des Instituts den interessierten Produktionsstellen zur unmittelbaren Anwendung zugänglich sind. Durch diese enge Fühlungnahme mit der Industrie und ihren Entwicklungsstellen bleibt die gesamte Thematik des Instituts wirklichkeitsverbunden, eine Voraussetzung für unsere

Bemühungen, unserem Ziel, das zentrale wissenschaftliche Forschungsinstitut für künstliche Fasern, das wissenschaftliche Gewissen unserer Industrie zu werden, immer näherzukommen.

Zur Erläuterung der gemachten allgemeinen Ausführungen über die Arbeiten unseres Instituts möchte ich an einem Beispiel, an Untersuchungsergebnissen, die im vorigen Jahre zu einem gewissen Teilabschluß gebracht werden konnten, zeigen, wie die Erweiterung unserer grundsätzlichen Erkenntnisse für die fabrikatorische Herstellung künstlicher Fasern von Bedeutung ist.

Für die Eigenschaften einer Faser, vor allem für ihre Festigkeit, ist die Länge der kettenförmigen Makromoleküle, der Polymerisationsgrad ihrer Grundsubstanz von entscheidendem Einfluß. Sehr früh ist schon erkannt worden, daß für die Cellulose und ihre Derivate ein minimaler Polymerisationsgrad erforderlich ist, um überhaupt einen Faden erspinnen zu können. Bei steigenden Polymerisationsgraden nimmt die Festigkeit zunächst noch etwas zu, aber sehr bald ist eine Festigkeitserhöhung nicht mehr feststellbar, und bei sehr hohen Makromolekülgrößen ist sogar meist ein deutliches Abfallen der Festigkeitswerte zu beobachten. Die gleichen Erfahrungen liegen auch bei den synthetischen hochmolekularen Substanzen vor, wobei natürlich die Höhe des minimalen Polymerisationsgrades von dem chemischen Aufbau des Moleküls abhängig ist. Die Abnahme der Festigkeit von Fasern, die aus sehr hochpolymeren Stoffen ersponnen wurden, ist nicht durch diese Eigenschaft an sich bedingt, sondern hängt sehr wahrscheinlich mit den Verarbeitungsschwierigkeiten der durch sie verursachten, sehr hochviskosen Lösungen oder Schmelzen zusammen. Nun sind aber die makromolekularen Naturprodukte durch die Isolierungs- und Vorbereitungsmethoden und die synthetischen Kunststoffe durch die Kondensations- und Polymerisationsreaktionen nicht einheitlich, sondern aus sehr verschieden langen Makromolekülen zusammengesetzt, so daß bei allen Methoden der Polymerisationsgradbestimmung nur Mittelwerte erhalten werden können. Der Durchschnittspolymerisationsgrad ist demnach sehr stark von der Verteilungsbreite der einzelnen Polymerisationsgrade abhängig, und die polymerhomologe Verteilung, die Zusammensetzung nach Menge und Größe der einzelnen Molekülketten, spielt eine ebenso wichtige Rolle für die Eigenschaften der künstlichen Fasern wie der Durchschnittswert. Zugleich geht aus dem Gesagten hervor, daß ein Vergleich der Durchschnittspolymerisationsgrade untereinander nur dann sinnvoll ist, wenn wenigstens annähernd gleiche Polydispersitäten vorliegen.

Man hat zunächst an Cellulose bzw. ihren Derivaten die polymerhomologe Verteilung aufgefunden und versucht, die Zusammenhänge zwischen Polydispersität und Eigenschaften der makromolekularen Stoffe aufzuklären. Durch die Notwendigkeit, die natürliche, sehr hochmolekulare Cellulose weitgehend abzubauen, um sie für technische, chemische Reaktionen zugänglich und gut löslich zu machen, werden aber die Verhältnisse in bezug auf die Polymerisationsgradverteilung so unübersichtlich, daß experimentell begründete, eindeutige Schlußfolgerungen bisher nicht gezogen werden konnten. Lediglich aus theoretischen Erwägungen heraus ist von verschiedenen Seiten für die Grundstoffe zur Kunstfasererzeugung postuliert worden, daß ein möglichst gleichmäßiger Polymerisationsgrad aller Molekülketten anzustreben und vor allem das gleichzeitige Vorkommen von sehr niedrig- und sehr hochkettigen Gliedern zu vermeiden sei.

Wir haben in unserem Institut versucht, zunächst bei synthetischen Hochpolymeren, die zur Herstellung von Kunstfasern verwendet werden, diese Frage zu studieren, da im Gegensatz zu den Naturstoffen hier durch die Möglichkeit, die Kondensations- und Polymerisationsvorgänge zu beeinflussen und zu beherrschen, einfachere Verhältnisse zu erwarten waren. Über diese Untersuchungen, die bei Polykondensaten von Dr. GRIEHL und seinen Mitarbeitern durchgeführt wurden, soll hier kurz berichtet werden.

Für die sogenannte Ungleichmäßigkeit U der Molekulargewichte einer Substanz hat G. V. SCHULZ die Gleichung

$$U = \frac{\overline{M}_w}{\overline{M}_n} - 1$$

aufgestellt. Diese Definition setzt voraus, daß für die zu betrachtenden Hochpolymeren ähnliche Verteilungskurven ihrer Molekulargewichtsdispersität vorkommen. Dies kann bei Polykondensaten wie Polyamiden und Polyestern durch die bei ihrer Herstellung herrschenden Bedingungen angenommen werden und wird weiterhin durch den Umstand begünstigt, daß sich bei ihnen durch das Arbeiten in der Schmelze infolge reversibler Vorgänge Gleichgewichte einstellen. Aus der obigen Gleichung läßt sich die Uneinheitlichkeit in bezug auf die Polymerisationsgradverteilung berechnen, wenn man die beiden Größen $\overline{M}_w$ Gewichtsmittel und $\overline{M}_n$ Zahlenmittel der Molekulargewichte einer Substanz kennt. Der Zahlenmittelwert ist am besten aus osmometrischen Messungen oder Endgruppenbestimmungen festzustellen. Da bei den von uns untersuchten Substanzgruppen, die beide nur in Membrane und Dichtungsmittel zerstörenden Lösungsmitteln wie Phenolen löslich sind, osmometrische Messungen von vornherein sehr fraglich erscheinen, haben wir spezifische Endgruppenreaktionen bei Polyäthylenterephthalat mit Phenylisocyanat und Bromacetylbromid und bei Polycaprolaktam eine Titration der Amino- bzw. Carboxylgruppen in benzylalkoholischen Lösungen, ähnlich der von WALTZ und TAYLOR angegebenen, durchgeführt und so die $\overline{M}_n$-Werte bestimmt. Dieselben polymerhomologen Reihen der beiden Polykondensate wurden auch viskosimetrisch untersucht und aus den spezifischen Viskositäten die Grenzviskositäten nach HUGGINS errechnet. Die Beziehung der gefundenen Werte für die Grenzviskositäten und der durch Endgruppenbestimmungen ermittelten Molekulargewichte ergab im doppellogarithmischen Koordinatensystem eine Gerade, so daß in dem uns interessierenden Bereich der Molekulargewichte von etwa 5000—25000 das Zahlenmittelmolekulargewicht in Zukunft durch die sehr einfach auszuführenden Viskositätsmessungen an Hand der von uns gefundenen Beziehung festgestellt werden kann.

Nun bestimmt man aber an sich mit Viskositätsmessungen das Gewichtsmittel $\overline{M}_w$ und muß, um absolute Werte zu erhalten, auf die Methode der Lichtzerstreuung oder auf ein dielektrisches Verfahren, die beide von DEBYE angegeben worden sind, übergehen. Man kann aber auch an molekulareinheitlichen Fraktionen, die ja dasselbe Zahlen- und Gewichtsmittel haben, durch Endgruppenbestimmungen das Molekulargewicht $\overline{M}_w$ bestimmen und somit auch für $\overline{M}_w$ eine Viskositäts-Molekulargewichtsbeziehung aufstellen. An möglichst einheitlichen Fraktionen, die in sehr sorgfältig ausgeführten, langwierigen Fällungsoperationen aus unseren Kondensationsprodukten hergestellt worden waren und damit der oben angegebenen Forderung weitgehend genügten, wurden durch die schon erwähnten Endgruppenbestimmungsmethoden die Gewichtsmittelwerte und außerdem die Grenzviskositäten ermittelt. Aus den beiden nunmehr eindeutig experimentell bestimmten Mittelwerten für $\overline{M}_n$ und $\overline{M}_w$ konnte die Ungleichmäßigkeit U für Polyäthylenterephthalat zu $\sim 0{,}45$ und für Polycaprolactam zu $\sim 0{,}6$ festgelegt werden. Für den Polyester ergab sich ein Bereich der besten Verspinnbarkeit von den Molekulargewichten 16000—20000 (160—200 Estergruppen), für Polyamide von etwa 10000 (90 Amidgruppen).

Um die vorausgesetzte Gleichheit der Uneinheitlichkeit bei Kondensationsprodukten zu überprüfen und die gefundenen Ergebnisse zu stützen, war es wünschenswert, diese durch eine direkte Bestimmung der Molekulargewichtsverteilung zu bestätigen. Wir haben zu dieser Überprüfung die Trübungstitration, eine neue Methode zur Bestimmung der Polydispersität hochmolekularer Verbindungen von MOREY und TAMBLYN herangezogen. Diese Methode wurde bisher mit ausgezeichnetem Erfolg zur Ermittlung der Molekulargewichtsverteilungen von Celluloseestern und einigen Vinylverbindungen, nicht aber für Polykondensationsprodukte angewandt. Sie beruht darauf, daß in sehr verdünnten Lösungen durch die allmähliche Zugabe eines geeigneten Nichtlösers in Abhängigkeit vom Lösungsmittel- und Fällmittelsystem der hochmolekulare polydisperse Stoff nach und nach in feinster Verteilung ausfällt und der Trübungszuwachs photoelektrisch gemessen wird. Die Trübungskurve läßt sich an Hand einer an Fraktionen gewonnenen Eichkurve in die Verteilungskurve umrechnen. Der große Vorteil dieser Methode gegenüber den sehr langwierigen Fraktionierungen aus verhältnismäßig konzentrierten Lösungen liegt einmal in der einfachen und zugleich raschen Handhabung, andererseits besonders aber darin, daß in den sehr viel stärker verdünnten Lösungen richtigere Fraktionierungsresultate erhalten werden; sie bietet aber auch gewisse Schwierigkeiten, die in der Auswahl geeigneter Lösungs- und Fällmittel liegt, um die Größe der ausgefallenen Trübungsteilchen immer konstant und damit einwandfreie reproduzierbare Verteilungskurven zu erhalten. Die Untersuchungen wurden an einer großen Anzahl von Polyamiden gleichen Durchschnitts-Polymerisationsgrades, die aber unter möglichst extremen Reaktionsbedingungen hergestellt worden waren, durchgeführt. Dabei wurde das monomere Ausgangsmaterial, Caprolaktam und Aminocapronsäure, außerdem die Art und Menge des Katalysators sowie der Stabilisator und die Kondensationstemperatur geändert, durch geeignete Reaktionsführung bzw. -unterbrechung wurde weitgehend die gleiche Lösungsviskosität (Durchschnitts-$\overline{M}_n = 11000$) innerhalb kleiner Fehlergrenzen eingestellt. In allen Fällen konnten fast identische, verhältnismäßig flache Verteilungskurven erhalten werden. Unsere Ansichten über die Ungleichmäßigkeit bei Polykondensaten sind durch diese Identität aller Kurven bestätigt; zugleich ist durch die Form der Kurven gezeigt worden, daß synthetische Hochpolymere, die eine recht breite Polydispersität besitzen, ausgezeichnete Fasern liefern können. Ein Vergleich der von uns mit dieser neuen Methode gefundenen Verteilungskurven mit den nach den Vorstellungen von FLORY einerseits und KORŠAK andererseits aus statistischen Erwägungen heraus errechneten, ergab, daß die von uns experimentell ermittelten Kurven vor allem im hochmolekularen Teil analog der von FLORY angegebenen verliefen. Weiterhin zeigte die Untersuchung von verschiedenen Proben einer im Gange befindlichen Polymerisation, daß in Abhängigkeit von der Art und der Menge des angewandten Katalysators und der Kondensationstemperatur die erhaltenen Kurven bei steigendem Durchschnitts-Molekulargewicht immer flacher werden. Diese Tatsache kann ebenfalls als eine weitere Bestätigung der von FLORY abgeleiteten Theorie über die Kondensationsvorgänge aufgefaßt werden.

Von besonderer Bedeutung sind Untersuchungsergebnisse der Trübungstitration an Polyamiden, die durch technisch interessierende Polykondensationsmethoden gewonnen worden waren. Bei dem kontinuierlichen, sogenannten V. K.-Verfahren der Perlonerzeugung, das immer mehr Eingang in die Technik findet, spielen die Verweilzeiten im Kondensationsrohr, die Durchsatzzeiten und die Abspinnleistung für die Dimensionierung des Rohres eine wichtige Rolle. Es konnte nun an den Verteilungskurven von Proben gleichen $\overline{M}_w$, aber verschiedener Durchsatzzeiten, z. B. 12 und 65 Stunden, gezeigt werden, daß sehr hohe Verweilzeiten im V. K.-Rohr nötig sind, bis die normale Verteilung der Molekulargewichte erreicht und damit das Gleichgewicht in der Kondensationsreaktion eingetreten sind. Noch wesentlich größere Abweichungen von der Normalverteilung konnte bei den Produkten der alkalischen oder sogenannten Schnellkondensation gefunden werden. Bekanntlich kann man Caprolaktam, das meist unter Zusatz von Wasser oder wasserabspaltenden Katalysatoren kondensiert wird, unter Verwendung von Alkalien in Abwesenheit von Wasser in wesentlich kürzerer Zeit, innerhalb weniger Minuten, zur Kondensation zu sehr hochmolekularen Produkten bringen. Dieses sehr schnell erreichbare, sehr hohe Molekulargewicht, das man durch die üblichen Kondensationsmethoden meist gar nicht erreichen kann, nimmt nach 2—3 Stunden sehr deutlich ab, um dann entsprechend der zugesetzten Katalysatormengen allmählich konstant zu werden. Kurz nach dem Beginn der Reaktion, nach etwa 5 Minuten, zeigte eine Probe eine außerordentlich flache Verteilungskurve, die ein sehr uneinheitliches Produkt anzeigt. Nach 20 Minuten ist das höchste Molekulargewicht erreicht, und die ziemlich steile Form der Verteilungskurve läßt auf eine sehr einheitliche Substanz schließen. Die zeitlich späteren Proben nach 4 und 6 Stunden, wenn die Molekulargewichte stark gefallen und sich nur noch wenig ändern, zeigten dann eindeutig, daß sich die gefundenen Verteilungskurven immer mehr der Normalverteilungskurve nähern, bis sie mit ihr identisch werden. Die alkalisch katalysierte Schnellkondensation verläuft demnach anfangs nach einem gänzlich anderen Reaktionsmechanismus, und erst nach längerer Zeit wird durch einen Gleichgewichtszustand dieselbe Uneinheitlichkeit wie bei den üblichen Kondensationsmethoden erreicht.

Nach unseren Untersuchungen dürfte das Vorhandensein einer Normalverteilung für Polykondensate unbestreitbar sein und damit für die Herstellung künstlicher Fasern feststehen, daß von der chemischen Seite her die Eigenschaften dieser Fasern nur durch das Durchschnitts-Molekulargewicht zu beeinflussen sind. Aus dem Vorliegen einer von der Normalverteilung abweichenden Polydispersität erklären sich die Schwierigkeiten, die beim Erspinnen von Fasern bei den im V. K.-Rohr-Verfahren nicht genügend lang kondensierten Produkten und bei den durch die alkalische Kondensation in sehr kurzer Zeit gewonnenen Polyamiden auftreten. Damit ist auch die Frage nach der technischen Brauchbarkeit der alkalischen Schnellkondensation, die an sich wegen der Kürze ihrer Dauer große Vorteile bieten würde, zu verneinen, denn zur Erreichung der Normalverteilung ihrer Polydispersität müssen für derartige Kondensate Zeiten angewandt werden, die noch höher liegen als bei den bisher technisch benutzten Verfahren.

Die eindeutige Festlegung der stark unterschiedlichen Durchschnitts-Molekulargewichtsbereiche der am besten verarbeitbaren Polykondensate, etwa 10000 für Polyamide und 18000 für Polyester, ist deshalb von Interesse, weil sich daraus ergibt, daß die für die Faserfestigkeit ebenfalls in hohem Maße mitverantwortlichen Nebenvalenzkräften bei den Polyamiden um fast das Doppelte stärker ausgebildet sein müssen als bei dem aus Terephthalsäure und Äthylenglykol kondensierten Polyester.

Zusammenfassend ergaben unsere Versuchsergebnisse, wie zum Teil schon kurz angedeutet, daß bei den untersuchten Hochpolymeren sehr hochwertige Fasern aus solchen Substanzen zu erzielen sind, die sehr flache Verteilungskurven haben, also in bezug auf ihre Polydispersität aus sehr unterschiedlichen Einzelketten aufgebaut sind. Das eingangs erwähnte Problem nach dem Zusammenhang zwischen Polydispersität der makromolekularen Stoffe und den Eigenschaften der aus ihnen hergestellten Fasern konnte für Polykondensate also soweit geklärt werden, daß ein möglichst gleichmäßiger Polymerisationsgrad aller Molekülketten zur Erzielung optimaler Fasereigenschaften, besonders der Festigkeit, sicher nicht notwendig ist. Zu einem ähnlichen Ergebnis, das zumindest diesen Anschauungen nicht widerspricht, führten auch systematische Spinnversuche mit Mischungen von Polymerisaten des Acrylnitril sehr unterschiedlichen Durchschnitts-Molekulargewichtes. Hier ergab sich, daß die Festigkeitseigenschaften der ersponnenen Fasern verhältnismäßig unempfindlich selbst gegen starke Schwankungen in der Verteilungsbreite der Molekulargewichte sind. Es konnten auch aus Mischungen so verschieden molekularer Produkte, von denen eine wesentliche Komponente (bis zu 50%) wegen zu geringen Polymerisationsgrades unverspinnbar war, noch völlig brauchbare Fasern hergestellt werden.

Wenn auch Schlußfolgerungen aus den Verhältnissen bei den synthetisch hergestellten Hochpolymeren auf die der makromolekularen Naturstoffe, besonders nach deren teilweisen Abbau, nicht eindeutig gezogen werden können, so ist doch die eingangs erwähnte These, daß eine möglichst gleichmäßige Polymerisationsgradverteilung der Makromoleküle für die Ausgangsmaterialien zur Herstellung hochwertiger künstlicher Fasern ganz allgemein gefordert werden müsse, auch für die Cellulose recht fraglich geworden.

Ich habe an dem kurz geschilderten Beispiel einer in unserem Institut durchgeführten Arbeit zeigen wollen, wie wichtig wissenschaftlich-theoretische Untersuchungen gerade auf unserem Gebiet für die technische Weiterentwicklung sind. Es muß besonders betont werden, daß neben der Frage der Polydispersität der Grundstoffe, zum Beispiel die schon gestreifte, durch Nebenvalenzkräfte bestimmte Affinität der Makromoleküle untereinander, sowie physikalische und chemische Probleme bei der Fadenbildung und Verstreckung für die Fasereigenschaften eine große Rolle spielen.

Das angeführte Beispiel ist auch deshalb gewählt worden, um darzulegen, daß bei den neuen Fasern aus synthetischen Rohstoffen und bei den älteren, auf der Basis Cellulose gewonnenen sehr viele ähnliche Probleme bestehen, die in der makromolekularen Struktur beider Stoffgruppen begründet sind. Die gegenseitige Befruchtung der Untersuchungen in einem Institut, das sich um die Erweiterung der theoretisch-wissenschaftlichen Grundlagen der beiden großen Kunstfasergebiete bemüht, ist eine wertvolle Unterstützung für die erfolgreiche Arbeit eines derartigen Arbeitskollektivs.

Ich habe verschiedentlich erwähnt, daß die in der Einleitung dieser Ausführungen dargelegte Diskrepanz zwischen grundlegender Erkenntnis und empirischer Erfahrung auf dem Gebiet der Kunstfasern aus natürlichen Rohstoffen sicher größer ist als bei den synthetisch hergestellten Produkten und wir sehr große Anstrengungen machen müssen, um gerade bei den Kunstfasern aus Cellulose und Cellulosederivaten diese Diskrepanz einzuengen. Es bestehen keinerlei Anzeichen dafür, daß diese älteren Kunstfasern an Bedeutung verloren hätten; ihre mengenmäßige Entwicklung in allen Ländern der Welt, vor allem in Amerika, dem Lande der Baumwolle, gerade in den letzten Jahren zeigt dies sehr deutlich. Für sehr viele textile Verwendungszwecke sind sie in Mischungen mit den synthetischen Fasern und auch mit den Naturfasern zur Verbesserung des Gebrauchswertes und auch des Aussehens unentbehrlich. Sie werden deshalb auch in der Zukunft im Verbrauch der Textilrohstoffe insgesamt eine mindestens ebenso große Rolle spielen wie die neuen Fasern aus synthetischen Rohstoffen. Bei der Verschiedenartigkeit der Verwendungszwecke und den unterschiedlichen Anforderungen, die an unsere Textilrohstoffe gestellt werden, ist es ausgeschlossen, etwa eine Universalfaser schaffen zu können. Wir beginnen jedoch, es in die Hand zu bekommen, den verschiedenen künstlich hergestellten Fasern gewollte, bestimmte Eigenschaften zu verleihen, während wir von der Natur die Textilrohstoffe, abgesehen von geringen Änderungen, die wir durch Züchtung oder den Anbauort beeinflussen können, als gegeben hinnehmen müssen. Gerade in dieser Möglichkeit, mehrere Fasern mit besonderen spezifischen Eigenschaften für die verschiedenartigsten Verwendungszwecke herstellen zu können, ist die zukünftige Überlegenheit der Kunstfasern zu sehen, und damit sind einem Forschungsinstitut für seine Arbeiten die Aufgaben eindeutig gestellt.

Einige Arbeiten aus dem organischen Arbeitsbereich des Instituts für Katalyseforschung

VON WOLFGANG LANGENBECK

Physikalische und chemische Geschwindigkeit sind zwei Begriffe, die ganz analog sind und deshalb auch analog mathematisch formuliert werden. Die eine ist der zurückgelegte Weg pro Zeiteinheit, die andere die umgesetzte Menge pro Zeiteinheit. Die Mittel zur Steigerung der physikalischen Geschwindigkeit haben die Maschinenindustrie und die Verkehrstechnik geliefert, während die Erhöhung der chemischen Geschwindigkeit das Werk der wissenschaftlichen und technischen Katalyse ist. Daraus ergibt sich, daß es außer der formalen auch eine gewissermaßen kulturelle Analogie gibt. Beide Arten von Geschwindigkeit sind für das Leben von gleich großer Bedeutung, ebenso wie ihre Hilfsmittel, der Maschinenbau und die Katalyse. Man darf sogar noch weitergehen und vom biologischen Standpunkt aus sagen: Ohne Katalyse in der Zelle gäbe es kein Leben.

Abb. 1. Das Institut für Katalyseforschung in Rostock der Deutschen Akademie der Wissenschaften

Im Hinblick auf die umfassende Bedeutung der Katalyse für das Leben und die Technik habe ich im Jahre 1949 der damaligen Deutschen Wirtschaftskommission die Errichtung eines Instituts für Katalyseforschung in Rostock vorgeschlagen. Seit dem Jahre 1954 gehört das Institut (Abb. 1) zur Deutschen Akademie der Wissenschaften. Es steht unter der gemeinsamen Leitung von Hrn. RIENÄCKER und mir und hat zur Zeit etwa 24 wissenschaftliche Mitarbeiter. Zahlreiche Veröffentlichungen sind bereits aus der jungen Gründung hervorgegangen.

Das Thema des organischen Arbeitsbereichs des Instituts für Katalyseforschung ist naturgemäß die organische Katalyse. Dazu gehören zwei Teilgebiete: 1. organische Reaktionen, die durch anorganische Katalysatoren beschleunigt werden und 2. die Chemie der organischen Katalysatoren. Da das erste Gebiet auch im anorganischen Arbeitsbereich bearbeitet wird, wenn auch unter anderen Gesichtspunkten, so ergibt sich ein fruchtbarer Gedankenaustausch zwischen den beiden Abteilungen. Jedes der Teilgebiete wird bei uns mit zwei verschiedenen Zielsetzungen erforscht: Es werden Versuche angestellt, um die Wirksamkeit der Katalysatoren immer mehr zu steigern, und die Aufklärung der Reaktionsmechanismen wird erstrebt. Es ist selbstverständlich, daß solche Versuche teils rein wissenschaftlich, teils mehr technisch ausgerichtet sind unter Zusammenarbeit mit der chemischen Industrie. Wir wollen nun einen Blick auf einige unserer Arbeitsgebiete werfen.

Aktivierung anorganischer heterogener Katalysatoren

Unter heterogenen Katalysatoren versteht man solche, die einen anderen Aggregatzustand besitzen als die Substrate, auf die sie einwirken. Meist sind die „Kontakte" fest und kristallin und die Substrate flüssig oder gasförmig. Da die heterogenen Reaktionen nur an der Oberfläche der Katalysatoren ablaufen, ist es einleuchtend, daß ihre Geschwindigkeit mit der Oberflächengröße der Kontakte parallel geht. Eins der möglichen Verfahren, um einen Katalysator zu aktivieren, besteht also in der Vergrößerung seiner Oberfläche. Metallkontakte wurden bisher meistens so hergestellt, daß man fein verteilte Metalloxyde entweder für sich oder in Mischung mit Fremdstoffen im Wasserstoffstrom reduzierte. Der Zusatz von Fremdstoffen verfolgte dabei den Zweck, eine vorzeitige Sinterung und Oberflächenverkleinerung der Metalle bei höherer Temperatur zu verhindern. Derartige Ausgangsmaterialien für Kontakte sehen im Schema etwa so aus, wie es Abb. 2a zeigt. Die schraffierten Kreise

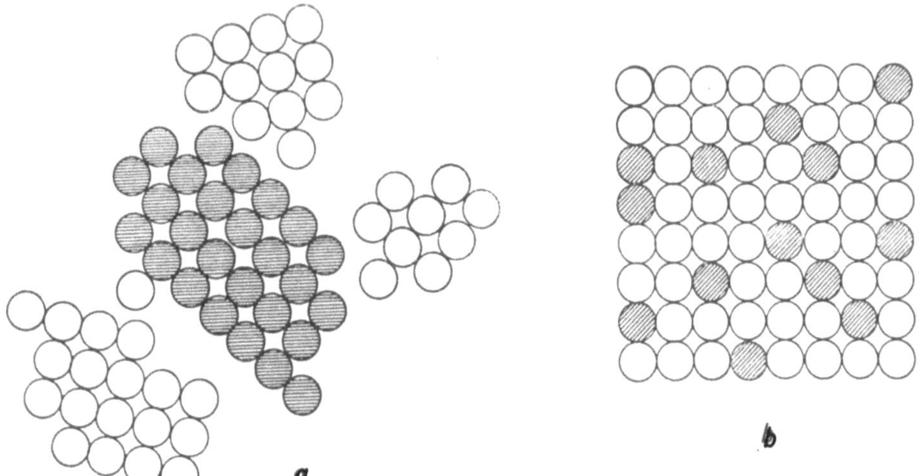

a b

Abb. 2. Schema der Ausgangsmaterialien für die Herstellung heterogener Katalysatoren
a kolloides Gemisch *b* Mischkristall

stellen die Molekeln des Katalysator-Oxyds dar, die unschraffierten die Molekeln des Fremdstoffes. Eine viel feinere Verteilung und damit eine viel größere Oberfläche des Katalysators muß herauskommen, wenn man Mischkristalle (Schema Abb. 2b) reduziert. Die Ionen des Katalysatormetalls liegen einzeln und regellos im Mischkristall verteilt. Bei der Reduktion gehen sie in die Metallatome über, die sich zwar allmählich zu kleinsten Kriställchen zusammenlagern, aber an der Kristallvergrößerung viel wirksamer behindert werden als die Gemische nach Schema 2a.

Wir haben von vornherein Mischkristalle von Salzen der Ameisensäure und Oxalsäure verwendet, weil die Formiate und Oxalate von halbedlen Metallen auch schon ohne Wasserstoff beim Erhitzen in die Metalle übergehen. Die organischen Anionen wirken reduzierend. Dagegen zersetzen sich die Formiate und Oxalate unedler Metalle zu den Oxyden. Die eine Komponente der Mischkristalle ist z. B. Nickeloxalat oder Kupferoxalat, die andere Magnesium-, Zink- oder Calciumoxalat. Die auf so einfache Weise erzeugten „Mischsalzkontakte" bestehen also aus einem äußerst fein verteilten Gemisch der Katalysatormetalle und der Oxyde unedler Metalle. Nach Messungen von G. RIENÄCKER und Mitarbeitern haben sie Oberflächen bis zu 275 qm pro g. Erwartungsgemäß sind sie auch äußerst aktiv. Der Nickel-Magnesium-Mischoxalatkontakt übertrifft, auf die gleiche Nickelmenge berechnet, das bisher aktivste Raney-Nickel um das 5- bis 10fache in seiner Wirkung. Das Prinzip der Mischsalzkontakte verspricht noch viele weitere Anwendungen, auch auf dem Gebiete der oxydischen Katalysatoren.

Mechanismus der katalytischen Paraffinoxydation

Die Oxydation von Paraffinen mit Luftsauerstoff bei Gegenwart von Mangansalzen ist heute ein sehr wichtiges technisches Verfahren zur Herstellung von Fettsäuren. Ein großer Teil der Seifen und Waschmittel, die in der DDR erzeugt werden, verdanken ihre Entstehung dieser Reaktion. Zugleich ist die Paraffinoxydation einer der merkwürdigsten Vorgänge, welche die organische Chemie kennt. Die Paraffine, die früher als reaktionsträge verschrien waren („parum affines"), werden nicht nur oxydiert, sondern gehen sogar unter Aufspaltung der sonst so stabilen Kohlenstoffbindungen in Fettsäuren mit einer kleineren Zahl von Kohlenstoffatomen über. Es ist also sowohl vom wissenschaftlichen als vom technischen Standpunkt äußerst interessant, die Paraffinoxydation näher zu studieren.

Aus früheren Arbeiten von W. LANGENBECK und W. PRITZKOW geht hervor, daß die Bildung von Fettsäuren aus Paraffinen unter Spaltung von Kohlenstoffbindungen folgenden Weg nimmt: Zuerst entstehen aus Paraffinen und Luftsauerstoff die Hydroperoxyde. Sie zersetzen sich in der Hitze (etwa 100°) zu einem Gemisch von Ketonen und Alkoholen. Die Ketone gehen weiter mit Sauerstoff in Ketonhydroperoxyde über, die eine große Tendenz haben, in Fettsäuren und Aldehyde zu zerfallen. Die Aldehyde oxydieren sich dann sehr rasch zu Fettsäuren. Außerdem laufen noch gewisse Nebenreaktionen ab.

Dr. PRITZKOW hat nun in letzter Zeit ein weiteres sehr interessantes Problem bearbeitet, nämlich die Frage: An welcher Stelle der Paraffinmolekel greift der Sauerstoff an? F. ASINGER (Halle) hat früher eindeutig gezeigt, daß alle untersuchten Reagentien auf Paraffine im wesentlichen statistisch einwirken, d. h. keines der Kohlenstoffatome in der Paraffinmolekel wird vom Reagens bevorzugt. Nur die endständigen Kohlenstoffatome sind etwas reaktionsträger als die übrigen. Demgegenüber wurden von anderer Seite Ansichten veröffentlicht, wonach bei der Paraffinoxydation primär die endständigen Kohlenstoffatome reagieren.

Den zuerst entstehenden Hydroperoxyden entsprechen in ihrer Stellung die daraus durch Zersetzung hervorgehenden Ketone. Dr. PRITZKOW hat nun ein elegantes papierchromatographisches Verfahren gefunden, um die isomeren Ketone nebeneinander nachzuweisen. Das Ergebnis spricht eindeutig für den statistischen Angriff des Sauerstoffs. Untersucht wurden einheitliche Paraffine, nämlich n-Heptan, n-Decan und n-Dodecan. Da das Heptan unterhalb der Oxydationstemperatur siedet, wurde eine Apparatur entwickelt, in der man unter geringem Überdruck (2—3 atü) oxydieren kann (Abb. 3).

Abb. 3
Apparatur zur Paraffinoxydation unter geringem Überdruck

Hauptvalenz- und Chelatkatalysen

Gemischte organische Katalysen

Unter den synthetischen organischen Katalysatoren gibt es mehrere Klassen. Die beiden wichtigsten sind die Hauptvalenzkatalysatoren und die Chelatkatalysatoren. Die Vertreter der ersten Gruppe sind metallfrei und bilden mit ihren Substraten wohldefinierte Zwischenstoffe, die durch feste Atombindungen zusammengehalten werden. In der zweiten Gruppe finden wir Stoffe, die zu den Chelaten gehören, d. h. es sind Komplexverbindungen aus Metallionen und organischen Komplexbildnern mit mehr als einer komplexbildenden Gruppe. Solche Komplexe sind besonders stabil und als Katalysatoren in erster Linie geeignet. Das Hämin, die Farbkomponente des Blutfarbstoffes, gehört in diese Reihe.

Alle bisher isolierten und erforschten Cofermente wirken als Hauptvalenzkatalysatoren. Andererseits hat man in den letzten Jahren festgestellt, daß sehr viele Apofermente charakteristische Metallionen enthalten, die als Chelate im Eiweiß gebunden sind. Ohne diese Ionen bleibt die Wirkung der Apofermente aus. Aus dieser Erkenntnis erwachsen dem organischen Katalytiker neue Aufgaben. Es muß festgestellt werden, in welcher Weise die katalytische Wirkung von Metallionen durch Aminosäuren, Polypeptide und Proteine verändert wird. Dr. MIX konnte bereits feststellen, daß Histidin und Arginin die Zersetzung von Wasserstoffperoxyd bei Gegenwart von Kupferionen sehr stark beschleunigen. Dabei sind zweifellos Chelate die wirksamen Katalysatoren.

Da die Apofermente zu den Chelatkatalysatoren, die Cofermente zu den Hauptvalenzkatalysatoren gehören, ist für die Enzymchemie die Erforschung der gemischten Hauptvalenz-Chelat-Katalysen von größtem Interesse. Das erste Beispiel dieser Art wurde von uns gefunden (Formaldehydkondensation mit Benzoylcarbinol und Calciumhydroxyd oder Bleihydroxyd), ein weiteres von M. CALVIN in USA (Pyridoxal und Kupferionen).

Fettstoffe aus Acetaldehyd und Formaldehyd

Die von R. KUHN (Heidelberg) entdeckten Polyenale haben schon immer für die Fettchemie ein gewisses Interesse beansprucht. Bei der katalytischen Hydrierung gehen sie in Fettalkohole über, die sich leicht in Fettsäuren verwandeln lassen. Ein bequemes Verfahren zur Herstellung der Polyenale aus Acetaldehyd ist von uns vor längerer Zeit gefunden worden. Nun hat kürzlich K. ZIEGLER in Mülheim-Ruhr sein Verfahren zur Synthese von Fettalkoholen aus Äthylen entwickelt, das technisch sehr aussichtsreich erscheint. Trotzdem wird die Bedeutung der Polyenale dadurch nicht geschmälert, da die Synthese von ungesättigten Fettalkoholen und Fettsäuren offenbar nur von den Polyenalen aus möglich ist.

Auch mit der Glyzerinsynthese sind wir in unserem Institut beschäftigt. Von der Formaldehydkondensation mit gemischten organisch-anorganischen Katalysatoren war oben schon die Rede. Die Hydrierung der Kondensationsprodukte liefert ein Gemisch von Glykol, Glyzerin und höheren mehrwertigen Alkoholen. Neuerdings haben wir heterogene organische Katalysatoren für die Formaldehydkondensation hergestellt, die sich leicht zurückgewinnen und immer wieder verwenden lassen. Ferner haben wir eine Glyzerinsynthese aus Nitromethan und Formaldehyd gefunden, an deren Verbesserung wir arbeiten.

Aus dieser kleinen Zusammenstellung geht hervor, daß die Aufgaben unseres Instituts recht vielseitig sind. Sie umfassen rein chemische, biochemische und technische Arbeitsgebiete. Die Vereinigung von Grundlagen- und Zweckforschung hat sich immer als die fruchtbarste Arbeitsweise bewährt.

Die Braunkohle in der chemischen Forschung der kommenden Jahre

VON EBERHARD LEIBNITZ

Bereits seit langer Zeit ist die Braunkohle nicht nur als fossiler Brennstoff eine Grundlage für die Energieerzeugung, an der sie bis heute einen bedeutsamen Anteil hat, sondern auch eine solche für die chemische Industrie, die von ihr Gebrauch macht, um organische Grundchemikalien zu gewinnen, aber auch in noch immer zunehmendem Maße die Braunkohle als Ausgangsmaterial für die Herstellung von Motortreibstoffen aller Art verwendet. Ohne auf Einzelheiten der dabei angewendeten Verfahrensweisen einzugehen, muß aber angemerkt werden, daß die hierbei in Betracht kommenden Wege seit Jahrzehnten in einem scharfen wirtschaftlichen Wettbewerb zu sehr ähnlichen Verfahren stehen, die als Ausgangsbasis Erdöl verwenden. Nachdem die technische Entwicklung der letzten 25 Jahre fast eindeutig ergeben hatte, daß die Ausgangsbasis Erdöl für die Herstellung der Motortreibstoffe sowohl qualitativ als auch wirtschaftlich überlegen ist, sind von diesem Zeitraum die letzten 5 bis 10 Jahre dadurch gekennzeichnet, daß auch in bezug auf die Herstellung von Grundchemikalien für die organisch-chemische Großindustrie die Erdölbasis einen sehr fühlbaren Vorsprung erkämpft hat, insbesondere wenn man die Entwicklung der Industrie der Plaste im gleichen Zeitraum mit betrachtet.

Unter anderem ist dies mit dadurch bedingt, daß die Mehrzahl der bevorzugt beschrittenen Nutzungswege der Braunkohle als Ausgangsbasis für die chemische Industrie als erste verfahrenstechnische Stufe die thermische Zersetzung der Braunkohle bei mittleren Temperaturen, die sogenannte Schwelung, enthalten. Die spezifische Nutzbarmachung des dabei mit etwa 50% der trockenen Rohkohle anfallenden Halbkokses, in bezug auf seine formbeständige Lagerung und Transportfähigkeit, ist über drei Jahrzehnte Gegenstand der verschiedenartigsten Entwicklungsarbeiten gewesen, ohne daß es trotz großer damit verbunden gewesener Aufwendungen gelungen wäre, wirklich befriedigende Ergebnisse zu erzielen. Die bei dem Schwelprozeß mit anfallenden 10 bis 15% Schwelteer sind demnach verständlicherweise stets anteilig mit dem nur bedingten Nutzungswert des Kokses und des leider gleichfalls minderwertigen Schwelgases belastet, so daß gegen Ende des flüchtig umrissenen Entwicklungsprozesses Erwägungen zunahmen, deren Kernpunkt war, die Braunkohlenvorräte praktisch ausschließlich der Energieerzeugung zuzuführen, um damit der chemischen Industrie durch ausreichende Beistellung von Elektroenergie andere Entwicklungswege zu eröffnen, die nicht ständig mit den offensichtlich stark überlegenen Entwicklungen auf Erdölbasis im Wettbewerb liegen.

Frühzeitig wurde gegen eine solche Entwicklungstendenz von der chemischen Industrie als grundsätzliche Erwägung geltend gemacht, daß zumindest zur Zeit die organisch-chemische Großindustrie einen sehr großen Teil der von ihr hergestellten Konsumgüter — vom Papier bis zum Kunstseidenstrumpf — noch immer auf die internationale Holzwirtschaft aufbaut, wobei zumindest wieder zur Zeit die jährliche Abforstungsrate in einem absoluten Mißverhältnis zur Nachwuchsrate steht, so daß entweder hier baldigst eine maximale Konsumrate festgelegt werden muß, wenn nicht mit tiefgreifenden, schädlichen Klimaveränderungen gerechnet werden soll, oder aber der fossile Kohlenstoff in den Kohle- und Erdöllagern eben der chemischen Nutzung weit stärker vorbehalten werden muß, als dies bisher je der Fall gewesen ist.

Zwei Tatsachen rücken nun diese Frage in bezug auf die Braunkohle in neuerer Zeit in ein Betrachtungsfeld, in dem gerade die Braunkohle zunehmend an Interesse gewinnt. Die vielleicht bedeutendste Tatsache ist die, daß die Frage der Gewinnung von Elektroenergie aus Kernkräften durchaus in den Bereich der realen Planung getreten ist, insbesondere nachdem die UdSSR durch langfristigen Betrieb eines Kernkraftwerks die Beschreitbarkeit dieses Weges unter Beweis gestellt hat. Die zweite, vor allem im Rahmen der Deutschen Demokratischen Republik bemerkenswerte Tatsache ist, daß die thermische Zersetzung der Braunkohle unter besonderen Voraussetzungen, die von BILKENROTH und RAMMLER geklärt werden konnten, so geführt werden kann, daß ein Hochtemperatur-Hartkoks entsteht, der sich insbesondere bei der Verhüttung armer und stark saurer Eisenerze als geeignet erwiesen hat. Rechnet man ein, daß solche Eisenerzvorkommen im Weltmaßstab an Bedeutung gewinnen, so ergibt sich fast von selbst, daß nunmehr für den dabei anfallenden Braunkohlenteer eine neuartige Lastenverteilung gültig wird, die die oben geschilderten Verhältnisse beträchtlich verschieben kann.

Man sieht, daß aus sehr verschiedenartigen Erwägungen her die erweiterte und vertiefte Forschung an und mit Braunkohle als eine durchaus aktuelle Zeitfrage kaum genügender Beachtung unterzogen werden kann. Nachfolgend mag ein weiterer, nicht so augenscheinlicher Grund für die Zweckmäßigkeit aller in dieser Richtung liegenden Bemühungen gegeben werden: Vom geologischen Alter weitgehend unbeeinflußt sieht der Chemiker in den Vorräten an fossilem Kohlenstoff, die unter dem etwas umstrittenen Begriff „Braunkohle" zusammengefaßt werden, eine insbesondere durch aerobe Primärvorgänge auf eine geologische und kolloide Alterung vorbereitete Veränderung des natürlichen Holzwachstums, das in seinen chemischen Eigenschaften dem Holz ganz sicher noch erheblich näher steht als etwa die Steinkohle in ihren verschiedenen petrographischen Erscheinungsformen oder gar das Erdöl. Unter solchen Gesichtspunkten reiht sich der rezente und fossile Torf anteilig neben die Braunkohle. Dementsprechend ist es allein schon von diesen Gesichtspunkten her interessant, einmal zu überprüfen, welche Aufgaben sich die technische Forschung als langfristig zu bearbeitende Aufgaben stellen sollte, um auf die gemäß den eingangs geschilderten wirtschaftlichen Strömungen veränderte Stellung der Braunkohle in der Wirtschaft mit hinreichend gesicherten wissenschaftlichen Unterlagen vorbereitet zu sein.

Nachdem dieses Gebiet schon seit Jahrzehnten zum ständigen Aufgabenkreis der technischen Forschung und Entwicklung gehört, haben insbesondere die Arbeiten der letzten fünf Jahre eine wesentlich vertiefte Erkenntnis darüber gebracht, wie sowohl die emulsionsbildenden Stoffe im Rohmontanbitumen als auch die Harzanteile genetisch einzuschätzen sind, wie ihre Bestimmung verbessert werden kann und welche Maßnahmen der extraktiven Abtrennung solcher Bestandteile die endgültige Raffination zu hochwertigen Hartwachsen verfahrensmäßig und wirtschaftlich stark verbessern können. Die Ergebnisse dieser z. T. sehr schwierigen Forschungen befinden sich schon in der technischen Übertragung. Sie haben nach verschiedenen Seiten Folgen ausgelöst. So konnten in diesem Zusammenhang auch ein wesentlicher Beitrag zur physikalischen Charakterisierung des Wachszustandes erarbeitet, die Zusammenhänge zu den Hartparaffinen verbessert geklärt, die Frage der Lösungsmittelretention in Wachskompositionen einer neuen Betrachtung zugeführt werden und die Frage der Schmierfette und ihrer technischen Bewertung eine verbesserte Bearbeitung erfahren. Neben anderen haben hierüber vor allem PRESTING und Mitarbeiter laufend veröffentlicht.

Als weitere wesentliche Folge dieser Arbeiten zeichnet sich aber nunmehr ab, daß auch über die Genese der Bitumina, die bei der thermischen Zersetzung der Braunkohle entstehen, wesentlich bessere Kenntnis erarbeitet werden kann, die sich nach sehr verschiedenen Seiten nützlich auswirken wird. So zeigt sich, daß bei jüngeren lignitischen Braunkohlen der stark harzhaltige Bitumenanteil in den Bitumina der Teere mit kondensierten Ringsystemen wiederkehrt, die in einer solchen Menge vorhanden sind, daß durchaus ihre spezielle Abtrennung als real angesehen werden kann, wenn man eine erweiterte organische Chemie auf die Koronene und Picene und deren Abkömmlinge aufbauen kann oder will. Es zeigt sich weiterhin, daß eben aus den gleichen Gründen für die Hydrierung solcher Teere zu Treibstoffen eben prinzipiell nur zweistufige Verfahren geeignet sind, aber möglicherweise Verfahren mit geradem Durchgang auf festem Kontakt unter Mitnahme der Paraffinkohlenwasserstoffe weit mehr und weit wertvollere Schmierölkomponenten liefern können, als dies aus der Braunkohle bisher möglich war. Insbesondere zeichnet sich aber auch ab, daß die bisherigen Aufbereitungsverfahren der Teere grundsätzlich eine tiefgreifende technologische Umwandlung erfahren müssen, wenn ihre Wirtschaftlichkeit für solche Kohlentypen erhalten bleiben soll. Diese Fragen werden die kommenden Jahre aufs eingehendste beschäftigen müssen, wobei die Bearbeitung der Grundlagen in Form vertiefter Kenntnis der Kohle selbst einen sicher ebenso weiten Raum umfassen muß wie die Entwicklung technischer Arbeitsmethoden an sich.

Wiederum bei den jüngeren lignitischen Braunkohlen besteht daneben noch ein weiteres aus der Genese der Kohlen her erwachsendes und nicht ausreichend geklärtes Problem insofern, daß wohl, insbesondere durch die Arbeiten von TERRES und Mitarbeitern, erneut erhärtet werden konnte, daß unter Druck in wäßriger Suspension nicht nur eine Entquellung des Xerogels möglich ist, sondern auch dessen chemische Weiterveränderung unter Abspaltung von Wasser und Kohlendioxyd und damit einer Anreicherung von Kohlenstoff und Wasserstoff, ohne daß dies schon analog der bekannten thermischen Zersetzung verläuft. Fraglos bestehen erhebliche Analogien zu den Vorgängen, die bei der Sumpfphasenhydrierung ablaufen. Es sollte aber zur Abrundung des Bildes, insbesondere um seine wirtschaftlichen Möglichkeiten einschätzen zu können, auch noch untersucht werden, wie sich solche „Nachinkohlungsprodukte“ bei der thermischen Zersetzung bei mittleren und hohen Temperaturen in bezug auf Ausbeute und Güte des Kokses, Art und Menge des Teeres und Art und

Menge des Gases verhalten. Es ist bekannt, daß die Gase aus der Braunkohle in ihrer technischen Verwendung eingeschränkt sind, weil ihr Heizwert durch die Anwesenheit erheblicher Kohlendioxydmengen stark gedrückt wird. Zwar gibt es verschiedenartige Wege, um diesen Anteil im Gase abzureichern. Alle erfordern erhebliche Anlagen und Betriebskosten. Es ist bis heute aber nicht möglich, eine Einschätzung dafür zu geben, ob die selektiv vorverlegte Kohlendioxydabtrennung unter diesen Gesichtspunkten nicht eine insgesamt wirtschaftlichere Lösung ergeben kann.

Aus Erwägungen, daß die Frage nicht entschieden ist, ob die heute bekannten oder in Entwicklung befindlichen Aufbereitungsverfahren der Braunkohlenteere zu Treibstoffen als dem mengenmäßig wesentlichsten Anteil der Veredelung auf lange Sicht mit der Entwicklung der Erdölindustrie Schritt halten können, aber Anhaltspunkte dafür bestehen, daß der Vorsprung des Erdöls kaum mehr aufzuholen ist, folgt weiterhin, daß der Erforschung der Inhaltsstoffe des Braunkohlenteers kaum genügend Aufmerksamkeit gewidmet werden kann. Man muß hier beachten, daß die fühlbar nahegerückte Möglichkeit, die Inanspruchnahme der Braunkohle für Energieerzeugung durch Atomkraftwerke zu entlasten, und die Tatsache, daß auch die Braunkohle metallurgisch anwendbare Hochtemperaturkokse ergibt, ganz andersartige Perspektiven eröffnen, als bisher in Erwägung gezogen werden konnten. Selbst wenn also die Energieerzeugung auf Braunkohlenbasis rückläufige Tendenz annehmen sollte, so wird die Herstellung von Hochtemperaturkoksen eine wachsende Tendenz zeigen, womit voraussichtlich der dann zwangsläufige Teeranfall gleichbleiben wird. Jedoch wird sich die Bewertung seiner Inhaltsstoffe dahingehend ändern, daß bestimmte in ihm enthaltene Chemikalien ähnliche Plätze einnehmen werden, wie dies schon seit langer Zeit die bekannten Chemikalien aus dem Steinkohlenhochtemperaturteer innehaben.

Für die kommenden Jahre kann man hier schon einige Schwerpunkte aufzählen:

Seit etwa 75 Jahren ist der Braunkohlenschwelteer Ausgangsmaterial für die Herstellung von Paraffin. Nachdem es etwa von 1930 bis 1945 den Anschein hatte, daß bei sehr stark erhöhtem Anfall von Paraffin aus Erdöl dessen Anwendung auf den verschiedensten Gebieten rückläufig sein würde, zeigen die Ergebnisse der letzten 10 Jahre ein ganz gegenteiliges Bild, insbesondere seit die Förderung der Herstellung von Präserven und Konserven der Nahrungsmittelindustrie ständig im Wachsen ist, da die hierbei eingesetzten Verpackungsmittel für Paraffin ein umfangreiches Nutzungsgebiet neu entwickelt haben. Die heute geübten Wege der Paraffinabtrennung aus den Braunkohlenteeren erfassen nur etwa die Hälfte der an sich gewinnbaren Menge und auch diese nur in einer Qualität, die den heutigen Anforderungen nur bedingt gerecht wird. Insbesondere die Überführung der in den letzten Jahren viel bearbeiteten Bildung von Harnstoffaddukten der Paraffine in technische Verfahren wird hier bei intensiver Bearbeitung sowohl wirtschaftlich als auch qualitätsmäßig solche Erfolge bringen, daß dieser Anteil der Braunkohlenteere nicht nur seinen Marktwert halten, sondern wahrscheinlich noch verbessern kann. Damit hängt die immer noch ungenügend bearbeitete Frage der Teerzerlegung durch selektive Extraktion eng zusammen.

Neben den Paraffinen, diese vielleicht an Bedeutung noch übertreffend, stehen die sauren Bestandteile des Braunkohlenteers, in erster Linie das Phenol selbst. Ohne hier auf Einzelheiten einzugehen, kann festgehalten werden, daß wohl das vordringlichste Problem eine wirksame Entalkylierung der höheren Phenole zum Phenol selbst ist, die schon lange bearbeitet wird, hierbei den Wettbewerb mit der Phenolsynthese aufnehmen muß und leider bisher nicht die Förderung gefunden hat, die diese Aufgabe volkswirtschaftlich verdient. Das Phenol selbst hat als Ausgangssubstanz für Plaste aller Art, insbesondere im Bereich der vollsynthetischen Fasern, so an Bedeutung gewonnen, daß seine Homologen zunehmend dagegen in den Hintergrund treten. Darüber darf aber nicht vergessen werden, daß eine kontinuierliche Weiterbearbeitung der sehr schwierigen Aufgabe, die Zusammensetzung und Inhaltsstoffe der höheren Phenolfraktionen aufzuklären, gefördert werden muß, da nach dem heutigen Stand unserer Kenntnisse hier in beträchtlichem Maß partielle Äther mehrwertiger Phenole erwartet werden können, die in vielen Gebieten der organischen Chemie heute mit Mühe und unbefriedigenden Ausbeuten präparativ hergestellt werden müssen.

Als letzte schon übersehbare Aufgabe der nächsten Jahre kann man die Erforschung der basischen Anteile der thermischen Zersetzung betrachten, bei der heute schon feststeht, daß beispielsweise ein so begehrtes Produkt wie das Äthylpyridin in einer Menge vorhanden ist, daß seine leicht mögliche Abtrennung sicher lohnend wird, wenn die Entwicklung der Polyacrylnitrilfaser ihre jetzige Tendenz beibehält.

Fast automatisch leitet diese Erörterung auf die Frage der Aufbereitung oder Vernichtung der bei den verschiedenen Arbeitsgängen unvermeidlich anfallenden Abwässer hin. Wenn hier auch im Prinzip stets Wege anzustreben sind, die die Wertstoffe der Abwässer erhalten und der Nutzung zuführen, so darf doch nicht verkannt werden, daß eine irgendwie tragbare Lösung der ganzen Frage überhaupt eine kaum einschätzbare Bereicherung der Wirtschaft darstellen würde, da die Entwicklung der ganzen chemischen Industrie letzten Endes von dem Dargebot an Nutzwasser und seiner möglichst häufigen Wiederverwendung abhängig ist und in kommenden Jahren noch stärker abhängig wird. Hier kann man bedauerlicherweise nicht an der Feststellung vorbeigehen, daß die vergangenen Jahrzehnte dieser zentralen Aufgabe viel zu wenig Aufmerksamkeit gewidmet haben, so daß wir auch in den Grundlagen für die hier in Frage kommenden Entwicklungswege noch stark eingeschränkt sind und demgemäß neben der empirischen Weiterentwicklung schon teilerprobter Verfahren mehr als je systematische Arbeit an den Grundlagen leisten müssen. Die hier vordringlich gewordenen Aufgaben umfassen ein weites Gebiet, das von der Analytik der anfallenden Wässer bis zur Erforschung des gelenkten Abbaus durch Mikroorganismen spezifischer Züchtung oder Gewöhnung reicht. Ebenso klar dürfte sein, daß es sich hier um eine komplexe Aufgabe handelt, die nicht nur von den Chemikern der Kohlewertstoffindustrie bearbeitet werden kann, sondern in einer engen Gemeinschaft mit den Wasserwirtschaftlern und den Biologen geleistet werden muß. An dieser Stelle kann nur festgehalten werden, daß eine intensive Beschäftigung mit allen hier aufgeworfenen Fragen mit zu den Problemen gehört, die die ökonomische Entwicklung so beeinflussen werden, daß ihre Lösung oder unbefriedigende Lösung die Entwicklung der Gesellschaft entscheidend beeinflussen kann.

Es erscheint nicht sinnvoll, über die hier kurz umrissenen Hauptaufgaben hinaus noch die vielen, durchaus bedeutenden Einzelheiten aufzuzählen. Aufgabe dieser kurzen und unvollständigen Zusammenstellung sollte es sein, zu zeigen, daß die Braunkohle auch in kommenden Jahren noch ein zentrales Gebiet unserer technischen Forschung und

Entwicklung bleiben wird, ja vielleicht mehr als bisher werden kann, wenn als Abschluß noch erwähnt werden darf, daß das Kerogel, welches die natürliche Braunkohle darstellt, spezielle Eigenschaften des Basenaustauschs aufweist, daher in geologischen Zeitläufen seltene Elemente, wie z. B. das Germanium, angesammelt hat, die Gewinnung und Nutzbarmachung solcher Anteile noch praktisch als Neuland angesprochen werden kann, sicher aber auf einem ganz anderen Blatt der Braunkohlenchronik schon abzeichnet, daß ihre völlige Vergasung, ob über Calciumcarbid oder Synthesegas, in einen wahrscheinlich erfolgversprechenden Wettbewerb mit der heute so positiv bewerteten Chemie aus Erdöl treten kann.

Ebenso scheint als Schluß der Betrachtungen noch die Tatsache erwähnenswert, daß über die Grenzen unseres Vaterlandes hinaus die Braunkohle noch als praktisch unerschlossene Rohstoffreserve der Stoffwirtschaft angesehen werden kann, so daß jede wissenschaftliche Erkenntnis, die auf diesem Gebiet erarbeitet wird, über unseren Rahmen hinauswachsend, in absehbarer Zeit eine heute noch kaum einschätzbare Bedeutung annehmen kann.

Vertiefte und intensive Forschung an und um die Braunkohle hat also durch die Entwicklung der letzten 10 Jahre nicht etwa an Bedeutung eingebüßt, sondern weit mehr an Dringlichkeit gewonnen.

Aufgaben der physikalischen Chemie

VON KURT SCHWABE

Als die „physikalische Chemie“ als selbständiges Fachgebiet von der Chemie —im wesentlichen unter dem Einfluß von W. OSTWALD — abgetrennt wurde, war eine Abgrenzung gegenüber der Chemie und auch der Physik relativ leicht möglich. Die Chemie war noch überwiegend eine Phänomenologie der Stoffumwandlungen. Die atomistische Betrachtungsweise wurde nur vereinzelt angewendet, ja sie war noch umstritten. Die Ursache der chemischen Umwandlungen war nicht erkannt, denn die Affinität war ein verschwommener Begriff, für den weder die Thermodynamik noch die Atomistik ein quantitatives Maß lieferten. Die Physik dagegen war eine streng quantitative Wissenschaft von den einzelnen Energieformen, ihren Umwandlungen und ihren Wirkungen. Das Studium der physikalischen Eigenschaften der Stoffe, der energetischen Veränderungen bei ihrer Umwandlung und der Geschwindigkeit dieser Umwandlungen konnte als Grenzgebiet zwischen Chemie und Physik, als physikalische Chemie, zu einer selbständigen Disziplin und auch von der reinen Chemie und Physik relativ gut unterschieden werden. Während die Chemie sich vor allem mit den individuellen Eigenschaften der Stoffe und ihrem individuellen Reaktionsvermögen befaßte, versuchte die physikalische Chemie gerade Gesetzmäßigkeiten aufzufinden, denen die Eigenschaften und Umwandlungen der Stoffe gemeinsam unterworfen sind. Daher wurde die physikalische Chemie auch als allgemeine Chemie bezeichnet (Lehrbücher von HERZ, NERNST). Wenn man sich die ersten Jahrgänge der Zeitschrift für physikalische Chemie ansieht, die unter der straffen Redaktion von W. OSTWALD standen, so stellt man fest, daß tatsächlich die darin enthaltenen Aufsätze sich in dieses eben nochmals umgrenzte Gebiet gut einfügten und sich deutlich von solchen Arbeiten unterscheiden, wie sie in den anderen chemischen Zeitschriften, etwa in den Berichten, Liebigs Annalen usw., publiziert wurden.

In den letzten 50 Jahren ist aber das Wissen um die stofflichen und energetischen Umwandlungen enorm angewachsen, durch die Atomistik und Quantentheorie sind die inneren Zusammenhänge zwischen diesen Umwandlungen aufgedeckt und die gegenseitige Umwandelbarkeit von Materie und Energie erkannt worden, die Affinität ist — mit Hilfe der Thermodynamik — quantitativ meßbar und mit Hilfe der Quantenmechanik in manchen Fällen voraus berechenbar geworden. Infolgedessen kann eine wissenschaftliche Untersuchung über stoffliche Umwandlungen kaum noch darauf verzichten, die speziellen Ergebnisse unter dem Gesichtspunkt allgemeiner, physikalisch-chemischer Zusammenhänge zu betrachten. Tatsächlich würden sehr viele der Arbeiten, die heute in chemischen Zeitschriften, insbesondere anorganischen Zeitschriften, publiziert werden, durchaus auch in den Rahmen der Zeitschrift für physikalische Chemie gepaßt haben, so wie ihn etwa W. OSTWALD gezogen hätte. Es ist andererseits bezeichnend, daß die Arbeiten über allgemeine organische Chemie z. B. im Chemischen Zentralblatt einen immer breiteren Raum gegenüber den rein präparativen Arbeiten einnehmen und daß etwa das Journal of Chemical Society (London) eine erhebliche Anzahl der organischen Arbeiten unter 'physical organic Chemistry' einrangiert. Tatsächlich kann heute die Atomphysik, die der Chemie noch vor 30 Jahren kaum Aussagen über die Ursachen der chemischen Bindung lieferte, z. B. mit der „Molecular orbital"-Methode viele Probleme der organischen Chemie wenigstens qualitativ lösen. Indem darauf verzichtet wird, die Wellengleichungen der Elektronen exakt für die Vielfalt der sich überlagernden Felder auszuwerten und man statt dessen Lösungen der Wellengleichung jedes Elektrons in einem gemeinsamen Durchschnittsfeld sucht (molecular orbitals), kann man die kovalente Bindung besser verstehen, ihre Energien und die Übergänge zur polaren Bindung abschätzen. Die Struktur der Moleküle läßt sich mit dieser wellenmechanischen Methode voraussagen, und die Eigenschaften der konjugierten Bindung lassen sich plausibel erklären. Dabei hat sich das PAULIsche Ausschließungsprinzip, also ein atomphysikalisches Postulat, bis in die Bereiche der Makromoleküle und der Festkörper als sicheres Fundament für die Ermittlung des Verhaltens der Elektronen erwiesen. So sind heute enge Beziehungen zwischen Atomphysik bzw. theoretischer Physik und der organischen Chemie entstanden, die doch eine so ausgesprochen stoffliche Wissenschaft war. Freilich muß der Chemiker dabei auf die altgewohnte Vorstellung der zwischen den Atomen lokalisierten und individualisierten Elektronen verzichten.

Es kommt hinzu, daß chemische Untersuchungen an mineralischen Rohstoffen ebenso wie an organischen Naturstoffen heute ohne Anwendung physikalischer oder physikalisch-chemischer Meßmethoden kaum noch denkbar sind; das gilt in besonderem Maße für die analytische Chemie. Wenn man die Zeitschriften für analytische Chemie in der Welt durchsieht, so findet man, daß sie mindestens zur Hälfte Berichte über neue physikalisch-chemische Analysenmethoden enthalten, während die gravimetrischen und visuell titrimetrischen zurücktreten. Wenn man daher die „physikalische Chemie" etwa von der Seite der Methodik her abgrenzen wollte, so würde sie heute praktisch die ganze Chemie umfassen.

Andererseits führen so viele Probleme der klassischen physikalischen Chemie, weil sie nur vom Standpunkt der Atomistik behandelt werden können, etwa die Eigenschaften der Stoffe höherer Dichte oder die chemische Kinetik, auf eine rein physikalische Fragestellung, die die Anwendung physikalischer Methoden, z. B. der Quantenstatistik, erfordert. So ist neben die physikalische Chemie die chemische Physik getreten, und in manchen Ländern, z. B. den USA, existieren Zeitschriften für physikalische Chemie und chemische Physik. Das ursprüngliche Grenzgebiet ist also nochmals in zwei Sektoren aufgeteilt worden, ohne daß eine scharfe Abgrenzung gegeneinander und gegen Physik und Chemie erfolgt und vielleicht auch möglich ist. Wenn man noch hinzunimmt, daß sich weitgehend selbständige Spezialgebiete, etwa die Kolloidchemie, die Photochemie und die Radiochemie, aber auch mehr technische Gebiete, z. B. die chemische Verfahrenstechnik, heute bevorzugt physikalischer Forschungsmethoden bedienen, so erhebt sich die Frage, ob es überhaupt noch sinnvoll ist, eine einzige Disziplin „physikalische Chemie", die diese Sondergebiete auch mit einzuschließen hätte, aufrechtzuerhalten. Sicher ist, daß ein Wissenschaftler dieses Gebiet nicht mehr voll zu überblicken vermag, wie dies etwa noch W. OSTWALD und W. NERNST konnten.

Es bleibt daher wohl nichts anderes übrig, als die physikalische Chemie, die wir mit VAN 'T HOFF[1]) als die Wissenschaft definieren, „die der Einführung physikalischen Wissens in die Chemie gewidmet ist" und die im Bereich der exakten Naturwissenschaften eine zentrale Stellung einnimmt, wie EUCKEN[2]) betont, sowohl in der Forschung als auch in der Lehre in Spezialgebiete aufzuteilen. Eine solche Hauptgliederung wird schon dadurch vorgenommen, daß man zwischen chemischer Physik und physikalischer Chemie unterscheidet. Zu der ersteren gehören u. a. der Aufbau der Materie, die Theorie der chemischen Bindung vom Standpunkt der Atomstruktur aus sowie die zwischenmolekularen Kräfte und ihre Wirkung auf die physikalischen Eigenschaften der Stoffe.

Der physikalischen Chemie im engeren Sinne bleiben dann drei große Gebiete vorbehalten:

1. das Verhalten der Materie in den verschiedenen Aggregatzuständen in Abhängigkeit von Temperatur, Druck und Stoffzusammensetzung (die thermische Zustandsgleichung nach EUCKEN),
2. der Energieinhalt der Materie als Funktion von Druck, Temperatur und Zusammensetzung sowie das chemische Gleichgewicht und
3. die Kinetik, die nicht nur die chemische Kinetik, sondern auch Diffusions- und andere Transportphänomene umfaßt.

Wenn der Verfasser nachstehend einige Gebiete der physikalischen Chemie aufzeigt, die seiner Auffassung nach einer intensiveren Bearbeitung, insbesondere in den wissenschaftlichen Instituten unseres Landes bedürfen, so kann das natürlich immer nur eine mehr oder weniger willkürliche Auswahl sein. Aber vielleicht kann sie doch dazu beitragen, manchen jungen Fachkollegen zur Bearbeitung eines Gebietes anzuregen.

Es erscheint zwar wenig verlockend, für die Zustände der Materie höherer Dichte eine neue, allgemeingültige Zustandsgleichung ausfindig machen zu wollen, nachdem wir wissen, daß das Verhalten durch die individuell doch so verschiedenen Wechselwirkungsenergien zwischen den Molekülen hervorgerufen wird. Dagegen wären sicher viele wichtige Erkenntnisse aus der Untersuchung und Berechnung dieser Wechselwirkungsenergien, vor allem auch bei komplizierteren Molekülen, zu erwarten. Das ist allerdings in der Hauptsache eine Aufgabe der chemischen Physik bzw. der theoretischen Physik, die mit Hilfe der Quantenmechanik diese Energien zwischen Einzelmolekülen als Funktion der Abstände darzustellen bestrebt ist und durch statistische Methoden die makroskopischen Effekte zu berechnen versucht. Um diese theoretischen Arbeiten zu stützen und nachzuprüfen, kann aber der Physikochemiker die physikalischen Eigenschaften von gasförmigen und flüssigen Systemen, insbesondere von Mischphasen, mit modernen apparativen Hilfsmitteln noch genauer untersuchen und ältere Meßwerte revidieren. Zum Beispiel sind die partiellen molaren Eigenschaften wie Volumen, Molwärmen usw. nur weniger flüssiger Mischphasen bekannt. Hier ist vor allen Dingen auf dem Gebiet der Flüssigkeiten und komprimierten Gase noch viel Arbeit zu leisten, wie auch z. B. aus dem Werk von HIRSCHFELDER, CURTISS und BIRD: „Molecular Theory of Gases and Liquids" hervorgeht. Man hat allgemein in manchen

[1]) J. phys. Chem. 9 (1905) 81.
[2]) „Grundriß der phys. Chemie", 7. Aufl., Einleitung.

Bereichen der physikalischen Chemie den Eindruck, daß die Lieferung von experimentellem Tatsachenmaterial mit der Entwicklung von Theorien nicht mehr Schritt hält.

Das Gebäude der klassischen chemischen Thermodynamik ist zwar im wesentlichen fertiggestellt, wenn auch in dieser ehrwürdigen Kathedrale, um mit LEWIS und RANDALL zu reden, noch manches Seitenschiff auszubauen bleibt; dagegen ist gerade die statistische Thermodynamik, die natürlich auch in erster Linie als ein Arbeitsgebiet der chemischen Physik anzusehen ist, bei uns verhältnismäßig wenig beachtet worden, obwohl durch sie viele experimentell schwer zugängliche Größen auf dem Wege der Berechnung gewonnen werden können. Es erscheint dringend notwendig, daß vor allem auch der Nachwuchs sich mit diesen Methoden und ihren Ergebnissen vertraut macht. Ebenso ist die Thermodynamik irreversibler Prozesse ein Arbeitsgebiet, das in der Zukunft nicht nur für den Theoretiker, sondern auch für den Verfahrenstechniker große Bedeutung erlangen wird. Auch sind hier allerdings in erster Linie von seiten des Physikers Erfolge zu erwarten. Daß die Entwicklung der chemischen Verfahrenstechnik von der physikalischen Chemie wesentlich beeinflußt wird, erkennt man schon daraus, daß viele moderne Verfahren der Stofftrennung, z. B. das Trennrohrverfahren von CLUSIUS und DICKEL oder die Gegenstromverteilung, die Anwendung von Ionenaustauschern, der Stoffmischung z. B. durch Ultraschallemulgierung, das Wirbelschichtverfahren, aus einer physikalisch-chemischen Problemstellung hervorgegangen oder mit physikalisch-chemischen Fragen engstens verbunden sind. Kein Wunder, daß viele Hochschulen dazu übergehen, den physikalisch-chemischen Instituten verfahrenstechnische Abteilungen oder Institute anzugliedern. Auch die Fragen des Wärmeüberganges, der Temperaturbeständigkeit und Korrosion der Werkstoffe in der chemischen Industrie führen auf ausgesprochen physikalisch-chemische Aufgaben.

Wenn auch, wie schon gesagt, die chemische Thermodynamik insofern weitgehend abgeschlossen ist, als sie im Prinzip das chemische Gleichgewicht vorauszuberechnen gestattet, und auch sonst die verschiedensten Aussagen ermöglicht werden, so bleiben doch für die Thermochemie noch viele Aufgaben übrig, und es ist sicher sehr verdienstvoll, wenn durch kalorimetrische Messungen die Möglichkeiten der chemischen Thermodynamik erweitert und verbessert werden. Dabei werden präzise Untersuchungen über Wärmetönungen nicht nur für die Thermodynamik selbst von großem Nutzen sein, sondern außerdem dazu beitragen, die chemischen Bindungsenergien, die heute durch die Quantenmechanik einer Berechnung schon zugänglich geworden sind, auch experimentell zu bestimmen. Es ist z. B. erstaunlich, daß erst ganz wenige thermochemische Messungen über die Bildungsenthalpien isomerer Verbindungen vorliegen, obwohl dadurch z. B. bei organischen Verbindungen der Einfluß der räumlichen Anordnung auf die Bindungsenergie zwischen verschiedenen Molekülgruppen berechnet werden kann. Allerdings muß dabei die Wärmetönung, insbesondere die Verbrennungswärme, mit einer Genauigkeit von etwa 0,01% bestimmt werden, wenn man diese relativ kleinen Unterschiede von im Absolutwert großen Wärmeeffekten genau bestimmen will. Zur Zeit wird eine solche Präzisionskalorimetrie nur in wenigen Laboratorien gepflegt; sie erfordert allerdings auch einen nicht geringen apparativen Aufwand und viel Erfahrung.

Selbst eine für die Ermittlung der Bildungswärmen organischer Verbindungen so wichtige Größe wie die Sublimationswärme des Kohlenstoffes ist weitgehend unsicher. So wird noch im Jahre 1955[3]) die Sublimationswärme für Kohlenstoff zwischen 136 und 170 kcal, das heißt also mit einer Unsicherheit von 25%, angegeben. Aber auch die Energiebeträge, die auf die Wechselwirkung von Molekülen zurückzuführen sind, wenn keine stöchiometrische Verbindung auftritt, z. B. bei der Mischung zweier Flüssigkeiten oder bei der Auflösung fester Stoffe in Flüssigkeiten, können durch präzise kalorimetrische Messungen bestimmt werden, wenn gleichzeitig noch durch Untersuchung der Aktivität die Entropie ermittelt wird. Auch in dieser Beziehung ist das bisherige experimentelle Material ziemlich gering[4]), obwohl die statistische Mechanik schon viele Ansätze zur Berechnung dieser Größen liefert. Dadurch könnte auch das Löslichkeitsproblem von der experimtentellen Seite erheblich gefördert werden, nachdem vielversprechende Ansätze zur theoretischen Deutung des Lösungsvermögens, insbesondere gegenüber organischen Verbindungen, vorliegen.[5]) Die in theoretischer Hinsicht und in Zukunft vielleicht auch praktisch bedeutsame physikalische Chemie der tiefen Temperaturen wird durch eine entsprechende Arbeitsstelle der Deutschen Akademie der Wissenschaften (Prof. BEWILOGUA) eine intensive Pflege erfahren.

Auf dem Gebiet der Kinetik ist durch die grundlegenden und bahnbrechenden Arbeiten von VOLMER, STRANSKI u. a. die Kinetik der Phasenbildung und -umwandlung weitgehend aufgeklärt worden. Auch hier bleibt aber noch eine Fülle von Fragen offen, und es wäre sehr wünschenswert, wenn unter der Leitung des Altmeisters auf diesem Gebiet, MAX VOLMER, eine Forschungsgruppe sich diesem Arbeitsgebiet widmete. Die chemische Kinetik hat von der theoretischen Seite her in den letzten Jahren viele Impulse empfangen, weil auch hier die statistischen Methoden sich als besonders brauchbar erwiesen haben. Immerhin sind die beiden wesentlichen Theorien, die eine exaktere Interpretation der ARRHENIUSschen Gleichung, insbesondere hinsichtlich der Aktionskonstante und Aktivierungsenergie, anstreben, nämlich die Theorie des aktivierten Komplexes von EYRING und POLANYI und die Theorie vieler Freiheitsgrade von HINSHELWOOD, in manchen Punkten unbefriedigend, und man muß zugeben, daß das Ziel des Chemikers, die Geschwindigkeit einer Umsetzung vorauszuberechnen, nachdem er ihre Möglichkeit und ihre optimale Ausbeute thermodynamisch errechnet hat, noch in weiter Ferne liegt. Insofern muß auch festgestellt werden, daß die unerhörte Forschungsarbeit, die sich mit der Reaktionsbeschleunigung durch Katalyse befaßt und die ja auch bei uns sehr intensiv gepflegt wird (Katalyseforschungsinstitut der Deutschen Akademie der Wissenschaften), noch nicht zu dem Ergebnis geführt hat, daß für eine bestimmte Reaktion ein optimal geeigneter Katalysator vorausbestimmt werden kann. Bei der Kontaktkatalyse bestimmen die besonderen Eigenschaften der Oberfläche des Festkörpers weitgehend das katalytische Verhalten. Und wenn auch wohl die jahrelangen Diskussionen über die Frage, inwieweit eine Kontaktoberfläche als energetisch heterogen oder

[3]) Vgl. SCHWABE, K.: Vortrag auf dem 14. Internat. Kongreß f. reine und angewandte Chemie in Zürich 1955. Z. f. Elektrochemie 60 (1956) 151..

[4]) Vgl. SCOTT, D. W. in „Annual Review of Physical Chemistry" VI (1955) 8 von ROLLEFSON G. K., u. R. E. POWELL, Stanford, Calif.

[5]) Vgl. z. B. HILDEBRAND, J. H. und R. L. SCOTT: „The Solubility of Nonelectrolytes", Reinhold Publ. New York 1950.

homogen anzusprechen ist, zugunsten einer Heterogenität entschieden wurden, so harren doch noch viele Probleme der Lösung, die sich auf die Herstellung und Erhaltung der aktiven Zentren sowie den individuellen Einfluß des Trägermaterials und der Herstellungsbedingungen erstrecken. Auch hier sind sicher von der theoretischen Seite her statistische Methoden mitberufen, eine Klärung herbeizuführen. Experimentell werden neben den Methoden der Oberflächenvermessung radioaktive Indikatoren, die heute schon vielfach für kinetische und insbesondere Katalyseprobleme eingesetzt werden, von großem Nutzen sein. Hinsichtlich der Oberflächenmessung sollten neben der BET-Methode auch andere unabhängige Methoden zum Vergleich herangezogen werden.

Die experimentelle Bearbeitung der chemischen Kinetik hat in den letzten Jahren dadurch außerordentliche Fortschritte gemacht, daß von den verschiedensten Seiten, insbesondere auch von seiten der Elektrochemie, Methoden entwickelt wurden, die die Geschwindigkeitskonstante von außerordentlich rasch verlaufenden Prozessen recht genau zu ermitteln gestatten. Neben den elektrochemischen Methoden, bei denen im wesentlichen durch die Koppelung von chemischen Umsetzungen mit elektrochemischen Prozessen eine Berechnung rascher Reaktionen ermöglicht wird (KOUTEČKY, DELAHAY u. a.), sind sowohl optische als auch akustische Methoden zur Bestimmung von Reaktionen mittels einer Geschwindigkeitskonstanten von 10^{-13} sec^{-1} ausgearbeitet worden, so daß die Faraday Society dieser Methodik ein großes Symposium widmen konnte.[6]) Derartige Untersuchungen, die von der elektrochemischen Seite her auch von uns bearbeitet werden, können viel dazu beitragen, die theoretischen Ansätze zur Vorausberechnung von Reaktionsgeschwindigkeitskonstanten zu stützen.[7]) Zusammenhänge zwischen der freien Enthalpie chemischer Umsetzungen und ihre Reaktionsgeschwindigkeit sind natürlich nur zu erwarten, sofern man sich auf die Betrachtung gleichartiger Umsetzungen, die daher auch ähnliche Reaktionshemmungen zeigen werden, beschränkt.[7])

Wenn vorhin bemerkt wurde, daß bestimmte Gebiete der physikalischen Chemie als weitgehend abgeschlossen angesehen werden können, wie etwa die chemische Thermodynamik, so muß dazu gesagt werden, daß sich dies nicht auf die physikalische Chemie der hochpolymeren Stoffe bezieht. Da deren Bedeutung als Werkstoffe immer mehr wachsen wird, bedarf dieses Gebiet, und zwar sowohl die Thermodynamik als auch die Kinetik der Prozesse hochpolymerer Stoffe — auch vom physikalisch-chemischen Standpunkt aus — einer intensiven Bearbeitung. Es erscheint dringend notwendig, daß sich hierfür junge Physikochemiker spezialisieren. Im Institut für Faserstoffe der Deutschen Akademie der Wissenschaften und in dem Akademielaboratorium für Kunststoffe wird bereits diese Arbeitsrichtung intensiv gepflegt.

Wenn man die Elektrochemie als Teilgebiet der physikalischen Chemie betrachtet, so sind hier noch viele dringende Aufgaben zu lösen. Die Thermodynamik elektrochemischer Prozesse ist zwar vom theoretischen Standpunkt aus als abgeschlossen zu betrachten, dagegen harren

[6]) Discussions of the Faraday Society: 17 (1954).

[7]) SCHWABE, K. und H. BERG: Z. phys. Chem. 203 (1954) 318..
SCHWABE, K. und I. VOIGT: Z. phys. Chem. 203 (1954) 383.
SCHWABE, K. und H. BERG: Z. phys. Chem. 204 (1955) 78.
SCHWABE, K.: „Chemische Kinetik und Polarographie." Abhandlungen der Sächsischen Akademie der Wissenschaften. Math.-nat. Klasse. Bd. 44. Heft 6 (1955).

noch viele Systeme der exakten Messung. Wenn man die Theorie der Elektrolyte auf höhere Konzentrationen ausdehnt, was bei uns unter der Führung von FALKENHAGEN geschieht, so sollte man auch der Frage der Einzelionenaktivitäten erhöhte Beachtung schenken. Wenn sie sich auch mit thermodynamischen Methoden nicht bestimmen läßt, so erscheint es doch nicht gerechtfertigt, die Aktivität eines einzelnen Ions als einen Begriff ohne physikalischen Sinn (GUGGENHEIM) abzulehnen, wenn man bedenkt, welche Bedeutung allein der Aktivität des Wasserstoffions in Chemie und Biologie beigemessen wird. Natürlich wird diese Aktivität vom Gegenion sowie von der Gesamtheit aller Ionen beeinflußt, es interessiert aber ihr Wert und nicht die davon oft sehr verschiedene mittlere Aktivität. Es erscheint denkbar, daß neue Methoden, etwa die der Radiofrequenzspektroskopie (s. S. 193) hier weiterführen. Auch die Beziehungen zwischen Aktivitäten in verschiedenen Medien sind noch nicht aufgeklärt, so daß z. B. ein in einem beliebigen Lösungsmittel irgendwie gemessener p_H-Wert keine Aussage zuläßt, wie er sich zum gleichen Wert in wässeriger Lösung verhält. Zur Bearbeitung dieser Frage wird man ebenfalls neue, nichtthermodynamische Methoden heranziehen müssen.

Die Kinetik der Elektrodenprozesse ist besonders durch BONHOEFFER[8]) und seine Schule in den letzten Jahren für einfache Fälle weitgehend aufgeklärt worden. Die in der Technik und auch in bezug auf das Korrosionsverhalten vorherrschenden Verhältnisse, bei denen vor allen Dingen mit Deckschichten zu rechnen ist, bedürfen aber noch in vieler Beziehung der intensiven Bearbeitung. Die Theorie der Passivität kann noch keineswegs als befriedigend angesehen werden, solange der außerordentlich verschiedene Einfluß der Anionen auf das Passivitäts- und Korrosionsverhalten nicht eindeutig erklärt ist.[9]) Die Schmelzflußelektrolyse, die in der chemischen Technik und in der Metallurgie eine so wichtige Rolle spielt, ist von der wissenschaftlichen Seite her in Deutschland stark vernachlässigt worden. Selbst bei einem so wichtigen Prozeß wie der elektrolytischen Aluminiumerzeugung sind noch viele Fragen offen; z. B. kann der Anodeneffekt noch nicht als eindeutig geklärt angesprochen werden.

Für die Untersuchung der Halbleiter könnten ebenfalls physikalisch-chemische, speziell elektrochemische Methoden herangezogen werden. Wenn auch auf diesem Gebiet, vor allem durch die Arbeiten von SCHOTTKY u. a., in theoretischer Hinsicht erfreuliche Erfolge erzielt wurden, so gibt es doch eine ganze Reihe von Fragen, die noch zu klären sind. Dies ist um so notwendiger, als die Halbleiter besonders in der HF-Technik als Transistoren ständig an Bedeutung gewinnen. Kürzlich durchgeführte Untersuchungen an anodischen Passivschichten[10]) deuten auf einen ganz engen Zusammenhang zu den Halbleiterfragen hin; es ist also anzunehmen, daß die Elektrochemie noch manchen wertvollen Beitrag zur Klärung dieser Probleme liefern kann.

[8]) BONHOEFFER, K. F.: Angew. Chem.: 67 (1955) 1, u. BONHOEFFER, K. F.: Z. f. Elektrochem. 59 (1955) 594.

[9]) Vgl. SCHWABE, K.: „Über die Inhibitorwirkung bei Elektrodenprozessen", Z. f. Elektrochem. 59 (1955) 663, u. SCHWABE, K.: „Zum Leitungsmechanismus in Passivschichten", Z. f. phys. Chem. (Lpzg.) 205 (1956) 304.

[10]) SCHWABE, K.: „Zum Leitungsmechanismus in Passivschichten." Z. f. phys. Chem., 205 (1956) 304.

Wenn auch die direkte Umwandlung von chemischer in elektrische Energie im Brennstoffelement — trotz gegenteiliger Behauptungen in der letzten Zeit — keineswegs als gelöst angesehen werden kann, gleichgültig welche Art von Stoffen der Verbrennung unterzogen wird, so sollte doch diesem Problem große Beachtung geschenkt werden; denn da aus thermodynamischen Gründen die Energieausbeute mindestens dreimal größer ist als bei der Erzeugung elektrischer Energie aus chemischer über den Umweg der thermischen Oxydation, würde tatsächlich das für die Entwicklung der Technik entscheidende Energieproblem durch ein technisch brauchbares Brennstoffelement mindestens ebenso gefördert werden wie durch die Atomenergie, vor allem wenn man bedenkt, daß auch die Energie des Kernzerfalls wenigstens vorläufig über den Umweg der Dampferzeugung in mechanische bzw. elektrische Energie umgewandelt wird. Dabei sollte man auch an die elektromotorische Verbrennung von solchen organischen Abfallstoffen wie Ablaugen der Zellstoffe denken, die heute entweder als unverwertbar den Flüssen zugeleitet oder unter hohem Wärmeaufwand eingedampft und dann verbrannt werden.[11])

Besonderer Pflege bedarf die Anwendung der physikalischen Chemie als Hilfsmittel für die Analytik. Die optischen Methoden sind als Spektralphotometrie, als Ramanspektroskopie usw. in den letzten Jahren so weit ausgebildet worden, daß jetzt die Hauptaufgabe hier vor allen Dingen darin liegt, den Chemikern in den Forschungslaboratorien und in der Industrie geeignete leistungsfähige Apparate in die Hand zu geben. Solche Apparate gestatten ja neben analytischen Untersuchungen Fragen der Konstitution, der Bindungsverhältnisse usw. zu lösen. Die elektrochemische Meßtechnik hat ebenfalls in den letzten Jahren viele neue Verfahren entwickelt. Die Polarographie ist methodisch weiter ausgebaut worden und kann speziell zur Bestimmung organischer Verbindungen Erhebliches leisten.[12]) Aber auch die Methoden der potentiometrischen Analyse sind intensiv weiterentwickelt worden. Vor allen Dingen hat sie wesentlich dazu beigetragen, die Arbeit im Laboratorium zu automatisieren.[13]) Das ist insofern ein außerordentlich wichtiges Problem, als in den Werken der chemischen Großindustrie ein sehr großer Teil der Arbeitskräfte in den Laboratorien beschäftigt ist, weil dort noch sehr viel manuell gearbeitet werden muß, während die Produktion selbst weitgehend automatisiert ist. Gerade elektrochemische Meßmethoden gestatten außerdem, die laufende Betriebskontrolle und auch die automatische Regulierung von Prozessen mit verhältnismäßig geringem Aufwand durchzuführen. Wie sich inzwischen die Registrierung des p_H-Wertes und seine Regulierung mit Hilfe von Glasketten weitgehend eingeführt hat, so läßt sich durch andere Elektrodensysteme auch der Verlauf von Redoxprozessen registrieren und regulieren. Durch die Methode der Amperometrie und Coulometrie und vielen Varianten lassen sich viele analytische Aufgaben viel eleganter lösen, als das bisher möglich war, und auch die Spurenanalyse läßt sich mit solchen Methoden sehr gut durchführen. Darüber hinaus werden Analysenmethoden mit radioaktiven Indikatoren eine sehr große Bedeutung,

[11]) SCHWABE, K.: „Sulfitablauge als Energiequelle." Der Papierfabrikant: 39 (1941) 129.

[12]) Vgl. KOLTHOFF-LINGANE: „Polarography." Interscience Publishers, New York-London, 1952. SCHWABE, K.: „Neuere Ergebnisse der Polarographie", Forschungen und Fortschritte: 28 (1954) 1.

[13]) SCHWABE, K.: „Fortschritte der Potentiometrie." Wissenschaftliche Berichte, Band 41, Verlag Technik, Berlin 1952.

insbesondere für die Spurenanalyse, gewinnen. Von der Seite der Physik sind in der letzten Zeit noch weitere neue Methoden für die Physikochemiker und Chemiker geschaffen worden, deren Leistungsfähigkeit im einzelnen noch gar nicht abzusehen ist. Aus dem Bereich der Radiofrequenzspektroskopie sei nur die Methode der magnetischen Kernresonanz erwähnt, die erst etwa 10 Jahre alt ist und über die aus dem Ausland schon Hunderte von Arbeiten vorliegen.[14]) Sie ist sowohl geeignet, analytische Aufgaben, z. B. die rasche Bestimmung des Wassergehaltes, zu lösen, als auch Molekülstrukturen, die Dissoziationsvorgänge und auch kinetische Probleme zu untersuchen. Auch dieses Gebiet sollte nicht nur von der methodischen, sondern auch von der Anwendungsseite her bei uns starke Beachtung finden.

Ein Sondergebiet der physikalischen Chemie, nämlich die Photochemie, bedarf bei uns ebenfalls dringendst der Pflege. Was die Pflanze auf dem Wege der Photosynthese aus einfachsten Bausteinen an komplizierten, hochmolekularen Verbindungen erzeugt, kann der Chemiker, wenn überhaupt, nur auf außerordentlich langwierigen Wegen und unter größtem apparativen Aufwand im chemischen Laboratorium oder im Betrieb erzeugen. Hier besteht eine der wichtigsten Beziehungen zwischen physikalischer Chemie und Biologie, die aufzubauen nicht nur für beide Wissenschaften, sondern auch für die Technik im höchsten Maße lohnend sein wird. Wenn man das Gebiet auch auf die chemische Wirkung der sehr energiereichen Strahlen, die bei Kernprozessen auftreten, ausdehnt und ihm den Namen „Strahlenchemie“ verleiht, wobei diese die klassische Photochemie mit einschließt, so stellt es uns vor eine unübersehbare Fülle von chemischen, biologischen und technischen Problemen.

Wenn man nun die Frage aufwirft, inwieweit die Deutsche Akademie der Wissenschaften imstande ist, der physikalischen Chemie neue Impulse zu verleihen, so kann man wohl feststellen, daß es bei uns in erster Linie an Wissenschaftlern fehlt, die auf diesen Gebieten bereits über ausreichende Erfahrungen verfügen. Es wird also eine der dringendsten Aufgaben sein, die Ausbildungsstätten mit Forschungsmitteln zu versehen, die die Anwendung moderner physikalisch-chemischer Methoden gestatten, und dort einen Nachwuchs heranzubilden, der imstande ist, diese Probleme mit Aussicht auf Erfolg anzugreifen. Dabei wird es unerläßlich sein, sich Erfahrungen von Instituten des Auslandes zunutze zu machen, die bereits auf diesen Gebieten seit Jahren erfolgreich tätig sind. Erst wenn ein gut ausgebildeter Nachwuchs vorhanden ist und wenn auch bereits der eine oder andere junge Wissenschaftler imstande ist, selbständig eine bestimmte Forschungsrichtung in die Hand zu nehmen, sollte man zur Errichtung von neuen Instituten bzw. Arbeitsstellen für bestimmte Spezialgebiete der physikalischen Chemie übergehen. Die Errichtung eines Instituts für den Gesamtbereich der physikalischen Chemie kann bei seiner außerordentlichen Ausdehnung kaum noch als sinnvoll angesprochen werden. Der Leiter eines solchen Instituts, der natürlich ein prominenter Wissenschaftler sein müßte, würde zweifellos durch die Verwaltungsaufgaben einer solchen Einrichtung in einer Weise in Anspruch genommen, die die Ausnützung seiner wissenschaftlichen Kapazität weitgehend verhindern müßte.

[14]) Vgl. Wertz, J. E.: Chem. Review 55 (1955) 829—956.

Neuere wissenschaftliche und technische Entwicklungen auf dem Gebiet der organischen Peroxyde

VON ALFRED RIECHE

Die Entwicklung auf dem Gebiet der organischen Peroxyde ist ein eindrucksvolles Beispiel dafür, wie eine Stoffklasse, deren Beziehung zu allgemeinen Problemen der chemischen Wissenschaft und Technik zunächst recht eng begrenzt erschien, geradezu universelle Bedeutung erlangen kann. Es wurde bei den ersten Versuchen mit organischen Peroxyden schnell erkannt, daß diese wegen ihrer oft hohen Zersetzlichkeit und Explosivität vielfach recht schwierig zu handhaben sind, und das ist mit ein Grund dafür, weshalb man um ihre Erforschung so lange Zeit „einen Bogen gemacht" hat.

Die vielen inzwischen hergestellten Peroxyde lassen aber erkennen, daß hier je nach Konstitution die unterschiedlichsten Eigenschaften bestehen. Es wurden Peroxyde erhalten, die zwar chemisch ziemlich beständig sind, aber schon auf leichten Stoß äußerst heftig detonieren wie Methylhydroperoxyd CH_3OOH, Dimethylperoxyd CH_3—OO—CH_3 (RIECHE), die niederen Persäuren (D'ANS), das Diacetylperoxyd und das polymere Butadienperoxyd (D. A. SCOTT). 1-Hydroperoxy-1-acetoxycyclodecanon-6 (CRIEGEE) verpufft schon beim Herausnehmen aus einer Kältemischung. Andere Peroxyde sind wiederum sehr labil und doch nicht explosiv. In neuerer Zeit sind Peroxyde gefunden worden, die gegen Stoß und Wärme überraschend beständig sind und daher technisch hergestellt werden (z. B. tert. Butylhydroperoxyd, Dekalinperoxyd und Cumolhydroperoxyd).

Für das gefahrlose Umgehen mit Peroxyden hat sich eine besondere *Arbeitstechnik* entwickelt, die hauptsächlich in der Anwendung folgender Maßnahmen besteht: Arbeiten mit möglichst kleinen Mengen in dünnwandigen Gefäßen und Verwendung von Drahtgewebe und splitterfreien Glasscheiben sowie Lederhandschuhen, Lederschutz für das Gesicht und starken Schutzbrillen.

Die ersten eingehenden Untersuchungen an synthetisch hergestellten organischen Peroxyden wurden um 1900 von A. v. BAEYER und V. VILLIGER durchgeführt. Abgesehen von den Arbeiten von D'ANS über *Persäuren*, von HARRIES über die *Ozonide*, von ENGLER über *Autoxydationsvorgänge* und verschiedenen Einzeluntersuchungen, wurde erst fast 30 Jahre später die Bearbeitung wieder aufgenommen.

In diese Zeit fällt auch der Beginn unserer Arbeiten über *Alkylperoxyde* und *Ozonide*, die hauptsächlich mit R. MEISTER und anderen Mitarbeitern in den Jahren 1927—1943 durchgeführt wurden und die nach längerer erzwungener Pause nunmehr im Bereich der Akademie ihre Fortsetzung finden. Inzwischen ist das Arbeitsgebiet überall recht aktuell geworden, und eine sehr große Zahl von Veröffentlichungen über Peroxyde erscheint in allen Ländern. Hierin zeigt sich am deutlichsten, welche Bedeutung das Gebiet erlangt hat.

Die Natur des peroxydischen Sauerstoffs

Alle Peroxyde leiten sich vom *molekularen Sauerstoff* ab. Sie sind auch als *Derivate des Wasserstoffperoxyds* zu betrachten (H—OO—H, R—OO—H, R—OO—R). Da Peroxyde die ersten Einwirkungsprodukte des Sauerstoffs auf andere Stoffe sind, so müssen bei der Oxydation organischer Verbindungen mit molekularem Sauerstoff zunächst immer Peroxyde, wenigstens als Zwischenstufen, entstehen. Eine Ausnahme scheint die Bildung von Aminoxyden mit einer semipolaren Bindung $R_3N \rightarrow O$ aus Aminen und Sauerstoff sowie die Oxydation von Verbindungen des 3-wertigen Phosphors zu denen des 5-wertigen, z. B. $PCl_3 \rightarrow OPCl_3$ zu sein, deren Mechanismus noch der Klärung bedarf.

Man kann die Peroxyde nicht immer fassen, da sie vielfach zersetzlich sind. Ob bei einem Autoxydationsvorgang[1]) Peroxyde gefaßt werden können, hängt hauptsächlich von ihrer Beständigkeit ab. Es wurde vielfach vermutet, daß auch noch eine *zweite Form von Peroxyden* existiert, sogenannte „*Oxoxyde*" mit einer semipolaren Bindung entsprechend $H_2O \rightarrow O$. Die Frage nach ihrer Existenz ist nun dahingehend entschieden, daß sogenannte „Oxoxyde" ähnlich den Aminoxyden nicht existieren, sondern sich alle Peroxyde von *einer* Form: H—OO—H ableiten. Auch Verbindungen, bei denen sich ein Sauerstoffmolekül an eine Doppelbindung zu einem Vierring angelagert hat —C—C— (mit O—O), die ENGLER als „*Moloxyde*" bezeichnet, werden in monomolekularer Form bisher als nicht existenzfähig angesehen, da sich alle zunächst für „Moloxyde" gehaltenen Peroxyde als Hydroperoxyde, Endoperoxyde oder polymere Peroxyde erwiesen. *Evans* behauptete, daß die Verfärbungen von Aminen wie Anilin durch Luftsauerstoff auf Bildung einer losen Anlagerungsverbindung von O_2 beruht, die er „Moloxyde" nennt. Es ist dies eigentlich etwas überraschend, daß ein Vierring mit Peroxydgruppe nicht existiert, da *Äthylenoxyd* $H_2C—CH_2$ (mit O) eine stabile Verbindung ist und sich in vielen Fällen zeigte, daß in nicht aromatischen Ringsystemen eine *Peroxydgruppe einem Sauerstoffatom adäquat* ist.

Wir stellten z. B. früher folgende *cyclische Peroxyde* als Aldehydanaloga her, in denen stufenweise ein O-Atom durch die Peroxydgruppe ersetzt ist:

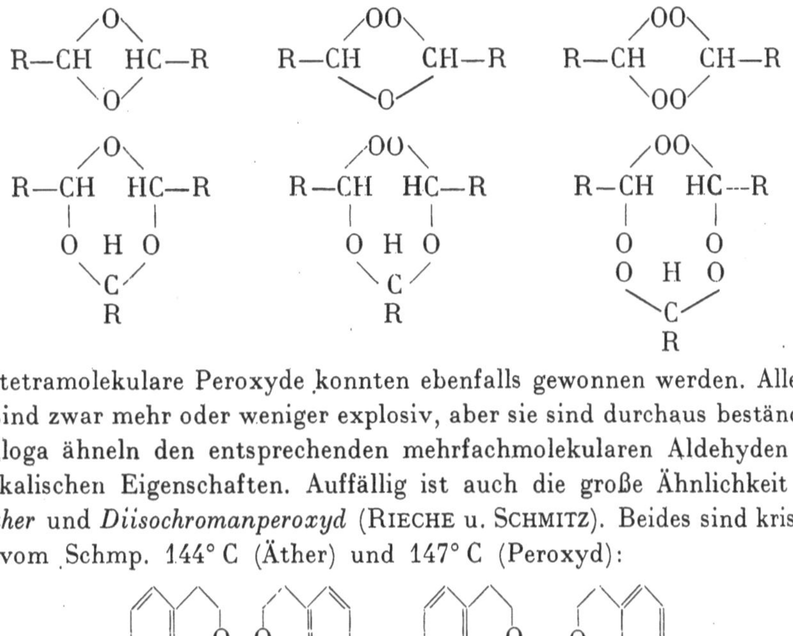

Analoge tetramolekulare Peroxyde konnten ebenfalls gewonnen werden. Alle diese Verbindungen sind zwar mehr oder weniger explosiv, aber sie sind durchaus beständig, und die Peroxydanaloga ähneln den entsprechenden mehrfachmolekularen Aldehyden vielfach in ihren physikalischen Eigenschaften. Auffällig ist auch die große Ähnlichkeit von *Diisochromanyläther* und *Diisochromanperoxyd* (RIECHE u. SCHMITZ). Beides sind kristalline Verbindungen vom Schmp. 144° C (Äther) und 147° C (Peroxyd):

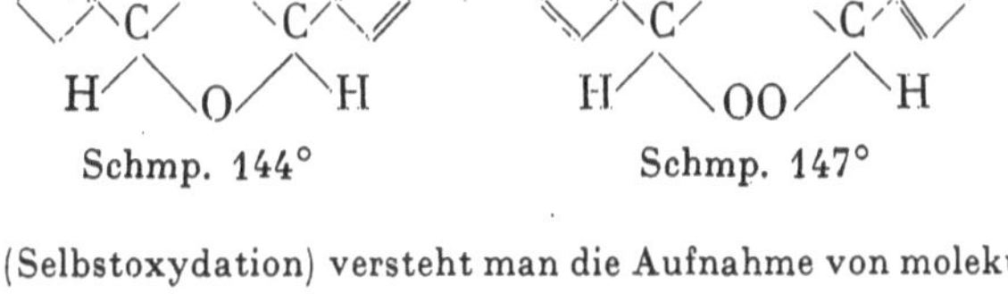

Schmp. 144° Schmp. 147°

[1]) Unter *Autoxydation* (Selbstoxydation) versteht man die Aufnahme von molekularem Sauerstoff.

Neuere präparative Methoden der Peroxydgewinnung

Durch Autoxydation

Die in den letzten Jahren technisch besonders wichtig gewordene Gewinnungsmethode für organische Peroxyde beruht auf der *Einwirkung von Luftsauerstoff auf Kohlenwasserstoffe* ($R—H + O_2 \longrightarrow R—OOH$). Man hat auf diese Weise recht beständige, technisch verwertbare Peroxyde, insbesondere *Alkylhydroperoxyde*, erhalten, die sogar als Polymerisationskatalysatoren Handelsprodukte geworden sind. Ihre Peroxyd- oder Hydroperoxydgruppe befindet sich fast immer an einem tertiären Kohlenstoffatom, wodurch ihre leichte Bildung und Beständigkeit bedingt ist

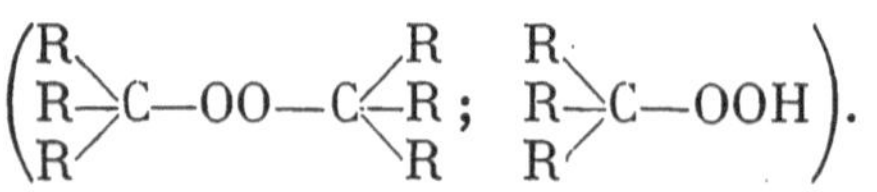

Die Herstellung dieser beständigen Hydroperoxyde durch Autoxydation von Kohlenwasserstoffen fußt vor allem auf den Arbeiten von HOCK und Mitarbeitern. Schon lange wurden *Persäuren* durch Autoxydation von Aldehyden erhalten ($R—CHO + O_2 \longrightarrow R—CO\cdot OOH$), jedoch reagieren diese meist mit einem Aldehydmolekül weiter zu Säuren (techn. Gewinnung von *Essigsäure* aus *Acetaldehyd*).

Bei der *Autoxydation von Acetaldehyd* bei 0° haben KRUG und SIXT ein Addukt der *Acetopersäure* angenommen, das thermisch in *Essigsäureanhydrid* und Wasser zerfällt. Hierauf beruht das moderne Verfahren der Essigsäureanhydrid-Gewinnung:

$$CH_3—CHO \xrightarrow{+O_2} \underset{\text{Acetopersäure}}{CH_3—CO\cdot OOH} \xrightarrow{+\,CH—CHO} \underset{\text{Addukt}}{CH_3—CO—OO—CHOH—CH_3} \longrightarrow$$

$$\underset{\text{Essigsäureanhydrid}}{CH_3—CO—O—CO—CH_3} + H_2O.$$

Für die Peroxydgewinnung bediente man sich sonst meist solcher Ausgangsstoffe, in denen die peroxydische Gruppierung bereits vorliegt, also des Wasserstoffsuperoxyds H_2O_2, seiner Salze, der CAROschen Säure, $HO—SO_2—OOH$ und des Ozons, O_3. Man kann das Wasserstoffperoxyd alkylieren, acylieren oder es an Aldehyde, Ketone und Olefine addieren.

Peroxyde und Ozonide

Genaue Untersuchungen haben ergeben, daß der Bindungszustand der O-Atome bei den Peroxyden und auch den sogenannten *Ozoniden*, erhalten aus Ozon und Olefinen, der gleiche ist. Die Vorstellungen von der Bildung und der Spaltung von Ozoniden, eine Methode, die viel für die Bestimmung der Lage von Doppelbindungen in ungesättigten Verbindungen herangezogen wurde, unterlagen in letzter Zeit starken Wandlungen.

Vor geraumer Zeit konnten wir durch „*Synthese eines Ozonids ohne Ozon*" die Richtigkeit der von STAUDINGER erstmalig vermuteten Formulierung für sogenannte „*Isozonide*" beweisen. Die „Ozonide" sind cyclische Peroxyde:

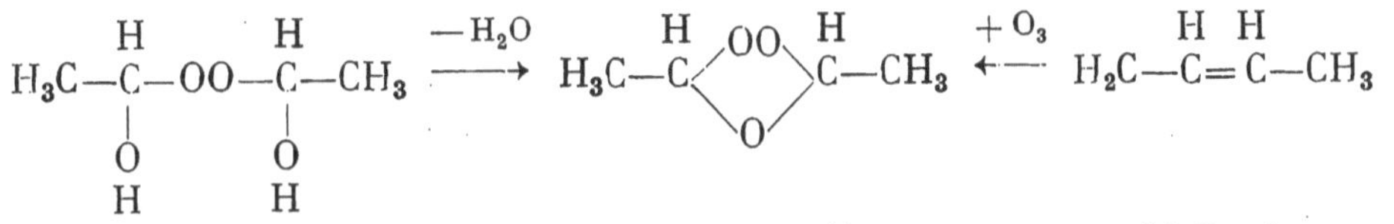

aus Acetaldehyd + H_2O_2 „Butylenozonid" 2,3-Butylen.

CRIEGEE zeigte dann neuerdings, daß die Ozonanlagerungsverbindungen der Olefine gar nicht beständig und die bisher als „Ozonide" bezeichneten peroxydischen Verbindungen Stabilisierungsprodukte eines labilen Zwitter-Ions sind:

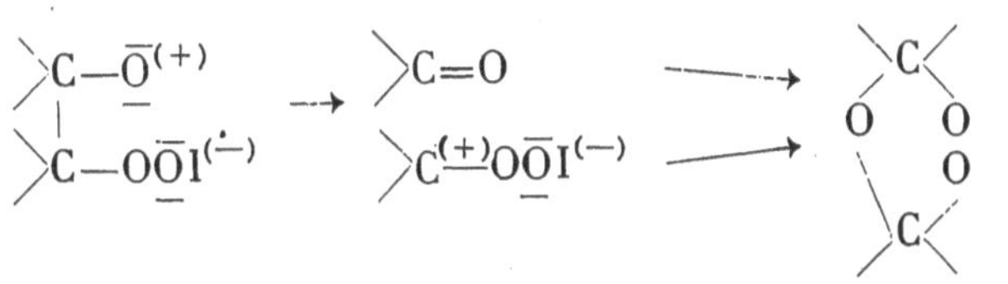

Wirkliche Ozonide im alten Sinne existieren also nicht.

Schon im Jahre 1942 konnten wir zeigen, daß bei der üblichen Spaltung von Ozoniden mit Wasser noch eine „*anormale Spaltung*" unter Abbau der Kohlenstoffkette nebenher geht, die bei *Ölsäure* bis zu 14% betrug. Inzwischen hat K. ZIEGLER 1950 diese „anormale Spaltung" eingehender bearbeitet und den Reaktionsmechanismus geklärt. Dies bedeutet aber, daß Schlüsse auf die Lage der Doppelbindungen aus Ozonspaltungen („Ozonolyse") mit Vorsicht gezogen werden müssen. Eine der sichersten Methoden der Aufarbeitung von Ozonisierungsgemischen scheint die nach ASINGER mit *Silberoxyd* in der Wärme zu sein, die direkt zu Carbonsäuren führt.

Peroxyde aus tertiären Alkoholen

Zu den wichtigen präparativen Methoden der Peroxydherstellung ist nun noch der *Umsatz tertiärer OH-Gruppen mit H_2O_2* getreten (N. A. MILAS), z. B. beim tertiären *Butylalkohol*:

$$(CH_3)_3C{-}OH + H_2O_2 \rightarrow \underset{\text{tert. Butylhydroperoxyd}}{(CH_3)_3C{-}OOH} + H_2O\ .$$

In allerneuester Zeit konnten wir (mit E. SCHMITZ) diese Methoden noch erweitern, indem cyclische Halbacetale und ihre Halogenverbindungen vom Typ des *1-Oxy-* bzw. *1-Halogen-isochromans* mit H_2O_2 und ROOH zu *Diisochromanylperoxyd* bzw. unsymmetrischen Dialkylperoxyden umgesetzt wurden:

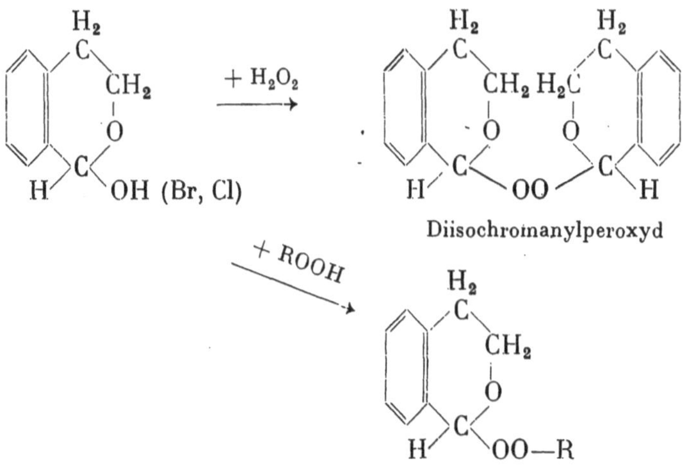

Diisochromanylperoxyd

unsymmetr. Isochromanylalkylperoxyde

Photosensibilisierte Oxydation

Einen besonderen Typus der Autoxydation stellt die photosensibilisierte Oxydation ungesättigter Verbindungen dar. Wie G. O. SCHENK und K. ZIEGLER zeigen konnten, führt diese zu andersartigen Peroxyden als die normale Autoxydation. Die photosensibilisierte Oxydation ist von SCHENK als präparative Methode entwickelt worden und brachte viele bisher unzugängliche Peroxyde. So konnte u. a. das einzige in der Natur im amerikanischen Wurmsamenöl vorkommende Peroxyd das „*Askaridol*" aus *α-Terpinen* mit O_2 unter UV-Belichtung mit Chlorophyll (Spinatbrei) als Sensibilisator gewonnen werden. Nach dieser Methode bilden sich „*Endoperoxyde*" durch 1,4-Addition von O_2 an die Butadien-Gruppierung entsprechend der bekannten DIELS-ALDER-Reaktion. Die *Diensynthese* mit O_2 wurde zuerst von WINDAUS am *Ergosterin* beobachtet.

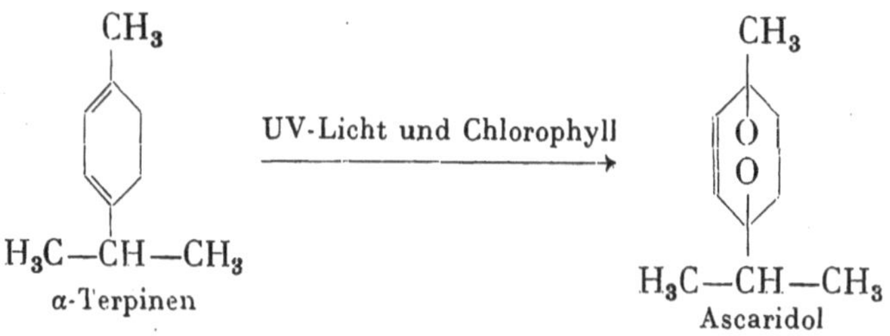

α-Terpinen

Ascaridol

Dehydrierung von Phenolen

Schließlich ist auch neuerdings die ursprünglich von R. PUMMERER aufgefundene, allerdings auf ganz bestimmte aromatische Systeme beschränkte Methode der Gewinnung von *Diarylperoxyden* durch Dehydrierung von Phenolen von E. MÜLLER wieder aufgegriffen worden. Sie führt beim *2,4,6-Tri-tertiär-butylphenol* zu einer in Lösung blaugefärbten Dehydroverbindung, die als ein *Sauerstoffradikal*, also ein diisoziiertes Peroxyd aufzufassen ist. Das Radikal kann in seiner tautomeren Form als C-Radikal reagieren (Ketomethylform), wie seinerzeit auch PUMMERER, FRANKFURTER und RIECHE beim Dehydrodinaphthylenoxyd fanden und bildet dann ein Peroxyd:

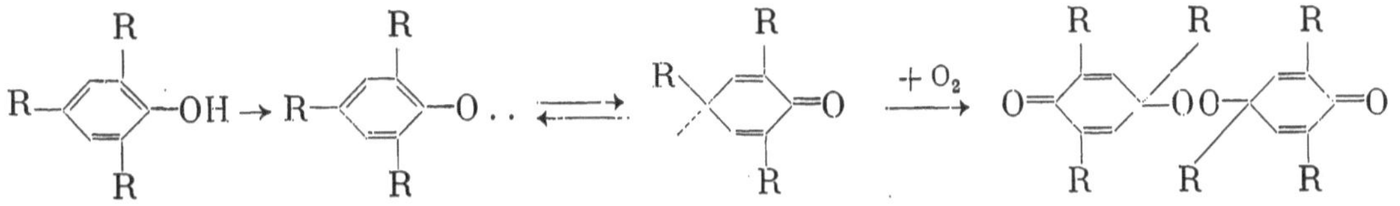

Peroxyde als Zwischen- oder Endstufen bei neuen technischen Reaktionen (Autoxydationen)

Grundlagen

Die *Autoxydation von Aldehyden, Äthern* und *Kohlenwasserstoffen* unterliegt einem einheitlichen Mechanismus. Wir stellten im Jahre 1937 auf Grund des damals vorliegenden Materials und der Anschauungen von BODENSTEIN, HABER, WILLSTÄTTER, ZIEGLER, WITTIG u. a. und eigener Untersuchungen, insbesondere an Äthern, ein Reaktionsschema auf, dessen Allgemeingültigkeit sich in der Zwischenzeit immer wieder erwiesen hat: Durch Addition von $H^{\cdot}$ und $R^{\cdot}$ an das Sauerstoffmolekül tritt in jedem Falle zunächst ein Hydroperoxyd auf. Durch ,,Zwischenschieben des Sauerstoffmoleküls" —wie wir es damals nannten —zwischen eine aktivierte CH- oder CC-Bindung entsteht R—OO—H oder R—OO—R. Überblickt man das jetzt in reichem Maße vorliegende Material über die Abhängigkeit der Bereitschaft zur Autoxydation von Kohlenwasserstoffen in Abhängigkeit von Substituenten an der angriffsfähigen CH-Bindung, so läßt sich *folgende Reihe* aufstellen: ($<$ = wachsende Bereitschaft):

Dimethyläther $<$ Diäthyläther $<$ Diisopropyläther $<$ Dibenzyläther
Methan $<$ Toluol $<$ Diphenylmethan
Toluol $<$ Äthylbenzol $<$ Isopropylbenzol (Cumol).

Eine besonders stark *aktivierende Wirkung hat* also der *Phenylrest.* Über die weitere Wirkung von Substituenten im Phenylrest haben wir eine Versuchsreihe im Gang, da hier noch nicht viel Material vorliegt. In Übereinstimmung damit sind also auch Verbindungen mit der *Benzylgruppe* besonders autoxydabel. Das zeigt sich u. a. deutlich bei der schon oben erwähnten, von uns näher untersuchten Autoxydation des Isochroman und bei verschiedenen Benzylacetalen. Wir fanden neuerdings z. B., daß *Benzaldehydglykolacetal* über das entsprechende Hydroperoxyd glatt zu Benzoesäureglykolester oxydiert wird (mit E. BEYER):

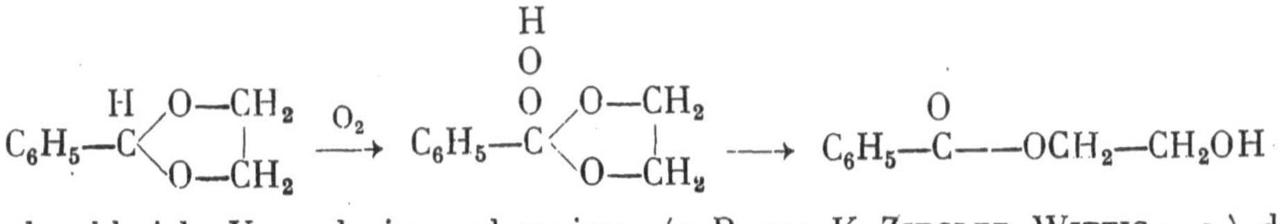

Durch zahlreiche Versuche ist nachgewiesen (z. B. von K. ZIEGLER, WITTIG u. a.), daß die Autoxydationen einem *Kettenmechanismus* unterliegen, wobei die Kettenträger *Radikale*

sind, im einfachsten Falle also:

$$\begin{array}{lll} 1.\ R. + O_2 & \rightarrow ROO. & \\ ROO. + R{-}R & \rightarrow ROOR + R. & \text{(Kette)} \\ 2.\ R. + O_2 & \rightarrow ROO. & \\ ROO. + RH & \rightarrow RCOOH + R. & \text{(Kette)} \end{array}$$

Danach ist es verständlich, daß bei der Autoxydation zunächst eine *Induktionsperiode* besteht, die durch Zusatz eines Peroxyds oder einer bereits in Reaktion befindlichen Oxydationsmischung überwunden werden kann. Spuren von Schwermetallen und Licht beschleunigen, Antioxydation (Inhibitoren) hindern die Autoxydation. Eine neuartige Methode ist die Mitverwendung von HBr (gekoppelte Oxydation), wobei Br-Atome den Kettenstart begünstigen. Die Reaktion erfolgt bevorzugt bei Kohlenwasserstoffen mit tertiären H-Atomen (Isoparaffinen).

Bei Verbindungen mit einer Doppelbindung tritt die O_2-Anlagerung neben der Doppelbindung ein, z. B. beim *Cyclohexen* (HOCK, CRIEGEE). Sind mehrere Doppelbindungen zugegen, wie z. B. bei den mehrfach ungesättigten Fettsäuren der trocknenden Pflanzenöle der Anstrichtechnik (Linolensäure, Linolsäure), treten im weiteren Verlauf Verschiebungen der Doppelbildung und sehr komplizierte Umlagerungen ein, deren Verlauf von W. TREIBS in schönen Untersuchungen geklärt werden konnte. Aber auch hier ist die *erste Stufe immer ein Hydroperoxyd.* Diese Untersuchungen sind für das Trocknen der Öle der Anstrichtechnik und das Verderben der Fette von Bedeutung. Beiden Vorgängen liegen, wenigstens in den ersten Phasen, ähnliche Reaktionsabläufe zugrunde, bei denen Peroxyde eine Rolle spielen. Das geht auch daraus hervor, daß für beide Vorgänge dieselben Stoffe beschleunigend und andere Stoffklassen (Antioxydantien) inhibierend wirken. Das Gebiet der *Schutzstoffe gegen das Verderben von Fetten* ist sehr wichtig geworden.

Technische Autoxydationsverfahren

In steigendem Maße werden heute Autoxydationen von Kohlenwasserstoffen technisch durchgeführt. Es soll hier nicht auf ihre Vorläufer, die Gewinnung von Phthalsäureanhydrid und Maleinsäureanhydrid aus Naphthalin oder von Anthrachinon aus Anthracen mit Luft am V_2O_5-Kontakt, die Herstellung von Benzoesäure aus Toluol und andere eingegangen, sondern nur die neueren Entwicklungen kurz betrachtet werden.

Äthylenoxyd aus Äthylen

Für das übliche Verfahren der *Äthylenoxydgewinnung über Äthylenchlorhydrin:*

$$\underset{\text{Äthylen}}{H_2C{=}CH_2} + HOCl \rightarrow \underset{\text{Äthylenchlorhydrin}}{CH_2OH{-}CH_2Cl} \xrightarrow[-HCl]{Ca(OH)_2} \underset{\text{Äthylenoxyd}}{CH_2{-}CH_2\ (\text{über } O)}$$

sind für 100 kg Äthylenoxyd 209 kg Cl_2 und 70 kg CaO nötig.[2]) Diese Menge steht vielfach nicht zur Verfügung. Deshalb hat man sich sehr bemüht, ein Verfahren ohne Chlor, also z. B. das durch direkte Oxydation des Äthylens, zu entwickeln.

Die Auffindung des Verfahrens durch die *Societé Française de Cat. Gen. u. T. E. Lefort, Carbide a. Carbon Chem. Corp.* liegt 20 Jahre zurück. Erst heute wird es großtechnisch in

[2]) In den USA 1951 Produktion 247 884 t Äthylenoxyd!

mehreren Anlagen durchgeführt (erste Großanlage der früheren *I. G.* in Zweckel im Kriege errichtet). Es wird an Silber-Al_2O_3-Kontakten mit sehr geringen Äthylenkonzentrationen (Maximal 3%) bei 200—300° in Röhrenkontaktöfen gearbeitet. Die Verteilung des Katalysators auf großer Oberfläche in Röhren gestattet die Abführung der großen Wärmemenge von 56 kcal Mol durch Kühlmittel. Die vorübergehende Bildung eines Äthylenperoxyds ist anzunehmen, das weiter mit Äthylen reagiert. Vielleicht verläuft die Reaktion so:

$$H_2C{=}CH_2 + O_2 \rightarrow H_2C{-}CH_2{-}OO{-} + H_2C{=}CH_2 \rightarrow 2\,H_2C{-}CH_2 \text{ (über O verbrückt)}.$$

Katalytische Oxydation von gasförmigem Paraffinkohlenwasserstoffen

Großtechnisch wird *Cyclohexan*, erhalten durch Hydrierung von Benzol, einem Vorprodukt für „*Nylon*" mit Luft zu *Cyclehexanon* oxydiert, desgl. *Äthylbenzol zu Acetophenon.* Ein interessantes, vielseitig anwendbares Verfahren zur Oxydation von niedrigen Paraffinkohlenwasserstoffen in Gegenwart von HBr wurde in den letzten Jahren von RUST u. VAUGHAN bei der *Shell Dev. Co.* aufgefunden. So werden *Isobutan* und andere Kohlenwasserstoffe mit tertiären Wasserstoffatomen schon bei 160° zu *tert. Butylhydroperoxyd* und tertiären Hydroperoxyden oxydiert. Kohlenwasserstoffe mit sekundären H-Atomen benötigen 190°, mit primären 220° Reaktionstemperatur. Aus *Propan* erhält man in 75%iger Ausbeute *Aceton, Äthan* liefert *Essigsäure*. Hydroperoxyde wurden nur bei den tertiären gefaßt, aber auch bei den anderen verläuft die Reaktion über Hydroperoxyde. Die Reaktion ist als eine *gekoppelte Oxydation* aufzufassen und unterliegt einem *Kettenmechanismus.* Aus HBr entsteht zunächst Br$^\cdot$:

$$(R)_3CH + Br^\cdot \rightarrow (R)_3C^\cdot + HBr$$
$$(R)_3C^\cdot + O_2 \rightarrow (R)_3C{-}OO^\cdot$$
$$(R)_3C{-}OO^\cdot + HBr \rightarrow (R)_3C{-}OOH + Br^\cdot$$

Paraffinkohlenwasserstoffe können aber auch nach amerikanischen Arbeiten mit Sauerstoff direkt reagieren, allerdings bei Temperaturen um 500°. Bei sehr wenige Sekunden währenden Verweilzeiten und rascher Abkühlung erhält man neben Aldehyden und Ketonen eine Mischung von organischen Peroxyden, die sehr viel Wasserstoffperoxyd enthält. Man hofft auf Grund dieser Versuche einmal ein neuartiges Gewinnungsverfahren für Wasserstoffperoxyd entwickeln zu können. Methan läßt sich zu Formaldehyd oxydieren.

Paraffinoxydation

Von großer technischer Bedeutung für den Wirtschaftsraum der Deutschen Demokratischen Republik ist die Oxydation langkettiger Paraffine zu Fettsäuren. Die allerersten Versuche (HOFSTÄDTER) zur Oxydation mit Salpetersäure liegen jetzt etwa gerade 100 Jahre zurück. Seit 1921 liefen in der *Badischen Anilin- und Soda-Fabrik Oppau* die ersten Versuche mit Luft als Oxydationsmittel.

Auf die technische Durchführung der Paraffinoxydation kann hier nicht eingegangen werden. Es sei nur erwähnt, daß in sogenannten „Öfen", das sind die Oxydationsgefäße, Paraffine der Kohlenstoffzahlen von C_{18}—C_{30} bei Temperaturen von 100—130° mit Luft behandelt werden. Als Katalysator wird Kaliumpermanganat zugesetzt, das in wirksame Mangan- und Kaliseifen übergeht.

Es wird eine Mischung von allen gerad- und ungeradzahligen, gesättigten Fettsäuren von C_{10}—C_{22} erhalten. Je nach Herkunft des Paraffins finden sich 12—30% *verzweigtkettige* darin. Die Ausbeuten sind

75—80% Rohfettsäure und 60% Seifenfettsäuren. Mit Rücksicht auf diese etwas geringe Ausbeute ist eine eingehende wissenschaftliche Bearbeitung der Paraffinoxydation zum Zwecke ihrer Verbesserung immer noch angezeigt. Hier soll das Verfahren nur im Hinblick auf die *Entstehung von Peroxyden als Zwischenstufen* besprochen werden.

Unser im Jahre 1937 entsprechend dem damaligen Stande der Kenntnis aufgestellter *Reaktionsmechanismus* ist in der Folge durch überzeugende Versuche von LANGENBECK und PRITZKOW in seinem ersten Stadium bestätigt worden. Es ist nunmehr bewiesen, daß als Anfangsreaktion das Einschieben des Sauerstoffmoleküls in eine CH-Bindung der Paraffinkette unter Bildung von $-\overset{|}{\underset{|}{C}}-OOH$ erfolgt. Dieser Angriff erfolgt *rein statistisch*, ähnlich wie bei der Sulfochlorierung (REED, HEROLD, ASINGER), an jeder beliebigen Stelle. Es dürfte kaum möglich sein, den Oxydationsprozeß so zu beeinflussen, daß der Sauerstoff bevorzugt an den Endgruppen angreift, so daß längerkettige Säuren entstehen. Das in erster Phase entstehende Hydroperoxyd geht in *Keton* und *Wasser* über. Die Ketone bilden mit O_2 erneut *Ketonhydroperoxyde*, die nach bekanntem Schema in Aldehyd und Fettsäure übergehen. Inzwischen wurde auch aus *Diisopropylketon* ein Ketonhydroperoxyd gewonnen (SHARP, PATTON u. WHITCOMB) und die von LANGENBECK und PRITZKOW angenommene Umsetzung bestätigt.

Die Aldehyde bilden wie üblich Säuren. Da im Rohoxydat auch große Mengen von *Estern* vorliegen, findet noch eine andere Reaktion unter Spaltung der C—C-Kette statt, die man als Baeyer-Villiger-Reaktion bezeichnet. Sie beruht auf der Bildung von *Estern aus Ketonen* bei der Einwirkung von *Persäuren.* Diese Reaktion hat neuerdings für die Herstellung von Estern aus Ketonen und die von *Laktonen aus cyclischen Ketonen* große Bedeutung erlangt. Der Mechanismus dieser Umlagerung konnte von DOERING u. DORFMANN durch Einwirkung von Persäure auf Benzophenon mit dem Isotop O_{18} bewiesen werden. Es wurde im Carbonylsauerstoff wiedergefunden und damit der Reaktionsverlauf nach CRIEGEE bewiesen. Der *Reaktionsablauf der Paraffinoxydation* läßt sich also nach LANGENBECK und PRITZKOW wie folgt darstellen:

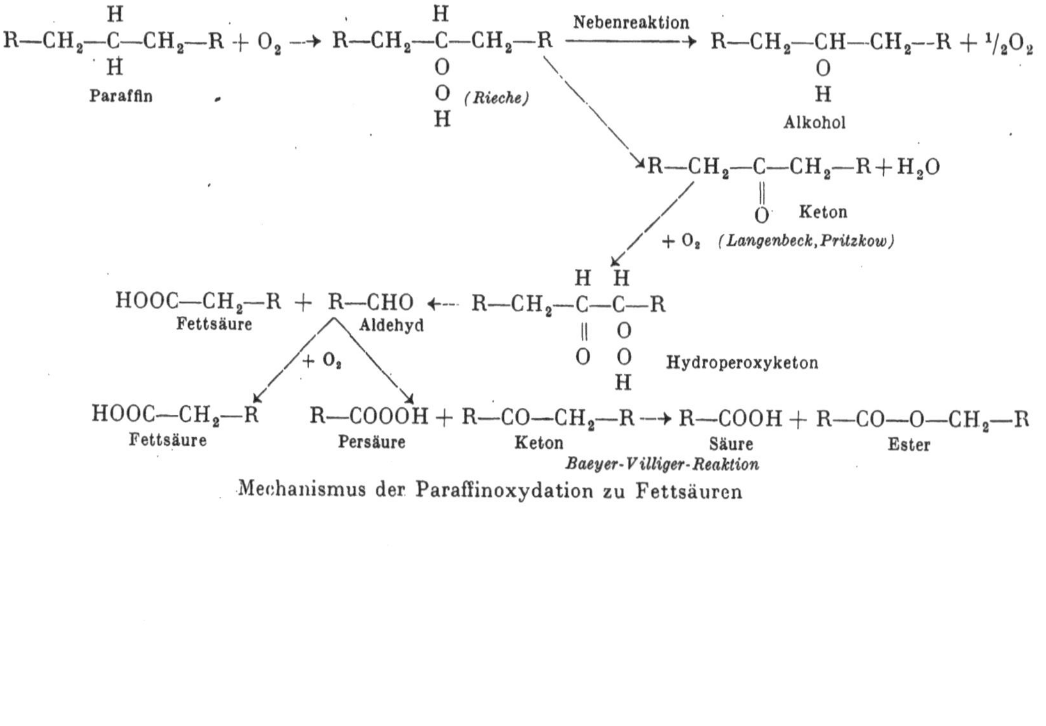

Mechanismus der Paraffinoxydation zu Fettsäuren

Phenole durch Oxydation alkylierter Aromaten

Infolge der Aktivierung der CH-Bindung, die einen aromatischen Rest trägt (siehe Einleitung), wurden *Isopropylbenzol* (Cumol) und ähnliche Verbindungen, z. B. Cymol, zum entsprechenden Hydroperoxyd oxydiert (HOCK). Die Oxydation verläuft unter milden Bedingungen in Emulsion. Das *Cumolhydroperoxyd* ist im Hochvakuum destillierbar. Auch *1,3,5-Triisopropylbenzol* läßt sich zu dem entsprechenden Trihydroperoxyd oxydieren (SEIDEL, SCHULZE u. BALTZ). Die Hydroperoxyde können mit verdünnten Säuren leicht zu den entsprechenden Phenolen und Aceton gespalten werden.

$$\underset{\text{Cumol}}{C_6H_5\text{—}CH(CH_3)_2} + O_2 \rightarrow \underset{\text{Cumolhydroperoxyd}}{C_6H_5\text{—}C(CH_3)_2\text{—}OOH} \xrightarrow[H^+]{} \underset{\text{Phenol}}{C_6H_5OH} + \underset{\text{Aceton}}{CH_3\text{—}CO\text{—}CH_3}$$

Analog werden *Hydrochinon* und *Phloroglucin* erhalten.

Das Verfahren zur Herstellung von Phenol wird in den USA und demnächst auch in der *Bundesrepublik* großtechnisch ausgeübt. *Cumol* gewinnt man aus Benzol und dem Propylen der Krackgase.

Sulfoxydation

Durch Sulfoxydation von gesättigten Kohlenwasserstoffen können mit SO_2 und O_2 im Licht oder angeregt durch Peroxyde als Katalysatoren direkt Sulfosäuren gewonnen werden. Von technischer Bedeutung ist das Verfahren für die Gewinnung von waschaktiven Verbindungen aus Paraffin.

Es entstehen hochmolekulare Paraffinsulfosäuren, die als Salz dem durch Sulfochlorierung von Kohlenwasserstoffen und anschließende Verseifung der Sulfochloride erhaltenen „Mersolat" entsprechen (CRAMER, SCHIMMELSCHMIDT, GRAF, PLATZ, ORTHNER in den *Hoechster Farbwerken*). Durch ausgezeichnete Untersuchungen von GRAF ist jetzt der *Mechanismus der Sulfoxydation* am *Cyclohexan* als Modellsubstanz geklärt worden.

Das erste Reaktionsprodukt ist *Cyclohexylsulfonpersäure*. Sie entsteht in folgender Kettenreaktion:

$$\underset{\text{(durch Licht oder Peroxyd)}}{R^\cdot + SO_2} \rightarrow RSO_2^\cdot \xrightarrow{+O_2} RSO_2\text{—}OO^\cdot \xrightarrow{+RH} \underset{\text{(Kette)}}{R^\cdot} + \underset{\text{Sulfonpersäure}}{RSO_2\text{—}OOH}$$

Der Verlauf ist also analog dem Sulfochlorierungsprozeß (REED, HEROLD, SMEYKAL, ASINGER), nur daß dort statt O_2 Cl_2 eingreift:

$$R^\cdot + SO_2 \rightarrow RSO_2^\cdot \xrightarrow{+Cl_2} \underset{\text{Sulfochlorid}}{RSO_2Cl} + Cl^\cdot$$

$$Cl^\cdot + RH \rightarrow HCl + \underset{\text{(Kette)}}{R^\cdot}$$

Beim Cyclohexan, Heptan u. a. verläuft die Reaktion von selbst weiter, bei höheren Paraffinkohlenwasserstoffen (z. B. *Mepasin=hydriertes Kogasin* der *Fischer-Tropsch-Synthese*) bricht die Kette rasch ab, und es bedarf ständiger Anregung der Reaktion. Auch bei völlig wasserfreien Ausgangsmaterialien tritt immer Wasser auf. Dies beweist den Ablauf von Nebenreaktionen, auf die hier nicht eingegangen werden soll.

Sulfonpersäure wird durch SO_2 in Gegenwart von Wasser zu Schwefelsäure und Sulfosäure reduziert:

$$R{-}SO_2{-}OOH + SO_2 + H_2O \longrightarrow H_2SO_4 + R{-}SO_2{-}OH$$

Da dann keine Radikale mehr entstehen, die die Kette fortführen, muß die Reaktion ständig durch UV-Licht angeregt werden. Die Quantenausbeute ist darum wesentlich geringer als beim Sulfochlorierungsprozeß, z. B. beim Mepasin 3—4 gegenüber einigen Tausend. Ein interessantes Peroxyd kann in Gegenwart von *Essigsäureanhydrid* abgefangen werden:

$$\underset{\text{Sulfonpersäure}}{R{-}SO_2{-}OOH} + \underset{\text{Essigsäureanhydrid}}{(CH_3{-}CO)_2O} \longrightarrow \underset{\text{Acetyl-cyclohexylsulfonylperoxyd}}{R{-}SO_2{-}OO{-}CO{-}CH_3} + CH_3{-}COOH$$

Diese feste Substanz ist ein hervorragender und vielfach einsetzbarer *Aktivator für Reaktionen*, die durch Radikale ausgelöst werden, z. B. Polymerisationen, gelenkte Additions- und Substitutionsreaktionen.

Durch Peroxyde angeregte oder fortgeführte Reaktionen (Peroxyde als Katalysatoren)

Sehr viele Reaktionen organischer Verbindungen werden durch Peroxyde beeinflußt. Es wird sich in Zukunft bei immer noch mehr Vorgängen zeigen, daß organische Peroxyde als Katalysatoren eine Rolle spielen. Im Rahmen dieses kurzen Berichts ist es unmöglich, auf die Vielzahl der Reaktionen einzugehen, die in ihrer Geschwindigkeit und Richtung von Peroxyden beeinflußt werden. „Katalysatoren" in strengem Sinne sind Peroxyde natürlich nicht; denn sie können zwar in geringen Spuren Reaktionen (immer Kettenreaktionen) beeinflussen, sie gehen aber im Gegensatz zum echten Katalysator nicht unverändert aus der Reaktion hervor. Findet man sie noch, so haben sie sich immer wieder neu gebildet. Peroxyde vermögen infolge ihrer hohen Reaktionsenergie bei ihrem Zerfall — meist unter Bildung von Radikalen, aber in Einzelfällen auch von Ionen — andere Moleküle zu aktivieren, so daß also Kettenreaktionen in Gang kommen. Man sollte sie deshalb besser als „Aktivatoren" bezeichnen.

Inhibitoren

Durch Peroxyde angeregte Reaktionen, auch wenn sich die Peroxyde im Reaktionsgeschehen aus Luftsauerstoff erst bilden, werden oft durch reduzierende Stoffe bestimmter Konstitution gehemmt. Inhibitoren hemmen die meisten peroxydisch angeregten Reaktionen. An dieser Hemmung kann man geradezu erkennen, daß durch Peroxyde oder Sauerstoff ausgelöste Kettenreaktionen stattfinden. Auch können Peroxyde und Sauerstoff Reaktionen *hindern.* Sie sind also zuweilen auch Inhibitoren, eine Erscheinung, welche die häufige Hemmung von Polymerisationen durch O_2 erklärt. Wirksam sind bei den Peroxyden als Aktivatoren und Inhibitoren nicht diese selbst, sondern wohl immer ihre höchst aktiven radikalartigen Umwandlungs- bzw. Zersetzungsprodukte. Auf eine höchst bemerkenswerte Tatsache sei hier einmal hingewiesen[3]): Verbindungen derselben Körperklasse (Peroxyde)

[3]) Im „Handbuch der Katalyse" hatte ich bereits im Jahre 1943 Gelegenheit, auf diese Parallelerscheinungen aufmerksam zu machen.

können also Autoxydationen, Verharzungen und Polymerisationen einleiten, Additions-, Substitutionsreaktionen und Umlagerungen begünstigen und lenken. Andererseits hindern Verbindungen vom Typ der Inhibitoren (oxydierbare, reduzierbare Verbindungen, z. B. Aminophenole) alle diese Reaktionen. Ein gutes Kriterium für die Inhibitorwirkung ist die *Dauer der Induktionsperiode* bis zum Einsetzen einer Reaktion. Die Einwirkung des Inhibitors kann bei so verschiedenen Arten von Reaktionen nur auf *einen* Reaktionspartner erfolgen, der ihnen *allen gemeinsam* ist, eben auf den peroxydischen Aktivator bzw. durch ihn in gleichartiger Weise angeregte Moleküle. Ein idealer Inhibitor dürfte eigentlich nicht verbraucht werden.

Es handelt sich, wie erwähnt, meistens um oxydierbare und reduzierbare Verbindungen, und ihre Hemmwirkung muß auf dem Wechsel zwischen Oxydations- und Reduktionsprozeß beruhen. Dadurch kann dem Träger der Reaktionskette die Energie entzogen und in Wärme überführt werden. Das Redoxpotential und damit auch der p_H-Wert sind also von großem Einfluß. Ein anderer Fall von Inhibitorwirkung beruht auf der „chemischen Abführung" von Anregungsenergie, verbunden mit dessen chemischer Veränderung. Diese Wirkungsweise der Inhibitoren dürfte hauptsächlich beim Auftreten von aktivierten Peroxyden als Kettenträger in Frage kommen. Dabei wird dann der Inhibitor allmählich oxydiert und wird unwirksam. Das entspricht den Beobachtungen der Praxis. Allerdings wird, wie wir bei künstlicher Oxydation von Fetten in Gegenwart von Inhibitoren feststellen konnten (mit MAIER-BODE), zunächst viel mehr Sauerstoff aufgenommen, als der Inhibitor-Menge entspricht, ehe die Schutzwirkung aufhört. Aufschlußreiche Modellversuche von WITTIG seien hier erwähnt, die zugleich einen schönen Beweis für den oben bereits skizzierten Ablauf der Aldehydoxydation als Radikalketten-Reaktion und die Inhibitorwirkung darstellen. *Dibiphenyläthylene* sind Inhibitoren für die Benzaldehydautoxydation. Die Hemmung nimmt in dem Maße ab, wie der Inhibitor verbraucht wird. Mit Dibiphenylenäthen wird ein kompliziert gebautes Peroxyd erhalten, bei dem das R—CO—OO· und H—OO· Radikal an die Äthenbindung angelagert ist. Es ist also ein „Abfangen" des kettentragenden Radikals eingetreten.

Auch die *Wirkung des Sauerstoffs als Inhibitor* von Kettenreaktionen soll hier betrachtet werden. Es sind besonders die durch Licht eingeleiteten Reaktionen, z. B. Additionen, Substitutionen und Polymerisationen, die durch Spuren von Sauerstoff gehemmt werden können. SCHUMACHER konnte am Beispiel der *Einwirkung von Chlor auf Trichloräthylen* den Hemmungsmechanismus klären. Die photochemische Addition von Halogen ist eine Kettenreaktion, bei der durch Einwirkung von Chloratomen auf das Olefin C-Radikale entstehen und die sich über Chloratome fortpflanzt. Ist Sauerstoff zugegen, so reagiert die radikalartige Zwischenstufe mit diesem unter Bildung eines Peroxyds, und die Reaktionskette kommt zum Abbruch:

$$Cl_2 + h_\nu \rightarrow Cl^\cdot + Cl^\cdot$$

$$Cl^\cdot + Cl_2C{=}CHCl \rightarrow Cl_2\dot{C}{-}\underset{Cl}{ClCH}$$

$$\underset{\text{C-Radikal}}{Cl_2\dot{C}{-}CCl_2H} + Cl_2 \rightarrow Cl_3C{-}CCl_2H + Cl^\cdot \quad \text{(Kette)}$$

$$Cl_2\dot{C}{-}CCl_2H + O_2 \rightarrow \underset{\substack{|\\ O\\ \dot{O}\\ \text{O-Radikal}}}{Cl_2C}{-}CHCl_2 \quad \text{(Kettenabbruch)}$$

Induzierte Oxydation

Wir konnten nun (mit H. Stetter) diese Reaktion praktisch ausnutzen, indem die Chloradditionskette in eine *Oxydationskette* übergeführt wurde („*Induzierte Oxydation*"). Hierzu war es nur nötig, Chlor *und* Sauerstoff unter Belichtung einzuleiten. Man erhält so aus *Trichloräthylen* glatt *Dichloracetylchlorid* und aus asymmetr. *Dichloräthylen* $Cl_2C = CH_2$ *Chloracetylchlorid*:

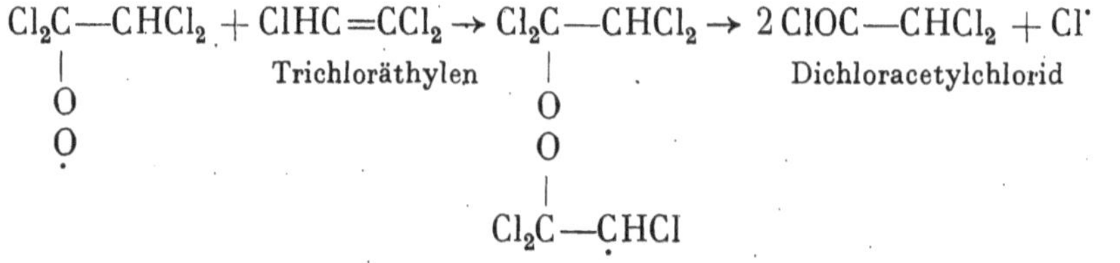

Polymerisationen durch Peroxyde

Größte technische Bedeutung haben Peroxyde für die Einleitung von Polymerisationen der Vinylverbindungen erlangt. Die Vinylverbindungen haben die Gruppe $-CH = CH_2$.

Die polymeren Vinylverbindungen zählen zu den wichtigsten *Kunststoffen*. Ihre Eigenschaften hängen im wesentlichen vom Verlauf der Polymerisation ab. Die vielen Untersuchungen über den Mechanismus der Polymerisation dienen dem Ziel, diese in reproduzierbarer Form bewußt lenken zu können. Hier ist die Peroxydwirkung am besten untersucht. Das vorliegende Material ist sehr umfangreich, und es muß hier auf zusammenfassende Arbeiten und Darstellungen von Hopff, Breitenbach, G. V. Schulz, Husemann, Medwedef u. Kamenskaja, Price, Bartlett, Horner, Logemann, Kern u. a. verwiesen werden. Zerfallende Peroxyde und vielfach auch molekularer Sauerstoff vermögen die Polymerisation einzuleiten. Dabei wirkt der molekulare Sauerstoff wahrscheinlich nicht direkt — er ist viel häufiger ein Inhibitor —, sondern über Peroxydbildung und den Zerfall dieser Peroxyde. Die Polymerisation ist eine Kettenreaktion, die in folgende Teilabschnitte zerlegt werden kann:

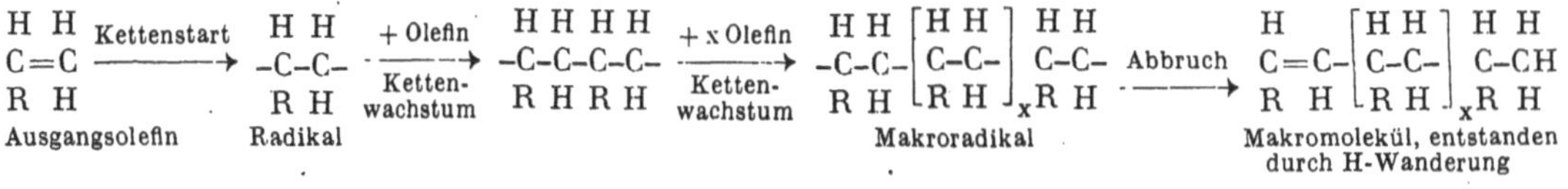

1. *Startreaktion.* Diese besteht in der Bildung eines reaktionsfähigen „Keimes", also z. B. eines Radikals. Das Radikal kann durch Peroxydzersetzung entstehen. Im einfachsten Falle „klappt die Doppelbindung des Monomeren auf", d. h. einzelne Moleküle haben ungepaarte Elektronen, an die sich weitere Monomere unter Bildung eines neuen Radikals anlagern. Dies führt zur zweiten Phase, dem Kettenwachstum.

2. *Kettenwachstum.* Durch Anlagerung immer weiterer Moleküle an die stets neu entstehenden Radikale wächst die Kette. So entsteht ein Makroradikal. Das ist die eigentliche Polymerisation. Das Wachstum der Kette erfolgt sehr schnell, so daß die Geschwindigkeit der Polymerisation wesentlich von der Zahl der gebildeten Keime abhängt.

3. *Abbruchreaktion.* Die Kettenreaktion kann durch Wanderung eines Wasserstoffatoms, durch eine Fremdreaktion oder durch Ringschluß zum Abbruch kommen. Bei der Polymerisation des Styrols und anderer Monomerer durch Peroxyde als Katalysator ist nachgewiesen, daß der Peroxyd-Katalysator in die Kette eingebaut wird.

Von besonderer Bedeutung ist der Luftsauerstoff als Kettenabbrecher. Er kann sowohl in einzelnen Fällen durch Keimbildung den Kettenstart auslösen (bevorzugt im Dunkeln) oder auch durch Reaktion mit dem Radikal (dem Kettenträger) schon in einem sehr frühen Stadium der Wachstumreaktion den Kettenabbruch herbeiführen, z. B. bei der durch UV-Licht eingeleiteten Polymerisation.

Als besondere Form der Abbruchreaktion hat die sogenannte „*Kettenübertragung*" zu gelten. Hier wird die Energie des Makroradikals auf ein Monomeres übertragen, das damit zum Starter einer neuen Kette wird.

Starten gleichzeitig viele Reaktionsketten, so ist auch die Wahrscheinlichkeit des Kettenabbruchs am größten, d. h. man erhält ein niedrigmolekulares Polymerisat.

Die einzelnen Teilvorgänge können durch Katalysatoren und Inhibitoren katalytisch beeinflußt werden.

Von sehr großer Bedeutung für die Technik der Polymerisation war die Beobachtung in der früheren *IG-Farbenindustrie*, daß Reduktionsmittel im alkalischen Medium unter Anwesenheit von Peroxyden eine besonders starke Steigerung der Polymerisationsgeschwindigkeit herbeiführen. Die Reaktion zwischen Oxydations- und Reduktionsmittel („*Redoxkatalyse*") ist hier das auslösende Moment.

Man kann sich diese Wirkung so vorstellen, daß der Zerfall des Peroxyds durch Reduktionsmittel beschleunigt wird. Erhöhter Peroxydzerfall bedingt wachsende Zahl von Keimen, d. h. es starten mehr Ketten. Überraschend ist hierbei, daß im Gegensatz zur thermischen Erhöhung der Polymerisationsgeschwindigkeit keine kleineren Molekülgrößen erhalten werden. Vielleicht hängt dies damit zusammen, daß das Reduktionsmittel den Kettenabbrecher Sauerstoff beseitigt.

Die Wirkung dieser Redoxsysteme kann noch durch gewisse Metallsalze in Tausendstel Prozenten, z. B. Eisen, erhöht werden.

Ein Redoxsystem als Polymerisationsbeschleuniger kann man sich in einfacher Weise wie folgt vorstellen (R. SCHULZ, KERN):

$$\underset{\text{Dibenzoylperoxyd}}{\underset{\quad O \qquad\quad O}{R{-}C{-}OO{-}C{-}R}} + Fe^{\cdot\cdot} \rightarrow Fe^{\cdot\cdot\cdot} + \underset{\text{Benzoat-Anion}}{\underset{O}{R{-}CO^-}} + \underset{\text{Benzoxyl-Radikal startet die Kette.}}{\underset{O}{R{-}CO^\cdot}}$$

Auch die von HOPFF gefundene Polymerisation von Vinylverbindungen mit Persulfat und Aminen kann nach LOGEMANN, HORNER als Redoxkatalyse aufgefaßt werden.

Beeinflussung von Additionsreaktionen, „Peroxyd-Effekt"

Die Wirksamkeit von Peroxyden bei einer Reaktion ist geradezu ein Indikator für den Ablauf von Radikalreaktionen.

Nach länger zurückliegenden Einzelbeobachtungen von BAUER, URUSHIBARA, ROBINSON untersuchte KHARASCH etwa ab 1930 die „*anormale Addition*" von HBr an Olefine unter dem Einfluß von Peroxyden. Ausgangspunkt war, daß *Allylbromid* mit HBr normalerweise eine Mischung von 1,2- und 1,3-*Dibrompropan* lieferte, dagegen in Gegenwart von Luft bevorzugt 1,3-Produkt.

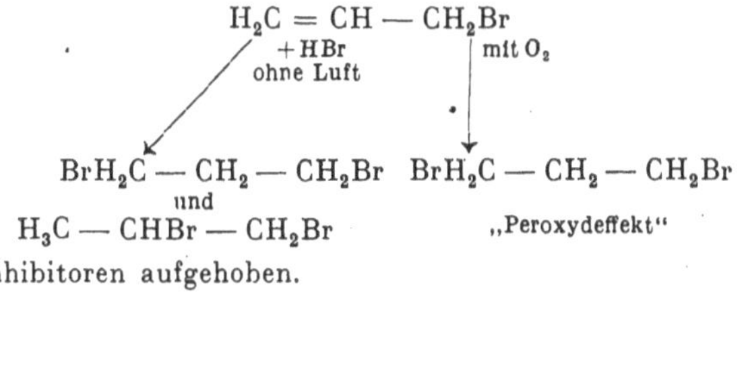

Der Effekt wird durch Inhibitoren aufgehoben.

Inzwischen sind sehr viele derartige Lenkungen der Addition aufgefunden. Dabei haben sich gewisse gesetzmäßige Abhängigkeiten von der Substitution der Vinylgruppe ergeben. Auch andere Additionsreaktionen verlaufen nur in Gegenwart von Peroxyden, z. B. die von Halogenmethanen an Olefine (KHARASCH), die Addition von *Thioglykolsäure* an *Styrol* oder *Isobutylen.* Nach URRY können *Alkohole an Olefine* unter Einwirkung von t-Butylperoxyd angelagert werden, wobei man *tertiäre Alkohole* erhält, und nach demselben Autor soll sich *Methylformiat* an *Äthylen* unter gleichzeitiger Polymerisation des Äthylens zu *Fettsäureestern* anlagern:

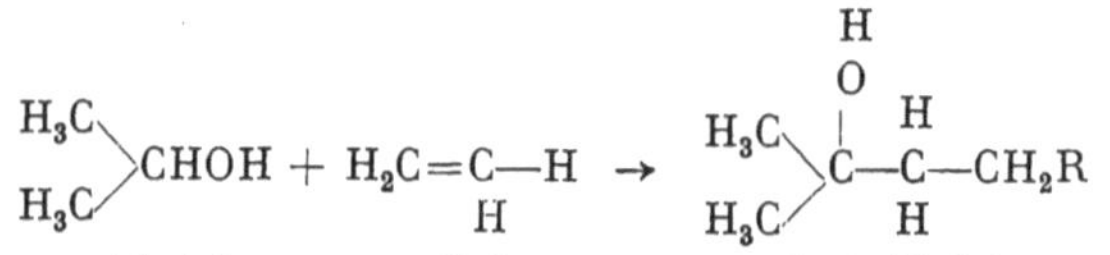

Alkohol Olefin tert. Alkohol

$$HCOOCH_3 + xH_2C{=}CH_2 \rightarrow H_3COOC(-CH_2-CH_2)_{x-1}CH_2-CH_3$$

Formiat Äthylen hochmolekularer Fettsäureester

KHARASCH, URRY und KUDERNA entwickelten auch eine Methode zur Anlagerung von *Aldehydradikalen* an *Olefine* zu *Ketonen**):

$$R_1-CHO + H_2C{=}CHR \rightarrow R_1-CO-CH_2-CH_2-R$$

Ketone

Gammexan

Eines der meist verwendeten Insektizide ist das *Hexachlorcyclohexan.* Beim technischen Herstellungsprozeß durch Addition von 6 Cl-Atomen an Benzol werden 9 *Isomere* erhalten. Wirksam ist nur die *γ-Form* (daher der Name „Gammexan"), von der normalerweise nur 12—15% Ausbeute erhalten werden, unter besonderen Bedingungen bis zu 20%. Die anderen Isomeren sind vorerst wertlos. LANGENBECK, LOSSE und FÜRST stellten fest, daß Hydroperoxyde auch diese Additionsreaktion beeinflussen. Am günstigsten waren die Ergebnisse mit Oxycyclohexyl- und Cyclohexenhydroperoxyd, womit *bis zu* 25% *Gammexan* erhalten wurden. Die Cl-Addition verlief damit in völliger Dunkelheit viel schneller als bei der sonst üblichen UV-Bestrahlung.

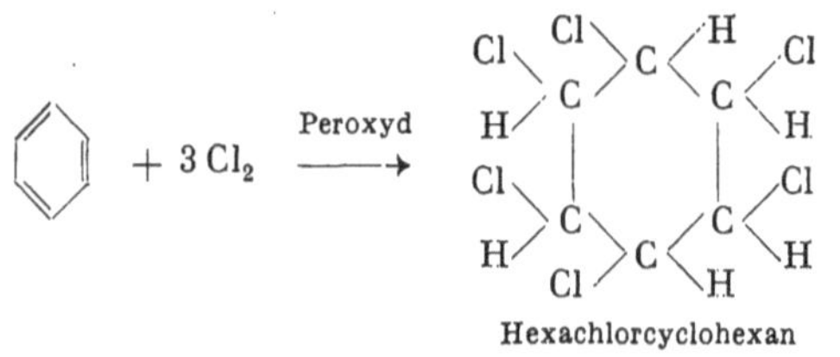

Hexachlorcyclohexan

Reaktionsmechanismus des „Peroxyd-Effekts"

Bei der durch Peroxyde beeinflußten Addition von HBr liegt eine Kettenreaktion vor, bei der Bromatome auftreten, wobei das Bromatom dasjenige Kohlenstoffatom angreift, das die höhere Elektronendichte besitzt. Doch gibt es auch andere Erklärungsversuche. Vielleicht verläuft die Reaktion auch so, daß dann eine Beeinflussung zu „anomaler" Addition eintritt, wenn eine Peroxydbildung aus Olefin und O_2 voraus-

*) Von KHARASCH stammt auch die bedeutsame Beobachtung der Addition von Tetrachlorkohlenstoff an Olefine zu *ααα* Trichlor-*ω*-chlorparaffinen.

geht. Der peroxydisch gebundene oder aus einem Peroxyd durch Zersetzung entstandene Sauerstoff würde dann zur Bildung von C-Radikalen führen, die den Start der Reaktion veranlassen. Das erklärt dann, weshalb molekularer Sauerstoff häufig (z. B. bei Addition von Br_2, Cl_2) auch als Kettenabbrecher wirkt. Die Parallele zur Polymerisation ist hier offensichtlich.

Beeinflussung von Substitutionsreaktionen

Die *Seitenkettenchlorierung* beim Toluol, die Halogenierung von Aliphaten überhaupt, wird bekanntlich durch *Licht* begünstigt. Durch UV-Bestrahlung entstehen Halogenatome, die eine Reaktionskette einleiten. Nach KHARASCH sollen Peroxyde einen stärker beschleunigenden Effekt haben als Licht und Wärme. Ihre Wirkung soll darauf beruhen, daß durch ihre Zersetzung aus dem Halogenmolekül *Atome* gebildet werden. Diese leiten die Reaktion ein und führen sie fort:

$$R{-}CH_3 + Br^{\cdot} \rightarrow R{-}CH_2^{\cdot} + HBr$$
$$R{-}CH_2{-} + Br_2 \rightarrow R{-}CH_2Br + Br^{\cdot}$$

Zu diesem Reaktionstyp gehört auch die *Sulfochlorierung* (*Reed-Reaktion*), die schon erörtert wurde. Auch sie kann *ohne Licht mit Peroxyden* durchgeführt werden, wofür nur sehr kleine Mengen Aktivator nötig sind. Wie bei der Polymerisation können Peroxyde bei Substitutionsreaktionen vielfach das Licht vertreten.

Peroxyde sollen auch bei der KOLBEschen *Synthese* zur Herstellung von *Oxycarbonsäuren* aus *Phenolnatrium* und CO_2 und bei der *Umlagerung nach Cannizzaro* (Disproportionierung von *Aldehyden* in *Alkohol* und *Säure*) eine Rolle spielen können (FICHTER, KHARASCH, URUSHIBARA). Daraus wäre zu schließen, daß diese wichtige Reaktion über freie Radikale verlaufen kann und in diesem Falle eine Kettenreaktion ist. Wirksame Peroxyde könnten aus dem Aldehyd gebildet werden. Als Kettenreaktion (Schwermetallkatalyse) wurde sie schon von HABER und WILLSTÄTTER aufgefaßt. Bei Abwesenheit von Sauerstoff und Peroxyden findet auch in Gegenwart von $Fe^{\cdots}$ keine Disproportionierung statt. Die Deutung von KHARASCH steht im Gegensatz zur anderen Auffassung über die *Cannizzaro-Reaktion* als *Ionenreaktion* unter Abspaltung von Hydrid$^{\ominus}$-Ionen, es sei denn, Peroxyde würden hier die Bildung von Ionen auslösen.

Biologische Oxydationen

Die Arbeiten über organische Peroxyde haben für *biologische Oxydationsprozesse* bisher wenig Aufschlüsse gebracht. Die älteste und am meisten untersuchte biologische Oxydation ist die Überführung von *Alkohol in Essigsäure.* Auch hier wurden organische Peroxyde als Zwischenstufen in Erwägung gezogen. Möglich ist die Bildung von *Oxyäthylhydroperoxyd* (WIELAND), das, wie wir fanden, katalystisch leicht in Essigsäure und Wasser überzuführen ist:

$$\underset{\text{Alkohol}}{CH_3{-}\overset{H}{\underset{H}{C}}OH} + O_2 \longrightarrow \underset{\text{Oxyäthylhydroperoxyd}}{CH_3{-}\overset{H}{\underset{\substack{O\\O\\H}}{C}}{-}OH} \xrightarrow{Fe^{\cdot\cdot}} \underset{\text{Essigsäure}}{CH_3{-}COOH} + H_2O$$

Auch die Deutung, die HABER und WILLSTÄTTER der Oxydation des Alkohols zu Essigsäure geben, macht die intermediäre Bildung eines Oxyhydroperoxyds wahrscheinlich. Sie wird von ihnen als Kettenreaktion formuliert, bei der das Radikal $CH_3-\underset{\underset{H}{O}}{\overset{H}{C}}-OO^{\cdot}$ auftritt, das den Oxyäthylhydroperoxyd entspricht.

Katalase z. B. des Blutes spaltet nur Wasserstoffperoxyd, nicht dagegen Alkylhydroperoxyde (K. G. STERN). Dagegen wird die H_2O_2-Spaltung der Katalase durch ROOH gehemmt. Daraus kann geschlossen werden, daß sich die Katalase mit Alkylhydroperoxyden verbindet, dadurch blockiert wird und auf Wasserstoffperoxyd nicht mehr spaltend wirkt.

Der einzige biologische Prozeß, bei dem verschiedentlich ein *Peroxyd als Endstufe* angenommen wurde, das unter *Sauerstoffabgabe* zerfallen könnte, ist die *Assimilation* der grünen Pflanzen im Licht. Neuerdings soll durch Versuche mit Isotopen, also „gezeichnetem Sauerstoff", nachgewiesen sein, daß der bei der Assimilation freiwerdende Sauerstoff nicht aus dem Kohlendioxyd, sondern aus dem aufgenommenen Wasser stammt. Der Wasserstoff des Wassers wird danach bei der Photosynthese unter dem Einfluß von Chlorophyll und Licht aktiviert und für die Reduktion der Kohlensäure verbraucht. Der freiwerdende Sauerstoff entstünde dann nicht durch Spaltung eines Peroxyds, sondern durch die Photolyse des Wassers. Dem widersprechen aber Versuche O. v. WARBURGs, wonach der bei der Assimilation entbundene Sauerstoff aus dem Kohlendioxyd stammt. Die gegenteiligen Befunde anderer Autoren wären dann durch Austausch des Sauerstoffs im Wasser gegen isotopen Sauerstoff zu erklären.

Über die salzsauren wäßrigen Lösungen der Chloride des Kaliums, Natriums und Magnesiums

VON FRITZ SEROWY

Bei der Bearbeitung der Gleichgewichte ternärer bis quinärer salzsaurer wäßriger Lösungen der Chloride des Kaliums, Natriums und Magnesiums stößt man bereits bei der Literaturdurchsicht auf eine Reihe nicht in Einklang stehender Ergebnisse. Auch eigene Untersuchungen zur Nachprüfung und wesentlichen Erweiterung der Literaturangaben führten, sowohl bei isothermer als auch bei polythermer Betrachtungsweise, zur Bestätigung und Aufdeckung einiger Besonderheiten in den behandelten Systemen. Das Ausmaß dieser Besonderheiten war im Hinblick auf das Ziel der Untersuchungen, die physikalisch-chemischen Grundlagen für ein bestimmtes technisches Verfahren zu erarbeiten, nicht vorauszusehen.

Von KASSNER (1) waren Untersuchungen zur Entwicklung eines Verfahrens zur Reinigung von sogenannten „Endlaugen", d. h. magnesiumchloridhaltigen Lösungen der Carnallitverarbeitung in der Kali-Industrie, mittels Chlorwasserstoff durchgeführt worden. Die Untersuchungen führten zu einer Erweiterung des Verfahrens bis zur Gewinnung von reinem Magnesiumchloridhexahydrat. Bei der Vordringlichkeit dieser Untersuchungen für eine technische Auswertung wurde sogleich mit der Bearbeitung des quinären Systems bei normaler Temperatur und Atmosphärendruck begonnen:

$$MgCl_2—KCl—NaCl—H_2O—HCl.$$

In einem neueren Sammelwerk (2) waren nur eine Isotherme des quaternären Systems $KCl—NaCl—H_2O—HCl$ bei 25° und eine Reihe von Isothermen der ternären Systeme KCl— bzw. NaCl— bzw. $MgCl_2—H_2O—HCl$ bei 0° und 25° — vereinzelt auch bei höherer Temperatur — und normalem Druck angeführt.

Beim Vergleich mit den seit VAN'T HOFF sehr gut durchgearbeiteten wäßrigen Systemen der Mineralsalze ozeanischen Ursprungs (3) schien es zunächst so, als wenn sich das Gesamtbild der Einstellung von Gleichgewichtslösungen und Bodenkörper-Paragenesen in salzsauren wäßrigen Lösungen nur unwesentlich ändern könnte. Tatsächlich trifft dies allgemein für die Salzabscheidungen zu, für die Lösungen jedoch nur im Gebiet der Chlorwasserstoff-Konzentrationen für inkonstante, d. h. unvollständig gesättigte Gleichgewichte bis zu etwa 20 Gew.-% HCl. Mit Zunahme der HCl-Konzentrationen — und diese interessieren technisch ganz besonders hinsichtlich der Ausbeute und Qualität des Magnesiumchloridhexahydrats — zeigten sich widerspruchsvolle Ergebnisse, die Veranlassung gaben, auch die ternären Systeme einer Nachprüfung zu unterziehen und in polythermer Hinsicht wesentliche Erweiterungen vorzunehmen.

In Abb. 1—3 sind die Isothermen und Polythermen der ternären Systeme im Temperaturbereich 20°—80° C gegenübergestellt. Für eine einheitliche Beurteilung wurden zunächst nur die eigenen Untersuchungsergebnisse berücksichtigt.

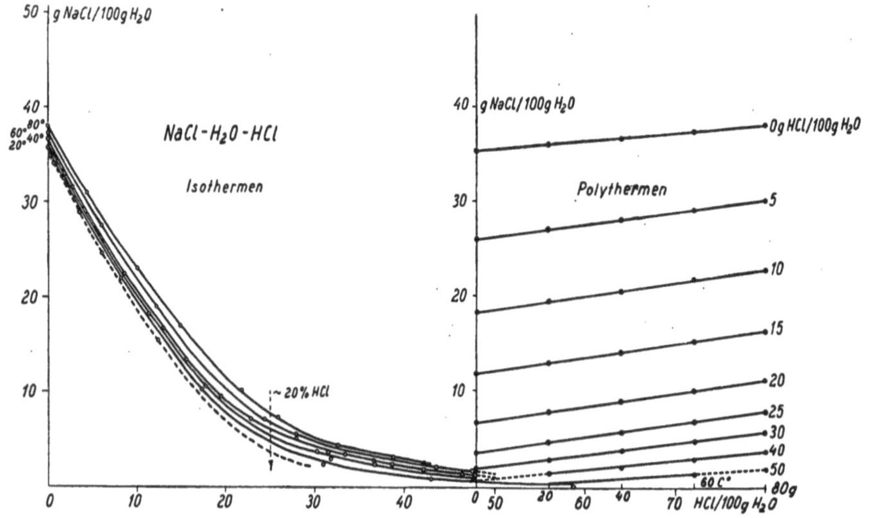

Abb. 1

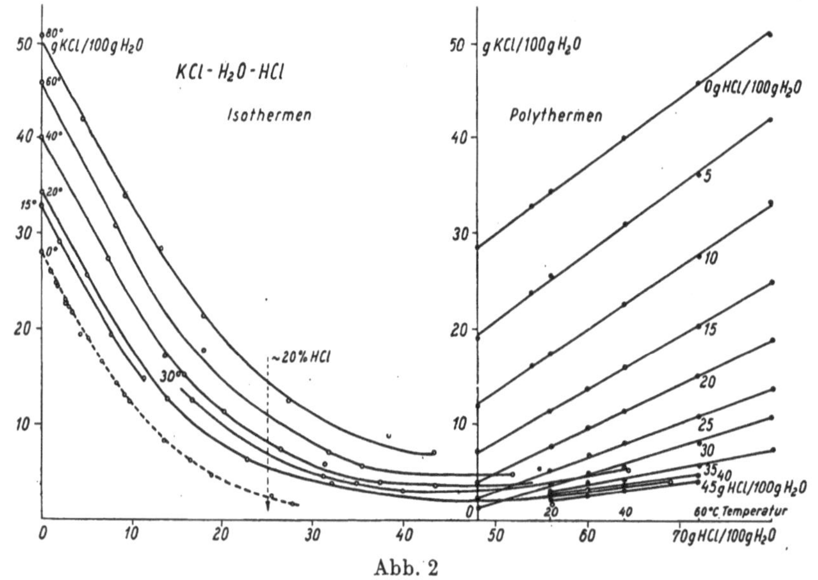

Abb. 2

Wie weit die darstellenden Kurven im Gesamtbild mit den in der Literatur aufgefundenen Löslichkeitswerten in Einklang stehen, zeigen in der Dreiecksdarstellung in Gewichtsprozenten Abb. 4 für das Kaliumchlorid und Abb. 5 für das Natrium- bzw. Magnesiumchlorid.

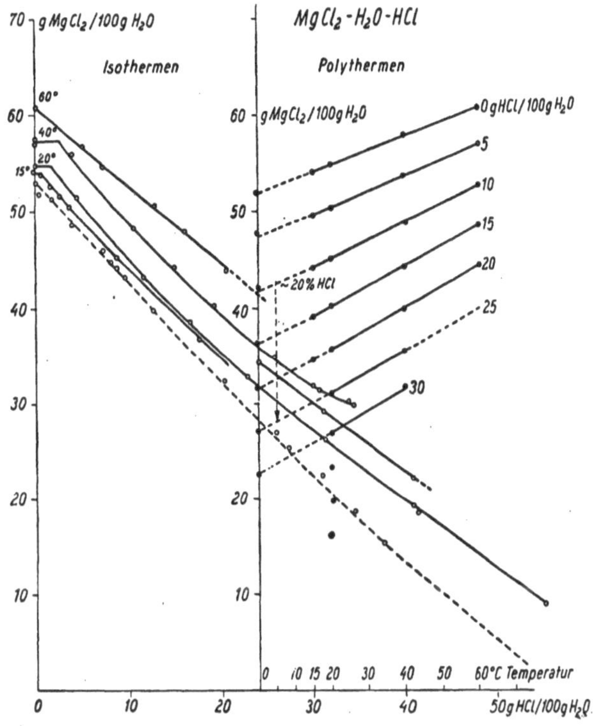
70
g MgCl2/100g H2O
Isothermen
60°
40°
20°
15°
60
50
40
30
20
10
0
10
20
30
40
50g HCl/100g H2O
MgCl2-H2O-HCl
Polythermen
60
g MgCl2/100g H2O
0 g HCl/100g H2O
5
10
15
20
25
30
20% HCl
50
40
30
20
10
0
10 15 20
30
40
50
60°C Temperatur

Abb. 3

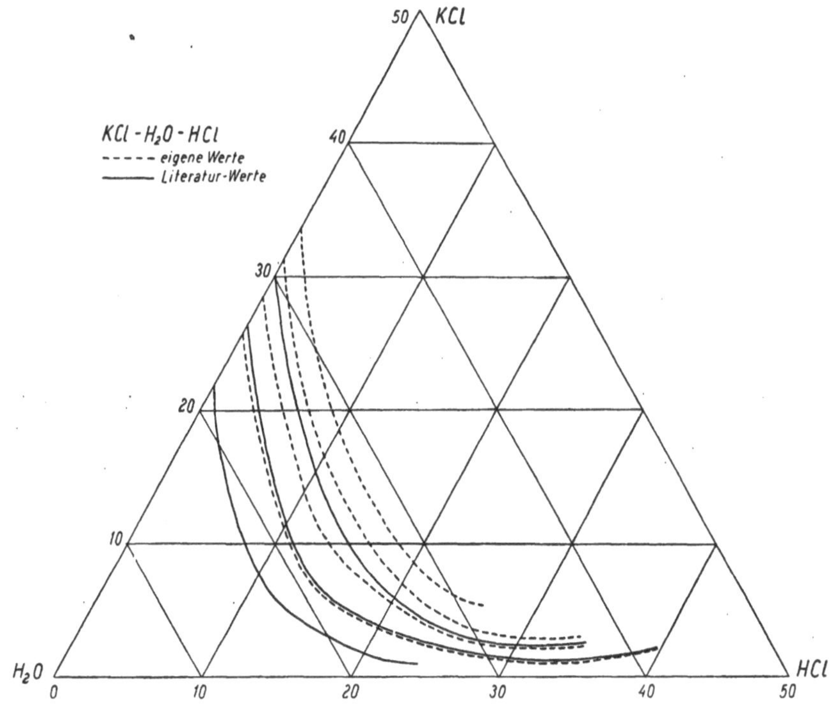
KCl
KCl-H2O-HCl
----- eigene Werte
—— Literatur-Werte
50
40
30
20
10
H2O
HCl
0
10
20
30
40
50

Abb. 4

Wie die Isothermen zeigen, findet man beim Kalium- bzw. Natriumchlorid zunächst eine starke, sich jedoch mit zunehmender Chlorwasserstoff-Konzentration allmählich verlangsamende Löslichkeitsabnahme. Beim Magnesiumchlorid ist dagegen eine annähernd lineare Löslichkeitsverminderung mit einem — wie die Dreiecksdarstellung zeigt — für einen erheblichen Chlorwasserstoff-Konzentrationsbereich nahezu konstanten Wassergehalt festzustellen. Sämtliche salzsauren Chloridlösungen zeigen jedoch oberhalb der HCl-Konzentration von

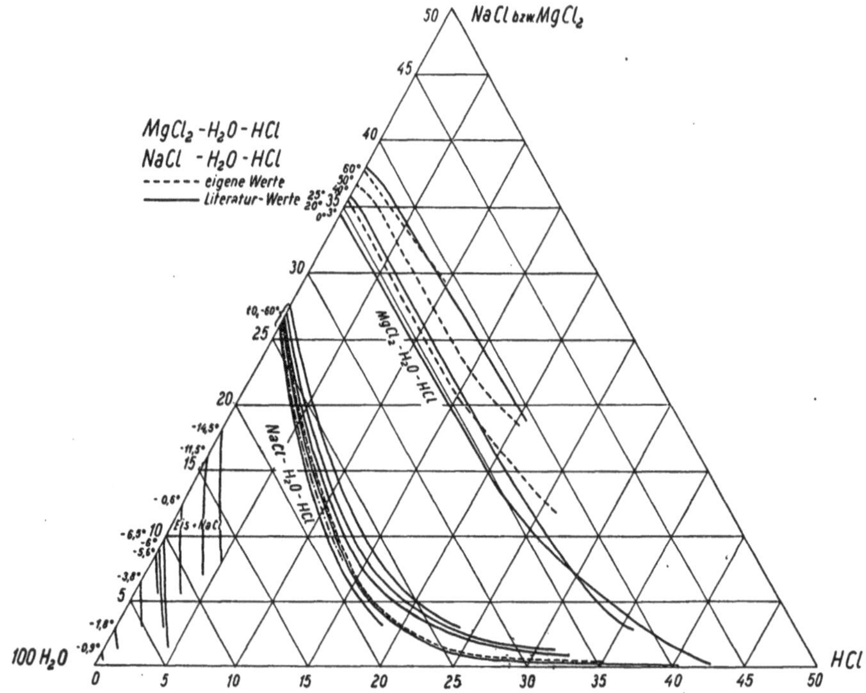

Abb. 5

20 Gew.-% — also oberhalb der azeotropen Konzentrationen im System HCl—H_2O — einige schwer reproduzierbare Abweichungen (Streuwerte) sowie starke Annäherungen und Überschneidungen in den darstellenden Kurven.

Im Falle des Kaliumchlorids ergibt sich bei Temperaturen von 0°C bis etwa 40°C ein auch beim Ammoniumchlorid (Abb. 6) bekannter Wiederanstieg der Löslichkeitskurve nach Durchschreiten eines schwachen Minimums. Ähnliche Minima, wenn auch in anderen Konzentrations- und Temperaturbereichen, treten bei den Mineralsalzen ozeanischen Ursprungs mit gleichnamigem Anion in den Systemen $MgCl_2$— bzw. $CaCl_2$—KCl—H_2O auf.

Für Konzentrationen unterhalb 20 Gew.-% HCl gilt das Näherungsgesetz von ENGEL (4), nach welchem bei Einführung von Säure in gesättigte Chloridlösungen eine chemisch äquivalente Menge von Salz ausfällt. Das Versagen dieser einfachen Gesetzmäßigkeit bei höheren HCl-Konzentrationen wurde seinerzeit durch zwei entgegengesetzt wirkende Einflüsse erklärt — dem physikalischen der VAN DER WAALSschen Kräfte, die ein Gleichgewicht in der quantitativ verschiedenen Anziehung von Chlorid bzw. Chlorwasserstoff auf das Lösungsmittel, Wasser, anstreben, sowie dem chemischen der individuellen Natur der gelösten Chloride.

Diese Erklärung konnte bei der fortschreitenden Erkenntnis über das Verhalten konzentrierter Lösungen zweier oder mehrerer starker Elektrolyte mit einem gleichnamigen Ion nicht

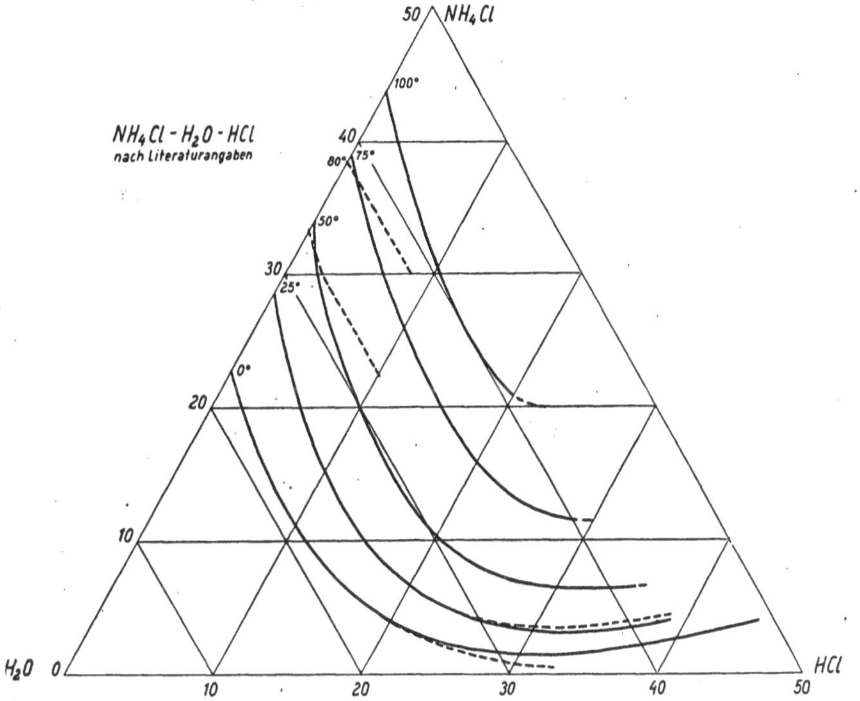

Abb. 6

genügen. So führte bereits NERNST (5) jenen Gleichgewichtszustand auf eine Summierung der Partialdrücke gleichartiger freier Ionen zurück. Die Gültigkeit seiner bekannten Formel

$$m = -\frac{x}{2} + \sqrt{m_0^2\left(\frac{\alpha_0}{\alpha}\right) + \frac{x^2}{4}}$$

(m_0, m Salzlöslichkeiten
α_0, α Dissoziationsgrade
x Säurekonzentration)

war nur an schwerlöslichen Salzen in großer Verdünnung nachgewiesen. Das gleiche gilt von der durch NOYES (6) wesentlich vereinfachten Formel

$$m = m_0 \cdot \frac{1-\alpha_0}{1-\alpha}$$

[für $\alpha \cong 0$ wird
$m = m_0\,(1-\alpha_0)$].

Wichtiger erscheint die von MASSON (7) für konzentrierte Salzlösungen obiger Art aufgestellte Differentialgleichung, die nach ihrer Integrierung eine Berechnungsformel mit nur zwei experimentell festzustellenden Konstanten ergab:

$$-\frac{da}{db} = k_0 + k\,\frac{a}{b}; \qquad (a,\ b \text{ Salz- und Säurekonzentration,}$$

$$\frac{a}{b} = \frac{k_0}{k+1}\left\{\left(\frac{B}{b}\right)^{k+1} - 1\right\} \qquad B = b \text{ für } a = 0).$$

Die Beziehung erwies sich bei salzsauren wäßrigen Natriumchloridlösungen bei 0° bzw. 30° C nur bis rd. 7 Mol HCl/Ltr. Lösung (etwa 21 Gew.-%) als gültig. Selbst eine weitere kompliziertere Beziehung zwischen den genau feststellbaren Dichten und den Molekular-Volumen wies keinen größeren Gültigkeitsbereich auf. Das gleiche galt von der durch INGHAM (8) entwickelten Beziehung zwischen den Dichten und Ionen-Volumen:

$$D_4^{25} = k + 0{,}001\,a + k_2'\,b + k_3 \cdot c$$

(a, b, c Konzentrationen in g Mol/Ltr.; k, k_2', k_3 Konstanten).

Neuerdings gaben ACHUMOW und SPIRO (9) einen einfachen linearen Ausdruck für den Logarithmus der Gleichgewichtskonstante φ, d. h. für das Verhältnis des Löslichkeitsproduktes zum Aktivitätsprodukt (K_c/K_a; K_c = Dissoziations-Konstante mal Sättigungs-Konzentration, K_a = hydratisierte Ionen : unhydratisierte Ionen) in Abhängigkeit vom Logarithmus der Konzentration der gelösten Substanzen in wäßriger Salzsäure an:

$$\log \varphi = a + b \cdot \log c \quad (c \text{ Salzlöslichkeit in Säure; } a,\ b \text{ Konstanten}).$$

Leider gilt in den zum Beweis angeführten Beispielen die Formel nur für engste und rein zufällige Bereiche der Chlorwasserstoff-Konzentration. Sie versagt besonders bei höheren HCl-Gehalten. Auch die von HERZ (10) aufgestellte Behauptung, daß die Löslichkeitserniedrigung der Alkalimetall-Salze in den dazugehörigen Säuren rechnerisch und graphisch durch eine lineare Funktion wiedergegeben wird, bezieht sich nur auf einen engen Bereich relativ niedriger HCl-Konzentrationen.

Seit 1890 sind vielfach die Fällungsvorgänge in Lösungen der Chloride des Kaliums, Natriums und Magnesiums mittels Chlorwasserstoff zur Deutung des Reaktionsmechanismus in konzentrierteren Lösungen starker Elektrolyte herangezogen worden. Berücksichtigt man die modernsten Auffassungen hierüber, wie sie von NERNST, BJERRUM, DEBYE, HÜCKEL, ONSAGER, FALKENHAGEN, EIGEN, WICKE, KELBG, LEIST, FUOSS u. a. entwickelt und kritisch behandelt worden sind, so erkennt man eindeutig ein erfolgreiches Eindringen in die inneren Zusammenhänge der Konstitution jener Lösungen. Die Anwendung der Theorien auf die vorliegenden, technisch interessierenden Fällungsreaktionen macht jedoch immer noch erhebliche Schwierigkeiten. Nach FALKENHAGEN (11) „scheinen außer den bisher für konzentriertere Lösungen starker Elektrolyte berücksichtigten Effekten wie endliche Ionengröße, Hydratation und teilweise auch Dissoziation noch andere Effekte eine Rolle zu spielen, die die Struktur des Elektrolyten verändern und sich daher besonders auf die Dielektrizitäts-Konstante und Viskosität auswirken. Überhaupt steht die Lösung des Problems der konzentrierteren wäßrigen und nichtwäßrigen elektrolytischen Lösungen erst am Anfang der Entwicklung."

In dem Bemühen um eine klare, möglichst einfache Vorstellung zwecks Anwendung auf die vorliegenden Untersuchungen werden im folgenden einige zweckentsprechende Literaturhinweise zur Deutung der Abweichungen im Kurvenverlauf bei speziellen salzsauren Metallchloridlösungen mit höherer HCl-Konzentration angeführt.

HOITSEMA (12) glaubte, jene Abweichungen auf die Bildung von Verbindungen mit individuellem Charakter — Doppelsalze oder Komplexe — innerhalb der Lösungen zurückführen zu können und stellte, ohne sich auf experimentelle Daten zu stützen, alternative Berechnungen an. ENKLAAR (13) vermutete einen individuellen konzentrationsabhängigen Einfluß des Chlorwasserstoffs. Er verwies auf NERNST (5), der die herabmindernde Lösungskraft des Wassers durch Zusatz starker Elektrolyte auf eine merkbare Beeinflussung der Dichte des Lösungsmittels, Wasser, durch die Gegenwart freier Ionen zurückführte. Durch ihre elektrostatischen Felder soll das Wasser eine Kontraktion erfahren, wobei der Einfluß der H-Ionen in qualitativer wie in quantitativer Hinsicht am größten ist. Bezüglich der Zustandsänderung des Lösungsmittels für starke Elektrolyte betrachten ARMSTRONG und Mitarbeiter (14) die Wassermoleküle als — vollständig oder teilweise — bestimmten Ionen zugeordnet. Die Metall-Kationen werden als inert aufgefaßt. Die Chlor-Ionen und der Wasserstoff sind dagegen stark aktiv. Es wird geradezu von einer „konzentrierenden Wirkung" des Chlorwasserstoffs gesprochen. Diese individuelle Eigenschaft besitzen übrigens auch die als kräftige Fällungsmittel bekannten, nichtionisierbaren, aliphatischen Alkohole (Methyl- und Äthyl-Alkohol) in gesättigten Lösungen 1-1-wertiger Metallchloride. Die fiktive Hydratation des Chlorwasserstoffs in einer salzsauren Kaliumchloridlösung mit 6 Mol HCl/1000 g Wasser (etwa. 18 Gew.-%) bei normaler Temperatur wird zu 8,3 Mol H_2O/Mol HCl berechnet, was annähernd der Zusammensetzung einer reinen Salzsäure mit 20 Gew.-% HCl entspricht. Den Reaktionsmechanismus jener geordneten Wassermolekül-Anziehung durch den Chlorwasserstoff suchten GIBSON und DENISON (15) mit der bekannten Bildung eines Maximums der spezifischen Leitfähigkeit in Verbindung zu bringen. Nur oberhalb des Maximums, welches für salzsaure Metallchloridlösungen bei 7 Mol HCl/Ltr. (etwa 21 Gew.-%) liegt, kann der Chlorwasserstoff Wassermoleküle anlagern. Hier beginnen auch die Abweichungen in den Löslichkeitsverhältnissen von den bekannten Gesetzmäßigkeiten. Auch von BJERRUM (16) wurde die Ionen-Hydration als Ursache der besonderen Löslichkeit und der Konstitutionsverhältnisse in konzentrierten Lösungen starker Elektrolyte angegeben. Mit Hilfe des Logarithmus eines Aktivitätskoeffizienten, der als Maß der zwischen den Ionen wirkenden Kräfte innerhalb der Lösung eingeführt wird, wobei wiederum als Maß dieser Aktivität der Molenbruch gilt, wurde — allerdings unter Vernachlässigung der Assoziierung von Wassermolekülen, dafür unter Annahme von assoziierten Ionenpaaren — der additiv wirksame „Hydratationsgrad" einiger Ionen errechnet. Die Werte stimmen für den Chlorwasserstoff größenordnungsmäßig mit denen von ARMSTRONG (14) errechneten leidlich gut überein.

INGHAM (8) untersuchte, um gleichfalls die Ionenhydratation quantitativ zu erfassen, die Abhängigkeit der Dichten und Viskositäten von der HCl- bzw. Gesamt-Ionen-Konzentration in Kalium- und Natriumchlorid-Lösungen, und zwar im Bereich 0 bis 13,5 g Mol HCl/Ltr. Lösung, mithin bis zu den höchstmöglichen Konzentrationen bei normaler Temperatur und Atmosphärendruck. Im Gegensatz zu BJERRUM (16) spricht er allerdings dem Wasserstoff unterhalb der Stufe des Hydroxoniums, H_3O^+, einen Wasseranlagerungseffekt ab, schreibt ihn vielmehr im wesentlichen den Chlor-Ionen zu.

Bei den Viskositätsmessungen ergaben sich für jede Chloridlösung charakteristische Kurven. Während die Viskositätskoeffizienten beim Kaliumchlorid mit ansteigender HCl-Konzentration nahezu gleichmäßig und annähernd parallel denen der reinen Salzsäure zunehmen, verläuft die Kurve für Natriumchlorid parabelförmig und besitzt das Minimum bei rd. 6 Mol HCl/Ltr., wie in Abb. 7 zu erkennen ist.

Die darstellende Kurve des Viskositätskoeffizienten, als Funktion des Gesamtgelösten, zeigt in Abb. 8 die Individualität beim Natriumchlorid noch stärker. Bemerkenswert ist hier

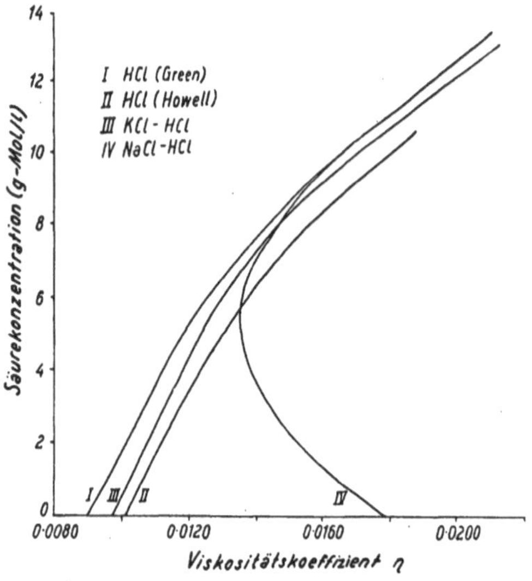

Abb. 7

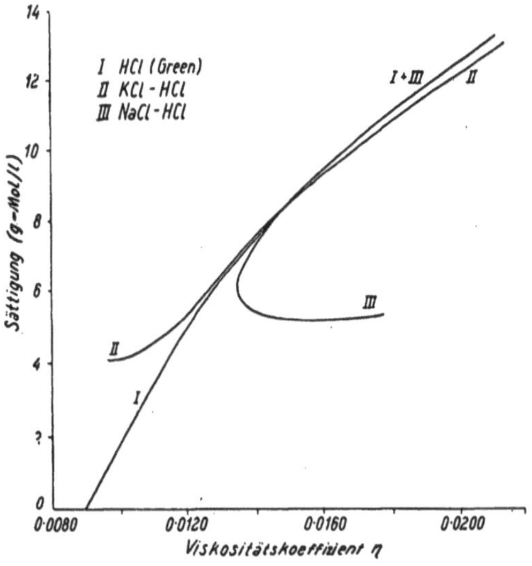

Abb. 8

der erhebliche Abfall des Koeffizienten (um etwa 28%) bei annähernder Konstanz der Summe von Chlorid- und Chlorwasserstoff-Äquivalenten bis nahe an die Grenzkonzentration von 6 Mol HCl/Ltr., also im Bereich der Gültigkeit der bisher erkannten Gesetzmäßigkeiten. Oberhalb jener Grenze übt der Chlorwasserstoff auf die Viskosität der Kalium- und Natriumchloridlösungen einen annähernd gleichen Einfluß aus wie auf das Wasser.

HÜCKEL (17) entwickelte eine elektrostatische Theorie der Ionen-Hydratation in konzentrierteren Lösungen starker Elektrolyte. Das charakteristische Verhalten der Ionen führt er ausschließlich auf die Auswirkung elektrostatischer Ionen-Kraftfelder zurück. Als wichtiger Parameter bei der Ableitung mathematischer Beziehungen wird der endliche Ionen-Durchmesser (DEBYEscher) herangezogen, zugleich als Maß für die Abstände, bis zu welchen sich die Ionen in jenen Lösungen einander nahekommen können. Neben die Auswirkung der COULOMBschen Kräfte treten elektrostatische Zusatzkräfte, elektrische Dipolmomente, die in dem komplizierten Aufbau der Ionen begründet sind. Es handelt sich um Induktionskräfte, die auf die wechselseitige Polarisierbarkeit der Ionen zurückgeführt werden, und um Dispersionskräfte zwischen den Ionen, besonders aber um abstoßende Kräfte zwischen den Ionen und den Molekeln des Lösungsmittels, also um eine Änderung der dielektrischen Eigenschaften des letzteren. Die interionische Kraftwirkung kann die COULOMBschen Kräfte bei weitem übertreffen und eine meßbare Änderung des „Aktivitätskoeffizienten" bewirken, die als Maß für die Reichweite der abstoßenden Kräfte gilt und die im Zusammenhang mit dem Ionendurchmesser steht. Jene Kräfte können den Übertritt von Ionen aus der Lösung in den Bodenkörper erschweren, hingegen den Übertritt aus dem Bodenkörper in die Lösung erleichtern. Der Aktivitätskoeffizient eines Ions verkleinert sich mit zunehmender Konzentration, oder eine Löslichkeitserhöhung tritt um so eher ein, je stärker die Kräfte der Ionen in Erscheinung treten. Nach HARNED (18) ändert sich der Logarithmus der elektrostatischen Aktivitätskoeffizienten bis zu 3 n HCl/Ltr. bei gleichbleibender Gesamtmolarität stets geradlinig. Die gleichen Feststellungen haben auch ÅKERLÖF (19) und Mitarbeiter gemacht. In diesem Zusammenhang seien noch die „kryoskopischen Koeffizienten" für konzentrierte Lösungen starker Elektrolyte erwähnt, die nach GONTSCHAREW (20) bei Änderung der HCl-Konzentrationen im gleichen Sinne wie die elektrostatischen Koeffizienten zu- oder abnehmen. SEMENTSCHENKO und SAWADA (21) folgerten aus ähnlichen kryoskopischen Untersuchungen im ternären System $NaCl—H_2O—HCl$ im Temperaturbereich — 1° bis —14°C, daß die individuellen Eigenschaften bei Ionen mit kleinem Radius besonders stark in Erscheinung treten. Als krassesten Vertreter bezeichnen sie den Wasserstoff, worauf bereits NERNST (5) und ENKLAAR (13) hingewiesen hatten. Auf die neuere Erweiterung der HÜCKELschen Theorie durch EIGEN und WICKE (22), nämlich die Einführung einer Verteilungsfunktion, die das Eigenvolumen der Ionen und die gegenseitige Durchdringungsmöglichkeit der Hydrathüllen entgegengesetzt geladener Ionen bzw. Ionenwolken berücksichtigt, soll im Zusammenhang mit den vorliegenden Untersuchungen nicht eingegangen werden, ebenso wenig auf die Wasserstoffbrücken-Bindung — die in den behandelten Systemen praktisch gleich Null ist — und auf entfernter liegende Probleme über die Konstitution konzentrierterer Elektrolytlösungen. Nach KORTÜM (23) dürfen aber bei einer einwandfreien theoretischen Deutung des Verhaltens konzentrierter Lösungen starker Elektrolyte die nichtelektrostatischen VAN DER WAALSschen Anziehungs- und Abstoßungskräfte sowie die echten chemischen Kräfte zwischen den Ionen und den Lösungsmittel-Molekülen nicht vernachlässigt werden. Beim Übergang zu höherer Konzentration verliert ihnen gegenüber der beherrschende Einfluß der elektrostatischen Wechselwirkungskräfte mehr und mehr an Bedeutung. In dieser Hinsicht ist die Auffassung von FREDENHAGEN (24) bemerkenswert, der das individuelle Verhalten jener Lösungen in ausschließlich chemischem Sinn deutet. Er macht die einzige Annahme, daß die spezifische chemische Affinität, welche die Atome in ihren Verbindungen zusammenhält, durch die Bildung der betreffenden Verbindungsmoleküle nicht von vornherein abgesättigt ist. Es können demnach Haupt- und Feldvalenzen (spezifische Wechselwirkung zwischen den Molekeln, auch bei der Solvatation) zur Auswirkung kommen, wenn sich nur andere Elemente, mit denen sie reagieren können, in ausreichender Nähe befinden. Dadurch werden die Löslichkeitsverhältnisse und Fällungsvorgänge, gegebenenfalls durch Bildung von Komplex-Ionen oder Assoziation der Ionen mit Molekeln des Lösungsmittels, in einem, quantitativ allerdings noch wenig erforschten Umfange verschoben.

Für die vorliegenden Untersuchungen besonders anregend erschienen nun die von FISCHER (25) vertretenen Ansichten über eine Klärungsmöglichkeit der vielfältigen Erscheinungen beim Studium der Löslichkeiten mehrerer leichtlöslicher Chloride in Salzsäure höchster Konzentration. Bei den graphischen Vergleichsdarstellungen konzentrierter Lösungen starker Elektrolyte der ersten Hauptgruppen des periodischen Systems wurde in Abhängigkeit zunehmender HCl-Konzentration die Grenze mit 6—7 Mol/Ltr. Lösung bestätigt, oberhalb derer die bekannten größeren Verschiebungen der Löslichkeit auftreten. Dabei ist jedes Chlorid durch individuelle Besonderheiten gekennzeichnet. Die hier interessierenden Kurven für Calciumchlorid und Magnesiumchlorid fallen merklich schwächer ab als die der entsprechenden Alkalichloride. Das Auftreten von Löslichkeitsminima mit ansteigender HCl-Konzentration wird aus dem Zusammenwirken der Löslichkeitserniedrigung durch den gleichionigen Zusatz und einer bestimmten, die Löslichkeit erhöhenden Wirkung der individuellen Elektrolytnatur erklärt, wobei sich unter Umständen die letztgenannte Wirkung auch nur in einer Schwächung des Löslichkeitsabfalls bemerkbar machen kann. Eine quantitative Behandlung ist bisher — wie bekannt — wegen der vielfältigen Einflüsse auf die Löslichkeit der starken Elektrolyte in konzentrierten Lösungen nicht gelungen. Der aussalzende Effekt der HCl-Solvatation ist nicht allein maßgebend. Bei 0°C und Atmosphärendruck besitzt nämlich die gesättigte wäßrige Salzsäure eine Zusammensetzung von 1 $HCl \cdot 2{,}5\ H_2O$. Das Wasser wird restlos und relativ fest vom HCl bzw. seinen Ionen gebunden, zumal der Wasserdampfpartialdruck kaum 5% des normalen Wassers beträgt. Bekannt sind die HCl-Hydrate mit 1, 2 und 3 Molekülen H_2O bei den Schmelzpunkten —15, —18 bzw. —25°C mit ausgesprochenen Schmelzpunktmaxima. FISCHER nimmt nun die Existenz mehrerer im Gleichgewicht miteinander stehender geschmolzener „Chlorwasserstoff-Hydrate" bei der Temperatur 0°C und höher an. Diese Schmelzen besitzen dann ein für verschiedene Elektrolyte individuelles Lösungsvermögen. Dabei spielt die Hydratationsfähigkeit des zugesetzten Elektrolyts eine Rolle, die für die Löslichkeit mitbestimmend ist. Beim Kaliumchlorid — wie übrigens auch beim Ammoniumchlorid — verwirft FISCHER jede Chlorosalzbildung oder auch Solvatation in den HCl-Hydratschmelzen, zumal bisher nichts über die Existenz derartiger Komplexe bekannt ist. Dagegen können die beiden genannten Salze in den Schmelzen relativ gut löslich sein. Ihr gleiches Verhalten wird durch das Vorhandensein ähnlicher Ionenradien für K^+, NH_4^+ und H_3O^+ gestützt. In beiden Fällen nimmt überdies die Summe der gelösten Ionen mit steigender HCl-Konzentration zu.

Die vorstehenden Überlegungen von FISCHER gaben Veranlassung, nach weiteren Beweismitteln für die Richtigkeit seiner Annahme über die Existenz geschmolzener HCl-Hydrate experimentell zu forschen und dabei auch auf Analogien bei rein wäßrigen Systemen hinzuweisen.

In bezug auf das ternäre System $KCl—H_2O—HCl$ hatte DITTE (26) vermutet, daß es sich beim Auftreten des Löslichkeitsminimums im Bereich zwischen 7 und 8 Mol HCl/Ltr. um das Zusammentreffen zweier Löslichkeitskurven ohne scharfen Schnittpunkt handeln könnte. Bei der neuerlichen Nachprüfung löste sich bei gegebener Temperatur und Atmosphärendruck Kaliumchlorid in gesättigter HCl-Lösung bis zu einem bestimmten Betrag auf. Nach weiterer Zugabe blieb es unverändert im Bodenkörper zurück. Auch röntgenographisch ließ sich keine Änderung in der Zusammensetzung feststellen. Durch gleichmäßigen geringen Abtrieb von Chlorwasserstoff erniedrigte sich die Kaliumchloridkonzentration allmählich bis zu einem Wert, der auf dem Fällungswege beim Einleiten von Chlorwasserstoff in die gesättigte Salzlösung bei vorliegender Temperatur und Atmosphärendruck erhalten worden war. Es gelang weder, einen scharfen Schnittpunkt zweier Kurvenäste festzulegen, noch eine genaue Bestimmung der HCl-Konzentration für das sehr flache Minimum durchzuführen, das bei Temperaturen oberhalb 40°C gerade noch erkennbar ist.

Verzichtet man auf die Annahme eines Schnittpunktes zweier Löslichkeitskurven, so kann man die einheitlichen Kurven annähernd als Teile asymmetrischer Hyperbeln auffassen, wie dies bereits aus Gleichgewichtssystemen verschiedener Mineralsalze ozeanischen Ursprungs bekannt ist und zu Analogiebetrachtungen anregt.

In den Systemen $MgCl_2$— bzw. $CaCl_2$—KCl—H_2O treten gleichfalls Löslichkeitsminima für das Kaliumchlorid auf (2), (27), wie Abb. 9 und 10 zeigen. Sie liegen im Vergleich zu dem im System HCl—KCl—H_2O auftretenden Minimum (Abb. 2 und 4) in annähernd gleichen Konzentrationsbereichen des anderen — offenbar stärkeren — Elektrolyts und sind, speziell beim Magnesiumchlorid, nach wesentlich höheren Temperaturen bis in das Gebiet der Lösungen (Schmelzen) des Tetra- und Dihydrats verschoben. Beim Magnesiumchlorid wird allerdings die Minimumbildung bei Temperaturen unterhalb 167,7°C durch das Auftreten eines Doppelsalzes (KCl · $MgCl_2$ · 6 H_2O; Carnallit) unterbunden.

Das gleiche ist wahrscheinlich auch im System $MgCl_2$—NH_4Cl—H_2O durch das Auftreten des Ammoniumcarnallits zwischen —20°C und +115°C (soweit liefen die bisherigen Untersuchungen) der Fall, wie es Abb. 11 zeigt.

Bei Bariumchlorid mit Kalium- bzw. Ammoniumchlorid tritt weder eine Minimum- noch eine Doppelsalzbildung auf (Abb. 12).

Da im Gegensatz zum Kalium-Carnallit-Feld die Abgrenzung des Ammonium-Carnallits bisher nicht bekannt ist, kann man nur auf Grund des Verlaufs der Löslichkeitskurven bei höheren HCl-Konzentrationen (über 30 Gew.-%) vermuten, daß hier ähnliche Verhältnisse vorliegen wie in den Systemen mit Kaliumchlorid. Im System $CaCl_2$—KCl—H_2O (Abb. 10) — für NaCl fehlen leider entsprechende Unterlagen — tritt die Doppelsalzbildung in Form eines hydratfreien Kalium-Calcium-Chlorids [Chlorocalzit $KCaCl_3$; aus den Salzlagerstätten als selten auffindbarer Bäumlerit (28) bekannt] in besonders stark konzentrierten $CaCl_2$-Lösungen auf. Es ist auch hier nach der allerdings noch ausstehenden Abgrenzung des KCl-$CaCl_2$-Feldes nach höheren Temperaturen um so mehr mit einer Minimumbildung für die KCl-Löslichkeit zu rechnen, als diese bereits bei Temperaturen zwischen 50 und 100° eine merkbare Tendenz in Richtung einer solchen aufweist. Übrigens erhöht das Kaliumchlorid die Löslichkeit des Calziumchlorids; diese Besonderheit sowie die Minimumbildung treten im System $CaCl_2$—NaCl—H_2O nicht auf.

Die Verhältnisse im System $MgCl_2$—KCl—H_2O (Abb. 9) mit den dort auftretenden Magnesiumchlorid- Tetra- und Dihydratlösungen (Schmelzen) sind sehr umfassend und zuverlässig bearbeitet worden. Sie wären daher mit der dort festgestellten zunehmenden KCl-Löslichkeit nach Durchschreiten eines Minimums geeignet, durch Analogie-Schluß die Auffassung von FISCHER (25) über die Existenz von geschmolzenen Chlorwasserstoff-Hydraten

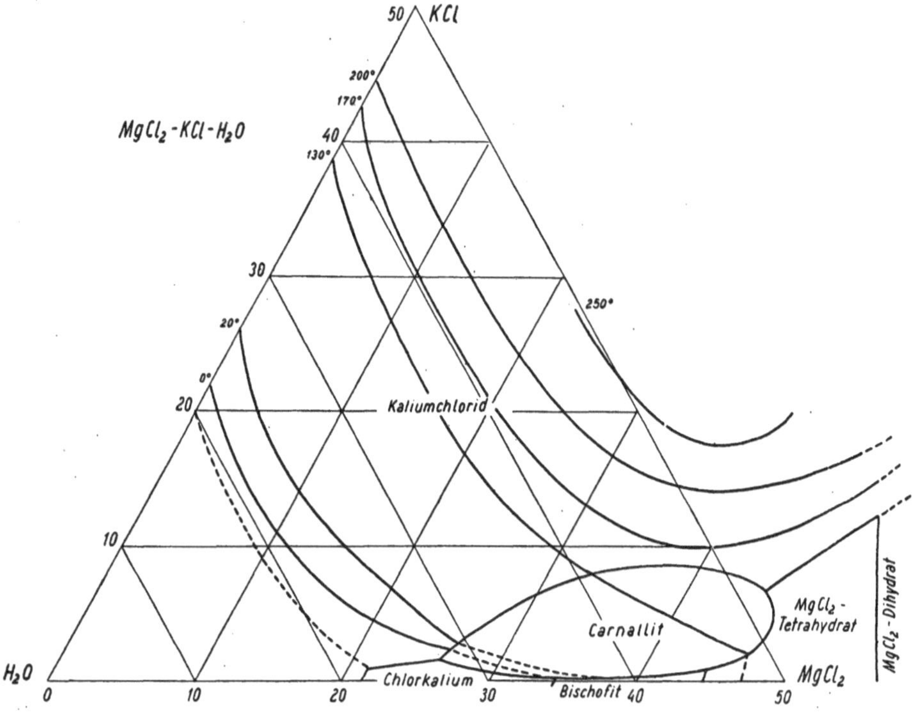

50 KCl
$MgCl_2$-KCl-H_2O
200°
170°
40
130°
30
250°
20°
0°
20
Kaliumchlorid
10
$MgCl_2$-Tetrahydrat
$MgCl_2$-Dihydrat
Carnallit
H_2O
Chlorkalium
Bischofit
$MgCl_2$
0
10
20
30
40
50

Abb. 9

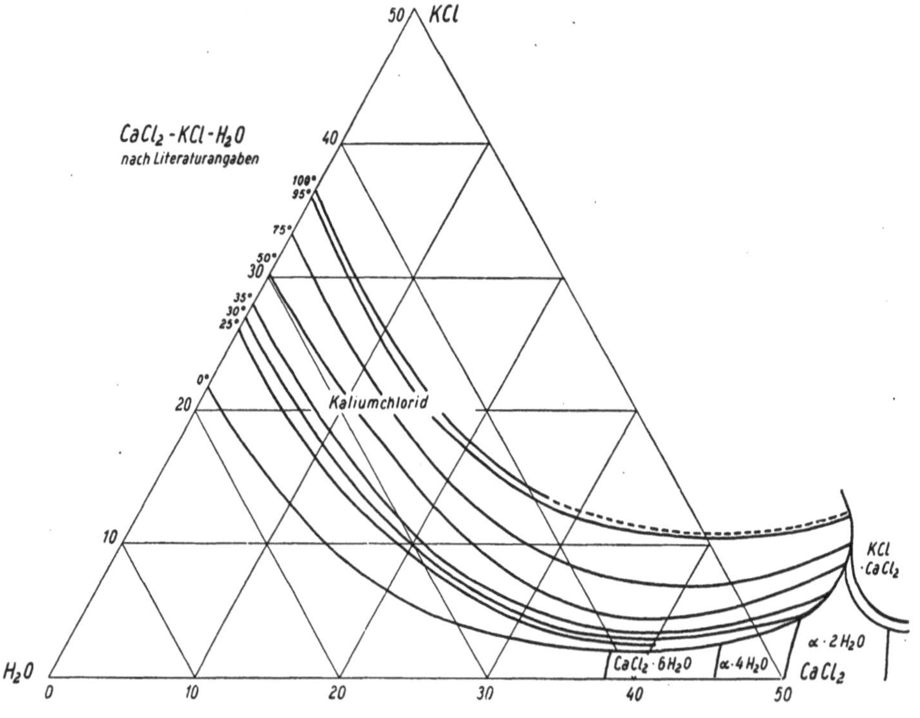

50 KCl
$CaCl_2$-KCl-H_2O
nach Literaturangaben
40
108°
95°
75°
50°
30
35°
30°
25°
0°
20
Kaliumchlorid
10
KCl·$CaCl_2$
α·$2H_2O$
H_2O
$CaCl_2 \cdot 6H_2O$
α·$4H_2O$
$CaCl_2$
0
10
20
30
40
50

Abb. 10

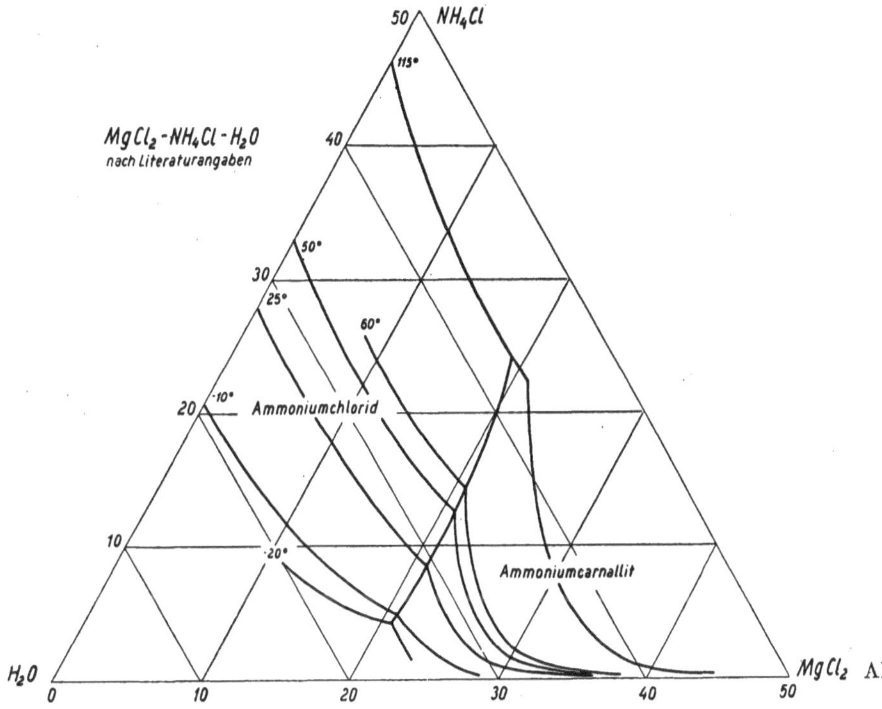

50 NH4Cl
MgCl2-NH4Cl-H2O
nach Literaturangaben
115°
50°
25°
60°
-10°
Ammoniumchlorid
-20°
Ammoniumcarnallit
H2O
MgCl2
0
10
20
30
40
50

Abb. 11

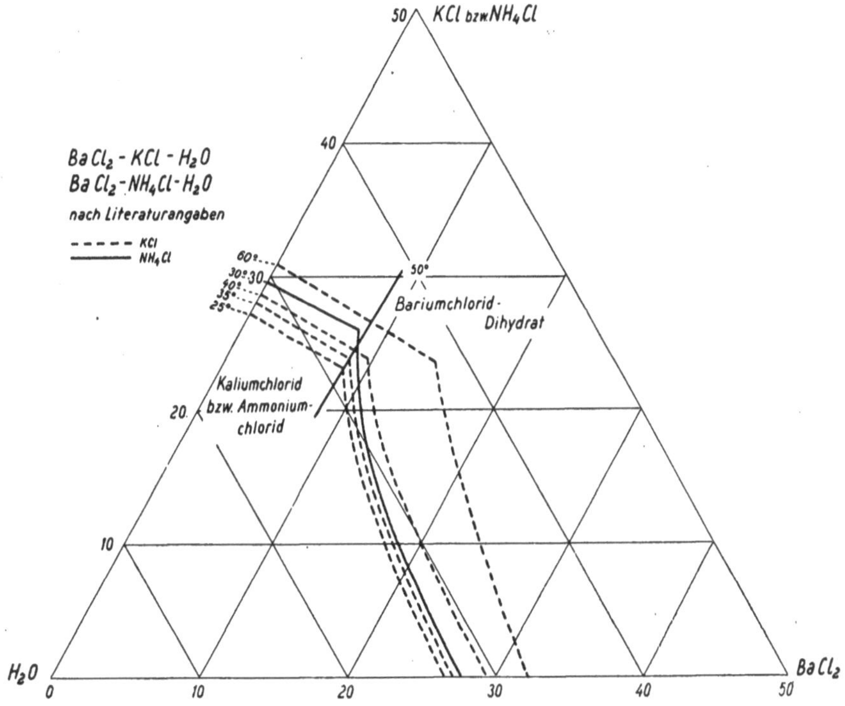

50 KCl bzw NH4Cl
BaCl2 - KCl - H2O
BaCl2 - NH4Cl - H2O
nach Literaturangaben
KCl
NH4Cl
60°
30°
40°
35°
25°
50°
Bariumchlorid-Dihydrat
Kaliumchlorid bzw. Ammonium-chlorid
H2O
BaCl2
0
10
20
30
40
50

Abb. 12

bei höchsten HCl-Konzentrationen zu stützen. Bei niederen Konzentrationen ist der Kurvenverlauf der KCl-Löslichkeit in den $MgCl_2$- bzw. $CaCl_2$- bzw. HCl—H_2O-Systemen auffallend ähnlich, und erst jenseits des azeotropen Punktes für Salzsäure weicht im salzsauren System die Löslichkeit z. B. vom normalen des $CaCl_2$ ab, obwohl — wie gesagt — in beiden Fällen das Minimum zwischen 35 und 40 Gew.-% liegt. Das Ausbleiben der Doppelverbindung im Bereich des Minimums der KCl-Löslichkeit in konzentrierter Salzsäure ist aber auch beim Calciumchlorid-System festzustellen. Wie übrigens bereits ENGEL (4) erkannte, fällt trotz höherer Löslichkeit des Kaliumchlorids bei höchster Chlorwasserstoff-Konzentration der Wassergehalt der Lösung sehr steil ab. Das gleiche ist auch in den Systemen $MgCl_2$— bzw. $CaCl_2$—KCl—H_2O der Fall, was — nach Annahme von FISCHER — mit dem Vorhandensein gelöster (geschmolzener) wasserreicher Hydrate bzw. Doppelsalze mit recht stabilem Hydratgleichgewicht zusammenhängen könnte. Infolge dieser stärkeren Hydrat-(Solvat-)Bindung wird zu ihrem Gelöstbleiben nicht so viel Wasser benötigt wie für die freien Ionen in weniger konzentrierten, inkonstanten, d. h. unvollständig gesättigten Gleichgewichten. Das erkennt man — ebenso wie den im höheren Konzentrationsbereich annähernden Parallelverlauf der Löslichkeitskurven — besonders gut, wenn man in der Lösung eine fiktive Zuordnung von Hydratmolekülen annimmt (Abb. 13) und die KCl-Löslichkeit im Restwasser verfolgt.

Im Gegensatz zu den kaliumchloridhaltigen Systemen weisen die natriumchloridhaltigen mit $MgCl_2$, $CaCl_2$ und HCl als Fällungselektrolyt ebensowenig Anzeichen einer Minimumbildung auf wie das rein wäßrige System $MgCl_2$—$CaCl_2$—H_2O (Abb. 14 und 15).

Bemerkenswert sind nur — wie Abb. 5 und 16 in Dreiecksdarstellung zeigen — in den diesbezüglichen salzsauren Systemen die über einen weiten Bereich wenig veränderlichen Wassergehalte, die auch bei den entsprechenden Systemen des Lithium- und Berylliumchlorids — und wahrscheinlich noch anderen — feststellbar sind, während beim Strontium- und Bariumchlorid nur ein linearer Verlauf über einen großen Bereich der darstellenden Kurve vorliegt.

Eine Deutung dieser Besonderheit steht noch aus. Andererseits lassen auch die Systeme NaCl—KCl—H_2O bzw. KCl—NH_4Cl—H_2O, wie Abb. 17 zeigt — beim zweiten tritt noch Mischkristallisation auf —, nicht die geringste Neigung zu jener charakteristischen Bildung eines Löslichkeitsminimums für eines der beiden Salze erkennen. Dagegen ist beim hydratbildenden Lithiumchlorid mit Ammoniumchlorid eine schwache Andeutung eines Minimums vorhanden (für Lithiumchlorid mit Kaliumchlorid liegen keine Unterlagen vor).

Aus Obigem könnte wohl gefolgert werden, daß die Minimumbildung besonders an drei Bedingungen geknüpft ist, einmal an die Existenz von wasserreichen ($>$ 2 Mole H_2O), Salzhydrate bildenden Lösungen (Schmelzen), zum andern an eine relativ hohe Konzentration des Fällungs-Elektrolyts und zum dritten an das ausschließlich anhydrische Auftreten der zweiten Elektrolyte (KCl, NH_4Cl, RbCl) mit gleichnamigem Ion, für die eine Doppelsalzzuordnung mit dem Hydrat in der Lösung denkbar ist bzw. bei Erreichen einer Grenzkonzentration tatsächlich stattfindet. Es muß die Möglichkeit einer bereits erfolgten Ordnung der Ionen in der Lösung in Richtung einer Doppelsalzbildung angenommen werden, wie es z. B. KÜPPER (29) auf Grund thermochemischer Untersuchungen im System $MgCl_2$—KCl—H_2O tat. Auch BECK (30) folgerte auf Grund röntgenographischer Streuaufnahmen verschiedener Salzlösungen, daß bei genügend niedriger Konzentration das Wasser, dem man eine

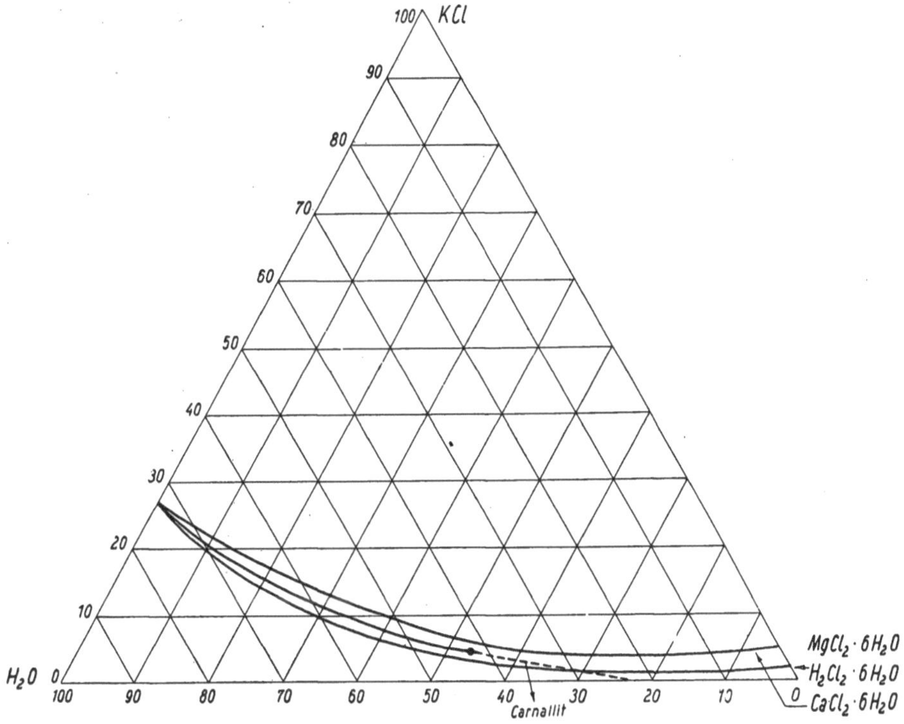

Abb. 13a

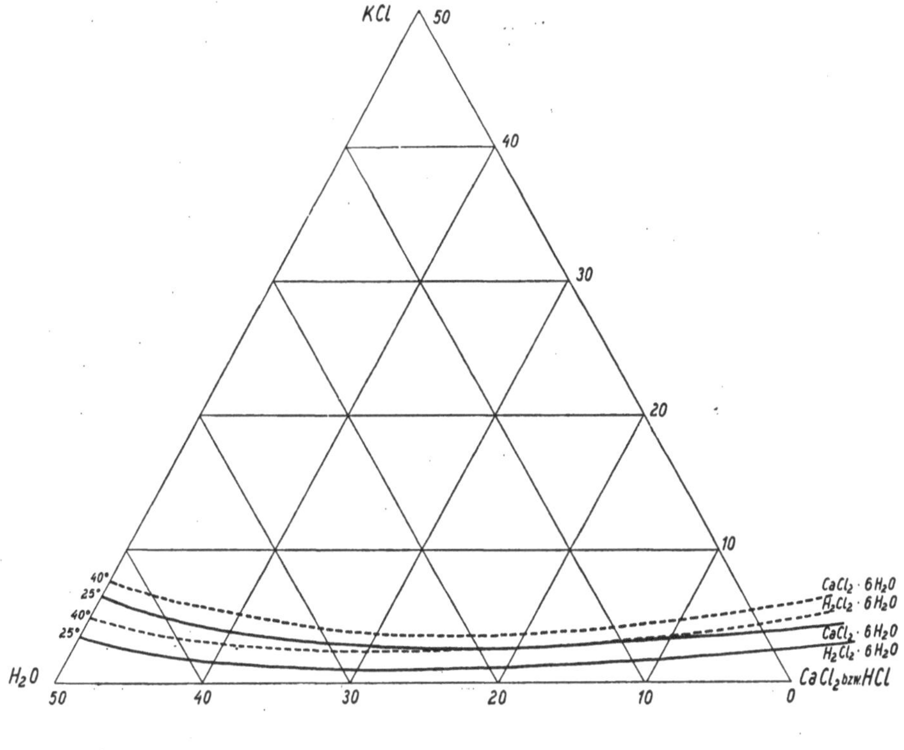

Abb. 13b

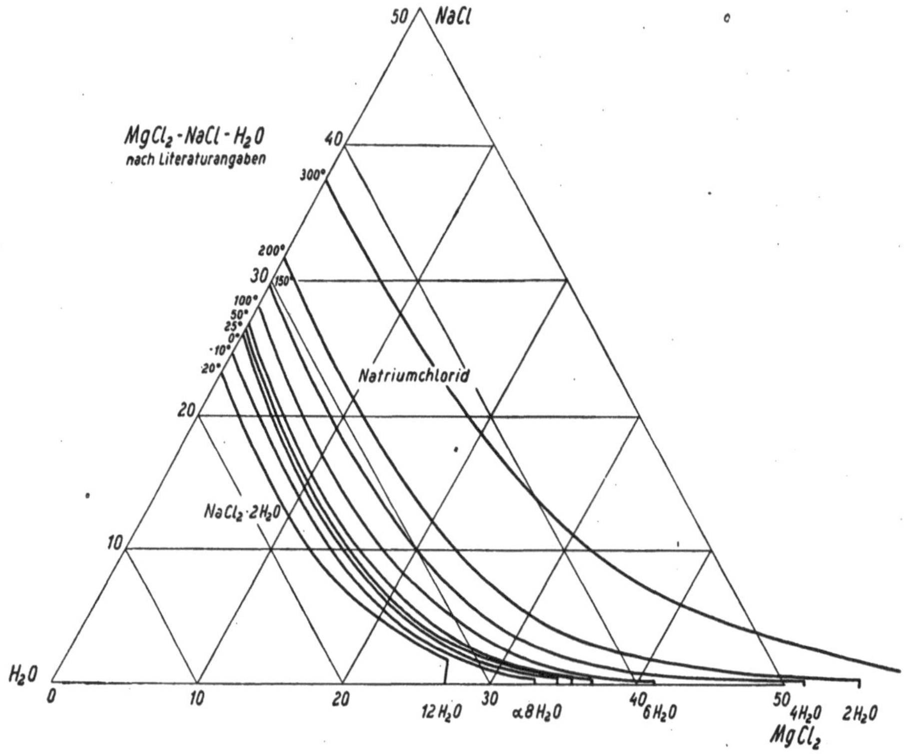
50
NaCl
$MgCl_2$-NaCl-H_2O
nach Literaturangaben
40
300°
200°
30
150°
100°
50°
25°
0°
-10°
-20°
Natriumchlorid
20
$NaCl_2 \cdot 2H_2O$
10
H_2O
0
10
20
12 H_2O
30
α 8 H_2O
40
6 H_2O
50
4 H_2O
2 H_2O
$MgCl_2$

Abb. 14

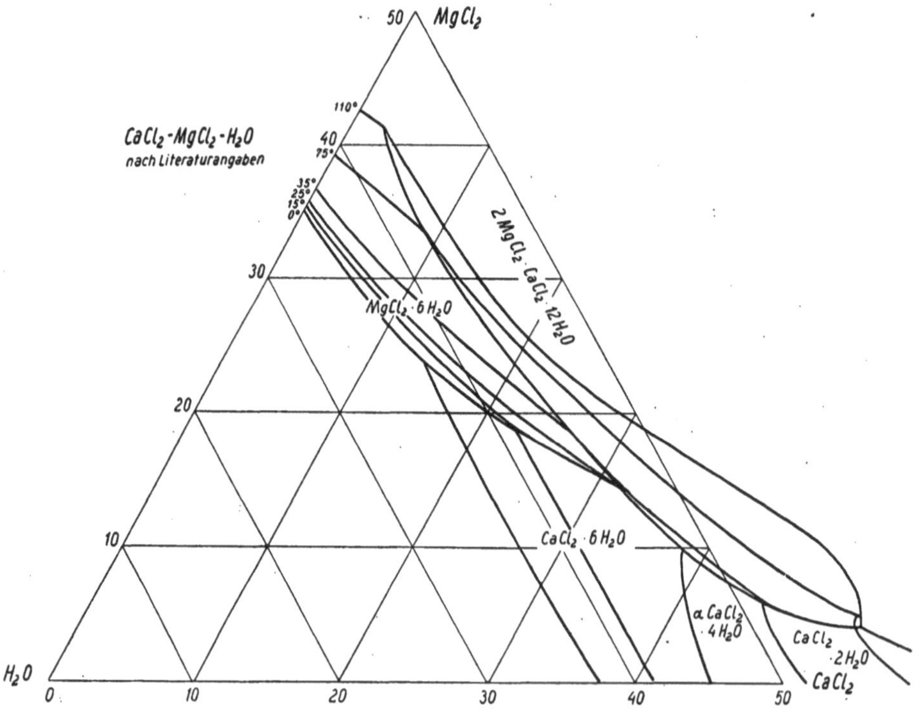
50
$MgCl_2$
110°
$CaCl_2$-$MgCl_2$-H_2O
nach Literaturangaben
40
75°
35°
25°
15°
0°
2 $MgCl_2 \cdot CaCl_2 \cdot 12 H_2O$
30
$MgCl_2 \cdot 6 H_2O$
20
10
$CaCl_2 \cdot 6 H_2O$
α $CaCl_2 \cdot 4 H_2O$
$CaCl_2 \cdot 2 H_2O$
$CaCl_2$
H_2O
0
10
20
30
40
50

Abb. 15

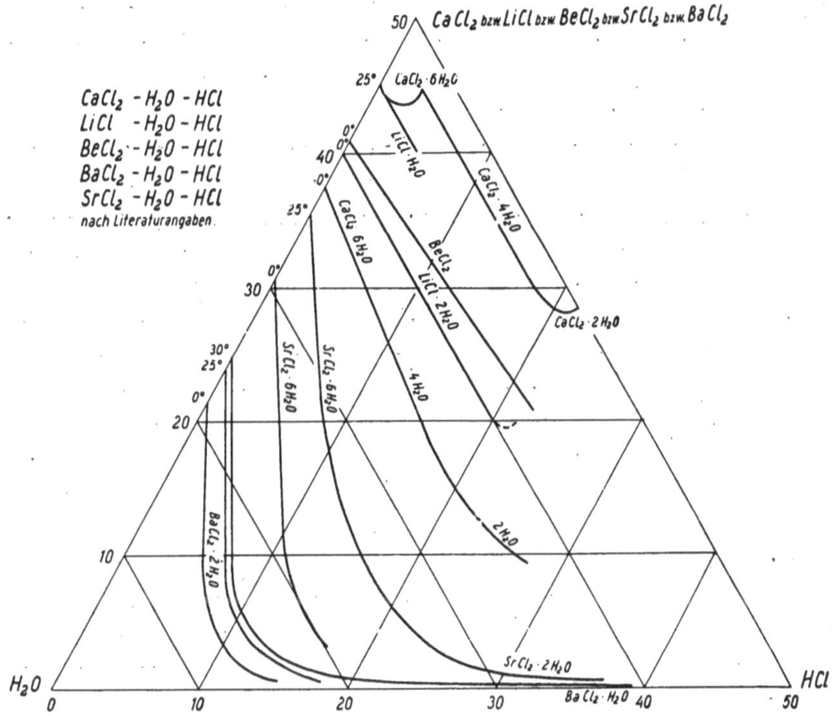
CaCl2 bzw LiCl bzw BeCl2 bzw SrCl2 bzw BaCl2
CaCl2 - H2O - HCl
LiCl - H2O - HCl
BeCl2 - H2O - HCl
BaCl2 - H2O - HCl
SrCl2 - H2O - HCl
nach Literaturangaben
CaCl2 · 6H2O
LiCl · H2O
CaCl2 · 4H2O
BeCl2
LiCl · 2H2O
CaCl2 · 2H2O
SrCl2 · 6H2O
BaCl2 · 2H2O
SrCl2 · 2H2O
BaCl2 · H2O
H2O
HCl
0
10
20
30
40
50

Abb. 16

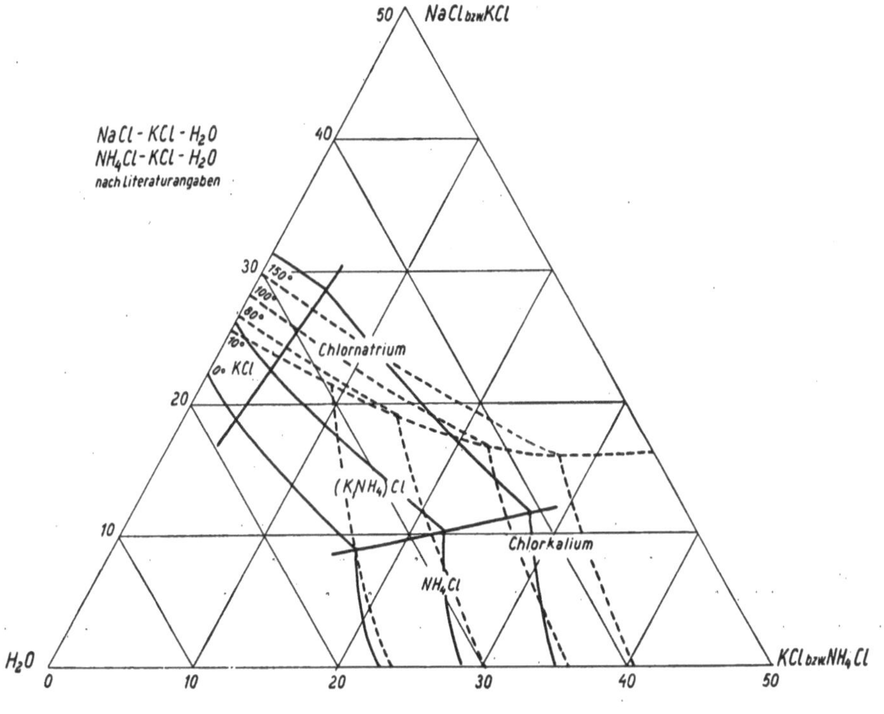
NaCl bzw KCl
NaCl - KCl - H2O
NH4Cl - KCl - H2O
nach Literaturangaben
150°
100°
80°
10°
0°
KCl
Chlornatrium
(KNH4)Cl
Chlorkalium
NH4Cl
H2O
KCl bzw NH4Cl
0
10
20
30
40
50

Abb. 17

verzerrte gitterähnliche Struktur zuschreiben kann, die Salz-Ionen in sein Gitter einbaut. Bei mittleren Gehalten beginnen die Salz-Ionen ihre Gitter aufzubauen, die H_2O-Struktur bleibt daneben bestehen. Bei höheren Konzentrationen bauen die Salze ihre Gitter aus und die Wassermoleküle zunehmend in diese ein. Ferner haben MATHIEU und LOUNSBURY (31) aus Messungen der Raman-Effekte in wäßrigen Elektrolytlösungen auf eine regelmäßige und homogene Verteilung der Ionen geschlossen, die mit steigender Konzentration das Bestreben haben, sich der bekannten Verteilung in den Kristall-Hydraten zu nähern, welche sich aus den gesättigten Lösungen abscheiden. Im übertragenen Sinne müßten die genannten Auffassungen auch für inkonstante Gleichgewichte ternärer Systeme zutreffen.

Es erhebt sich nun die weitere Frage, ob zwischen dem auf das Kalium- und Ammoniumchlorid in analoger Weise wirkenden Magnesiumchlorid bzw. dem Chlorwasserstoff eine Doppelverbindung, ähnlich der zwischen $MgCl_2$ und $CaCl_2$ ($2\,MgCl_2 \cdot CaCl_2 \cdot 12\,H_2O$; Tachhydrit), vorliegen könnte. Eine solche Vermutung ergab sich, als bei Aussalzungsversuchen von alkalichloridfreien Magnesiumchloridlösungen der Carnallitverarbeitung in der Kali-Industrie mittels Chlorwasserstoff bis zu den höchstmöglichen Konzentrationen desselben bei einer Temperatur von 20° C und normalem Druck stark schwankende und relativ hohe HCl-Gehalte (bis zu 15 Gew.-%) in dem Filterprodukt, Magnesiumchloridhexahydrat, nachgewiesen wurden. Ordnete man diese HCl-Mengen ausschließlich der anhaftenden Lösung (Schmelze) zu, so errechnete sich nach der chemischen Analyse ein wasserärmeres Magnesiumchlorid-Hydrat mit etwa 4 Mol H_2O, während das Debyeogramm (Abb. 18) eindeutig die Struktur des reinen Hexahydrats zeigte.

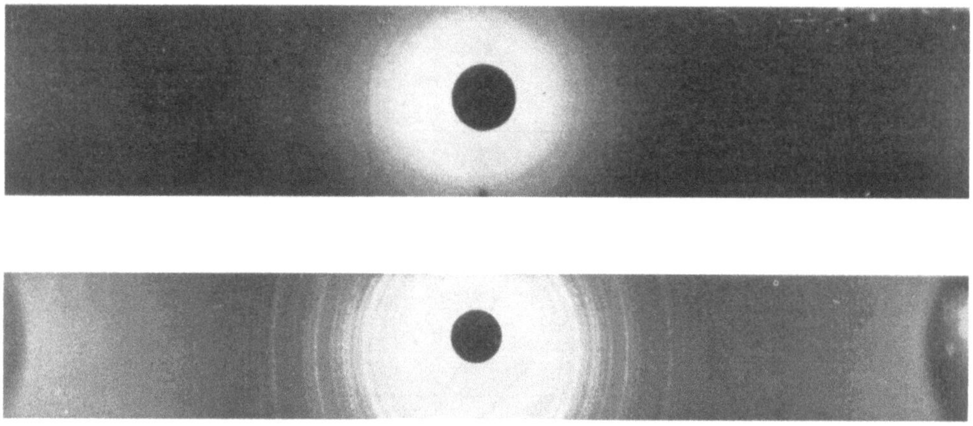

Abb. 18

Außerdem war der errechnete Anteil der anhaftenden Lösung (über 42 Gew.-%) in dem relativ trockenen Filterprodukt bei weitem zu groß. Bei Annahme eines Doppelsalzes, $xMgCl_2 \cdot yHCl \cdot zH_2O$, ergaben sich wiederum, selbst bei guter Übereinstimmung in der Zusammensetzung der dazugehörigen Lösungen, untragbare Schwankungen in den Molverhältnissen einer derartigen Verbindung. Von BOKIJ (33) wird auf Grund theoretischer Erwägungen über die

Struktur stark konzentrierter Lösungen die Annahme vertreten, daß bei einer Lösung von Gasen im Wasser deren Moleküle (Atome) in strukturbedingte Vakua zwischen den Wassermolekülen geraten und sich dort einlagern, anstatt sie zu substituieren. Die Anwendung der Restmethode nach SCHREINEMAKERS (32) (Abb. 19) für je zwei Analysenpaare aus gesättigter Lösung und dazugehörigem feuchtem Bodenkörper, deren Konjugationsgeraden sich jenseits der sie darstellenden Punkte schneiden müssen, zwingt gleichfalls zu der Schlußfolgerung, daß es sich im vorliegenden Fall hoher HCl-Konzentration (27—33 Gew.-%) nur um absorbierten

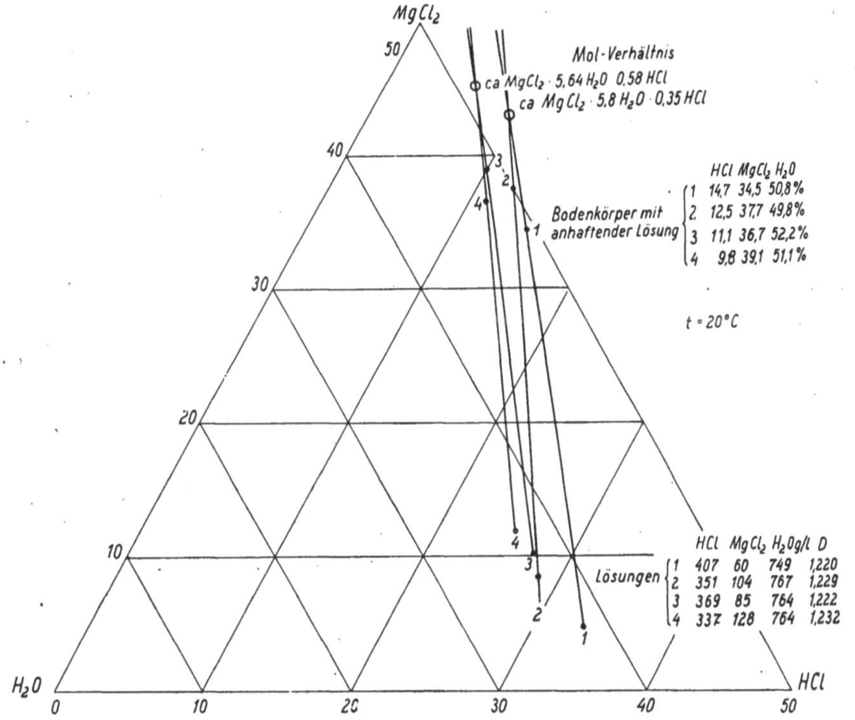

Abb. 19

oder an den sehr feinen Kristallnadeln des Bodenkörpers, Magnesiumchloridhexahydrat, mit entsprechend großer Oberfläche adsorbierten Chlorwasserstoff handelt.

Damit werden die Befunde von TREADWELL und ZÜRRER (34) bestätigt, wonach festes, reinstes Magnesiumchloridhexahydrat mit 0,09% Feuchtigkeit bei 15°C Chlorwasserstoff begierig absorbiert, und zwar bis zu etwa 0,56 Molen (ca. 9%). Beim Erwärmen bis zu 50°C entweicht HCl wiederum vollständig, was auch mit eigenen Versuchsergebnissen bei 20°C übereinstimmt. Daß sich der Chlorwasserstoff bei röntgenspektrographischen Untersuchungen nicht erkennen läßt, erklärt sich wohl mit der Annahme von NEUHAUS (35), daß das Gas auf dem Bodenkörper bzw. in der anhaftenden Lösung fein verteilt ist und sehr kleine Bereiche aufweist, die keine eigenen Linien ergeben.

Bei dieser Auffassung wird nun stets davon ausgegangen, daß das Magnesiumchlorid in Form von Hexahydrat vorliegt. Zwar hatte DITTE (26) bei der Auflösung von wasserfreiem

Magnesiumchlorid in konzentrierter Salzsäure bei 0°C und Atmosphärendruck als Fällungsprodukt — analog zu anderen mehrwertigen Chloriden ($CaCl_2$, $CuCl_2$, $NiCl_2$, $MnCl_2$, $SrCl_2$) — ein wasserärmeres Salz, in diesem Falle ein Dihydrat, erhalten. Ein solches Ergebnis wäre natürlich für die Auswertung in der Technik bedeutsam, zumal DITTE angeblich auch beim Fällungsversuch gesättigter, wäßriger Magnesiumchloridlösungen bei 0°C mittels Chlorwasserstoff zum Dihydrat gekommen war. Bereits ENGEL (4) hatte nur das Hexahydrat zur Ausfällung bringen können, und die Nachprüfung bestätigt dieses Ergebnis. Führt man Magnesiumchlorid-Di- oder auch -Tetrahydrat im Überschuß in konzentrierte Salzsäure ein, so erfolgt im Bodenkörper ohne weiteres eine Wasseranlagerung bis zum Hexahydrat unter Entweichen von HCl aus der Lösung. Der $MgCl_2$-Gehalt der letzteren stellt sich stets auf die normalerweise gefundenen Löslichkeitswerte für die gerade vorliegende HCl-Konzentration bei gegebener Temperatur und normalem Druck ein. Chemisch-analytisch, kristalloptisch und röntgenographisch wurde der Bodenkörper nur als Hexahydrat identifiziert. Das analytische Ergebnis von DITTE, unter Anwendung der Auflösungsmethode für wasserfreies Magnesiumchlorid in konzentrierter Salzsäure, könnte so gedeutet werden, daß das in relativ großem Überschuß zugegebene Salz aus der HCl-Hydratschmelze — im Sinne der Annahme von FISCHER (25) durch eine Wechselwirkung relativ zur Elektrolytstärke beider Substanzen — nur einen kleinen Teil Wasser an sich ziehen konnte, bevor der dadurch freiwerdende Chlorwasserstoff entwichen war. Die Wassermenge reichte für eine vollständige Hydratisierung bis zu 6 Mol H_2O nicht aus. Bei geringerem Überschuß an wasserfreiem Magnesiumchlorid wäre man zum Tetrahydrat gekommen. Diese Auffassung wird noch durch die bereits von ENGEL (4) beobachtete Erscheinung unterstützt, daß bei Zugabe von Magnesiumchloridhydraten im Überschuß ein Luftstrom den Chlorwasserstoff vollständig austreibt. Es ist bekannt (36, 37), daß ein Gasstrom aus wäßriger Salzsäure auch bei normaler Temperatur und Atmosphärendruck Chlorwasserstoff austreibt, allerdings nur bis zur Erreichung einer Zusammensetzung der Lösung, die der Formel $HCl \cdot 6$—$8 H_2O$ (etwa 20—25 Gew.-% HCl; azeotropische Punkte im Temperaturgebiet 0—80°C) entspricht. Daraus sowie aus anderen Überlegungen wurde auf das Vorhandensein von HCl-Hydraten [oder hydratisierten Oxoniumsalzen (38)] neben anhydrischem Chlorwasserstoff geschlossen. Bemerkenswert ist nun, daß bei Gegenwart von Magnesiumchloridhydraten im Überschuß oberhalb 15°C eine nahezu vollständige Austreibung von anhydrischem Chlorwasserstoff erfolgt, wobei ein wasserärmeres Salz natürlich eine entsprechend beschleunigtere Wirkung hervorrufen muß, weil es durch die Anlagerung von Wassermolekülen die Lösung konzentrierter macht.

Bei der für die vorliegenden Löslichkeitsbestimmungen angewandten Auflösungs- bzw. Ausfällungsmethode handelt es sich bei festliegenden Versuchsbedingungen um den reversiblen Vorgang:

$$HCl_{Gas} + (MgCl_2\text{—}H_2O)_{Lösung} \leftrightharpoons MgCl_2 \cdot aH_2O_{fest} + (HCl\text{—}H_2O)_{Lösung}.$$

Der Prozeß verläuft in starker Temperaturabhängigkeit nach der einen oder anderen Richtung, je nachdem, ob der Chlorwasserstoff unter einem, wenn auch noch so geringen Überdruck eingeführt oder durch einen Luftstrom oder durch Erwärmung ausgetrieben wird. Das ist wahrscheinlich auch der Grund, weshalb es nicht möglich war, den Aussalzungsprozeß von gesättigten Magnesiumchloridlösungen mittels Chlorwasserstoff bis zu den nach der Auflösungsmethode des Hydrats erreichbaren Werten durchzuführen. Man gelangt in der Regel bei normaler Temperatur und Atmosphärendruck nur zu Konzentrationen von 5 Gew.-% $MgCl_2$, während der bisher erreichte Grenzwert unter 3% liegt (39).

Die oben dargelegten Verhältnisse können eine technische Bedeutung haben, da sie die Rückgewinnung eines praktisch wasserfreien Chlorwasserstoffs aus den Aussalzungsrestlösungen von Magnesiumchloridhexahydrat durch einen Luftstrom und Verrührung mit einem Überschuß des Hydrats gestatten, worauf eine Entwässerung des Hexahydrats durch sonst kaum verwertbare Feuerungsabgase im Zerstäubungstrockner oder im Vakuum billigst durchgeführt werden kann, während die direkte Eindampfung von salzsauren Chloridlösungen einen starken Mitverdampf an H_2O zur Folge hat.

Nunmehr seien in Abb. 20 noch die wesentlichsten Ergebnisse der Untersuchungen von KASSNER (1) über das quinäre System graphisch wiedergegeben. Es wurde stets von einer technischen Betriebslösung in annähernder Zusammensetzung der VAN'T HOFFschen Gleichgewichtslösung Q ausgegangen, wie sie bei den bisherigen Verfahren der Carnallitverarbeitung in der Kali-Industrie erreicht wird. Auch in Gegenwart erheblicher Mengen von Magnesiumchlorid neben wesentlich geringeren Gehalten an den beiden Alkalichloriden als Folge des

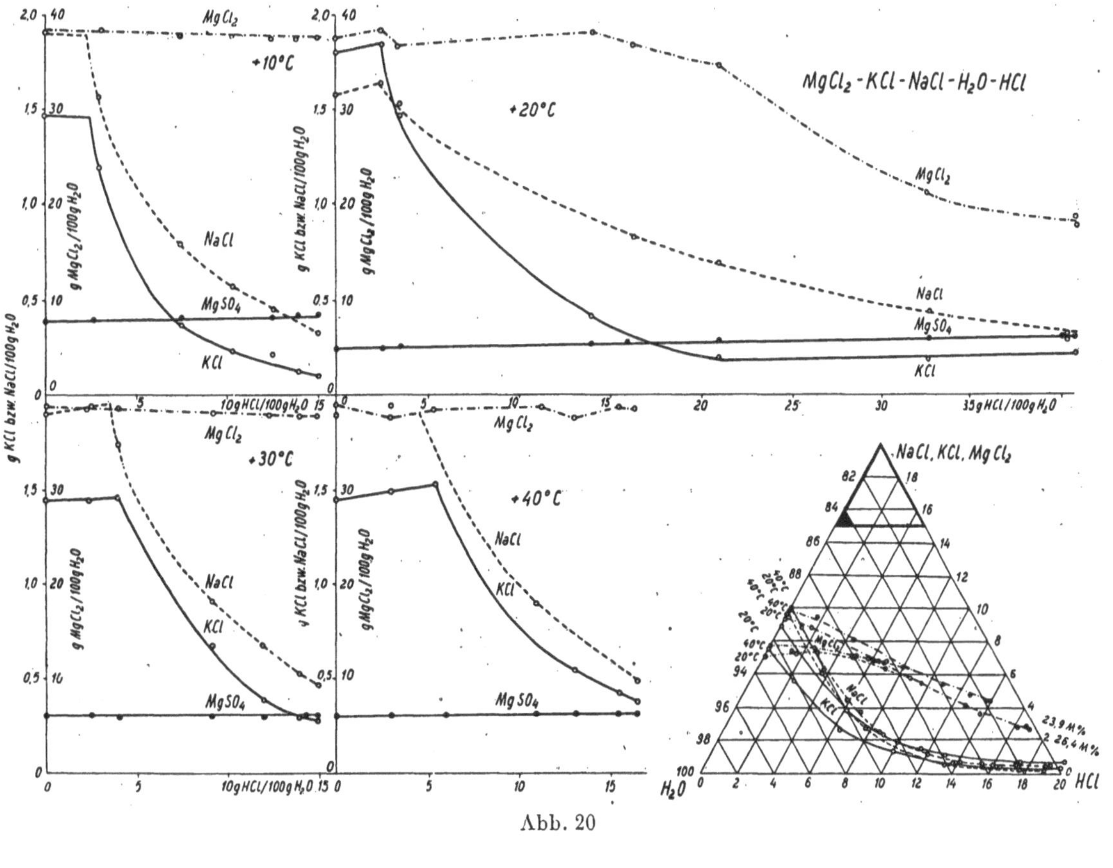

Abb. 20

$MgCl_2$-Einflusses auf deren Löslichkeit (max. 1—2 Gew.-%) zeigen die Aussalzungskurven grundsätzlich das gleiche Gesamtbild wie bei den ternären Systemen. Gewisse Verschiebungen im Kurvenverlauf der verschiedenen Löslichkeiten sind auf die unterschiedliche Ausgangskonzentration der Betriebslösungen an Alkalichloriden zurückzuführen. An Stelle von Kaliumchlorid scheidet sich bei dem vorliegenden Magnesiumchlorid-Gehalt (über 25 Gew.-%) wie bei den rein wäßrigen Lösungen Carnallit ($KCl \cdot MgCl_2 \cdot 6\,H_2O$) aus, was aber bei der relativ kleinen Kaliumchloridmenge nur mit einer geringfügigen Veränderung des Magnesiumchloridspiegels verbunden ist. Bei einer Konzentration über 13 Gew.-% HCl beginnt — in Abhängigkeit von der Ausgangskonzentration der Lösung — auch die Abscheidung von Magnesiumchloridhexahydrat. In der Bodenkörperparagenese unterscheiden sich hiernach die salzsauren wäßrigen von den rein wäßrigen Lösungen der Hauptmineralsalze ozeanischen Ursprungs, Carnallit, Sylvin und Steinsalz, grundsätzlich in keiner Weise. Auch tritt beim Kaliumchlorid wie in den ternären Systemen eine Löslichkeitserhöhung nach Durchschreiten eines flachen Minimums auf.

Schließlich sei noch als zusätzliches, technisch interessierendes Ergebnis der experimentellen Untersuchungen der drei ternären Systeme die Linearität der Polythermen im Temperaturintervall 0—80°C für einen sehr weiten Bereich der HCl-Konzentrationen hervorgehoben. Die Polythermen sind in Abb. 1—3 graphisch dargestellt. Die aus ihnen abgeleiteten Löslichkeits-Temperatur-Koeffizienten (Abb. 21) zeigen für jedes der behandelten Chloride eine individuelle Änderung in Abhängigkeit von der Chlorwasserstoff-Konzentration der Lösungen. Der Verlauf der Kurven für das Kaliumchlorid kann von technisch erheblicher Bedeutung sein. Bei exakter experimenteller Ermittlung der diesbezüglichen Löslichkeitswerte in den Betriebslösungen lassen sich leicht die optimalen Bedingungen für den Vorreinigungsprozeß der magnesiumchloridhaltigen Endlaugen aus der Carnallitverarbeitung festlegen, d. h. es könnte speziell das Minimum des an sich erheblichen Kühlwasserverbrauchs bei der stark exothermen Kondensation des Chlorwasserstoffs — einschließlich des Einflusses der Kristallisationswärme für die Salzabscheidung — genau bestimmt werden.

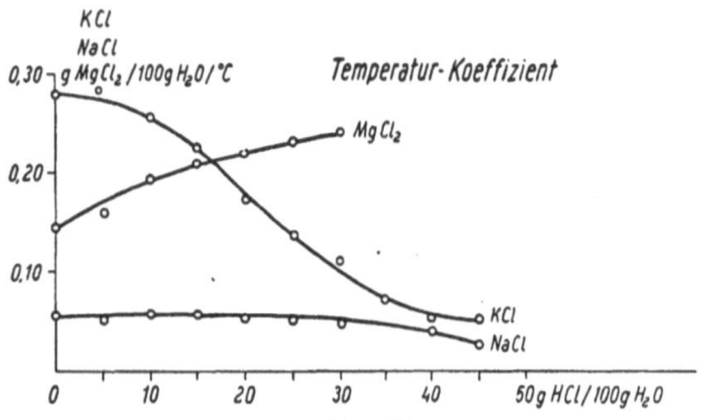

Abb. 21

Ferner muß die Löslichkeitszunahme des Kaliumchlorids bei höheren HCl-Konzentrationen (Abb. 2 und 4) Berücksichtigung finden, indem entweder das in Form von Carnallit ausgeschiedene Kaliumchlorid beim Erreichen seines Löslichkeitsminimums aus der Fällungslösung sorgfältig abgetrennt wird oder der Aussalzungsprozeß an Magnesiumchloridhexahydrat nicht bis zur Sättigung an HCl getrieben wird, damit kein aus der Vorreinigung mitgeschlepptes Kaliumchlorid wieder aufgelöst wird. Im letzteren Fall wird zugleich die Adsorption von gasförmigem HCl am Ausscheidungsprodukt stark eingeschränkt. Das bereits in Lösung befindliche Magnesiumchlorid führt zu einer Herabsetzung des Bedarfs an

Magnesiumchloridhydrat für die Austreibung von praktisch wasserfreiem Chlorwasserstoff aus der Restlösung.

Auf dem behandelten Gebiet steht noch für zahlreiche Probleme, besonders in quantitativer Hinsicht, die endgültige Lösung sowie ihre theoretische Deutung aus. Immerhin haben die bisherigen experimentellen Arbeiten und das Literaturstudium zu Anregungen Veranlassung gegeben, durch exakte Messungen von Dichten, Viskositäten, Dampfdrücken, Siedepunkten, Gefrierpunkten, Leitfähigkeiten, Aktivitätskoeffizienten, Löslichkeiten usw. möglichst umfassende Unterlagen für eine direkte technische Auswertung sowie für eine Erweiterung der theoretischen Deutungsversuche zu erarbeiten. Wichtig ist vor allem die Fortsetzung der Diskussion über diese volkswirtschaftlich bedeutenden Probleme zwischen Theoretikern und Industrietechnikern.

Literatur

1. B. Kassner „Spezielle Untersuchungen über die Zusammensetzung und die Reinigung von Magnesiumchloridlösungen (Endlaugen) aus der Carnallitverarbeitung und Alkalisulfatherstellung", Dissertation Freiberg/Sa. 1955.
2. A. B. Zdanovskij und Mitarb. „Handbuch d. experimentellen Werte der Löslichkeiten in Wasser-Salz-Systemen." Wissenschaftl. Forschungsinst. f. Halurgie UdSSR, Moskau 1953/1954.
3. J. D'Ans „Die Lösungsgleichgewichte der Systeme der Salze ozean. Salzablagerungen", Kali-Forschungsanst., Berlin 1933.
4. R. Engel, Comptes rend. *102* (1886) 619; *104* (1887) 433; *106* (1888) 273; Ann. chim. phys. Ser. 6, *13* (1888) 132, 370.
5. W. Nernst, Z. phys. Chem. *4* (1889) 372; Theoretische Chemie, Stuttgart 1926.
6. A. Noyes, Z. phys. Chem. *6* (1890) 241.
7. J. J. O. Masson, J. chem. Soc. *99* (1911) 1132.
8. J. W. Ingham, J. chem. Soc. *132* (1928) 1917.
9. E. J. Achumov und N. S. Spiro, Žurnal priklad. chimii *27* (1954) 1163.
10. W. Herz, Z. anorg. Chem. *73* (1912) 274.
11. A. Falkenhagen, Elektrolyte, Leipzig 1953.
12. C. Hoitsema, Z. phys. Chem. *24* (1897) 577.
13. M. J. E. Enklaar, Recueil des travaux chimiques *20* (1901) 183.
14. H. E. Armstrong u. Mitarb., Proc. Roy. Soc. Ld. *78* (1906) 264; *79* (1907) 564; *81* (1908) 80, 102; *84* (1911) 123.
15. J. Gibson und R. B. Denison, Proc. Roy. Soc. Edinburgh *30* (1910) 562.
16. N. Bjerrum, Ergebn. d. exakt. Naturwiss. *5* (1926) 125; Z. anorg. allg. Chem. *108* (1919) 275.
17. E. Hückel, Phys. Z. *24* (1923) 185; *26* (1925) 93.
18. H. Harned u. Mitarb., J. Am. chem. Soc. *48* (1926) 326, *54* (1932) 423; *55* (1933) 2197; Phys. Z. *27* (1926) 411.
19. G. Åkerlöf u. Mitarb., J. Am. chem. Soc. *56* (1934) 593, 1875; *59* (1937) 1916.
20. P. J. Gončarov, Žurnal russkag. fiziko-chimič. obščestva pri Imp. Petersbg., čast chim. *61* (1929) 1513.
21. B. K. Semenčenko und E. A. Sawada, Žurnal obščej chim. *1* (1931) 1114.
22. M. Eigen und E. Wicke, Naturwissenschaften *38* (1951) 453; *39* (1952) 545; Z. Elektrochem. *56* (1952) 551; Z. Naturforsch. *8a* (1953) 161.
23. G. Kortüm, Z. Elektrochem. *50* (1944) 144; Elektrolytlösungen, Leipzig 1941, Elektrochemie, Weinheim/Bergstr. 1952.
24. K. Fredenhagen, Z. phys. Chem. *A 152* (1931) 321.
25. W. Fischer, Z. anorg. allg. Chem. *247* (1941) 367, 384.
26. A. Ditte, Ann. chim. phys. Ser. V, *22* (1881) 561 Ser. X (1897) 556; Comptes rend. *92* (1881) 242.
27. J. D'Ans und G. Sypiena, Z. Kali *36* (1942) 89.

28. B. RENNER, Ctrbl. Mineralogie *106* (1912).
29. A. KÜPPER, Mitt. Kali-Forschungsanst. *1*, *XIX* (1920).
30. J. BECK, Phys. Z. *40* (1939) 474.
31. J. MATHIEU und M. LOUNSBURY, Comptes rend. *229* (1949) 1315.
32. F. A. H. SCHREINEMAKERS, Z. phys. Chem. *55* (1906) 73, 77.
33. G. B. BOKIJ, Uspechi chimii 23 (1954) 605.
34. W. D. TREADWELL und Th. ZÜRRER, Helv. chim. Acta *15* (1932) 1274.
35. A. NEUHAUS, Chemie d. Erde *5* (1930) 554.
36. M. BERTHELOT, Comptes rend. *76* (1873) 741; *81* (1878) 623; Ann. chim. phys. Sér. 4 (1875) 460, 488.
37. H. C. JONES, Hydrates in aqueous solutions, Carnegie Inst., USA, 1907.
38. A. HANTZSCH, Ber. Dt. chem. Ges. *59* (1926) 1115.
39. A. P. OBUCHOV und B. P. LAVROV, Zurnal priklad. chim. *4* (1931) 996; Kalij *3* (1932) 21.

AUS DER KLASSE FÜR MEDIZIN

RUDOLF VIRCHOW und die Königlich Preußische Akademie der Wissenschaften

VON ROBERT RÖSSLE

Der Leibniz-Tag des Jahres 1873 ist einer der bemerkenswertesten jährlich wiederkehrenden Festtage der Akademie gewesen: nicht allein deshalb, weil gleichzeitig zwei der größten deutschen Naturforscher, WERNER SIEMENS und RUDOLF VIRCHOW, in die physikalisch-mathematische Klasse aufgenommen wurden, sondern weil mit dieser Wahl zum erstenmal Gelehrte Mitglieder wurden, deren Verdienste außerhalb der Fächer lagen, welche bis dahin ausschließlich den Arbeitskreis der Klasse bestimmt hatten.

Mit WERNER SIEMENS trat ein Mann in die Akademie, der, wie er selbst hervorhob, im Rahmen seiner Berufstätigkeit, „der wissenschaftlichen Technik", zu seinen Entdeckungen gelangt war; sie waren schon im eigentlichsten Sinne des Wortes — man denke an die elektrischen Überseekabel — weltumfassend geworden.

Es war damals — die Älteren unter uns erinnern sich noch der Sitte — üblich, daß die neueintretenden Mitglieder am Leibniz-Tage vor der Akademie eine Rechenschaft über ihre bisherigen Arbeiten ablegten und dann in einer Erwiderungsansprache von dem Sekretar der Klasse begrüßt wurden. Sekretar der Klasse war damals DU BOIS-REYMOND; mit der ihm eigenen eleganten Beredsamkeit und mit freundschaftlicher Wärme schilderte er die Verdienste von SIEMENS und wandte sich dann VIRCHOW zu, dessen Charakterbild als wissenschaftliche und menschliche Persönlichkeit er in einer noch heute lesenswerten, feinsinnigen und gerechten Weise zeichnete. Er bedauerte den späten Eintritt VIRCHOWS in die Akademie, indem er die Widerstände gegen seine Wahl als Außenseiter nur andeutete, pries ihn als „bahnbrechenden und umwälzenden und doch ordnenden und aufbauenden Kopf" und feierte ihn als einen der Schöpfer der Experimental-Pathologie und der pathologischen Histologie. Er deutete feinsinnig die Verdienste VIRCHOWS um die Stadt Berlin an; aber zur Akademie gehöre er, weil „das pathologische Problem ein naturwissenschaftliches Problem höchster Ordnung und unabhängig von den dringenden Fragen am Krankenbett" sei. Die Pathologie sei „gleichsam die Geschichte von Versuchen, welche die Natur mit uns anstellt". Mit solchen Hinweisen auf die Beziehungen der Leistungen VIRCHOWS zu den Naturwissenschaften und schließlich unter Beschwörung des Schattens des großen JOHANNES MÜLLER, ihres gemeinsamen Lehrers, der auch Grundsätzliches zur Pathologie geschaffen habe, suchte DU BOIS-REYMOND die Wahl des Außenseiters VIRCHOW in die offenbar noch widerstrebende Akademie zu rechtfertigen.

Bemerkenswert ist an der vorausgehenden Antrittsrede VIRCHOWS, daß er sich stolz dazu bekennt, ein naturwissenschaftlich forschender Arzt zu sein; gleichsam an die Philologen und Historiker sich wendend, betont er: „Kein Zweig der Naturwissenschaft besitzt eine zugleich so alte und so zusammenhängende Literatur wie die Pathologie", eine „gelehrte Überlieferung von 2000 Jahren". Die Erforschung der Krankheiten sei eine naturwissenschaftliche Aufgabe, denn sie seien natürliche Erscheinungen; abweichend von den gesundhaften Vorgängen sind sie nur durch Sitz (Heterotopie) in bezug auf Zeit (Heterochronie) und Ausmaß (Heterometrie). Die letzte Lebenseinheit, die Zelle, als Bauprinzip für Tier und Pflanze erkannt, sei auch der Ort des krankhaften Geschehens. Unabhängig von der Tatsache, daß es noch unbekannte Organe, unbekannte Stoffe, unbekannte Vorgänge chemischer und physikalischer Natur im Körper gebe, sei die kranke Zelle das Naturobjekt des Pathologen; „was sich theoretisch als Zellularpathologie darstellt, das tritt praktisch als Lokalpathologie in den Gebrauch der Ärzte". VIRCHOW zögert nicht, damals vor der versammelten Akademie auszusprechen, daß auf Grund seiner Lehre die deutsche Pathologie „die Führerin für die moderne wissenschaftliche Pathologie überhaupt geworden ist".

Die Wahl VIRCHOWs in die Akademie und seine Tätigkeit in ihr ist ein Stück Medizingeschichte. Um ihre Hintergründe zu verstehen, muß man die organisatorische und geistige Verfassung der damaligen Akademie und zudem die Entwicklung VIRCHOWs um jene Zeit verstehen.

Wenn man die ausgezeichnete „Geschichte der Preußischen Akademie der Wissenschaften zu Berlin" aus der Feder ADOLF HARNACKs liest, wird einem die Wandlung klar, in der sie sich zur Zeit der Zuwahl von W. SIEMENS und R. VIRCHOW befand, ohne daß HARNACK selbst, wie ich meine, die damalige Wende besonders hervorgehoben oder dieses Einzelereignis besonders vermerkt hätte. Er meint nur ganz allgemein, daß „exakte Forschung und Kritik die bezeichnendsten Züge" jenes Zeitalters gewesen sind. Nach einem trotz der Bestrebungen LEIBNIZ' ziemlich kläglichen Anfang hatte die Akademie unter FRIEDRICH II. zwar einen Aufschwung genommen, aber den Charakter eines französischen Fremdkörpers im deutschen Geistesleben angenommen. Erst das 19. Jahrhundert brachte, im Widerschein mit den Befreiungskriegen, den Nationalcharakter der Akademie zur Geltung; die Akademie wurde deutsch durch ihre Reorganisation unter FRIEDRICH WILHELM III. und IV., durch die Tatkraft von Männern wie SCHLEIERMACHER, NIEBUHR und den Gebrüdern WILHELM und ALEXANDER VON HUMBOLDT; ein Zeichen davon ist das Statut von 1812. Dieser Charakter der Akademie als nationale Institution wurde begreiflich nochmal bestärkt durch die Kriege, die zur Reichsgründung führten in eben jener Zeit, in der die hier besprochenen Ereignisse liegen, der Zeit, in der auf vielen Gebieten die deutsche Wissenschaft führend wurde.

Im Gegensatz zu anderen Kultureinrichtungen haben die Akademien die Aufgabe, den internationalen Austausch auf allen Gebieten des wissenschaftlichen Fortschritts zu pflegen. Sie sollen daher die geistigen Bewegungen der Menschheit schlechthin in ihrer Haltung und ihren Leistungen widerspiegeln. Während auf philosophischem Gebiet Deutschland im Beginn des 19. Jahrhunderts noch führend blieb, ja die naturphilosophische Richtung die Naturforschung sogar hemmend beeinflußte, drang aus dem Auslande zunächst der Strom der exakten Naturforschung nur langsam herein; dann aber folgten schon in den 30er Jahren die großen biologischen und chemischen Entdeckungen in Deutschland selbst, die hier im einzelnen aufzuführen unnötig ist. Es soll nur mit diesen kurzen Hinweisen klargelegt werden, wie sich von da ab bis in die neueste Zeit das Schwergewicht zwischen den beiden, bis zum Ende des zweiten Weltkrieges bestehenden Klassen der Akademie, der philologisch-historischen und der physikalisch-mathematischen Klasse allmählich verschob. Eben darum erscheint mir die Wahl solcher Männer wie SIEMENS und VIRCHOW in die Akademie so bezeichnend.

„Die Begeisterung für das klassische Altertum hat nachgelassen", klagte der Altphilologe A. KIRCHHOFF bei seinem Eintritt in die Akademie 1860. „Die Wirklichkeit mit ihren unerbittlichen Forderungen war in das Bewußtsein getreten", schreibt A. HARNACK einmal. Auf den Gebieten der Naturforschung war man von der Spekulation zur Beobachtung, von den gedanklichen Systemen zum Befund übergegangen, und nur große und nüchterne Forscher wie DARWIN oder VIRCHOW konnten den umgekehrten Weg von der Erfahrung zur Theorie wagen.

Zu welchen Männern stießen SIEMENS und VIRCHOW in ihrer Akademie-Klasse? Es lohnt sich, aus der Zahl der damaligen 20 Mitglieder einige Namen zu nennen; außer dem schon als Sekretar genannten Physiologen DU BOIS-REYMOND den Biologen EHRENBERG, den Meteorologen DOVE, den Anatomen REICHERT, den Botaniker PRINGSHEIM, den Physiker POGGENDORF, den Chemiker A. W. HOFMANN, die Mathematiker BORCHARDT und WEIERSTRASS und den Physiker-Physiologen HELMHOLTZ.

Nun entdeckte ich im Archiv der Akademie ein Schriftstück, welches ein kennzeichnendes Licht auf das Widerstreben seiner damaligen Mitglieder gegen die Aufnahme von Vertretern aus der Medizin bzw. von VIRCHOW verrät. Es stammt von DU BOIS-REYMOND und enthält, mehrere große Aktenseiten stark, in seiner schönen Handschrift eine Laudatio VIRCHOWs mit dem Datum vom 14. November 1864, d. h. also einen begründeten Vorschlag zu seiner Aufnahme in die Akademie 9 Jahre früher, als sie dann erfolgte. Er wird darin unter Hinweis darauf, daß er bereits korrespondierendes Mitglied der Académie des Sciences in Paris sei, als ein erfolgreicher Forscher auf dem Gebiet der mikroskopischen Anatomie neben KÖLLIKER, als ein „fruchtbares" und als ein (seltsamerweise) „biegsames" Talent, als ein „unbefangener und nüchterner Beobachter" empfohlen, dem es gelungen sei, „eine Masse empirischer Wahrheiten zu finden, ohne die großen Gesichtspunkte zu verlieren". DU BOIS-REYMONDs Empfehlung fand keinen Widerhall, es findet sich in den Akten kein Vermerk über eine Diskussion hierüber; DU BOIS scheint sie aber 9 Jahre später wieder vorgelegt zu haben, da kein neuer Antrag von ihm aus dem Jahre 1873 vorliegt.

In diesem Zusammenhang ist dann ein Auszug aus dem Sitzungsprotokoll der physikalisch-mathematischen Klasse vom 20. Oktober 1873 bemerkenswert. Er lautet:

„Nachdem dies festgestellt worden, las Herr HELMHOLTZ den motivierten Wahlantrag des Herrn Dr. WERNER SIEMENS vor und Herr DU BOIS-REYMOND den Antrag auf Wahl des Herrn Prof. Dr. VIRCHOW hierselbst. Bei der Besprechung dieser Vorschläge wurden wegen der Wahl des Herrn SIEMENS nur zustimmende Bemerkungen gemacht, wegen des Vorschlages zur Wahl des Herrn VIRCHOW aber wurden gewisse Bedenken geäußert, welche namentlich hervorhoben, daß die wissenschaftlichen Verdienste desselben mehr nur dem Kreise der spezifisch medizinischen Wissenschaften, der Pathologie angehören, welche als solche in der Akademie nicht gepflegt noch vertreten wird. Nachdem diese Ansichten allseitig pro et contra besprochen worden waren, wurde die Wahlbesprechung geschlossen."

Auch das Ergebnis der Abstimmung ist bekannt: während SIEMENS einstimmig gewählt wurde, sprachen sich 14 Mitglieder für, 4 gegen VIRCHOW aus. Der Wahlvorschlag ging daraufhin an das Plenum wie üblich.

Inwieweit nur sachliche Gründe für die teilweise Ablehnung maßgebend waren, läßt sich nicht sagen. Man kann aber sagen, daß schon damals VIRCHOW ein weltberühmter Gelehrter war, aber er war, mehr wie je, besonders in politischer Hinsicht und als scharfer Gegner BISMARCKs eine umstrittene Persönlichkeit. Gerade damals war zudem der sogenannte Kulturkampf im Gang, dem VIRCHOW selbst als alter Gegner auch der katholischen Kirche von 1848 her den Namen gegeben hatte, so daß der alte Kämpfer von den verschiedensten Seiten her Widersacher in einer im ganzen friedlichen Gelehrten-Vereinigung haben konnte.

Es ist anzunehmen, daß es VIRCHOW nicht unbekannt geblieben ist, daß er nicht ohne Einschränkung in diesem Kreise willkommen war. Dazu wurde ihm ja ausdrücklich ausgesprochen, wie spät er endlich der Aufnahme gewürdigt worden war. Er konnte dies, gerecht und stolz wie seine Selbsteinschätzung war, als verletzend empfinden. Es mag sein, daß davon auch die geringe Rolle, wenigstens zum Teil, herrührt, die er im ganzen in der Akademie gespielt hat. Keine seiner großen und grundsätzlichen Reden, wie er sie so zahlreich z. B. auf den Versammlungen Deutscher Naturforscher und Ärzte gehalten hat, ist aus den Plenarsitzungen der Akademie bekannt. Seine Beiträge beschränken sich auf Mitteilungen und Demonstrationen in der Klasse; von solchen pathologischen bzw. medizinischen Inhalts sind nur zwei verzeichnet, die sozusagen als Ableger seines großen Geschwulstwerkes angesehen werden können:

1875: Über die Entstehung des Enchondroms und seine Beziehungen zu der Ecchondrosis und der Exostosis cartilaginea;

1876: Über die Bildung von Knochenzysten.

Fällt es schon auf, daß er, wie gesagt, niemals aus seinem Fach vor der Gesamtakademie gesprochen hat, so muß man sich auch darüber wundern, daß die erste der genannten kleinen pathologischen Mitteilungen in der Klasse erst ein Jahr nach der Aufnahme VIRCHOWs in die Akademie erfolgte. Dies sieht doch darnach aus, als ob er sich gekränkt gefühlt habe.

Dafür könnte sprechen, daß sich im brieflichen Nachlasse VIRCHOWs, den seine Hinterbliebenen der Akademie vermacht haben, Bruchstücke eines Briefwechsels VIRCHOWs mit THEODOR MOMMSEN finden, der damals der andere Sekretar der Akademie war. Nebenbei gesagt, waren VIRCHOW und MOMMSEN politische Freunde. Der Anfang des Briefwechsels, jedenfalls von MOMMSEN begonnen, fehlt; diesem muß eine irgendwie kategorische, abwehrende Antwort VIRCHOWs gefolgt sein. In der Erwiderung MOMMSENs vom 8. Dezember 1874 heißt es: „daß uns das beste Mitglied nichts nützt, wenn es nicht erscheint"; er versichert, daß er VIRCHOW weder auffordern wollte auszutreten, noch ihn zu verletzen die Absicht hatte. „Lassen Sie nicht ein heftiges Wort Beziehungen zerstören, auf die ich immer Wert gelegt habe."

Aus diesen Bruchstücken ist wohl zu schließen, daß MOMMSEN VIRCHOW wegen seiner mangelhaften Teilnahme an den Sitzungen getadelt hat.

Zur Verteidigung VIRCHOWs muß man allerdings sagen, daß eine fast unvorstellbare Arbeitslast auf seinen Schultern lag. Zu seinen Amtspflichten als Hochschullehrer mit den besonders zahlreichen Unterrichtsstunden theoretischer und praktischer Art in seinem Fache und als Direktor des Pathologischen Instituts der Universität mit mehreren Abteilungen und zahlreicher Jüngerschar aus dem In- und Auslande kam seine Zugehörigkeit zu zwei Parlamenten, dem Berliner Magistrat (seit 1859), dem Preußischen Abgeordnetenhaus (seit 1861), wo er nebenbei in der Rechnungskommission des Landtags von 1872 (bis 1902!) hingebende Arbeit verrichtete, kamen der Vorsitz in der Berliner Medizinischen Gesellschaft, seine vielfachen redaktionellen Aufgaben, die Arbeit an dem unvollendeten Geschwulstwerk (seit 1863), die Hingabe an die von ihm kürzlich (1869) begründete Berliner Gesellschaft für Anthropologie, Ethnologie und Urgeschichte sowie die Deutsche Anthropologische Gesellschaft.

Um jene Zeit war er als Gutachter und Förderer besonders in kommunalen Angelegenheiten stark tätig; es sind die Jahre, wo auf sein Betreiben die in raschem Wachstum begriffene Stadt Berlin ihre Kanalisation einführte, er sich für Schulhygiene, Krankenhausbauten, Organisation der Krankenpflege, Säuglingsfürsorge einsetzte. Gleichzeitig beschäftigte ihn die Geschichte des Krankenhauswesens; die Gründlichkeit seiner historischen Studien zeigt u. a. der einzige Vortrag, den er vor der Gesamtakademie in den 70er Jahren gehalten hat; er ist betitelt: „Der Hospitaliter Orden vom Heiligen Geist, zumal in Deutschland". Wie ernst er seine sozialen Verpflichtungen als Arzt empfand und wie stolz er gerade auf diese seine Verdienste war, geht u.a. daraus hervor, daß er nach der Feier seines 80. Geburtstages (1901) in dem Rückblick auf diese Feier, der unter dem Titel: „Zur Erinnerung. Blätter des Dankes an meine Freunde" in seinem Archiv für Pathologische Anatomie und Physiologie und für klinische Medizin 1902 (167. Band!) erschien, hauptsächlich und in erster Linie seiner sozial-politischen Vergangenheit gedachte.

Für uns deutsche Ärzte ist RUDOLF VIRCHOW in erster Linie der Begründer der Zellularpathologie und der deutschen Pathologie überhaupt. Diesen Ruhm hat er sich bis zu seinem 50. Lebensjahr erworben, und dann geschah die erstaunliche Wandlung, daß er sich von der durch ihn geschaffenen Wissenschaft abwandte. Die kleine Anleitung „Die Sektionstechnik im Leichenhause der Charité" (Berlin 1875) kann als seine letzte originale Veröffentlichung aus seinem Fache gelten. Selbst seziert hat er schon damals nicht mehr. Was er sonst noch auf dem Gebiete der Pathologie später schrieb, waren Verteidigungen seiner Lehre, seiner allgemein-pathologischen Grundsätze, so u. a. seine Rede „100 Jahre allgemeiner Pathologie" (Berlin 1895).

Weshalb sich VIRCHOW von der Pathologischen Anatomie abwandte, und zwar gerade um jene Zeit, als er Mitglied der Akademie der Wissenschaften wurde, ist schwer zu sagen. Von eigenen Versuchen hatte er sich schon lange zurückgezogen; begonnen hatte er mit solchen schon als Student und noch als 60jähriger hielt er an dem „Wert des pathologischen Experiments" (Berlin 1881) fest.

Seine Abkehr von seinem eigensten Fach kann einen negativen und einen positiven Grund haben: einen negativen insofern, als die Möglichkeiten großer Entdeckungen durch die in dem Fach damals mehr als heute beschränkten Verfahren und durch seine Begrenztheit in ätiologischer und therapeutischer Hinsicht VIRCHOW nicht mehr so aussichtsreich erschienen;

er selbst war in besonders wichtigen Problemen steckengeblieben, z. B. in bezug auf die Natur der von ihm entdeckten Amyloid-Entartung, in bezug auf das Wesen der ebenfalls auf ihn zurückgehenden Leukämie, beides heute noch unerledigte Fragen. In seinem Vortrag auf der Naturforscher-Versammlung in Frankfurt a. M. im Jahre 1867 hat er von der besonderen Schwierigkeit der Forschung auf dem Gebiete der Pathologie gesprochen. Bedeutsamer aber, d. h. von stärkerem psychologischem Gewicht ist die Tatsache, daß er dieselbe Erfahrung bei der Niederschrift seines großen Werkes über die Neubildungen machte: der dritte Band der „Krankhaften Geschwülste" (Berlin 1863) ist unvollendet geblieben und hört gerade an der Stelle auf, wo VIRCHOW sich mit dem zentralen Problem, der Natur des Krebses, zu befassen hatte. Er, der immer klar und mutig Stellung genommen hatte, schwieg und hat sich nie entschieden.

Soweit die vermutlichen Gründe, warum es von VIRCHOW nur wenige und belanglose Beiträge aus seinem eigensten Wissenschaftsgebiet in den Veröffentlichungen der Akademie gibt. Wenn ihn DU BOIS-REYMOND mit der auf den ersten Blick seltsamen Bemerkung als „biegsames Talent" gekennzeichnet hat, so steckt darin in der Tat etwas Richtiges. Denn VIRCHOW wurde just um jene uns hier beschäftigende Epoche seiner Entwicklung zum Begründer einer anderen deutschen Wissenschaft: der Anthropologie und Prähistorie auf deutschem Boden.

Ich zähle aus diesem Gebiet nicht weniger als 26 Vorträge VIRCHOWs in der physikalisch-mathematischen Klasse der Akademie in den Jahren 1875—1899; davon betreffen 6 spezielle anthropologische, 5 archäologische, 3 geographische und nicht weniger als 14 kraniologische Fragen; er kann wohl als der beste Kenner von Rassenschädeln und Schädelanomalien seiner Zeit gelten. Dabei sind nicht wenige seiner Akademie-Beiträge nicht etwa kurze Mitteilungen, sondern umfangreiche Abhandlungen; so umfaßt gleich der erste Beitrag von 1875 „Über einige Merkmale niederer Menschenrassen am Schädel" nicht weniger als 130 Seiten mit 7 Tafeln, der nächste (von dreien aus dem Jahre 1876!) „Beiträge zur physischen Anthropologie der Deutschen, mit besonderer Berücksichtigung der Friesen", 291 Seiten mit 5 Tafeln.

Während VIRCHOW sich schon in Würzburg mit grundlegenden Untersuchungen über den menschlichen Schädel einen Namen gemacht hatte, hatte er sich in den 60er Jahren daneben mit ethnologischen Fragen beschäftigt und, zusammen mit BASTIAN, 1869 die Zeitschrift für Ethnologie gegründet, deren Schriftleitung er dauernd persönlich besorgte. Sie enthält weitere Originalarbeiten seiner Hand. Schon vor den Akademie-Beiträgen waren einschlägige Schriften erschienen, so 1870 über „Menschen- und Affenschädel", „Hünengräber und Pfahlbauten" 1866, „Die Urbevölkerung Europas" 1874.

Schon als Jüngling hatten volkskundliche Fragen VIRCHOW angezogen; aus heimatlichen Studien über seine Vaterstadt Schievelbein in Pommern waren im Laufe der Jahrzehnte alle Gebiete der Erde mit den Zeichen ihrer Vorgeschichte in den Kreis seiner Interessen und Erfahrungen eingetreten. So ist nicht zu verwundern, daß er schließlich als höchste Autorität deutscher Zunge auch im Auslande geachtet und um Rat gebeten wurde.

In dieser Beziehung verdient seine Begegnung mit HEINRICH SCHLIEMANN Erwähnung, weil sie kennzeichnend für VIRCHOW als Forscher und Mensch ist und weil dabei VIRCHOW als Akademie-Mitglied hervorgetreten ist. Aus dem Nachruf, den VIRCHOW diesem seltsamen und großen Freunde SCHLIEMANN 1891 im Berliner Rathaus hielt, wissen wir, daß die beiden Forscher sich 1875 zum ersten Male trafen, weil der noch dilettantische Ausgräber von Troja sich wegen sogenannter Gesichtsurnen aus den Ruinen von Hissarlik an VIRCHOW um Hilfe wandte. SCHLIEMANN hat bei VIRCHOW gelernt und seinerseits dazu beigetragen, daß VIRCHOW durch Reisen nach Kleinasien, Ägypten und Griechenland seinen Gesichtskreis noch erweitern konnte. VIRCHOW hat inner- und außerhalb der Akademie den schwer angegriffenen SCHLIEMANN verteidigt, auch umgekehrt die Akademie einmal gegen den sich gekränkt fühlenden empfindlichen Mann sehr entschieden verteidigt. VIRCHOW hat ihm literarische Ratschläge bei der Abfassung seiner Werke gegeben und ihn sogar ärztlich beraten. VIRCHOW hat 1891 auch in der Klasse über SCHLIEMANNs letzte Ausgrabung gesprochen. Eine seiner letzten Veröffentlichungen zur Schädelkunde ist sein Vortrag 1893: „Über griechische Schädel aus alter und neuer Zeit" und „Über einen Schädel von Menidi, der für den des Sophokles gehalten ist".

Die Größe wirklich bedeutender Männer geht oft auch aus Tätigkeiten hervor, in denen sie nicht ihre ganze Kraft eingesetzt haben. So ist zwar an der Tatsache nicht zu zweifeln, daß, im ganzen genommen, im Leben der Akademie der Wissenschaften zu Berlin VIRCHOW nicht besonders hervorgetreten ist; aber es mag wohl auch aus dieser Schilderung seiner Beziehungen zu unserer Akademie der Eindruck lebendig bleiben:

Was für ein Mann!

Erinnerungen an die alte Berliner Physiologische Gesellschaft[1])

VON ERNST MANGOLD

In der Präambel zur Satzung unserer neugegründeten Gesellschaft heißt es: „Wir fühlen uns der großen Tradition der früheren Gesellschaft, verkörpert in den Persönlichkeiten von KOCH, HELMHOLTZ, DU BOIS-REYMOND, VIRCHOW und RUBNER, verpflichtet, wir wollen sie pflegen und in unserer Zeit lebendig machen."

Wenn wir diese Tradition pflegen und an sie anknüpfen wollen, so müssen wir, wie ich glaube, auch gelegentlich dieser großen Vorgänger gedenken, aber auch derer, die zwischen jenen und unserer Generation die Tradition vermittelt und sich durch eigene Leistungen in der physiologischen Wissenschaft jener Vorbilder durchaus würdig erwiesen haben.

Das alles ist auch ein Stückchen Geschichte der Medizin; und da diese nach unserem Gefühl viel zu wenig und immer nur von einzelnen gepflegt wird, so darf auch ein bescheidener Beitrag zur Geschichte unserer Physiologischen Gesellschaft vielleicht als kleiner Baustein zur Geschichte der Medizin und speziell der Physiologie gewertet werden. Nun haben wir zwar ein höchst dankenswertes und in seiner Reichhaltigkeit bewundernswertes Werk von K. E. ROTHSCHUH über die „Geschichte der Physiologie" (Springer-Verlag 1953), doch hat die Berliner Physiologische Gesellschaft leider keinerlei Erwähnung darin gefunden, nur einzelne Mitglieder derselben sind, z. T. auch nur sporadisch, dort angeführt.

So erwächst, glaube ich, einem Älteren, der selbst gerade noch in jene Zeit der eingangs Genannten hineinreicht, geradezu die Verpflichtung, der jüngeren Generation einmal aus früheren Tagen unserer Gesellschaft zu berichten. Es mag dies freilich als ein kühnes Unterfangen erscheinen, da, wie schon auf unserer Neugründungsversammlung der Sekretar der Klasse für Medizin der Deutschen Akademie der Wissenschaften, Prof. LOHMANN, mitgeteilt hat, über die alte Berliner Physiologische Gesellschaft keinerlei Akten mehr auffindbar sind; auch würde es wohl wenig Aussicht bieten, durch mühevolle Umfragen bei den ältesten noch lebenden Mitgliedern einiges über die frühere Gesellschaft zusammenzutragen.

So muß ich mich denn hier auch ganz auf eigene Erinnerungen verlassen; und wenn diese auch keine unbedingte historische Akribie garantieren und vielleicht auch den einen oder anderen Irrtum nicht ausschließen, so mag mein Mut zu dieser Unternehmung mit der bekannten Tatsache entschuldbar erscheinen, daß das Gedächtnis alter Menschen besonders die Erlebnisse und Erinnerungen aus früheren Jahrzehnten verläßlich und treu zu bewahren pflegt.

[1]) Bericht des Vorsitzenden am 14. 12. 1955 anläßlich des einjährigen Bestehens der neugegründeten Berliner Physiologischen Gesellschaft.

Von den eingangs Genannten habe ich ROBERT KOCH, DU BOIS-REYMOND und HELMHOLTZ nicht gekannt. Der Name ROBERT KOCH ist mit der Geschichte unserer Gesellschaft besonders verbunden: durch ihn hat sie einen ihrer größten Tage erlebt, als er am 24. März 1882 in der Berliner Physiologischen Gesellschaft, deren Vorsitzender damals DU BOIS-REYMOND war, seinen berühmten Vortrag hielt, in dem er verkündete: „Es ist mir gelungen, den Erreger der Schwindsucht, der Tuberkulose, zu entdecken, den Tuberkelbazillus."

An HELMHOLTZ habe ich als persönliche Erinnerung nur die, daß ich, als 1894 in Berlin sein Ableben bekannt wurde, als 15jähriger Gymnasiast schon volles Verständnis für die Bedeutung dieses Verlustes empfand. Mit RUDOLF VIRCHOW war ich durch Familienbeziehungen bekannt. Mit MAX RUBNER, den ich von Tagungen der Deutschen Physiologischen Gesellschaft schon kannte, beginnt für mich die Zeit, in der ich mit der alten Berliner Physiologischen Gesellschaft verbunden war, von 1923 bis zum Kriegsende 1945, die Zeit, über die ich hier berichten will.

Als ich 1923 von Freiburg her als Nachfolger von NATHAN ZUNTZ und ARTHUR SCHEUNERT auf das Ordinariat für Tierphysiologie der damaligen Landwirtschaftlichen Hochschule Berlin berufen wurde, war RUBNER der Ordinarius für Physiologie der Berliner Universität und MAX CREMER der Ordinarius für Veterinärphysiologie der damaligen Tierärztlichen Hochschule. Im gleichen Jahre ließ sich RUBNER emeritieren, blieb aber bis zu seinem Tode 1932 in Berlin und beteiligte sich noch an der Physiologischen Gesellschaft. Sein Nachfolger wurde FRANZ BERNHARD HOFMANN, der schon 3 Jahre später in Marburg, auf Besuch bei Familie VON BEHRING, durch Embolie verstarb. Als damaliger Vorsitzender unserer Gesellschaft widmete ich HOFMANN bei seinem dortigen Begräbnis Worte des Abschieds sowie in einer Gedächtnissitzung unserer Gesellschaft am 29. Oktober 1926 einen seine Lebensarbeit ausführlich würdigenden Nachruf (Pflügers Archiv 216, 1927, 281).

Im Vorsitz fand ein alljährlicher Wechsel zwischen den Berliner Ordinarien statt. Deren Zahl erfuhr, als 1926 WILHELM TRENDELENBURG als Nachfolger HOFMANNs kam, eine Vermehrung, da die Physiologische Chemie zum eigenen Ordinariat erhoben und HERMANN STEUDEL vom gleichen Institut übertragen wurde. Und eine weitere selbständige Physiologenstelle entstand dadurch, daß RUBNER in dem nach der Invalidenstraße gelegenen Teil des Instituts in der Hessischen Straße ein Kaiser-Wilhelm-Institut für Arbeitsphysiologie gegründet hatte, dessen Leiter EDGAR ATZLER wurde, der später mit diesem Institut nach Dortmund übersiedelte, wo er 1939 noch in jungen Jahren verstarb. Mit ihm gingen dorthin seine hiesigen Mitarbeiter GUNTHER LEHMANN, ERICH A. MÜLLER und HERBST. Als weiterer Institutsleiter aus jener Zeit ist PETER RONA zu nennen, der sein besonders den physikalisch-chemischen Untersuchungen physiologischer Probleme gewidmetes Laboratorium im Pathologischen Institut der Charité hatte und stets eine große Zahl auch ausländischer Mitarbeiter beschäftigte, daher eine große Reihe von Arbeiten herausbrachte und für unsere Sitzungen so manchen Beitrag lieferte; ferner noch ADOLF BICKEL, der ebenfalls dort sein Laboratorium hatte, die pathologische Physiologie vertrat und auch des öfteren, meist zusätzlich zum Programm vor der Tagesordnung, über seine Stoffwechselforschungen und z. B. auch über das eiweißreiche Nahrungsregime der Olympiakämpfer berichtete.

Ein Wechsel in diesen Ordinariaten und Direktoraten trat nur noch ein, als MAX CREMER 1935 verstarb und durch FRIEDRICH WILHELM KRZYWANEK ersetzt wurde, und dann, als 1937 STEUDEL aus dem Amte schied und KARL LOHMANN die Physiologische Chemie übernahm. Dieser versah, neben der wissenschaftlichen Förderung unserer Gesellschaft, in dankenswerter Weise jahrelang auch die Ämter als Schriftführer und Kassenwart. Auch der erste Vorsitz blieb später durch mehrere Jahre bei WILHELM TRENDELENBURG in einer Hand. Unter den Pharmakologen haben wir besonders PAUL TRENDELENBURGs zu gedenken, dem auch die Physiologie und ihre Methodik manche Förderung verdankte, der aber auch schon in jungen Jahren 1931 verstarb. Da ich damals wieder Vorsitzender war, habe ich ihm, der auch unser Vorstandsmitglied gewesen war, in der Sitzung vom 28. Februar 1931 einen ehrenden Nachruf gehalten. Ihm folgte als Institutsdirektor WOLFGANG HEUBNER.

Diese fünf physiologischen Ordinariate und das pharmakologische sowie die anderen genannten Institute boten für das Gedeihen einer Berliner Physiologischen Gesellschaft eine solide Grundlage, zumal in jedem Institut ein Stab tüchtiger Assistenten und in jener Zeit bis zum Kriege jeweils eine Anzahl ausländischer Gäste als Mitarbeiter zur Verfügung standen, aus deren Arbeiten leicht die für die Sitzungen erforderlichen Vorträge zu gewinnen waren.

Besonderen Wert hat die, wie schon das Beispiel ROBERT KOCH zeigte, nicht nur der Physiologie, sondern auch allgemein der Medizin dienen wollende Physiologische Gesellschaft stets auf die Mitarbeit der Kliniker gelegt, und es sei hier dankbar der Förderung gedacht, die der Physiologischen Gesellschaft durch die Beteiligung der Medizinischen Kliniken von FRIEDRICH KRAUS und THEODOR BRUGSCH, WILHELM HIS und VON BERGMANN zuteil geworden ist, wofür einige unserer Institute auch Gelegenheit hatten, jüngere klinische Mitarbeiter in ihre Methoden einzuführen.

Von den damals zur jüngeren Generation gehörenden institutseigenen Mitarbeitern, die uns in der Physiologischen Gesellschaft mit Vorträgen unterstützten, kann ich hier nur einige nennen: da waren als Assistenten von RUBNER, HOFMANN und W. TRENDELENBURG, zum Teil noch ARNT KOHLRAUSCH, ERICH SCHILF, FELDBERG, ERICH SCHÜTZ, INGEBORG SCHMIDT; im Veterinär-Physiologischen Institut, das seit 1935 zur Universität gehörte, RUDI SEUFFERT und JOHANNES BRÜGGEMANN; im Institut für Tierernährungslehre, vormals Tierphysiologisches Institut der Landwirtschaftlichen Hochschule, WOLFGANG LINTZEL und WALTER LENKEIT. Diese Beispiele mögen genügen, eine Vollständigkeit könnte ich hier ohnedies nicht mehr erreichen.

Als Gäste unserer allmonatlich stattfindenden Sitzungen konnten wir regelmäßig auch die in den Instituten arbeitenden Ausländer aus aller Herren Länder begrüßen. Hiermit erschöpften sich aber die Auslandsbeziehungen unserer Gesellschaft keineswegs. Vielmehr konnten wir immer wieder in gewissen Zeitabständen ausländische Kollegen, wie natürlich auch auswärtige deutsche, zu Vorträgen gewinnen. So war ein regelmäßig etwa alle 2 Jahre wiederkehrender Gast FRANCIS GAULAY BENEDICT vom Carnegie Nutrition Laboratory in Boston, der uns jedesmal über die Fortschritte berichtete, die sein damals auf diesem Gebiete führendes Institut mit seinen Respirationskalorimetern an Tieren von der Riesenschlange bis zum Elefanten und bei Menschen verschiedenster Rassen wieder gemacht hatte. Dieser anregenden und liebenswürdigen Persönlichkeit wird sich jeder von uns Alten gern erinnern. In anderen Jahren sandte er uns seinen Mitarbeiter THORNE M. CARPENTER. SELIG HECHT, ebenfalls aus USA, war auch wohl mehrmals unser Gast mit seinen physiologisch-optisch orientierten Vorträgen. Aus Japan besuchte uns als Vortragender GENICHI KATO aus Tokio, der sich mit der dekrementlosen Nervenleitung einen Namen machte. Großen Anklang fand ein Vortrag des Belgiers CORNELIUS HEYMANS aus Gent mit seinem Forschungsbericht über die Carotis-Sinus-Funktionen zur Blutdrucksteuerung. Ich bin überzeugt, daß ich auch hier keine Vollständigkeit mehr zu erzielen vermag, will aber doch wenigstens noch der Vorträge von W. R. HESS aus Zürich und von HERMANN REIN-Göttingen rühmend gedenken, welch letzterer uns aus der Fülle des Schaffens neuer Kreislauflehren viel zu früh entrissen wurde.

Abgesehen von der auf solchem Wege in erster Linie angestrebten wissenschaftlichen Annäherung wurde auch das persönliche Kennenlernen mit den gastierenden Kollegen gepflegt, indem uns nach den Sitzungen häufig noch ein Abendessen in der alten Mediziner-Gaststätte von Schünemann in der Luisenstraße vereinte. Auch nach gewöhnlichen Sitzungen kamen wir oft noch gruppen- oder institutsweise dort oder im Café Nikolai zusammen. Und einer schönen Einrichtung soll hier noch gedacht werden, die wir dem früh dahingeschiedenen EDGAR ATZLER verdankten. Das waren die „ATZLERschen Referierabende", bei denen die physiologisch-pharmakologischen Institutsdirektoren und ältesten Mitarbeiter sich am Spätnachmittage bei ATZLER in seinem oben erwähnten Kaiser-Wilhelm-Institut für Arbeitsphysiologie zusammenfanden und, den Tee aus Bechergläsern trinkend, jeweils ein längeres zusammenfassendes, manchmal sogar sich über mehrere Abende erstreckendes Referat über ein neues Gebiet oder Grenzgebiet der physiologischen Wissenschaften entgegennahmen und diskutierten. Die Mitteilung neuer eigener Forschungsergebnisse blieb dagegen den offiziellen Sitzungen unserer Gesellschaft vorbehalten.

Unser Wissen ist Stückwerk; das meinige auch, und erst recht dasjenige über die alte Berliner Physiologische Gesellschaft. Und wenn ich mir erlaubte, zum Ausklang unseres Arbeitsjahres doch hier einiges über sie zu sagen, so stärkte meinen Mut hierzu nicht das Bewußtsein, daß unter Ihnen heute kaum noch einer hier sein würde, der mich zu kritisieren und zu korrigieren vermöchte, weil er aus eigener Erinnerung alles noch besser wüßte, sondern vielmehr der Wunsch, einmal vor Ihrem geistigen Auge das so außerordentlich anregende Milieu unserer alten Berliner Physiologischen Gesellschaft erstehen zu lassen und die Persönlichkeiten vorüberzuführen, die sich zwar alle in der physiologischen Literatur selbst ein Denkmal gesetzt haben, die es aber doch verdienen, daß gerade in unserem Kreise die Erinnerung an sie nicht verblassen möge. Ich hoffte, durch meine „Erinnerungen" dem in der Präambel zu unserer Satzung bezeichneten Ziele zu dienen, die Tradition der früheren Gesellschaft zu pflegen und lebendig zu erhalten.

Luftembolie (Le.)[1]

VON WILLI FELIX

Wie die anderen Embolien des menschlichen Körpers (Blutpfropfembolie, Fettembolie) ist auch die Luftembolie (Le.) ein das Leben unmittelbar bedrohendes, unglückliches Ereignis. Wir erleben sie zwar selten, aber sie steht doch wie ein Gespenst vor uns bei manchen großen Operationen, namentlich jenen an den Brustorganen. Sie hat gewöhnlich einen schicksalsmäßigen Verlauf. Sie ist nicht mit völliger Sicherheit zu verhüten, geschweige denn zu behandeln. Viel hat die moderne Forschung zu ihrer Kenntnis beigetragen; trotzdem ist das komplexe Geschehen nicht völlig geklärt. Es liegt daher nahe, wenn vielfach das Tierexperiment zu Nachahmung, Analyse und Überwindung der Le. herangezogen wird. Niemals kann ein Versuch am Tier mit dem Geschehen am Menschen restlos verglichen werden. So haben denn auch die Schlußfolgerungen, die wir aus dem Experiment ziehen, nur bedingten Charakter. Ihr Wert liegt aber darin, daß manche Teilfragen nur so überhaupt angegangen und gelöst werden können.

Die Le. ist alles andere als ein einfacher Vorgang. Sie muß als ein *komplexes Geschehen* angesehen werden. Dieses Komplexe kommt auch in der Namengebung zum Ausdruck. Wenn die Schlagaderbahn des großen Kreislaufs befallen ist, so spricht man von arterieller Le. Wenn die Blutaderbahn des großen Kreislaufs befallen ist, so nennt man das venöse Le. Immer beginnt dieses Ereignis durch Lufteintritt in eine Blutader, entweder in eine solche des Körpers oder in eine der Lunge. Gerade die Le., welche in der Lunge beginnt und daher mit Recht als Le. aus der Lunge bezeichnet werden darf, hat die Forschung der letzten Jahrzehnte intensiv beschäftigt. Ihr Wesen ist allmählich aus unklaren Vorstellungen entwickelt worden. Was man früher als Folge reflektorischer Wirkung bezeichnete, hat sich als echte Gasembolie oder Le. erwiesen. Die Pneumothorax- (Gasbrust-) Behandlung hat hier klärend gewirkt. Bei Luftnachfüllungen in die Gasbrust ereignet sich dann und wann ein überraschender Tod, den man früher als Reflex deutete und heute sicher als Gasembolie erkannt hat. Diese kommt dadurch zustande, daß mit der Füllungsnadel die Lunge verletzt und die Luft versehentlich in die kranke Lunge eingespritzt wird.

Man spricht auch von Le. des kleinen Kreislaufs und meint damit, daß das Wesentliche der Luftgehalt im kleinen Kreislauf (vom rechten Herzen bis in die Lunge) sei. Ihr gegenüber grenzt man die Le. des großen Kreislaufs ab, womit der Luftbefall der Körperblutadern oder der Körperschlagadern gemeint ist. Andere wieder trennen eine Le. des Gehirns von einer solchen des Herzens. Alle diese vielen Begriffe erfassen nicht das Ganze und so ist es immer noch am einfachsten, man spricht schlechthin von Le.

Die Vorgänge, die den *Eintritt der Luft in Venenbahnen* des Körpers oder in solche der Lungen bedingen, sind weitgehend klargelegt. Wenn bei Operationen im Kopf-Hals-Gebiet oder an der Brustwand große Blutadern versehentlich verletzt werden, so können die betreffenden geöffneten Blutadern, weil sie einen negativen Druck (unter Atmosphären-

[1]) Nach einem Vortrag vor der Deutschen Akademie der Wissenschaften zu Berlin am 19. 1. 56.

druck) enthalten, Luft ansaugen. Der negative Druck ist besonders stark in den in der Nähe des Herzens gelegenen Blutadern (Venen), weil der Brustkorb während der Einatmung eine Saugwirkung ausübt. Der Lufteintritt in die Lungenvenenbahn kann ebenfalls durch Saugwirkung im Bereich einer Verletzungsstelle der betreffenden Lungenvenen erklärt werden. Andere Vorgänge als die Aspiration, wie die Diffusion der Luft in die Venenbahn der Lunge oder die Einpressung der Luft bei Lungenrissen in die Lungenvenen (Explosion, Detonation) sind bekannt, stehen aber an Häufigkeit zurück.

Die Luft wird mit dem Blutstrom transportiert. Sie wird im Herzen gewöhnlich verschäumt, wie die Befunde bei der Leichenschau nachweisen. Aber auch am Lebenden ist die Le. zu erkennen. Der Luftbefall der Venen durch eine Verletzungsstelle hindurch geht häufig mit einem sehr deutlichen *Aspirationsgeräusch* einher. Das anschließende Auftreten von *Herz- und Gehirnzeichen* beweist dann die Le. Trotzdem ist sie nicht immer sofort erkennbar. Einmal kann nämlich das Aspirationsgeräusch fehlen und dann erfolgt zuweilen die Luftansaugung nicht plötzlich, sondern allmählich. Das Ereignis wird dann leicht verwechselt mit einem Schockzustand, mit einer Narkoseschädigung oder mit Folgen eines Blutverlustes. Die Diagnose wird erleichtert, wenn während der Operation (z. B. in örtlicher Betäubung vorgenommen) schwere Gehirnzeichen wie Bewußtlosigkeit, Krämpfe, Verdrehung der Augen, Lähmungen, gleichzeitig mit bedrohlicher Pulsverschlechterung, auftreten. Oft kann man auch die Le. erkennen an blutleeren Bezirken der Zunge oder in den Arterien der Netzhaut, wo der Blutstrom durch Luft geradezu blockiert sein kann.

Die Lebensgefährlichkeit der Le. beruht auf unmittelbarer *Schädigung* der lebenswichtigen Organe, nämlich *des Herzens* und des Gehirns (von einer eigentlichen Schädigung der Lunge kann man nicht sprechen). Der Blutfluß in die Lunge vom rechten Herzen aus kann durch Luftgehalt versperrt sein, was diesem Herzteil eine gewaltige plötzliche Mehrarbeit aufbürdet und ihn zum Versagen bringen kann. Eine andere Schädigung des Herzens entsteht, wenn der eigene Blutkreislauf des Herzens (Coronarkreislauf) von Luft befallen wird. Das ist bei der Le. aus der Lunge (arterielle Le.) häufig der Fall. Das Herz steht still, weil die Zufuhr von Blut und Sauerstoff für den Herzmuskel aufgehoben ist. Ein solcher Herzstillstand bedeutet, wenn er nicht beseitigt wird, sofortigen Tod.

Mindestens ebenso entscheidend wie die Herzschädigung für die Herbeiführung des Todes ist die *Störung im Gehirn.* Es kann die Luft von der arteriellen zur venösen Seite durch das Gehirn hindurch passieren, aber dieses auf jede leiseste Zirkulationsstörung außerordentlich empfindliche Organ reagiert mit Funktionsausfall, zum Teil auch deswegen, weil die Luft aus den Gefäßen in sein Gewebe auszutreten vermag. Während das Herz eine außerordentliche Widerstandfähigkeit besitzt, fehlt diese dem Gehirn. Auch unsere Beobachtungen am Menschen und erst recht an unseren luftembolisierten Versuchstieren sprechen in dieser Richtung, so daß man dem Gehirn bei der *Erklärung der Todesursache* an Le. die Hauptrolle zuweisen muß. Diese Vorrangstellung des Gehirns gilt besonders für die Le. aus der Lunge (arterielle Le.), während die Todesursache für die venöse Le. meist in einem primären Versagen des Herzens infolge erhöhten Widerstandes, den die aus dem rechten Herzen abströmende Luft herbeiführt, liegt. Der Gehirntod bei der arteriellen Le. läßt sich experimentell erklären. Die aus den Lungenvenen kommende Luft passiert das linke Herz und strömt in die größte Körperschlagader, in die Aorta, und von da aus zum Gehirn und zu den übrigen Organen, in denen sie meist keinen Schaden stiftet. Nur in einem geringen Prozentsatz erfolgt eine teilweise Abzweigung der Luft aus der Aorta in die Kranzgefäße des Herzens. Dieses wird also seltener als das Gehirn von Luft befallen. Warum dies so ist, läßt sich am Versuch erkennen. In einer Darstellung für Nichtmediziner würde die Begründung dieser Erkenntnis allzu theoretisch und damit leblos wirken.

Noch viel schwieriger als die Erkennung des Zustandekommens und der Gefährlichkeit der Le. ist ihre *Verhütung* und erst recht ihre *Behandlung*. Sehr viele kluge Überlegungen und Schlußfolgerungen aus zahlreichen Tierversuchen führten zu einigen Verhütungs- und Behandlungsregeln. Praktische Erfahrungen liegen nur vereinzelt vor. Man hat auch Vergleiche mit der Caisson-Krankheit gezogen und sie zum Ausgangspunkt solch theoretischer Überlegungen gemacht. Bei der Caisson-Krankheit ist der Drucksturz infolge zu raschen Ausschleusens aus dem Überdruckkasten, dem Caisson, die Ursache der Gasentwicklung aus dem Gewebe und des Gaseintritts in den Blutstrom. So kam man auf den Gedanken, die Luftembolie mit einer Drucksteigerung über den Gesamtkörper zu behandeln. Im Tierversuch sind bereits Ergebnisse erzielt worden. Eine weitgehende Sicherungsmaßnahme, um die Le. zu verhüten, ist sorgfältiges Operieren und Vermeidung offener Venenverletzungen am Kopf-, Hals- und Brustgebiet und in der Lunge. Das führende Verhütungsmittel jedoch ist die intratracheale Intubationsnarkose, kombiniert mit Muskellähmung durch Curare. Sie ersetzt die Spontanatmung des Kranken durch eine künstliche. Sie schaltet die Brustkorbbewegung und damit die Saugwirkung des Brustkorbs auf die zum Herzen führenden großen Venen aus. Sie ist also das beste Vorbeugungsmittel gegen die operative venöse Le. Die dringende Frage, ob man bei großen Eingriffen im Brustkorb in örtlicher Betäubung (erhaltene Spontanatmung und erhaltene Brustkorbbewegung) oder in Intubationsnarkose (künstliche Atmung und keine Brustkorbbewegung) operieren soll, ist noch nicht klar beantwortet. Die Chirurgie des Westens zieht die Intubationsnarkose, jene des Ostens die örtliche Betäubung vor. Verschiedentlich sind an Kongressen (Internationaler Chirurgenkongreß Juli 1955 in Kopenhagen, Chirurgenkongreß der DDR Oktober 1955 in Leipzig) diese gegensätzlichen Meinungen aufeinandergeprallt, ohne daß eine Entscheidung erfolgte. Jedoch glaube ich, daß die Intubationsnarkose künftig das Feld beherrschen wird, wenn sie auch schwerer zu erlernen ist. Einer der Gründe ihrer Überlegenheit ist die Tatsache, daß sie die arterielle Le. verhütet, wozu die örtliche Betäubung nicht in der Lage ist.

Innerhalb der Behandlungsmaßnahmen am Menschen hat die direkte Absaugung der Luft aus dem rechten Herzen (venöse Le.) mittels Punktion einige spärliche Erfolge gezeitigt. Es ist zu vermuten, und dafür sprechen die Versuche unserer Klinik, daß das unmittelbare Zugreifen am stillstehenden Herzen in Form von Massage und elektrischer Entflimmerung Aussichten auch für den luftemboliekranken Menschen enthält. Das Herz kann so zur Tätigkeit wieder angeregt werden und das Gehirn vermag sich zu erholen. Jedoch sind dies nur Versuchsergebnisse. Praktische Erfahrungen am Menschen fehlen noch.

Wir haben in der Le. also ein Ereignis vor uns, das wir fürchten gelernt haben, das wir aber heute näher kennen. Es besteht jedoch die Hoffnung, daß wir lernen, sie zu vermeiden und erfolgreich zu behandeln.

Experimentelle Untersuchungen über die Entstehungsweise bösartiger Geschwülste

VON ARNOLD GRAFFI

Das Hauptproblem, mit dem wir uns in der Abteilung für biologische Krebsforschung des Instituts für Medizin und Biologie seit ihrer Gründung im Jahre 1948 beschäftigen, ist die Ursache und Entstehungsweise der bösartigen Geschwülste. Der Grund für die Wahl dieser Fragen zum Schwerpunkt unserer Arbeiten war unsere Überzeugung, daß eine Aufklärung des Ursachenkomplexes der Krebskrankheit eine unerläßliche Voraussetzung für deren wirksame Bekämpfung ist. Nur wenn wir über diese Fragen eine Klärung erzielt haben, werden wir den Zufall bei der Entwicklung und Auffindung krebsheilender Medikamente weitgehend ausschalten können. Wir werden außerdem wahrscheinlich erst dann in der Lage sein, diejenigen Faktoren exogener und endogener Natur zu eliminieren, die an der Krebsbildung beim Menschen beteiligt sind, d. h. eine wirksame Krebsprophylaxe zu betreiben.

Zur experimentellen Untersuchung des Wesens der Krebskrankheit stehen uns heute vor allem zwei wesentliche Hilfsmittel zur Verfügung:

1. Verschiedene chemische und physikalische Noxen, durch die man im Tier mit großer Sicherheit Krebs künstlich erzeugen kann. Diese Noxen werden unter der Bezeichnung krebserregende Reize oder Cancerogene zusammengefaßt.
2. Eine große Zahl bösartiger Tiergeschwülste, die zellulär von Tier zu Tier übertragen werden können. Diese Geschwülste werden als Impfgeschwülste bezeichnet.

Cancerogene Reize und Impfgeschwülste sind die wichtigsten Objekte und Voraussetzungen der modernen Krebsforschung. Durch die cancerogenen Reize kann man den Prozeß der Krebsbildung in beliebiger Zahl bei der Maus, der Ratte, dem Kaninchen und bei anderen Tieren künstlich auslösen und dadurch wichtige Erkenntnisse über die Entstehungsweise und die Entstehungsbedingungen einer Krebsgeschwulst gewinnen. Es handelt sich bei diesen krebserzeugenden Reizen um eine Vielzahl verschiedener chemischer und physikalischer Einwirkungen sowie um eine Gruppe virusartiger Agentien, die speziell bei der Maus und beim Huhn zur Krebsbildung führen.

Wir haben uns bei unseren Untersuchungen über den Mechanismus der Krebsbildung vor allem zweier Gruppen chemischer Cancerogene bedient:

1. der sogenannten polyzyklischen Kohlenwasserstoffe und
2. bestimmter Azofarbstoffe vom Typus des Buttergelbs.

Die cancerogenen Kohlenwasserstoffe, unter denen das Methylcholanthren, 9,10-Dimethyl-1,2-Benzanthrazen und das 3,4-Benzpyren die wichtigsten und auch von uns die am meisten angewandten Vertreter sind, besitzen eine sehr starke krebsauslösende Wirkung. Sie entfalten diesen Effekt bereits in kleinsten Mengen (Bruchteile von 1 mg), in relativ kurzer Zeit (3—4 Monate) und führen praktisch 100%ig zur Krebsbildung an den verschiedensten Organen und bei sehr vielen Tierarten. Man muß deshalb diese Substanzen heute als die weitaus wirksamsten krebserregenden Reize ansehen. Es ist zu erwarten, daß man das Wesentliche der beim Krebsbildungsvorgang sich abspielenden, mit dem Mikroskop und mit chemischen Methoden im Gewebe und in den einzelnen Zellen zu beobachtenden Vorgänge gerade bei Anwendung dieser Gruppe krebsauslösender Stoffe am klarsten erkennen kann, da ihnen im Hinblick auf das Geschwulstgeschehen unter allen Cancerogenen das höchste Maß der Wirkungsspezifität zukommt.

Durch die cancerogenen Azofarbstoffe können nach Verfütterung mit großer Regelmäßigkeit nach einer Latenzzeit von 6—8 Monaten Leberkrebse bei Ratten erzeugt werden. Diese Lebergeschwülste sind für chemische Untersuchungen der Geschwulstbildung ein sehr günstiges Objekt. Erstens ist durch die Gegenüberstellung zur normalen Rattenleber stets ein einwandfreier Vergleich mit dem homologen Normalgewebe möglich und zweitens können größere Mengen Geschwulstgewebes gewonnen werden, die für bestimmte chemische Untersuchungen unerläßlich sind. Dieses gilt vor allem für Versuche, bei denen nicht das Gewebe im ganzen der chemischen oder biochemischen Analyse zugeführt wird, sondern vor der chemischen Untersuchung eine Fraktionierung der Zellen in ihre präformierten morphologischen Bestandteile stattfindet, unter denen vor allem die Zellkerne, Organellen des Zytoplasmas (Mitochondrien und Mikrosomen) und das unstrukturierte Grundplasma zu nennen sind. Derartige Untersuchungen am fraktionierten Zellmaterial sind für die feinere, vor allem topographische Analyse der chemischen Veränderungen während und nach erfolgter krebsiger Entartung der Zellen unerläßlich.

Mit Hilfe von Impfgeschwülsten können sehr mannigfaltige Untersuchungen auf dem Gebiet der Krebsforschung durchgeführt werden. Wir benutzten sie in erster Linie zur Herstellung zellfreier Filtrate aus krebsigem Gewebe zwecks Feststellung, ob bösartige Tumoren nur zellulär oder unter besonderen Bedingungen auch nach Ausschluß ganzer Zellen, also subzellulär von einem Tier auf das andere übertragen werden können. Eine derartige Übertragungsweise ist für bestimmte Geschwülste, speziell der Hühner (ROUS-Sarkom und Hühnerleukosen) und ebenso für den Brustkrebs (BITTNERscher Milchfaktor) und die lymphatische Leukämie der Maus (GROSS) (1) bereits bekannt, konnte jedoch für die weitaus größte Zahl maligner Impfgeschwülste noch nicht erwiesen werden.

Wenn wir nachfolgend über unsere eigenen Untersuchungen berichten, so kann dies naturgemäß nur in großen Zügen erfolgen, wobei wir nur die uns wichtig erscheinenden Ergebnisse berücksichtigen wollen.

1. Untersuchungen über den Wirkungsmechanismus der cancerogenen Kohlenwasserstoffe an Hand von Tropfungsexperimenten

Wenn man eine Lösung cancerogener Kohlenwasserstoffe, z. B. Benzpyren oder Dimethylbenzanthrazen(DMBA) in Azeton oder Benzol laufend auf die Rückenhaut der Maus oder des Kaninchens auftropft (1—2mal wöchentlich), so entwickeln sich im Laufe von 3—6 Monaten

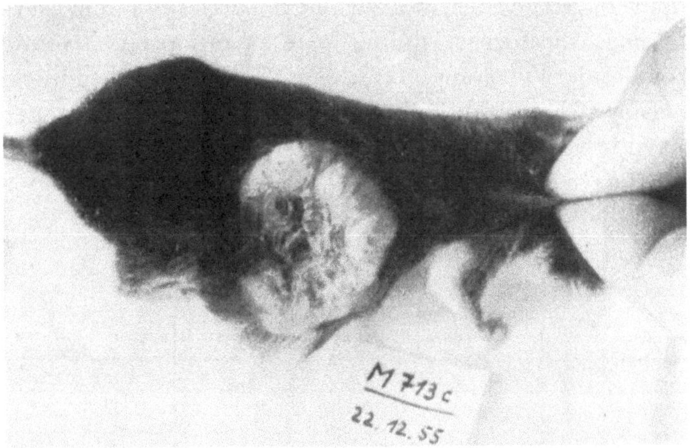

Abb. 1. Durch 9,10 Dimethyl-1,2-Benzanthrazen-Tropfung (DMBA) erzeugter Hautkrebs bei einer schwarzen Inzuchtmaus

allmählich am Ort der Applikation mit großer Konstanz echte Hautkrebse (Abb. 1), die in jeder Beziehung menschlichen Hautkrebsen entsprechen. Dem eigentlichen Krebs gehen noch gutartige, warzenförmige Geschwülste voraus, die im Verlaufe einiger Wochen unter fortschreitender Vergrößerung in die Krebsgeschwulst übergehen. Von verschiedenen Forschern wurde festgestellt, daß Geschwülste auch durch eine relativ kurzfristige, unter schwellige Tropfung der Tiere ausgelöst werden, wenn man der Cancerogen-Applikation eine unspezifische, für sich allein nicht krebsauslösende Reizung der Haut folgen läßt. Diese geschwulstrealisierende Wirkung zeigten z. B. mechanische Verletzungen der betropften Haut, desgleichen Brandwunden und vor allem das Crotonöl, wie dies von BERENBLUM und SHUBIK nachgewiesen worden ist (2). Crotonöl vermag schon in der Kombination mit einer einmaligen, für sich allein unterschwelligen Tropfung mit einem cancerogenen Kohlenwasserstoff eine große Zahl von Hautgeschwülsten auszulösen, während es allein praktisch unwirksam ist (2, 3) (Abb. 2). Aus diesen Versuchen resultiert, daß die Geschwulstbildung an der Haut und wohl auch an den meisten übrigen Organen aus zwei auch qualitativ verschiedenen Phasen besteht:

1. einem initialen Prozeß, der als weitgehend spezifisches Ereignis nur von einem cancerogenen Reiz ausgelöst wird, und
2. aus der Realisierung dieses Initialvorganges zur manifesten Geschwulst. Diese Realisierungswirkung wird auch durch Reize bewerkstelligt, die allein zur Krebsauslösung nicht befähigt sind. Es handelt sich also um eine im Vergleich zur Initialwirkung viel weniger spezifische Wirkungsweise.

Dieser Versuch einer kombinierten Applikation einer unterschwelligen Dosis eines Cancerogenes und einer nachfolgenden laufenden Crotonölbehandlung ermöglichte weitere Einblicke in die Wirkungsweise cancerogener Reize. In Übereinstimmung mit Untersuchungen von BERENBLUM und SHUBIK (2) und in Bestätigung früherer eigener Ergebnisse konnten wir nachweisen, daß die in der Initialphase durch den cancerogenen Kohlenwasserstoff ausgelösten Prozesse weitgehend irreversibel sind (3). Die durch eine einmalige Tropfung mit Dimethylbenzanthrazen in der Mäuse- oder Kaninchenhaut ausgelösten Initialvorgänge werden auch dann zu Geschwülsten realisiert, wenn die Crotonölnachbehandlung nicht unmittelbar nach der Cancerogentropfung, sondern 6 oder 14 Monate (Maus) bzw. sogar 2 Jahre (Kaninchen) nach der Cancerogentropfung einsetzt (Abb. 3). Aus dieser Tatsache kann gefolgert werden, daß auch beim Menschen mit einer weitgehenden Irreversibilität der Wirkung cancerogener Einzeleffekte zu rechnen ist, worauf auch von DRUCKREY (4) auf Grund seiner Fütterungsversuche mit Buttergelb nachdrücklich hingewiesen wird.

Ein weiterer wichtiger Befund besteht darin, daß der spezifische Initialvorgang bereits in sehr kurzer Zeit, in wenigen Stunden oder Tagen, durch ein starkes Cancerogen ausgelöst

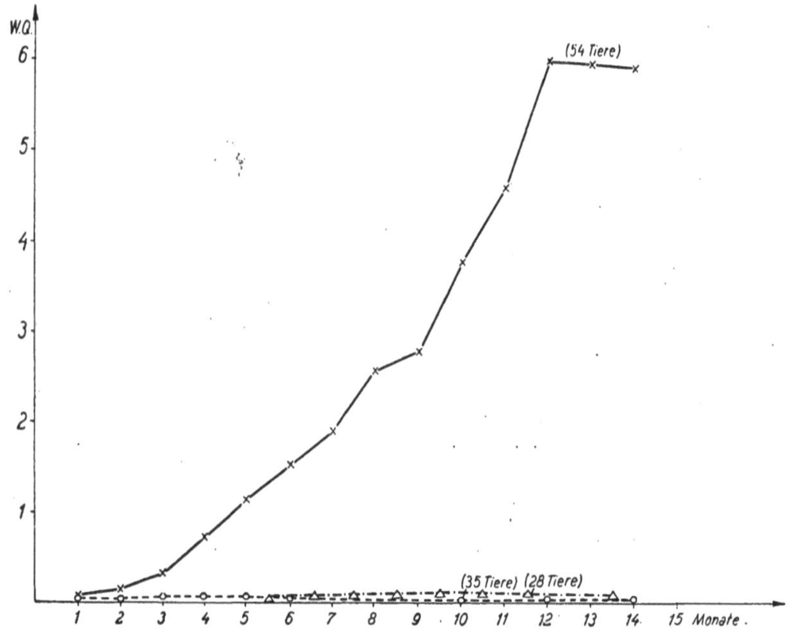

Abb. 2. Vergleich der kombinierten Cancerogen-Crotonölwirkung mit der Wirkung des Cancerogens und des Crotonöls allein

× ——— = einmalige Tropfung der Mäusehaut mit 100 γ DMBA, 0,2%ige Lösung in Azeton und laufende, einmal wöchentliche Tropfung der gleichen Hautstelle (Rücken) mit 5%iger Crotonöllösung in Paraffinöl.

O - - - - - = einmalige Tropfung der Mäusehaut mit 100 γ DMBA *ohne* Crotonölnachbehandlung.

△ ·-·-·-·- = laufende, einmal wöchentliche Tropfung mit 5%iger Crotonöllösung ohne Cancerogenvorbehandlung.

W.Q. = durchschnittliche Anzahl der Geschwülste pro Tier.

werden kann. Wie erwähnt, ist schon eine einmalige Tropfung mit einem starken cancerogenen Kohlenwasserstoff ausreichend, wobei Mengen von ca. 10 γ für die Erzeugung sowohl gut- als auch bösartiger Tumoren genügen (3). Durch Extraktion des Cancerogens in verschiedenen Zeitabständen nach der Tropfung und seine quantitative Bestimmung konnten wir nachweisen, daß es bei niedriger Dosis schon nach 24—48 Stunden aus der betropften Haut fast völlig verschwunden ist (5). Das gleiche Resultat ergeben fluoreszenzmikroskopische Untersuchungen, durch die allerkleinste Mengen cancerogener Kohlenwasserstoffe im Gewebe nachgewiesen werden können (10). Der Initialvorgang der Cancerogenese muß sich daher innerhalb dieser Zeitspanne von wenigen Tagen abgespielt haben.

Von Wichtigkeit war weiterhin die Beziehung zwischen der Anzahl der Geschwülste und der Dosis des applizierten Cancerogens. Es wurden die auf die Haut aufgetropften Cancerogenmengen in bestimmter Weise variiert und anschließend in allen Fällen die gleichartige Crotonölnachbehandlung vorgenommen. Die Zahl der gut- und bösartigen Geschwülste verlief der Cancerogenmenge direkt proportional, wobei bei graphischer Darstellung eine Gerade resultiert (Abb. 4), die durch den 0-Punkt des Koordinatensystems geht (3). Daraus ergibt sich, daß im Hinblick auf die Initialwirkung zumindest bei starken Cancerogenen für

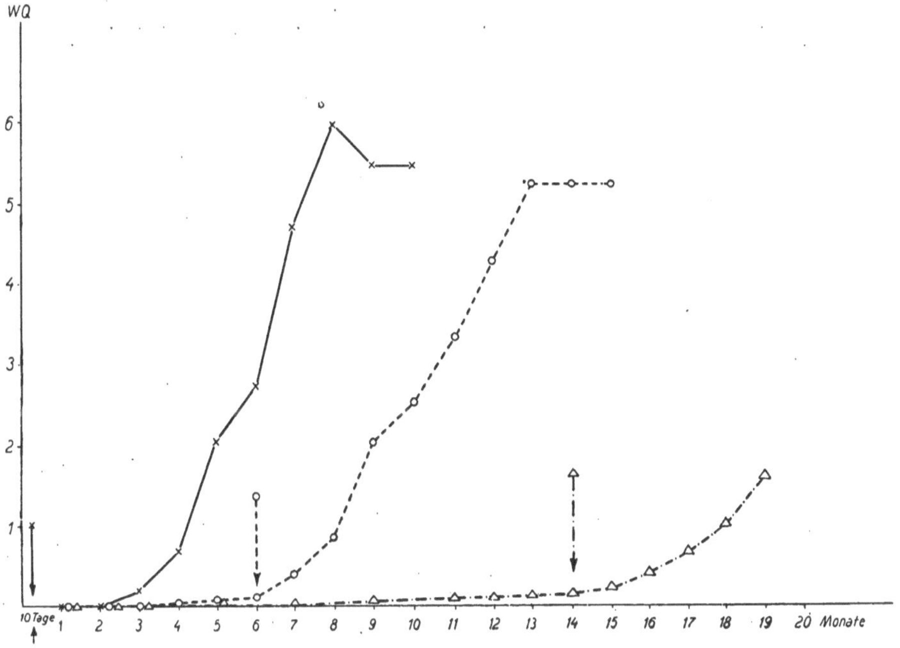

Abb. 3. Crotonölnachbehandlung zu verschiedenen Zeiten nach der einmaligen Tropfung mit DMBA
× ——— = einmal 250 γ DMBA und laufende Crotonöltropfung nach 10 Tagen beginnend.
O - - - - - = einmal 250 γ DMBA und Crotonöl, 6 Monate nach der Cancerogenapplikation beginnend.
△ ·–·–·–·– = einmal 100 γ DMBA und Crotonölnachbehandlung, 14 Monate nach der Cancerogenapplikation beginnend.
Crotonöltropfung bei sämtlichen Versuchen einmal wöchentlich mit 5%iger Lösung. Pfeile geben den Beginn der Crotonöltropfung für jede Versuchsserie an.

die Mäusehaut ein Schwellenwert der Dosis nicht vorliegt oder zumindest so niedrig ist, daß er bis zur Gesamtmenge von 10 γ nicht mehr erfaßt werden konnte. Aus der direkten Proportionalität zwischen Dosis und Anzahl der Geschwülste ergibt sich außerdem die Summationsfähigkeit der Wirkungen noch so vieler und noch so kleiner Partialdosen. In unseren eigenen Versuchen zeigten noch Mengen von 0,1 γ DMBA pro Maus eine volle Summationswirkung. Im Hinblick auf die bösartigen Geschwülste war die Applikation zeitlich verzettelter, kleinster Einzeldosen sogar beträchtlich wirksamer als die Applikation der gleichen Menge in kürzerer Zeit und in großen Einzeldosen. Hinsichtlich der Beziehung zwischen Dosis und Wirkung besteht damit eine gute Übereinstimmung zwischen unseren Untersuchungen und denen DRUCKREYs (4) an der Rattenleber mit Buttergelb. Es sei noch erwähnt, daß wir nachweisen konnten, daß die Zahl der Initialprozesse, die durch eine gegebene Cancerogenmenge ausgelöst werden, weitgehend unabhängig ist von der Anzahl der sich in

Teilung befindenden Zellen der Mäusehaut (Mitosen der Epidermis) und daß dieser Vorgang auch nach Ausschaltung der nervösen Versorgung der Haut abzulaufen vermag (3). Eine theoretisch bedeutsame Frage bestand darin, an welchem morphologischen Anteil der Haut der cancerogene Stoff bei der Auslösung des Initialprozesses angreift. Sind es die Epithelzellen der Hautoberfläche und der Haarbälge oder die Elemente (Gefäße, Nerven, Bindegewebszellen) des unter dem Epithel gelegenen Gewebes? Gleiche Cancerogenmengen wurden in einem Fall auf die Haut aufgetropft und im anderen Fall in die Haut injiziert. Fluoreszenz-

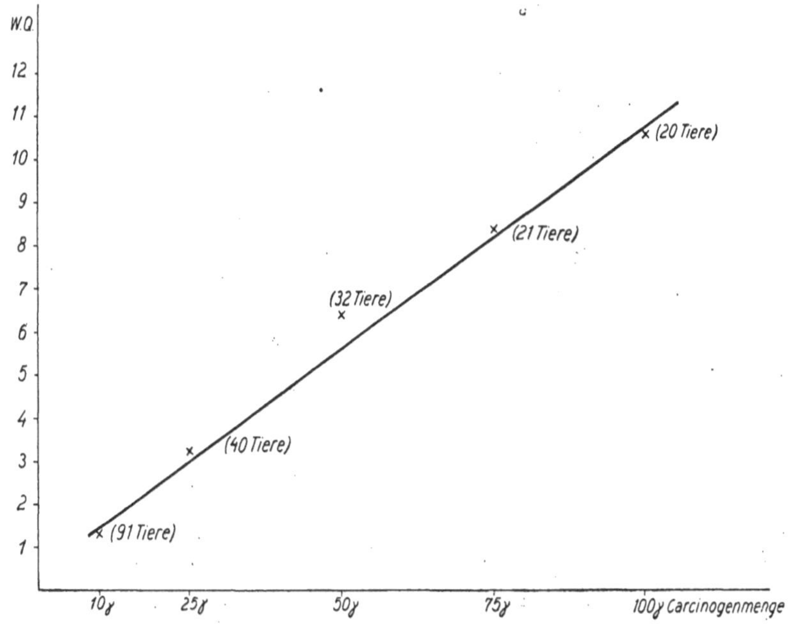

Abb. 4. Beziehung zwischen Cancerogenmenge (10—100 γ DMBA pro Maus) und Wirkung
× ——— = Beziehung zwischen Cancerogenmenge und Anzahl der realisierbaren Geschwülste. Applikation von 10, 25, 50, 75 und 100 γ DMBA und anschließende Crotonöltropfung einmal wöchentlich.

mikroskopisch konnten wir nachweisen, daß sich bei diesen beiden Applikationsweisen die cancerogene Substanz sehr unterschiedlich in der Haut verteilt (3). Im Tropfungsversuch findet man die stärkste Anreicherung in der Epidermis und in den Haarbälgen, also den Epithelzellen der Haut, aus denen auch die späteren Geschwülste hervorgehen. Im Injektionsversuch findet man hingegen eine starke Speicherung in den Bindegewebszellen, Gefäßen und Nerven des Coriums und des Unterhautbindegewebes bei sehr geringer Anreicherung in den Epithelzellen. Wird ein derartiger Versuch anschließend mit Crotonöl getropft, so entstehen in der getropften Serie viel mehr Geschwülste als nach der Injektion der gleichen Cancerogenmenge in das Hautbindegewebe. Daraus schließen wir, daß die cancerogenen Substanzen bei ihrer spezifischen Wirkung direkt an den Epithelzellen der Haut angreifen und nicht auf dem Umwege über Nerven, Blutgefäße oder andere Gewebselemente. Das gleiche schließen wir aus der direkten Proportionalität zwischen Schädigungswirkung verschiedener cancerogener

Stoffe auf Zellen in der Gewebekultur und ihrem cancerogenen Effekt, da in der Gewebekultur nur die unmittelbare Wirkung chemischer Substanzen auf die Zellen zur Geltung kommt (6). Bei Applikation des Cancerogens ohne Crotonöl war die Zahl der Krebsgeschwülste zur applizierten Cancerogendosis direkt und letztere zur Latenzzeit umgekehrt proportional, d. h. je größer die Cancerogenmenge ist, desto schneller entstehen bösartige Tumoren und desto größer ist ihre Zahl (3) (Abb. 5). Wenn also einen Menschen viele cancerogene Einzeleffekte treffen, die — wie wir sahen — sich verlustlos summieren, so ist um

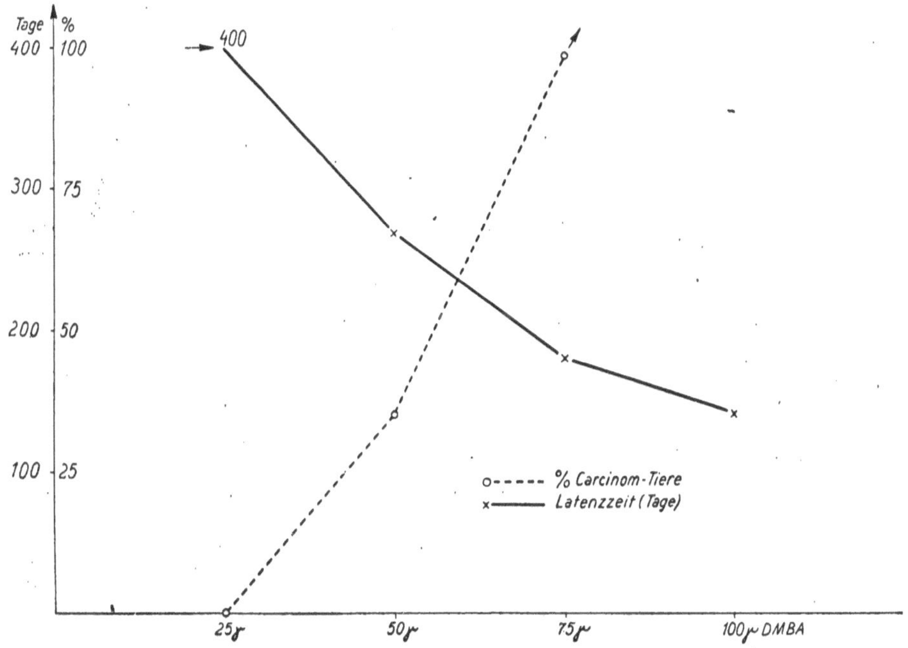

Abb. 5. Beziehung zwischen Cancerogendosis, Krebshäufigkeit und Latenzzeit
O - - - - - = Prozentsatz an Carcinomtieren.
X ——— = Latenzzeit in Tagen.
Ordinate: 1. Latenzzeit in Tagen, 2. Prozentsatz an Carcinomtieren.
Abszisse: DMBA-Menge in γ.
Versuchsansatz: jeden 2. Tag 2 γ Cancerogen als 0,004%ige Lösung ohne Crotonölnachbehandlung.

so häufiger und schneller mit einer krebsigen Erkrankung zu rechnen, je größer die Cancerogengesamtdosis ist.

Die Geschwulstrealisierung ist, wie wir am Beispiel des Crotonöls darlegten, ein viel weniger spezifischer Prozeß als derjenige der Initialphase. Wahrscheinlich besteht er in der Hauptsache darin, daß durch eine beliebige Reizung des Gewebes die durch das Cancerogen primär getroffenen Zellen zu vielen, aufeinanderfolgenden Zellteilungen angeregt werden. Diese dichte Aufeinanderfolge vieler Zellgenerationen scheint das Wesentliche des Realisierungsvorganges zu sein. Dafür spricht auch die Tatsache, daß auch einfache Verletzungen, die eine vermehrte hyperregeneratorische Zellproliferation auslösen, tumorrealisierende

Wirkung besitzen (7). Auch bei der geschwulstfördernden Wirkung der weiblichen Geschlechtshormone auf Brustdrüse und Uterus, desgleichen der männlichen Geschlechtshormone auf die Prostata und des thyreotropen Hormons auf die Schilddrüse dürfte es sich in erster Linie oder ausschließlich um geschwulstrealisierende Wirkungen handeln infolge der starken organotropen Proliferationswirkungen dieser Hormone. Den cancerogenen Stoffen, die bei laufender Applikation allein ohne weitere Noxen Geschwülste auszulösen vermögen, kommen beide zur Krebsbildung notwendige Wirkungen gleichzeitig zu, sowohl die spezifische Initialwirkung als auch die weniger spezifische Realisierungswirkung. Dieses gilt vor allem auch für die cancerogenen Kohlenwasserstoffe, für die Azofarbstoffe vom Typus des Buttergelbs und für die cancerogenen Strahlen (Röntgen, Radium, UV usw.). Es gibt aber auf der anderen Seite auch Substanzen, die auf bestimmte Gewebe und unter bestimmten Bedingungen nur die spezifische Initialwirkung entfalten und bei denen zur Geschwulstauslösung stets die zusätzliche Mitwirkung von geschwulstrealisierenden Faktoren erforderlich ist. Als derartige Stoffe erkannten wir für die Mäusehaut das Äthylurethan und das 1,2-Benzanthrazen (9).

Zusammenfassend ergibt sich also aus diesen Untersuchungen, die vor allem mit Befunden von BERENBLUM und SHUBIK und von DRUCKREY in Einklang stehen, folgendes Bild für den Geschwulstbildungsvorgang. Er wird eingeleitet durch einen relativ spezifischen, weitgehend irreversiblen, in kurzer Zeit ablaufenden Prozeß. Die Auslösung desselben erfolgt wahrscheinlich durch die direkte Wirkung des krebserregenden Reizes auf die Zellen, aus denen die Geschwulst hervorgeht. Die cancerogenen Einzeleffekte zeigen absolute Summationsfähigkeit. Die Zahl der Tumoren sowie der Grad der malignen Abwandlungen der Zellen ist der Dosis direkt proportional. In einer zweiten, vom Initialvorgang weitgehend unabhängigen Phase werden die zunächst latent bleibenden Initialprozesse zu manifesten Geschwülsten realisiert. Das Wesentliche des Realisierungsvorganges ist wahrscheinlich eine dichte Aufeinanderfolge von Zellteilungen der primär vom Cancerogen getroffenen Zellen. Damit wird verständlich, daß auch weitgehend unspezifische Faktoren geschwulstrealisierende Wirkung besitzen, sofern sie Proliferationsvorgänge im betreffenden Gewebe auszulösen vermögen.

2. Untersuchungen über die zellulären Veränderungen bei der krebsigen Entartung

Aus mikroskopischen Untersuchungen in den verschiedenen zeitlichen Phasen nach Einwirkung cancerogener Reize ergibt sich eindeutig, daß die Krebszellen aus normalen Körperzellen hervorgehen. Dieses erfolgt auf dem Wege einer allmählichen, schrittweise fortschreitenden Veränderung, die mit einer Steigerung der Autonomie der betreffenden Zelle dem Gesamtorganismus gegenüber und damit ihrer Malignität verbunden ist. Aus dem vorausgehenden Abschnitt ergab sich bereits, daß der Cancerisierungsvorgang weitgehend irreversibler Natur ist. Es resultierte außerdem aus den Tropfungsversuchen, daß die maligne Entartung auf eine unmittelbare Wirkung der cancerogenen Reize auf die Zellen zurückzuführen ist. Bei der zusammenfassenden Betrachtung dieser Tatsachen gelangen wir damit zwangsläufig zur Anschauung, daß der Krebsentstehung letzten Endes eine irreversible, *zelluläre* Veränderung zugrunde liegt. Für die Analyse der biologischen Natur des Cancerisierungsvorganges ist weiterhin die Tatsache von außerordentlicher Bedeutung, daß sich die unter der Wirkung eines Cancerogens neu erworbenen bösartigen Eigenschaften der Zelle bei der Zellteilung auf alle Tochterzellen vererben.

Es ergibt sich nun die Frage, um welchen biologischen Prozeß es sich dabei handeln könnte. Zwei Möglichkeiten stehen im Vordergrund: Eine irreversible Veränderung an denjenigen Strukturen der Zelle, denen die Funktion von Erbträgern zukommt, also eine Mutation. Dabei wollen wir den Begriff der Mutation möglichst weit fassen und nicht nur das genetische Substrat des Zellkerns, speziell die Chromosomen, sondern auch die extrachromosomalen Erbkonstituenten im Kern und Zytoplasma, speziell die zytoplasmatischen Organellen (Mitochondrien, Mikrosomen usw.) einbeziehen.

Die zweite Möglichkeit einer irreversiblen und bei der Teilung von Zelle zu Zelle sich weiter übertragenden Änderung der Zelleigenschaften wäre damit gegeben, daß in eine Zelle von außen ein durch Selbstteilung sich vermehrendes Agens eindringt, das sich im Rhythmus der Zellteilung gleichfalls vermehrt und von der Mutterzelle in kontinuierlicher Folge auf die Tochterzellen übertritt. Als ein derartiges Agens kommt in erster Linie ein Virus in Frage. Es wäre also in diesem Falle eine Änderung der genetischen Konstitution der Zelle durch ein fremdes, von außen in den Organismus und die Einzelzelle eingedrungenes Element, dem jedoch auf Grund seiner Fähigkeit zur Selbstreduplikation und seiner gleichzeitigen abändernden Wirkung auf den Zellstoffwechsel die Bedeutung eines Erbfaktors zukäme. Einer weiteren Einengung dieser beiden Möglichkeiten dienten die nachfolgend beschriebenen Untersuchungen.

A. Fluoreszenzmikroskopische Untersuchungen über den Angriffspunkt cancerogener Kohlenwasserstoffe in der Zelle

Diesen Untersuchungen lagen folgende Vorstellungen zugrunde. Es erschien uns möglich, durch eine Feststellung der intrazellulären Lokalisation und Speicherungsorte der wirksamsten cancerogenen Kohlenwasserstoffe Anhaltspunkte darüber zu gewinnen, an welchen Strukturen der Zelle die geschwulstauslösenden Faktoren primär angreifen. Diesen Untersuchungen kam eine besondere Eigenschaft der cancerogenen Kohlenwasserstoffe, die deren Nachweis in allerkleinsten Mengen ermöglichte, zustatten: ihre intensive Fluoreszenz, d. h. ihr helles Aufleuchten im unsichtbaren ultravioletten Licht. Mit Hilfe des Fluoreszenzmikroskops gelang es uns, die stärksten cancerogenen Kohlenwasserstoffe, speziell das Benzpyren, Methylcholanthren usw. im Gewebe und in den Zellen sichtbar zu machen (10). Die tierische Zelle besteht aus verschiedenen konkreten, morphologischen Bestandteilen, die deutlich voneinander abgrenzbar sind. Zunächst ist an jeder Zelle der Zellkern und der Zelleib oder das Zytoplasma zu unterscheiden. Im Zellkern sind die Chromosomen lokalisiert mit ihren paarweisen Genen als die wesentlichen Erbträger des Zellkerns. Im Zelleib findet man in eine weitgehend homogene, unstrukturierte Grundsubstanz eingebettet eine Vielzahl körnchen-, stäbchen- oder auch fädchenförmiger Elemente etwas festerer Konsistenz, nämlich die Mitochondrien, Mikrosomen, außerdem die Elemente des sogenannten Ergastoplasmas und des Golgi-Apparates. Auf Grund unserer heutigen Kenntnisse müssen auch diese Strukturelemente des Zytoplasmas wenigstens teilweise zum genetischen Substrat der Zelle gerechnet werden. Dafür spricht sowohl ihre chemische Struktur (Gehalt an Nukleoproteiden) als auch ihre durch elektronenmikroskopische Untersuchungen erschlossene, sehr komplizierte Feinstruktur sowie ihre Fähigkeit zur Autoreduplikation, wenn auch die Einzelheiten ihrer Vermehrungsweise noch nicht völlig aufgeklärt sind. Wichtig ist gerade auch im Hinblick auf die Cancerogenese die Tatsache, daß diese extrachromosomalen Erbkonstituenten des Zytoplasmas, also Mitochondrien, Mikrosomen usw., in der Vielzahl in jeder Zelle vorhanden sind und nicht nur in der Zweizahl, wie dies bei den chromosomalen Genen der Fall ist.

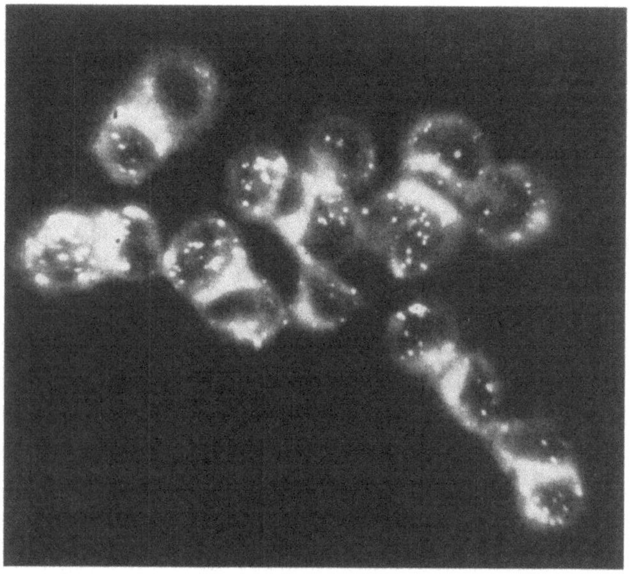

Abb. 6. Fluoreszenzmikroskopische Aufnahme von Ascites-Ca-Zellen der Maus nach Behandlung mit einer Benzpyrenlösung. Aussparung der Zellkerne. Starke Speicherung des Cancerogens im Protoplasma, vor allem in den granulären Mitochondrien, die stark fluoreszieren. Ölimmersion

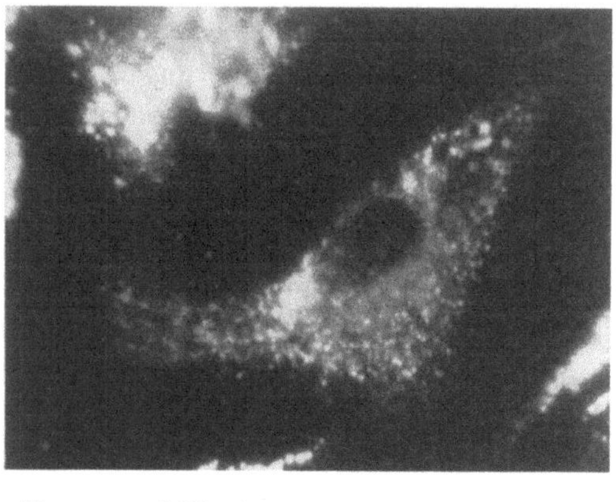

Abb. 7. Fluoreszenzbild einer Bindegewebszelle der Maus in der Gewebekultur nach Behandlung mit einer Benzpyrenlösung. Starke Speicherung in den Zytoplasmaorganellen (Mitochondrien, Mikrosomen usw.) und Aussparung des Zellkerns. Ölimmersion

Wir wollen uns nun der intrazellulären Verteilung der cancerogenen Kohlenwasserstoffe auf Grund unserer fluoreszenzmikroskopischen Untersuchungen (10) zuwenden (Abb. 6 und 7). Wichtig erscheint uns die Tatsache, daß das Innere des Zellkerns, speziell das Chromatin, nicht die geringste Speicherung des cancerogenen Kohlenwasserstoffs erkennen läßt. Nur die an das Plasma angrenzende Kernmembran weist eine mäßige Fluoreszenz auf. Eine beträchtliche Fluoreszenz zeigen jedoch die korpuskulären Elemente des Zytoplasmas, die z. T. als kleinste, meist granuläre, leuchtende Körperchen zu erkennen sind, z. T. jedoch als Einzelgranula infolge ihrer Kleinheit nicht mehr in Erscheinung treten, sondern in einer diffusen Fluoreszenz untergehen. Durch mehrfache Vergleichsuntersuchungen mit Vitalfarbstoffen, die die verschiedenen Organellen der Zelle elektiv anfärben (Janusgrün, Toluidinblau usw.), konnte von uns der Nachweis erbracht werden, daß es sich bei den Strukturen der Zelle, die elektiv Benzpyren und die übrigen Kohlenwasserstoffe speichern, um die Mitochondrien, Mikrosomen, das Ergastoplasma und die Elemente des Golgi-Apparates handelt. Das Fehlen der cancerogenen Kohlenwasserstoffe im Zellkern und die starke Anreicherung in den Organellen des Zytoplasmas konnten wir auch an Hand von UV-Absorptionsmessungen (Wellenlänge ~365 mμ) bestätigen (Abb. 8a und b). Aus der Gesamtheit unserer fluoreszenzmikroskopischen Unter-

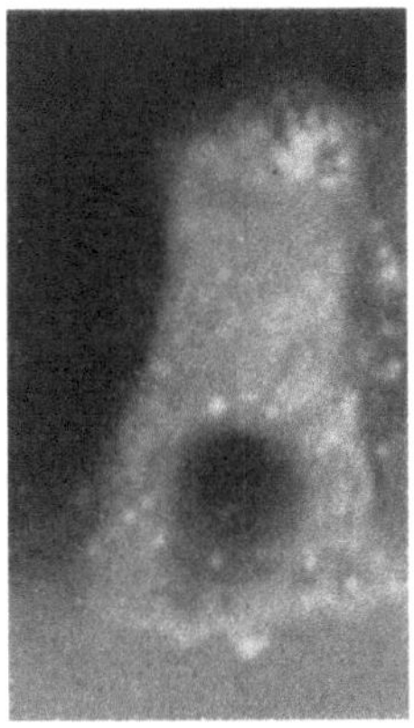

Abb. 8a. Speicheldrüsenzelle einer Stubenfliege nach Behandlung mit Benzpyrenlösung. Fluoreszenzbild. Starke Anreicherung des Benzpyrens im Protoplasma bei völliger Aussparung des Zellkerns

(Abb. 8a und 8b nach bisher unveröffentlichten Untersuchungen gemeinsam mit Dr. Kriegel und Dr. Hertweck)

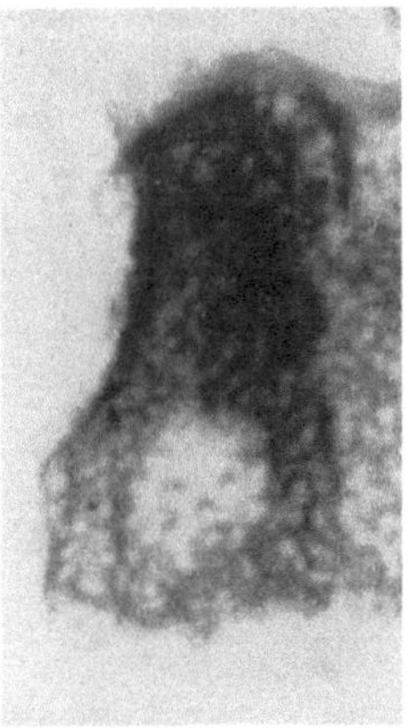

Abb. 8b. Gleiche Benzpyren-behandelte Zelle wie Abb. 8a. Adsorptionsbild bei ~365 mμ Wellenlänge (Bereich der stärksten UV-Adsorption des Benzpyrens). Das Protoplasma, das in Abb. 8a hell fluoresziert, erscheint in Abb. 8b infolge der spezifischen Lichtadsorption dunkel. Umgekehrtes Verhalten des Zellkerns infolge fehlender Benzpyrenspeicherung

suchungen über die Verteilung cancerogener Kohlenwasserstoffe in tierischen Zellen zogen wir zunächst folgende Schlüsse, die uns als Arbeitshypothese für weitere Untersuchungen dienten. Da man im allgemeinen zugrunde legen kann, daß eine chemische Substanz im Organismus und innerhalb der Zelle an den Stellen die intensivste und stärkste Wirkung entfaltet, an denen sie die stärkste Anreicherung erfährt, folgerten wir, daß eine primäre Wirkung der cancerogenen Kohlenwasserstoffe auf den Zellkern, speziell auf das genetische Substrat der Chromosomen, ziemlich unwahrscheinlich ist. Dagegen mußte in besonderem Maße in Erwägung gezogen werden, daß die cancerogenen Reize primär an den Organellen und Erbkonstituenten des Zytoplasmas angreifen, speziell an den Mitochondrien und Mikrosomen. Der malignen Zellentartung könnte also möglicherweise eine irreversible, mutative Änderung dieser extrachromosomalen Erbträger der Zelle, denen gleichzeitig eine sehr große

Stoffwechselbedeutung zukommt, zugrunde liegen (11). Diese Betrachtungen führten zwangsläufig zu Untersuchungen, die dazu dienten, morphologische und biochemische Unterschiede zwischen den Mitochondrien und Mikrosomen aus normalen und krebsig entarteten Zellen aufzudecken.

B. Untersuchungen über morphologische und biochemische Veränderungen der Zytoplasmaorganellen während der Cancerogenese und in der Krebszelle

Hinsichtlich der Morphologie der Mitochondrien konnten wir in Übereinstimmung mit verschiedenen anderen Autoren (12) nachweisen, daß sowohl nach der Einwirkung cancerogener Reize als auch im fertigen Geschwulstgewebe deutliche Unterschiede in der Form, Färbbarkeit, Zahl und Anordnung gegenüber den homologen Normalzellen vorhanden sind (13). Insgesamt sind sie in der bösartigen Zelle kleiner, meist abgerundet, schlechter anfärbbar und häufig auch zahlenmäßig reduziert, speziell wenn man die voll ausdifferenzierte Form der Mitochondrien ins Auge faßt. Die starke zahlenmäßige Verminderung ist vor allem in den Leberkrebszellen der Ratte vorhanden beim Vergleich mit der normalen Rattenleberzelle (Abb. 9). In neuester Zeit wurden auch mit Hilfe des Elektronen-

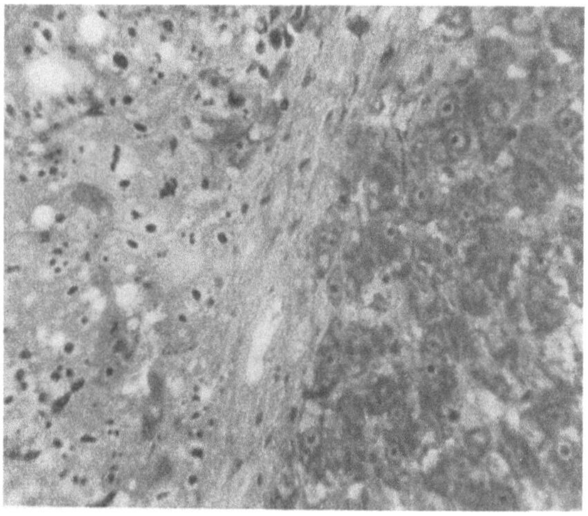

Abb. 9. Durch Buttergelbfütterung erzeugte hepatozelluläre Krebsgeschwulst der Ratte. Mitochondrienfärbung nach REGAUD nach Formalin-Bichromat-Fixierung

In der rechten Bildhälfte: Lebergewebe mit gut färbbaren Mitochondrien im Zytoplasma.

In der linken Bildhälfte: Leber*krebs*gewebe, in welchem nach REGAUD die Mitochondrien nicht darstellbar sind.

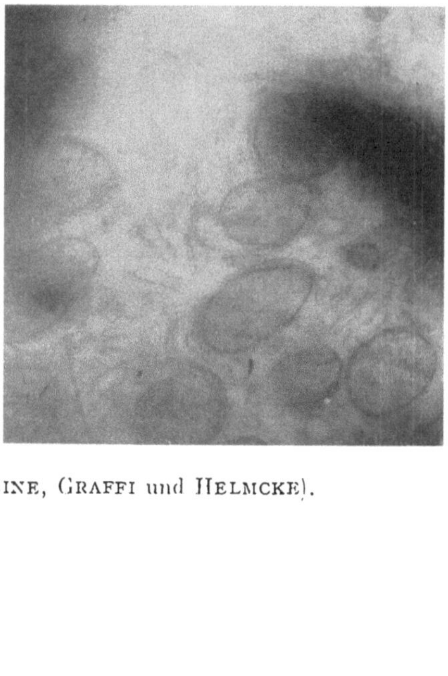

Abb. 10[1]). Elektronenmikroskopisches Bild der *normalen* Rattenleber. Feinschnitt. 15000fache Vergrößerung. Ausschnitt aus dem Zytoplasma einer Leberzelle. Die zahlreichen Mitochondrien sind als ovale, von einer doppelt konturierten Membran umgebene Körper zu erkennen. Im Innern der Mitochondrien feine, von der Wand in das Lumen vorspringende Lamellen, die für diese Strukturen charakteristisch sind. Zwischen den Mitochondrien schlauch- und bläschenförmige Gebilde aus Doppelmembranen: Ergastoplasma und Mikrosomen

[1]) (Abb. 10 nach unveröffentlichten Untersuchungen von HEINE, GRAFFI und HELMCKE).

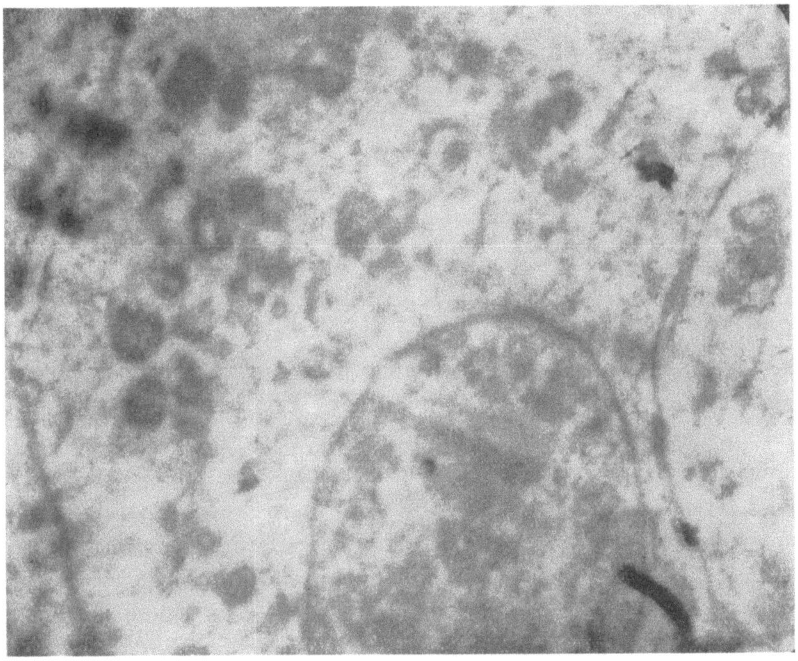

Abb. 11[1]). Elektronenmikroskopisches Bild eines Ausschnitts einer Leber*krebs*zelle im Feinschnitt. 15000-fache Vergrößerung. In der unteren Bildhälfte der Zellkern, im Protoplasma relativ wenig Mitochondrien stark variierender Größe und im Durchschnitt kleiner als in der normalen Leberzelle. Innenstruktur der Mitochondrien verwaschen, fehlende schlauchförmige Ergastoplasma-Strukturen. Vergleiche mit Abb. 10

mikroskops im Feinstschnitt regelmäßige Unterschiede zwischen den Mitochondrien sowie den Mikrosomen und dem Ergastoplasma normaler und krebsig entarteter Zellen nachgewiesen (14). Auf Grund unserer eigenen elektronenmikroskopischen Untersuchungen gelangen wir zu ähnlichen Ergebnissen (Abb. 10, 11 und 12). Die Feinstruktur der Mitochondrien zeigt in mehrfacher Beziehung charakteristische Defekte, so daß ihre stark erhöhte Labilität im Vergleich zu normalen Mitochondrien durchaus verständlich wird. Zusammenfassend sprechen

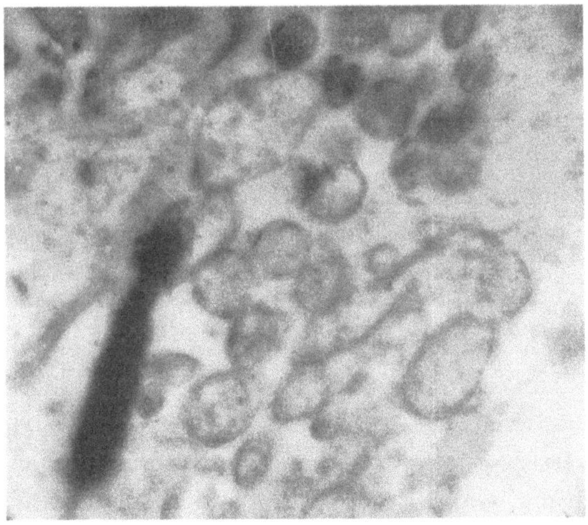

Abb. 12[1]). Mitochondrien einer Leberkrebszelle der Ratte im elektronenmikroskopischen Bild im Feinschnitt. 15000fache Vergrößerung. Beim Vergleich mit normalen Lebermitochondrien (s. Abb. 10) ist die mangelhafte Innenstruktur dieser Organellen in der Krebszelle deutlich erkennbar

[1]) (Abb. 11 und 12 nach unveröffentlichten Untersuchungen von HEINE, GRAFFI und HELMCKE).

damit eine Vielzahl verschiedener Untersuchungen im Sinne unserer Vorstellung, daß beim Cancerisierungsvorgang die Zytoplasmaorganellen eine beträchtliche Schädigung und Abänderung erfahren.

Die biochemischen Untersuchungen an den Mitochondrien normaler und maligner Zellen wurden vor allem unter Einbeziehung einer Methode durchgeführt, die eine Abtrennung dieser Zellelemente von den übrigen Zellstrukturen ohne wesentliche Beeinträchtigung ihrer chemischen Zusammensetzung und Stoffwechselfunktion ermöglicht. Auf mechanischem Wege werden die Zellen in ihre präformierten morphologischen Bestandteile aufgeschlossen und durch fraktionierte Zentrifugation Zellkerne, Mitochondrien, Mikrosomen und das Grundplasma in ziemlich reiner Form isoliert gewonnen und der chemischen und biochemischen Analyse zugeführt (15). Speziell hinsichtlich der Mitochondrien ergaben unsere Untersuchungen am Leberkrebs der Ratte deutliche Unterschiede gegenüber den gleichen Elementen aus normalen Leberzellen. Bekanntlich enthalten die Mitochondrien in allen Zellarten praktisch die Gesamtheit der Atmungsfermente (WARBURGsches Atmungsferment, Dehydrasen des Citronensäurezyklus usw.). Durch die in ihnen stattfindende Verbrennung der wichtigsten Nährstoffe (Zucker, Fette, Eiweiße usw.) werden normalerweise ungefähr 90% der gesamten Energie gewonnen, die für das Leben und die Funktion sowie das Wachstum und die Vermehrung der Zellen erforderlich ist. In Übereinstimmung mit anderen Autoren konnten wir nachweisen, daß die Atmungskapazität und damit auch die Fähigkeit der Energiegewinnung auf dem Wege der oxydativen Phosphorylierung bei den Mitochondrien aus Leberkrebszellen im Vergleich zu normalen Lebermitochondrien vermindert ist (Abb. 13). Dieses ist bei Anwendung verschiedener Substrate des Citronensäurezyklus, die normalerweise in den Mitochondrien abgebaut werden, der Fall. Auch bei diesen biochemischen Untersuchungen konnte regelmäßig die stark erhöhte Labilität und Empfindlichkeit der Mitochondrien aus Krebszellen im Vergleich zu denen aus normalen Zellen festgestellt werden, die wir als Ausdruck ihrer minderwertigen morphologischen Struktur ansehen. Durch diese Untersuchungen erfährt also die bekannte Stoffwechseltheorie von O. WARBURG (16) eine weitere Stütze. Bekanntlich wird von WARBURG auf Grund seiner umfangreichen Untersuchungen die Anschauung vertreten, daß der krebsigen Entartung primär eine Atmungsschädigung zugrunde liegt, die sekundär zu dem für die Krebszellen charakteristischen stark gesteigerten Gärungsstoffwechsel führt. Die Tatsache, daß die Atmungsschädigung an die Mitochondrien geknüpft ist, kann vor allem auch die Irreversibilität der malignen Entartung erklären, da sich ja diese Elemente durch Autoreduplikation vermehren (Erbfaktoren), so daß sich eine mutative Änderung derselben zwangsläufig auf alle, durch Teilung neu entstandenen Tochterzellen überträgt. Auch zur Gärung der Zellen scheinen die Mitochondrien Beziehungen zu besitzen, da sie in vitro die Glykolyse um ein vielfaches steigern (25). Eine starke Gärungsfähigkeit ist bekanntlich für Tumorzellen eine sehr charakteristische Stoffwechseleigenschaft (WARBURG).

Die hohe Labilität und strukturelle Minderwertigkeit der Mitochondrien und der übrigen Zytoplasmaorganellen (Mikrosomen, Ergastoplasma, Golgi-Körper) infolge der Schädigung dieser Strukturen durch einen cancerogenen Reiz würde weiterhin noch eine andere wichtige Abweichung der Krebszelle von der homologen Normalzelle zu erklären vermögen, nämlich ihre verminderte oder in extremen Fällen völlig fehlende organspezifische und dem Gesamtorganismus zugute kommende Leistung. Diese mangelhafte Funktion und Tätigkeit im Interesse des Gesamtorganismus ist für die Krebszelle ein äußerst charakteristischer Wesenszug. Dadurch gewinnt sie ihren parasitären Charakter dem Organismus gegenüber und ihre

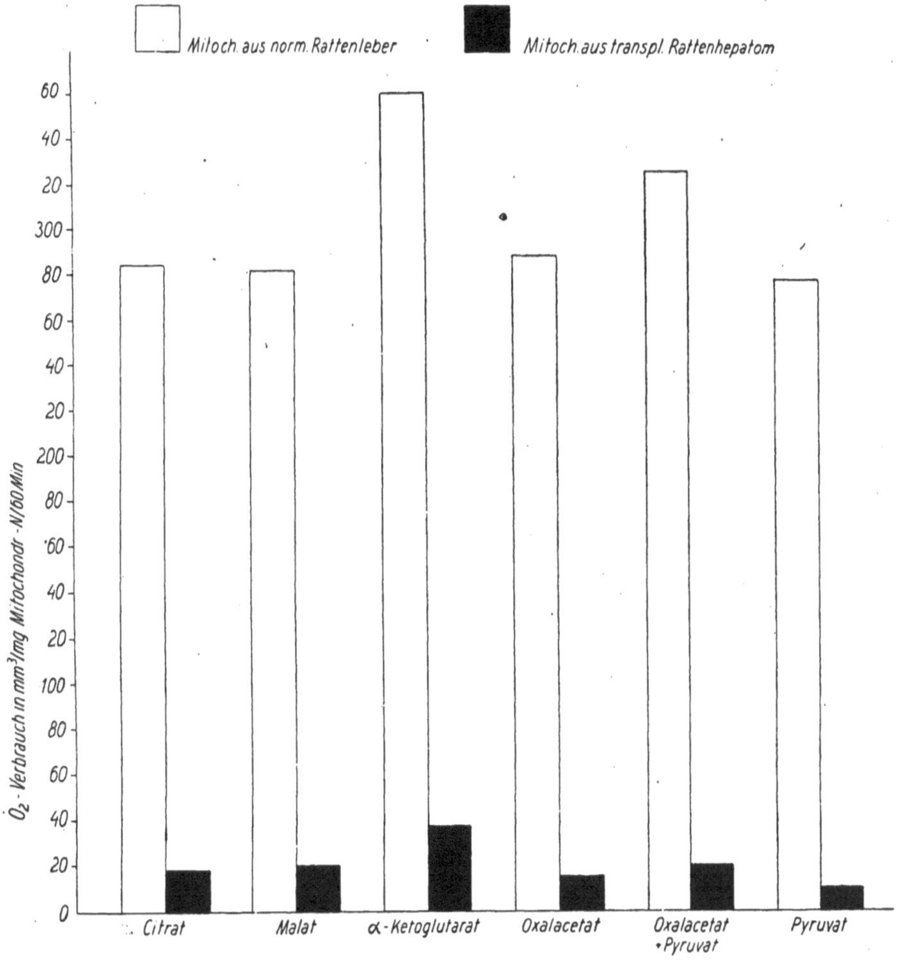

Abb. 13. Atmungstätigkeit der Mitochondrien normaler Rattenleber und eines transplantablen, hepatozellulären Carcinoms nach Buttergelbfütterung bei Anwendung verschiedener Substrate. Messung des Sauerstoffverbrauchs mit der Warburg-Apparatur. mm³ Sauerstoffverbrauch wurde auf 1 mg Mitochondrienstickstoff bezogen (Untersuchungen gemeinsam mit E. J. SCHNEIDER)

weitgehende Autonomie und gesteigerte Wachstumsfähigkeit im normalerweise so wohl geordneten „Zellstaat". Wir wissen heute, daß diese spezifischen Leistungen der Zelle, die im Krebsstadium weitgehend fehlen, zum großen Teil in den Zytoplasmaorganellen ablaufen. Eine irreversible Schädigung dieser Strukturen würde also einen dauernden Verlust der normalen Differenzierungsfähigkeit und altruistischen Leistung der Zellen zur Folge haben und damit ihre mangelhafte Korrelationsfähigkeit und fehlende Unterordnung unter die Gesetze des Gesamtorganismus bedingen (11). Es ist dabei noch zu berücksichtigen, daß eine Zelle mit verminderter spezifischer Leistung die normalerweise für diese Arbeit verbrauchten Energien (ATP usw.) und ebenso die hierfür benötigten Substrate gleichsam einspart und in den Dienst der egoistischen Zellfunktionen einsetzen kann, d. h. für Wachstum und Zellvermehrung. Von Weiler (17) konnte nachgewiesen werden, daß den Mitochondrien und Mikrosomen der Krebszelle gerade jenes durch serologische Methoden nachweisbare Substrat fehlt, das für das betreffende Organ spezifisch ist und an welches die organspezifische Leistung gebunden ist.

Zusammenfassend können wir also feststellen, daß auch die Untersuchungen der biochemischen Eigenschaften und Funktionen die Ansicht stützen, daß beim Cancerisierungsvorgang eine Schädigung gerade derjenigen Zellstrukturen außerhalb des Zellkerns stattfindet, die auf Grund unserer fluoreszenzmikroskopischen Untersuchungen mit Kohlenwasserstoffen als unmittelbare Angriffspunkte der cancerogenen Reize angesehen werden können. Vor allem lassen sich auf diese Weise die minderwertigen Stoffwechselleistungen und die geschädigte Atmungstätigkeit der Krebszelle (Warburg) und deren Vererbbarkeit ziemlich zwanglos erklären.

C. Versuche zur Ermittlung des für die Malignität verantwortlichen Faktors durch Experimente zellfreier Tumorübertragung

Rein historisch betrachtet ergaben sich diese Untersuchungen aus unseren Vorstellungen über den Cancerisierungsprozeß. Bei der Annahme, daß ihm eine irreversible mutative Änderung kleinster, relativ autonomer Strukturelemente des Zytoplasmas zugrunde liegt, erschien zunächst der Gedanke nicht ganz abwegig, daß eine Geschwulstübertragung nicht nur durch ganze Zellen, sondern auch subzellulär durch die Verimpfung der beim Cancerisierungsvorgang veränderten Zellstrukturen möglich sein müßte. Wir stellten uns vor, daß unter bestimmten Bedingungen die aus Tumoren isolierten subzellulären Einheiten, speziell die Mitochondrien und Mikrosomen von normalen Zellen des neuen Wirts aufgenommen werden und im Zuge ihrer Vermehrung die Normalzellen in Geschwulstzellen umwandeln und damit zur Geschwulstbildung führen (10, 11). Diese hypothetischen Betrachtungen waren der eine Anlaß für die Durchführung umfangreicher Versuche zellfreier Tumorübertragung, die wir 1948 in unserer Abteilung begonnen haben. Der zweite Grund bestand darin, daß bereits mehrere Tumoren bekannt waren, die sich subzellulär übertragen lassen. Es sind diejenigen Geschwülste, für die von den meisten Autoren (18) ein onkogenes Virus verantwortlich gemacht wird (Rous-Sa, Hühner-Leukosen, das durch den Milchfaktor erzeugte Mamma-Ca der Maus, das Shopesche Kaninchenpapillom und neuerdings die lymphatische Leukämie eines bestimmten Mäuse-Inzuchtstammes [1]). Über die Natur dieser onkogenen Viren besteht noch keine Klarheit. Während sie einerseits als exogene Elemente angesehen werden (18), kann man andererseits eine Reihe von Eigenschaften anführen, die ihre endogene Herkunft wahrscheinlicher machen (11, 19, 20). Dabei ist die wiederholt nachgewiesene immunochemische Verwandtschaft mit normalen Zellbestandteilen der gleichen

Art zu nennen. Weiterhin ist die auffällige chemische Ähnlichkeit gereinigter Virusfraktionen mit normalen cytoplasmatischen Zellorganellen sehr bemerkenswert (21) und schließlich noch die vor allem bei den Hühner-Sarkomen so eigenartige spezifische Induktionswirkung der tumorerzeugenden Agentien. Durch Filtrate eines knochen- und knorpelbildenden Sarkoms werden auch außerhalb des Knochensystems, z. B. in der Muskulatur, meist wieder knochen- und knorpelbildende Sarkome hervorgerufen, und Ähnliches gilt für schleimproduzierende Sarkome oder andere Tumoren mit charakteristischer histologischer Struktur (zit. nach 18). Gerade diese Tatsache drängt einem immer wieder den Gedanken auf, daß es sich bei diesen geschwulsterzeugenden Agentien möglicherweise um abgewandelte, normalerweise in der Zelle vorkommende Strukturelemente handelt. Damit ergeben sich aber erneut Beziehungen zu unseren Vorstellungen, daß der malignen Zellentartung eine irreversible Abwandlung der Mitochondrien und Mikrosomen der Zelle zugrunde liegen könnte, und zwar in dem Sinne, daß es sich bei den onkogenen Viren möglicherweise um mutativ veränderte Mitochondrien oder Mitochondrienbruchstücke (deren Nukleoproteide) bzw. Mikrosomen handelt, also um ein endogenes durch eine Mutation entstandenes Virus. Unsere Versuche einer subzellulären Tumorübertragung wurden hauptsächlich an Mäusen durchgeführt (22)[1]). Mehrere Mäuse-Impftumoren, wobei es sich teils um Sarkome und teils um Carcinome handelt, wurden durch hochtouriges Homogenisieren (10000—12000 Touren) aufgeschlossen, so daß die weitaus meisten Tumorzellen zerstört und in kleinste Partikel zerlegt wurden. Das Homogenat wurde dann anschließend nach entsprechender Verdünnung mit einer physiologischen Salzlösung zunächst bei 2500 Touren zentrifugiert, wobei der Hauptteil der noch unversehrt gebliebenen Zellen ausgeschleudert wurde. Der Überstand nach dieser Zentrifugation wurde dann auf verschiedene Weise durch Filtration und z. T. durch zusätzliche Zentrifugation bei 3500, 15000 und 50000 Touren von den noch vereinzelt im Extrakt verbliebenen Tumorzellen befreit. Alle Prozeduren der Filtratherstellung wurden unter Ausschluß des Luftsauerstoffs und in der Kälte (0°) vorgenommen. Zum Schutze vor Oxydationen wurde in den meisten Fällen noch Cystein hinzugefügt. Das zellfreie Filtrat wurde anschließend neugeborenen und in bestimmten Versuchsansätzen auch erwachsenen Tieren injiziert. Die so behandelten Tiere wurden aufgezogen und laufend kontrolliert und bei ihrem spontanen Tod einer sehr eingehenden Sektion unterworfen. Aufgetretene geschwulstmäßige Veränderungen wurden mikroskopisch untersucht, um die Diagnose zu sichern.

Bei Versuchen zellfreier Tumorübertragung ist es von größter Wichtigkeit, das spontane Vorkommen krebsiger Geschwülste bei den Mäusestämmen, mit denen man derartige Versuche durchführt, genau zu kennen. Bekanntlich haben fast alle Mäusestämme spontane Tumoren verschiedener histologischer Struktur, deren Häufigkeit z. T. durch die genetische Konstitution bestimmt wird. So gibt es Stämme mit hoher Quote an Brustdrüsenkrebs, Lungenkrebs oder Leukämie (Krebs der weißen Blutkörperchen). Unsere erste Aufgabe bestand darin, die spontane Rate an Geschwülsten für das von uns benutzte Tiermaterial festzustellen. Es kam uns dabei auf die Häufigkeit von Sarkomen und vor allem von Leukämien an, da in unseren Filtratversuchen hauptsächlich Leukämien auftraten. Unter rund

[1]) Ich möchte an dieser Stelle auf ähnliche Untersuchungen und Ergebnisse von F. SCHMIDT aus unserem Institut hinweisen.

1000 sezierten Tieren der gleichen Herkunft, wie sie für die Filtratversuche benutzt wurden, sind von uns insgesamt 13 Leukämien beobachtet worden. Auf Grund einer ausreichenden Zahl von länger als 6 Monate überlebenden Mäusen ergibt sich also für unser Tiermaterial eine spontane Leukämiequote von 1,3%. Alle Leukämien, die in unseren Filtratversuchen über diesen Prozentsatz in signifikanter Weise hinausgehen, können also als Effekt der Behandlung mit den Tumorfiltraten angesehen werden. In der Tab. 1 und 2 sind unsere Ergebnisse mit den Filtraten von 10 Tumoren wiedergegeben. Die Zahl der Leukämien wurde auf die Anzahl der Tiere bezogen, die zur Zeit der mittleren Latenz bzw. nach 6 Monaten noch überlebten. Bei den in der Tab. 1 und 2 wiedergegebenen Versuchen gelangten Filtrate zur Anwendung, die nach der Homogenisation und anschließenden Zentrifugation bei 2500 Touren durch SCHOTTsche G4-Filter von den Zellen befreit worden waren. Aus den Tab. 1 und 2 ist ersichtlich, daß wir mit 8 von den insgesamt 10 angewandten Mäusetumoren positive

Tabelle 1. Häufigkeit und Latenzzeit der Leukämien nach Injektion von zellfreien G-4-Filtraten der Mäusetumoren der Gruppe I (Tumoren mit starker Wirksamkeit)

Tumor	Anzahl der Tiere z. Z. der mittl. Latenz	Zahl der Leukämien	Prozentsatz an Leukämien	mittlere Latenzzeit der Leukämien (in Tagen)	Prozentsatz an Chloroleukämien
Sa I	145	116	80	224	67
Sa II . . .	13	10	77	255	67
SOV 16 . . .	20	17	85	124	37
Ascites-Ca . .	71	42	59	236	67
Ehrlich-Ca, solid	66	24	36	252	56

Tabelle 2. Leukämieerzeugende Wirkung der G 4-Filtrate aus Mäusetumoren der Gruppe II (Geschwülste mit schwacher bzw. fehlender Wirksamkeit)

Tumor	Tierzahl nach 8 Monaten	Leukämien	Prozentsatz an Leukämien
S 37	124	17	~ 14
M 594	216	20	~ 9
DMBA-Sarkom . . .	115	12	~ 10
Plasmocytom	177	10	~ 6
Hautcarcinom 450 .	13	0	< 1

Resultate hatten. Besonders wirksam waren die Filtrate aus den Tumoren Sa I, Sa II, SOV 16 und dem Ascites-Ca der Maus, bei denen wir bei mehr als 50% der 6—7 Monate überlebenden Mäuse Leukämien erzielten. Im Durchschnitt war also die Leukämiehäufigkeit nach Injektion zellfreier Filtrate dieser Tumoren an neugeborene Mäuse fast 50mal größer als bei den unbehandelten Kontrolltieren (spontane Leukämiequote ~1,3%). Auf Grund der großen Zahl der von uns bisher durch Filtratinjektion erzielten Leukämien (insgesamt mehr als 800 Fälle) ist dieses Ergebnis völlig gesichert. Das Krankheitsbild entwickelte sich überwiegend zwischen 4 und 8 Monaten nach der Injektion der Filtrate, in vielen Fällen sogar nach mehr als 1 Jahr. Ausnahmslos gingen die Tiere an der geschwulstmäßigen Erkrankung zugrunde. Sie zeigten bei der Sektion alle typischen Zeichen einer Leukämie. Sie wiesen eine oft enorme Vergrößerung der Lymphdrüsen am Hals, in den Achseln und Leisten und vor allem in der Bauchhöhle und seltener im Bereich des Thymus auf (Abb. 14 und 15). Das Gewicht dieser Organe war oft um das 20—50fache gegenüber der Norm erhöht. Auch die Milz war oft stark vergrößert. Auffallend war die grüne Verfärbung der meisten Lymphdrüsen (ungefähr bei 60—70% der Fälle). Es handelte sich also um Chloroleukämien. Auch bei der mikroskopischen Untersuchung des Blutbildes war die für Leukämien charakteristische Vermehrung der weißen Blutzellen bis auf einen

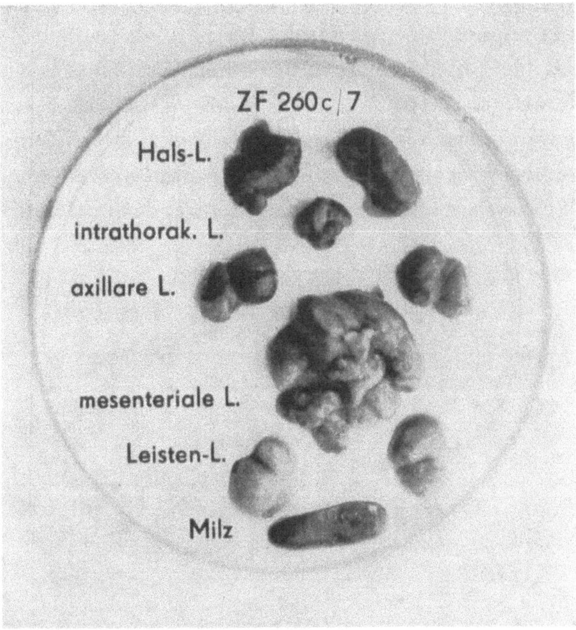

Abb. 14. Stark vergrößerte Lymphknoten der verschiedenen Körperregionen einer Maus, die nach Injektion eines zellfreien Filtrats vom Tumor SOV 16 (Verdünnung 1 : 1000) gestorben ist. Chloroleukämie

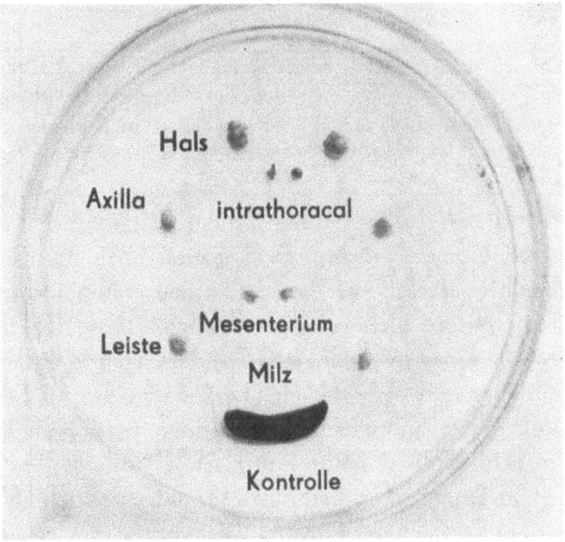

Abb. 15. Die gleichen Lympknotenpaare wie in Abb. 14 von einer normalen Maus zum Vergleich

10—20mal höheren Wert wie bei normalen Tieren vorhanden. Zytologisch handelt es sich fast immer um myeloische Leukämien (Abb. 16) und nicht um lymphatische Formen wie bei den Untersuchungen des amerikanischen Forschers L. GROSS (1). Äußerst wichtig ist bei derartigen Versuchen subzellulärer Tumorübertragung die völlige Sicherung der Zellfreiheit der injizierten Tumorextrakte. Aus diesem Grunde wurde die Filtratherstellung in mehrfacher Weise variiert (Tab. 3), indem auf der einen Seite Filter mit geringerer Porenweite bzw. eine mehrfache Filtration angewandt wurde und auf der anderen Seite nach der

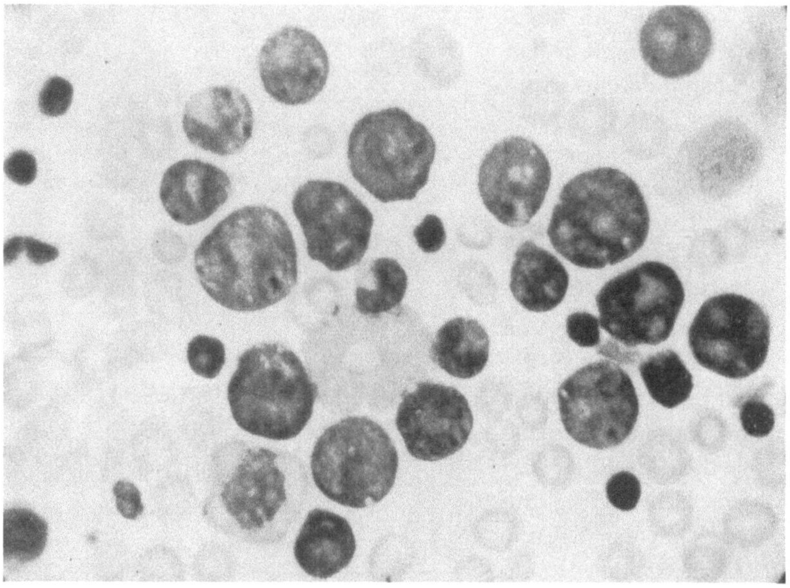

Abb. 16. Blutausstrich einer leukämischen Maus 8 Monate nach Injektion eines zellfreien Sa I-Filtrats. Panopt. Färbung nach Pappenheim-Unna. Ölimmersion

Starke Vermehrung der myeloischen Zellen; im Bild vorwiegend Promyelozyten und Myelozyten. Auszählung der weißen Blutkörperchen ergab 250000 mm³ gegenüber ~ 10000 bei der normalen Maus.

Filtration eine Zentrifugation der Filtrate bei verschiedenen Umdrehungsgeschwindigkeiten vorgenommen wurde, um eventuell noch im Filtrat verbliebene einzelne Zellen durch die Zentrifugalkraft aus dem zu injizierenden Material zu eliminieren. Diese Versuche ergaben eine weitere Sicherung der subzellulären Übertragungsweise bei unseren Experimenten. Durch eine zweimal aufeinanderfolgende Filtration des vorher zentrifugierten Tumorhomogenats wurde der gleiche Prozentsatz an Leukämien erzielt wie bei einmaliger Filtration. Weiterhin wurden Leukämien in hohem Prozentsatz erzielt, wenn die einfach oder doppelt durch G 4-Filter filtrierten Homogenate anschließend bei 3000—4000 Touren oder 15000 Touren eine halbe Stunde lang zentrifugiert und der dabei resultierende, vorsichtig abgehobene Überstand den neugeborenen Mäusen injiziert wurde. Es ist anzunehmen, daß beim Zentrifugieren bei 15000 Touren (= 20000 xg) nur noch Teilchen, die sicher kleiner als 0,2 μ im Durchmesser sind, in dem injizierten Material verblieben. Auch mit Filtraten,

Tabelle 3. Leukämiehäufigkeit nach der Injektion von G 4-Filtraten, die zusätzlich zur Sicherung der Zellfreiheit weiter verarbeitet wurden

Art der Aufarbeitung	Tumor	Zahl der Tiere nach 6 Monaten	Zahl der Leukämien	Prozentsatz an Leukämien
G 4-Filtrat, 1mal filtriert	Sa I	68	39	57
G 4-Filtrat, 2mal filtriert		104	61	54
G 4-Filtrat, 1mal filtriert	Acsites-Ca	90	34	38
G 4-Filtrat, 2mal filtriert		12	8	~ 66
Membran-Filter (mittl. Porenweite 0,6 μ)	Sa I	11	6	~ 55
3500touriger Überstand nach 2maliger G 4-Filtration	Sa I + SOV 16	29	20	69
Überstand des G 4-Filtrats n. Zentrifugation bei 15000 Touren = 20000 × g	Sa I	40	18	45
Sediment des G 4-Filtrats nach Zentrifugation bei 15000 Touren	Sa I	28	19	67

die mittels bakteriendichter Membranfilter gewonnen wurden, erzielten wir positive Resultate. Die Filtrate wirkten auch in sehr hohen Verdünnungen, z. B. bei einem Verdünnungsgrad von 1 : 1000.

In weiteren Experimenten wurde von uns die Natur dieses leukämieerzeugenden Filtratfaktors und der Mechanismus seiner Wirkung untersucht. Zunächst ergab sich die Frage, ob es sich um eine spezifische Wirkung handelt oder die Leukämieentstehung möglicherweise durch eine unspezifische Schädigung der neugeborenen Maus durch die relativ hohen Eiweißmengen der Filtrate bedingt wird. Da wir mit gleichartig hergestellten Filtraten aus normalen Geweben der Maus, Ratte und des Huhnes sowie mit Blutserum von Kaninchen und Rind negative Resultate hatten, ist eine unspezifische Wirkungsweise weitgehend auszuschließen. Auch Filtrate aus Impfgeschwülsten der Ratte, die Mäusen injiziert wurden, ergaben ein negatives Resultat in gleicher Weise wie die Injektion von wirksamen Mäusetumorfiltraten in neugeborene Ratten. Alles in allem scheint sich also die Wirkung auf Filtrate aus malignen Geschwülsten zu beschränken und außerdem speziesspezifisch zu sein, d. h. Tumor und Wirtstier müssen der gleichen Art angehören, damit ein Erfolg eintritt. Von den mannigfachen Untersuchungen zur chemischen und biologischen Charakterisierung des leukämieerzeugenden Faktors in den zellfreien Filtraten der wirksamen Mäusetumoren seien folgende noch kurz erwähnt. Der Faktor erwies sich als thermolabil, da durch eine Erwärmung der Filtrate auf 65° C für $^1/_2$ Stunde deren Wirkung völlig aufgehoben wird; seine Inaktivierung beginnt bereits bei 37° C. Er scheint außerdem an die Nukleoproteidfraktion der Filtrate gebunden zu sein, da wir mit den ausgefällten Nukleoproteiden der Filtrate positive Ergebnisse erzielen konnten. Diese Tatsache ist deshalb von Bedeutung, weil sie auf genetisch bedeutsame Elemente hinweist, da — wie wir bereits früher erwähnten — alle biologischen Strukturen, die als Erbträger fungieren und zur autokatalytischen Selbstvermehrung befähigt sind, Nukleoproteide als wesentliche Bausteine enthalten. Dies gilt sowohl für die zelleigenen Erbkonstituenten (Chromosomen, Mitochondrien und Mikrosomen) als auch zellfremde, genetische Elemente, nämlich die Viren.

Am Rande seien noch einige elektronenmikroskopische Untersuchungen erwähnt. In dem hochtourigen Sediment der klaren Ascites-Flüssigkeit der Tumoren Sa I und Sa II sowie in Klatschpräparaten der Dotterhaut bebrüteter Hühnereier, die mit zellfreien Filtraten beimpft worden waren, konnten wir zwei etwas unterschiedlich große Elemente nachweisen, von denen das eine einen Durchmesser von 40—70 mμ und das zweite 50—150 mμ aufweist, die beide eine große Ähnlichkeit mit einem Virus haben (Abb. 17 u. 18). Die Beziehung dieser

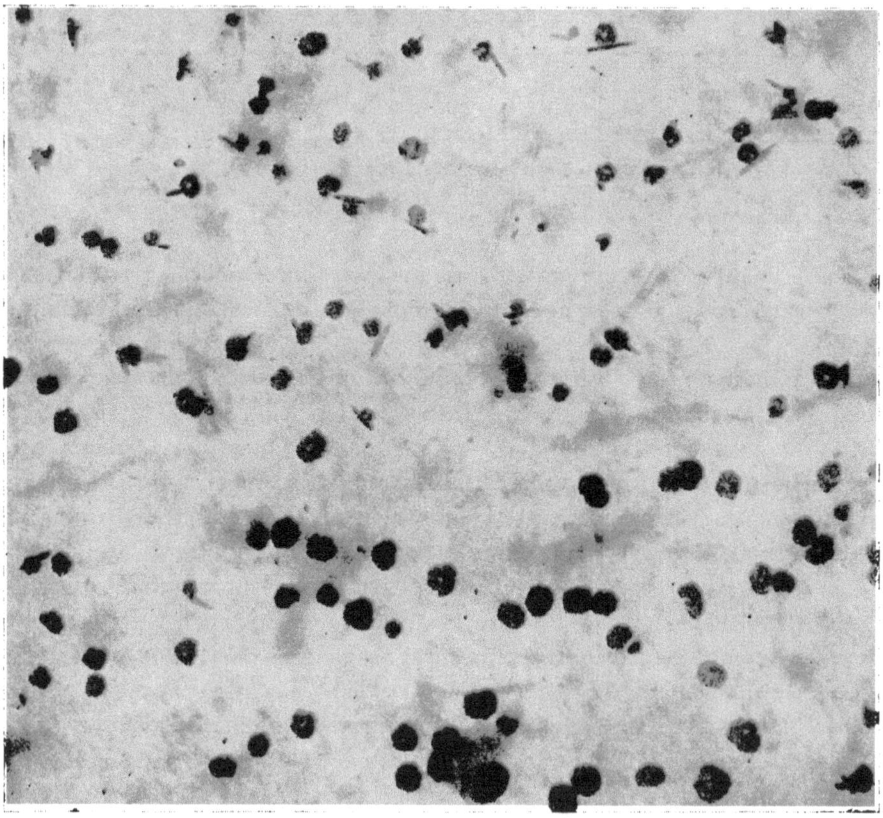

Abb. 17. Elektronenmikroskopisches Bild eines Ausstriches vom 50000tourigen Sediment der Ascitesflüssigkeit des Tumors Sa I. 20000fache Vergrößerung. Runde korpuskuläre Elemente von 50—150 mμ Durchmesser, die überwiegend eine zentrale Perforation zeigen

Elemente zu der Entstehung der beschriebenen Leukämien muß jedoch noch weiter geklärt werden. Wichtig sind schließlich Befunde, die wir über die Antigen-Eigenschaften des leukämieerzeugenden Filtratfaktors erheben konnten (23). Durch die Injektion desselben an Kaninchen wurden diese zur Bildung von Antikörpern angeregt in gleicher Weise, wie dies bei Anwendung von Bakterien, Viren und anderen eiweißhaltigen, körperfremden Noxen der Fall ist. Dieses Immunserum vom Kaninchen ist imstande, die leukämieerzeugende Wirkung frischer, sonst stark wirksamer Filtrate fast völlig aufzuheben. Diese Versuche wurden in großem Stile durchgeführt und umfassen mehr als 500 Tiere (Tab. 4). Dieser Beobachtung kommt für die Zukunft eventuell auch eine praktische Bedeutung zu. Sie weist auf die Möglichkeit hin, daß man bestimmte Krebserkrankungen unter günstigen Bedingungen eventuell auch mit einem spezifischen Antiserum prophylaktisch oder therapeutisch zu bekämpfen vermag. Zur Zeit sind wir bemüht, den leukämieerzeugenden Faktor weiter zu reinigen und ihn chemisch und morphologisch zu charakterisieren. Wir versuchen vor allem, ihn außerhalb des Körpers in der Gewebekultur oder im Hühnerei zu kultivieren, um auf diese Weise speziell auch für die serologischen Untersuchungen gereinigtes Material zu gewinnen.

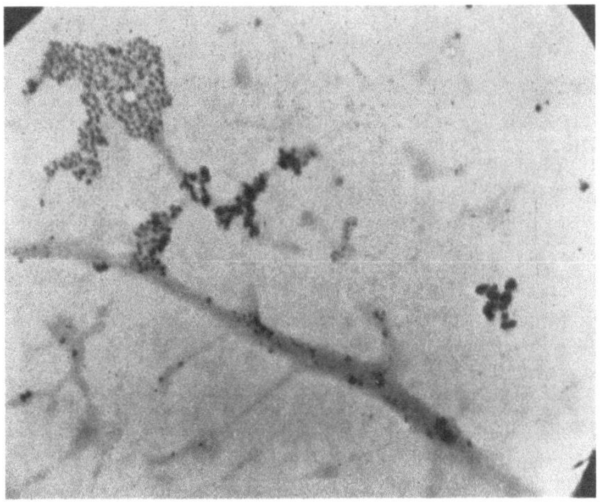

Abb. 18. Elektronenmikroskopisches Bild eines Ausstriches der Chorioallantois des Hühnereies nach Beimpfung mit zellfreiem Filtrat vom Tumor Sa I. Kleine virusartige, körnchenförmige Elemente zwischen 40 und 70 mμ Durchmesser, größtenteils in Haufenform angeordnet (s. links oben in der Abb.). 15000fache Vergrößerung

Tabelle 4. Inaktivierung des leukämieerzeugenden Agens durch ein spezifisches Kaninchen-Immunserum

	Tierzahl nach 6 Monaten	Leukämien	Prozentsatz an Leukämien
Sa I-Filtrat + Kaninchen-Immunserum .	258	16	6,2
Sa I-Filtrat + Kaninchen-Normalserum .	185	90	48,8
Sa I-Filtrat + Ringerlösung	190	75	39,8

Die Deutung unserer positiven Ergebnisse mit zellfreien Tumorfiltraten muß noch offen bleiben. Wie wir darstellten, gingen wir von der Vorstellung aus, daß es sich bei dem subzellulären, filtrierbaren, geschwulsterzeugenden Faktor möglicherweise um ein endogenes Agens handelt, das durch die mutative Wirkung eines cancerogenen Reizes aus einem normalen zur Autoreduplikation befähigten Zellbestandteil entstanden ist (11). Hierbei dachten wir vor allem an die Nukleoproteide der Mitochondrien und Mikrosomen. Vorerst ist jedoch auch ein echtes exogenes Virus in Betracht zu ziehen. In diesem Falle wären die cancerogenen Reize nur Wegbereiter der Viruswirkung und nicht der eigentliche kausale Faktor der Geschwulstbildung. Eine solche Möglichkeit wird u. a. von dem sowjetischen Forscher SILBER (24) ins Auge gefaßt. Unsere künftigen Untersuchungen werden sich daher in besonderem Maße mit der Frage der endo- oder exogenen Natur der geschwulstauslösenden virusartigen Agentien befassen (25).

Literatur

1. GROSS, L.: Cancer **3**, 6 (1950); Proc. Soc. Exp. Biol. Med. **78**, 1 (1951); Cancer **6**, 1 (1953); Cancer **6**, **5** (1953).
2. BERENBLUM, I.: Pontificiae Academiae Scientarium Scripta Varia **7**, 1 (1949); Cancer Research **14**, 471 (1954); BERENBLUM, I., u. P. SHUBIK: Brit. Journ. Cancer **1**, 379 + 383 (1947); SHUBIK, P.: Cancer Research **10**, 13 (1950); Cancer Research **10**, 713 (1950).
3. GRAFFI, A.: Z. Krebsforsch. **54**, 254 (1944); Z. ges. Inn. Med. u. Grenzgeb. **7**, 882 (1952); Abhandlungen d. Dtsch. Akad. d. Wiss. zu Berlin, Kl. f. med. Wissensch. **53**, 1 (1953).
4. DRUCKREY, H., u. K. KÜPFMÜLLER: Z. Naturforsch. **3**b, 254 (1948); Med. Welt 49/51 (1950).
5. HERFORTH, L., E. J. SCHNEIDER, W. KRISCHKE, u. A. GRAFFI: Arch. Geschwulstforsch. **6**, 89 (1953).
6. GRAFFI, A., A. KRÜGER, u. U. HEINE: Z. ärztl. Forsch. **7/8**, I/361 (1953).
7. DEELMANN: Z. Krebsforsch. **21**, 220 (1924); Z. Krebsforsch. **37**, 383 (1932).
8. ROUS, P., u. FRIEDEWALD: Journ. Exp. Med. **80**, 101 + 124 (1944); MCKENZIE, u. P. ROUS: Journ. Exp. Med.
9. GRAFFI, A., E. VLAMYNCK, F. HOFFMANN, u. I. SCHULZ: Arch. Geschwulstforsch. **5**, 110 (1953).
10. GRAFFI, A.: Z. Krebsforsch. **49**, 477 (1939); Z. Krebsforsch. **50**, 196 (1940); Z. Krebsforsch. **52**, 165 (1941); Arch. Geschwulstforsch. **1**, 61 (1949); GRAFFI, A., F. SCHARSACH, u. W. KRISCHKE: Dtsch. Gesundheitswesen **8**, 1550 (1953); GIMMY, J., u. A. GRAFFI: Arch. Geschwulstforsch. **6**, 105 (1954).
11. GRAFFI, A.: Z. Krebsforsch. **50**, 501 (1940).
12. REGAUD, CH., u. M. FAVRE: C. r. Soc. Biol. Paris **1**, 658 (1911); C. r. Soc. Biol. Paris 608 (1913); SEEGER, G. P.: Arch. Zellforsch. **20**, 280 (1937). OPIE; E. L.: Journ. Exp. Med. **86**, 45 (1947); FINK, W.: Z. Krebsforsch. **58**, 678 (1952); ALLARD, C. G., DE LAMIRANDE, u. A. CANTERO: Canc. Res. **12**, 580 (1952).
13. HAMPERL, A. GRAFFI u. E. LANGER: Z. Krebsforsch. **53**, 133 (1943).
14. HOWATSON, A. F., u. A. W. HAM: Cancer Research **15**, 62 (1955). GIESEKING, R., u. N. SCHÜMMELFEDER: Z. Krebsforsch. **60**, 379 (1955).
15. BENSLEY, R., u. N. L. HOERR: Anat. Rec. **60**, 449 (1934); BENSLEY, R.: Anat. Rec. **69**, 341 (1937); CLAUDE, A.: Journ. Exp. Med. **84**, 51 + 61 (1946); GRAFFI, A., u. K. JUNKMANN: Klin. Wochenschr. 1946, 78; GRAFFI, A.: Arch. Geschwulstforsch. **1**, 61 (1949); SCHNEIDER, W. C., u. G. H. HOGEBOOM: Cancer Research **11**, 1 (1951); LANG, K.: Mikroskop. und chemische Organisation der Zelle, 1952, S. 24.
16. WARBURG, O.: Über den Stoffwechsel der Tumoren, Berlin 1926; Naturwiss. **41**, 485 (1954).
17. WEILER, E.: Z. Naturforsch. **7**b, 324 (1952); Strahlentherapie **93**, 213 (1954); ebenda **96**, 269 (1955).
18. OBERLING, CH.: Advances in Cancer Research, Vol. II. Academic Press Inc. New York 1954, 353ff.
19. DOERR, R.: Handbuch d. Virusforsch. **1**, 45 (1938), Springer-Verlag Wien.
20. RONDONI, P.: Tumori **24**, 315 (1940).
21. GRAFFI, A., u. K. JUNKMANN: Klin. Wochenschr. 1946, 78.
22. GRAFFI, A., H. BIELKA, F. FEY, F. SCHARSACH u. R. WEISS: Naturwiss. **41**, 503 (1954); GRAFFI, A., u. F. SCHMIDT: Dtsch. Gesundheitswesen **9**, 1319 (1954); GRAFFI, A., H. BIELKA, F. FEY, F. SCHARSACH, u. R. WEISS: Wiener Med. Wochenschr. **105**, 61 (1955); FEY, F., H. BIELKA, u. A. GRAFFI: Naturwiss. **42**, 160 (1955); BIELKA, H., A. GRAFFI, u. F. FEY: Naturwiss. **42**, 399 (1955); FEY, F., A. GRAFFI, u. H. BIELKA: Naturwiss. **42**, 421 (1955); GRAFFI, A., H. BIELKA, F. FEY, u. U. HEINE: Naturwiss. **42**, 421 (1955); BIELKA, H., F. FEY, W. KRISCHKE, u. A. GRAFFI: Naturwiss. **42**, 563 (1955); BIELKA, H., F. FEY, u. A. GRAFFI: Naturwiss. **42**, 563 (1955); GRAFFI, A., F. FEY, u. H. BIELKA: Klin. Wochenschr. **34**, 15 (1956); Acta haemat. **15** (1956) 145.
23. GRAFFI, A., u. F. FEY: Naturwiss. **42**, 652 (1955).
24. Зилбер, Л. А.: Успехи современной биологии [SILBER, L. A.: Fortschritte der modernen Biologie] **35**, 381 (1953).
25. GRAFFI, A. u. E. J. SCHNEIDER: Z. ärztl. Fortbildg. **50**, 760 (1956); Naturwiss. **43**, 376 (1956).

Die Krebsentstehung im Lichte neuerer experimenteller Befunde

VON FERDINAND SCHMIDT

1

Ausgangspunkt und Ziel jeder Krebsforschung ist der krebskranke Mensch. Deshalb ist es nicht verwunderlich, daß die entscheidenden Impulse, welche zumindest den heutigen Stand der Erkennung und Behandlung des Krebses bestimmen, von der Klinik ausgingen. Man kann sich jedoch nicht mehr darüber hinwegtäuschen, daß die bisherigen diagnostischen und therapeutischen Verfahren, die hauptsächlich auf radiologischen und chirurgischen Maßnahmen fundieren, bereits jetzt eine derartige Verfeinerung erfahren haben, daß von einer weiteren Vervollkommnung ein Anstieg der Heilungsziffern von im Höchstfall wenigen Prozent zu erwarten ist; wenn wir uns vergegenwärtigen, daß beispielsweise einige der häufigsten bösartigen Geschwülste wie Magen- oder Lungenkrebs noch immer in weniger als 10% dauernd geheilt werden, so erscheint die sich daraus ergebende Perspektive wenig hoffnungsvoll. Eine grundlegende Verbesserung dieser Ergebnisse — darüber besteht heute volle Einigkeit — ist nur von diagnostischen Möglichkeiten zu erhoffen, welche den Krebs im symptomlosen oder symptomarmen Frühstadium zu erfassen gestatten. Angesichts zahlloser Enttäuschungen, die speziell die serologischen Reaktionen mit sich gebracht haben, die, rein empirisch mehr oder weniger als Frucht des Zufalls entdeckt, eine Wende herbeiführen sollten, sind auch in Zukunft die Hoffnungen nicht sehr groß, an dieser Stelle den Circulus vitiosus zu durchbrechen.

Es scheint vielmehr alles darauf hinzudeuten, daß eine befriedigende Lösung dieser Probleme erst mit dem Fortschreiten unseres Wissens um die Krebsentstehung ermöglicht werden wird. Nur systematische Arbeit, so mühevoll und langwierig sie auch sein mag, wird uns dem Ziel näherbringen.

Es ist klar, daß unter diesen Aspekten die ätiologische Krebsforschung mehr denn je an Bedeutung gewinnen muß. In gleicher Weise ist es offenbar, daß sich das Feld dieser Bestrebungen mehr und mehr in die Richtung des Experiments verlagert, weil den Möglichkeiten am Krankenbett von vornherein Beschränkungen auferlegt sind und sie aus diesem und anderen Gründen bereits weitgehend ausgeschöpft sind.

Von dieser Grundlage ausgehend, soll im folgenden der Versuch gemacht werden, die Richtungen und Resultate der Ursachenforschung des Krebses unter besonderer Berücksichtigung der eigenen Arbeiten darzulegen.

Wenn wir die Krebsentstehungstheorien überblicken, die heute noch als Gegenstand ausgedehnter experimenteller Bemühungen auf der Tagesordnung stehen und nicht nur einen beschränkten Sektor der Krebsätiologie betreffen, so sind es folgende:

1. die Genmutationstheorie, wie sie insbesondere durch K. H. BAUER (1) in Heidelberg mit Nachdruck vertreten wird, und ihre Variante, die der Krebsentstehung eine plasmatische Mutation zugrunde legt;

2. die gerade in jüngster Zeit von O. WARBURG (2) im Hinblick auf neuere experimentelle Befunde wieder in den Vordergrund gestellte Stoffwechseltheorie der Krebsentstehung, die den Ausgangspunkt des Krebses in der Störung der Zellatmung mit nachfolgender Selektion der Zellen mit starkem Gärvermögen sieht;

3. die Virustheorie der Krebsentstehung, die den Krebs als eine Infektionskrankheit durch ein ubiquitäres Virus auffaßt, das allerdings erst bei Hinzutreten weiterer Faktoren Krebs zur Folge haben soll;

4. die bisher vielfach unter dem Begriff „Virustheorie" eingereihte Hypothese, welche für die Krebsentstehung ein endogenes, im Körper selbst entstandenes Agens verantwortlich macht, das als Folge einer Zellstoffwechselstörung entstanden, als Generalnenner alle bösartigen Geschwülste induziert, unabhängig davon, welche indirekte Noxe im Einzelfall den Krebs zur Folge hatte.

Da diese letzte Auffassung in ihren theoretischen und in ihren praktischen Schlußfolgerungen Unterschiede auch zu der vorgenannten Lehre aufweist, die bei summarischer Einordnung im Rahmen der Virustheorie oft zu Mißverständnissen führen, habe ich in einer monographischen Darstellung (3) auf dieser Auffassung basierend den Begriff „Induktionstheorie der Krebsentstehung" dafür verwendet. Als „Induktor", was ganz unspezifisch und nichts präjudizierend nicht mehr als Anreger, Veranlasser, bedeutet, wurde von mir jenes postulierte Agens bezeichnet, das — wahrscheinlich ein Nukleoproteid — in der Zelle selbst durch verschiedenartige Schädigungen entstehen soll und als gemeinsame innere Ursache bei der Krebsentstehung direkt die maligne Umwandlung bedingt.

2

Gegen die Genmutationstheorie, welche den Krebs mit einer Defektmutation der Erbträger im Zellkern ursächlich in Zusammenhang bringt, die als hypothetisches „Zellsteuerungszentrum" das Wachstum und die Zellteilung im Rahmen des Gesamtorganismus regulieren sollen, lassen sich sehr viele Gründe anführen, von denen hier nur einige genannt seien:

Man kann heute unter geeigneten Bedingungen durch krebserzeugende Stoffe gesetzmäßig in praktisch 100% Krebs beim Versuchstier erzeugen. Diese Konstanz der Ergebnisse würde bei Verursachung durch eine somatische Genmutation eine sichere mutagene Wirkung dieser Stoffe an ausreichend zur Verfügung stehenden Testobjekten zur Voraussetzung haben in einem Ausmaß, das der experimentellen Sicherheit der Krebserzeugung entspricht. Eine derartige Relation besteht nach allen bisherigen Befunden nicht. Wenn überhaupt, kommt den krebserzeugenden Kohlenwasserstoffen nur eine relativ schwache mutagene Wirkung zu. Zahlreiche Stoffe, die umgekehrt als starke Mutagene bekannt sind, zeigen im Gegenteil keine deutliche kanzerogene Wirkung. Es besteht demnach keine Parallelität zwischen mutagener und kanzerogener Wirksamkeit, wie sie gefordert werden müßte.

Die gesetzmäßige Latenzzeit, die der Krebsentstehung nach Einwirkung kanzerogener Schädigungen vorangeht, ist mit einer Defektmutation am Zellsteuerungszentrum, welche die ungehemmte Proliferation freigibt, ebenso schwer in Einklang zu bringen wie die Spätrezidive beim menschlichen Krebs, die mitunter erst Jahrzehnte nach der operativen Entfernung des Primärtumors auftreten. Der Krebs durch Röntgenstrahlen z. B., wie er zu Beginn der Röntgenära mitunter beobachtet wurde, entstand oft genug zehn bis zwanzig Jahre nach Beendigung der Strahleneinwirkung, wo eigentlich die Ursache zur Mutation längst fortgefallen sein müßte.

Die Genmutation geht von einer unizellulären Krebsentstehung aus. Die zumindest bei einem Teil der Krebsfälle multizentrische Genese bereitet der statistischen Analyse auf der Basis einer Chromosomenmutation größte Schwierigkeiten.

Die Treffertheorie, die mitunter mit Erfolg zur Erklärung mutativer Vorgänge verwendet werden kann, hat sich für das Verständnis der Krebsphänomene bisher als wenig fruchtbar erwiesen.

Schließlich stehen die zellfrei übertragbaren bösartigen Geschwülste, speziell der Hühner, wie das Rous-Sarkom und die Hühnerleukosen in direktem Widerspruch mit der Mutationstheorie dieser Prägung, so daß der einzige Ausweg übrig bleibt, sie als eine Sondergruppe ätiologisch als sogenannte „Virustumoren" von allen übrigen Krebsen, vor allem der Säugetiere, streng zu trennen. Der Nachweis der Übertragbarkeit durch in den Tumorzellen enthaltene Partikel für die Leukämien und Lymphosarkome der Maus, in letzter Zeit auch für die malignen Speicheldrüsen- und Nebennierengeschwülste dieses in der Krebsforschung am meisten verwendeten Versuchstieres, macht es erforderlich, die Sondergruppe der „Virustumoren" mehr und mehr zu erweitern, so daß man die Einteilung von Geschwülsten in solche, die zellfrei übertragbar sind, und Tumoren, die sich nur durch ganze Tumorzellen überimpfen lassen, zweckmäßigerweise abändert in eine Gruppe von Krebsen, für die ein subzelluläres Agens bereits nachgewiesen ist, und eine zweite Gruppe, für die schlüssig dieser Nachweis nicht — noch nicht — erbracht ist.

Die meist in diesem Zusammenhange genannten, durch einen subzellulären „Milchfaktor" hervorgerufenen Brustkrebse der Maus seien in diesem Zusammenhang nur mit Vorbehalt in den Kreis der Betrachtung gezogen, weil dabei vorerst noch nicht hinreichend sicher ausgeschlossen werden kann, daß ein echtes exogenes infektiöses Virus bei diesen Mammakarzinomen in disponierten Stämmen lediglich als Realisator wirkt, ähnlich dem Krotonöl bei Tropfung mit kanzerogenen Stoffen.

Als letztes, wesentlichstes Argument sei angeführt:

Kanzerogene Stoffe führen beim Huhn und Säugetier in gleicher Weise zur Tumorbildung. Durch mehrere Untersucher wurde unabhängig voneinander festgestellt, daß auf diese Weise erzeugte Hühnertumoren sich teils zellfrei übertragen lassen, zum Teil wiederum nicht. Das bedeutet, daß die Übertragung durch in den Tumorzellen enthaltene Teilchen nicht als bestimmendes Kriterium zur Eingruppierung dieser sich in ihrem sonstigen biologischen Verhalten in keiner Weise unterscheidenden Tumoren anerkannt werden kann; dies könnte nur geschehen, wenn man zur Erklärung dieser kanzerogenprovozierten, durch zellfreie Filtrate überimpfbaren Geschwülste annimmt, daß eine zusätzliche Infektion durch ein demnach überall gegenwärtiges, exogenes Virus vorgelegen habe, die nun als zellfreie Übertragbarkeit in Erscheinung trete. Macht man jedoch von dieser Erklärungsmöglichkeit Gebrauch, müßte man eigentlich eine derartige Infektion auch bei allen anderen Krebsen mit gleicher Berechtigung in Betracht ziehen.

Dieser Annahme steht der größte Teil derer, die sich mit diesen Problemen näher beschäftigen, mit Reserve gegenüber und ich selbst auch. Man darf vielmehr mit viel gewichtigeren Gründen der Überzeugung sein, daß der gleiche subzelluläre Faktor auch in den kanzerogenbedingten Hühnergeschwülsten ohne Filtrierbarkeit vorhanden ist, sich jedoch dem Nachweis entzog. Dafür kann weiter geltend gemacht werden, daß sich nach übereinstimmenden Befunden aller Autoren mit eigener experimenteller Erfahrung auch die Hühnertumoren nur in den seltensten Fällen als Primärtumoren gleich zellfrei übertragen lassen — auch für das Rous-Sarkom gilt diese Feststellung —, sondern fast immer erst dann, wenn sie durch Passagentransplantation eine Virulenzsteigerung erfahren haben. Ja vielfach erwiesen sich gerade derartige, durch kanzerogene Stoffe provozierte Tumoren bei Huhn und Säugetier nicht einmal durch viele Millionen intakter Krebszellen als übertragbar. Darin decken sich auch meine eigenen Beobachtungen mit denen anderer Untersucher.

Es wäre ja in höchstem Maße unwahrscheinlich, daß die krebserzeugenden Substanzen zwei ganz verschiedene Wege beim Huhn benutzen sollten, um zu dem gleichen Ziel der Tumorerzeugung zu gelangen.

Dazu kommt, daß wir mit Sicherheit wissen, daß selbst die bösartigsten Hühnersarkome, auch das Rous-Sarkom, große Schwankungen der Wachstumsenergie schon allein zu verschiedenen Jahreszeiten aufweisen können. Die Angangsziffer läßt deutlich nach, manche Tumoren wachsen dann so langsam, daß sie erst nach Monaten das Versuchstier töten. Die zellfreie Überimpfbarkeit wird dabei unsicher und kann sogar ganz aufgehoben sein. Auch hierin finden sich meine eigenen Befunde mit denen zahlreicher anderer Autoren in Übereinstimmung.

Eine Beweisführung mit Hilfe einer so problematischen Klassifizierung der Geschwülste kann demnach nicht überzeugen.

Die plasmatische Mutationstheorie ist in ihren theoretischen Grundlagen und ebenso in ihrer begrifflichen Formulierung viel weniger scharf umrissen. Unter dieser Bezeichnung laufen sehr verschiedenartige Auffassungen über die zugrunde liegenden Mechanismen der Krebsentstehung, die von echten mutativen Vorgängen an Genen des Protoplasmas der Zelle bis zu Abänderungen praktisch aller Protoplasmabestandteile (Duplikanten) des Zelleibes reichen, denen die Fähigkeit zu identischer Selbstreproduktion zukommt oder die für eine Autoduplikation überhaupt in Frage kommen, d. h. es fallen in diese Kategorie alle bekannten strukturierten Partikel des Zytoplasmas, Mitochondrien, Lipochondrien, Golgiapparat und Mikrosomen oder sogar nur Teile derselben. Der ursprünglich nur sprunghaften Änderungen von Erbträgern vorbehaltene Begriff der Mutation wird dabei vielfach so verwässert, daß man jede Änderung, z. B. Degenerationsvorgänge an Eiweißkörpern etwa durch partielle Denaturierung, die auch in späteren Zellgenerationen ihre Auswirkungen zeigen, oder auch Modifikationen darunter verstehen kann. Die Möglichkeiten zum Kompromiß mit fast allen anderen ernsthaft zu diskutierenden Theorien sind dadurch gegeben.

Auf der anderen Seite läßt sich natürlich nicht leugnen, daß unser derzeitiger Wissensstand über die Krebsentstehung noch nicht dazu angetan ist, die Prägnanz und Präzision unserer Anschauungen hinreichend zu fördern.

Die Mutation echter Plasmagene — deren Existenz im übrigen noch mancherlei grundsätzliche Fragen offen läßt — hat einen großen Teil der Argumente gegen sich, die gegen eine Genmutation im Kern angeführt wurden.

3

Von O. WARBURG und Mitarbeitern stammen bekanntlich die grundlegenden Untersuchungen über die Stoffwechselunterschiede zwischen Tumorzelle und Normalzelle. Diese Feststellungen gehören zu den wenigen Befunden der experimentellen Krebsforschung, die der Kritik von Jahrzehnten standgehalten haben.

Dessenungeachtet sind die theoretischen Schlußfolgerungen, die aus diesen Befunden gezogen wurden, in mancher Hinsicht mit anderen, ebenfalls gesicherten Ergebnissen nicht immer leicht in Einklang zu bringen.

Ein Hauptproblem besteht darin — wenn man mit O. WARBURG in diesen Abweichungen von Atmung und Glykolyse die Ursache der krebsigen Entartung erblickt —, daß vieles darauf hindeutet, daß umgekehrt jene Stoffwechselstörungen nicht Ursache, sondern Folge des Krebses sind.

Die Krebsentstehung ist nicht nur ein energetisches Problem. Außer Atmung und Gärung laufen in der Zelle noch vielfältige verwickelte Stoffwechselvorgänge ab. Einer dieser Vorgänge ist z. B. die Eiweißsynthese, und es ist durchaus vorstellbar und mit vielen experimentellen Befunden mindestens ebensogut in Einklang zu bringen wie die Störungen des Atmungsstoffwechsels, daß hier die primäre Veränderung vor sich geht.

Selbst wenn man die Unterschiede im Atmungs- und Gärungsstoffwechsel zwischen Normal- und Krebszelle als spezifisch ansehen würde, der Kernpunkt des Krebses, das schrankenlose zerstörende Wachstum wird dadurch nicht ausreichend dem Verständnis näher gebracht.

Man kann jedoch verschiedene Befunde nicht übersehen, die z. T. schon seit langem bekannt sind: Der Stoffwechsel des Retinaepithels, der bezüglich der Gärung weitergehend dem Stoffwechsel von Tumoren entspricht, war der erste Befund der Warburgschen Schule, der aus dem Rahmen der übrigen Normalgewebe herausfiel, auch wenn sicher die Gärung nicht isoliert betrachtet werden kann. Embryonalgewebe in den frühesten Stadien der Entwicklung zeigt ein ähnliches Verhalten.

H. C. CRABTREE (4) untersuchte mit der Warburgapparatur proliferative Läsionen, die durch Virusarten verursacht waren. Gewebe von Hühnerpocken und menschlichen Warzen zeigten dabei im wesentlichen den gleichen Kohlehydratstoffwechsel, wie er von WARBURG in Tumoren gefunden wurde.

Von E. NEGELEIN und W. ESCHBACH (5) wurde durch Stoffwechseluntersuchungen der Übergangsstadien von normalem Portioepithel bis zur Krebsbildung gezeigt, daß Glykolyse und Atmung im Mittel auf das 2,3fache vom originären über einfach atypisches Epithel zum karzinomatösen Epithel kontinuierlich ansteigen. Man legt sich die Frage vor, wie die irreversible Atmungsschädigung die erste Vorbedingung zum Krebs sein kann, wenn das

Krebsgewebe des Portioepithels eine um mehr als das Doppelte erhöhte Atmung gegenüber dem normalen Vergleichsgewebe aufweist. Auch die Atmung des Bindegewebes ist sehr klein, diejenige von Sarkomen, die vom Bindegewebe abstammen, ist relativ groß. Selbst wenn man in Rechnung stellt, daß der Zellgehalt pro Gewichtseinheit in Sarkomen größer ist, bleibt eine Proportion bestehen, die in der gleichen Richtung liegt wie bei den Befunden an der Portio. Sie drängt somit die gleiche Frage auf. Eine geringere Wirksamkeit der Atmung beim Krebs dafür zur Erklärung heranzuziehen, kann vorerst nur als Hilfshypothese gelten. In einem Diskussionsbeitrag auf dem Krebskongreß in Stuttgart 1955 habe ich noch einige andere Fragen aufgeworfen: Wichtig ist vor allem auch, wie die Irreversibilität dieser Störungen zustande kommt, denn Atmungsstörungen treten stets im Gefolge schlechter Ernährungsbedingungen von Zellen auf, ohne daß daraus notwendigerweise ein Krebs entstehen muß.

Die erhöhte Gärung der Krebszelle kommt nach WARBURG durch Selektion zustande. Im Falle der Richtigkeit dieser Vorstellung müßte es gelingen, ohne jede Einwirkung kanzerogener Stoffe durch chronischen Sauerstoffmangel von Organen oder Gewebskomplexen Tumorbildung auszulösen, weil dadurch die Atmung irreversibel geschädigt wird und die Zellen mit erhöhtem Gärvermögen ihre Zellnachbarn, die überwiegend auf die Atmung angewiesen sind, überwuchern. In der Tat wird von O. WARBURG der intermittierenden Durchblutungsstörung und dem dadurch bedingten Sauerstoffmangel bei der Krebsentstehung eine so große Bedeutung zuerkannt, daß sie wahrscheinlich noch diejenige chemischer (karzinogener) Noxen übersteige. Die Teratombildung transplantierter Embryonen, die in diesem Zusammenhang angeführt wird (besser Embryombildung), ist eine allgemeine Beobachtung bei der Überpflanzung verschiedenartiger Embryonalgewebe. Auch die Entwicklung von Mißbildungen bei der Entwicklung des Alpenmolchs nach Atmungshemmung durch Blausäure in frühen Stadien kann zur Erklärung von Krebsphänomenen ebensowenig beitragen wie jede andere Defektheilung nach dem Untergang von Organzellen durch irgendeine Schädigung.

Es müßte im Gefolge chronischer Anämien, chronischer Herzinsuffizienz, die bei angeborenen Herzfehlern mitunter jahrzehntelang zur Sauerstoffknappheit führt — darauf hat auch F. BÜCHNER in Stuttgart hingewiesen —, gehäuft Krebs auftreten, wofür jedoch klinisch kein Anhalt vorliegt. Auch die Endangitis obliterans, die Reynaudsche Erkrankung usw., die jahrzehntelang bestehen können und bis zum Absterben von Geweben durch mangelnde Blutversorgung führen können, müßten die Karzinomdisposition erhöhen. Es müßte experimentell gelingen, durch Gefäßunterbindungen oder Schnürungsversuche, z. B. der Nierenarterien, Krebs auszulösen.

In Anbetracht dieser Vielfalt von klinischen Beobachtungsmöglichkeiten ohne Krebsentstehung läßt sich die Behauptung aufstellen, daß bisher noch keine gesicherte klinische oder experimentelle Beobachtung bekannt geworden ist, wo Sauerstoffmangel allein Krebs erzeugt hätte.

Auch die Versuche von GOLDBLATT und CAMERON (6), denen es gelang, in der Gewebekultur nach intermittierendem Sauerstoffentzug Normalzellen in Krebszellen umzuwandeln, sind kein überzeugender Beweis. Diesen Ergebnissen wird von WARBURG große Bedeutung beigemessen. Es ist in diesem Zusammenhang gut, daran zu erinnern, daß EARLE und Mitarbeiter (7) in den Kontrollexplantaten zu ihren Malignisierungsversuchen durch Karzinogenzusatz in vitro ebenfalls in einigen Fällen bei Reinjektion Tumorbildung beobachteten, ohne daß dabei die Sauerstoffversorgung der Kulturen absichtlich beeinträchtigt worden wäre.

Auch O. GEY (8) konnte ohne besondere Maßnahmen durch Gewebezüchtung normaler Fibroblasten bei Reinjektion in Versuchstiere Tumorbildung beobachten.

Es wäre im Falle der Richtigkeit der Selektionstheorie zu erwarten, daß eine Umwandlung normaler Gewebe in Tumorgewebe in vitro auch unter Karzinogenzusatz nicht oder nur durch Eintritt von Mutationen gelingt, falls dazu Klone verwendet werden, die sich aus Einzelzellen ableiten, weil die Selektion vorhandener, zu Geschwulstzellen determinierter Zellelemente mit erhöhtem Gärvermögen nicht eintreten kann.

Im Gegensatz dazu ist es SANFORD, LIKELY und EARLE (9) in Erweiterung ihrer früheren Befunde sogar geglückt, aus einer Gewebekultur von Fibroblasten, die sich von einer einzigen Zelle ableitete, durch Züchtung unter den Bedingungen der Gewebekultur ohne Karzinogenzusatz und ohne Sauerstoffentzug 8 Unterstämme zu erhalten, die getrennt weitergezüchtet wurden. Bei Reinjektion in Versuchstiere erwiesen sich davon nicht nur gelegentlich, sondern konstant 6 dieser Unterstämme als maligne, während in den Experimenten von GOLDBLATT und CAMERON nur 2 Subkulturen einer Linie von 5 angesetzten Kulturen Sarkombildung zeigten. Die Malignisierung trat bei SANFORD, LIKELY und EARLE schon nach 275 Tagen ein. Die Kulturen von GOLDBLATT und CAMERON wurden dazu $2^1/_2$ Jahre gezüchtet. In Anbetracht dieser Resultate wird man dem intermittierenden Sauerstoffentzug auch in den Versuchen dieser beiden Autoren vorerst nicht die entscheidende Rolle zusprechen können; wissen wir doch, daß in der Gewebekultur nicht nur die Atmungsverhältnisse, sondern nahezu alle Funktionen, der Abtransport auch der Stoffwechselschlacken, die nervöse Versorgung, die Organkorrelationen usw. von den Bedingungen in vivo grundlegend abweichen.

Wesentlich scheint mir in diesem Zusammenhang auch der Hinweis, daß in den Gewebekulturen aller angeführten Untersucher die Züchtung in heterologem Plasma bzw. Serum erfolgte, d. h. also, daß auch der Eiweißstoffwechsel sich unter wesentlich von den Verhältnissen in vivo abweichenden Umständen vollzog.

Die verschiedene Struktur der Energie (Gärungs- und Atmungsenergie) ist nach WARBURG für die Entdifferenzierung der Krebszellen verantwortlich. Die Gärungsenergie wäre demnach an niedere Struktur gebunden. Im Zusammenhang mit der Tumorerzeugung bei Hühnern durch das Rousagens, dessen korpuskuläre Natur sich aus den bisherigen Befunden ergibt, ist jedoch darauf hinzuweisen, daß die Gärung des Rous-Sarkoms, die sofort nach seiner Erzeugung durch das Agens vorhanden ist, in diesem Falle sicher nicht durch Selektion erzielt wurde, was von grundsätzlicher Bedeutung ist. Die Übertragung des Rous-Sarkoms durch das Rousagens wird durch Transplantation des Gärungsvermögens erklärt. Abgesehen davon, daß unsere Vorstellungen von Transplantation bisher intakte Zellen zur Voraussetzung hatten und die subzelluläre Übertragungsfähigkeit der Hühnergeschwülste eben deshalb ihrer Genese durch Transplantation widersprach, wäre nach dieser neuen Vorstellung das transplantierte Gärungsvermögen in den Partikeln des Rous-Sarkoms wohlcharakterisiert strukturgebunden.

Auf alle Fälle ist für die durch das Rousagens malignisierte Normalzelle das Agens das Primäre und die Stoffwechseländerung sekundär.

Eine weitere Schwierigkeit ist mit der Wirkung der Narkotika verknüpft. Die Erzeugung von Lungentumoren durch Urethan bei Mäusen wird in diesem Zusammenhang in den Vordergrund gestellt. Es ist jedoch bekannt, daß die Lungengeschwülste bei Mäusen eine gewisse Sonderstellung einnehmen. Vielfach wird bestritten, daß es sich dabei um maligne Blastome handelt, weil Metastasen bei diesem Tumortyp, der durch Urethan erzeugt wird, noch nicht beobachtet worden sind und die dabei erzielten Tumorknoten in der Lunge meist eine gewisse Größe nicht überschreiten. Sie werden deshalb vielfach als Adenome bezeichnet. Auf der Haut der Maus jedoch ist Urethan ein sogenanntes unvollständiges Karzinogen, das Warzen nur in sehr niedriger Ausbeute selbst bei zusätzlicher Applikation von Krotonöl provoziert in einer Dosierung, die das Dutzendfache und mehr der Wirkungsdosis kanzerogener Kohlenwasserstoffe beträgt.

Besonders hervorzuheben ist noch ein Einwand, der auf der gleichen Ebene liegt wie eines der Hauptargumente, das gegen die Genmutationstheorie zu erheben ist: Arsenige Säure wirkt oxydationshemmend und kanzerogen, eine Tatsache, die für diese Auffassung verwertet wird. Arsenige Säure wirkt jedoch nur bei sehr lange fortgesetzter Applikation krebserzeugend. Bei kanzerogenen Kohlenwasserstoffen reicht dagegen eine einmalige Applikation minimaler Dosen aus, um dieses Ziel in kürzerer Zeit mit höherer Ausbeute zu erreichen. Sicher werden auch die krebserzeugenden Kohlenwasserstoffe wie alle Gifte, die den Zelltod nach sich ziehen können, zu Atmungsstörungen führen. Bereits auf Grund der vorliegenden Befunde, deren weiterer Ausbau dringend wünschenswert und bei uns beabsichtigt ist, kann jedoch gesagt werden, daß die oxydationshemmende Wirkung der geschwulstauslösenden Kohlenwasserstoffe von zahlreichen anderen Substanzen übertroffen wird, obwohl ihre karzinogene Aktivität bei weitem nicht erreicht wird. Auch wenn in Rechnung gestellt wird, daß die Verweildauer der Kohlenwasserstoffe infolge ihrer Fettlöslichkeit in der Zelle länger sein mag als bei wasserlöslichen Atmungsgiften, bleibt die Frage gewichtig bestehen, falls man eine primäre Atmungsstörung beim Krebs annimmt: Besteht für die kanzerogenen Stoffe eine Parallelität zwischen ihrer Wirkung auf den Atmungs- und Gärungsstoffwechsel der Zelle und ihrer krebserzeugenden Wirksamkeit?

4

Die Virustheorie der Krebsentstehung faßt den Krebs als eine Infektionskrankheit auf. Das „Krebsvirus" (besser die Krebsvirusarten) soll dabei erst zur Krebskrankheit führen, wenn noch andere Faktoren, z. B. chronischer Reiz in schlecht heilenden Wunden, Regenerationsvorgänge und ganz allgemein jene Faktoren hinzukommen, die man unter dem noch unzulänglich charakterisierten Begriff der Krebsdisposition zusammenfaßt.

In Frankreich, England, in der Sowjetunion und den USA, überall sind Bemühungen in dieser Richtung im Gange, so von CH. OBERLING, W. GYE, L. GROSS, J. BITTNER und L. SILBER, um nur einige der hervorragendsten Verfechter dieser Anschauungen zu nennen.

Die Gründe, welche bislang für diese Hypothese ins Feld geführt werden, können vorerst vielfach noch nicht überzeugen. Als Gegenargumente können angeführt werden:

Nach allen bisherigen Erfahrungen fehlen dem Krebs alle bekannten klinischen Kennzeichen einer Infektionskrankheit. Die Theorie wurde vor allem durch die zellfreie Übertragbarkeit mancher Hühnertumoren, insbesondere des Rous-Sarkoms, begründet. Es ist jedoch bis heute keine hinreichend gesicherte Beobachtung bei Säugern bekannt, welche auf Kontagiosität von subzellulär überimpfbaren Geschwülsten hindeutet. Darüber hinaus zeigte sich, daß die Filtrierbarkeit, die durchaus noch nicht als Beweis für die Genese durch ein exogenes Virus gelten kann, auch bei Hühnertumoren keineswegs in jedem Falle gegeben ist.

Wenn wir die Entwicklungsgeschichte der zellfrei übertragbaren Hühnerblastome zurückverfolgen, z. B. beim Rous-Sarkom, so läßt sich feststellen, daß die subzelluläre Übertragungsfähigkeit in fast allen Fällen erst nach einigen Passagen mittels zellulärer Substrate und durch den damit verbundenen Anstieg der Virulenz möglich war. Bei einem exogenen Virus, das ubiquitär vorhanden sein soll, bereitet dies unserem Verständnis viel größere Schwierigkeiten als etwa bei der Annahme eines endogenen Faktors; denn ein infektiöses, überall verbreitetes Virus hat sicher schon so viele Tierpassagen hinter sich, daß es eigentlich keinen Virulenzanstieg durch Passagentransplantation mehr nötig hätte, um seine Aktivität durch Tumorbildung zu manifestieren, auch wenn latente Injektionen sich oft erst nach Provokation zeigen.

Die strenge Spezifität eines derartigen Virus, die sich nach allen bisherigen Erfahrungen nicht nur auf die Tierart, sondern sogar innerhalb einer bestimmten Gattung auf scharf umrissene Gewebskomplexe beschränken kann, würde bei Zugrundelegung eines exogenen Agens bei der weiten Verbreitung der Geschwülste praktisch über das gesamte Tierreich allein zur Tumorbildung die Existenz zahlloser Virusarten zur Voraussetzung haben. Die Verbreitung des Krebses über den ganzen Erdball würde demnach die ubiquitäre Anwesenheit aller dieser Virusarten in gleicher Verbreitung erforderlich machen. In dieser Form kennen wir demgegenüber keine Analogie auch unter den Viruskrankheiten. Es lassen sich starke Zweifel daran erheben, daß es eine Viruskrankheit gibt, die auch im letzten Winkel des Erdballs in solcher Ausdehnung vorkommt, auch wenn OBERLING vergleichend nicht ganz ohne Berechtigung darauf hinweist, daß wir etwa 7000 Erreger kennen, die z. B. eitrige Prozesse verursachen können.

Das Vorkommen von malignen Geschwülsten bereits im embryonalen Leben macht zur Erklärung die Annahme erforderlich, daß das Virus über die Mutter auf den Embryo übergeht und erst dort pathogen wirkt, ohne bei der Mutter zur Erkrankung geführt zu haben oder inaktiviert zu werden. Dafür dürfte sich bei anderen Virusarten nicht leicht eine Parallele finden lassen. Im Gegenteil, es ist dabei meist umgekehrt so, daß selbst bei Erkrankung der Mutter der Fötus in der Regel verschont bleibt, weil die Immunstoffe diaplazentar auf den Embryo übergehen, was bei Krankheitserregern wenn überhaupt, dann fast immer erst in vorgeschrittenem Krankheitsstadium der Mutter der Fall zu sein pflegt.

Das in diesem Zusammenhang bereits angeschnittene Problem spezifischer Antikörper beim Krebs weist noch so viele Lücken auf, daß man daraus einen Indizienbeweis eher contra als pro ableiten könnte, denn die Zahl der Untersuchungen in dieser Richtung steht beinahe im umgekehrten Verhältnis zur Klarheit und Eindeutigkeit der erzielten Resultate, sei es in diagnostischer oder therapeutischer Hinsicht. Dabei kennen wir jedoch gutartige Warzenbildungen bei Mensch und Tier, z. B. das Shope-Papillom der Baumwollschwanzkaninchen, die sicher durch Virusarten verursacht werden, wobei der Nachweis von Antikörpern durchaus keine besonderen Schwierigkeiten bereitet, was um so schwerer verständlich macht, warum es sich beim Krebs so grundsätzlich anders verhält, obzwar eine viel schwerere Erkrankung vorliegt.

Krebs führt ohne Behandlung praktisch ausnahmslos zum Tode. Eine Viruskrankheit als Infektionskrankheit, die in so gesetzmäßiger Weise letal endet, hat keine Parallele in der Epidemiologie. Andrerseits hätte bei einer echten Viruskrankheit solcher Bösartigkeit, die generalisiert über den ganzen Körper verbreitet sein muß, die Exzision eines lokalen Herdes eigentlich keine Aussicht zur Heilung zu führen, was beim Krebs durch tausendfältige Erfahrung widerlegt ist und die Grundlage aller unserer therapeutischen Maßnahmen bildet.

Die Tatsache, daß die Malignisierung normaler Zellen auch in der Gewebekultur gelungen ist, könnte bei der Annahme eines exogenen Krankheitserregers nur durch Verunreinigung der Kultur mit einem Virus erklärt werden. Bei der peinlichen Sorgfalt und Beachtung der Gebote der Sterilität, wie sie gerade die Gewebezüchtung nötig macht, ist dies nicht sehr naheliegend, vor allem auch deshalb, weil die Malignisierung in vitro die gleiche gesetzmäßige Latenzzeit zeigt wie in vivo. Es ist nicht einzusehen, warum im Gegenteil eine derartige Verunreinigung nicht öfter gerade am Primärexplantat zu beobachten wäre, bei dessen Entnahme aus dem Tierkörper und Auspflanzung die Sterilität sicher schwerer einzuhalten ist als später beim einfachen Umsetzen der Kulturen. Will man zu einer notwendigen Virulenzsteigerung seine Zuflucht nehmen, womit wir uns schon auseinandergesetzt haben, müßte dessenungeachtet der nötige Aktivitätsgrad nach den Erfahrungen der Transplantation am lebenden Tier ebenfalls schon deutlich früher erreicht sein. Wenn demgegenüber L. SILBER (10) in Befunden, in denen in vitro die Krebserzeugung unter Zusatz eines krebserzeugenden Stoffes nur gelang, wenn gleichzeitig ein Virus beigegeben wurde, einen Beweis für die Virusgenese des Krebses erblickt, kann man diesen Optimismus vorerst noch nicht teilen; ist doch anderen Forschern auch ohne experimentellen Viruszusatz die Malignisierung in der Kultur bereits geglückt. Einige Befunde dieser Art wurden bereits erwähnt. Es liegt vielmehr nahe anzunehmen, daß das Virus die Geschwulsterzeugung in diesem Falle nicht verursacht, sondern lediglich im Sinne eines Realisators beschleunigt hat, wie wir es von anderen unspezifischen proliferationsfördernden Agentien, z. B. dem Krotonöl, bereits kennen.

Auch der Nachweis von anaphylaktischen Erscheinungen bei Versuchstieren nach Injektion von Geschwulstantigenen kann vorerst noch nicht überzeugen, weil dadurch die Frage nach der exogenen oder endogenen Herkunft des wirksamen Körpers nicht sicher beantwortet werden kann, wie denn auch diese Grenzen bezüglich des Ursprungs viel weniger scharf zu ziehen sind, als es oft getan wird, wenn man die Phylogenese der Virusarten in Betracht zieht.

5

Nun zur Induktionstheorie: Alle bisher bekannten Virusarten bei Tier und Pflanze sind Nukleoproteide. Da sie zu ihrer Vermehrung lebender Zellen bedürfen, hat man die Auffassung aufgegeben, in ihnen die Brücke zum Leben zu erblicken. Man faßt vielmehr die heutigen Virusarten oft als Degenerationsprodukte lebender Zellen auf. Demnach muß es in der Entwicklungsgeschichte aller Virusarten einmal einen Zeitpunkt gegeben haben, an dem die betreffende Virusart nicht als Infektionserreger von außen in die Zelle eines Organismus eingedrungen ist, sondern sich endogen in einer oder mehreren Zellen gebildet hat. Sicher wird dieses Ereignis tausendfach öfter eingetreten sein, als uns die Zahl der Virusarten bekundet, die heute noch existieren. Nur in relativ seltenen Fällen wird ein derartiger Viruskörper nach seiner „Urzeugung", begünstigt durch besondere Umstände, in der Lage gewesen sein, sich in der gleichen Zellart eines fremden Organismus zu vermehren und zu behaupten. Die oft ausgesprochene Organotropie der Virusarten würde uns demnach heute noch gewissermaßen als Geburtsurkunde über den Ort der Entstehung Auskunft geben. Nichts hindert uns daran anzunehmen, daß derartige Nukleoproteiddegenerationen, die potentiell zur Virusbildung führen können, auch heute noch immer wieder ablaufen; es ist vielmehr wahrscheinlich, daß dies ein relativ häufiges Ereignis sein wird. Dabei ist anzunehmen, daß es verschiedene Grade der Autonomie gibt, welche die Nukleoproteide bei diesem Umwandlungsprozeß als Stufen der Malignität durchschreiten. Die „Tumorkeimanlage" ist sehr viel häufiger als der manifeste Tumor, wie wir aus den Versuchen mit kanzerogenen Stoffen mit Sicherheit wissen. Wahrscheinlich ist es so, daß bei der Krebsbildung in keinem Falle gleich eine fertige Krebszelle entsteht. Es muß noch Zellteilung hinzukommen, welche eine „natürliche Auslese" gestattet in dem Sinne, daß dabei ein Selektionsprinzip wirksam wird, wobei jeweils die nächste Stufe der Malignität des Induktors mit größerer Autonomie und erhöhter Zellteilungsgeschwindigkeit verknüpft ist. Dadurch überwuchern immer die Zellen, welche den höchsten Grad der Autonomie innerhalb eines Tumors erreicht haben, der seinerseits durch die Stufe der Malignität des Induktors bestimmt wird, die anderen Zellen. Dieser Selektionsprozeß ist auch nicht abgeschlossen, sobald die Malignität, die Stufe Krebs, erreicht ist. Es ist z. B. bekannt, daß Metastasen oft einen höheren Grad der Entdifferenzierung, die im großen und ganzen als ein Maß der Bösartigkeit gelten kann, erreicht haben als der Primärtumor. Uns ist das Phänomen geläufig, daß die Virulenz von Tumoren im Laufe der Passagentransplantation zunimmt, d. h. auch die Virusähnlichkeit des dafür verantwortlichen Induktors in den Zellen dieser Blastome, auch wenn noch andere Faktoren dabei wesentlich sind.

Die gutartigen Geschwülste stellen im Sinne dieser Auffassung Brückenglieder zu der nächsthöheren Malignitätstufe dar, und es ist demnach nicht zu verwundern, daß es gutartige Geschwülste gibt, die dem Krebs schon so nahe stehen, daß die Entscheidung, ob nicht doch schon Karzinom vorliegt, nicht mit Sicherheit getroffen werden kann. Andrerseits gibt es auch Krebse, die gar nicht oder nur höchst selten metastasieren. Die höchste Stufe der Wachstumskraft hat den Verlust jeder Organspezifität, die Rückkehr zu primitiven Zelltypen zur Folge. Der Übergang von der Gut- zur Bösartigkeit ist demnach innig mit der Zellteilung verknüpft, wie denn auch nach den Untersuchungen von CASPERSSON (11) Wachstum und Nukleoproteidgehalt der Zelle weitgehend parallel verlaufen, d. h. also auch die Nukleoproteidbildung.

Der Differenzierungsverlust bei der Tumorbildung legt nahe, daß bei der Kanzerogenese die für das koordinierte Wachstum verantwortlichen Regulationsmechanismen zerstört oder blockiert werden. Wenn man die Reduplikation von Virusarten dabei als Modell zum Vergleich heranzieht, wäre zu erwarten, daß der Induktor die Zelle veranlaßt, diesen jetzt durch Defekt vereinfachten Eiweißkörper (Induktor) zu reproduzieren. Es ist anzunehmen, daß, schon allein zeitlich betrachtet, die Resynthese eines einfacheren Körpers schneller abläuft. Primitive Zellen wachsen schneller als differenzierte. Dadurch dominieren stets die primitivsten autonomen Zellen. Andrerseits ist bekannt, daß Körperzellen, die für den Gesamtorganismus Aufgaben zu erfüllen haben, die weit über den Bereich der Zelle oder des Organs hinausgehen, z. B. die Zellen der inkretorischen Drüsen mit ihren spezifischen Stoffwechselaufgaben, in viel stärkerem Maße der zentralen Steuerung unterliegen. Da mit fortschreitender Malignisierung sowohl die zentrale Steuerung als auch alle differenzierten Funktionen der Zelle verlorengehen, ist es wahrscheinlich, daß die intrazellulären, dafür verantwortlichen Wirkungszentren eng miteinander verknüpft, wenn nicht sogar identisch sind. Ob diese Zentren im Kern oder Zytoplasma liegen, wollen wir vorläufig offen lassen. Wenn wir annehmen, daß das Nukleoproteid, aus dem der Induktor hervorgeht, das ursprüngliche einfache Baumaterial darstellt, aus dem sich die höheren Strukturen aufbauen, ist besonders leicht einzusehen, warum es mit fortschreitender Zellteilung zu zunehmender Autonomie kommt: Das abgeänderte Nukleoproteid regt seine Reduplikation an. In der weiteren Entwicklung steht mehr und mehr als Baumaterial nur dieses zur Verfügung, so daß es auch in die Wirkungszentren eingebaut wird, wodurch umgekehrt deren normale Funktion in ihren Regulationen nach außen beeinträchtigt wird. Als Circulus vitiosus könnte man sich nun vorstellen, daß die Ordnungsprinzipien in der Zelle, welche bestrebt sind, jede Schädigung von außen zu reparieren oder zu eliminieren, z. B. auch die partielle Denaturierung von Eiweißkomplexen, nunmehr auch intrazellulär die Kontrolle über die Eiweißproduktion u. a. verlieren. Das fördert die weitere Entwicklung zur Bösartigkeit, d. h. das Wirksamwerden von weiteren Denaturierungsvorgängen am „Elementarnukleoproteid" bei Fortdauer der Einwirkung der schädigenden Noxe. Die Malignität des Induktors steigt, und der Kreis beginnt von neuem. Je bösartiger ein Tumor, desto primitiver sein Induktor. Das macht auch verständlich, warum die Aussichten, den Induktor zu fassen, bei mesenchymalen Geschwülsten größer sind, z. B. durch seine biologische Wirksamkeit nach Filtration durch zelldichte Filter. Es leuchtet ein, daß die Virulenz eines Blastoms dabei ebenfalls eine Rolle spielen wird, wenn auch noch andere Faktoren hinzukommen, die wir jetzt noch nicht übersehen können. Eine solche Frage, die bislang offen ist, ist das Problem, warum die zellfreie Übertragbarkeit gerade bei Hühnergeschwülsten so leicht zu erreichen ist. Das ganze Geschehen ist sicher komplexer Natur, und wir müssen uns vorläufig mit der summarischen Feststellung begnügen, daß Besonderheiten der Eiweißstruktur sowie der Reaktionslage bei Hühnern damit verknüpft sind.

In Gegenüberstellung dieser Gedankengänge zur Virustheorie der Krebsentstehung läßt sich feststellen, daß alle Gründe, die von den Verfechtern der Virustheorie für diese Hypothese in Anspruch genommen werden, mit gleicher Überzeugungskraft für ein endogenes Agens im Sinne eines Induktors herangezogen werden können. Dagegen treffen die Angriffspunkte gegen die Virustheorie, von denen wir einige erwähnt haben, auf einen endogenen Induktor nicht zu. Auch die serologischen Beziehungen, welche zwischen normalen

Zellbestandteilen, z. B. der Hühnersarkome und dem ätiologischen Prinzip des Rous-Sarkoms bestehen, lassen sich in diesem Sinne verwerten.

Die andersartigen Schlußfolgerungen, die sich aus der Herkunft des ursächlichen Agens ergeben, liegen auf der Hand. Alle Gesichtspunkte, die von praktischer Wichtigkeit sind, sei es in diagnostischer, therapeutischer oder prophylaktischer Beziehung, werden dadurch mitbestimmt.

Diese tiefgreifende praktische Konsequenz unterscheidet die Induktionstheorie auch von den Genmutationstheorien verschiedener Prägung, weil mit dem Nachweis eines pathologischen Nukleoproteids als Generalnenner der Krebsentstehung sich dem Experiment ein weites Feld eröffnet. Seine Eigenschaften und Affinitäten zu untersuchen mit dem Endziel diagnostischer und therapeutischer Nutzbarmachung stellt eine lohnende Aufgabe dar, wobei der biologische Test durch zellfreie Überimpfung eine entscheidende Rolle spielt. Hier liegt auch der Angelpunkt der Kritik; denn wenn auch nicht zu verkennen ist, daß in den letzten Jahren wesentliche Fortschritte in dieser Richtung erzielt wurden, so bleiben doch noch genug Probleme übrig, die der Lösung harren. Es wurden bereits einige der Hauptschwierigkeiten angedeutet, welche dabei zu überwinden sind. Es handelt sich dabei nicht nur darum, die endozellulären Regulationen durch ein von außen eingeführtes Substrat zu überwinden, sondern auch die Abwehr des Gesamtorganismus gegen das von außen eingeführte Substrat zu durchbrechen. Kurz gesagt geht es um nichts anderes, als experimentell die Bedingungen nachzuahmen, die einem endogenen Faktor einen Virulenzgrad verleihen, der dem eines exogenen Agens möglichst nahe kommt. Welche Faktoren, die nur experimentell festgestellt werden können, dabei mitunter entscheidend eingreifen, sei an einem Beispiel — hier sogar bei hochvirulenten exogenen Krankheitserregern — verdeutlicht: Nach BULLOCK und CRAMER (12) erkrankte von mehreren hundert Mäusen und Meerschweinchen nur ein sehr geringer Prozentsatz an Gasbrand oder Wundstarrkrampf nach Infektion mit den Bakterien. Bei gleichzeitiger subkutaner Injektion von nur 2,5 mg Kalziumchlorid gingen alle Tiere an Gasbrand zugrunde.

Abgesehen von der infolge ihrer praktischen Bedeutung so betonten zellfreien Induktion von Tumoren, finden sich mannigfache Berührungspunkte der Induktionstheorie mit anderen Auffassungen. Die Induktionstheorie ist das Ergebnis einer zusammenfassenden Schau und Deutung der von vielen Forschern erhobenen experimentellen Befunde. Sie erhebt keinerlei Anspruch darauf, im eigentlichen Sinne neu zu sein. Ob es sich um die von K. H. SZABO (13) mitgeteilten Resultate handelt, dem es gelang, bei verschiedenen Tierarten durch Nukleoproteide aus Kalbsthymus Tumorbildung auszulösen, oder die aus umfassenden Versuchen mit kanzerogenen Stoffen, aufbauend auf die Experimente von BERENBLUM (14), auch von A. GRAFFI (15) gezogenen Schlußfolgerungen über Bildung und Realisierung von Tumorkeimanlagen, so finden sich in mehrfacher Beziehung Möglichkeiten der Gemeinsamkeit. Abgesehen davon, daß im Sinne der Induktionstheorie die Frage der endozellulären Herkunft — ob aus Plasma oder Kern — von zweitrangiger Bedeutung ist, erscheint es vorerst zweckmäßig, die Entscheidung darüber weiteren Experimenten zu überlassen, auch wenn im Augenblick das Zytoplasma stärker im Vordergrund steht. Die Interpretation als plasmatische Mutation steht mit der exakten Anwendung genetischer Begriffe nicht im

Einklang. Wenn man z. B. schwarze Kaninchen mit Röntgenstrahlen bestrahlt und dadurch die pigmentbildenden Granula der Haarmatrix zerstört, wachsen helle Haare nach. Da die Röntgenschädigung irreversibel ist, die Haarmatrix aber als Mutterboden für die folgenden Haargenerationen durch alle Haarwechsel erhalten bleibt, behält das Tier die hellen Flecke, die demnach durch Dauermodifikation entstanden sind, zeitlebens im Fell. Diese von DANNEEL (16) mitgeteilte Beobachtung konnte später durch kanzerogene Stoffe, jedoch auch durch destilliertes Wasser und andere Einwirkungen bei Mäusen erzielt werden.

6

Meine eigenen Versuche, um die Induktionstheorie experimentell zu stützen, gingen abweichend von der bisherigen Lehrmeinung von folgenden Grundsätzen aus:

1. Der bei zellfreier Tumorübertragung entstehende Tumor entsteht nicht an der Injektionsstelle, sondern an der Stelle der stärksten Lokal- oder Organdisposition, die an der Injektionsstelle gegeben sein kann, jedoch grundsätzlich auch an jeder anderen Körperstelle.
2. Der Zusammenhang eines neu induzierten Tumors mit dem experimentellen Eingriff hat nicht zur Voraussetzung, daß die aufgetretene Geschwulst histologisch mit dem verwendeten Ausgangstumor übereinstimmt.
3. Ein erkennbarer zeitlicher Zusammenhang zwischen Injektion des zellfreien Substrats und der Entstehung des induzierten Tumors, wie z. B. beim Rous-Sarkom, braucht nicht zu bestehen. Die Versuchstiere müssen demnach bis zu ihrem Tode beobachtet werden mit anschließender genauer Sektion und Berücksichtigung auch der Geschwülste innerer Organe.

Als einziges Kriterium positiver zellfreier Tumorübertragung wird eine statistisch gesicherte, reproduzierbare Erhöhung der Tumorrate bei den Versuchstieren gegenüber den Kontrollen anerkannt.

Diese drei Postulate erscheinen, insbesondere im Lichte ihrer Begründungen, nach meiner Ansicht so einleuchtend, daß sie beinahe als Selbstverständlichkeiten gelten könnten. Das eingehende Studium der bisherigen Versuche in dieser Richtung belehrte mich jedoch, daß der weitaus größte Teil davon augenscheinlich lediglich die Erfahrungen am Rous-Sarkom berücksichtigte und davon ausging. Alle diese negativ verlaufenen Versuche konnten deshalb nach meiner Überzeugung keinerlei Beweiskraft beanspruchen. Dies bedeutete für mich den entscheidenden Impuls, dieses Problem trotz zahlloser, erfolgloser Experimente anderer Autoren einer erneuten systematischen Bearbeitung zu unterziehen.

Die ersten Versuche wurden dann unter Zugrundelegung dieser, in meiner Monographie niedergelegten Grundsätze gemeinsam mit A. GRAFFI (17) durchgeführt und zeigten ermutigende Ergebnisse, die in der Richtung lagen, in der sie im Falle der Richtigkeit der theoretischen Grundlagen zu erwarten waren. In meinen unabhängig davon durchgeführten Experimenten zeigte sich, daß durch G 4-Glasfilternutschen (Schott, Jena) filtrierte Tumorsubstrate maligner Mäusetransplantationstumoren histologisch abweichende Geschwülste induzieren können, und zwar vor allem Leukämien und Lymphosarkome (18, 19, 20).

Zu den Versuchen wurden Mäusesäuglinge unseres Agnes-Bluhm-Inzuchtstammes verwendet, die höchstens 24 Stunden alt waren. Mäusesäuglinge wurden deshalb zum Versuch herangezogen, weil die Resistenz Neugeborener gegen Tumortransplantation, Infektion usw. nach allen bisherigen Erfahrungen gegenüber erwachsenen Versuchstieren deutlich herabgesetzt ist. Die Substrate wurden nach Suspension in Tyrodelösung, Homogenisation unter Stickstoff, Zentrifugation und Filtration subkutan injiziert.

Folgende Tumoren dienten als Ausgangsmaterial: Ehrlich-Ca (solidum), Sarkom S 37, ein durch 9,10-Dimethyl-1,2-Benzanthrazen erzeugtes, transplantables Spindelzellensarkom, Sarkom Sa I und Sarkom Sa II (Landschütz), Ehrlich-Chondrom, spontane Mammakarzinome unseres Agnes-Bluhm-Stammes, durch subkutane Injektion von Methylcholanthren erzielte Sarkome (ohne vorherige Passagentransplantation), ein sehr maligner Aszitestumor experimenteller Genese (transplantabel) und experimentelle, durch Tumorfiltrate erzeugte Leukämien.

Dabei zeigte sich, daß das Ehrlich-Ca mit einer Ausbeute bis zu 83% an Leukämien und Lymphosarkomen die besten Resultate lieferte, obwohl es epithelialen Ursprungs ist (21). Alle übrigen malignen Transplantationstumoren, einschließlich der Filtratleukämien, zeigten ebenfalls ähnliche Ergebnisse mit einer Tumorquote an lymphoiden Geschwülsten von etwa 25—60%. Mit dem Ehrlich-Chondrom, das als gutartiger Tumor gilt, und spontanen Mammakarzinomen, ebenso mit durch Methylcholanthreninjektion erzeugten Sarkomen verliefen die Versuche negativ (22).

Die positiven Befunde zeigen sich erst in der Gegenüberstellung zur Spontanleukämierate des Agnes-Bluhm-Stammes in voller Deutlichkeit, denn von nahezu 800 alten, unbehandelten Zuchtweibchen entwickelten nur 1,9% Leukämien.

Die fehlende Erhöhung der Leukämierate mit dem Ehrlich-Chondrom, spontanen Mammakarzinomen und Methylcholanthren-induzierten Sarkomen hat möglicherweise seine Ursache darin, daß es sich dabei um relativ gutartige, langsam wachsende Geschwülste handelt, die im Falle der Brustkrebse und kanzerogenprovozierten Sarkome noch keinen Virulenzanstieg durch Passagentransplantation hinter sich hatten. Beim Chondrom bedingt das fehlende infiltrative Wachstum und das Fehlen der Metastasierungsfähigkeit die Benignität dieser Geschwulst und erklärt damit auch die Erfolglosigkeit. Bereits an anderer Stelle habe ich die Möglichkeiten erörtert, welche zum Verständnis der Tatsache herangezogen werden können, daß in diesen Filtratversuchen durch G 4-Nutschen nur lymphoide Tumoren beobachtet wurden (21). Ob eine dieser Möglichkeiten zutrifft oder nicht, es bleibt der Sachverhalt bestehen, daß dies vorerst nur Vermutungen sein können.

In weiteren Versuchen wurden zur Filtration G 5-Glasfilternutschen verwendet, deren Porenweite nach BECHHOLD 100—150 μm im Maximalfalle betragen soll, wobei es sich aber nach KNÖLL um eine fiktive Weite handelt —, so daß die wirksame Durchlässigkeit wahrscheinlich noch deutlich niedriger lag. Auch damit gelang es noch, durch Filtrate von Sarkom Sa I, Sarkom Sa II, Sarkom S 37 und Ehrlich-Ca lymphoide Tumoren zu induzieren, wenn auch in deutlich niedriger Ausbeute, die besonders auffallend beim Ehrlich-Ca war. Daraus kann abgeleitet werden, daß der ursächliche Faktor kein gelöster, niedrigmolekularer Stoff sein kann, da sonst diese Verringerung der Leukämierate unverständlich bliebe. Andrerseits ist die obere Begrenzung der Dimensionen der in Frage kommenden strukturierten Zellpartikel durch die niedrige Porenweite gegeben, so daß die Erniedrigung der Zahl der aufgetretenen Leukämien mit Wahrscheinlichkeit auf Adsorption des wirksamen Agens an gröberen Zellbestandteilen und das Filter selbst beruht.

Die Filtration durch die feinporigen G 5-Filter hatte jedoch noch einen anderen Grundgedanken: L. GROSS (24), der mit einem Mäuseinzuchtstamm arbeitete, der in sehr hohem Prozentsatz spontan Leukämie entwickelt, stellte fest, daß die Leukämien dieses Stammes durch Filtrate übertragbar waren, wenn er Seitz-Filter benutzte. Filtrierte er jedoch durch Selas-Porzellanfilter, dann kamen in gesicherter Ausbeute neben Leukämien auch maligne Speicheldrüsentumoren zur Beobachtung. Diese Befunde ist GROSS, auf dem Standpunkt der Virustheorie stehend, so zu erklären geneigt, daß die Leukämieextrakte mit einem zweiten, kleineren Virus verunreinigt waren, das erst zur Wirksamkeit gelangen konnte, nachdem das virulentere und größere Leukämievirus in den feinporigen Filtern zurückgehalten wurde. Im Sinne der Induktionstheorie würde man bei diesen Ergebnissen in erster

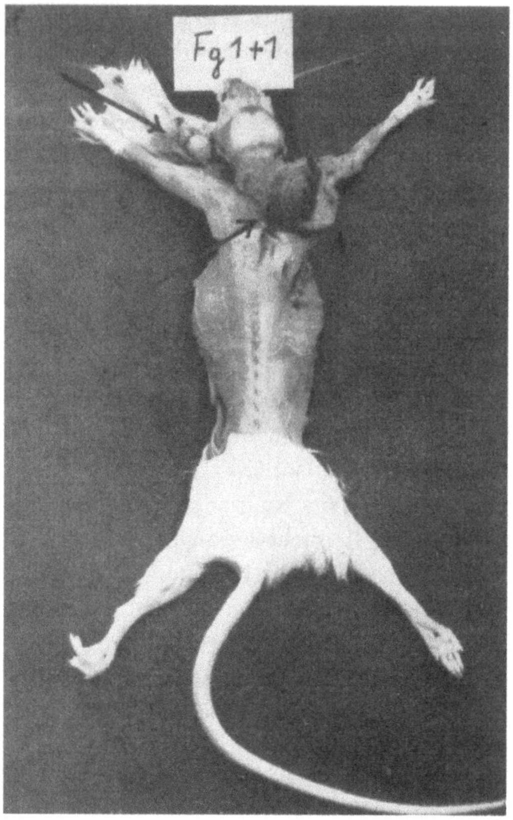

Abb. 1. Pfeil von links oben zeigt auf einen Teil des malignen Speicheldrüsentumors, Pfeil von links unten zeigt auf den durch Blutung dunkel verfärbten, fraglichen Schultertumor, Metastase?

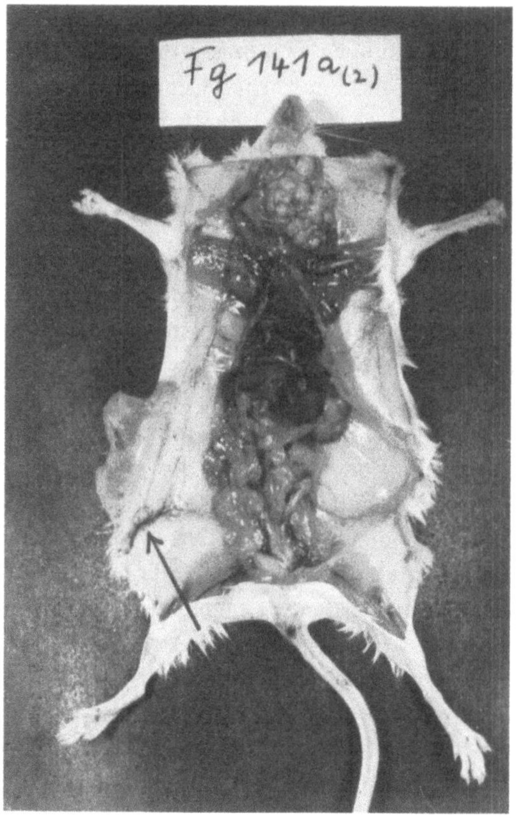

Abb. 2. Maligner Speicheldrüsentumor, besonders links entwickelt. Kleine, histologisch verifizierte Leistenmetastase (siehe Pfeil!)

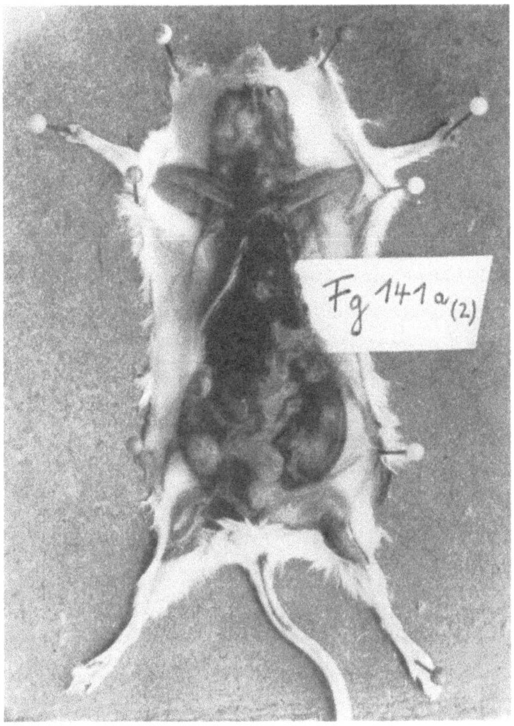

Abb. 3. Maligner Kiefertumor, ausgehend wahrscheinlich vom rechten Unterkieferast

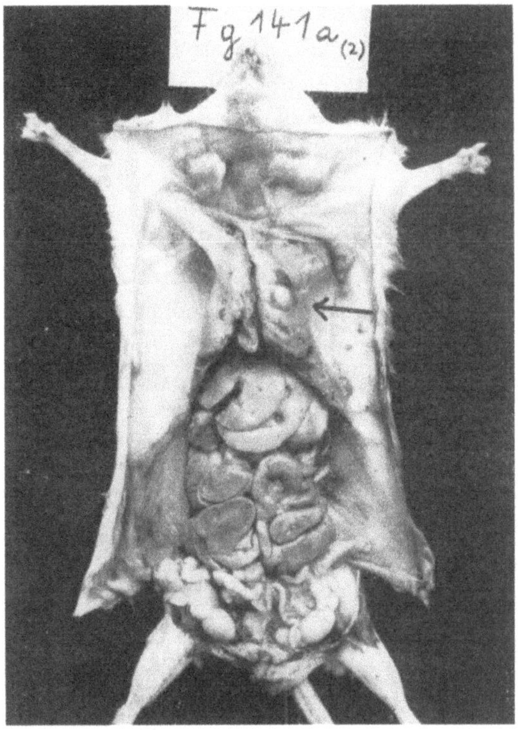

Abb. 4. Brustwandsarkom, die ganze Brustwand ist durchwuchert, mit Einbruch in die Lunge. Der Tumor ist schwer fotographisch darzustellen (siehe Pfeil!). Bei aufgeklappter Thoraxwand kommt das Bild jedoch durch die Einwucherung in die Lunge noch weniger gut zur Darstellung

Linie daran denken, daß der Induktor im Ausgangssubstrat durch Zurückhaltung irgendwelcher Hemm- oder Co-Faktoren in den Filterporen seinen Zytotropismus geändert hat, wenn man die unterschiedliche Konzentration des Agens in den beiden Filtraten nicht schon allein als ausreichende Erklärungsmöglichkeit gelten lassen will.

In meinen Versuchen mit G 5-Filtraten konnte ich jedoch ein ähnliches Ergebnis nur in einer einzigen Serie erzielen, die aus zwei Würfen bestand. Dabei wurden 12 weniger als 24 Stunden alte Säuglinge mit G 5-Filtrat eines transplantablen, durch DMBA erzeugten Spindelzellensarkoms des Bluhm-Stammes injiziert. Die Injektion erfolgte subkutan am Rücken. Von 8 länger als drei Monate lebenden Mäusen der Serie wurden folgende Befunde erhoben:

1 Maus Speicheldrüsensarkom und fragl. Schultersarkom (Metastase?) (Abb. 1)	Latenzzeit:	4	Monate
1 Maus Speicheldrüsensarkom mit Leistenmetastase (Abb. 2)	,,	5	,,
1 Maus maligner Kiefertumor (Abb. 3)	,,	5	,,
1 Maus Brustwandsarkom (Abb. 4)	,,	5,5	,,

1 Maus subkutanes Sarkom (Abb. 5) Latenzzeit: 17,5 Monate
1 Maus Leukämie (Abb. 6) „ 23 „
1 Maus starb ohne Befund
1 Maus ist noch am Leben.

Zu diesen Befunden sei bemerkt, daß in dem verwendeten Inzuchtstamm bisher unter nahezu 800 sezierten, unbehandelten, alten Zuchtweibchen nicht ein einziger Speicheldrüsentumor gefunden wurde, als ich den Stamm auf seine Spontantumorhäufigkeit untersuchte. Hinsichtlich der Latenzzeit ist festzustellen, daß spontane, maligne Geschwülste bei Mäusen kaum je vor dem 6. Lebensmonat vorkommen, wie aus den ausgedehnten Untersuchungen von M. SLYE an zehntausenden unbehandelten Mäusen hervorgeht. In einem eigens unter dieser Fragestellung untersuchten Material von 390 Tumortieren war nur ein einziger vor dem

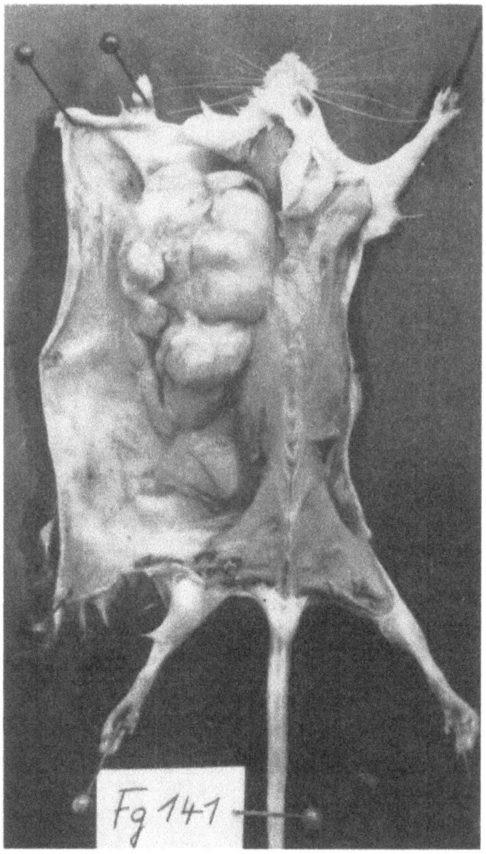

Abb. 5. Großes subkutanes Sarkom an der linken Brustseite

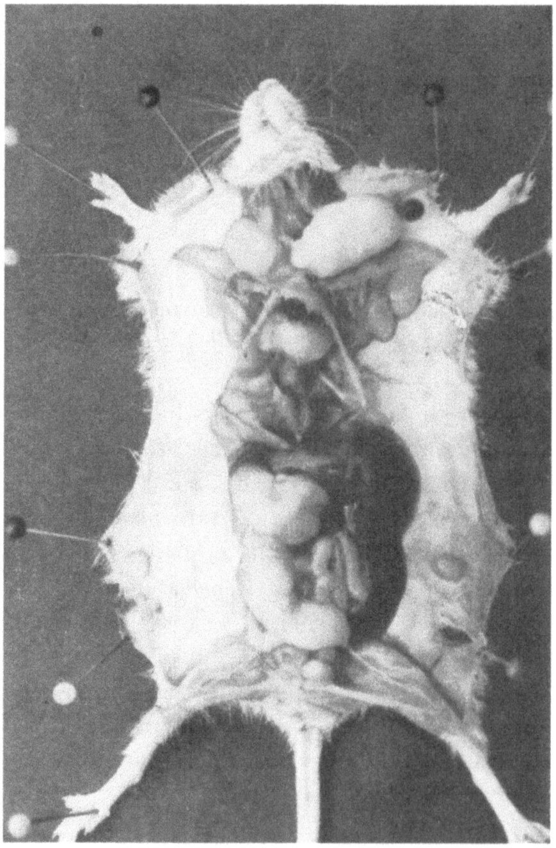

Abb. 6. Leukämie. Besonders starke Vergrößerung der Halslymphknoten und der mesenterialen Lymphknoten. Thymus ebenfalls deutlich vergrößert. Milzvergrößerung und periphere Lymphknotenschwellung hier weniger deutlich ausgeprägt

6. Lebensmonat aufgetreten. Daß in der vorliegenden Serie Spontantumoren vorliegen, ist demnach in höchstem Maße unwahrscheinlich. Wir müssen vorerst registrieren und die Auflösung vieler auftauchender Fragezeichen weiteren Experimenten überlassen.

Wie verwickelt diese Probleme sind, unterstreichen auch die Experimente von S. E. STEWART (25). In Erweiterung der Versuche von L. GROSS konnte sie beobachten, daß nach Injektion von Filtraten leukämischer Lymphknoten des gleichen Ak-Leukämiestammes bei Mäusen eines anderen Inzuchtstammes ohne Leukämiebelastung nicht nur Leukämien und Speicheldrüsentumoren entstanden, sondern auch in einem hohen Prozentsatz Nebennierenkarzinome. Macht man auch dafür ein exogenes Virus verantwortlich im Sinne der Virustheorie, müßte man die Verunreinigung nun schon mit einem 3. Virus bei der strengen Spezifität exogener Virusarten annehmen. Die Transplantabilität dieser sicher malignen Speicheldrüsentumoren, die GROSS als Karzinome anspricht, fehlt in dem Ak-Stamm, aus dessen Geweben die injizierten Filtrate stammten. Auch dies ist bei der Hypothese eines exogenen Faktors schwerer verständlich als bei der Annahme, daß der von außen eingeführte Induktor seine Reproduktion mit den Antigeneigenschaften des injizierten Tieres aus dessen körpereigenem Eiweiß veranlaßt. Auch die Transplantabilität der in unseren Versuchen induzierten Leukämien läßt noch manche Fragen offen: Obwohl histologisch und in ihrem sonstigen biologischen Verhalten sicher Malignität vorliegt, gelingt die Transplantation nur in sehr niedrigem Prozentsatz, wenn man die sonst geläufige Entwicklungszeit des Transplantats von 4—8 Wochen zugrunde legt. Bei Stückchentransplantation, besonders wenn man erst einige Tage alte Mäuse nimmt, treten jedoch in einem viel höheren Prozentsatz nach etwa einem halben Jahr und noch später bei den Versuchstieren Leukämien auf, wobei man sich fragt, liegt hier noch eine echte Überpflanzung der transplantierten Leukämiezellen vor oder die Neuinduktion eines lymphoiden Tumors, insbesondere auch, weil man bei der Transplantation von Chloroleukämien dabei mitunter Leukämien erzielt ohne grünliche Verfärbung und umgekehrt. Ja selbst durch Aspiration neugeborener Mäusesäuglinge (26) mit einem kleinen Tröpfchen von 0,02 ccm 1:10 verdünnten Homogenisats leukämischer Lymphknoten, wobei noch ein erheblicher Teil des aspirierten Materials in den Magen der Versuchstiere gelangte, so daß die wirksame Dosis sicher noch niedriger lag, entwickelten von 32 überlebenden Mäusen bis zum Alter von 8—12 Monaten 6 Tiere Leukämie, dabei trat die erste Leukämie im Alter von 3 Monaten auf. Es sei darauf hingewiesen, daß das Fehlen der chlorotischen Verfärbung bei der Transplantation diagnostisch nicht überwertet werden darf; wissen wir doch z. B. aus der menschlichen Pathologie, daß das Fehlen der Pigmentierung in metastatischen amelanotischen Melanomknoten keineswegs die Identität von Primärtumor und Metastase in Frage stellt. Wahrscheinlich ist auch in den nicht grünlich verfärbten leukämischen Lymphknoten der chlorotische Farbstoff, der die rote Fluoreszenz des Protoporphyrins im UV-Licht zeigt, in einer maskierten Form vorhanden. Auch die lange Entwicklungszeit bei den Transplantationsversuchen schließt eine Überpflanzung nicht aus, da Chlorome relativ langsam wachsen. So beschrieben SCHULTZ, SHAY und GRUENSTEIN (27) Befunde über eine Chloroleukämie bei Ratten, welche die Besonderheit aufwies, bei subkutaner Transplantation zu lokaler chlorotischer Tumorbildung zu führen. In der beigegebenen Abbildung zeigen sie ein Chlorom, das, im Alter von 3 Tagen auf eine Ratte transplantiert, nach nicht weniger als $10^1/_2$ Monaten zu einem Tumor von 67 g Gewicht heranwuchs. Die Ratte wurde dann getötet.

Mindestens drei Viertel der in meinen Versuchen mit Ehrlich-Ca-Filtraten beobachteten Leukämien sind Chloroleukämien. Dies erleichtert die makroskopische Abgrenzung — die histologische Untersuchung natürlich nicht ersetzend — hyperplastischer Lymphknotenschwellungen von leukämischen Veränderungen bei der Sektion sehr, da die Pathologie keine Lymphknotenschwellung nichtgeschwulstartiger Natur kennt, die mit chlorotischer Verfärbung einhergeht. Abgesehen davon erreichen diese Lymphknoten und Milzvergrößerungen auf entzündlicher Basis nach meinen eigenen Erfahrungen an sicher mehr als 25000 sezierten Mäusen in den letzten Jahren kaum je derartige Ausmaße wie bei Leukämiefällen.

Eine weitere Möglichkeit eines Beweises für die Induktionstheorie hatte ich in meiner Monographie auf der Basis der fast in Vergessenheit geratenen Versuche von TINOZZI (28) und seiner Nachprüfer aus dem Jahre 1931 postuliert. Dabei waren nach Injektion von Embryonalgewebsbrei bei erwachsenen Mäusen und Ratten in hohem Prozentsatz schnellwachsende maligne Tumoren an der Injektionsstelle aufgetreten, wenn der verwendete Embryonalbrei aus Embryonen gewonnen wurde oder auch nur aus deren inneren Organen, die aus dem Mutterleib trächtiger Weibchen mit einem Transplantationstumor entnommen wurden, allerdings nur, wenn Tumor und Trächtigkeit eine gewisse Minimalzeit nebeneinander bestanden. Es ließen sich mehrere gewichtige Gründe dafür anführen, daß diese so induzierten Geschwülste nicht durch eine einfache zelluläre Transplantation verursacht waren. Im Falle der Stichhaltigkeit dieser Gründe war das spätere Schicksal derartiger Embryonen, auf die diaplazentar der Induktor übergegangen war, von größtem Interesse. Inzwischen wurde auch durch L. GROSS (29) gezeigt, daß in dem hochbelasteten Ak-Leukämiestamm bei Injektion von Embryonalbrei von Embryonen dieses Stammes in Tiere eines anderen Stammes mit niedriger Belastung eine deutliche Erhöhung des Leukämievorkommens zu verzeichnen war.

Bei der Schicksalsverfolgung von Embryonen (30), deren Mütter während der Trächtigkeit durch intravenöse Injektion 1,500000 Zellen des Ehrlich-Aszites-Karzinoms erhalten hatten, konnte ich feststellen, daß unter 26 Mäusen, die länger als 6 Monate überlebten, bei einem Intervall zwischen Tumortransplantation und Wurf von 12 Stunden bis zu 5 Tagen nur eine Leukämie, 1 Lebertumor und 1 fragliches, sehr kleines Lungenadenom auftrat, das histologisch nicht gefunden wurde, da keine Serienschnitte gemacht wurden. Bei einem Intervall von mindestens 6 Tagen wurden bei gleichem Auswertungsalter unter 41 Mäusen 19 Tiere mit verschiedenen, z. T. multiplen Geschwülsten festgestellt (= 46%), und zwar 5 Leukämien, 3 Mamma-Ca, 1 Mamma-Ca, gleichzeitig Leukämie, 1 Kiefer-Ca, 1 Kiefer-Ca, gleichzeitig Leukämie, 1 Lungen-Ca, 2 Tiere mit Lungenadenomen, 1 verhornendes Plattenepithel-Ca (Leistengegend), 2 Mäuse mit kirschgroßem Ovarialzystom, 1 maligner Halstumor (wahrscheinlich von Speicheldrüsen ausgehend) und 1 fragliche Leukämie, gleichzeitig Leberkavernom. Bei einem Intervall von mindestens 11 Tagen wurden unter 16 Mäusen 8 Tumortiere registriert (= 50%). Obwohl das Ergebnis nach KOLLER statistisch gesichert ist, ist vorgesehen, diese Versuche baldmöglichst an noch größeren Tierzahlen mit Inzuchtmäusen zu wiederholen, da die damaligen Experimente nur mit Händlertieren durchgeführt wurden. Bisher war es leider nicht möglich, die dazu nötige, immerhin beträchtliche Zahl von Inzuchtweibchen im besten Zuchtalter unserem Stamm zu entnehmen, da die Zucht noch nicht groß genug war. Es werden dabei deshalb so viele Weibchen benötigt, weil nur ein Bruchteil der Weibchen, auf die der Tumor transplantiert wurde, trächtig werden.

Die Filtratversuche mit dem Ehrlich-Ca ließen eine ganze Reihe von Fragen über die Natur des wirksamen leukämieerzeugenden Faktors offen. Eine der ersten Fragestellungen, deren experimentelle Beantwortung ich in Angriff nahm, war die Entscheidung darüber, ob das wirksame Prinzip intrazellulär im Zellkern, im Zytoplasma oder in beiden lokalisiert ist (31). Die Trennung der beiden Fraktionen wurde dabei durch Differentialzentrifugation nach Aufschließung in einer Zellkernmühle erstrebt. Infolge der technischen Unvollkommenheit der damals verwendeten Apparatur konnte ein klares Ergebnis nur insofern erzielt werden, daß der wirksame Faktor sicher in den kleinsten strukturierten Partikeln des Zytoplasmas enthalten ist. Die gleichzeitige Anwesenheit im Zellkern konnte jedoch vorerst noch nicht ausgeschlossen werden.

Mit einer technisch vervollkommneten Apparatur, die inzwischen in unserer Werkstatt gebaut wurde, werden in Kürze gemeinsam mit K. LOHMANN eingehendere Untersuchungen dieser Probleme begonnen.

Unabhängig davon, ob die in den bisherigen Filtrationsversuchen aufgetretenen Leukämien durch einen Induktor im Sinne der Induktionstheorie entstanden sind oder indirekt durch eine schädigende Noxe ähnlich der Wirkung der kanzerogenen Stoffe, darf als sicher gelten, daß die Untersuchung und möglichst genaue Identifizierung des ursächlichen Faktors eine wichtige und lohnende Aufgabe darstellt.

Auch ich selbst, das sei betont, will die bisherigen Versuchsresultate vorläufig noch nicht als lückenlosen Beweis für die Entstehung dieser lymphoiden Tumoren durch die Übertragung des Induktors des Ehrlich-Karzinoms aufgefaßt wissen.

Eine Versuchsreihe möchte ich jedoch an dieser Stelle darlegen, die doch weiterhin dafür spricht, daß hierbei keine unspezifische, indirekte Wirkung durch einen noch unbekannten, krebserzeugenden Stoff herkömmlicher Art vorliegt.

7

Bei den Versuchen zur Bestimmung des intrazellulären Sitzes des Leukämieagens, die in insgesamt 18 auswertbaren Versuchsreihen angesetzt worden waren, hatte ich zur zusätzlichen Sicherung gegen Tumorzellen, die unversehrt durch die Zellkernmühle hindurchgingen, das gemahlene Substrat in Kältemischung bei etwa —20° C eingefroren und wiederaufgetaut, um die Zellmembran zu zerstören. Aus Gründen, die an anderer Stelle dargelegt wurden (32), nahm ich die Einfrierung in einer Versuchsreihe zu einem anderen Zeitpunkt während des Aufarbeitungsganges vor, nämlich vor der zweiten Differentialzentrifugation zur Trennung der Kern- und Zytoplasmaanteile. In dieser Versuchsreihe (32) wurden 34 Säuglinge aus 6 Würfen unseres Agnes-Bluhm-Stammes angesetzt. Davon erreichten 17 das Alter von 4 Monaten. Bisher wurden an diesen Mäusen folgende Befunde erhoben:

Befund:	Latenzzeit:	Geschlecht:
1 Maus bilateraler Speicheldrüsentumor (maligne), gleichzeitig Schilddrüsentumor	4 Monate	♂
1 Maus maligner bilateraler Speicheldrüsentumor, gleichzeitig Nierencarzinom	4 ,,	♀
1 Maus bilateraler Speicheldrüsentumor, große Metastase li. Hinterschenkel	5 ,,	♀
1 Maus Chloroleukämie	5,5 ,,	♂
1 Maus Chloroleukämie	7 ,,	♂
1 Maus osteogenes Sarkom am Unterkiefer (haselnußgroß)	8,5 ,,	♀
1 Maus bilateraler Speicheldrüsentumor	8,5 ,,	♂
1 Maus polymorphzelliges Sarkom der Bauchwand (kirschgroß)	9,5 ,,	♂
1 Maus Chloroleukämie	12 ,,	♀
1 Maus lebt mit schlehengroßem Tumor re. Leiste[1])	14 ,,	♀
1 Maus lebt, bisher ohne sichtbaren Befund	Alter: 14 ,,	♂
2 Mäuse kamen nicht zur Sektion (aufgefressen)		
4 Mäuse starben ohne Befund.		

Wenn unter fast 800 alten, unbehandelten Zuchtweibchen des gleichen Stammes bei der Untersuchung auf Spontantumorhäufigkeit kein einziger Speicheldrüsentumor, kein Schilddrüsentumor und nur ein osteogenes Sarkom und ebenso kein Nierentumor- oder maligner Nebennierentumor (ob der Nierentumor nicht, ähnlich den Befunden von S. E. STEWART, von den Nebennieren ausging, läßt sich bei seiner großen Ausdehnung mit völliger Destruktion der Niere und Nebenniere nicht mehr sicher entscheiden) gefunden wurde, wird man bei dieser Häufung extrem seltener Geschwülste in dieser Serie aus mehreren Würfen es als in höchstem Maße unwahrscheinlich ansehen müssen, daß hier der Zufall am Werke war.

Es ist vorerst müßig, Spekulationen über den Mechanismus dieser Änderung des Zytotropismus des Induktors durch die Besonderheit der Versuchsanordnung anzustellen. Daß ein solcher Vorgang vorliegt, ist nach meiner Ansicht die bei weitem plausibelste Annahme, wenn man diese Befunde als Versuchsresultat auffaßt. Wenn das Einfrieren und Wiederauftauen, was naheliegt, dabei eine Hauptrolle spielte, darf als sicher gelten, daß es nicht dieser Vorgang an sich war, sondern diese Maßnahmen zu einem bestimmten Zeitpunkt während der Aufarbeitung in einem besonderen chemischen oder physikalischen Zustand des Substrats, denn in den übrigen 17 Versuchsreihen traten zwar, wie in allen anderen Versuchen mit Ehrlich-Ca-Substraten, in großer Zahl Leukämien auf, nicht jedoch diese verschiedenartigsten Geschwülste seltenster Lokalisation und Struktur, obzwar die Tierzahlen viel höher lagen. Auch die Zeitdauer der Einfrierung ist ein Faktor, der Beachtung verdient. Um diese Einflüsse der Klärung näher zu bringen, wurden inzwischen neue Serien mit hinreichend großen Tierzahlen angesetzt.

[1]) Anmerkung bei der Korrektur: Inzwischen hat sich dieser Tumor auf den Umfang einer Herzkirsche vergrößert. Daneben trat ein haselnußgroßer Tumor in der Parotisgegend auf der kontralateralen Seite auf. Das histologische Ergebnis liegt noch nicht vor.

Daß der Gefrierpunkt mit späterem Wiederauftauen bei der Demaskierung des Induktors besondere Wirkungen entfaltet, wird auch durch Experimente von G. PUTNOKY, J. KERESTELY, E. HOFFMANN und I. BUSTYA (33) nahegelegt, die unabhängig von den dargelegten Versuchen unternommen wurden. Mit mehreren transplantablen Mäuse- und Rattentumoren, die von ihnen selbst erzeugt worden waren, konnten sie durch Chamberlandfiltrate lokale Tumorbildung gleicher histologischer Struktur bei den injizierten Versuchstieren erzielen, wenn sie die Tumoren vor der Aufarbeitung nach langsamer, 6—8 Stunden währender Abkühlung auf 0° C für ein oder mehrere Tage einfroren.

Da diese Resultate im Zusammenhang mit den eigenen Ergebnissen von besonderem Interesse waren, habe ich versucht, sie mit einigen der uns zur Verfügung stehenden Transplantationstumoren, so mit dem Ehrlich-Ca, dem Sarkom S 37 und dem Walker-Ca bei Filtration durch G 4-Glasfilternutschen zu reproduzieren. Obwohl nahezu 300 Mäuse und Ratten injiziert wurden, konnte ich merkwürdigerweise in keinem einzigen Falle ein ähnliches Resultat verzeichnen.

Die gemeinsam mit K. LOHMANN (34) in Gang befindlichen Bemühungen zur näheren Charakterisierung des Leukämie-erzeugenden Faktors in Ehrlich-Ca-Filtraten haben inzwischen ergeben, daß das wirksame Prinzip bereits durch halbstündige Erwärmung auf 56°C inaktiviert wird, was für seine Eiweißnatur spricht.

Durch dreistündiges, langsames Schwenken des Filtrats in reiner Sauerstoffatmosphäre ohne Schaumbildung bei +20°C tritt ebenfalls Virulenzverlust bis zur Unwirksamkeit ein. Durch Stehenlassen des Filtrats in Eiswasser unter Paraffinüberschichtung für 24 Stunden dagegen vermindert sich die Leukämierate zwar auf etwa 25%, ist jedoch immer noch beachtlich hoch. Aufbewahrung des Filtrats in gleicher Weise für 8 Tage hebt die leukämieerzeugende Fähigkeit auf.

Kurz zusammengefaßt ist festzustellen, daß keine der bisherigen Krebsentstehungstheorien darauf Anspruch erheben kann, durch klare Beweise gesichert zu sein. Das Für und Wider der wichtigsten Hypothesen wurde mit besonderer Betonung der von mir vertretenen Induktionstheorie der Krebsentstehung erörtert. Dabei wurde auf die experimentellen Befunde anderer Autoren und die eigenen Versuche, die zur Stütze dieser Auffassung herangezogen werden können, näher eingegangen. Weitere Versuche sind nötig.

Literatur

1. BAUER, K. H.: Das Krebsproblem. Springer-Verlag, Berlin-Heidelberg 1949.
2. WARBURG, O.: Naturwiss. **41**, 485 (1954); **42**, 401 (1955).
3. SCHMIDT, FERD.: Über die Virustheorie — Induktionstheorie — der Krebsentstehung. Verlag Theodor Steinkopff, Dresden-Leipzig 1953.
4. CRABTREE, H. G., : Biochem. J. **22**, 1289 (1928).
5. NEGELEIN, E. und W. ESCHBACH: Arch. Gyn. **185**, 504 (1955); **187**, 77, (1955).
6. GOLDBLATT H. und G. CAMERON: J. Exp. Med. **97**, 525 (1953).
7. EARLE, W. R.: J. Nat. Cancer Inst. **4**, 165 (1943—44); W. R. EARLE und A. J. NETTLESHIP: **4**, 213 (1943); A. NETTLESHIP und W. R. EARLE: **4**, 229 (1943).
8. GEY, O. G.: Cancer Res. **1**, 737, 1941; zit. nach Goldblatt und Cameron.
9. SANFORD, K. K., G. D. LIKELY und W. R. EARLE: J. Nat. Cancer Inst. **15**, 215 (1954).
10. SILBER, L. A.: Klin. Med. (UdSSR) **32**, 9 (1954).

11. CASPERSSON, T.: Naturwiss. **29**, 33 (1941).
12. BULLOCK und CRAMER: 6. Scientif. Rep. Imp. Cancer Res. Fund 1919; zit. nach R. F. BERG: Amer. J. Surg. **15**, 441 (1932).
13. SZABO K. H.: Med. Klinik **50**, 1 (1955).
14. BERENBLUM, I. und P. SHUBIK: Brit. J. Cancer **1**, 379, 383 (1947); I. BERENBLUM: Pontificiac Acad. Scientiarum Scripta varia **7**, 1 (1949).
15. GRAFFI, A.: Schweiz. Med. Wschr. **83**, 865 (1953).
16. DANNEEL, R.: Dtsch. Med. Wschr. Jg. 1946, 54.
17. GRAFFI, A. und FERD. SCHMIDT: Dtsch. Gesundheitswesen Jg. 1954, 1309.
18. SCHMIDT, FERD.: Dtsch. Gesundheitswesen Jg. 1954, 1319.
19. SCHMIDT, FERD.: Naturwiss. **41**, 504 (1954).
20. SCHMIDT, FERD.: Zschr. Ges. Inn. Med. **10**, 262 (1955).
21. SCHMIDT, FERD.: Zschr. Krebsforsch. **60**, 445 (1955).
22. SCHMIDT, FERD.: Bericht über die Jahrestagung der DAdW, Klasse für Medizin, 1955, im Druck.
23. SCHMIDT, FERD.: Naturwiss. **42**, 347 (1955).
24. GROSS, L.: Proc. Soc. Exper. Biol. Med. **83**, 414 (1953).
25. STEWART, S. E.: J. Nat. Cancer Inst. **15**, 1391 (1955); **16**, 41 (1955).
26. SCHMIDT, FERD.: Naturwiss. **43**, 20 (1956).
27. SCHULTZ, J., H. SHAY und M. GRUENSTEIN: Cancer Res. **14**, 157 (1954).
28. TINOZZI, F. P.: Zschr. Krebsforsch. **33**, 415 (1931); **36**, 193 (1932).
29. GROSS, L.: Proc. Soc. Exper. Biol. Med. **76**, 27 (1951); **78**, 342 (1951).
30. SCHMIDT, FERD.: Naturwiss. **42**, 347 (1955).
31. SCHMIDT, FERD.: Zbl. Path., **95**,36 (1956).
32. SCHMIDT, FERD.: Zschr. Ges. Inn. Med., **11**,640 (1956).
33. PUTNOKY, G., J. KERESTÉLY, E. HOFFMANN und I. BUSTYA: Acta Physiol. Acad. Sc. Hung. **4**, 425 (1953).
34. LOHMANN, K. und FERD. SCHMIDT: Naturwiss. **43**, 20 (1956).

Über die kondensierten Phosphate in Organismen[1])

VON KARL LOHMANN UND PETER LANGEN

1. Vorkommen

Die kondensierten Phosphate haben sich als Verbindungen erwiesen, die vor allem bei Pilzen, Algen und Bakterien häufig vorkommen. Für Hefe wurden erste Befunde über kondensierte Phosphate bereits von LIEBERMANN (1), KOSSEL (2) und ASCOLI (3) bei den Untersuchungen an Hefenukleinsäure Ende vorigen Jahrhunderts gewonnen. 1936 wurden ihre Ergebnisse von MAC FARLANE (4) wieder aufgenommen. Durch sie und später, ab 1946 durch SCHMIDT, HECHT und THANNHAUSER (5; 6), WIAME (7; 8), EBEL (9) und kürzlich durch uns (10) erfolgten genauere Beschreibungen der kondensierten Phosphate der Hefe.

Aus dem Mycel von Aspergillus niger konnten MANN (11) und INGELMANN und MALMGREN (12) hochpolymeres anorganisches Phosphat gewinnen. Kondensierte Phosphate wurden weiterhin durch HOULAHAM und MITCHELL (13) für Neurospora nachgewiesen und sind von uns aus Phycomyces isoliert worden, worauf wir unten noch eingehen werden.

Über das Vorkommen in Algen liegen Befunde von ALBAUM und Mitarbeitern (14) für Euglena, von SOMMER und BOOTH (15) für Chlorella und von STICH (16) für Acetabularia vor. Bei Bakterien wurden die kondensierten Phosphate zuerst von EBEL (17), später von BRINGMANN (18) in Corynebakterium diphtheriae nachgewiesen und von RUSKA, BRINGMANN, NECKEL und SCHUSTER (19) sowie von WINDER und DENNENY (20) in Mycobakterien gefunden.

Da eine systematische Untersuchung in dieser Hinsicht bisher noch aussteht, ist anzunehmen, daß kondensierte Phosphate auch noch in vielen anderen Vertretern dieser Organismengruppen vorkommen.

In höheren Organismen oder in tierischem Gewebe konnten bisher im allgemeinen keine anorganischen kondensierten Phosphate gefunden werden [SCHMIDT, HECHT und THANNHAUSER (5), EBEL (9), eigene Versuche an Rattenleber, Rattentumor und Kalbsthymus]. Eine Ausnahme bilden hier nach S. NIMIERKO und W. NIMIERKO (21) die Wachsmotten Galleria und Achroea, bei deren Larven kondensierte Phosphate vorkommen, was nach Ansicht der Autoren auf die Besonderheiten der Ernährung (Wachs) zurückzuführen ist.

2. Art der vorliegenden Verbindungen

Die Erforschung der in der Natur vorkommenden kondensierten Phosphate, von den meisten Autoren als „Metaphosphate“ bezeichnet, wurde lange Zeit erschwert durch die Tatsache, daß über das Wesen der ihnen entsprechenden, synthetisch aus Orthophosphaten

[1]) Aus dem Institut für Medizin und Biologie der Deutschen Akademie der Wissenschaften zu Berlin, Abteilung Biochemie (eingegangen am 27. 2. 1956).

durch Wasserabspaltung gewinnbaren Verbindungen wenig bekannt war. Erst in den letzten Jahren wurde vor allem durch THILO und seine Schule (22—26) die Konstitution eines wesentlichen Teils dieser synthetischen Verbindungen ermittelt und eine einheitliche Nomenklatur festgelegt. Danach wird zwischen kettenförmigen Verbindungen = Polyphosphate und ringförmigen = Metaphosphate unterschieden. Von den ersten sind bisher in reinem Zustand hergestellt und in ihrer Konstitution aufgeklärt: Das Pyrophosphat, das Triphosphat, das Tetraphosphat und die hochmolekularen Verbindungen Grahamsches, Maddrellsches und Kurolsches Salz. An ringförmigen Verbindungen sind bisher nur das Trimetaphosphat und das Tetrametaphosphat bekannt.

LOHMANN und VOGT (27; 28) sprachen die natürlich vorkommenden kondensierten Phosphate auf Grund enzymatischer Untersuchungen als Polyphosphate (also nicht ringförmig) an. Genauere Aussagen konnten in dieser Hinsicht nach der Einführung geeigneter papierchromatographischer Methoden durch EBEL (29) und GRUNZE und THILO (30) gemacht werden. Beschreibungen der Ergebnisse papierchromatographischer Untersuchungen liegen bisher für die kondensierten Phosphate der Hefe durch EBEL (9) und uns (10) vor. Wir untersuchten weiterhin die kondensierten Phosphate aus Phycomyces (s. u.)

a) Die kondensierten Phosphate der Hefe:

Die kondensierten Phosphate der Hefe wurden unabhängig voneinander, aber mit gleichem Ergebnis von EBEL (9) und uns (10) untersucht.

Wir isolierten die kondensierten Phosphate in reiner Form als Mg-Salze, frei von organischem Material und konnten das Vorkommen von Triphosphat, Tetraphosphat, Pentaphosphat, Hexaphosphat, Hetaphosphat und weiterer, auf dem Papier nicht wandernder Phosphate höheren Kondensationsgrades nachweisen. Triphosphat und Tetraphosphat wurden mit Hilfe synthetischer Testsubstanzen identifiziert, Penta-, Hexa- und Heptaphosphat, für die solche Testsubstanzen bisher nicht hergestellt werden können, mit Hilfe einer von GRUNZE und THILO (30) angegebenen linearen Beziehung zwischen dem Logarithmus der Wanderungsstrecke einer Verbindung und der Zahl der P-Atome in ihrem Molekül.

Die am Start des Chromatogramms verbleibende Fraktion mit den Phosphaten höheren Kondensationsgrades konnte bisher papierchromatographisch nicht aufgetrennt werden. Sie läßt sich jedoch durch fraktionierte alkalische oder saure Hydrolyse in identifizierbare niederpolymere Fraktionen aufspalten und kann dadurch mit den synthetischen hochpolymeren Phosphaten verglichen werden, die sich ebenso verhalten. Wenn im folgenden der Ausdruck „Hochpolymere" gebraucht wird, so verstehen wir darunter alle Verbindungen, die nicht wandern. Sie haben alle mehr als 7 P-Atome im Molekül, zum größten Teil jedoch wohl wesentlich höhere Kondensationsgrade. So kann man in Lösungen, die nur die hochpolymere Form enthalten, beim Zentrifugieren in der präparativen Ultrazentrifuge bei 50000 U/min (182000 g) eine Anreicherung des Phosphates in den unteren Schichten der Lösung erreichen. INGELMANN und MALMGREN (12) bestimmten das Molekulargewicht des von ihnen aus Aspergillus isolierten kondensierten Phosphates zu 6—7000.

Hefenukleinsäure, die auch auf dem Chromatogramm nicht wandert, liefert bei alkalischer Hydrolyse Fraktionen, die alle in den Raum zwischen Pyrophosphat und Orthophosphat laufen; sie kann so vom hochpolymeren Phosphat unterschieden werden.

Metaphosphat und Pyrophosphat kommen natürlicherweise nicht vor.

Um einen quantitativen Einblick in das biologische Verhalten der hoch- und niederpolymeren Polyphosphate zu gewinnen sowie definiertere Präparate für enzymatische Zwecke u. ä. zu erhalten, schien es uns günstig, von vornherein eine Trennung der Hochpolymeren von den Niederpolymeren zu erreichen. Wir erhielten eine solche Trennung mit zwei verschiedenen Methoden (10). Bei der einen Methode wird diese Trennung durch fraktionierte Extraktion vorgenommen, wobei die Niederpolymeren mit der fünffachen Menge 1%iger Trichloressigsäure extrahiert werden, die Hochpolymeren durch anschließendes Aufkochen des extrahierten Heferückstandes. Diese Methode ist zur quantitativen Bestimmung der beiden Fraktionen in Bierhefe geeignet. Bei einem mittleren Gehalt der Bierhefe an Polyphosphat von 15 mg P_2O_5 pro g Trockenhefe fanden wir etwa 20% als niederpolymer und 80% als hochpolymer. Von den Niederpolymeren entfallen etwa 50% auf das Triphosphat, 30% auf das Tetraphosphat und 15% auf das Pentaphosphat, entsprechend etwa 10%; 6% und 3% des gesamten polymeren Phosphates. Wir untersuchten mit dieser Methode die Synthese der Polyphosphate durch Hefe. Die Ereignisse werden unten mitgeteilt.

Die zweite Methode besteht in einer fraktionierten Fällung der Polyphosphate nach vorhergehender Salzextraktion. Wir wandten diese Methode hauptsächlich zur präparativen Darstellung der Polyphosphate und wegen ihrer einfacheren Handhabung vor allem bei größeren Substratmengen an. Die Extraktion wird dabei in schonender Weise mit Neutralsalzen in Gegenwart geringer Mengen Trichloressigsäure bei P_H ca. 4,6 durchgeführt. Als Salze sind $NaNO_3$ und $NaClO_4$ am geeignetsten, da sie wegen ihrer guten Löslichkeit in Äthanol den weiteren Isolierungsgang nicht stören. Die Abtrennung der Hochpolymeren von den Niederpolymeren (und dem anorganischen Orthophosphat) erfolgt aus n/10-salzsaurer Lösung mit dem gleichen Vol. Äthanol, die Fällung der Niederpolymeren (zusammen mit viel Orthophosphat) nach der Neutralisation. Zur Abtrennung des Orthophosphates ist als Mg-Salz zu fraktionieren, wobei die Niederpolymeren schwerer löslich sind, oder das Orthophosphat als Ammoniumphosphormolybdat mit Isobutanol auszuschütteln. In frischer Bierhefe finden sich auch bei dieser Aufarbeitung ebenso wie bei der fraktionieren Extraktion etwa 20% der Polyphosphate als Niederpolymere und 80% als Hochpolymere.

b) Die kondensierten Phosphate von Phycomyces:

Es seien hier einige erste Ergebnisse über die kondensierten Phosphate von Phycomyces mitgeteilt.

Die Extraktion erfolgte durch Verreiben des Mycels mit Sand und 0,3 ml ges. $NaClO_4$ L.g und 0,1 ml n-Trichloressigsäure pro g Frischgewebe. Nach 15 Minuten wurde mit der fünffachen Menge an dest. Wasser verdünnt und nach weiteren 15 Minuten abzentrifugiert. Der Extrakt wurde nach Neutralisation mit dem gleichen Volumen Alkohol gefällt, der abzentrifugierte Niederschlag in wenig verdünnter HCl aufgenommen und auf die Chromatogramme aufgetragen. Zur Methodik der Chromatographie s. S. 303.

Die chromatographische Untersuchung zeigte bisher häufig, daß die gesamten Polyphosphate am Start verbleiben, also hochpolymer sind. Niederpolymere waren nur selten oder höchstens in Spuren vorhanden, die durch Zersetzung entstanden sein können. Bei alkalischer Hydrolyse ergab sich ebenso wie bei der Hefe eine Aufspaltung der am Start verbleibenden Phosphate in die Niederpolymeren.

Die Menge der Polyphosphate beträgt bei Kultur im Schopfer-Nährmedium am 5. Tag 4,93 mg P_2O_5 pro g Trockengewebe, steigt bis zum 11. Tag auf 12,8 mg an und verbleibt dann vom 13. Tag bis zum 18. bei etwa 10 mg P_2O_5 pro g Trockengewebe.

3. Zur Frage der Bindung der Polyphosphate an eine organische Komponente

Die Frage, wieweit die Polyphosphate an eine organische Komponente gebunden sind, ist bis heute noch nicht befriedigend zu beantworten. Für die Polyphosphate aus Aspergillus und Hefe steht fest, daß sie in rein anorganischer Form gewonnen werden können; dabei bleibt jedoch die Möglichkeit offen, daß eine Bindung an ein organisches Substrat im Laufe des Isolierungsvorganges verlorengeht. Als organische Komponente kommen in erster Linie Eiweiße und Nukleinsäuren in Frage.

Bei verschiedenen Formen der Extraktion treten die Polyphosphate zusammen mit Nukleinsäuren in einer Fraktion auf. So ist es auch zu erklären, daß LIEBERMANN, KOSSEL und ASCOLI die Polyphosphate als Spaltprodukte der Nukleinsäuren ansahen. Es ist oft die Möglichkeit diskutiert worden, ob dieses gemeinschaftliche Vorkommen rein zufällig ist. Zur Beantwortung der Frage, wieweit hier vielleicht doch mit einem Komplex zwischen Polyphosphaten und Nukleinsäuren zu rechnen ist, müßte untersucht werden, ob sich in solchen, beide Komponenten enthaltenden Lösungen mit Hilfe physikalischer oder chemischer Methoden eine gleichartige Veränderung beider Verbindungen erzielen läßt. Unser durch fraktionierte Extraktion gewonnener Kochsaft mit den Hochpolymeren enthält beide Verbindungen im Verhältnis von etwa 4 Polyphosphat-P pro 1 Nukleotid-P. Wir führten damit in dieser Hinsicht Versuche mit der Ultrazentrifuge aus. Es ergab sich dabei, daß unter gewissen Bedingungen (saurer P_H-Wert, wobei ein Teil der Nukleinsäuren ausfällt) Nukleinsäuren und Polyphosphate im gleichen Ausmaß sedimentieren. Diese Tatsache könnte vielleicht als ein Hinweis auf das Vorliegen eines gemeinsamen Komplexes gedeutet werden.

Mit Eiweißen vermögen die kondensierten Phosphorsäuren bekannter Weise schwerlösliche Komplexe zu bilden. Diese Eigenschaft äußert sich z. B. bei der Extraktion der Polyphosphate aus Hefe: Nach Vorbehandlung mit Äther und Alkohol lassen sich die Polyphosphate mit dest. Wasser aus der Hefe isolieren. Wird jedoch statt des dest. Wasser 2%ige Trichloressigsäure (fünffache Menge) verwendet, so erhält man nur 40% der mit dest. Wasser extrahierten Menge. Offensichtlich fällt dabei ein Teil der Polyphosphate als schwerlöslicher Komplex aus.

Eine Bindung an Eiweiße auch im nativen Zustand kann daraus jedoch nicht hergeleitet werden, da beim Mischen einer Polyphosphatlösung mit aufgeschwemmter Trockenhefe ebenfalls ein Teil der Polyphosphate an die Hefe gebunden wird und nicht mehr mit Trichloressigsäure extrahiert werden kann.

Druckfiltrationsversuche, die noch laufen, zeigten bisher, daß beim Passieren von Polyphosphatlösungen durch Membranen, die für Makromoleküle wie Eiweiße und Nukleinsäuren undurchlässig sind, auch ein Teil der Polyphosphate zurückgehalten wird. Wird denselben Lösungen aber Salz zugesetzt ($NaNO_3$ oder $NaClO_4$), so gehen die Polyphosphate quantitativ durch die Membran hindurch. Es bleibt die Möglichkeit offen, daß die Bindung der Polyphosphate an die zurückgehaltenen kolloidalen Teilchen ein Kunstprodukt ist. Sollte sie jedoch einer natürlichen Bindung entsprechen, so kann gesagt werden, daß diese auf jeden Fall nur sehr schwach sein kann, da sie bereits durch Neutralsalze aufgespalten wird.

4. *Stoffwechsel der Polyphosphate*

Über die Bedeutung der Polyphosphate im Stoffwechselgeschehen der Organismen ist genaueres nicht bekannt. Von HOFFMANN-OSTENHOF (31) wurden sie früher als Verbindungen angesprochen, die in ähnlicher Weise wie z. B. bei den Tieren die „Phosphagene" in den Energiestoffwechsel eingreifen sollten. HOFFMANN-OSTENHOF hat jedoch kürzlich auf Grund eigener Ergebnisse diese Meinung wieder aufgegeben (32), doch werden wohl noch weitere Untersuchungen in dieser Hinsicht nötig sein.

Enge Beziehungen scheinen zwischen Polyphosphat- und Nukleinsäurestoffwechsel zu bestehen. Darauf wird bereits von WIAME (8) und SPIEGELMANN und KAMEN (33) hingewiesen. Weitere Angaben finden sich bei RAUTANEN und MIJKULAINEN (34), R. CHAYEN und S. CHAYEN (35) und BRINGMANN (18). Es scheint oft (z. B. bei Hefe) vor Beginn des Wachstums eine Phosphatakkumulation in Gestalt der Polyphosphatbildung stattzufinden. Mit Beginn des Wachstums sinkt dann der Polyphosphatgehalt stark ab. Bei Corynebakterium diphtheriae setzt nach BRINGMANN (18) die Bildung der Polyphosphate erst mit der Verlangsamung des Wachstums ein, was von dem Autor damit erklärt wird, daß das Phosphat in der Wachstumsperiode zu synthetischen Prozessen verbraucht wird. Auch unsere vorläufigen Ergebnisse mit Phycomyces zeigen einen Anstieg des Polyphosphatgehaltes mit Verlangsamung des Wachstums (s. o.). STICH (16) konnte an Acetabularia zeigen, daß eine Behinderung des Wachstums, z. B. durch Lichtentzug oder Behandlung mit Trypaflavin einen Anstieg des Polyphosphatgehaltes zur Folge hat.

Wachstum und Polyphosphatbildung scheinen also im allgemeinen gegenläufige Prozesse zu sein. Bei der großen Bedeutung, die die Nukleinsäuren für Wachstumsprozesse haben, liegt eine Verbindung des Abfalles des Polyphosphatgehaltes bei Wachstumsbeginn mit einer Beteiligung der Polyphosphate an der Nukleinsäuresynthese nahe. Widersprechende Befunde wurden bisher nur von WINDER und DENNENY (20) mitgeteilt, die fanden, daß bei Mycobakterium smegmatis nach Zusatz von Tetrahydrofurfurylalkohol eine Vermehrung des Polyphosphatgehaltes auch während der Wachstumsperiode stattfindet.

Zahlreiche Extrakte aus Organen und Mikroorganismen sind beschrieben worden, die kondensierte Phosphate zu spalten vermögen, und zwar sowohl die kettenförmigen Polyphosphate wie auch die Metaphosphate mit ringförmigen Anion. NEUBERG und FISCHER (36) beschrieben bereits 1936 die Aufspaltung von Triphosphat durch Hefeextrakte. Zum Zwecke der Konstitutionsaufklärung wurde von LOHMANN, VOGT und MATTENHEIMER (37) die enzymatische Aufspaltung von kondensierten Phosphaten durch Hefe- und Organextrakte untersucht. Dabei zeigte es sich, daß alle untersuchten Organextrakte aus menschlichem oder tierischem Gewebe kondensierte Phosphate zu spalten vermögen, wenn auch mit unterschiedlicher Geschwindigkeit je nach Organ, Herkunft und Art des Substrates. MATTENHEIMER (38) beschrieb ferner für Hefe das Vorkommen einer Trimetaphosphatase und einer Tetrametaphosphatase, die sich beide durch p_H-Optimum und verschiedene Resistenz gegenüber prolongierter Mazeration unterscheiden. Über die Polyphosphatasen von Aspergillus liegen ausgedehnte Untersuchungen durch INGELMANN, MALMGREN (39—42) und Mitarbeiter vor.

Über einzelne Enzyme oder Enzymextrakte, die am Stoffwechsel der Polyphosphate beteiligt sind, liegen bisher nur wenige Angaben vor. HOFFMANN-OSTENHOF und Mitarbeiter (43) beschreiben ein Enzym aus Hefe, das Phosphat von Polyphosphat auf Adenosindiphosphat zu übertragen vermag. Ein die gegenläufige Reaktion katalysierendes Ferment beschreiben KORNBERG und KORNBERG (44).

Die Synthese der Polyphosphate ist an intakten Hefezellen vor allem von WIAME (7; 8), RAUTANEN und MIJKULAINEN (34) und HOFFMANN-OSTENHOF und Mitarbeitern (32) untersucht worden. Danach vermag phosphatverarmte Hefe mit großer Geschwindigkeit Polyphosphat aufzubauen, wenn man sie in eine phosphathaltige Nährlösung einbringt. Dieser Aufbau ist vom Vorhandensein eines vergärbaren oder veratembaren Substrates abhängig und kann durch die Gärung bzw. die Atmung hemmende Fermentgifte unterdrückt werden. WIAME (8) beschreibt dabei zwei sich physiologisch verschieden verhaltene Fraktionen, die sich auch hinsichtlich ihrer Extrahierbarkeit unterscheiden. Die eine kann durch dreimalige Extraktion mit der vierfachen Menge 10%iger Trichloressigsäure für je 1 Stunde bei 0° gewonnen werden, die andere ist unter diesen Bedingungen nicht mit Trichloressigsäure extrahierbar. Letztere ist nach WIAMES Angaben die physiologisch aktivere.

Wir untersuchten mit unserer auf Grund der papierchromatographischen Ergebnisse entwickelten Methode der Trennung der Polyphosphate in Hoch- und Niederpolymere durch fraktionierte Extraktion (s. o.) den Verlauf der Synthese der Polyphosphate durch Hefe. Da bei den Niederpolymeren die Anfangsglieder, besonders das Triphosphat, die wesentliche Menge der Polyphosphate ausmachen und bei den Hochpolymeren sicher hauptsächlich die höheren Glieder erfaßt werden, lassen sich mit dieser Methode Anfang und Ende der Polyphosphatreihe annähernd quantitativ bestimmen. Die Methode bietet deshalb den Vorzug, bei biologischen Prozessen die Richtung der Vorgänge (Höherpolymerisierung oder Aufspaltung zu Niederpolymeren) erkennen zu können.

Die Ergebnisse seien im folgenden mitgeteilt.

5. Über den Verlauf der Synthese der Polyphosphate in Hefe

Methodik

1. Verarmung der Hefe an Phosphat: Bierhefe wurde aerob durch Kultur in einem phosphatfreien Medium an Phosphat verarmt. Das Nährmedium enthielt 0,43% Ammoniumsulfat, 0,07% Magnesiumsulfat ($\cdot 8 H_2O$), 4% Glukose, 0,5% Bernsteinsäure, mit Ammoniak und NaOH auf p_H ca. 5,5 gebracht. Die Hefemenge darin betrug 1—4% (Frischgewicht). Durch verschiedene Länge der Verarmungszeit variierten wir das Ausmaß der Verarmung und gelangten damit zu zwei verschiedenen Typen der verarmten Hefe:

a) Stark verarmte Hefe. Diese Hefe enthält keine Niederpolymeren mehr und Hochpolymere und Orthophosphat nur in sehr geringer Menge (etwa 1—10% der Menge vor der Verarmung). Dieses Ausmaß der Verarmung wird nach 8 bzw. 4 Tagen phosphatfreier Kultur erreicht. b) Schwach verarmte Hefe. Bei dieser Hefe sind noch Niederpolymere vorhanden (von 13—40% der Ausgangsmenge), Hochpolymere zwischen 5—35%, Orthophosphat nicht unter 25% der Ausgangsmenge. Eine solche Verarmung wird bereits nach ½—2 Tagen phosphatfreier Kultur erreicht.

2. Resynthese: Die Hefe wurde in Portionen von je 10 g in 40 ml Wasser suspendiert und 50 ml Nährlösung hinzugegeben. Die Nährlösung wurde so angesetzt, daß sie nach Einbringung der Hefe etwa m/60 in bezug auf Phosphat (KH_2PO_4) und 5%ig an Glukose war. Nach 4; 10; 30 und 90 Minuten wurde je ein Ansatz abzentrifugiert, die Hefe mit Eiswasser gewaschen und sofort extrahiert.

3. Resynthese mit P^{32}: Hierzu wurden je 3 g Hefe in 10 ml Wasser suspendiert und dazu 5 ml Nährlösung mit 15 mg P_2O_5 als KH_2PO_4, 0,9 g Glukose und 10—20 μC P^{32} als KH_2PO_4 gegeben. Sonst wie in 2.

4. Versuche mit Praeinkubation: Als Versuche mit Praeinkubation werden im folgenden diejenigen bezeichnet, bei denen die verarmte Hefe am Tage vor dem eigentlichen Versuch 90 Minuten lang mit der phosphathaltigen Nährlösung (wie unter 3 angegeben mit Ausnahme des P^{32}) behandelt wurde (= Praeinkubation). Die Hefe wurde dann mit Eiswasser gewaschen, über Nacht bei 0° C aufbewahrt und am nächsten Morgen noch einmal in der gleichen Weise behandelt (= Inkubation). Dabei wurde im Versuch 7 die Praeinkubation mit P^{32} und die Inkubation mit P^{31}, im Versuch 8 die Praeinkubation mit P^{31} und die Inkubation mit P^{32} durchgeführt.

5. Extraktion: Die Hefe wurde entsprechend der von uns abgegebenen Methode (10) mit je der fünffachen Menge 1%iger Trichloressigsäure (TCE) 90 Minuten lang und dann noch einmal 15 Minuten lang extrahiert. Der Rückstand wurde in der doppelten Menge Wasser suspendiert, neutralisiert und kurz aufgekocht. Die TCE-Extrakte enthalten die Polyphosphate bis zu einem Kondensationsgrad von etwa 7-P-Atomen im Molekül und die P-Ester des Kohlehydratabbaues; im Kochsaft befindet sich das hochpolymere Phosphat und etwas Nukleinsäure.

6. Chromatographie: Die vereinigten TCE-Extrakte werden neutralisiert, mit gleichem Volumen Alkohol gefällt und auf die Papiere (Schleicher & Schüll 2043b) aufgetragen. Als Chromatographierlösung wurde das saure Lösungsmittel Nr. 2 nach GRUNZE und THILO (30) genommen. Die Entwicklung der Phosphatflecken auf dem Papier wurde nach HANES und ISHERWOOD (45) durchgeführt. Zur Identifizierung der Substanzen s. o. (S. 298). Eine während der Versuche in Höhe des Pyrophosphates auf dem Chromatogramm auftretende Fraktion besteht nach Vergleichen mit Testsubstanzen sicher aus P-Estern des Kohlehydratabbaues, vor allem aus Fruktose-1,6-diphosphat.

7. Phosphorbestimmungen: Die Phosphorbestimmungen wurden kolorimetrisch durchgeführt (46). Die kondensierten Phosphate hydrolysieren in n-HCl bei 100° C in 7 Minuten vollständig (Δ_0^7). Aber auch von Fruktose-1,6-diphosphat und Hefenukleinsäure hydrolysieren gewisse Anteile in dieser Zeit. Deswegen wird zur Berechnung der Polyphosphate eine Korrektur notwendig. Da von Fruktose-1,6-diphosphat und Hefenukleinsäure in den ersten 7 Minuten (Δ_0^7) ebensoviel Phosphat abgespalten wird, wie in den folgenden 23 Minuten (Δ_7^{30}) wurde der Gehalt an Polyphosphat nach der Formel Polyphosphat-P $= \Delta_0^7 - \Delta_7^{30}$ berechnet.

8. Nachweis von P^{32}: P^{32} wurde autoradiographisch nachgewiesen. Die Chromatogramme wurden dazu auf Autolith-Film gepreßt. Es ließen sich auf diese Weise 0,0001 μC auf 1 cm^2 nach 20 Tagen Expositionsdauer gerade noch erkennen, 0,001 μC nach 8 Tagen Exposition bereits sehr deutlich.

Ergebnisse

1. Versuch: Synthese der Polyphosphate in stark verarmter Hefe.

Absolute Werte der Verarmung: Abfall der Hochpolymeren von 14,8 auf 0,3 mg P_2O_5 pro g Trockenhefe. Abfall der Niederpolymeren von 2,3 mg P_2O_5 pro g Trockenhefe auf 0.

Verlauf der Synthese: Starker Anstieg der Hochpolymeren von Beginn des Versuches an. Vor und 4 und 10 min nach Zugabe der Nährlösung keine Niederpolymeren, hier Anstieg erst nach 30 min (Abb. 1).

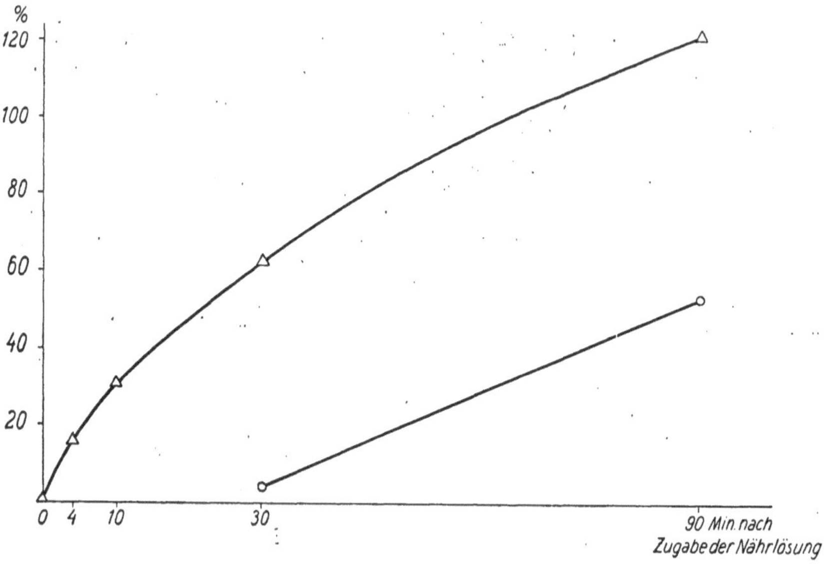

Abb. 1. Synthese der Polyphosphate in stark verarmter Hefe
△-△-△ Hochpolymere
O-O-O Niederpolymere
P_2O_5-Gehalt vor der Verarmung = 100%

Chromatographischer Befund: Vor und 4 und 10 min nach Zugabe der Nährlösung keine Niederpolymeren; nach 30 min Fruktose-1,6-diphosphat, nach 90 min auch noch Triphosphat und Tetraphosphat und etwas Hochpolymeres.

Verhalten des Orthophosphates: Bei Verarmung Abfall auf 5%. Beim Versuch langsamer Anstieg auf 27%.

2. Versuch: Synthese der Polyphosphate aus Triphosphat[1]) in stark verarmter Hefe.

Absolute Werte der Verarmung: Abfall der Hochpolymeren von 9,8 auf 0,4 mg P_2O_5 pro g Trockenhefe. Abfall der Niederpolymeren von 2,8 mg P_2O_5 pro g Trockenhefe auf 0.

Verlauf der Synthese: Nach 4 min starker Anstieg der Hochpolymeren. Vor und 4 und 10 min nach Zugabe der Nährlösung keine Niederpolymeren, hier Anstieg nach 30 min (Abb. 2).

Chromatographischer Befund: Vor und 4 und 10 min nach Zugabe der Nährlösung keine Niederpolymeren. Nach 30 min Fruktose-1,6-diphosphat und Spuren von Triphosphat, nach 90 min Triphosphat stärker und dazu noch Tetraphosphat (Abb. 5).

Verhalten des Orthophosphates: Bei der Verarmung Abfall auf 9%. Beim Versuch langsamer Anstieg auf 23%.

3. Versuch: Synthese der Polyphosphate in schwach verarmter Hefe.

Absolute Werte der Verarmung: Abfall der Hochpolymeren von 11,9 auf 4,2 mg P_2O_5 pro g Trockenhefe. Abfall der Niederpolymeren von 3,0 auf 0,8 mg P_2O_5 pro g Trockenhefe.

[1]) Endkonzentration = m/180.

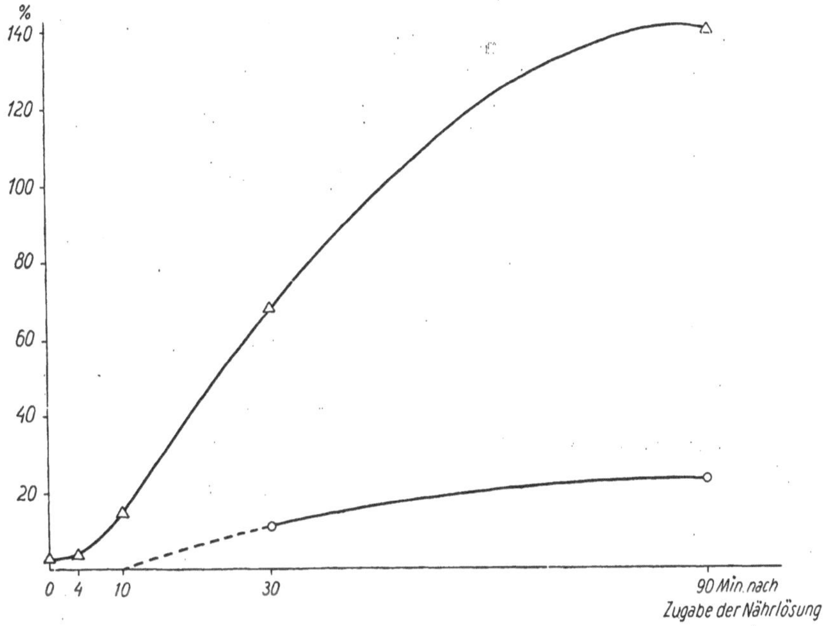

Abb. 2. Synthese der Polyphosphate aus Triphosphat in stark verarmter Hefe
△-△-△ Hochpolymere
O-O-O Niederpolymere
P_2O_5-Gehalt vor der Verarmung = 100%

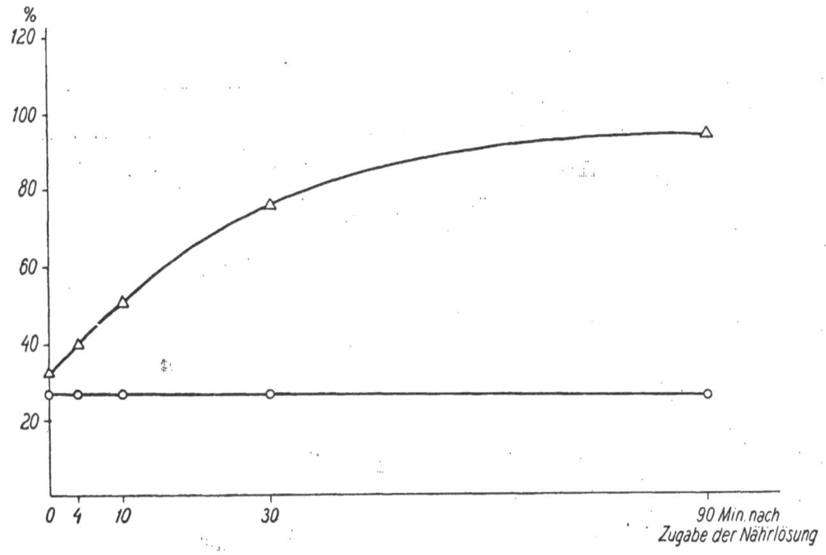

Abb. 3. Synthese der Polyphosphate in schwach verarmter Hefe
△-△-△ Hochpolymere
O-O-O Niederpolymere
P_2O_5-Gehalt vor der Verarmung = 100%

Verlauf der Synthese: Von Beginn des Versuches an starker Anstieg der Hochpolymeren. Niederpolymere bleiben annähernd konstant (Abb. 3).

Chromatographischer Befund: Vor der Verarmung Triphosphat, Tetraphosphat und Pentaphosphat, nach der Verarmung zu allen Zeiten Triphosphat und Tetraphosphat. Starkes Auftreten von Fruktose-1,6-diphosphat.

Verhalten des Orthophosphates: Bei der Verarmung Abfall auf 49%. Während des Versuches ohne große Veränderungen, nach 90 min 44%.

4. Versuch: Synthese der Polyphosphate in nichtverarmter Hefe.

Absolute Werte vor der Behandlung: Hochpolymere 10,4 mg P_2O_5, Niederpolymere 2,8 mg P_2O_5 pro g Trockenhefe.

Verlauf der Synthese: Anstieg der Niederpolymeren zwischen 0 und 30 min, dann konstant. Hochpolymeres während des ganzen Versuches konstant (Abb. 4).

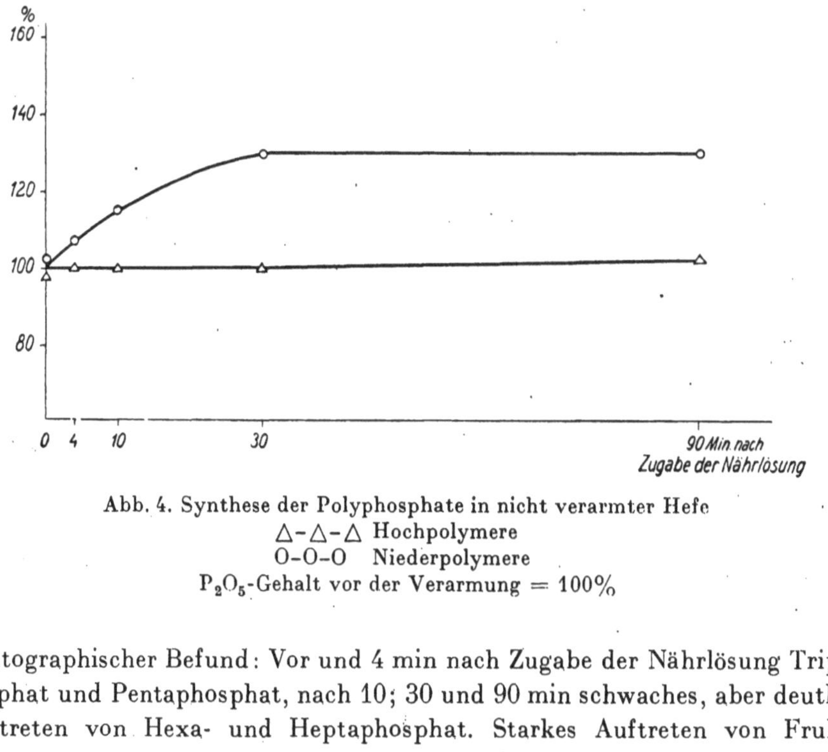

Abb. 4. Synthese der Polyphosphate in nicht verarmter Hefe
△-△-△ Hochpolymere
O-O-O Niederpolymere
P_2O_5-Gehalt vor der Verarmung = 100%

Chromatographischer Befund: Vor und 4 min nach Zugabe der Nährlösung Triphosphat, Tetraphosphat und Pentaphosphat, nach 10; 30 und 90 min schwaches, aber deutlich sichtbares Auftreten von Hexa- und Heptaphosphat. Starkes Auftreten von Fruktose-1,6-diphosphat.

Verhalten des Orthophosphates: Abfall bis auf 49%.

5. Versuch: Synthese der Polyphosphate in schwachverarmter Hefe nach Praeinkubation.

Verlauf der Synthese (Tab. 1): 1. Praeinkubation: Hochpolymere stark ansteigend, Niederpolymere nur geringfügig verändert; Verlauf also Versuch 3 entsprechend. 2. Inkubation: starker Anstieg der Niederpolymeren, schwacher der Hochpolymeren. Der Anstieg der Niederpolymeren erfolgt in Versuch 5b schon z. T. über Nacht. Trotzdem scheint nach

Tabelle 1. Versuch 5. Angaben in mg P_2O_5 pro g Trockenhefe

Behandlung der Hefe	Versuch 5a		Versuch 5b	
	Hoch-polymere	Nieder-polymere	Hoch-polymere	Nieder-polymere
1. Vor der Verarmung	11,1	4,15	9,88	3,38
2. Nach Verarmung (½ Tag)	0,91	0,59	1,70	0,69
3. Nach 90 min Praeinkubation	3,70	0,81	6,00	0,73
4. Nach Lagerung über Nacht bei 0°C	4,07	0,86	6,10	1,67
5. Nach 90 min Inkubation	5,20	1,84	6,80	2,10

anderen Ergebnissen eine Lagerung über Nacht für einen Anstieg der Niederpolymeren nicht notwendig zu sein und eine Ausdehnung der Gesamtinkubationszeit auf 180 min auszureichen. Der Anstieg der Niederpolymeren ist offenbar nur von dem Grad der Resynthese der Hochpolymeren abhängig (s. u.).

Chromatographischer Befund: 1. Praeinkubation: Vor Beginn und nach 90 min Triphosphat und wenig Tetraphosphat. 2. Inkubation: Vor Beginn und nach 4; 10; 30 und 90 min Triphosphat und Tetraphosphat. Starkes Auftreten von Fruktose-1,6-diphosphat (auch schon bei Praeinkubation).

6. Versuch: Synthese der Polyphosphate in schwachverarmter Hefe mit P^{32}.

Absolute Werte: s. Versuch 5a 1—3.

Chromatographischer Befund: Vor Beginn und nach 4; 10; 30 und 90 min Triphosphat und Tetraphosphat. Starkes Auftreten von Fruktose-1,6-diphosphat. P^{32} bis zu 30 min nur in Fruktose-1,6-diphosphat, nach 90 min auch in Tri- und Tetraphosphat in Spuren nachweisbar.

7. Versuch: Synthese der Polyphosphate in schwach verarmter Hefe nach Praeinkubation mit P^{32}.

Verlauf der Synthese: Tab. 2 (wie Versuch 5).

Chromatographischer Befund: Vor Beginn und 30 und 90 min Inkubation Triphosphat und Tetraphosphat, nach 90 min auch etwas Pentaphosphat. Starkes Auftreten von Fruktose-1,6-diphosphat. Alle Fraktionen P^{32} enthaltend (Abb. 7).

8. Versuch: Synthese der Polyphosphate in schwach verarmter Hefe mit P^{32} nach Praeinkubation (mit P^{31}).

Absolute Werte: s. Versuch 7.

Verlauf der Synthese: Tab. 2 (wie Versuch 5).

Chromatographischer Befund: Wie in Versuch 7, aber kein P^{32} in den Niederpolymeren (Abb. 7).

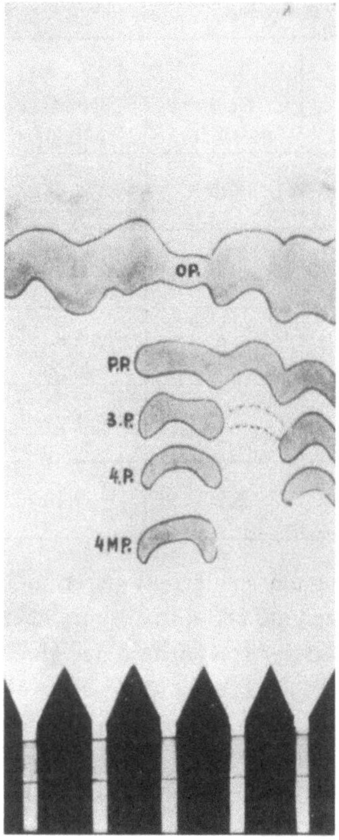

Abb. 5. Synthese der Polyphosphate aus Triphosphat in stark verarmter Hefe (Versuch 2)

1. Vor Zugabe der Nährlösung
2. 10 min nach Zugabe der Nährlösung
3. Testsubstanzen
4. 30 min nach Zugabe der Nährlösung
5. 90 min nach Zugabe der Nährlösung

a = Orthophosphat (OP); b = Fruktose-1,6-diphosphat (bei Testsubstanzen = Pyrophosphat [PP]); c = Triphosphat (3P); d = Tetraphosphat (4 P); e = Tetrametaphosphat (4 MP). Untergrund aufgehellt

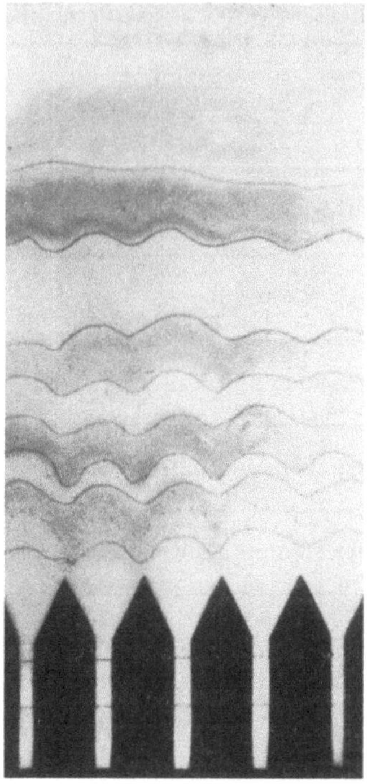

Abb. 6. 1; 2 u. 4 = Synthese der Polyphosphate in schwachverarmter Hefe nach Praeinkubation mit P^{32} (Versuch 7). 1 = vor, 2 = 30 min u. 4 = 90 min Inkubation. 3 u. 5 = Synthese der Polyphosphate in schwach verarmter Hefe mit P^{32} nach Praeinkubation (mit P^{31}) (Versuch 8). 3 = 30 min, 5 = 90 min Inkubation. Bezeichnung wie Abb. 5

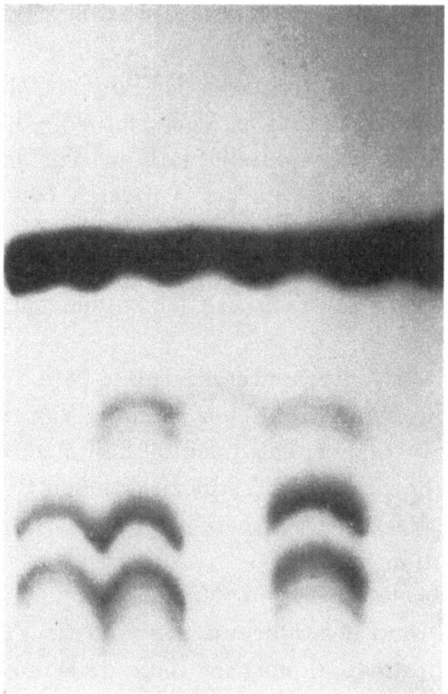

Abb. 7. Autoradiogramm zu 6; wie dort

Tabelle 2. Versuch 7. Angaben in mg P_2O_5 pro g Trockenhefe

Behandlung der Hefe	Hochpolymere	Niederpolymere
Vor der Verarmung	9,20	4,32
Nach der Verarmung (½ Tag)	0,96	0,79
Nach 90 min Praeinkubation mit P^{32} .	3,75	0,91
Nach Lagerung über Nacht bei 0° C und folgender Inkubation mit P^{31} für 90 min		1,79

Diskussion

Wie die Versuche 1 und 2 zeigen, baut stark an Phosphat verarmte Hefe bei der Phosphataufnahme bevorzugt hochpolymeres Phosphat auf. Der Orthophosphatgehalt steigt dabei nur langsam, und Niederpolymere treten erst auf, wenn die Hochpolymeren schon wieder in größerer Menge vorhanden sind. Ebenso zeigen die Versuche mit der schwachverarmten Hefe (5 mit und 3 ohne Praeinkubation), daß zunächst das hochpolymere Phosphat zurückgebildet wird, ehe auch das Niederpolymere in der Menge ansteigt. Nur bei Versuch 4 ist eine Vermehrung der Niederpolymeren allein festzustellen, offenbar ist der Gehalt an Hochpolymeren bereits maximal.

Es erhebt sich die Frage nach dem Verlauf der Synthese der Hochpolymeren aus Orthophosphat. Zunächst liegt die Annahme nahe, daß die Niederpolymeren Zwischenstufen dieser Synthese darstellen. Sie könnten bei der stark verarmten Hefe zuerst sofort nach ihrer Bildung aus Orthophosphat zu Hochpolymeren weiterkondensiert werden und deshalb nicht nachweisbar sein. Wenn dann die Hochpolymeren eine gewisse Konzentration erreicht haben, wäre eine Verlangsamung dieses Prozesses möglich und die Niederpolymeren könnten dann in der Zelle beständig sein oder sogar in ihrer Menge ansteigen. Diese Annahme würde durch Versuch 2 stark unterstützt werden, der zeigt, daß Triphosphat in gleicher Weise wie Orthophosphat zur Synthese des Hochpolymeren verwendet wird. Allerdings kann dabei von vornherein ein vorheriger Abbau des Triphosphats zu Orthophosphat und die Bildung der Hochpolymeren auf einem anderen Wege nicht ausgeschlossen werden, da Triphosphat spaltende Fermente in der Hefe nachgewiesen sind und auch das Orthophosphat einen langsamen Anstieg während des Versuches zeigt.

Gegen die Annahme eines Verlaufes der Synthese in der Reihenfolge Orthophosphat-Niederpolymere-Hochpolymere sprechen jedoch eindeutig die Versuche 3 und 6. Versuch 3 müßte etwa einem Zustand entsprechen, bei dem ungefähr ebensoviel Niederpolymere gebildet wie zu Hochpolymeren weiterkondensiert werden, so daß die Menge insgesamt konstant bleibt. In diesem Fall müßten die Niederpolymeren aber in Versuch 6 radioaktives Phosphat aufnehmen. Es waren jedoch in diesem Versuch erst 90 min nach Zugabe der

Nährlösung Spuren von P^{32} im Triphosphat und Tetraphosphat zu erkennen; ein Austausch müßte bei einem Verlauf der Synthese des Hochpolymeren über diese Stufen schon eher stattgefunden haben. Bei einem zweiten, gleichartigen Versuch konnte überhaupt kein P^{32} in den Niederpolymeren gefunden werden. Die Aufnahme von Orthophosphat aus dem Nährmedium in diese Fraktionen kann also, wenn sie überhaupt stattfindet, nur sehr gering und ein Verlauf der Synthese der Hochpolymeren über die vorhandenen Niederpolymeren nicht möglich sein.

Vielmehr muß nach den Versuchen 7 und 8 angenommen werden, daß die Niederpolymeren aus den Hochpolymeren entstehen. In Versuch 7 wurde schwach verarmte Hefe 90 min lang mit P^{32} enthaltender Nährlösung behandelt. Die beiden Fraktionen verhalten sich in dieser Zeit etwa so wie in Versuch 3; d. h., es werden Hochpolymere gebildet, die also P^{32} aufnehmen, während die Niederpolymeren in ihrer Menge konstant bleiben und auch entsprechend Versuch 6 kein P^{32} aufnehmen. Die Hefe wurde dann abzentrifugiert mit Eiswasser gewaschen und bei 0° über Nacht aufbewahrt. Am nächsten Morgen wurde eine Probe gleich extrahiert, zwei andere wieder in phosphathaltige, aber nicht radioaktive Nährlösung gebracht und nach 30 bzw. 90 min abzentrifugiert und extrahiert. In allen drei Fällen fanden sich bei der chromatographischen Untersuchung radioaktive Niederpolymere (Abb. 7). Wie aus Versuch 5 erkenntlich ist, steigen die Niederpolymeren während der zweiten Inkubation in der Menge an, z. T. erfolgt dieser Anstieg schon in der Ruheperiode über Nacht. Auch sind in dieser Ruheperiode bereits radioaktive Niederpolymere gebildet worden. Als Muttersubstanz kommt dabei offensichtlich nur das radioaktive hochpolymere Phosphat in Frage, da eine Kondensation aus dem vorhandenen radioaktiven Orthophosphat wegen der bei 0° ruhenden Stoffwechselprozesse wohl ausgeschlossen werden kann.

Auch eine Bildung der Niederpolymeren aus Orthophosphat in der zweiten Inkubationsperiode in den Fällen, in denen wie in Versuch 5a die Menge an Niederpolymeren nicht über Nacht, sondern erst in dieser zweiten Inkubationsperiode ansteigt, kann nach Versuch 8 ausgeschlossen werden. Hier erfolgte die Praeinkubation am Vortage ohne, die Inkubation am folgenden Tage mit radioaktivem Phosphat (also umgekehrt wie bei Versuch 7). Hierbei werden keine radioaktiven Niederpolymeren gebildet, trotz vorhandenem radioaktivem Orthophosphat (Abb. 7).

Offen bleibt die Frage nach der Bildung der Hochpolymeren, für die Zwischenprodukte bisher also noch nicht nachgewiesen werden konnten. Diese Bildung ist damit — neben Eiweiß- und Glykogensynthese — ein Beispiel mehr dafür, daß bei der Biosynthese eines hochpolymeren Stoffes solche Zwischenprodukte vorläufig nicht nachweisbar sind. Es besteht allerdings in diesem Falle die Möglichkeit, daß der Vorgang durch Anlagerung von Orthophosphat an bereits hochpolymere Polyphosphate vor sich geht, die offenbar immer vorhanden sind. Eine solche Anlagerung könnte auch energetisch bevorzugt sein.

Zusammenfassung

Es wird eine Übersicht über die Verbreitung und die Art der in Organismen vorkommenden kondensierten Phosphate auf Grund von Literaturangaben und eigenen papierchromatographischen Untersuchungen an Hefe und Phycomyces gegeben. Die Hefe enthält danach

Polyphosphate vom Triphosphat an aufwärts. Davon wandern auf dem Chromatogramm und konnten identifiziert werden die Verbindungen Triphosphat bis Heptaphosphat, während 80% der Gesamtmenge in Form höherpolymerer Polyphosphate am Start verbleiben und bisher nicht näher gekennzeichnet werden konnten. Phycomyces enthält vorwiegend nur hochpolymeres Phosphat.

Bei den Versuchen über die Synthese der Polyphosphate durch Hefe zeigte sich, daß von phosphatverarmter Hefe bevorzugt das hochpolymere Phosphat resynthetisiert wird. Nach autoradiographischen Untersuchungen mit P^{32} ist wahrscheinlich, daß die niederpolymeren Polyphosphate (3—7 P-Atome im Molekül) keine Zwischenstufen dieser Synthese sind, sondern umgekehrt erst aus den Hochpolymeren entstehen.

Literatur

1. Liebermann, L.: Pflügers Archiv Bd. **47**, S. 155.
2. Kossel, A.: Arch. Anatomie u. Physiol. S. 157 (1893).
3. Ascoli, A.: Hoppe-Seylers Z. physiol. Chemie 28, 426 (1889).
4. Mac Farlane, M.: Biochem. J. **30**, 1369 (1936).
5. Schmidt, G., L. Hecht u. S. J. Thannhauser: J. biol. Chem. **166**, 775 (1946).
6. Schmidt, G., L. Hecht u. S. J. Thannhauser: J. biol. Chem. **178**, 733 (1949).
7. Wiame, J. W.: Biochim. Biophys. Acta **1**, 234 (1947).
8. Wiame, J. W.: J. biol. Chemistry **178**, 919 (1949).
9. Ebel, J. P.: Bull. Chim. biol. **34**, 321, 330, 491, 498 (1952).
10. Lohmann, K. u. P. Langen: Biochem. Z. (im Druck).
11. Mann, T.: Biochem. J. **38**, 339 (1944).
12. Ingelmann, B. u. H. Malmgren: Acta chem. scand. **4**, 478 (1950).
13. Houlaham, M. B. u. H. K. Mitchell: Arch. Biochem. **19**, 257 (1948).
14. Albaum, H. G., A. Schatz, S. H. Hutner u. A. Hirshfeld: Arch. Biochem. **29**, 210 (1950).
15. Sommer, L. u. Th. E. Booth: Plant Physiology **13**, 199 (1948).
16. Stich, H.: Z. Naturforsch. 8b, 36 (1953).
17. Ebel, J., P.: C. r. Acad. Sci. Paris, 228, 1312 (1949).
18. Bringmann, G.: Zbl. f. Bakt. 1. Org. 156, 493 (1950).
19. Ruska, H., G. Bringmann, J. Neckel u. G. Schuster: Z. wiss. Mikroskop. **60**, 425 (1952).
20. Winder, F. u. J. M. Denneny: Nature **174**, 353 (1954).
21. Nimierko, S. u. W. Nimierko: Nature **166**, 268 (1950).
22. Thilo, E.: Forschungen u. Fortschritte **26**, 284 (1950).
23. Thilo, E.: Angewandte Chemie **63**, 508 (1951).
24. Thilo, E.: Chemische Technik **4**, 345 (1952).
25. Thilo, E.: Angewandte Chemie, **64**, 510 (1952).
26. Thilo, E., G. Schulz u. E. M. Wichmann: Z. anorgan. u. allgem. Chem. **272**, 182 (1953).
27. Lohmann, K.: Deutscher Physiologen-Kongreß Göttingen 1949.
28. Vogt, H.: Dissertation Humboldt-Universität Berlin 1951.
29. Ebel, J. P.: Bull. Soc. Chim. France S. 99 (1953).
30. Grunze, H. u. E. Thilo: Sitzungsberichte d. DAdW., Berlin, Jhg. 1953, Nr. 5.
31. Hoffmann-Ostenhof, O. u. W. Weigert: Naturwissenschaften **39**, 303 (1952).
32. Hoffmann-Ostenhof, O., A. Klima, J. Kenedy u. K. Keck: Monatshefte f. Chemie, **86**, 604 (1955).
33. Spiegelmann, S. u. M. D. Kamen: Spring Harb. Symp. quant. Biol. **12**, 211 (1947).
34. Rautauen, N. u. P. Mijkulainen: Acta chem. scand. **5**, 89 (1951).
35. Chayen, R., S. Chayen u. E. R. Roberts: Biochim. Biophys. Acta **16**, 117 (55).
36. Neuberg, C. u. H. A. Fischer: Enzymologia **2**, 191, 241, 360 (1937).

37. MATTENHEIMER, H.: Biochem. Z. **322**, 36 (1951).
38. MATTENHEIMER, H.: Naturwiss. **40**, 530 (1953).
39. INGELMANN, B. u. H. MALMGREN: Acta chem. scand. **1**, 422 (1947).
40. INGELMANN, B. u. H. MALMGREN: Acta chem. scand. **2**, 365 (1948).
41. INGELMANN, B. u. H. MALMGREN: Acta chem. scand. **3**, 157 (1949).
42. MALMGREN, H.: Acta chem. scand. **6**, 16 (1952).
43. HOFFMANN-OSTENHOF, O., J. KENEDY, K. KECK, O. GABRIEL u. H. W. SCHÖNFELLINGER: Biochim. Biophys. Acta **14**, 285 (1954).
44. KORNBERG, S. R. u. A. KORNBERG: Federation Proc. **13**, 244 (1954).
45. HANES, C. S. u. F. A. ISHERWOOD: Nature **164**, 1107 (1949).
46. BOSSE, R.: Dissertation Humboldt-Universität Berlin.

Wissenschaftliche Probleme des neuen Deutschen Arzneibuchs (DAB. 7)

VON HANS SEEL

Die Gesamtproblematik des neuen Deutschen Arzneibuchs (DAB. 7) hat gegenüber derjenigen früherer Deutscher Arzneibücher (1—6; 1872—1926)[1]) nicht nur an Umfang, sondern auch an Mannigfaltigkeit erheblich zugenommen, da neben der Berücksichtigung der verschiedenartigsten Fragen technischer und öffentlich-rechtlicher Art zahlreiche neue wissenschaftliche Aufgaben zu bearbeiten sind. Bis zum Jahre 1926 (DAB. 6) bestand die Aufgabe der jeweiligen Arzneibuch-Kommission, abgesehen von einigen unwesentlichen Äußerlichkeiten (Sprachenfrage)[2]), vornehmlich darin, die neue Ausgabe des Arzneibuchs dem damaligen Stande der Wissenschaft, insbesondere den Ergebnissen der medizinischen bzw. pharmakologischen, der pharmazeutisch-chemischen und der pharmakognostischen Forschung anzupassen. Hierbei konnte man sich, mit Ausnahme des infolge des ersten Weltkrieges verspätet erschienenen DAB. 6 (1926), stets auf die Ergebnisse der Arzneimittelforschung während eines Jahrzehnts beschränken. Seit der Ausgabe des DAB. 6 sind aber mittlerweile drei Jahrzehnte[3]) und damit eine Epoche der Arzneimittelforschung vergangen, die eine Fülle neuer, therapeutisch wichtiger Naturstoffe und synthetischer Arzneimittel bzw. Arzneimittelgruppen (Analgetica, Anaesthetica, Antibiotica, Antihistaminica, Bacteriostatica, Cardiaca, Cardiotonica, Enzyme, Hormone, Hypnotica, Narcotica, Sulfonamide, Thyreostatica, Vitamine) hervorgebracht hat, die allerdings nicht alle immer und unbedingt einen Fortschritt der Therapie bedeuten, vielmehr manchmal nur ein ephemeres Dasein geführt haben. Nicht genug aber mit dieser weitgehenden Neugestaltung des Arzneimittel-

[1]) Durch Bundesratsbeschluß wurden bisher
1872 die „Pharmacopoea Germanica, Editio prima"
1882 die „Pharmacopoea Germanica, Editio altera"
1891 „das Deutsche Arzneibuch für das Deutsche Reich (3. Ausgabe)"
1901 „das Deutsche Arzneibuch für das Deutsche Reich (4. Ausgabe)"
1911 „das Deutsche Arzneibuch (5. Ausgabe)"
und durch Reichsratsbeschluß
1926 „Deutsches Arzneibuch (6. Ausgabe)"
in Kraft gesetzt. Als Vorläufer dieser Deutschen Arzneibücher sind die früheren Landes- bzw. Stadtpharmakopöen (Pharmacopoea Borussica u. a.) zu betrachten.

[2]) Pharmacopoea Germanica Editio I und II sind noch in lateinischer Sprache abgefaßt. Erst bei der Ausgabe des 3. Deutschen Arzneibuchs ist auf Bundesratsbeschluß vom 21. November 1889 die deutsche Sprache gewählt worden.

[3]) Von der 6. Ausgabe des Deutschen Arzneibuchs (1926) sind inzwischen drei unveränderte Nachdrucke erschienen (11. November 1937; 26. November 1941 und 12. Februar 1947) sowie ein erster und zweiter Nachtrag zum Deutschen Arzneibuch, 6. Ausgabe 1926 vom 1. Oktober 1931 und 1. Januar 1934, ferner zwei kriegsbedingte Ausgaben der Vorschriften (1. Mitteilung vom 14. Januar 1943; 2. Mitteilung vom 1. September 1944).

marktes und der damit verbundenen umfangreichen wissenschaftlichen Problematik ist in der Zwischenzeit auch noch eine einschneidende Veränderung unseres politischen Daseins erfolgt, die ihrerseits wiederum zahlreiche neue Probleme bei der Bearbeitung des DAB. 7 aufgeworfen hat (Beschränkung des Gültigkeitsbereichs des neuen Deutschen Arzneibuchs auf das Gebiet der Deutschen Demokratischen Republik, Fragen der Rohstoffbeschaffung und -erzeugung infolge der verschiedenartigen Entwicklung der pharmazeutisch-chemischen Industrie in der Deutschen Demokratischen Republik und in der Bundesrepublik u. a. m.).

Wenn man jedoch von diesen, durch die derzeitige politische Situation unseres Vaterlandes und durch den Aufbau einer großen chemisch-pharmazeutischen Industrie in der DDR entstandenen öffentlich-rechtlichen, chemisch-technischen und den unmittelbar dadurch auch hervorgerufenen wissenschaftlichen, teilweise vielleicht nur zeitgebundenen Fragen absieht, so verbleiben doch noch zahlreiche wissenschaftliche Aufgaben grundsätzlicher Art, die sich allein aus der internationalen Arzneimittelforschung der letzten 30 Jahre ergeben. Diese sollen hier in ihren wichtigsten Grundlinien kurz aufgezeigt werden.

Überblickt man die Problematik des neuen Deutschen Arzneibuchs im Zusammenhang mit den Wandlungen der Arzneimitteltherapie seit der Jahrhundertwende, wie sie von mir (1) vor einigen Jahren dargestellt worden sind, so treten schon bei der Auswahl der aus dem DAB. 6 zu übernehmenden bzw. der in das DAB. 7 neuaufzunehmenden Arzneimittel und chemischen Grundstoffe erhebliche Schwierigkeiten auf. Noch um die Jahrhundertwende war das Problem der Aufnahme bzw. der Streichung von Arzneimitteln relativ einfach; so erschienen

im DAB. 4 (gegen DAB. 3) 26 neue Artikel bei 13 Streichungen;
im DAB. 5 (gegen DAB. 4) jedoch bereits 77 neue Artikel bei 33 Streichungen und
im DAB. 6 (gegen DAB. 5) 110 neue Artikel bei 48 Streichungen.

Für das DAB. 7 kommt dagegen die Aufnahme von mehr als 200 neuen Artikeln in Betracht. Die Zahl der vorzunehmenden Streichungen ist noch gar nicht abzusehen. Diese Frage kann erst gegen Ende unserer Arbeitsperiode, die voraussichtlich in einigen Jahren zu erwarten ist, entschieden werden. Es ist nicht Aufgabe des Deutschen Arzneibuchs, das die wissenschaftliche und rechtliche Grundlage für die Prüfung auf Reinheit, Identität und einwandfreie Zubereitung therapieüblicher Arzneimittel darstellt, alle Arzneimittelgrundstoffe bzw. Arzneimittel zu berücksichtigen. Es muß sich vielmehr auf die wichtigsten Arzneimittel beschränken; denn die Erfahrung hat gezeigt, daß viele dieser neuen Mittel sehr stark der Mode unterworfen sind. Man muß daher den *gesamten* deutschen Arzneimittelmarkt dauernd beobachten und die vorliegenden Erfahrungsberichte in den zahlreichen fachwissenschaftlichen deutschen und ausländischen Zeitschriften auswerten, um auf diese Weise abschätzen zu können, welche dieser neuen Arzneimittel voraussichtlich auf längere Zeit praktischen Wert für die Therapie haben. Das DAB. 7 wird zunächst für 10 Jahre Gültigkeit besitzen, falls man nicht in Zukunft, wie im Ausland bereits vielfach geschehen, eine kürzere Gültigkeitsdauer für das DAB. 7 einführen will. Ein solcher Entschluß setzt dann allerdings die Einrichtung einer „ständigen Arzneibuch-Kommission" voraus.

Relativ einfach ist nun die Entscheidung für die Aufnahme neuerer Arzneimittel bei solchen, die sich seit vielen Jahren bewährt und auf dem Arzneimittelmarkt gehalten haben, wie z. B. bei den meisten Antibiotica, Sulfonamiden, Vitaminen und Hormonen, obwohl auch bei diesen Arzneimittelgruppen aus verschiedenen Gründen die Notwendigkeit einer Aufnahme mancher Pharmaca in das DAB. 7 umstritten sein dürfte. Da die DAB-Kommission sich zunächst noch mit der Bearbeitung der Nachträge für das DAB. 6[4]) befaßt, besteht insofern eine gewisse Ausweichmöglichkeit, als Arzneimittel, deren temporärer therapeutischer Wert noch nicht völlig geklärt ist, entweder für das DAB. 7 zurückgestellt oder vorläufig nur in die Nachträge aufgenommen werden.

Zahlreiche weitere Schwierigkeiten ergeben sich bei der Frage der Übernahme von Artikeln aus dem DAB. 6 bzw. aus früheren Arzneibüchern in einer nach dem gegenwärtigen Stand unseres Wissens überarbeiteten Fassung in das DAB. 7. Dies gilt auch für viele Artikel aus dem Ergänzungsbuch zum Deutschen Arzneibuch (Erg.-B. 6). Hierbei ist zu berücksichtigen, daß die therapeutische Anwendung mancher Arzneimittel regional gebunden ist, d. h., daß bestimmte Arzneimittel in einigen Gegenden Deutschlands bevorzugt werden, in anderen Gegenden dagegen fast obsolet sind. Diese zunächst etwas merkwürdig erscheinende Feststellung trifft besonders für Arzneipflanzen (Drogen) und Galenica zu; sie ist, teilweise wenigstens, im Charakter der einzelnen deutschen Volksstämme und in der Auffassung der dort tätigen Ärzte begründet. So werden z. B. im alemannisch-schwäbischen Siedlungsgebiet, ebenso wie in Thüringen und in Sachsen (-Anhalt) Arzneipflanzen und Galenica bevorzugt, die in anderen Gegenden Deutschlands kaum verordnet werden, ja nicht einmal näher bekannt sind. Die DAB.-Kommission muß daher durch entsprechende Umfragen in der pharmazeutischen und ärztlichen Praxis feststellen, welche der älteren Arzneistoffe, Drogen und Galenica in den verschiedenen Gegenden und Bevölkerungskreisen Deutschlands heute noch verordnet bzw. benötigt werden. Ähnliche Überlegungen haben übrigens, in kleinem Umfange allerdings, bereits früher eine Rolle bei der Aufnahme und Streichung neuer bzw. alter Arzneibuch-Artikel gespielt. Bei der Bearbeitung der 6. Ausgabe des DAB. sah man sich z. B. veranlaßt, trotz der Neuaufnahme der Salvarsane in das DAB. 6, auch noch das Decoctum Sarsaparillae compositum und das quecksilberhaltige Decoctum Zittmanni beizubehalten, Arzneiformen, die in entsprechenden zeitgebundenen Abwandlungen — man kann sagen, fast seit Paracelsus' Zeiten — in der Therapie verwendet wurden, weil eben 1920/30 noch viele Ärzte, trotz des Salvarsans, auf diese Arzneiformen nicht verzichten wollten oder konnten, namentlich bei salvarsanresistenten Luesfällen. Übrigens wird meines Wissens das Decoctum Sarsaparillae compositum in Süddeutschland auch heute noch öfter verordnet, wenn auch unter anderen therapeutischen Gesichtspunkten, obwohl mittlerweile die Luesbehandlung durch die Penicilline auf eine ganz neue therapeutische Grundlage gestellt worden ist.

Abgesehen von diesen Erwägungen mehr allgemein-therapeutischer Bedeutung treten aber noch zahlreiche spezielle wissenschaftliche Fragen bei der Bearbeitung der einzelnen Artikel (bzw. Arzneimittel) dadurch auf, daß nicht nur die Belange der Apothekenpraxis (Stadt-, Land- und Krankenhausapotheken), sondern auch diejenigen der pharmazeutischen Industrie und des Großhandels (Drogen), der Arzneimittel-Prüfungsinstitute

[4]) Der 3. Nachtrag zum DAB. 6 ist 1954 erschienen und am 12. 8. 1954 vom Ministerium für Gesundheitswesen für die Deutsche Demokratische Republik in Kraft gesetzt worden.

und darüber hinaus vor allem die Aufgaben der ärztlichen Praxis unter besonderer Berücksichtigung der individuellen Arzneiverordnung (Rezeptur) beachtet werden müssen. Die Deutsche Arzneibuch-Kommission kann sich daher nicht, wie früher, damit begnügen, das DAB. 7 als Vorschriftenbuch für die Apothekenpraxis auszugestalten, da häufig die einfacheren chemischen Prüfungsmethoden auf Reinheit und Identität der Arzneimittel nicht mehr ausreichen. Die Ergebnisse der neueren Arzneimittelforschung bedingen heute auch die Aufnahme zahlreicher physikalischer bzw. physikalisch-chemischer Prüfungsmethoden (Bestimmung der Wasserstoffionenkonzentration, des Extinktionskoeffizienten u. a. m.) und anderer kolorimetrischer oder photometrischer Bestimmungsmethoden, eventuell auch der wichtigsten papierchromatographischen Methoden, zahlreicher biologischer Testmethoden (Prüfung auf Pyrogene, Standardisierung von Hormonen, Vitaminen, Galenica usw.), mikrochemischer Prüfungsmethoden u. a. m. in das Arzneibuch. Die Ausführung solcher Methoden übersteigt in technischer wie in apparativer Hinsicht die Möglichkeiten eines praktischen Apothekenbetriebes; für Krankenhausapotheken, Arzneimittel-Prüfungsinstitute und die pharmazeutische Industrie sind sie jedoch unerläßlich. Es muß daher grundsätzlich im einzelnen festgelegt werden, welche dieser Prüfungsmethoden für die praktischen Apothekenbetriebe und welche von ihnen zugleich auch für die Apothekengroßbetriebe (Krankenhausapotheken), Handel und Industrie verbindlich sind.

Welche Diskrepanzen zwischen theoretischer Forderung und praktischen Möglichkeiten hierbei auftreten können, lassen die neuen Bestimmungen des Nachtrags 1954 zum DAB. 6 über die Ausführung der Sterilisation erkennen. Diese den neuzeitlichen Anforderungen entsprechenden Vorschriften stoßen in der Apothekenpraxis aus apparativen und anderen technischen Gründen zur Zeit noch auf gewisse Schwierigkeiten, weil vor allem kleinere Apotheken (Landapotheken) bis jetzt nicht in der Lage sind, diesen erhöhten Ansprüchen an die Sterilität von Arzneimitteln bzw. Arzneimittellösungen nachzukommen. Sie sind jedoch dringend notwendig, um z. B. Injektionszwischenfälle in der Therapie weitgehend auszuschalten. So bleibt als Zwischenlösung lediglich die Möglichkeit, derartige sterile Arzneimittellösungen vorläufig nur in solchen Apotheken herstellen zu lassen, welche die dazu notwendigen Sterilisatoren (Heißluftapparate und Dampfsterilisatoren) besitzen. Außerdem muß noch experimentell, auf chemischem oder pharmakologischem Wege, die Frage geprüft werden, ob und inwieweit Arzneimittel bzw. Arzneimittellösungen durch den Sterilisationsvorgang in ihrer Wirkung verändert werden. Dies trifft z. B. bei bestimmten Kokain-, Novokain-, Atropinlösungen zu, deren Wirksamkeit, je nach Art der angewandten Sterilisationsmethode, Dauer des Sterilisationsvorganges usw. verändert bzw. herabgesetzt wird. Diese speziellen Sterilisationsvorschriften sowie die früheren Vorschriften solcher Art bedürfen daher noch einer eingehenden experimentellen Überarbeitung, um allen Anforderungen der Therapie gerecht zu werden. Auch die Prüfung auf Pyrogenfreiheit solcher Arzneimittellösungen pro injectione erfordert noch einige Ergänzungen, vor allem für die pharmazeutische Industrie.

Ein anderes wichtiges Problem ähnlicher Art ist die Frage des Zusatzes von Konservierungsmitteln zu Arzneimittellösungen (Hormonlösungen pro injectione, Sera, Impfstoffe, Blutkonserven usw.). Die Entwicklung der Serumtherapie hat es notwendig gemacht, zahlreiche neue Impfstoffe, Vaccine, Sera u. a. sowie Blutkonserven für human- und veterinärmedizinische Zwecke in den Nachtrag zum DAB. 6 bzw. in das DAB. 7 aufzunehmen. Hier können jedoch nur allgemeine Vorschriften über Art und Menge von Konservierungsmitteln gegeben werden, um die weitere Entwicklung der Konservierungsmittel und dadurch mögliche Verbesserungen auf diesem Gebiet nicht zu hemmen; die Beschränkung bzw. Zulassung neuer, geeigneter Konservierungsmittel muß dann jeweils dem Gesetzgeber überlassen werden. Diese beiden Beispiele zeigen die mitunter widerspruchsvoll erscheinende Problematik bestimmter Arzneibuchfragen auf: einerseits schärfste Vorschriften über die Sterilisation von Arzneimittellösungen, andererseits wiederum Zurückhaltung beim Erlaß gewisser Vorschriften für Konservierungsmittel zur Erhaltung der Sterilität von Arzneimittellösungen.

Ein anderes sehr problematisches Arbeitsgebiet bilden die in der Dermatologie, Ophthalmologie und Chirurgie benötigten Arzneimittel und Arzneimittelträger, insbesondere die Salbengrundlagen, da sich in den letzten 50 Jahren nicht nur unsere therapeutischen Anschauungen über die Zweckmäßigkeit bestimmter Salbengrundlagen bzw. Salbenmischungen in der Dermatologie (z. B. Vaselin) gewandelt haben, sondern auch neue physikalisch-chemische Konstanten bei zahlreichen Ölen und Fetten bzw. Mineralölen eingeführt worden sind. Die Mannigfaltigkeit der Dermatologica und damit ihrer Problematik ergibt sich u. a. daraus, daß nicht nur animalische und vegetabilische Fette bzw. Öle, gehärtete Öle u. a., sondern auch Emulsionen vom Typ „Wasser in Öl", Emulsionen vom Typ „Öl in Wasser", Quasi-Emulsionen, ferner Schleime und Pasten ohne Fett oder Vaselin, neuerdings auch Polyäthylenglykole sowie hieraus bereitete spezielle Salbengrundlagen berücksichtigt werden müssen. Erschwert wird die wissenschaftliche Fragestellung dieses Arzneibuch-Kapitels noch durch zahlreiche Probleme technischer Art bei der Rohstoffgewinnung (Instabilität bzw. Inhomogenität von Mineralfetten u. a. m.). Der zur Zeit auf einigen Gebieten bestehende Mangel an geeigneten Rohstoffen für die Herstellung einwandfreier, d. h. den DAB. 6-Vorschriften entsprechender Salbengrundlagen stellt die DAB-Kommission vor ähnliche Schwierigkeiten wie bei der Bearbeitung der Sterilisationsvorschriften, da einerseits die Belange und Möglichkeiten der technischen Produktion zu berücksichtigen sind, andererseits aber auch darauf geachtet werden muß, daß nur einwandfreie Salbengrundlagen für die Therapie zur Verfügung gestellt werden. Diese Situation auf dem Gebiete der Salbengrundlagen erfordert somit zahlreiche analytische Untersuchungen unter Berücksichtigung der aktuellen Forderungen der Dermatologie, der Chirurgie und der Ophthalmologie.

Aber nicht nur bei solchen komplizierteren Arzneistoffen wie den Salbengrundlagen, sondern auch schon bei einfacheren Lösungsmitteln, wie beim Wasser bzw. destilliertem Wasser, treten Streitfragen auf, die einer sorgfältigen Bearbeitung bedürfen. So ist z. B. die Frage zu klären, ob für die Bereitung von destilliertem Wasser nur Destillationsapparate aus Glas oder auch solche aus Metall (Aluminium, Kupfer) zugelassen werden dürfen, da bei letzteren zu befürchten ist, daß bei der Destillation Metallionen in das Wasser abgegeben werden, die sich bei der intravenösen Injektion von Arzneimitteln störend, unter Umständen auch toxisch auswirken können. Das DAB. 6 läßt diese Frage noch völlig offen und beschränkt sich lediglich auf Angaben über Aussehen, Geruch, Geschmack, Reaktion und einzelne Prüfungsvorschriften. Fragen der Sterilisation und einer eventuellen bakteriologischen Kontrolle, des Nachweises von pyrogenen Substanzen u. a. werden noch nicht berührt. Entsprechende Änderungen, Erweiterungen und Ergänzungen dieser Vorschriften aus dem DAB. 6 bedingen jedoch wiederum die kostspielige Anschaffung neuer Apparaturen, die Einbeziehung teuerer Tierversuche, umfangreicher mikrobiologischer Testmethoden u. a. m., die zum Teil die Möglichkeiten eines praktischen Apothekenbetriebes übersteigen.

Wenn man das bis jetzt noch gültige DAB. 6 unter diesen Gesichtspunkten überprüft, so findet man kaum einen Artikel oder Abschnitt, der nicht einer grundsätzlichen Überarbeitung bedarf, sei es auf dem Gebiete der Methodik, wie der Destillation und der Mikrodestillation, der Schmelzpunkt- bzw. Mikroschmelzpunkt-Bestimmung, der physikalischen und chemischen Bestimmungen (Kennzahlen) für fette Öle, Mineralöle, ätherische Öle, sei es auf dem Gebiete der Prüfung von Arzneimittelgläsern, Ampullengläsern u. a. m. Hierzu kommen zahlreiche weitere Probleme, bedingt durch die Einführung von Normen für Glasgeräte und Apparaturen, der pharmazeutischen und medizinischen Verwendung von Siliconen (Siliconisieren von Arzneimittelflaschen und Ampullen, Verwendung von Silicongummi an Stelle von Kork oder Kautschuk usw.), so daß allein schon der „Allgemeine Teil" des DAB. 7 eine erhebliche Erweiterung erfahren wird, zumal außer den bereits erwähnten chemischen, physikalisch-chemischen und biologischen Wertbestimmungsmethoden noch zahlreiche andere Vorschriften von allgemeiner Bedeutung wie Polarisation, mikrobiologische Größenbestimmung usw. neu bearbeitet werden müssen. Ebenso werden viele Sondervorschriften allgemeiner Art über die Herstellung von Galenica (Extrakte, Fluidextrakte, Infuse, Dekokte, Tinkturen usw.). Gehaltsbestimmungsmethoden für diese galenischen Zubereitungen sowie für Drogen (Alkaloid-, Glykosid-, Saponin-, Gerbstoffbestimmungen u. a.) usw. notwendig. Der allgemeine Teil des DAB. 7 gewinnt damit den Charakter eines amtlichen Vorschriftenbuches für allgemeine Laboratoriumsmethoden; er wird voraussichtlich seinen bisherigen Umfang im DAB. 6 (30 Seiten) erheblich überschreiten. Weiterhin ist noch die eingehende Überprüfung und Erweiterung der in den Anlagen I—X des DAB. 6 zusammengefaßten Tabellen und Verzeichnisse der „Reagentien zur Prüfung der Arzneimittel", der „volumetrischen Lösungen und Indikatoren", der „Reagentien und volumetrischen Lösungen für ärztliche (physiologisch-chemische) Untersuchungen" sowie der Maximaldosen notwendig. Die in das DAB. 7 aufzunehmenden Reagentien zur Prüfung von Arzneimitteln (bisher rund 200) werden schätzungsweise, in Anbetracht der zahlreichen, für die Neuaufnahme vorgesehenen Arzneistoffe und Drogen um etwa 300 Reagentien vermehrt werden müssen. — Die Schwierigkeiten, die sich bei der Bearbeitung der einzelnen Arzneibuchartikel unter anderem aus der noch sehr im Fluß befindlichen internationalen Nomenklatur für Arzneimittel und chemische Verbindungen ergeben, sollen nur am Rande erwähnt werden.

Bei dieser Vielgestaltigkeit der Problematik des DAB. 7 ist es unmöglich, alle wissenschaftlichen, zum Teil noch offenen Fragen, z. B. die Ausarbeitung moderner Prüfungsmethoden für chirurgisches Nahtmaterial, Watte und Verbandstoffe usw., auch nur in Kürze zu erwähnen, zumal erfahrungsgemäß bei der Bearbeitung der neueren Artikel sowie bei der Überarbeitung der aus dem DAB. 6 und dem Erg.-B. 6 zu übernehmenden Arzneimittel bzw. chemischen Grundstoffe immer wieder neue Probleme auftreten. Sie sind im einzelnen in den bisher vorliegenden Veröffentlichungen „Aus der Arbeit der Deutschen Arzneibuch-Kommission“ sowie in den 5 Jahresberichten (2) ausführlicher wiedergegeben.

Auf zwei spezielle und ebenfalls sehr schwierige Arbeitsgebiete der DAB.-Kommission soll jedoch noch hingewiesen werden, nämlich auf die Drogen und die Galenica für das DAB. 7, da diese wichtigen Abschnitte in ihrer mannigfaltigen Problematik geradezu typisch für die Arbeit am neuen DAB. sind. Bei den Drogen hat sich der Aufgabenbereich zwar zunächst insofern etwas vereinfacht, als es möglich gewesen ist, gelegentlich der 1. Arbeitstagung der „Deutschen Gesellschaft für Arzneipflanzenforschung und -anwendung“ in Camberg (1953) eine weitgehende Übereinstimmung mit den westdeutschen Fachgenossen hinsichtlich Aufnahme und Streichung von Arzneipflanzen (Drogen) in das DAB. 7 zu erzielen. Dafür ergeben sich aber für die einzelnen Drogen wieder zahlreiche neue Gesichtspunkte bei der Bearbeitung ihrer pharmakognostischen Merkmale und chemischen Kriterien, insbesondere bei der Festlegung von „Aschenzahlen“ zum Zwecke der Gütesicherung und Qualitätssteigerung der Drogen, der Bewertung von Wild- bzw. in Kultur gewonnenen Arzneipflanzen, der Wertbestimmung von Wirkstoffen (Standardisierung), der botanischen Nomenklatur u. a. m., um nur einige dieser Probleme aufzuzeigen. Eine analoge und ebenso vielseitige Fragestellung liegt bei der Bearbeitung der zahlreichen, aus Arzneipflanzen bereiteten galenischen Präparate vor, also von Pflanzenauszügen (Infuse, Dekokte, Mazerate, Trockenextrakte, Fluidextrakte und Tinkturen usw.), da ihre sorgfältige Überprüfung für die Wiederbelebung der individuellen Rezeptur in der ärztlichen Praxis von ausschlaggebender Bedeutung ist. Sie darf sich daher nicht nur auf die Angabe von Herstellungsvorschriften und die Beschreibung der dazu notwendigen Apparaturen, die Prüfung auf vollständige Extraktion der Drogen, Aufbewahrungs- und Verarbeitungsvorschriften beschränken, sondern sie muß auch, soweit möglich, Standardisierungsvorschriften geben (Angaben von Gehaltsbestimmungen, Vorschriften auf Verwendung bestimmter Stoffe für einen vorgeschriebenen Wirkstoffgehalt usw.); diese setzen zum Teil umfangreiche analytische Untersuchungen voraus.

Die Abschnitte über Pillen und Tabletten, Suppositorien und Vaginalia bedingen weitere umfassende analytische Arbeiten sowohl über die zu verwendenden Grundmassen, Hilfs- und Grundstoffe als auch über die zweckmäßigste Herstellungstechnik, apparative Einrichtungen, Prüfungsmethoden u. a. m.

Alle diese hier nur kurz skizzierten Schwierigkeiten und Probleme erfordern somit zahlreiche eingehende und teilweise auch recht langwierige Untersuchungen chemischer, physikalischer, botanischer bzw. pharmakognostischer und teilweise auch pharmakologischer Art, um die nach Form und Inhalt für die Praxis zweckmäßigste Gestaltung des neuen Deutschen Arzneibuchs zu erzielen. Selbstverständlich sind dabei auch weitgehend die Ergebnisse der internationalen Arzneimittelforschung unter besonderer Beachtung der neueren ausländischen Pharmakopöen (internationale Nomenklatur), vor allem der amerikanischen (US), britischen, dänischen, französischen, helvetischen, internationalen, italienischen, jugoslawischen, niederländischen, norwegischen, polnischen, schwedischen, spanischen, sowjetischen (UdSSR), tschechoslowakischen und ungarischen Arzneibücher zu berücksichtigen, deren Übersetzungen zum größten Teil im Büro der Deutschen Arzneibuch-Kommission durchgeführt werden. Außerdem erstrebt die Deutsche Arzneibuch-Kommission durch eingehenden Gedankenaustausch mit den westdeutschen Kollegen und einzelnen Mitgliedern der seit einigen Jahren in der Bundesrepublik konstituierten westdeutschen Arzneibuch-Kommission eine möglichst übereinstimmende Gestaltung des neuen Deutschen Arzneibuchs. Dies ist jedoch aus wissenschaftlichen und technischen Gründen nicht ganz einfach, da mittlerweile durch den systematischen Aufbau der pharmazeutischen Industrie und durch die fortschreitende Züchtung neuer Kulturformen von Arzneipflanzen (polyploide Formen, z. B. Mentha piperita u. a.) in der Deutschen Demokratischen Republik neben vielen altbewährten Arzneimitteln fortlaufend neue Arzneistoffe und Arzneipflanzenformen mit höherem Wirkstoffgehalt entwickelt werden, die in Westdeutschland aus mancherlei Gründen nicht erzeugt werden. Dafür können manche Arzneimittel in der Deutschen Demokratischen Republik noch nicht hergestellt, sondern müssen aus Westdeutschland oder aus dem Ausland eingeführt werden; öfter dienen auch aus technischen Gründen in der Deutschen Demokratischen Republik andere Rohstoffe als Ausgangsmaterial für die Arzneimittelgewinnung als in Westdeutschland (z. B. Naturvaselin bzw. synthetisches Vaselin; Bereitung gewisser Salbengrundlagen durch Reduktion von Fettsäuren animalischer Herkunft [Spermöl] bzw. durch Hochdruckhydrierung vegetablischer Fettsäuren u. a. m.). Aus solchen technischen Divergenzen ergeben sich wiederum neue Probleme, die eine selbständige, speziell die Belange der pharmazeutischen Industrie in der Deutschen Demokratischen Republik berührende Gestaltung des DAB. 7 erfordern. Die neue politische Ordnung Deutschlands wirkt sich also zwangsläufig auf die wirtschaftliche und wissenschaftliche Entwicklung des Arzneimittelmarktes und damit auch auf die Gestaltung des neuen Deutschen Arzneibuchs aus. Trotzdem hofft die Deutsche Arzneibuch-Kommission, daß es ihr möglich sein wird, ein Arzneibuch herauszugeben, das den Forderungen auf eine geordnete Arzneimittelversorgung des gesamten deutschen Volkes gerecht wird.

Literatur

1. H. SEEL: 50 Jahre Arzneimitteltherapie, Pharm. **6**, 202, 249, 355, 393 (1951);
ferner: Ärztliche und pharmakologische Gedanken über das Deutsche Arzneibuch, Pharm. **4**, 113, 1949; Klinisch-pharmakologische Betrachtungen zum neuen Deutschen Arzneibuch; Pharm. **7**, 222, 1952. Entwicklung und Neugestaltung des Deutschen Arzneibuchs (DAB. 7), Z. f. d. ges. Inn. Med. **8**, 13, 1953 u. a. a. O.
2. Derselbe: 1.—5. Jahresbericht der Deutschen Arzneibuch-Kommission, Pharm. **6**, 194, 1951; Pharm. **7**, 562, 1952; Pharm. **8**, 793, 1953; Pharm. **9**, 794, 1954; Pharm. **10**, 577, 1955.
Daselbst Verzeichnis der bisher erschienenen wissenschaftlichen Arbeiten der Deutschen Arzneibuch-Kommission (bisher 85 Veröffentlichungen).

Aufgaben und Ziele des Instituts für deutsche Sprache und Literatur[1])

VON THEODOR FRINGS

Wir stehen in einer bedeutsamen Stunde

Als der Kurfürst FRIEDRICH die Berliner Societät in eine „*Teutsch gesinnete Societät der Scientien*" umformte, machte er ihr unter Hinweis auf die Académie Française die „*Cultur der teutschen Sprache*" zur Pflicht. Nach der Gründungsurkunde, der General-Instruktion vom 11. Juli 1700, soll die Sozietät nicht nur im Sinne der „*Sprachreinigkeit*" wirken, sie soll auch aus Archiven und Registraturen veraltete und aus der Bauernsprache der Provinzen mundartliche Worte als „*ein Schatz des teutschen Alterthumbs*" sammeln und mitteilen. Mit den sprachreinigenden und gesetzgebenden Grundgedanken der Zeit verbindet sich also die Aufgabe der mundartlichen und geschichtlichen Sprachforschung. Es war LEIBNIZ, der damit dem Willen des Kurfürsten die wissenschaftliche Richtung gab.

In der Zeit von zwei Jahrhunderten wurde die Grundschuld nicht eingelöst, trotz einzelner Anstrengungen, trotz der „*akademischen Deputation zur Vervollkommnung der deutschen Sprache*" von 1792. Weder von einem Wörterbuch, noch von der Sprachlehre, noch von der Sprachgeschichte kam etwas zustande. Die großen germanistischen Akademiker des 19. Jahrhunderts, KARL LACHMANN und KARL MÜLLENHOFF, waren an Sonderaufgaben, an Textforschung und Altertumskunde gefesselt. Der Gedanke organisierter akademischer Arbeit war zwar schon 1817 in der Berliner Akademie geboren, in den *Inscriptiones Graecae*, fand aber, obgleich von THEODOR MOMMSEN weiter getragen, keine Anwendung auf die deutsche Philologie. JACOB GRIMM faßte als einzelner, „nur der brüderlichen Mitwirkung Wilhelms sicher", als Mann Mitte der Fünfziger den Plan des Deutschen Wörterbuches. Er ging auf die Siebzig, als der erste Band 1854 fertig gedruckt war. „Der große Gelehrte, der sich gewöhnt hatte, in wenigen Jahren ganz neue Disziplinen wie aus dem Nichts zu schaffen", zerbrach sich nicht den Kopf darüber, daß das Alphabet 24 Buchstaben hat und die alphabetische Folge einen unerbittlichen Zwang auferlegt. Da jede organisierte Hilfe fehlte, mußten die ersten Bände des Wörterbuchs, die die beiden Brüder hinterließen, neben allem Reichtum viel Unfertiges und Dürftiges mitgehen lassen. Es sind bei Gelegenheit zwei bittere Feststellungen gemacht worden. Einmal: „Es wäre für das Deutsche Wörterbuch der Brüder GRIMM ein großer Segen gewesen, wenn sie weniger heroisch ihre kostbaren Kräfte an die vielfach mechanische Vorbereitung und Technik des Wörterbuchs gesetzt, wenn sie ihr Werk von vornherein unter den Schutz der Akademie gestellt hätten." Ein andermal: „Die Akademie hat sich die Leitung des Wörterbuchs nicht gewünscht." Der

[1]) Wiederabdruck einer 1952 bei der Eröffnung des Instituts gehaltenen Ansprache.

Gedanke organisierter Arbeit mit richtiger Verteilung der Kräfte, die Ergänzung des akademischen Individualismus um eine akademische Gemeinschaft, brauchte eben seine Zeit.

Das zweihundertjährige Jubiläum der Akademie im Jahre 1900 löste die Erstarrung. 1903 bildete sich die *Deutsche Kommission*. Trotz allem, was schon viele seiner Zeitgenossen und was die heutige Zeit von ihm trennt: dankbar gedenken wir an dieser Stelle GUSTAV ROETHES. Seine stürmische, nie erlahmende Energie, verbunden mit einer wissenschaftlichen Breite, die wirkliche Begabungen vorurteilslos umgriff, hat der Deutschen Kommission das Leben eingehaucht, das auch in schweren und bedrohlichen Lagen nicht erlosch. Dächte man ihn fort aus der Geschichte unserer Wissenschaft, so würden wir heute nicht hier versammelt sein. In einem Rechenschaftsbericht vom Jahre 1913 sind schon die Grundzüge unseres heutigen Planes sichtbar, obgleich gleichzeitig vermerkt wird, daß man von einem Deutschen Institut noch weit entfernt sei.

In zehn Jahren, bis 1913, war Grundlegendes geleistet. Die Inventarisation literarischer Handschriften des deutschen Mittelalters und ein begleitendes Archiv von Handschriftenbeschreibungen hatten aus Bibliotheken und Archiven, öffentlichen und privaten, im Inland und Ausland, eine ungeheure Fülle des Neuen gehoben. Die Literaturgeschichte, die Prosa wie die Dichtung, weltliche wie geistliche, Ursprüngliches und Übersetztes, aber auch die Kulturgeschichte und Sprachgeschichte waren bereichert. Denkmäler aus den verschiedensten Schichten der Gesellschaft erweiterten die Geschichte der literarischen Gattungen, die Stoff- und Formgeschichte. Eine neue Sammlung „*Deutsche Texte des Mittelalters*" ist in kurzer Zeit beim 25. Bande angelangt. „Sie geleiten von der glanzvollen Schönheit der staufischen Zeit bis zu dem Erwachen des modernen Fühlens und Denkens, bis an die Tore des Protestantismus, der neuen Wissenschaft, des Druckes." Allgemein lesbar wurde vieles, das bisher nur in Handschriften oder ungenügenden Auszügen bekannt war.

Wohlüberlegt ging mit der Veröffentlichung von deutschen Texten des Mittelalters die akademische Ausgabe der Werke WIELANDs Hand in Hand. Wurde dort von Band zu Band kostbares deutsches Sprachgut älterer Zeit gehoben, so sollte hier ein letzter bedeutender Schritt in der Geschichte und Entwicklung der deutschen Sprache sichtbar werden: Die strenge Arbeit eines einzelnen macht sie geschmeidig zu allen philosophischen Gedankengängen wie zum Ausdruck feinster Regungen des Seelenlebens: „ohne Wieland keine Iphigenie und kein Faust, ohne Wieland keine Romantik", so steht in dem Bericht von 1913. Erst WIELAND hat den Sieg der deutschen Sprache über die französische Sprache der höfischen Gesellschaft entschieden.

Ein großes Ziel freilich, das der Akademie und der Deutschen Kommission 1900 gestellt wurde, ist bis heute nicht erreicht: eine Geschichte der neuhochdeutschen Schriftsprache. Heroisches Mühen verlor sich auf einem Seitenwege. Hier muß von neuem begonnen werden.

Aber für eine Gesamtgeschichte der deutschen Sprache ist doch eine gewaltige Arbeit geleistet worden, und zwar im Rahmen des großen *Deutschen Wörterbuches*, das schon an der Pforte der Berliner Societät stand. Die geschichtliche Sprachforschung, von Beginn an gefordert, kam also mittelbar zu ihrem Recht. Das wieder hängt zusammen mit einem Wandel im Deutschen Wörterbuch. JACOB GRIMM dachte sich sein Werk als ein Wörterbuch der neuhochdeutschen Schriftsprache von LUTHER bis GOETHE. Unter dem Einfluß des ersten und bedeutenden Erben, des Leipzigers RUDOLF HILDEBRAND und damit unter dem Einfluß der mächtigen Leipziger Sprachforschung bekam es den Charakter, den es bis heute behalten hat, trotz aller persönlichen und organisatorischen Wandlungen: es strebte auf eine Darstellung des gesamten deutschen Wortschatzes, von der ersten althochdeutschen Bezeugung bis zur Gegenwart, und zwar nach der Seite des Inhaltes wie der Form. Auch das Niederdeutsche und die Mundarten wurden einbezogen. Wahrhaftig: LEIBNIZ' Grundgedanke „*eines Schatzes des teutschen Alterthumbs*" und einer mundartlichen und geschichtlichen Sprachforschung hat sich in schweren Wehen nach über zwei Jahrhunderten langsam verwirklicht. Aber auch der zeitgenössische Gedanke des Kurfürsten FRIEDRICH, die „*Cultur der teutschen Sprache*", die „*Sprachreinigkeit*", jene erste Pflicht der Berliner Societät, soll wieder aufleben, wenn auch in neuer Gestalt.

Damit stehen wir da, wo das neue *Institut für deutsche Sprache und Literatur* sich vorstellen soll. Noch 1913 sprach GUSTAV ROETHE von dem „Deutschen Institut" als von einem Traumschloß, das der eine oder andere von damals noch als Wirklichkeit erleben möge. Das Traumschloß steht heute am „Platz der Akademie", und bewährte Sprößlinge der großen Berliner Germanistenfamilie sind mit anderen darin eingezogen.

An der Spitze des Instituts steht das Deutsche Wörterbuch, Abteilung I des Instituts. Seine Geschichte verläuft in vier Abschnitten. Auf die Brüder GRIMM folgte eine Generation der großen einzelnen, deren einsame Kraft im Geiste der Begründer ganze Buchstaben bewältigte und mächtige Bände füllte, Männer wie RUDOLF HILDEBRAND, KARL WEIGAND, HERMANN WUNDERLICH, MATTHIAS LEXER, MORITZ HEYNE. Die Gelehrten waren zugleich Sammler und Gestalter ihrer Bände; innere Ungleichmäßigkeit, äußere Breite, Zeitverlust waren die Folge, und jüngere Kräfte blieben fort.

Die große Reform von 1908 begründete unter der Leitung von EDWARD SCHRÖDER eine Zentralsammelstätte in Göttingen, die den einzelnen der mühseligen Arbeit des Sammelns überhob, ja bald einen Überfluß an Belegmaterial erbrachte. Aber der einzelne Bearbeiter zusammenhängender Stücke eines Buchstabens blieb. Der erste Weltkrieg führte zu einer Flucht aus der Strenge der Sprachwissenschaft in das leichte Gewölk der sogenannten Geisteswissenschaft. Die verheerenden Folgen sind heute offenbar. Die Sprachverwilderung, die über uns hereingebrochen ist, steht in ursächlichem Zusammenhang mit dem Niedergang der sprachlichen Studien an den deutschen Universitäten. Die geistige Überheblichkeit der Generation, die dem ersten Weltkrieg folgte, hielt junge Kräfte von entsagungsvoller Arbeit fern. In diese Krise wurde auch das Deutsche Wörterbuch hineingezogen. Von 1924 bis 1929 sind durchschnittlich nur rund zwei Lieferungen im Jahr erschienen.

Der Retter des Wörterbuchs war ARTHUR HÜBNER und seine Reform von 1930, die den vierten und, wie wir zuversichtlich sagen, letzten Abschnitt des Wörterbuchs einleitete. Die erfahrenen Gelehrten wurden langsam ersetzt durch einen Stab von aufstrebenden jungen Menschen, die in Berlin an eine neu eingerichtete Arbeitsstelle gebunden wurden. Sie bearbeiteten je nach Veranlagung einzelne Artikel oder Artikelgruppen in festen Dienststunden unter leitender Beratung, unterstützt von einem Fachapparat, wie er nur an einer zentralen Stelle aufgebaut werden kann, nie aber einem auch noch so tüchtigen Gelehrten irgendwo in der Provinz zur Verfügung steht. An einer einzelnen Lieferung sind nun also mehrere Hände beteiligt. Von kleineren Artikeln kann der wachsende Gelehrte zum Bearbeiter bedeutender und tragender Wörter und Begriffe aufsteigen, die Einfühlung verlangen. Wir weisen auf Artikel wie Glaube, Tugend, Strom, Sünde, Wissenschaft. Die besten, die auf diesem Wege zum Hochschullehrer aufsteigen, haben neuen Segen gebracht und werden neuen Segen bringen über die verdorrende Sprachwissenschaft an den Universitäten.

Nur ein einziger der alten Generation ist uns geblieben, HERMANN TEUCHERT in Rostock, den wir in Ehrfurcht und Dankbarkeit unter uns begrüßen. VICTOR DOLLMAYR in Wien ist nach mehr als vierzigjähriger Tätigkeit ausgeschieden. Der Tod nahm uns CARL WESLE in Jena und RUDOLF MEISSNER in Bonn, der dem Werk seit seinen Anfängen bis in sein neuntes Lebensjahrzehnt gedient hat. HERMANN TEUCHERT schenkte uns die letzte erschienene Lieferung Nummer 335. Bei rund Nummer 365 liegt das Ende des Gesamtwerkes. Die Göttinger Arbeitsstelle wird den Buchstaben G, Berlin die Buchstaben S, T, V, W, Z zu Ende führen. Dies ist nach BERNHARD BECKMANN der Plan, das Werk zu vollenden: 1952 der Abschluß des Bandes T[2]), worin die wichtigen Artikel Tuch, Tugend, tüchtig; 1953 der Schluß der ver-Komposita verwinden — verzwicken und damit die Schließung der Lücke in V; 1953/54 der Abschluß der beiden Bände Z in gemeinsamer Arbeit von HERMANN TEUCHERT und der Berliner Arbeitsstelle; 1955 Abschluß des Buchstabens S, an dem nun schon zwei Generationen gearbeitet haben. Es verbleiben G und W. 1954 feiert der erste Band der Brüder GRIMM seinen hundertsten Geburtstag. Wir haben begründete Hoffnung, noch vor 1960 fertig zu sein.

Was dann? Wir verweisen diese Frage an den Schluß und in das morgige Referat über Aufgaben der deutschen Lexikographie.

Unter den *Sachwörterbüchern*, Abteilung II des Instituts, steht an erster Stelle das Wörterbuch der deutschen *Pflanzennamen*. Der Botaniker und Volkskundler HEINRICH MARZELL, Lehrer an der Realschule zu Gunzenhausen in Bayern, bewältigte das Riesenmaterial in 30 Jahren. Darüber hinaus ist Plan und Anlage des Werkes, vor allem auch die Anordnung der Pflanzennamen nach Benennungsmotiven, seine Leistung. Akademiemitglied WILHELM WISSMANN erweitert das Manuskript um die Etymologie der lateinischen und der undurchsichtigen deutschen Namen und um die europäischen Parallelen zu den deutschen Namen. 1943 war MARZELLs Manuskript abgeschlossen, zugleich der erste Band, umfassend die Buchstaben A—C, veröffentlicht. Nach Wiederbeginn des Druckes sind 1951/52 die Lieferungen 11 und 12 erschienen, die bis in den Buchstaben E führen.[3])

Von WILHELM WISSMANN ist 1947 das Wörterbuch der deutschen *Tiernamen* begründet worden. Die rüstig fortschreitende Sammlung, geordnet nach dem zoologischen System, umfaßt heute mehr als 100000 Zettel[4]), die aus philologischen, volkskundlichen und zoologischen Quellen gewonnen sind. Die Wörterbücher deutscher Mundarten und der von WALTHER MITZKA in Marburg geschaffene Deutsche Wortatlas boten reiches Material. Buch-

[2]) Die Schlußlieferung Nr. 339 *Tuschen* — *Tz*, bearbeitet von J. ERBEN, ist 1952 erschienen.

[3]) Inzwischen steht die 15. Lieferung kurz vor dem Erscheinen.

[4]) Jetzt rund 250000 Zettel.

namen der Wissenschaft wurden nicht vergessen, auch wenn sie zu Ungeheuern führen wie etwa Brennesselhaldenprachtfalter oder Sandbuschheidenbodenechse, so in einer neueren Arbeit über die Großschmetterlinge Mitteldeutschlands. Es sind Versuche, Lebensraum und Futterpflanze der Tiere im Namen auszudrücken. Vielen Fachzoologen, vor allem den Mitarbeitern des Berliner Zoologischen Museums, schulden wir Dank. Sie halfen bei Bestimmungen im Reich der Vögel, Fische und Insekten. Besonderen Wert hat die Registerkartei zur Grundkartei. Dort wird jeder deutsche Name, sobald er zoologisch bestimmt ist, mit der lateinischen Bezeichnung eingetragen. Es liegen 90000 Zettel vor für die bisher gesammelten Haustier-, Vogel- und Insektennamen.

In der Schöpfung von *Wörterbüchern der Mundarten* ist Süddeutschland vorangegangen: die Schweiz, Schwaben, Elsaß-Lothringen, Baden sind gut versorgt, Bayern und Österreich sind im Rückstand geblieben. Die Berliner Akademie nahm das Rheinische und Hessen-Nassauische Wörterbuch in Pflege, die gut gediehen sind. Heute trägt sie die Sorge um die Wörterbücher, die auf dem Boden der Deutschen Demokratischen Republik Ansatzpunkte hatten. Sie umfassen Mundarten des niederdeutschen Nordens. Nach Versagen der Landesregierung Mecklenburg übernahm sie ganz das *Mecklenburgische* und das *Pommersche Wörterbuch*. Das *Mecklenburgische Wörterbuch* verdanken wir dem Sammelfleiß des Volkskundlers RICHARD WOSSIDLO und der erweiternden und gestaltenden Hand HERMANN TEUCHERTs. Die Verbindung von Sprache, Wirtschaft, Geschichte und Brauchtum gibt dem Wörterbuch ein eigenes Gepräge. Der erste Band A bis Brot ist fertig gedruckt. Zwei weitere Bände, die bis ins K reichen, sind druckfertig.[5]) Mit diesem Wörterbuch ist den beiden Nachbarn, dem *Pommerschen Wörterbuch* in Greifswald, unter Leitung von HANS-FRIEDRICH ROSENFELD, und dem *Brandenburg-Berlinischen Wörterbuch* in Potsdam, unter Leitung von ERNST HADERMANN[6]), ein gutes Vorbild gegeben. Das Pommersche Wörterbuch will versuchen, den gesamten Wortschatz des ehemaligen Pommern zu retten. Für die Mundart des ehemaligen östlichen Pommern tut Eile besonders not. Schon vor dem Kriege war gerade diese Mundart in der Auflösung. Auch das Brandenburg-Berlinische Wörterbuch ist mit dem Namen HERMANN TEUCHERTs verknüpft. Seine Sammlungen bilden einen Grundstock. Die jetzige Leitung kann zwar der Anlage des Mecklenburgischen Wörterbuches folgen, hat aber zudem vier eigne Aufgaben zu lösen. Erstens: Dank HERMANN TEUCHERT wissen wir, daß seit der Zeit der Besiedlung, also seit dem 12. Jahrhundert, in der Mark Brandenburg ein starker niederländischer Sprachschatz lebt und wirkt. Er stellt Fragen, die bis in die westgermanische Stammesgeschichte hinaufreichen. Zweitens: Die brandenburgischen Mundarten umschließen ein kleines sorbisches Restgebiet. Die umliegenden deutschen Mundarten zeigen Eigenheiten, die aus Mischungsvorgängen stammen. Drittens: Das Land Brandenburg ist von einem Grenzgürtel zwischen Niederdeutsch und Mitteldeutsch durchzogen. Das stellt der Ordnung des Sprachmaterials besondere Aufgaben. Viertens: liegt mitten in Brandenburg die Weltstadt Berlin. Das bedeutet eine ständige Umformung alter Sprachbestände.

[5]) Der Druck wurde 1955 wieder aufgenommen; bisher sind 3 neue Lieferungen erschienen.

[6]) Nach der Berufung von Professor HADERMANN an die Universität Halle jetzt unter der Leitung von Dr. ANNELIESE BRETSCHNEIDER.

1935 konnte OTTO MENSING in Kiel sein fünfbändiges *Schleswig-Holsteinisches Wörterbuch* abschließen. Von der dänischen Grenze bis zum Elbknie bei Magdeburg wird also der niederdeutsche Sprachschatz in absehbarer Zeit gehoben sein. Innerhalb der Deutschen Demokratischen Republik bleiben dann Sachsen-Anhalt, Thüringen und Sachsen. Über diese Gebiete wäre zu verhandeln.[7])

Die Abteilung III des Instituts, *Mittelhochdeutsch*, umfaßt die Deutschen Texte des Mittelalters, das Handschriftenarchiv und die geplanten mittelhochdeutschen Wörterbücher.

Unsere großen mittelhochdeutschen Wörterbücher sind unvollständig und veraltet. Aus der Pflege des für den Studierenden bestimmten Mittelhochdeutschen Taschenwörterbuches von MATTHIAS LEXER erwuchs den Herren ERICH HENSCHEL-Berlin, RICHARD KIENAST-Heidelberg, ULRICH PRETZEL-Hamburg, der Plan, ein neues *Mittelhochdeutsches Wörterbuch* zu schaffen. Die Zahl der Belegzettel hat heute die Million überschritten. Im Laufe der Arbeit und seit Übernahme des ursprünglich privaten Unternehmens in die Obhut der Akademie festigte sich mehr und mehr der Gedanke, drei Wörterbücher zu schaffen, ein Frühmittelhochdeutsches, ein Klassischmittelhochdeutsches und ein Spätmittelhochdeutsches. Der Wortschatz der frühmittelhochdeutschen Zeit bis 1170, ausschließlich HEINRICH VON VELDEKE, ist fertig gesammelt; ausgearbeitete Artikel gehen zwischen den Bearbeitern hin und her. Das Wörterbuch kann unmittelbar anschließen an das *Althochdeutsche Wörterbuch* der Zeit 750—1050, das bei der Sächsischen Akademie der Wissenschaften zu Leipzig bearbeitet wird und von dem die beiden ersten Lieferungen gerade erschienen sind.[8]) Das Klassischmittelhochdeutsche Wörterbuch wird aufbauen auf einer neuen Durcharbeitung der mittelhochdeutschen Klassiker, der sich vor allem ULRICH PRETZEL widmet. Dem Spätmittelhochdeutschen Wörterbuch wird der neue Wortschatz zugute kommen, der in den Anhängen der Deutschen Texte des Mittelalters gesammelt ist. Es ist der Wunsch der Bearbeiter des mittelhochdeutschen Sprachschatzes, morgen in einer öffentlichen Aussprache grundsätzliche Fragen, vor allem die Frage der Verarbeitung und Darstellung zu klären und ihre Gedanken und Erfahrungen mit denen der Bearbeiter des althochdeutschen Sprachschatzes zu vereinen.

Wir vermerken an dieser Stelle dankbar, daß Heidelberg, Hamburg und Berlin in diesem deutschen Unternehmen ebenso zusammenstehen wie Göttingen und Berlin in der Vollendung des Deutschen Wörterbuches.

Die *Deutschen Texte des Mittelalters* unter der Leitung von WERNER SIMON gehen rüstig vorwärts. Als feste Mitarbeiter der Akademie können ihnen REINHOLD KLUGE und HEINRICH NIEWÖHNER ihre ganze Kraft widmen. REINHOLD KLUGE schenkte uns 1958 als Band 42 den ersten Band des umfänglichen Prosa-Lancelot, HANS PYRITZ 1950 als Band 43 die stilgeschichtlich wichtige Minneburg; der erste Band der Gedichte Heinrichs des Teichners, herausgegeben von HEINRICH NIEWÖHNER als Band 44, ist zum Ausdruck fertig. Es werden

[7]) Ein „Mittelelbisches Wörterbuch" wird mit Unterstützung der Akademie von KARL BISCHOFF in Halle bearbeitet.

[8]) Inzwischen sind acht Lieferungen erschienen.

folgen: der 2. und 3. Band des Lancelot[9]) und der Teichner-Ausgabe[10]), die Ausgabe des Jüngeren Titurel von WERNER WOLF[11]), ein rechtsgeschichtlich wichtiger Text des Otto von Raspe, 14. Jahrhundert, von GERHARD MARX, zwei deutsche Psalter-Versionen von HANS EGGERS, die Ausgabe des Wilhelm von Wenden von HANS-FRIEDRICH ROSENFELD[12]). Der Grundsatz des Handschriftenabdrucks bleibt, doch soll Beobachtungen zu Sprache, Stil und Überlieferung der nötige Raum gesichert sein. Wohlfundierte kritische Ausgaben sollen einbezogen werden.

Das *Handschriftenarchiv*, zur Zeit betreut von WERNER SIMON, ein Stolz der alten Deutschen Kommission, hat schmerzlichen Verlust erfahren. Von schätzungsweise 30000 Handschriften waren gegen Ende des Krieges 17000 beschrieben. Die Beschreibungen sind erhalten, aber der die Beschreibungen erschließende Zettelkatalog ist mit der Handbibliothek verloren. Die Beschreibungen sind heute besonders wertvoll, da viele der Handschriften selbst verschollen sind. Ein neuer Katalog verlangt eine Arbeit von zehn Jahren.

Die neue Abteilung IV, *Deutsche Sprache der Gegenwart*, wurde begründet auf Antrag des Akademiemitgliedes WOLFGANG STEINITZ. Über die Aufgaben dieser Abteilung, die wieder an LEIBNIZ und älteste Bestrebungen der Akademie anknüpft, wird Herr STEINITZ selber sprechen.[13])

Die Abteilung V, *Goethe*, umfaßt die Unterabteilungen Goethe-Wörterbuch und Ausgabe von Werken Goethes. Über das *Goethe-Wörterbuch*, entstanden auf Anregung und auf Grund der Richtlinien des Akademiemitgliedes WOLFGANG SCHADEWALDT, wird der Leiter, Akademiemitglied WILHELM WISSMANN, ausführlich sprechen.[14]) Die Verzettelung und Darstellung des gesamten Wortschatzes wird die Geschichte der deutschen Sprache, vor allem die Bedeutungslehre, unendlich bereichern. Wir erhalten zugleich einen umfassenden Goethe-Kommentar und ein Wörterbuch des vorbildlichen Deutsch, was gerade heute auch von praktischer Bedeutung ist. Musterartikel und Sonderwörterbücher zu bedeutenden Werken sind im Entstehen. Im Jahre 1952 wird das Zettelarchiv auf 500000 Belege wachsen. Das Werk ist auf 10—12 Quartbände berechnet. Ein Wörterbuch zum Götz von Berlichingen bearbeitet JUTTA NEUENDORFF, zu Werthers Leiden ERNA MERKER und JOHANNA GRAEFE[15]).

Die *Ausgabe von Werken Goehtes* unter der Leitung von ERNST GRUMACH bringt Einzelwerke; sie beabsichtigt keine Erneuerung der gesamten Sophien-Ausgabe, so notwendig das wäre. Ziel ist die Rückkehr zu GOETHEs Text, also die Abkehr von der Ausgabe letzter Hand; ein vervollständigter, berichtigter und modernisierter kritischer Apparat, endlich die Sammlung der Zeugnisse zur Entstehung und der von GOETHE benutzten Quellen und Materialien.

[9]) Band 2 steht kurz vor dem Erscheinen.

[10]) Band 2 erschien 1954, Band 3 im Jahre 1956.

[11]) Der erste Band erschien 1955.

[12]) Erscheint 1956.

[13]) Abgedruckt in: Das Institut für deutsche Sprache und Literatur. Berlin 1954 (= Veröffentlichungen des Inst. f. deutsche Sprache u. Lit. 1), S. 65—96.

[14]) Abgedruckt in: Das Institut für deutsche Sprache und Literatur (s. Anm. 13), S. 53—63.

[15]) Die Zahl der Belege beträgt jetzt rund eine Million. Die ersten Lieferungen der Wörterbücher zum Götz von Berlichingen und zu Werthers Leiden stehen kurz vor dem Erscheinen.

ERNST GRUMACH ist mit der Neuausgabe des West-Östlichen Divans vorangegangen. Band 1 Gedichte und Band 2 Noten und Abhandlungen sind erschienen. Band 3 Paralipomena ist in der Druckerei.[16]) Band 4 Überlieferung und Lesarten[17]), Band 5 Zeugnisse und Materialien sind weit gefördert. Eine Neuheit ist Band 6, ein erklärendes Register zum gesamten Werk. Dies sei ein Beispiel. Die lange Reihe des Vorbereiteten und der Bearbeiter kann ich nicht vorbeiziehen lassen. Ich vermerke nur das, was bald erscheinen kann: ein erster Band Gedichte mit den frühen Gedichtsammlungen (LIESELOTTE BLUMENTHAL), die Dramen der vorweimarischen Zeit (H. FISCHER-LAMBERG)[18]), dazu alle Fassungen des Götz mit der Geschichte Gottfriedens von Berlichingen (JUTTA NEUENDORFF), Werthers Leiden in Paralleldruck der ersten und zweiten Fassung (ERNA MERKER)[19]). Die Neukollation der Weimarer Handschriften des Faust bringt zahlreiche neue Lesungen und chronologische Indizien, die ERICH SCHMIDT nicht beachtet hat. ERNST GRUMACH wird uns den Briefwechsel GOETHEs mit GÖTTLING und REICHEL schenken, der für die Textgeschichte der Werke unentbehrlich ist.

Die Abteilung VI, *Neuere deutsche Literatur*, konnte erst nach der Übersiedlung LEOPOLD MAGONs von Greifswald nach Berlin und nach seinem Eintritt in die Deutsche Kommission neu belebt werden. Drei weitere Bände der *Wieland-Ausgabe* sind druckfertig, sieben in Bearbeitung. Eine Ausgabe der Übersetzungen und Briefe wird vorbereitet. Die Bearbeitung der *Jean Paul-Ausgabe* durch EDUARD BEREND wird dadurch erschwert, daß der verlagerte Nachlaß *Jean Pauls* bisher nicht aufgefunden werden konnte. Neue Bände der Briefreihe werden bald erscheinen. Die Fortführung der Neuen Folge von *Goedekes Grundriß zur Geschichte der deutschen Dichtung* ist gesichert, vier Lieferungen sind druckfertig.[20])

Über sonstige neue Pläne unterrichtet Sie die Übersicht, die in Ihrer Hand ist.

Die Abteilung VII, *Jahresberichte über die Erscheinungen auf dem Gebiete der germanischen Philologie und der neueren deutschen Literatur*, unter Leitung von OTTO NEUENDORFF, kann Gutes berichten. 1935 ist das letzte Berichtsjahr. Nach Aufholung schwerer Kriegsverluste wird der Philologiebericht 1936—39 in Kürze erscheinen, danach der Literaturbericht über die gleiche Zeit in Satz gehen.[21]) Als Neuerung wurden im Literaturbericht auch die lebenden Dichter berücksichtigt. Die Bände 1940—45 werden bald folgen.

Meine Damen und Herren! Sie mögen den Eindruck haben, ich führe Sie durch einen bunten Garten, der etwas planlos zusammengewachsen ist. Aber übersehen Sie nicht das alles Umschließende, den *Thesaurus Linguae Germanicae*, der der Akademie als letztes Ziel vorgeschwebt hat. Seine Stunde ist gekommen. Indem die Arbeit am Deutschen Wörterbuch zu Ende geht und die Sonderwörterbücher wachsen, entsteht die Frage eines überspannenden Thesaurus, der ein Hausbuch aller Deutschen werden könnte, was sich J. GRIMM gedacht hat, was sich aber nicht verwirklichte. Darüber wird morgen nach dem Vortrag von BERNHARD BECKMANN zu sprechen sein.

[16]) Dieser Band erschien noch 1952. [17]) Befindet sich im Druck.

[18]) Inzwischen erschienen als Jugendwerke Band 1—2; Band 3 mit den Prosaschriften befindet sich im Druck.

[19]) Der Band ist 1954 erschienen. Außerdem ist inzwischen der 1. Faustband mit Paralleldruck von Urfaust und Fragment und einem Faksimile der Göchhausenschen Handschrift erschienen.

[20]) Über den gegenwärtigen Stand der Arbeiten berichtet LEOPOLD MAGON, siehe S. 343/344.

[21]) Der Philologiebericht erschien 1954, der Literaturbericht erscheint 1956.

Liebe Freunde und Mitarbeiter! Denken wir einen Augenblick zurück an den Wiederbeginn der Arbeit 1946 in den zerstörten Räumen der alten Akademie Unter den Linden. Das Schloß, das 1913 in sogenannten guten Zeiten nur ein Traumschloß schien, ist in fünf Jahren aus einer Welt der Trümmer aufgestanden. Ich danke Ihnen, meine Herren von der alten Deutschen Kommission, nunmehr Mitarbeiter am Deutschen Institut, für Ihr Vertrauen und Ihre Hilfe. Aus dem kleinen Kreise von 1946 ist ein gutes Hundert fleißiger und williger Menschen geworden, und unsere Zahl wächst mit neuen Aufgaben. Ohne Spannungen Hand in Hand, geht die lange Kette im Einklang vorwärts, geführt von unserem immer liebenswürdigen, immer hilfsbereiten, nie versagenden OTTO NEUENDORFF. Ich denke in diesem Augenblick an ein Wort J. GRIMMs aus der Vorrede zum Wörterbuch. „Eingedenk des uralten Spruchs, daß ein Bruder dem anderen wie die Hand der Hand helfe, übernehmen wir willigen und beherzten Entschlusses, ohne langes Fackeln, das dargereichte Geschäft, zu dessen Gunsten auch alle übrigen Gründe den Ausschlag gegeben hatten."

„Das dargereichte Geschäft", sagt J. GRIMM. Dargereicht hat es uns der Direktor unserer Akademie, Herr Dr. JOSEF NAAS. Ich weiß, verehrter Freund, Sie wollen nicht gelobt sein. Lieber rechten Sie mit uns um diesen oder jenen Stein des neuen Gebäudes. Aber gerade darum sagen wir dankbar, und nur im Bilde, weil Sie uns sonst den Rücken wenden: Sie sind ein guter Baumeister am deutschen Geistesleben.

Auf Trümmern errichtet die Deutsche Akademie der Wissenschaften zu Berlin an vielen Orten Forschungsinstitute großen Stils. Um im Bilde zu bleiben: die Fundamente legten die Staatsmänner unserer Republik. Die Begründung eines Institutes für deutsche Sprache und Literatur ist eine Angelegenheit des ganzen deutschen Volkes und darüber hinaus eine Angelegenheit der Humanitas schlechthin. Wir sind stolz und beglückt, daß die Staatsmänner sich mit uns in diesem Sinne vereinigen.

Sie, Herr Präsident, vertreten heute die Staatsregierung und die Akademie zugleich. Sie werden dem Herrn Ministerpräsidenten einen Dank sagen für die uneingeschränkte Sorge der Staatsregierung um die Entwicklung der Wissenschaft von der deutschen Sprache weitesten Sinnes. Sie selbst und die Herren Vizepräsidenten werden es als eine schöne Fügung empfinden, daß unter Ihrem Präsidium das große Werk gedeiht. Ihnen, Freund STROUX, sei es nie vergessen, daß Sie nach dem Zusammenbruch alle Lasten auf sich nahmen und die Wege bereiteten, die wir heute gehen.

Ich schließe mit einem Satze JACOB GRIMMs aus dem Schluß der berühmten Vorrede zum Deutschen Wörterbuch vom Jahre 1854. Es ist, wie wenn er diesen Satz für die heutige Stunde geschrieben hätte:

„Deutsche geliebte Landsleute, welches Reichs, welches Glaubens ihr seiet, tretet ein in die euch allen aufgethane Halle eurer angestammten, uralten Sprache, lernet und heiliget sie und haltet an ihr, eure Volkskraft und Dauer hängt an ihr."

Die Rede benutzte die folgenden Veröffentlichungen: GUSTAV ROETHE, Die Deutsche Kommission der Königlich Preußischen Akademie der Wissenschaften, ihre Vorgeschichte, ihre Arbeiten und Ziele, ILBERGs Neue Jahrbücher 31 (1913), 37—74. — GUSTAV ROETHE, Über die Deutschen Texte des Mittelalters, Preußische Akademie der Wissenschaften, Sitzungsberichte 1924. — ARTHUR HÜBNER, Bericht über das Deutsche Wörterbuch, in den Kleinen Schriften zur deutschen Philologie, 1940, 37—41.

Das Deutsche Wörterbuch am Vorabend der Vollendung

VON BERNHARD BECKMANN

Als Werk von sieben Bänden in etwa sieben Jahren zu beenden: So sah JACOB GRIMM in einem Briefe an BETTINA VON ARNIM vom 11. August 1838 die neue Aufgabe, wenige Tage bevor er seinen Namen unter den Vertrag setzte, der das mehr als hundertjährige Werk begründete. Er konnte nicht wissen, daß allein die vorbereitenden Arbeiten sich über den doppelten Zeitraum hinziehen würden. WILHELM GRIMM, in seinem Urteil sehr viel vorsichtiger als der Bruder, sprach in einem Brief an die gleiche Adressatin vom 11. Juni 1839, also nur ein Jahr später, die bange Befürchtung aus: „Wer weiß, ob unser Leben dazu ausreicht?" Seither begleitet den Weg des Deutschen Wörterbuches eine lange Kette von frohen Voraussagen, von Vertröstungen und enttäuschenden Widerrufen. Ein Jahrhundert später rief EDWARD SCHRÖDER[1]) den Zweiflern und Ungläubigen die bestimmte Versicherung zu, niemand brauche die Jahrhundertfeier 1952 abzuwarten. Er konnte wiederum nicht wissen, daß ein Jahr später der Begründer der Berliner Arbeitsstelle, ARTHUR HÜBNER, ins Grab sinken würde; er konnte auch nicht wissen, daß das Werk der Brüder GRIMM bald darauf in die Katastrophe eines blind entfesselten Krieges mit hineingerissen würde. Angesichts dieser Rückschläge eines ganzen Jahrhunderts mag es vermessen sein, vom Vorabend der Beendigung des Deutschen Wörterbuchs zu sprechen. Und doch: nun ist es soweit. Von den acht am Ende des Krieges noch nicht beendeten Bänden sind nur noch drei geblieben. Der Buchstabe T, mit dem M. LEXER 1890 begann, liegt abgeschlossen vor. Der Schlußteil des V, an dem man seit 1886 arbeitete, geht gerade jetzt in die Welt. Die letzten Lieferungen des Z folgen unmittelbar, S wartet nur noch auf den Ausdruck, und vom Abschluß der Arbeiten am G, die RUDOLF HILDEBRAND im Jahre 1872 begann, trennen uns nur noch Wochen. Nur die Schließung von zwei schmalen Lücken im W läßt noch eine Weile auf sich warten. Je mehr jedoch das alte Werk hinter dem Horizont verschwindet, um so deutlicher steigen die Umrisse des neuen Unternehmens auf. Der Vorabend der Beendigung des Deutschen Wörterbuchs ist auch der Vorabend des Neubeginns.

Der Gedanke einer Neuauflage des Deutschen Wörterbuchs ist so alt wie das Wörterbuch selbst, er mußte sich zwangsläufig schon zu Beginn der Arbeit ergeben: „Ihrer Natur nach können Bücher dieser Art erst gut werden bei einer zweiten Auflage", so schrieb JACOB GRIMM an KARL WEIGAND am 21. Dezember 1861. Daher bedeckte sich denn der Rand von JACOBs Handexemplar, das uns ein widriges Geschick vorenthalten hat, mit einem dichten Netz von Nachträgen, und unablässig legte er für die zweite Auflage an Belegen zurück, was ihm zu spät zufloß, auch dann noch, als er die Gewißheit hatte, daß er das Ende seines Werkes nicht mehr erleben würde.

[1]) Forschungen und Fortschritte vom 10. Mai 1936.

Die Neubearbeitung des Deutschen Wörterbuchs hat nicht zunächst die unzulänglichen Teile im Sinne der Brüder GRIMM zu ergänzen, zu berichtigen und so auf den augenblicklichen Stand der Forschung zu bringen, sondern die Voraussetzungen, auf denen die Arbeit eines ganzen Jahrhunderts ruhte, zu prüfen. Gilt W. SCHERERs Auffassung[2]) noch heute, daß das Wörterbuch „nach einem so vortrefflichen Plane entworfen ist, daß man in alle Zukunft voraussichtlich nie daran denken wird, die Fundamente, die hier gelegt sind, noch einmal neu zu legen"? Offenbar doch wohl nicht, denn die Wendung, die die Wortforschung vom Wort zur Sache, von der Semasiologie zur Onomasiologie in den letzten Generationen vollzogen hat, rührt an diese Grundlagen. Wenn in diesem Wandel einer der „größten Fortschritte der Sprachwissenschaft" beschlossen liegt, „dessen Tragweite sich noch gar nicht ermessen läßt", wenn hinfort nicht die Semasiologie, sondern die Onomasiologie „die grundlegende und primäre Disziplin der Wortforschung"[3]) ist, dann besteht die Pflicht, schon am Vorabend der Beendigung des Deutschen Wörterbuchs zu prüfen, ob die neue Sicht nur zu einer Erweiterung des Aufgabenbereiches und zu einer Verbesserung der Methode führt oder ob sie einen ganz neuen Typ des historischen Wörterbuchs fordert, der von einem neuen Ausgangspunkt mit anderem Ziel und anderer Methode das Leben der Sprache zu erfassen sucht.

Nicht eine Erörterung der theoretischen Grundlagen, sondern die kritische Wertung ihrer Ergebnisse kann zu einem Urteil über Wert und Bedeutung der onomasiologischen Methode führen. Ein ausgewähltes Beispiel möge daher ihre Eigenart zeigen.

Die Geschichte des Wortes *Hochzeit* ist bekannt. Es hat seine umfassendere Bedeutung 'Fest' im Laufe der Jahrhunderte aufgegeben; schriftsprachlich kann es heute nur noch die Vermählungsfeier sein. Diese rein bedeutungsgeschichtliche Feststellung verschweigt freilich mehr als sie aussagt; denn der Bedeutungswandel von *Hochzeit* ist nur die Folge eines weitergreifenden sprachlichen Vorganges, nämlich eines Bezeichnungswechsels, an dem drei Wörter: *Brautlauf*, *Hochzeit* und *Fest* beteiligt sind. Ursache, Entstehung und Umfang dieses sprachlichen Wandels kann nur dann sichtbar und verständlich gemacht werden, wenn man jedes der drei Wörter, nicht nur *Hochzeit*, in die Betrachtung mit einbezieht, d. h. wenn man von der Sache her, wenn man „onomasiologisch" fragt[4]):

1. Wie drückt man später den Begriff Fest aus, den das Wort hochgezîte nach seinem Bedeutungswandel verlor? Von welchem Wort wurde es hier verdrängt und warum? Nun, von *Fest*, einem 'feineren' Fremdwort.

2. Wie hatte man bisher den Begriff Vermählungsfeier ausgedrückt, den das Wort nach geschehenem Bedeutungswandel bezeichnet? Hat es da ein anderes Wort verdrängt und warum? Antwort: Vorher sagte man *Brautlauf*.

Es bedarf keiner näheren Begründung, warum ein Bezeichnungswechsel — hier ist er gar doppelseitig — erst durch die onomasiologische Fragestellung ins rechte Licht gerückt wird und so geradezu plastische Anschaulichkeit gewinnt. Nur darf man nicht übersehen, daß dieses Ergebnis durch eine unzulässige Vereinfachung der wirklichen sprachlichen Vorgänge erreicht ist. Jene Fragen raffen einen über Jahrhunderte sich erstreckenden Bezeichnungswechsel in wenige Augenblicke zusammen und erwecken den Eindruck, als ob es sich um einen

[2]) W. SCHERER: Jacob Grimm (1921) 256.

[3]) So K. VOSSLER: Französische Philologie (1919) 43.

[4]) S. F. DORNSEIFF: Der deutsche Wortschatz nach Sachgruppen (1943) 53.

in gerader zeitlicher Abfolge augenblicklich und mit automatischer Sicherheit sich vollziehenden Vorgang handele. Auf die frühe oder späte Geschichte der beteiligten Wörter fällt von ihnen aus kein Licht. Ihre Vergangenheit bleibt im Dunkel bis zu dem Moment, wo sie im Blickpunkt des Fragestellers auftauchen, und sie verschwinden hernach wieder im gleichen Dunkel. Dieses Dunkel aufzuhellen, das Vorher und Nachher bei jedem Worte in den einzelnen Stadien seiner Entwicklung aufzudecken und durch sprachliche Zeugnisse zu bekräftigen, das bleibt Aufgabe einer bedeutungsgeschichtlichen Einzeluntersuchung. Sie wendet sich von der Sache wieder an das Wort: Was bedeutet *Brautlauf* ursprünglich? Wie weit erstreckte sich sein Bereich, und wo finden sich die letzten Spuren? Worin liegt sein Untergang begründet? Wenn *Hochzeit* an seine Stelle trat, was machte es geeignet, an die Stelle von *Brautlauf* zu treten? Wie war das ursprüngliche Verhältnis der beiden Bezeichnungen nach Verbreitung und Bedeutung? Wann begegnen wir den ersten und den letzten Zeugnissen für den Gebrauch von *Hochzeit* im Sinne von Festtag? Wir stehen mitten in einem Fragespiel, das der semasiologischen Arbeitsweise und auch dem monographischen Wörterbuch gemäß ist und dem sich auch das begriffliche Wörterbuch nicht entziehen kann, wenn es sich nicht auf die bloße Feststellung des Kontaktes von *Brautlauf*, *Hochzeit* und *Fest* beschränken und auf die historische Begründung des Feldwechsels verzichten will.

Nur von der Bedeutung her gelangen wir auch zur Einsicht in die ursächlichen Zusammenhänge dieses komplexen sprachlichen Vorganges. *hôchgezît* erscheint in literarischen Denkmälern schon früh unmittelbar neben *brûtlouft*. Kündet sich darin das Streben an, einem Worte, dessen zweites Glied unverständlich wurde, schärfere Umrisse zu geben? Oder brauchte *brûtlouft*, weil es in anderer Hinsicht zu deutlich wurde, eine euphemistische Korrektur, die gleichzeitig gegenüber einer älteren, nicht-christlichen Bedeutung den kirchlichen Charakter der Feier betonte? Denn *hôchgezît* bedeutet ursprünglich — in den Mundarten vereinzelt noch heute — das hohe kirchliche Fest! Und hat sich in dem häufigen Nebeneinander von *hôchgezît* und *brûtlouft* durch eine Art Affinität beider Begriffe der Übergang von der allgemeineren Bedeutung Fest zur Hochzeitsfeier angebahnt?

Schon aus diesem einen Beispiel erhellt Wesen und Wert der onomasiologischen Fragestellung: Sie ist unentbehrliches methodisches Hilfsmittel, um die Erscheinung des Bezeichnungswechsels greifbar zu machen. Sie gibt die richtige Diagnose des sprachlichen Vorgangs, bestimmt auch Ausgangspunkt und Ziel des Weges, den die weitere Untersuchung zu gehen hat, aber — und darin zeigen sich ihre Grenzen — der Weg führt jedesmal über semasiologische Einzeluntersuchungen. Ihr eigentlicher Gegenstand ist der Bezeichnungswechsel, ein innerhalb des sprachlichen Geschehens nicht gerade häufiger Vorgang. Es ist ja nicht so, daß die Sprache nur über den eigenen Bestand wachen und, sobald in irgendeinem Wortfeld ein Ausfall eintritt, für den Ersatz sorgen müsse. Sie ist weit mehr von einem unstillbaren Drang besessen, den Bestand ihrer Ausdrucksmittel zu vermehren, um das ewigwechselnde und sich erweiternde Bild der Außen- und Innenwelt auszuschöpfen. Sie tut es, da sie den Bestand an Erbwörtern nicht vermehren kann durch immer neue Ableitungen und Zusammensetzungen, sie tut es fast unmerklich durch die nie auszuschöpfende Möglichkeit der Metapher. Und sie scheint eine geradezu unbegrenzte Aufnahmefähigkeit zu haben und nichts zu wissen von einem nach außen abgegrenzten und im Innern durchgegliederten Feld. Sie greift auch in die

Mundarten und nimmt Wörter auf, deren Form ihr nicht gemäß ist, ohne daß wir erfahren, nach welchen Grundsätzen sie bei dieser Auswahl verfährt. Um nur ein Beispiel aus einer der letzten Lieferungen des Deutschen Wörterbuchs zu bringen: Niemand hätte es der mundartlichen Form *verwunschen*, die sich ursprünglich in nichts von *verwünscht* unterscheidet, bei ihrem ersten Auftreten im Wiener Lustspiel voraussagen können, daß sie einmal berufen sei, innerhalb der Schriftsprache eine Funktion zu übernehmen, für die vorher kein Ausdruck gefunden war. Wir wissen heute den 'verwunschenen Prinzen im verwunschenen Schloß' vom 'verwünschten Prinzen' wohl zu unterscheiden, und wir werden es in Zukunft — wir ahnen es im voraus — sicherlich noch schärfer tun müssen. Eben dieses *verwunschen* hat noch einen Schritt weiter getan: Wenn wir die verträumte Stille eines weltabgelegenen, versponnenen Erdenwinkels kennzeichnen wollen, dann können wir nur noch zu ihm greifen.

Selbst dort, wo die Sprache ihren 'Bedarf' gedeckt zu haben scheint, nimmt sie Neuankömmlinge auf: *Zwist*, ein Fremdling aus dem niederdeutschen Nordwesten, bahnt sich in langsamem Fortschreiten, das sich über mehr als zwei Jahrhunderte erstreckt, seinen Weg in die Schriftsprache und steht heute unangefochten neben alteingesessenem *Streit*, *Hader*, *Zank* usw. Sie sieht sich auch in den eigenen Reihen um und weist einem alten Worte einen neuen Bereich zu: *billig*, in der älteren Bedeutung noch heute lebendig in der Formel '*recht und billig*', nimmt seit dem 18. Jahrhundert die Bedeutung 'preiswert' an. In allen diesen Fällen, wo es sich um eine Vermehrung der sprachlichen Ausdrucksmittel handelt, führt die onomasiologische Fragestellung nicht über die semasiologische hinaus, wenn man nicht darin einen besonderen Vorteil sehen will, daß sie auf die Heranziehung der Synonyma aufmerksam macht.

Das gleiche gilt von dem Werte der Onomasiologie für die psychologische Ergründung eines Bedeutungs- bzw. Bezeichnungswandels. „Warum hat man eines Tages 'billig' nur noch für Preise gesagt?" Die Antwort liegt auf der Hand: Es ist der 'mit einem billigen Preis, billigen Kauf abziehende Käufer (oder lockende Verkäufer), der Sprachschöpfer war'. Die Triebfeder ist 'die immer und überall wiederkehrende sittliche Entrüstung der Leute, die um denPreis von etwas verhandeln und feilschen' [5]). Schon I. B. HOFMANN hat auf die Fragwürdigkeit solcher psychologischen Deutungen hingewiesen.[6]) Nach ihm hat sich die Bedeutung von *billig* zunächst in den Verbindungen 'billig kaufen, billiger Preis' angebahnt, um dann von hier aus den Sprachgebrauch zu bestimmen. Unmerklich ist das Wort in die neue Verwendung hinübergeglitten. Der Käufer oder Verkäufer fand gar keine Gelegenheit, sich zu ereifern.

Wie gewagt es ist, in sprachlichen Veränderungen nicht zunächst sachliche — man möchte fast sagen: technische — Vorgänge zu sehen, sondern Folgen einer persönlichen Entscheidung, wird besonders dann deutlich, wenn es sich nicht um einen fiktiven Sprecher handelt, sondern wenn dieser uns bekannt ist. *Grenze*, ein Lehnwort aus dem Slawischen, gelangte unstreitig durch Luthers Einfluß, 'der geradezu eine Vorliebe für das Wort hat' (A. HÜBNER im DWB), auch in diejenigen oberdeutschen Bezirke, die sich anfänglich gegen die Aufnahme geweigert hatten. Wenn man den Anteil Luthers im Lichte der Geschichte von 'Grenze' sieht, schrumpft er merklich zusammen. Um 1250 taucht das slawische Lehnwort im Deutschordenslande auf.

[5]) F. DORNSEIFF a. a. O., S. 47.

[6]) Gnomon 10 (1934) 24.

Um die Jahrhundertwende wird es in Schlesien sichtbar, bald darauf in der Mark Brandenburg, in Böhmen ist es im 14. Jahrhundert schon gut belegt. Aus den Grenzmarken macht es sich im 15. Jahrhundert in den Westen auf, sowohl in den Norden wie in den Süden. Bis auf einige süddeutsche Randbezirke ist es im 16. Jahrhundert allgemein verständlich. Es ist kein Zweifel: LUTHER stand bei seiner Entscheidung mitten im Ablauf eines sprachlichen Prozesses, dessen Endergebnis schon festlag. Auch ohne seine Mithilfe hätte 'Grenze' den Weg in den äußersten Südwesten und Südosten gefunden. Die Sprache hätte sich auch gegen ihn entscheiden können, und sie hat es bisweilen auch getan: LUTHER kannte das Wort *Zwist* neben *Hader*, *Zank*, *Streit*; denn um seine Zeit hatte es, aus dem Nordwesten kommend, bereits seinen Weg bis ins Kursächsische gefunden. H. v. D. PLANITZ berichtete seinem Herrn 1522 aus Nürnberg, daß beim Reichsregiment „mit Supplicationen, vorhorung der sachen und hendel, zwisthen, irrungen, partheien und der gleichen vil zeit zubracht worden". LUTHER meidet geflissentlich *Zwist*, obwohl der Anwendungsmöglichkeiten in der Bibel und in den Streitschriften recht viele waren. Heute gehört das Wort trotzdem der gesamten Schriftsprache an. Selbst über ein sprachschöpferisches Genie wie LUTHER geht die Woge der Entwicklung, im Innern gleichsam getrieben von einer unbekannten Kraft, langsam und unaufhaltsam hinweg.

Ein methodisches Prinzip, dessen eigentlicher Zweck sich darin erschöpft, einen Bezeichnungswandel sachlich und psychologisch verständlich zu machen, kann nicht die Basis für die Fülle der Aufgaben abgeben, die an ein umfassendes historisches Wörterbuch gestellt werden müssen. Das Wörterbuch einer Nationalsprache, das die ganze Vielfalt des sprachlichen Lebens erfassen soll, darf nicht nur dort stehen, wo der Aufstieg und Abstieg kommender und gehender Wörter sich dem Auge bieten, wo in der Bedeutung sich Wandel und Umbruch zeigen. Seine Aufgabe ist umfassender. Sein Blick ruht nicht nur auf dem Wandel und Wechsel, sondern auch auf dem Bleibenden in der Sprache. *Glauben* und *Wissen*, *Gott* und *Welt*, *gleich* und *Glück*, *Trauer* und *Freude* — man könnte diese Reihe aus jeder Lieferung des Deutschen Wörterbuchs ergänzen — sie werden durch keinen 'Synonymenschub' aus ihrem angestammten Sitz verdrängt, keine Bedeutungswelle verändert ihr Antlitz. Wohl dringen sie in neue Anwendungsbereiche, tauchen in neuen Redewendungen auf, verbinden sich mit neuen Begriffen, fallen und sinken in der Wertung, aber sie ruhen unerschüttert auf ihren Fundamenten. Fast scheint es, als wenn bei ihnen Vergangenheit und Zukunft in eins zusammengefallen seien. Das Leben jedes einzelnen Wortes zu verfolgen, seinen lebendigen Gebrauch in den Denkmälern der Vergangenheit aufzuspüren, sein Vordringen und Zurückweichen festzustellen, das Spiel der Tönungen und Färbungen seiner Bedeutung in allen Schichten zu verfolgen, das ist das Ziel eines historischen Wörterbuchs der deutschen Sprache. Mit dieser Aufgabe steht es allein und jenseits aller Gegensätzlichkeit zwischen Onomasiologie und Semasiologie.

Dieser Auffassung lexikalischer Arbeit liegt die induktiv gewonnene und aus der Erfahrung immer wieder bestätigte Erkenntnis zugrunde, daß jedem Wort als selbständigem Sinnträger ein Bedeutungskern innewohnt, der seine Entwicklung bestimmt und begrenzt, und dessen ursprüngliche Existenz auch dann angenommen werden muß, wenn vorgeschichtliche Entwicklung, Aufspaltung in Einzelbedeutung und Kreuzung mit inhaltlich oder auch formal verwandten Bezeichnungen ihn verschüttet haben. Nur aus dieser tragenden Mitte muß und kann die Vielfalt des wechselnden Gebrauches verstanden werden. Lingua non facit saltus![7])

Das begriffliche Wörterbuch, das sich im Gegensatz zum monographisch-alphabetischen Wörterbuch auf der onomasiologischen Fragestellung aufbaut und in der Lehre von der Sprache als ganzheitlichem Gebilde seine theoretische Begründung findet, sieht im Wort in allen Phasen seiner Entwicklung den Teil eines Sinngefüges, der von den übrigen Teilen dieses Gefüges mitbedingt und -gesetzt wird. Die Geschichte des Einzelwortes ist daher die Geschichte seiner wechselnden Beziehungen zu den Bezeichnungen gleichen oder verwandten Sinnes. Ihre Darstellung kann daher nur insofern wissenschaftlich genannt werden, als ihr diese wechselseitigen Beziehungen zugrunde gelegt werden.[8]) Die monographische Darstellung des Einzelwortes im alphabetischen Wörterbuch ist so unwissenschaftlich wie die Anordnung in alphabetischer Form.[9])

Beide Auffassungen stehen in unvereinbarem Gegensatz zueinander und lassen vermuten, daß die auf ihnen fußenden Wörterbücher zu diametral entgegengesetzten Ergebnissen führen. Die Wirklichkeit zeigt ein anderes Bild. Die von KURT BALDINGER in diesem Bande veröffentlichten ersten Proben eines altgascognischen Wörterbuchs zeigen, wie nahe die Dinge in der Praxis lexikalischer Arbeit nebeneinander liegen. Der Artikel 'blé' setzt bewährte Tradition gradlinig fort. Er könnte seiner methodischen Anlage nach das Endergebnis einer Entwicklung innerhalb des Deutschen Wörterbuchs sein, die mit JACOB GRIMMs noch dürftiger Skizze von '*Frucht*' (1863) — bei diesem Wort nahm ihm der Tod die Feder aus der Hand — und RUDOLF HILDEBRANDs weitergreifender Darstellung von '*Korn*' (1869) beginnt und in H. WUNDERLICHS Darstellung der Geschichte von '*Getreide*', die auch auf das Verhältnis von '*Getreide — Frucht — Korn*' eingeht, nur einen vorläufigen Abschluß gefunden hat.

Was oben bereits über Vorzüge und Grenzen der Bezeichnungslehre gesagt wurde, zeigt sich hier noch einmal in voller Klarheit: Die onomasiologische Fragestellung hat als methodisches Prinzip überall dort ihre Berechtigung, wo der Bezeichnungswechsel das einzige oder das vornehmste Ziel der Untersuchung ist. Die lexikalische Darstellung einer Gesamtsprache jedoch, die sich darauf beschränken würde, durch laufende Bestandsaufnahmen die Gesamtheit der in verschiedenen Epochen gültigen 'Zeichen' zunächst festzustellen, um dann an einzelnen Objekten den Prozeß der wechselnden Benennung zu studieren und zu registrieren, würde das sprachliche Leben nur in einer Randzone erfassen. Und selbst auf ihrem eigensten Gebiete, dem des Bezeichnungswechsels, bedarf diese Methode, wenn sie nicht in den äußeren Vorgängen der Sprache haften bleiben und einer inneren Begründung aus dem Wege gehen

[7]) DORNSEIFF a. a. O., S. 53, nennt die Annahme einer Grundbedeutung 'irreführend' und verweist auf *abmachen*, dessen Bedeutungen 'loslösen', 'verabreden' und 'schlapp machen' sich nicht aus einander erklären lassen. Er hat recht; denn Zusammensetzungen, die unabhängig voneinander gebildet wurden und gebildet werden können, lassen sich nicht auf eine Grundbedeutung zurückführen.

[8]) Vgl. dazu: 'Da das Grundwesen der Sprache Gliederung ist, ist jedes einzelne Stück Ergebnis der Gliederung, Endglied, in Wesen und Wirkung eben durch seine Gliedhaftigkeit, durch seinen Stellenwert im ganzen der Sprache bestimmt.' J. TRIER: Das sprachliche Feld. Neue Jahrbücher 10 (1934) 429.

[9]) Nur so kann man die fast stereotyp gewordene Wendung vom unwissenschaftlichen alphabetischen Wörterbuch verstehen. Die alphabetische Ordnung hat mit dem Wesen der darin angewandten Methode und dem Wert ihrer Ergebnisse nicht das geringste zu tun.

will, einer vorausgehenden genauen Erforschung jedes kommenden und gehenden Wortes nach Herkunft und Bedeutung[10]). Wie wäre es ohne vorherige Feststellung des Sinngehaltes und seiner Entwicklung auch nur möglich, die Zuteilung eines Wortes zu einem Sinnbezirk und bei Sinnwechsel seine Aufteilung auf mehrere Sinnbezirke vorzunehmen? Welche Vorarbeiten ein nationales Wörterbuch erfordern würde, um zugleich auch ein begriffliches Wörterbuch zu sein, läßt sich daraus ermessen. Selbst ein Wort mit einer auf dem Gesamtgebiet gleichbleibenden Bedeutung kann sich in den einzelnen Sprachlandschaften und Sprachschichten mit wechselnden Bezeichnungen zu einem Sinnbezirk zusammenfinden und fordert, damit eine begriffliche Zusammenstellung der Wörter möglich wird, zunächst eine nach Landschaft und Sprachschicht getrennt durchgeführte bedeutungsgeschichtliche Untersuchung.

Die monographische Darstellung des Einzelwortes ist mit keinem Ordnungssystem, auch nicht mit dem alphabetischen, wesensmäßig verbunden. Das begriffliche Wörterbuch hingegen, fußend auf dem Satz von der Sprache als ganzheitlichem Gefüge, verlangt eine bestimmte Ordnung des Wortschatzes, eben die begriffliche, und fordert die Kenntnis dieses Systems schon zu Beginn der Arbeit, setzt also voraus, was erst Ergebnis der Untersuchung sein kann. Die Schwierigkeiten mehren sich noch dadurch, daß die Annahme, der Wortschatz habe sich nach einem immanenten Gesetz ausgebildet und werde von einem wesenhaften Ordnungsprinzip durchwaltet, durch die unvoreingenommene Beobachtung keine Bestätigung findet. Wählt man den Ausweg, die gesamte Außen- und Innenwelt nach sachlich-logischen Prinzipien aufzugliedern und das so gewonnene Ordnungsschema auf die Ausdrucksmittel der Sprache zu übertragen, so bleibt es ein Rätsel, wie ein nach nichtsprachlichen Grundsätzen gegliedertes Wörterbuch geeignet sein kann, den ganzheitlichen Charakter der Sprache zu erweisen.

Dieser innere Widerspruch wird bereits offenbar, wenn man sich daran begibt, einzelne Begriffe auf die verschiedenen Kategorien aufzuteilen. Die oben angeführten Proben lassen diese Schwierigkeit noch nicht erkennen, da sie der sinnlich-anschaulichen Welt angehören und keiner Mehrdeutigkeit unterliegen, also auch eindeutig einem Sachbereich zugeteilt werden können. Aber selbst innerhalb des konkreten Bereichs könnte man fragen, ob man den Begriff 'Pferd' ganz nach dem Linnéschen System den vierfüßigen Säugetieren oder nach seiner Verwendungsart als Zug-, Reittier usw. den verschiedenen Berufen, dem Bauern, dem Krieger, dem Fuhrmann, zuteilen soll.

Die Schwierigkeiten steigen beim nächsten Schritt, wenn nach Festlegung der einzelnen begrifflichen Zellen die sprachlichen Bezeichnungen ihnen zugeordnet werden müssen. Nur soweit die einzelnen Wörter Zeichen für ein und denselben Begriff geblieben sind oder ihre mehrfache Bedeutung sich in klar getrennten, voneinander unabhängigen Sinnbezirken entwickelt hat, geschieht die Aufteilung ohne Zerreißung von Zusammenhängen. Freilich, schon das oben erwähnte '*Korn*' würde in jedem Ordnungssystem an ganz verschiedenen Stellen auftauchen, je nachdem ob es das Getreide auf dem Feld oder im Verbrauch, ob es das Korn an der Waffe oder das Maß in der Münzkunde oder den alleinstehenden, nichtreimenden Vers der Meistersinger meint. Ein umfassendes Wort wie 'Welt' würde sich gleich auf ein Dutzend von

[10]) Ohne eingehende semantische Untersuchungen sind auch die oben angeführten Proben aus dem altgascognischen Wörterbuch nicht denkbar.

Bedeutungfeldern verteilen, je nachdem ob es ein Zeitalter oder eine Generation, ob es das Diesseits oder Jenseits, ob es die weite Welt oder die Einsamkeit, ob es die Außen- oder die Innenwelt, ob es den gestirnten Himmel oder den Erdkreis meint. In solchen Fällen könnten ausführliche Verweise immerhin noch den Zusammenhang zwischen den einzelnen Teilen erkennen lassen.

Die Gruppierung nach begrifflichen Gesichtspunkten überschreitet dort die wissenschaftlichen Grenzen, wo sie den Einblick in sprachhistorische Zusammenhänge und Vorgänge versperrt oder verfälscht. '*Verzeihen*' — der Bildung und Bedeutung nach 'versagen' entsprechend — ist in den althochdeutschen Glossen ausschließlich im Sinne von 'negare, abnegare, abnuere' bezeugt. 'Jemandem eine Bitte verzeihen' kann um diese Zeit nur bedeuten 'jemandem eine Bitte abschlagen'. Aus dem reflexiven Gebrauch des Wortes entwickelt sich — es ist an den Belegen im Deutschen Wörterbuch deutlich abzulesen — die Bedeutung 'verzichten', d. i. 'sich abschlagen' = renunciare. Der heutige Gebrauch als ignoscere ersteht, schon kurz nach 1200, in der rechtlichen Sphäre. 'Verzeihen' ist 'auf jemandes Wiedergutmachung verzichten, ihm vergeben'. Aus Gründen, die wir nicht kennen, erlischt die ursprüngliche Bedeutung im 16. Jahrhundert, und ebenso unergründet gewinnt die Bedeutung 'ignoscere' die Oberhand über die sehr verbreitete, auch heute noch nicht ausgestorbene Bedeutung 'verzichten'. 'Jemandem eine Bitte verzeihen' kann seither in der Schriftsprache nur noch heißen, 'jemandes Bitte nicht übelnehmen'. Es ist eine lückenlose Abfolge der Entwicklungsstufen, die sich dem forschenden Auge freilich nicht darbietet im geschichtlichen Nacheinander, sondern in parallelgeschalteten und ineinander verflochtenen Entwicklungsgängen. Jahrhundertelang stehen die drei Verwendungen nebeneinander, nur leicht getrennt durch die verschiedenen syntaktischen Fügungen. Eine Aufteilung des Wortes auf die drei Bedeutungsfelder abdicare, renunciare und ignoscere, so wie sie das begrifflicheWörterbuch fordert, würde die entscheidende Frage, wie das Auftauchen in drei verschiedenen Sinnbezirken möglich ist, umgehen, sie auch gar nicht beantworten können, selbst dann nicht, wenn der synchronische Querschnitt zu verschiedenen Zeiten erfolgte. Statt dessen täte sich ein fast unlösbares Problem auf: Jede nur annähernd exakte Festlegung eines Wortes in einem semasiologischen Felde setzt voraus, nicht nur, daß die Gesamtheit der einem Sinnbezirk angehörenden Zeichen bekannt ist, sondern auch in der Überlieferung der jeweiligen Periode und Sprachlandschaft in ausreichender Dichte auftritt.[11])

Geradezu ausweglos wird die Lage dann, wenn ein Wort wegen der Differenziertheit seiner Bedeutung sich von vornherein einer klassifizierenden Aufteilung widersetzt. Und das trifft gerade zu für die Begriffe und Bezeichnungen, von denen unser geistiges Dasein getragen wird. Gewiß wäre es möglich, aus dem Strom ihrer Entwicklung einzelne Bedeutungszüge herauszuheben und den zugehörigen Sinnbezirken zuzuordnen, aber wohin mit den vielen, kaum faßbaren Zwischenschattierungen, die jeder exakten Definition widerstreben, aber doch wesentliche Teile des Wortsinnes sind? Was hielte man denn noch in Händen, wenn man die tiefgründigen Untersuchungen zur deutschen Geistesgeschichte, RUDOLF HILDEBRANDS Beiträge zum Deutschen Wörterbuch 'Geist', 'Gemüt', 'Genie' nach einem logisch-sachlichen

[11]) Es würde insbesondere nicht genügen, wenn, wie es bei Wortfelduntersuchungen üblich ist, nur die wenigen Bezeichnungen herangezogen würden, die der gleichen grammatischen Kategorie angehören.

Begriffssystem auflöste? Und würde man dann erst zu einer tieferen Einsicht in das 'Weltbild der Sprache' und ihr Ausdruckssystem gelangen? Kein auch noch so ausführliches Register könnte die zusammenhanglosen Teile eines so zerstörten Organismus wieder zu einem sinnvollen Ganzen zusammenfügen. Es liegt eine fast tragische Antinomie in dem Bemühen, mit einem vorgefaßten System das Wesen der Sprache, ihr 'Weltbild' zu erfassen. Denn je näher man auf diesem Wege dem Reiche des Geistigen kommt, wo die Sprache ihre höchste Ausdruckskraft offenbart und tiefste Einblicke in ihr Weltbild zu gewähren bereit ist, um so weiter entfernt man sich von seinem Ziel.

Wenn man aber das alles nicht will, wenn man nur, wie es schon JACOB GRIMM tat, den Wortschatz bestimmter Lebenskreise, einzelner Sach- und Sinngruppen beobachten will, um von dort Ausblicke auf das gesamte Ausdruckssystem einer Sprache und das darin niedergelegte 'Weltbild' zu gewinnen, warum dann jene totale Aufgliederung des Wortschatzes nach einem sachlich-logischen System? Und wozu die theoretische Begründung eines längst erprobten Vorgehens aus dem Strukturcharakter der Sprache?

Der letzte Band des Deutschen Wörterbuchs, dem die Mühe der kommenden Monate gilt, wird als Leitmotiv dieselben Worte tragen wie der erste: Im Anfang war das Wort. Nach dem gleichen Gesetz und in der gleichen Ordnung wird das Deutsche Wörterbuch erneut seinen Weg in die Geschichte antreten und sein Ziel darin sehen, auf dem Wege über das Einzelwort das Leben der gesamten Sprache in seiner ganzen Breite und Tiefe zu erfassen. Je mehr es ihm gelingt, den grundlegenden Gedanken vom Eigenrecht des Einzelwortes mit der Auffassung vom Wort als Teil eines Sinnganzen zu verbinden, desto näher wird es diesem Ziele kommen.

Schon einmal stand über dem Werk der Brüder GRIMM das Wunschbild eines neuartigen und zeitgemäßeren Wörterbuchs: Der Thesaurus Linguae Germanicae. Auf der Hamburger Philologen-Tagung von 1905, die für die Geschichte des Deutschen Wörterbuchs so wichtig wurde, konnte H. DIELS ihn als 'eminent nationale Angelegenheit' neben den damals erstehenden lateinischen und den geplanten griechischen Thesaurus stellen. Der Gedanke war in jener Zeit, die in einem großen umfassenden Wörterbuch ein Symbol der wiedererlangten nationalen Einheit sah, so lebendig, daß die Deutsche Kommission der Berliner Akademie Bedenken trug, das Deutsche Wörterbuch in den Kreis ihrer Unternehmungen aufzunehmen. Nur der rettende Gedanke, daß man in dem Fremdling nicht ein Hindernis, sondern eine Vorarbeit für den kommenden Thesaurus sehen müsse, verschaffte ihm Einlaß und Aufnahme. Aus dem lockenden Ziel wurde jedoch bald ein warnendes Signal; denn als das Deutsche Wörterbuch unter dem Zustrom der Belege aus der Göttinger Zentralsammelstelle selbst zu einem Thesaurus zu werden drohte und es das Hauptanliegen der Deutschen Kommission wurde, die Fluten wieder einzudämmen, schwand jeder Gedanke an die Durchführbarkeit eines solchen Unternehmens. Inzwischen ist auch die äußere Organisation der lexikalischen Arbeit in der Akademie an dem Plan eines Thesaurus vorübergegangen. Der sachlichen Aufgliederung durch die Gründung des Wörterbuchs der deutschen Pflanzennamen und des Wörterbuchs der deutschen Tiernamen folgte die historische durch die Gründung des Wörterbuchs der Sprache der Gegenwart und des Goethe-Wörterbuchs. Ob am Ende des Weges der Plan einer Zusammenfassung in begrifflicher Form an Wirklichkeitsgehalt gewonnen oder sich in unwirkliche Fernen verloren hat, das wird sich aus der Arbeit selbst ergeben müssen.

Über die Arbeiten der Abteilung Neuere deutsche Literatur des Instituts für deutsche Sprache und Literatur

VON LEOPOLD MAGON

In seiner Rede zur Eröffnung des neubegründeten Instituts für deutsche Sprache und Literatur hat der Direktor des Instituts, Akademiemitglied Professor Dr. THEODOR FRINGS, 1952 auch einen Bericht über die Tätigkeit der Abteilung Neuere deutsche Literatur des Instituts gegeben. Dieser Bericht mußte notwendigerweise kurz sein, weil diese Abteilung im Rahmen der Vorgängerin des Instituts, der Deutschen Kommission, erst im Jahre vorher, nach meiner Übersiedelung nach Berlin und meinem Eintritt in die Kommission, ihre Arbeit wieder aufgenommen und einen festen Rahmen für die Arbeit erhalten hatte. Zur Abteilung gehörten zu diesem Zeitpunkt drei ältere Akademie-Unternehmen: die WIELAND-Ausgabe, die JEAN PAUL-Ausgabe und die Neue Folge von GOEDEKEs Grundriß zur Geschichte der deutschen Dichtung. Die planmäßige Wiederaufnahme der Arbeiten und die Begründung des Instituts legten es nahe, weitere Aufgaben in Angriff zu nehmen, die nach Lage der Forschung notwendig, nach ihrem Charakter und ihrer Dauer aber nur an einer Akademie zu bewältigen waren. Um eine wechselseitige Förderung der einzelnen Arbeitsunternehmen zu sichern, stellte sich die Abteilung Aufgaben, die ihrem bis dahin gewahrten Charakter entsprachen: Editionen von Werken deutscher Dichter der Neuzeit, soweit sie nicht wie die GOETHE-Ausgabe wegen des Umfangs ihrer Aufgaben eine eigene Abteilung erforderten und außerdem grundlegende bibliographische Unternehmen, während die Jahresberichte als laufende Bibliographien in ihrer eigenen Abteilung verblieben. So wurden zu den drei älteren Unternehmen folgende Aufgaben in den Arbeitsplan der Abteilung neu aufgenommen: Kritische Ausgabe der Werke und Briefe OTTO LUDWIGs, Kritische Ausgabe der Werke THEODOR FONTANEs, Kritische Gesamtausgabe der Werke FRIEDRICH MAXIMILIAN KLINGERs, Kritische Neuausgabe von KLOPSTOCKs Oden, Bibliographische Verarbeitung der wichtigsten literarischen Zeitschriften des 19. Jahrhunderts. Für den Universitätsunterricht sollten außerdem kleinere, nach pädagogischen Gesichtspunkten gearbeitete Studienausgaben erscheinen. Bei einigen Unternehmen hat sich der Plan geändert, darüber wird von Fall zu Fall berichtet werden. Nur eines sei schon hier vorweggenommen: Bei den Studienausgaben war von mir eine Auswahl aus den Schriften JOHANN GEORG FORSTERs vorgesehen; nach einer der Akademie gegebenen Anregung ist statt dessen im Rahmen meiner Abteilung eine eigene Arbeitsstelle begründet worden, die eine Gesamtausgabe der Werke FORSTERs erarbeiten soll; um diese FORSTER-Ausgabe vermehrt sich also die Zahl der von der Abteilung geplanten und in Angriff genommenen Editionen.

Der im Jahre 1952 aufgestellte erweiterte Plan ist seither der Arbeit der Abteilung zugrunde gelegt worden. Für die Leitung der Abteilung mit ihren vielfältigen und trotz allem doch auch recht verschiedenartigen Aufgaben wurde mir Dr. HANS WERNER SEIFFERT beigeordnet. Für die Bewältigung der Arbeiten setzten sich meine Mitarbeiter, die zum Teil erst nach Begründung des Instituts zu uns gestoßen sind, mit Tatkraft und Erfolg ein.

Über das Geplante und das bis jetzt Erreichte soll nunmehr im einzelnen berichtet werden, und zwar in der bisher gewahrten Reihenfolge.

1. Ausgabe der Werke WIELANDs

Die kritische Gesamtausgabe der Werke, Übersetzungen und Briefe WIELANDs ist das älteste der jetzt in der Abteilung zusammengefaßten Akademie-Unternehmen; es ist 1904 geplant. Als ERICH SCHMIDT 1909 dem ersten Band der Ausgabe ein Vorwort vorausschickte, konnte er zur Rechtfertigung des Unternehmens sich mit Recht auf GOETHEs Autorität berufen, der 1795 in dem Aufsatz „Literarischer Sansculottismus" auf die Möglichkeit hingewiesen hat, durch Vergleichung der sämtlichen Ausgaben WIELANDs „allein aus den stufenweisen Korrekturen dieses unermüdet zum Bessern arbeitenden Schriftstellers die ganze Lehre des Geschmacks" zu entwickeln. Aus dem Lesartenapparat der Ausgabe wird daher nicht nur die Literaturforschung, sondern auch die Sprach- und Stilgeschichte reichen Gewinn ziehen, und es ist Vorsorge getroffen, daß noch während der Editionstätigkeit durch Beigabe von Glossaren die Einsicht in WIELANDs Tätigkeit und Bedeutung als Sprachschöpfer gefördert wird.

Die Arbeiten an der WIELAND-Ausgabe, die 1904—1941 in den „Abhandlungen" veröffentlicht sind, werden bestimmt durch die Prolegomena zu einer WIELAND-Ausgabe I—IX des 1938 verstorbenen Akademiemitglieds Professor Dr. BERNHARD SEUFFERT in Graz. Nach 1945 wurden durch die damalige Deutsche Kommission die Ausgabe des „Don Sylvio" und der „Komischen Erzählungen" an Dr. RICHARD DAUNICHT, der durch eine Dissertation über LENZ und WIELAND ausgewiesen war, und die Bearbeitung der Übersetzung von CICEROs Briefen an Dr. HANS GRANTZOW, für den 1953 nach seinem plötzlichen Tode Dr. ERICH KRAH als freier Mitarbeiter eintrat, vergeben. Mit dem Jahre 1951 setzte die planmäßige Fortführung und Ergänzung der Ausgabe ein. Mit der Leitung der Arbeiten an der Ausgabe wurde Dr. HANS WERNER SEIFFERT betraut, der in seiner Greifswalder Zeit bei mir über den vorweimarischen WIELAND promoviert hatte und mit dieser Arbeit auch für die neue Aufgabe ausgewiesen war. Es wurden nunmehr weitere freie Mitarbeiter für einzelne Bände gewonnen. Es sind heute in Arbeit: aus der Reihe der Werke die Bände 5 (Don Sylvio und Komische Erzählungen), 8 (Kleinere Versdichtungen) sowie 23 und 24 (Kleine Schriften III.IV), aus der Reihe der Übersetzungen die Bände 8 (Kleinere Übersetzungen aus dem Griechischen), 12 und 13 (Ciceros Briefe). Als erster Band wurde nach dem Kriege im Jahre 1954 Band 22 (Kleine Schriften II) gedruckt; ihn hat der um die WIELAND-Ausgabe hochverdiente Professor Dr. WILHELM KURRELMEYER in Baltimore bearbeitet; doch haben ihn Siechtum und Arbeitsunfähigkeit gehindert, die letzte Hand an den Band zu legen; die Manuskripte zum Textband, der inzwischen erschienen, und zum Berichtsband, der im Satz ist, wurden daher in der Abteilung durch unseren Mitarbeiter HARTWIG ADELBERG noch einmal überarbeitet.

Mit der Fortsetzung der Bandreihe werden die Ergänzung und Überprüfung der schon früher erschienenen Bände Hand in Hand gehen müssen. Dafür gibt es mancherlei Gründe. Es macht sich natürlich geltend, daß die Arbeit an der WIELAND-Ausgabe sich nunmehr über rund 5 Jahrzehnte erstreckt. Es haben sich nach den Arbeiten von FRIEDRICH BEISSNER, der in Band 20 der WIELAND-Ausgabe das Muster einer modernisierten Editionstechnik aufgestellt hat, neue Grundsätze der Edition von Werken neuerer deutscher Dichter entwickelt. Es ist nun bei der WIELAND-Ausgabe die Erneuerung und Ergänzung mancher früheren Bände notwendig, und bei ihnen sollen die neuen Grundsätze ebenfalls angewendet werden. Es fehlen bei einer Reihe von früher erschienenen Bänden der Werkreihe infolge eines zu großen Entgegenkommens den Mitarbeitern gegenüber die Berichtsbände zu den Textbänden, also eben die Bände, in denen der jeweilige Herausgeber Rechenschaft gibt über seine Textherstellung; es handelt sich dabei zumeist um Jugendwerke WIELANDs, bei denen die sprachschöpferische Bedeutung des Dichters besonders deutlich wird; sie sollen daher zunächst nach den neuen Grundsätzen überarbeitet und mit Berichtsband versehen neu erscheinen. Hier ist die an sich nicht zu verantwortende Ausgabe von Textbänden ohne Lesarten wider Erwarten zum Guten ausgeschlagen; doch werden selbstverständlich künftighin Text- und Berichtsbände der WIELAND-Ausgabe grundsätzlich nur gleichzeitig in Druck gehen.

Von Anfang an sah die Ausgabe eine Gliederung in drei Abteilungen vor: Werke, Übersetzungen und Briefe. Während bei der Übernahme der Ausgabe in die Obhut des Instituts von den ersten beiden Abteilungen schon eine Reihe von Bänden vorlag — in der zweiten Abteilung die geschichtlich wichtige SHAKESPEARE-Übersetzung in der Ausgabe ERNST STADLERs —, war die Abteilung Briefe nur durch die Hefte VIII und IX der Prolegomena von BERNHARD SEUFFERT vorbereitet. Es ist Dr. SEIFFERT gelungen, über diese grundlegenden Vorarbeiten ein gutes Stück hinauszukommen und seit 1951, vielfach in schwierigen Verhandlungen mit den Hütern der Handschriftenschätze an ganz verschiedenen Orten, rund 300 bisher nicht bekannte Handschriften von Wielandbriefen aufzuspüren (über einen Teil dieser Funde hat er berichtet in einer Akademieabhandlung der Klasse für Sprachen, Literatur und Kunst, Jahrgang 1953, Nr. 2). Die Arbeiten am 1. Band der Briefabteilung (1750—60) sind so weit vorangeschritten, daß der Band zur Drucklegung vorbereitet werden kann.

Über die besonderen Aufgaben der WIELAND-Ausgabe hat Dr. SEIFFERT berichtet vor der Klasse für Sprachen, Literatur und Kunst am 1. März 1956 (erscheint in den Sitzungsberichten), über die Geschichte und Ziele der WIELAND-Forschung in einem Vortrag auf der Biberacher WIELAND-Tagung 1953 (Druck: Insel-Verlag, Wiesbaden 1954).

2. Ausgabe der Werke JEAN PAULs

Während die WIELAND-Ausgabe von allem Anfang an ein Plan der Akademie und ihrer Deutschen Kommission war, zu dessen Durchführung sie sich den besten Wielandkenner jener Zeit, BERNHARD SEUFFERT, beigesellte, ist bei der JEAN PAUL-Ausgabe stärker die Initiative eines einzelnen Mannes, des hervorragenden JEAN PAUL-Forschers Dr. EDUARD BEREND, wirksam gewesen, und die Akademie hat das Glück, die Sorge für die Ausgabe heute wieder in den Händen dieses Forschers zu wissen, dessen unermüdliche und opfervolle Bemühungen um den in seinem schöpferischen Reichtum oft verkannten Zeitgenossen GOETHES und SCHILLERS ein anspornendes Beispiel von hohem wissenschaftlichem Ethos sind. In Prolegomena, die 1927 in den Abhandlungen der Akademie erschienen sind, hat BEREND, 1926 von der Akademie mit der Leitung der historisch-kritischen Ausgabe betraut, die Arbeitsgrundsätze unter den besonderen Bedingungen der JEAN PAULschen Werke aufgestellt und im gleichen Jahre die Bändereihe der Ausgabe mit den ersten Bänden eröffnet. Späterhin ist die Ausgabe ins Stocken geraten, einmal durch den Krieg, vor allem aber dadurch, daß der hochverdiente Herausgeber durch das Naziregime gezwungen wurde, seine Arbeit an diesem Unternehmen, das so ganz eigentlich sein Werk war, zu unterbrechen, ins Ausland zu gehen und seinen Wohnsitz in Genf zu nehmen, von wo aus er heute wieder die Arbeit an der Ausgabe leitet.

Bei der Wiedereröffnung der Akademie lagen von der Ausgabe 18 Bände der ersten Abteilung (mit den von JEAN PAUL selbst veröffentlichten Werken) und 5 Bände der zweiten Abteilung (mit nachgelassenen Schriften) vor. Es ist ein tragisches Verhängnis, daß, als EDUARD BEREND 1948 auf die Aufforderung der Akademie hin die Leitung der Ausgabe wieder übernahm, der Rest des gewaltigen handschriftlichen Nachlasses verschollen war und daß überdies die umfangreichen systematischen Vorarbeiten für die noch fehlenden Bände, die er gemeinsam mit KARL FREYE geleistet und nach dessen Tode bis zu seiner Emigration fleißig fortgeführt hatte, durch Bombeneinwirkung während des Krieges verlorengegangen waren. So erhoben sich aufs neue ernste, den Abschluß der Ausgabe gefährdende Schwierigkeiten.

In dieser Lage wurde auf Vorschlag von EDUARD BEREND beschlossen, die Ausgabe von JEAN PAULS sämtlichen Briefen, die er in den Jahren 1922—26 mit Hilfe der Bayerischen Akademie der Wissenschaften im Verlag Georg Müller/München mit 4 Bänden, die Briefe von 1780—1804 umfassend, begonnen hatte, die dann aber abgebrochen war, als dritte Abteilung der historisch-kritischen JEAN PAUL-Ausgabe anzugliedern und mit Hilfe der geretteten Vorarbeiten zu Ende zu führen. Das druckfertige Manuskript des 5. Bandes mit den Briefen von 1804—08 befand sich bereits 1949 in der Hand des Verlags, ging aber durch einen Unglücksfall verloren. Da seine Wiederherstellung bei dem Fehlen des Nachlasses auf große Schwierigkeiten stieß, wurde zunächst die Briefreihe mit Band 6 und den Briefen von 1809—14 (1952), mit Band 7 und den Briefen von 1815—19 (1954) und mit Band 8 und den Briefen bis zum Tode des Dichters (1955) fortgesetzt. Es sollen nunmehr die längst vergriffenen ersten vier Briefbände verbessert und ergänzt neu erscheinen; der erste Band mit den Briefen von 1780—93 ist schon in Druck gegangen. Dann soll der verlorene 5. Band, so gut es möglich ist, wiederhergestellt werden. Ein Generalregister, gegebenenfalls mit Nachträgen, soll die Benutzung der Briefe erleichtern.

Die Zahl der in den beiden ersten Abteilungen der Ausgabe noch ausstehenden Bände wird vom Herausgeber auf 10 bis 12 geschätzt. Die Ermittlungen nach dem Schicksal des Nachlasses werden von zuständiger Seite fortgesetzt.

Eine erwünschte und wertvolle Ergänzung der JEAN PAUL-Ausgabe ist der Band „Jean Pauls Persönlichkeit", eine Sammlung zeitgenössischer Berichte über den Dichter, eine von

EDUARD BEREND selbst besorgte, wesentlich erweiterte Neubearbeitung seines 1913 unter dem gleichen Titel erschienenen Buches.

3. GOEDEKEs Grundriß zur Geschichte der deutschen Dichtung

Schon KARL GOEDEKE selbst hat den Plan gefaßt, seinen „Grundriß“ über die mit GOETHEs Tod zunächst gesetzte Zeitgrenze hinauszuführen und fortzusetzen. Nachdem schon von FRANZ MUNCKER als Herausgeber der zweiten Auflage des GOEDEKE Vorarbeiten für die Fortsetzung des Werkes geleistet waren, beschloß 1929 die damalige Preußische Akademie der Wissenschaften eine Neue Folge des GOEDEKE in Angriff zu nehmen, welche zunächst die deutsche Dichtung von 1830 bis 1880 behandeln und bibliographisch aufarbeiten sollte. Die Vorarbeiten wurden um 1932 von Professor Dr. GEORG MINDE-POUET begonnen, welcher der Neuen Folge Gestalt verlieh und sie bis 1948 redigierte. Die Begründung des Instituts für deutsche Sprache und Literatur bot dann die Möglichkeit, den Plan wesentlich zu erweitern und der GOEDEKE-Arbeitsstelle neue und weitreichende Aufgaben zu stellen. Es wurden nämlich im Jahre 1953 mit dem Verlag Ludwig Ehlermann, der das Verlagsrecht am alten GOEDEKE, dem Grundwerk, allein besaß und bei der Neuen Folge Vertragspartner der Akademie gewesen war, Verhandlungen geführt, die dank dem Entgegenkommen und der Einsicht der entscheidenden Stellen dazu führten, daß der Akademie-Verlag das Verlagsrecht der Neuen Folge wie auch des Grundwerkes erwarb; doch erscheint der GOEDEKE in Arbeitsgemeinschaft mit dem alten Verlag Ludwig Ehlermann in Düsseldorf. Mit dem ganzen GOEDEKE ist nunmehr eines der Werke, die das internationale Ansehen der deutschen germanistischen Arbeit begründet haben, in die Obhut der Akademie genommen.

Über den Fortgang der Arbeiten an den beiden Teilen des Gesamtunternehmens sei folgendes berichtet:

Für die Neue Folge wurden schon bei der Planung neue Grundsätze aufgestellt. Das Grundwerk war von seinem Begründer KARL GOEDEKE durchaus noch als eine Geschichte der deutschen Dichtung geplant worden, zu welcher der Grundriß das Material darbot. Es war auch noch nach historischen Perioden, Dichtungsgattungen usw. gegliedert. Bei wachsendem Streben nach Genauigkeit und Vollständigkeit der bibliographischen Angaben entstand ein räumliches Mißverhältnis zwischen eben diesem bibliographischen Material und den übrigen Teilen. Die Neue Folge zog daraus die Lehren. Bei ihr wurden die Einteilung in historische Perioden und die Gliederung nach Dichtungsgattungen, Stoffgebieten und Themen aufgegeben und konsequent durch eine alphabetische Gliederung das Charakteristische eines Nachschlagewerkes betont. Seit dem 1. Januar 1949 hat Dr. EVA ROTHE, die seit 1939 die Mitarbeiterin von Professor Dr. MINDE-POUET bei der Vorbereitung der Neuen Folge gewesen war, die Redaktion übernommen. Sie wurde bei dieser Aufgabe durch Dr. HERBERT JACOB unterstützt, der dann später nach Angliederung des Grundwerkes selbständig dessen Redaktion übernahm. Von der Neuen Folge war 1940 bereits eine erste Lieferung erschienen, in welcher MINDE-POUET in einem Vorwort über Planung und Ausführung des neuen Unternehmens berichtet hatte. Es erwies sich nach der Wiederaufnahme der Arbeiten als notwendig, diese erste Lieferung noch einmal zu überarbeiten, weil diffamierende Zusätze, welche die nazistische Parteiamtliche Prüfungskommission verlangt hatte, zu beseitigen waren und weil überdies die Bibliographie auf den neuesten Stand zu bringen war. In der neuen Fassung ist die erste Lieferung 1955 erschienen; die zweite ist im Druck, die dritte satzfertig, die vierte in Vorbereitung.

Beim alten GOEDEKE, dem Grundwerk, sind unter der Redaktion von Dr. HERBERT JACOB von Band XIV zwei Lieferungen erschienen; zwei weitere den Band abschließende werden zum Druck vorbereitet. Zu Band XV sind die Vorarbeiten geleistet. An einem abschließenden Register, das als Band XVI zugleich auch den Abschluß des Grundwerkes bildet, wird gearbeitet und damit ein lange gehegter Wunsch aller Benutzer erfüllt. Von Band IV mit dem Schwerpunkt GOETHE, der bekanntlich schon in dritter Auflage erschienen ist, wurde von Professor Dr. KARL DIESCH in Leipzig ein fünfter Teil bearbeitet, der die GOETHE-Bibliographie bis zum Jahre 1950 weiterführt; er geht demnächst, von der Redaktion überarbeitet, in Druck.

Die wissenschaftlich-bibliographische Arbeit an beiden Teilen des Unternehmens wird wie bisher unter Heranziehung freier Mitarbeiter für einzelne Kapitel und Autoren geleistet. In der Arbeitsstelle selbst stehen den Redaktoren HILDEGARD PROSS für das Grundwerk, CHRISTIANE LEHMANN für die Neue Folge als feste Mitarbeiterinnen zur Verfügung.

Während der Arbeit an der Neuen Folge auf lange Zeit der Weg vorgezeichnet ist, wird die Redaktion des Grundwerkes, dessen Abschluß man nun schon absehen kann, an die Vorarbeiten gehen, um das unentbehrliche Werk zu erneuern und ihm sein fest begründetes Ansehen zu wahren. Insbesondere bedürfen die schon vor Jahrzehnten erschienenen und inzwischen veralteten ersten Bände einer Erneuerung. Vom Standpunkt der Forschung aus ist vordringlich die Erneuerung der Bibliographie für die deutsche Dichtung des 16. und 17. Jahrhunderts, die schon in die Wege geleitet ist.

4. Kritische Ausgabe der Werke und Briefe OTTO LUDWIGs

Es gab mehrere Gründe, die Ausgabe von Werken OTTO LUDWIGs in dem Arbeitsplan des Instituts aufzunehmen. Zunächst Gründe äußerlicher Art: seine Herkunft aus Thüringen sowie die Tatsache, daß der Nachlaß OTTO LUDWIGs, dessen Umfang und Ergiebigkeit der Forschung seit langem bekannt sind, sich zum größten Teil im Gewahrsam des GOETHE- und SCHILLER-Archivs in Weimar befindet bis auf die schmerzlich vermißten Tagebücher und manche kleinere Nachlaßsachen. Entscheidend für den Entschluß war aber die Tatsache, daß OTTO LUDWIG an einer wichtigen Stelle in der Geschichte des dichterischen Realismus in Deutschland steht. Aus der Erkenntnis der Bedeutung, die somit OTTO LUDWIGs Schaffen zukommt, hat schon 1912 ein Herausgebergremium unter der Führung von Paul MERKER eine kritische Ausgabe OTTO LUDWIGs begonnen, aber 1922 unvollendet abgebrochen.

OTTO LUDWIGs Auseinandersetzung mit SCHILLER und SHAKESPEARE, Konvention und Realismus ist vor allem der Gegenstand seiner theoretischen Studien in den fünfziger und sechziger Jahren; im Zeichen dieser Auseinandersetzung steht aber auch sein dichterisches Schaffen. Das sichtbar zu machen ist die Aufgabe einer OTTO LUDWIG-Ausgabe. Es liegt nicht in unserem Plan, eine Gesamtausgabe der Werke OTTO LUDWIGs zu erarbeiten. Die Ausgabe greift daher zwar den Plan von PAUL MERKER auf, schließt aber nicht an seine Ausgabe an und beabsichtigt nicht, sie zu Ende zu führen. Der wissenschaftliche Ertrag einer den ganzen riesenhaften Nachlaß berücksichtigenden Gesamtausgabe stünde in keinem Verhältnis zu dem notwendigen Aufwand. Es soll vielmehr an einer Auswahl von Beispielen durch Edition einiger Werke OTTO LUDWIGs Auseinandersetzung sichtbar gemacht werden. In Vorbereitung ist die Edition des Dramas „Agnes Bernauerin", weil hier das reichste Nachlaßmaterial vorliegt und OTTO LUDWIG an kein Werk eine so langandauernde, über mehr als zwei Jahrzehnte sich erstreckende Arbeit gewendet hat wie gerade an dieses. Über die Editionsprobleme und Editionsgrundsätze dieses Bandes habe ich mit Benutzung der sehr gründlichen Vorarbeiten meiner Mitarbeiterin Dr. WALTRAUT MESCHKE, die mit der Aufarbeitung des OTTO LUDWIG-Nachlasses beauftragt ist, am 1. März 1956 vor der Klasse für Sprachen, Literatur und Kunst gesprochen (erscheint in den Sitzungsberichten). Als nächster Band der Werke sollen die theoretischen Studien folgen.

Dr. RICHARD DAUNICHT, der auch bei der WIELAND-Ausgabe tätig ist, hat den Auftrag, eine Ausgabe der Briefe, Zeugnisse und möglichst auch der bis heute noch verschollenen Tagebücher vorzubereiten.

5. Kritische Ausgabe der Werke THEODOR FONTANEs

Über die Notwendigkeit, das literarische Schaffen des märkischen Dichters in einer kritischen Ausgabe zusammenzufassen, dürfte kein Zweifel herrschen; das Vorrecht der Berliner Akademie, der FONTANE-Forschung diesen Dienst zu leisten, dürfte ebensowenig zweifelhaft sein. Arbeiten von JULIUS PETERSEN selbst, aus seinem Berliner Seminar sowie ältere Veröffentlichungen haben einen Eindruck von der Ergiebigkeit und Bedeutung von FONTANEs literarischem Nachlaß vermittelt. So wurde auch die Aufgabe einer Kritischen Ausgabe der FONTANEschen Werke in den Arbeitsplan der Abteilung aufgenommen. Es erwies sich dann aber doch als unmöglich, die Arbeit an der Ausgabe sofort aufzunehmen, weil Schwierigkeiten auftauchten, die nach dem Gang der FONTANE-Forschung in den letzten Jahrzehnten nicht zu erwarten waren. Nach einer gemeinsamen Besprechung mit Dr. JUTTA NEUENDORFF-FÜRSTENAU, die als FONTANE-Forscherin aus der Schule von JULIUS PETERSEN hervorgegangen ist, dem bewährten FONTANE-Forscher Professor Dr. KURT SCHREINERT in Göttingen, mit dessen ständiger Hilfe wir rechnen können, und Dr. HANS WERNER SEIFFERT wurde entschieden, die Arbeit an der FONTANE-Ausgabe zunächst auf die bibliographische Erfassung aller noch vorhandenen oder im Autographenhandel angebotenen Handschriften zu beschränken.

6. Kritische Gesamtausgabe der Werke FRIEDRICH MAXIMILIAN KLINGERs

Für den Entschluß, der Akademie die Gesamtausgabe der Werke KLINGERs als eine weitere Aufgabe der Abteilung vorzuschlagen, waren mehrere Gründe maßgeblich. Mit der Regsamkeit der KLINGER-Forschung steht im Widerspruch die Tatsache, daß von den Texten nur wenige durch Neuabdruck — überdies oft an schwer oder kaum mehr zugänglicher Stelle — wieder zugänglich gemacht sind; das hat sich als ein ernsthaftes Hindernis auch für die Forschung und die kritische Prüfung und Weiterführung ihrer Ergebnisse erwiesen. Die vollständigste Ausgabe sind immer noch die „Sämtlichen Werke", die als Ausgabe letzter Hand 1809—16 erschienen und 1843 noch einmal verlegt worden sind; aber diese Ausgaben sind weder vollständig noch kritisch und genügen daher nicht mehr den

Ansprüchen der Forschung; sie sind auch nicht mehr im Buchhandel zu haben und selbst in Bibliotheken heute selten. Weiterhin reiht sich die KLINGER-Ausgabe den durch die WIELAND- und JEAN PAUL-Ausgabe repräsentierten Bemühungen an, der Erforschung des vorklassischen und klassischen Zeitraumes unserer Literatur durch kritische Ausgaben unentbehrliche Grundlagen zu geben.

Für die Vorarbeiten an der Ausgabe wurde zunächst Dr. JELENSKI gewonnen, der sich mit einer Dissertation über KLINGER für diese Ausgabe wissenschaftlich ausgewiesen hatte; er schied aber 1953 auf seinen Wunsch aus Gesundheitsgründen wieder aus. An seine Stelle trat 1954 als wissenschaftlicher Helfer REINHOLD HERRMANN.

Nachdem mit Bibliographie und Erfassung der bekannten Drucke und Handschriften die allgemeinen Grundlagen geschaffen waren, sind die Arbeiten für die Ausgabe der wichtigen Aphorismen KLINGERs in Angriff genommen. Für diese Ausgabe wie für das Unternehmen überhaupt war eine Reise des Bearbeiters in die Volksrepublik Polen ertragreich, der demnächst eine Reise in die Sowjetunion folgen soll, um insbesondere in Leningrad die Voraussetzungen für eine Zusammenarbeit mit den dortigen Instituten zu schaffen, die einen guten Fortgang der Arbeiten gewährleisten und die Kenntnis des KLINGERschen Nachlasses abrunden soll.

7. Kritische Neuausgabe der Oden KLOPSTOCKs

Eine kritische Neuausgabe von KLOPSTOCKs Oden ist seit langem ein ernster Wunsch der Forschung. Die Ausgabe von FRANZ MUNCKER und JARO PAWEL aus dem Jahre 1889 ist seit langem vergriffen; mit ihrem Lesartenapparat hat sie der Forschung über KLOPSTOCKs Sprache, Stil und Verskunst wichtiges Material und starke Impulse gegeben. Selbstverständlich kommt kein Nachdruck, sondern gemäß den Fortschritten, welche die KLOPSTOCK-Forschung wie auch die Editionskunst gemacht haben, nur eine kritische Neuausgabe der Oden in Frage. Wir stehen in Verhandlung mit einem englischen Forscher, der sich besonders intensiv mit textkritischen Arbeiten zu KLOPSTOCK befaßt.

8. Bibliographische Verarbeitung der wichtigsten literarischen Zeitschriften des 19. Jahrhunderts

Dieser Plan wünscht anzuknüpfen an die viel zu früh abgebrochene Reihe der ausgezeichneten Zeitschriftenmonographien, die von FRANZ MUNCKER, OSKAR WALZEL und HEINRICH HUBERT HOUBEN in den Jahren 1904ff. für das von der Bibliographischen Gesellschaft herausgegebene „Bibliographische Repertorium" bearbeitet worden sind. Er wird zunächst verwirklicht im Rahmen der Arbeit an der Neuen Folge des GOEDEKE und für diese selbst. Es sollen dann später nach Verarbeitung ihres Inhaltes Monographien über die innere und Wirkungsgeschichte deutscher literarischer Zeitschriften des 19. Jahrhunderts erscheinen in der Überzeugung, daß in dieser Zeit von den Zeitschriften oft eine stärkere Wirkung ausgegangen ist als von den Büchern.

9. Studienausgaben für den Universitätsunterricht

Sie sollen, nach pädagogischen Gesichtspunkten ausgewählt und angelegt, für den Universitätsunterricht Texte für literaturwissenschaftliche Übungen bereitstellen und an die Stelle der sehr nützlichen früheren Sammlungen treten, die, vielfach schon seit langer Zeit, ihr Erscheinen eingestellt haben. Geplant ist der Abdruck schwer zugänglicher Texte und Textauswahlen, Abdruck von ersten Fassungen literarischer Werke, Textsammlungen zur Veranschaulichung größerer Entwicklungen und Sammlung und Abdruck von Quellen literarischer Werke. Im Druck befinden sich eine Auswahl von GOETHEs Jugendlyrik, die den Form-, Sprach- und Motivwandel veranschaulichen soll, bearbeitet von Dr. WALTRAUT MESCHKE, und eine Sammlung von Proben aus SHAKESPEARE-Übersetzungen, welche die Rezeption SHAKESPEAREs in Deutschland bis zur Gegenwart hin verfolgen läßt und zugleich Anschauungsmaterial liefert für das Problem der Übersetzung SHAKESPEAREs, bearbeitet von Dr. HANS GEORG HEUN. In Vorbereitung ist ein Band einer Auswahl des Satirikers CHRISTIAN LUDWIG LISCOW. Über weitere Bände wird verhandelt.

10. Kritische Ausgabe des Gesamtwerkes von JOHANN GEORG FORSTER

Eine Auswahl aus dem Werk dieses zu Unrecht vergessenen Mannes, der ein bedeutender Wissenschaftler, ein bahnbrechender Reiseschriftsteller, ein anregender Ästhetiker, aber auch ein politischer Kämpfer und Revolutionär war, bildete, wie bereits erwähnt, schon einen Bestandteil des Planes der Studienausgaben für den Universitätsunterricht. Dieser Plan wurde dann erweitert zu dem Vorhaben einer Ausgabe des Gesamtwerkes von JOHANN GEORG FORSTER, welche die Ausgabe der Schriften und des Briefwechsels aus dem Jahre 1843, an der kein Geringerer als GEORG GOTTFRIED GERVINUS beteiligt war, ersetzen soll. Dieser Plan konnte in Angriff genommen werden, weil in Dr. GERHARD STEINER ein Leiter der Arbeit zur Verfügung stand, der sich schon als Schüler ALBERT LEITZMANNs, dessen Bemühungen um FORSTER bekannt sind, mit den Aufgaben und Problemen der FORSTER-Forschung vertraut gemacht hat.

Wie die KLINGER-Ausgabe, so tritt auch die FORSTER-Ausgabe in die Reihe der Unternehmen, die der Erforschung des klassischen Zeitraumes der deutschen Literatur durch kritische Ausgaben die unentbehrliche Grundlage schaffen wollen. Sie unterscheidet sich von den anderen Editionen dadurch, daß das umfassende Wirken FORSTERs auf geographischem, ethnographischem, naturwissenschaftlichem, kunstphilosophischem und politischem Gebiet eine andere Art der Ausgabe, insbesondere eine reiche Kommentierung, vorschreibt. Der Leiter der Arbeiten, Dr. STEINER, hat über die Arbeit an dieser Ausgabe und über ihren Plan in den „Wissenschaftlichen Annalen“ 4. Jahrg. Heft 3 (1955), S. 165—174 berichtet.

Die Sammlung von Handschriften ist auf diesem noch wenig bearbeiteten Gebiet besonders ergiebig gewesen. Ein reiches Handschriftenmaterial von etwa 50 Stücken (Aufsätze, Exzerpte usw.), das für die FORSTER-Forschung bisher noch nicht ausgewertet worden war, konnte der Materialsammlung der FORSTER-Ausgabe eingefügt werden. Ferner konnte die Arbeitsstelle bisher fast 200 noch nicht verzeichnete FORSTER-Briefe ermitteln. Seit der Plan einer Gesamtausgabe FORSTERs bekannt geworden ist, sind Angebote zur Zusammenarbeit von FORSTER-Sammlern und FORSTER-Kennern gekommen, die eine Reichhaltigkeit der Ausgabe über alle Erwartungen hinaus versprechen.

Mehrere Reisen Dr. STEINERs galten der Feststellung, was in den Nachlässen ALBERT LEITZMANNs und des Prager FORSTER-Forschers PAUL ZINCKE noch zu ermitteln sei. Im Falle

ZINCKE war der Ertrag gering, da trotz guter Zusammenarbeit mit der Prager Akademie der Wissenschaften nur wenig über ZINCKEs Vorarbeiten auszumachen war. Gleichwohl wird mit der in Angriff genommenen Gesamtausgabe ein Vermächtnis der beiden Forscher in Jena und Prag erfüllt.

In der ersten Reihe der Ausgabe, welche die Werke FORSTERs enthalten soll, ist inzwischen Band 8 „Ansichten vom Niederrhein" in Satz gegangen; die hier vorhanden gewesene Handschrift muß als verloren gelten, und es ist unwahrscheinlich, daß sie noch erhalten ist. Die Arbeiten am 6. Band, den „Kleinen Schriften zur Kunst und Literatur", sind inzwischen aufgenommen worden.

Der Arbeitsstelle wurde im April 1954 als Mitarbeiter HORST FIEDLER zugewiesen. Als Helfer Dr. STEINERs hat er an den bisher geleisteten Arbeiten erheblichen Anteil und bereitet mit ihm zusammen die zweite Reihe der Ausgabe vor, welche die Tagebücher und Briefe FORSTERs enthalten wird.

Mein Überblick mußte notwendigerweise auch immer noch skizzenhaft sein und konnte auf die besonderen Aufgaben und Probleme, die jedes der in der Abteilung zusammengefaßten Unternehmen stellt, nicht eingehen. Er hat aber gezeigt, daß der weitere Ausbau innerhalb des schon gegebenen Rahmens erfolgt ist, und hat, wie ich hoffe, davon überzeugt, daß es gelungen ist, die Arbeit der Abteilung um wirklich wesentliche Aufgaben zu bereichern. Über die Bedeutung bibliographischer Arbeit braucht man kein Wort zu verlieren, schon gar nicht über den GOEDEKE, das „Sammelwerk, das als Grundlage der Forschung in keinem anderen Lande seinesgleichen hat" (JULIUS PETERSEN). Die Herstellung kritischer Editionen neuerer Dichter hat bei uns eine verpflichtende Tradition bis zurück zu LACHMANNs LESSING-Ausgabe und darf sich für ihre Notwendigkeit und Bedeutung auf JACOB GRIMM berufen. So habe ich mit meinen Mitarbeitern das anspornende Bewußtsein, mit den Arbeiten meiner Abteilung der Wissenschaft von deutscher Sprache und Literatur wichtige und wesentliche Dienste zu leisten.

Daß es gelungen ist, in verhältnismäßig kurzer Zeit das Alte zu beleben und so viel Neues in Angriff zu nehmen, stimmt zuversichtlich und läßt auf eine glückliche Lösung von Schwierigkeiten hoffen, die in Zukunft etwa noch auftreten können. Alle unsere Unternehmen tragen ja gesamtdeutschen Charakter und bedürfen darüber hinaus in vielen Fällen verständnisvoller Hilfe aus dem Ausland. Zustimmung und Hilfe ist uns schon in vielfältiger Weise zuteil geworden, häufiger, als der gedrängte Bericht erwähnen konnte. Wir hoffen auch auf weitere Hilfe von Institutionen und Einzelpersönlichkeiten bei unseren Bemühungen um die Pflege der germanistischen Aufgaben im Geiste der Humanitas.

Gedenkrede auf JOHANNES STROUX

VON WALTER FRIEDRICH

Hochverehrter Herr Ministerpräsident, meine Damen und Herren!

Ich habe die hohe Ehre, in der heutigen Gedächtnisfeier, die dem Andenken unseres verstorbenen Vizepräsidenten, Herrn Professor Dr. Dr. h. c. JOHANNES STROUX, gewidmet ist, den Ministerpräsidenten der Regierung der Deutschen Demokratischen Republik, Herrn OTTO GROTEWOHL, Herrn Minister Dr. BECHER, Herrn Dr. WANDEL und namhafte Vertreter des öffentlichen Lebens und der gesellschaftlichen Organisationen zu begrüßen, wie u. a. den Präsidenten des Nationalrates der Nationalen Front, unser Mitglied Hrn. CORRENS, und das Mitglied des Präsidialrates des Kulturbundes, unser Mitglied Hrn. BRUGSCH.

Ganz besonders herzlich möchte ich die Angehörigen unseres großen Toten begrüßen und weiterhin den offiziellen Vertreter der Bayrischen Akademie der Wissenschaften, unser Mitglied Hrn. ERHARD SCHMIDT, den Vertreter der Polnischen Akademie der Wissenschaften, Herrn Prof. BOGDAN SUCHODOLSKI, sowie Gelehrte aus den befreundeten Ländern, der Sowjetunion, Polen und Ungarn, weiter die Mitglieder der Akademie, Rektoren und Professoren von Universitäten, die Mitarbeiter der von Hrn. STROUX geleiteten Institute und Kommissionen und alle seine Freunde und Schüler.

Die Deutsche Akademie der Wissenschaften ehrt in JOHANNES STROUX nicht nur einen Gelehrten, der sein Fachgebiet in mannigfaltiger Weise befruchtete und der Forschung in vielen Einzelfragen neue Bahnen wies, sondern sie ehrt in ihm darüber hinaus einen Organisator der gelehrten Arbeit von außergewöhnlichem Rang.

Es war THEODOR MOMMSEN — Altertumsforscher wie JOHANNES STROUX —, der im vergangenen Jahrhundert das Wort vom Großbetrieb der Wissenschaft prägte. MOMMSEN wollte damit andeuten, daß in einem Zeitalter, dessen Ausdruck durch die große Industrie mit ihrer vielfältigen Arbeitsteilung gestaltet wurde, auch die Wissenschaft den Einmann-Betrieb der Studierstube verlassen und zu neuen Arbeitsformen übergehen müsse, durch welche die Kräfte des wahrhaft schöpferischen Gelehrten vervielfältigt würden, indem ihm Mitarbeiter und Helfer zur Seite traten. In den Forschungseinrichtungen der Berliner Akademie ließ MOMMSEN seine Ideen zur Tat werden, und die von ihm geleiteten oder inaugurierten philologisch-historischen Unternehmungen haben beispielgebend über die Akademie, ja über die Grenzen Deutschlands hinaus weitergewirkt.

Was THEODOR MOMMSEN im vergangenen Jahrhundert für einen Teilbezirk der Wissenschaft in unserer Akademie begann, das hat JOHANNES STROUX in den Jahren des deutschen Neuaufbaues für einen sehr viel weiteren Kreis von Disziplinen aufgenommen und weiterentwickelt. Und er war für solche Aufgaben vorbereitet wie selten einer! Denn schon vor Beginn seiner akademischen Laufbahn hatte er neben seiner persönlichen Forschungsarbeit an gelehrten Gemeinschaftsarbeiten leitend und beratend teilgenommen und die gemeinsamen Anliegen der akademischen Verwaltung gefördert. Der „Philologus", eine der führenden altertumswissenschaftlichen Zeitschriften, hat durch STROUX' Wirken sein Gepräge erhalten; in der Gesellschaft für antike Kultur und durch die von ihr herausgegebene Zeitschrift bemühte er sich darum, die Ergebnisse der Forschung in breiten Kreisen Eingang finden und die Bildungsgüter der Antike im Sinne eines echten Humanismus weiterwirken zu lassen. Die Fakultäten, denen STROUX im Laufe seines langen akademischen Lebens angehörte, schätzen seine Sachlichkeit, die vor Personen und Traditionen nicht haltmachte und doch stets ein wenig von seiner echten Herzensgüte durchscheinen ließ. In der Bayerischen Akademie, die ihn 1929 zum ordentlichen und im Jahre 1936 zum korrespondierenden Mitglied wählte, und in der Berliner Akademie, in die er 1937 berufen wurde, gehörte er sehr bald durch seine Einwirkung auf eine Vielzahl von Gremien zu den tragenden Kräften. Kaum ein Geeigneterer konnte also gefunden werden, als es 1945 darum ging, den Brandschutt, und was noch schwieriger war, den ideologischen Schutt hinwegzuräumen und die Berliner Universität, die Schöpfung des großen Humanisten WILHELM VON HUMBOLDT, im Geiste ihres Gründers wiederzueröffnen. JOHANNES STROUX wurde der erste Rektor in ihrer neuen Ära, und wo andere mutlos beiseite standen, da siegte seine eiserne Energie. Aus Trümmern erstand die Berliner Alma mater neu, an ihrem alten Platz Unter den Linden; ihren Fakultäten gelang es, innerhalb und außerhalb der Grenzen Deutschlands bewährte Gelehrte zu finden, die vom Ungeist des Faschismus unberührt geblieben waren, und sie für ihre Lehrstühle zu gewinnen. Die Institute, die der Krieg so sehr geschädigt hatte, wurden eines nach dem anderen rekonstruiert, und eine Studentengeneration, zum überwiegenden Teil Söhne und Töchter von Arbeitern und Bauern, hielt ihren Einzug, um sich die Kenntnisse zu erwerben, deren sie für den Neuaufbau der Heimat bedarf. Als JOHANNES STROUX im Jahre 1947 sein Rektoramt in andere Hände übergab, da war ein festes Fundament gelegt, auf dem sich die Humboldt-Universität weiterentwickeln konnte.

Von noch größerer Bedeutung sind JOHANNES STROUX' Verdienste um die Deutsche Akademie der Wissenschaften. Nicht anders als für die Universität bedeutete der Zusammenbruch des faschistischen Staates auch für die Akademie einen entscheidenden Einschnitt in ihrer Geschichte, wurde der Aufbau eines friedliebenden und demokratischen Staates zugleich zum Beginn einer neuen Etappe in der Entwicklung der Akademie. Wenn nach den Freiheitskriegen zu Beginn des vergangenen Jahrhunderts die Berliner Akademie durch WILHELM VON HUMBOLDT im Geiste eines bürgerlichen Humanismus neugestaltet wurde, so ordnete sich die neue Deutsche Akademie der Wissenschaften im Geiste eines realen, sozialistischen Humanismus bewußt in die neue Gesellschaftsordnung ein, welche die führende Rolle der Arbeiterklasse ausdrücklich anerkennt. Es ist das Verdienst von JOHANNES STROUX, dieses Neuwerden erkannt und mit aller Kraft und Energie gefördert zu haben zu einem Zeitpunkt, als die Überzahl der anderen, nicht selten resignierend und verzweifelnd, noch abseits stand. Alles, was er für die Akademie getan hat, geschah aus dieser Erkenntnis heraus. Aus der exklusiven Gelehrtengesellschaft wurde eine mächtige Institution, die das wissenschaftliche Leben unseres Staates anleitet und lenkt und darüber hinaus nicht zu übersehende Wirkungen auf Gesamtdeutschland, ja über die deutschen Grenzen hinaus ausstrahlt. Aus einer kleinen

Zahl philologisch-historischer Arbeitseinrichtungen mit einem beschränkten Mitarbeiterstab wurde ein Forschungszentrum, das in seinen Instituten eine Vielzahl von Fachgebieten fördert und Hunderte von hauptberuflichen Wissenschaftlern beschäftigt. Und schließlich, was das Wichtigste ist: Aus einer Wissenschaft, die sich dezidiert apolitisch vom Leben absonderte, wurde eine Wissenschaft, die mit dem Leben, mit der Praxis, die dem Wohlstand des Volkes und dem Frieden in der Welt dient, eng verbunden ist.

Wir ehren in JOHANNES STROUX den feinsinnigen Gelehrten, welcher der Erforschung des griechisch-römischen Altertums neue Wege wies; wir ehren in ihm den Organisator, unter dessen Leitung unsere Deutsche Akademie der Wissenschaften und unsere Humboldt-Universität in neue, hoffnungsvolle Entwicklungsabschnitte eintraten, und wir ehren in ihm den Patrioten, der das güldene Wort aufnahm: Die Wissenschaft ist des Volkes.

Der Name JOHANNES STROUX wird, solange die Deutsche Akademie der Wissenschaften besteht, stets in Ehren genannt werden.

Schriftenverzeichnis JOHANNES STROUX

ZUSAMMENGESTELLT VON BERTHOLD HÄSLER[1]

1907

Ein neues Komikerfragment. Hermes 42, 1907, 643—644.

1910

Recht und Gericht in Hagenau nach dem ältesten Stadtprivileg von 1164. Jahrbuch des Altertumsvereins in Hagenau, 1910.

1912

De Theophrasti virtutibus dicendi. Leipzig 1912. VI, 126 S. (Dissertation Straßburg 1912, von der ein Teildruck im gleichen Jahr erschienen war.)

1913

Neues über Cicero de oratore. Sokrates, Zeitschrift für das Gymnasialwesen, N. F. 1, 1913, S. 171 — 176.

Zum Texte von Ciceros Orator. Kritische Beiträge. Ebd. S. 251—270.

1914

Rezension von Jahn-Kroll, M. Tulli Ciceronis Orator (Berlin 1913): Berliner Philolog. Wochenschrift 34, 1914, Sp. 103—112.

[1]) Vollständigkeit wurde erstrebt, hinsichtlich der Rezensionen ist sie möglicherweise nicht erreicht worden. Die jährlich vorgelegten Berichte über die Arbeit der zahlreichen Akademie-Unternehmen, deren Leiter J. STROUX war, sind nicht verzeichnet; hierfür sei auf die Jahrbücher bzw. Sitzungsberichte der Bayrischen und Berliner Akademie seit 1929 verwiesen. Die Liste der unveröffentlichten Arbeiten beruht auf Angaben von CHRISTOPH STROUX. Hinweise verdanke ich ferner Dr. AGATHE STROUX und WERNER LIEBICH.

Rezension von H. Mutschmann, Tendenz, Aufbau und Quellen der Schrift vom Erhabenen, Berlin 1913, und H. F. Müller, Die Schrift über das Erhabene, dtsch. mit Einl. u. Erläuterungen, Heidelberg 1911: Deutsche Literaturzeitung 35, 1914, Sp. 537—544.

1919

Ovids Metamorphosen und ihre Behandlung in der Schule. Vortrag, gehalten bei d. 2. Jahresvers. des Schweizerischen Altphilologenverbandes am 5. 10. 1918 in Basel. Veröff. in 46. Jahrb. des Vereins Schweizerischer Gymnasiallehrer, 1919, S. 171—176.

1920

Friedrich Nietzsche und die klassische Philologie. Basler Nachrichten, Sonntagsblatt 3. 10. 1920.

1921

Handschriftliche Studien zu Cicero de oratore. Die Rekonstruktion der Handschrift von Lodi. Leipzig 1921. 182 S. (Zugleich erschienen als Rektoratsprogramm der Universität Basel für das Jahr 1921.)

Rezension von Matthias Gelzer, Caesar. Der Politiker und Staatsmann, Stuttgart 1921: Schweizerische Monatshefte für Politik und Kultur 1. Jahrg., 1921, S. 284—286 („Von der Republik zur Weltmonarchie").

1922

Rezension von Armin Krumbacher, Die Stimmbildung der Redner im Altertum bis auf die Zeit Quintilians (Rhetor. Studien, hrsg. von E. Drerup, H. 10, Paderborn 1920): Deutsche Literaturzeitung 43, 1922, Sp. 694—698.

1923

Zu Varro: De Lingua Latina. In: Antidoron, Festschrift Jacob Wackernagel, Göttingen 1923, S. 309—325.

1925

Nietzsches Professur in Basel. Jena 1925. 104 S.

1926

Römische Rhetorik. Vortrag Erlangen 30. 9. 1925. Bericht: Verhandlungen der 55. Versammlung dt. Philologen u. Schulmänner, Leipzig-Berlin 1926, S. 28.

Summum ius summa iniuria. Ein Kapitel aus der Geschichte der interpretatio iuris. Leipzig 1926. 46 S. (Zugleich erschienen in „Festschrift, Paul Speiser-Sarasin zum 80. Geburtstag am 16. Oktober 1926 überreicht von seinen Kindern", die nicht in den Buchhandel gelangt ist.)

1928

Gemeinsam mit Leopold Wenger: Die Augustus-Inschrift auf dem Marktplatz von Kyrene. Abh. d. Bayr. Ak. d. Wiss., Philos.-philol. u. histor. Kl., 34. Bd., 1928, 2. Abh. 145 S. (Von J. Stroux die Abschnitte II, III, VII, VIII.)

1929

Die Zeit des Curtius. Philologus 84, 1929, S. 233—251.

Contraversio. Philologus 84, 1929, S. 368—376.

Eine Gerichtsreform des Kaisers Claudius (BGU 611). Sitz.-Ber. d. Bayr. Ak. d. Wiss., Philos.-philol. u. histor. Kl., Jahrg. 1929, H. 8. 96 S.

Summum ius summa iniuria. Versione del Tedesco di G. Funiaoli con prefazione di S. Riccobono, Cortona 1929.

1930

Eduard Wölfflin, ein Neubegründer der lateinischen Philologie. Basler Nachrichten vom 31. 3. 1930, Nr. 357, 2. Beilage.

Textprobleme aus Quintilian. Philologus 85, 1930, S. 322—354.

Rezension von Auguste Bill, La morale et la loi dans la philosophie antique (Études d'hist. et de philos. religieuses publ. par la fac. de théol. protest. de l'univ. de Strasbourg, no. 18; Paris 1928): Zeitschr. d. Savigny-Stiftung f. Rechtsgesch., Bd. 50, Röm. Abt., 1930, S. 710—713.

1931

Die Anschauungen vom Klassischen im Altertum. In: Das Problem des Klassischen und die Antike. 8 Vorträge, gehalten auf der Fachtagung d. klass. Altertumswiss. zu Naumburg 1930, hrsg. von Werner Jaeger, Leipzig-Berlin 1931, S. 1—14.

Eduard Wölfflin, und die lateinische Philologie. Rede gehalten zur Feier der hundertjährigen Wiederkehr des Geburtstages E. W.s In: Ed. Wölfflin, Ausgewählte Schriften, hrsg. von Gustav Meyer, Leipzig 1933, S. 329—335.

Augustinus und Ciceros Hortensius nach dem Zeugnis des Manichäers Secundinus. In: Festschrift Richard Reitzenstein, Leipzig-Berlin 1931, S. 106—118.

Vier Zeugnisse zur römischen Literaturgeschichte der Kaiserzeit. Philologus 86, 1931, S. 338—368.

Die Foruminschrift beim Lapis niger. Philologus 86, 1931, S. 460—491.

1932

Vergil, Vortrag. München 1932. 24 S.

Nekrolog Georg Wissowa. Jahrb. d. Bayr. Ak. d. Wiss. 1931/32, S. 27—29.

Nekrolog Georg Goetz. Ebenda S. 42—44.

1933

Die stoische Beurteilung Alexanders des Großen. Philologus 88, 1933, S. 222—240.

Die constitutio Antoniniana. Philologus 88, 1933, S. 272—295.

1934

Das Gericht über die Lebensziele (Cicero de fin. II, 36ff.). Philologus 89, 1934, S. 126—132.

Erzählungen aus Kallimachos. Philologus 89, 1934, S. 301—319.

Griechische Einflüsse auf die Entwicklung der römischen Rechtswissenschaft gegen Ende der republikanischen Zeit. Atti del Congresso internaz. di diritto Romano (Roma) 1, 1934, S. 111—132.

1935

Aus einem neuen KOMENTAPION griechischer Kurzschrift. Philologus 90, 1935, S. 78—79.

Valerius Flaccus und Horaz. Philologus 90, 1935, S. 305—330.

1936

Zu Quintilian. Philologus 91, 1936, S. 222—237.

1937

Das Schlußwort zu Ciceros Lucullus. Philologus 92, 1937, S. 109—111.

Imperator. Antike 13, 1937, S. 197—212.

1938

Antrittsrede. Sitz.-Ber. d. Berl. Akad. 1938, S. CIII—CIV.

Adresse an Ernest Cushing Richardson in Princeton zum 50jähr. Doktorjubiläum am 13. 6. 1938. Sitz.-Ber. d. Berl. Ak. 1938, Phys.-math. Kl., S. 181—182 bzw. Phil.-hist. Kl., S. 213—214.

Die Versäumnisbuße der Senatoren. Philologus 93, 1938, S. 85—101.

Cicero an Volumnius (ad fam. VII 33). Philologus 93, 1938, S. 408—411.

1941

Symmachusbriefe. In: Corona Quernea, Festgabe Karl Strecker zum 80. Geburtstage dargebracht. Schriften des Reichinst. f. ältere dt. Geschichtskunde (Mon. Germ. Hist.) 6, 1941, S. 65—73.

Der Redner C. Flavius Fimbria. Philologus 94, 1941, S. 338—342.

1943

Hrsg.: Eduard Schwartz, Charakterköpfe aus der Antike (Neuausgabe). Leipzig 1943, Vorwort „Zur Einführung" S. 5—9 und Literaturverzeichnis S. 281—286.

1944

Die zu Vojvoda gefundene Hafeninschrift. Hermes 79, 1944, S. 192—206.

1949

Römische Rechtswissenschaft und Rhetorik. Potsdam 1949. 107 S. [Enthält: Summum ius summa iniuria (1926) mit Vorwort zur italienischen Ausgabe von S. Riccobono (1929) und Die griechischen Einflüsse auf die Entwicklung der römischen Rechtswissenschaft (1934).]

Eine Hafeninschrift von der Küste des Pontus. Epigraphische Beiträge I. Sitz.-Ber. d. Dt. Akad. d. Wiss. zu Berlin, Phil.-hist. Kl., Jahrg. 1949, Nr. 1. 23 S. (Zweite Fassung des in Hermes 79, 1944 veröffentlichten Aufsatzes.)

1950

Praefatio. Miscellanea Acad. Berol. I, 1950, S. VII—VIII.

Die neuen Ulpianfragmente und ihre Bedeutung für die Interpolationenforschung. Miscellanea Acad. Berol. II 2, 1950, S. 1—14.

Gedächtnisrede auf Hans Lietzsmann (gehalten in der Öffentlichen Festsitzung der Berliner Akademie zur Feier des Leibniztages am 1. 7. 1943). Jahrb. d. Dt. Akad. d. Wiss. zu Berlin 1946 — 1949, Berlin 1950, S. 183—191.

1951

Brüderlichkeit durch Blutsverwandtschaft und Brüderlichkeit durch Rechtssetzung — Zwei altrömische Formen der Fraternität. In: Wissenschaftler kämpfen für den Frieden, Berlin 1951, S. 205—213.

1953

Das historische Fragment des Papyrus 40 der Mailänder Sammlung. Sitz.-Ber. d. Dt. Akad. d. Wiss. zu Berlin, Kl. f. Sprachen, Literatur u. Kunst, Jahrg. 1952, Nr. 2, Berlin 1953. 24 S.

1954

Neues zur Geschäftsordnung des römischen Senates. Philologus 98, 1954, S. 150—154.

Unveröffentlichte Arbeiten

a) Akademie-Vorträge

1931

Lygdamus und Neaera. Akademievortrag München, Sitzung d. phil.-hist. Abt. 9. 5. 1931. Auszug in Sitz.-Ber. d. Bayr. Akad. d. Wiss., Jahrg. 1931/32, S. 8. Ms. 40 S.

1932

Gedanken zu den Römeroden des Horaz. Akademievortrag München, Sitzung d. phil.-hist. Abt. 3. 12. 1932. Auszug in Sitz.-Ber. d. Bayr. Akad. d. Wiss., Jahrg. 1931/32, S. 17—18. Wiederholt in d. Accademia Arcadia, Rom 27. 4. 1941. Ms. 24 S.

1938

Über den Kommentar des Porphyrios zur Harmonielehre des Ptolemaios. Akademievortrag Berlin 1938, Sitzung d. phil.-hist. Kl. 27. 10. 1938. Auszug in Sitz.-Ber. d. Pr. Akad. d. Wiss. 1938, Phil.-hist. Kl., S. 244.

1941

Die Zeugnisse zum Consortium ercto non cito des Gaius. Akademievortrag Berlin 1941, Sitzung d. phil.-hist. Kl. 16. 11. 1941. Auszug in Jahrbuch der Pr. Akad. d. Wiss. 1941, S. 114; Teildruck unter dem Titel „Brüderlichkeit durch Blutsverwandtschaft und Brüderlichkeit durch Rechtssetzung — Zwei altrömische Formen der Fraternität", s. oben Jahr 1951. Ms. 20 S.

1942

Vergils Deutung der Arbeit des Bauern. Akademievortrag Berlin 1942, Sitzung d. phil.-hist. Kl. 5. 2. 1942. Auszug in Jahrbuch d. Pr. Ak. d. Wiss. 1942, S. 85—86. Ms. 23 S.

1943

Die Dichtersprache in der antiken Sprach- und Stiltheorie. Akademievortrag Berlin 1943, Plenarsitzung 15. 7. 1943. Ms. 29 S.

1947

Die Rolle des Leitmotivs in den Schriften Scorpiace und De praescriptione haereticorum Tertullians. Akademievortrag Berlin 1947, Plenarsitzung 20. 11. 1947. Ms. 15 S.

1949

Zwei Altersklagen aus mittellateinischer Poesie. Akademievortrag Berlin 1949, Plenarsitzung 13. 1. 1949. Vollst. Ms.

b) Vorträge in gelehrten Gesellschaften

1936

Vergil über den west-östlichen Ursprung der Römer, 21. 1. 1936 (Münchner Kyklos). Ms. unvollständig, 2 S.

Maiestas populi Romani, 20. 5. 1936 u. ö. (Berliner Professorenkränzchen, Berliner Mittwochgesellschaft, Italien, Spanien). Ms. 18 S.

1938

Über eine Gladiatoreninschrift (Epigraphiker-Kongreß Amsterdam 1938). Ms. 29 S.

Der Namensatz in der Germania des Tacitus, 4. 4. 1938 (Berliner Professorenkränzchen). Ms. fehlt.

Über die Prozeßführung Ciceros gegen C. Verres, 19. 12. 1938 (Berliner Professorenkränzchen). Ms. 41 S.

1939

Der römische Witz und seine Theorie, 1. 12. 1939 (Berliner Mittwochgesellschaft). Ms. 26 S.

1940

Heilige Schilde in der frühgeschichtlichen Kultur des Mittelmeeres, 17. 1. 1940 (Berliner Mittwochgesellschaft). Ms. unvollst., 27 S.

1944

Harmonie (Berliner Mittwochgesellschaft). Ms. 41 S.

c) Undatierte Vorträge und Aufsätze

Agrarkrisen und Agrarreformen im republikanischen Rom. Ms. 19 S.
Bellum iustum. Ms. unvollst., 30 S.
Bildung zur Persönlichkeit im archaischen Rom. Ms. unvollst., 17 S.
Die Entwicklung der lateinischen Literatursprache. Ms. 27 S.
Kaiser Marc Aurel und sein Buch der Betrachtungen. Ms. unvollst., 38 S.
Porphyrios-Ptolemaios. Ms. unvollst., 13 S. (s. o. Akademie-Vorträge, 1938.)
Das Weihgeschenk des Arimnestos. Ms. unvollst., 14 S.

d) Reden und Vorträge aus den Jahren nach 1945 bei verschiedenen Anlässen

Ansprache zur Wiedereröffnung der Berliner Universität, Januar 1946. Teildruck „Vom Wesen der Kultur" in: Aufbau, Kulturpolitische Monatsschrift, Jahrg. 1946, S. 111—116.

Forderungen der Universität für die Gestaltung des Schulwesens. Beitrag zur Pestalozzi-Tagung in Berlin, 14. 1. 1946.

Ansprache zur Eröffnung der Deutschen Akademie der Wissenschaften zu Berlin, 1. 8. 1946.

Kultur und Humanität. Rede zur Eröffnung einer Kulturwoche in Berlin-Spandau, 17. 2. 1946.

Geistesfriede und Kulturerneuerung. Vortrag Halle/S., 7. 12. 1946.

Die Seele der Schweiz. Vortrag, geh. im Kulturbund Berlin-Zehlendorf, 31. 10. 1947.

Bericht über die Entwicklung der Berliner Universität 1946/47, vorgetragen anläßl. d. Rektoratswechsels, 22. 12. 1947.

Ansprache zum Tag des freien Buches, Berlin 10. 5. 1948.

Goethe-Vortrag, geh. bei d. Tagung des Deutschen Volksrats, Berlin, 18. 3. 1949.

Ansprache am Leibniztag der Deutschen Akademie der Wissenschaften zu Berlin, 30. 6. 1949, zur Feier des 200. Geburtstages von Johann Wolfgang von Goethe.

Goethe als Naturforscher und Humanist. Vortrag, gehalten im Kulturbund, Berlin, 5. 8. 1949.

Gedenkansprache auf Ricarda Huch.

Die Rolle der Wissenschaft in der deutschen Kultur.

Vom wissenschaftlichen Leben und seinem Verhältnis zu den Schaffenden des Volkes.

Die altertumswissenschaftlichen Arbeiten der Akademie in ihrer Bedeutung für die Schule

VON JOHANNES IRMSCHER

„Wissenschaft und Schule gehören zusammen. Der Erzieher, der glaubt, auf den beständigen Kontakt zur Forschung verzichten zu können, wird sehr bald zum bloßen Routinier werden, der, selber steril, auch in den Köpfen und Herzen der ihm anvertrauten Schüler kein Leben zu wecken vermag, und eine Wissenschaft auf der anderen Seite, die der engen Verbindung zur Schule nicht zu bedürfen meint, dürfte nur allzu rasch ihre Möglichkeiten erschöpft haben, wenn ihr der Nachwuchs fehlt, den eine verständnisvolle Lehrerschaft gut vorbildet".[1])

Diese Sätze wurden geschrieben aus Anlaß des 250. Gründungstages der Deutschen Akademie der Wissenschaften zu Berlin, der obersten wissenschaftlichen Institution unseres Staates, sie wurden erhärtet durch den Hinweis auf das Beispiel Berliner Lehrer, welche auf Grund ihrer gelehrten Verdienste im Kreise der Mitglieder der Akademie Aufnahme fanden: JOHANN LEONHARD FRISCH, Rektor des Gymnasiums zum Grauen Kloster, Mitglied der Akademie seit 1706, der einen einheimischen Seidenbau entwickelte, die Technologie der Färberei verbesserte, das erste wissenschaftliche Wörterbuch der deutschen Sprache schuf und außerdem der erste Lehrer des Russischen in Berlin war — HERMANN BONITZ, wiederum ein Rektor des Grauen Klosters, Mitglied der Akademie seit 1867, schuf den Index der akademischen Aristoteles-Ausgabe, ein Werk von so mustergültiger Anlage, daß es auf Veranlassung der Akademie in diesem Jahr unverändert nachgedruckt werden kann — HERMANN DIELS, Lehrer am Königstädtischen Gymnasium, Mitglied der Akademie seit 1881, war auf Grund seiner Ausgabe der Doxographi Graeci in die Akademie gewählt worden; was er damit und was er durch seine „Fragmente der Vorsokratiker", seine Erklärung des Lukrez, seine Vorarbeit zum Corpus medicorum Graecorum und sein Buch über die antike Technik leistete, hat in der Wissenschaft Bestand — JOHANNES BOLTE schließlich, ebenfalls am Königstädtischen Gymnasium tätig, Mitglied der Akademie seit 1922, gehört zu den besten Repräsentanten der deutschen Volkskunde und schuf durch seine Anmerkungen zu den Kinder- und Hausmärchen der Brüder Grimm, die er gemeinsam mit dem tschechischen Gelehrten GEORG POLÍVKA zusammenstellte, die umfassendste Materialsammlung, über welche die Märchenforschung verfügt.

Doch trotz solcher positiver Beispiele, welche ein enges Zusammengehen von Akademie und Schule zeigten, war jene Bilanz, die zu ziehen das Jubiläumsjahr 1950 Veranlassung bot, keineswegs durchgehend erfreulich. Es konnte nicht unausgesprochen bleiben, daß jene

[1]) HANS (JOHANNES) IRMSCHER, Die neue Schule 5, 1950, 532.

angeführten Exempel eben doch nicht die Regel darstellten, sondern die Ausnahmen waren, und die Akademie als Ganzes fühlte sich noch immer dem Geiste des 19. Jahrhunderts verbunden, suchte allein der „reinen" Wissenschaft zu dienen und wünschte in ihren Kreisen möglichst nicht gestört zu werden. Indes wurde bereits seit dem Jahre 1946, seit der Wiedereröffnung der vormals Preußischen Akademie als Deutsche Akademie der Wissenschaften mit der allmählichen Neugestaltung unseres gesellschaftlichen Lebens ein Prozeß der Um- und Neubildung auch in der Akademie immer deutlicher sichtbar. Die Forderung, die Arbeit der Akademie aus ihrer Isolierung zu lösen und zu der Praxis des gesellschaftlichen Lebens in Verbindung zu bringen, wurde erhoben und fand Gehör; die Schule ihrerseits verwirklichte die Hochschulausbildung ihres Lehrernachwuchses und setzte sich die Erhöhung der Wissenschaftlichkeit ihres Unterrichts zum Ziel. So wurden auf beiden Seiten Voraussetzungen für eine Zusammenarbeit geschaffen, die freilich auf dem Gebiete der Altertumswissenschaft, von dem hier allein die Rede sein soll, bisher noch nicht in dem wünschenswerten und notwendigen Umfange verwirklicht ist.

Was zunächst die Akademie betrifft, so hat sie durch zwei organisatorische Maßnahmen diese Entwicklung zur Praxis hin ein gutes Stück vorangebracht; ich meine die Gründung der Sektion für Altertumswissenschaft im Frühjahr 1954 und die Schaffung des Instituts für griechisch-römische Altertumskunde im Herbst 1955. Der Sektion für Altertumswissenschaft[2]) gehören Vertreter der Forschung, der Universitäten und der Schulpraxis an, darunter Ministerialdirektor a. D. Professor Lic. Dr. WILHELM HARTKE sowie der Direktor des Berlinischen Gymnasiums zum Grauen Kloster, Verdienter Lehrer des Volkes FRITZ PLAGEMANN. Unter den Vertretern der Wissenschaft wiederum finden sich neben Altphilologen, Archäologen und Althistorikern Repräsentanten der Altorientalistik. Durch diese Zusammensetzung dokumentiert die Sektion, daß die Wissenschaft vom griechisch-römischen Altertum sich endgültig von ihren klassizistischen Fesseln befreit hat und heute ihren Gegenstand nicht mehr zu behandeln vermag ohne beständige Berücksichtigung der übrigen vorangegangenen oder gleichzeitigen Kulturen des Mittelmeergebietes, und sie bringt weiter zum Ausdruck, daß die Anwendung der durch die altertumswissenschaftliche Arbeit gewonnenen Ergebnisse in der Praxis der Schule ein Anliegen der Wissenschaft ist, an dem die Forschung und ihr oberstes Zentrum, die Akademie, nicht achtlos vorübergehen können. Diese enge Verbundenheit der Arbeit der Sektion mit den Aufgaben der Praxis kommt sichtbar in ihrem gesamten Arbeitsprogramm zum Ausdruck; dieses umfaßt die folgenden 5 Punkte:

a) Klärung grundsätzlicher Fachfragen auf dem Gebiete der Altertumswissenschaft durch gemeinsame Aussprache der Mitglieder der Sektion sowie durch Veranstaltung von Konferenzen und Fachtagungen,

b) Beratung, Anleitung und Koordinierung der altertumswissenschaftlichen Forschungsarbeit im Gebiet der Deutschen Demokratischen Republik,

c) Sorge für den Wiederaufbau und die Wiedereinrichtung der altertumswissenschaftlichen Museen und Sammlungen, Förderung des Ausstellungswesens auf dem Gebiete der Altertumswissenschaft,

[2]) Vgl. hierzu JOHANNES IRMSCHER, Wissenschaftliche Annalen 3, 1954, 579ff.

d) Vertretung der Belange der Altertumswissenschaft gegenüber den Organen des Schulwesens und der Erwachsenenbildung, Förderung des Vortragswesens auf dem Gebiete der Altertumswissenschaft,

e) Förderung des altertumswissenschaftlichen Publikationswesens, und zwar hinsichtlich der der Forschung und Lehre dienenden Veröffentlichungen sowie auch hinsichtlich solcher von allgemeinbildender Natur.

Es kann leider nicht behauptet werden, daß dieses Aktionsprogramm schon zu wesentlichen Teilen verwirklicht wäre. Der wissenschaftliche Meinungsstreit, das Ringen um eine neue Grundlegung der deutschen Altertumsforschung steht erst in den Anfängen, und die darin tätig teilnehmen, sind nur wenige; allzu viele halten es noch für bequemer, sich auf entfernte Spezialthemen zurückzuziehen und von diesem scheinbar sicheren Port aus die Entwicklung abzuwarten. Immerhin vereinte die Eröffnungstagung des Instituts für griechisch-römische Altertumskunde im Herbst 1955 ein internationales Gremium von Fachgenossen zur Aussprache, und auch Schulmänner waren unter den Teilnehmern; kleinere Konferenzen führten im Sommer 1955 die byzantinistisch interessierten Forscher der Deutschen Demokratischen Republik zur Beratung ihrer Aufgaben und wenig später zum Erfahrungsaustausch mit tschechoslowakischen Fachgenossen zusammen; allmonatlich sprechen auswärtige Gelehrte in einer öffentlichen altertumswissenschaftlichen Vortragsreihe der Akademie — erfreuliche Ansätze, die es weiterzuführen gilt! Für die Entwicklung der Forschungsarbeit bedeutete die erwähnte Institutsgründung einen bedeutsamen Fortschritt; sie löste die zahlreichen altertumskundlichen Einrichtungen der Akademie aus ihrer Vereinzelung und legte den Grund für einen Forschungsorganismus, der zumindest nach der Zahl seiner Mitarbeiter und der Ausdehnung seiner Arbeiten in unserer Republik die erste Stelle einnimmt. Für die über dessen Wirkungsbereich hinausgehende gelehrte Arbeit bedarf es freilich noch einer gewissen Koordinierung, die in Zusammenarbeit mit dem Staatssekretariat für Hochschulwesen im Laufe der Zeit erreicht werden wird. Der Wiederaufbau der altertumswissenschaftlichen Sammlungen in der Deutschen Demokratischen Republik sowie ihre Erschließung durch populäre Führer und Kataloge schreitet allenthalben gut voran; neue, zukunftsweisende Wege wurden dabei unter anderem im Berliner Münzkabinett eingeschlagen, wo man zur Erläuterung des Schaumaterials weitgehend von den Mitteln moderner Ausstellungstechnik Gebrauch machte. Der altsprachliche Unterricht war Gegenstand mehrerer Sektionsberatungen, an welchen Vertreter des Ministeriums für Volksbildung und des Deutschen Pädagogischen Zentralinstituts teilnahmen; es ist bekannt, wie viele Aufgaben auf diesem Felde noch zu lösen sind — sie können nur in engstem Zusammenwirken von Wissenschaftlern und Schulmännern bewältigt werden. Noch kaum erkannt sind die Möglichkeiten, das Erbe der Antike für die Erwachsenenbildung nutzbar zu machen; die Erfolge, die Volkspolen auf diesem Gebiete errang[3]), sollten unseren Volkshochschulen, den Wirkungsgruppen des Kulturbundes, der Gesellschaft zur Verbreitung wissenschaftlicher Kenntnisse Ansporn zur Nacheiferung sein. Auf dem Gebiete des Publikationswesens

[3]) Vgl. KAZIMIERZ KUMANIECKI, Das Altertum 1, 1955, 246.

schließlich konnten in den beiden letzten Jahren beachtliche Fortschritte erzielt werden, über die noch im einzelnen zu sprechen sein wird.

Aus den im Vorangehenden gemachten Darlegungen wurde deutlich: Aufgabe der Sektion für Altertumswissenschaft — wie natürlich aller anderen Akademiesektionen auch — ist es, die Forschungsarbeit anzuleiten, zu beraten und in jeder sonst geeigneten Weise zu fördern; die gelehrte Arbeit selber liegt dagegen bei den wissenschaftlichen Instituten innerhalb und außerhalb der Akademie. Auf dem Fachgebiet, mit dem wir uns beschäftigen, besteht, wie bereits erwähnt, seit dem Herbst 1955 ein solches Institut für griechisch-römische Altertumskunde, in dem zur Zeit nahezu 50 Wissenschaftler hauptamtlich tätig sind. Bei diesem Institut handelt es sich nicht um eine völlige Neugründung; denn die Traditionen der Akademie auf dem Gebiete der klassischen Studien reichen ja bis in die Anfänge des vorigen Jahrhunderts zurück — wir nannten zu Beginn eine Anzahl von Namen, die sich leicht vermehren ließe, möchten hier jedoch nur den Hinweis auf einige Unternehmungen anschließen, welche wesentlich zum internationalen Ansehen der Akademie beitrugen: die Inscriptiones Graecae, das Corpus inscriptionum Latinarum, die schon erwähnte Aristoteles-Ausgabe, das Corpus medicorum Graecorum, die Sammlung der Griechischen christlichen Schriftsteller der ersten Jahrhunderte. Diese und andere von der Akademie betreute Unternehmungen, die vorher in teils mehr, teils weniger loser Verbindung zueinander gestanden hatten, wurden nunmehr zu einem Forschungsorganismus zusammengefaßt, der ihre Fortführung gewährleistet und die Möglichkeit bietet, neue Arbeiten aufzunehmen. Ihren sichtbaren Niederschlag findet die Tätigkeit des Instituts in seinen Veröffentlichungen, welche in verschiedenen Schriftenreihen und Zeitschriften herauskommen. Wir wollen diese in der Reihenfolge der Arbeitsgruppen, die für ihre Redaktion verantwortlich sind, durchgehen.

Zu den ältesten Unternehmungen der Akademie gehören die beiden Inschriftencorpora, das griechische von AUGUST BÖCKH, das lateinische von THEODOR MOMMSEN inauguriert. Von beiden Corpora sind die wichtigsten Bände schon erschienen, von den Inscriptiones Graecae bereits eine Neuausgabe — in kleinerem Format und ohne Majuskeltext, daher als Editio minor bezeichnet — im Gange; trotzdem bleibt noch viel zu tun, für das griechische Corpus noch mehr vielleicht als für das lateinische, wie die Übersicht bei JOHANNES IRMSCHER, Praktische Einführung in das Studium der Altertumswissenschaft, Berlin 1954, 91ff., zeigt[4]). Die Corpora bringen Materialien für die Forschung, die für die Schule und den Lehrer im allgemeinen erst in der Verarbeitung des darstellenden Gelehrten fruchtbar werden. Trotzdem muß sich auch der Fachlehrer der klassischen Sprachen mit den Inschriftencorpora auskennen; denn wenn er auch selbst für gewöhnlich — leider — an der Forschungsarbeit nicht aktiv teilnehmen wird, so muß er doch in der Lage sein, deren Fortgang kritisch zu verfolgen und, wenn es not tut, ihre Beweisführung am Quellenmaterial — und zwar auch an dem inschriftlichen — zu überprüfen. Seine akademische Ausbildung vermittelt ihm dank der Studienform dafür die Grundlagen; es liegt an ihm selbst, freilich in gewissem Grade auch an dem Verständnis der Schulverwaltung, ob diese an der Universität erworbenen

[4]) Letzte Berichte über den Stand der Arbeiten von GÜNTHER KLAFFENBACH und KONRAD SCHUBRING in den Actes du deuxième congrès international d'épigraphie grecque et latine Paris 1952, Paris 1953, 21ff. und 80ff., vgl. ferner GÜNTHER KLAFFENBACH, Das Altertum 1, 1955, 136ff.

Fähigkeiten einrosten oder durch beständige Übung lebendig gehalten werden — zum Nutzen übrigens des Unterrichts, der durch solche Beziehung auf die sich fortentwickelnde Wissenschaft am sichersten vor Langweiligkeit, Erstarrung und Dogmatismus bewahrt bleibt.

Was für die Inschriftencorpora gilt, gilt sinngemäß auch für die anderen Quellensammlungen, die das Institut herausbringt. Das Corpus medicorum Graecorum hat sich die kritische Herausgabe der griechischen Ärzte und in zunehmendem Maße auch die lexikalische Erfassung ihres Wortschatzes zum Ziele gesetzt[5]); es ist beabsichtigt, in deutscher Sprache Zusammenfassungen über den Inhalt der einzelnen Corpusbände zu geben und so den Zugang zu der Sammlung zu erleichtern. Die Arbeitsgruppe Hellenistisch-römische Philosophie hat sich zunächst die „Hauptaufgabe gestellt, in einer kritischen Textausgabe die gesamte, die Schule Epikurs betreffende antike Überlieferung vorzulegen. Die auf drei Bände berechnete Ausgabe wird im ersten Band eine Erneuerung und Erweiterung der von HERMANN USENER im Jahre 1887 herausgegebenen Epicurea darstellen. Der Erklärung und Deutung werden die bei USENER nicht vorhandene deutsche Übersetzung der Texte und ausführliche Parallelstellenverweise dienen. Der zweite Band soll die Schüler und Nachfolger Epikurs — ebenfalls mit deutscher Übersetzung — umfassen, von denen eine Gesamtausgabe bisher nicht vorliegt. Der abschließende Registerband wird das gesamte epikureische Schrifttum nach Sprache und Begriffsbildung erschließen".[6]) Bis dieses Ziel erreicht ist, wird freilich noch geraume Zeit vergehen; indessen zeugt eine Anzahl von Abhandlungen, die in den vergangenen Jahren erschienen, von der Produktivität dieser Arbeitsgruppe; besonders erwähnt sei die mit einer deutschen Übersetzung versehene Ausgabe des dem Epikur zugeschriebenen, in Wirklichkeit aber seinem Schülerkreise zugehörenden Lehrbriefes an Pythokles, welche EMILIE BOER, Berlin 1954, besorgte. Es braucht wohl kaum bemerkt zu werden, wie große Bedeutung diesen auf die Erschließung des antiken Atheismus und Materialismus gerichteten Arbeiten gerade heutigentags zukommt.

Die 1951 von Akademiemitglied Professor Dr. FRIEDRICH ZUCKER ins Leben gerufene Arbeitsstelle für Papyrusforschung bereitet die Herausgabe der noch unedierten Berliner griechischen und koptischen Papyri vor; mit Band 10 der fortgeführten Reihe der BGU ist als erstem Ergebnis dieser Bemühungen zu rechnen. Von einem Speziallexikon, das den Wortschatz des Polybios erfaßt, eines der bedeutendsten Historiker der Antike, der zugleich einer der besten Vertreter der Koine, der nachklassischen griechischen Gemeinsprache ist, befindet sich der erste Faszikel im Druck; es liegt auf der Hand, daß dieses sorgfältig gearbeitete, ausführliche Wörterbuch, das ja nicht nur für die Arbeit am Polybios, sondern für jede Beschäftigung mit der nachklassischen Gräzität von Wichtigkeit ist, auch für die schulische Tätigkeit des Lehrers an Bedeutung gewinnen wird; denn abgesehen von den persönlichen Neigungen und Interessen des Lehrers ist ja eine Auflockerung des Lektüreplanes anzustreben, welche die Beschränkung des Schulschriftstellerkanons auf einige Autoren der klassischen Periode wenigstens in gewissem Umfange aufheben wird. Die Kommission für spätantike Religionsgeschichte gibt neben einer Monographienreihe, den Texten und Unter-

[5]) Über den Stand seiner Arbeiten bei der Wiederaufnahme der Tätigkeit des Corpus berichtet dessen Redaktor, KARL DEICHGRÄBER, Forschungen und Fortschritte 26, 1950, 301ff.

[6]) Jahrbuch der Deutschen Akademie der Wissenschaften zu Berlin, 1950—1951, Berlin 1951, 143.

suchungen zur Geschichte der altchristlichen Literatur, die Serie der Griechischen christlichen Schriftsteller der ersten Jahrhunderte heraus; aus der Vielzahl von Titeln, welche in den beiden Reihen seit der Wiederaufnahme der Arbeiten im Jahre 1947 erscheinen konnten[7]), seien nur zwei herausgegriffen, um zu zeigen, daß die Tätigkeit dieser Kommission keineswegs, wie von Unkundigen gelegentlich angenommen wird, nur für den Theologen und Kirchenhistoriker von Interesse ist: Mit der Ausgabe der uns erhaltenen griechischen Rezension der sogenannten Pseudoklementinen[8]), welcher sich die Edition der lateinischen Fassung in Bälde anschließen wird, wurde ein antiker Roman christlicher Prägung zugänglich gemacht, der alle Kennzeichen dieses literarischen Genres trägt (Trennung und Wiedervereinigung einer Familie mit den dabei sich notwendigerweise ergebenen Anagnorismen, Reisen in ferne Länder, Schiffbruch und andere Abenteuer, Happy-End) und zugleich ein lebendiges Zeugnis davon darstellt, wie sich die christliche Apologetik mit den Argumenten der antiken Philosophenschulen, aber auch mit den Angriffen jener Strömungen auseinandersetzte, die, aus dem hellenistischen Synkretismus erwachsen, zu der neuen Religion in Konkurrenz standen. Das zweite Werk, von dem hier die Rede sein soll, ist die Praeparatio evangelica, eine apologetische Schrift des Kirchenhistorikers Eusebios von Caesarea[9]). Sie wendet sich gegen den Vorwurf, daß die Christen ihren alten Glauben verlassen hätten, um sich dem inferioren Judentum zuzuwenden. Diesen Schritt rechtfertigt Eusebios, indem er die Überlegenheit der „hebräischen Philosophie" gegenüber der griechischen Mythologie, Kosmogonie und Weisheitslehre durch ein reiches Belegmaterial zu erweisen sucht; darunter befinden sich viele Zitate aus griechischen Philosophen und Geschichtsschreibern, deren Werke sonst verlorengegangen sind. Erwachsen aus der Kommission für spätantike Religionsgeschichte ist die Arbeitsgruppe Byzantinistik. Auch sie bereitet zwei Schriftenreihen, eine für mit Übersetzungen versehene Editionen byzantinischer Texte und eine zweite für einschlägige Untersuchungen, vor; das erste Heft in dieser letztgenannten Reihe konnte Ende 1955 erscheinen[10]), unter den demnächst folgenden befindet sich eine Sammlung prinzipieller Abhandlungen aus dem Gebiet der sowjetischen Byzanzforschung.

Damit wären die Traditionsunternehmungen des Instituts für griechisch-römische Altertumskunde sowie diejenigen Arbeitsgruppen berührt, welche unmittelbar an jene anknüpfen. Es bleibt uns noch, auf die Tätigkeit und die Aufgaben der Arbeitsgruppe Publikationen einzugehen, wobei wir etwas ausführlicher werden sein müssen, da sich von dieser Arbeitsgruppe her wohl die stärksten Beziehungen zur Schule und ihrem Lebenskreis ergeben.

Es war vorhin von den Impulsen die Rede, welche die Publikationstätigkeit der Akademie durch die Sektion für Altertumswissenschaft erfuhr, und gleichzeitig von der Beschränkung der Kompetenzen dieses Gremiums auf Anleitung und Beratung. Um solche Anregungen verwirklichen zu können, bedurfte es daher eines Arbeitsapparates; dieser wurde zunächst im

[7]) Vgl. zuletzt KURT ALAND, Die Arbeiten der Deutschen Akademie der Wissenschaften auf dem Gebiet der Religionsgeschichte, Berlin 1955, 50ff.

[8]) Die Pseudoklementinen, 1: Homilien, hrsg. von BERNHARD REHM, Berlin 1953.

[9]) Eusebius Werke, 8: Die Praeparatio evangelica, hrsg. von KARL MRAS, 1. Teil Berlin 1954, 2. Teil 1956.

[10]) PETER KAWERAU, Die jakobitische Kirche im Zeitalter der syrischen Renaissance, Berlin 1955.

Rahmen der Kommission für griechisch-römische Altertumskunde, dann als Bestandteil des neuen Instituts in Gestalt der Arbeitsgruppe Publikationen geschaffen. Diese betreut mehrere Zeitschriften und Schriftenreihen und ist schließlich für die Bibliotheca Teubneriana verantwortlich.

Zuerst einige Bemerkungen über die Zeitschriften[11]! Keine Wissenschaft ist heute mehr denkbar ohne die ihr zugehörigen nationalen und internationalen Zeitschriftenorgane, ja mehr noch: Innerhalb dieser Zeitschriften gibt es bereits eine ausgeprägte Differenzierung, die einem jeden Organ seine spezifischen Aufgaben zuweist. Der Haupttyp der wissenschaftlichen Zeitschrift bringt längere oder kürzere Aufsätze und Mitteilungen aus einem größeren Fachgebiet; neben ihm steht als zweite Form das Spezialorgan, das sich nur mit einem Teilgebiet befaßt. Keine Wissenschaft kann und darf sich jedoch darauf beschränken, ihre Ergebnisse lediglich in einer allein dem Mitforscher zugänglichen Form bekanntzugeben; vielmehr verbindet sich mit dieser ersten Aufgabe unlösbar die zweite, diese neu gewonnenen Detailergebnisse für das betreffende Wissenschaftsgebiet in seiner Gesamtheit sowie für die Anwendung in der Praxis nutzbar zu machen; diese Praxis ist im Falle der Altertumswissenschaft zu allermeist die Schule. Besondere Zeitschriftenorgane widmen sich dieser Aufgabe, Forschungsergebnisse zu popularisieren und an die Praktiker heranzutragen. Und schließlich gibt es bibliographische und kritische Zeitschriften, welche die immer stärker anschwellende literarische Produktion erfassen und rezensieren.

Das deutsche altertumswissenschaftliche Zeitschriftenwesen ist zu einem guten Teil in der Deutschen Demokratischen Republik beheimatet. Was zunächst die Forschungsorgane betrifft, welche größere Gebiete umfassen, so werden der „Philologus" und die „Klio" vom Institut für griechisch-römische Altertumskunde herausgegeben; die Arbeitsgruppe Publikationen betreut jedoch lediglich das zweite der eben genannten Journale. Der „Philologus" hat sich die „saubere Spezialforschung" zur Aufgabe gestellt, bei der die „weiteren Zusammenhänge" sowie die „Einwirkung von Gehalten der antiken Kultur auf unser gegenwärtiges Leben" „mitgesehen und nach Kräften mit dargestellt werden" (Jahrgang 98, 1954, 1). Wie sein Name besagt, nimmt er seinen Ausgang von der klassischen Philologie, von der aus er das griechisch-römische Altertum in seiner Ganzheit zu erfassen sucht. Bei der „Klio", die mit dem Jahrgang 1957 nach längerer Pause fortgeführt wird, steht die Geschichte des Altertums im Mittelpunkt. Ein besonderes Anliegen ist ihr die Verwertung archäologischer Ergebnisse für die historische Arbeit. Besonderes Augenmerk schenkt sie den Forschungen, welche in den sozialistischen Ländern durchgeführt werden; deren Resultate zu vermitteln und zu verwerten, ist ihre vordringliche Aufgabe.

Die beiden Spezialorgane, welche in unserem Zusammenhang zu nennen sind, werden nicht durch das Institut für griechisch-römische Altertumskunde betreut, stehen jedoch in gewisser Verbindung zur Akademie. Das „Archiv für Papyrusforschung und verwandte Gebiete" wird von Akademiemitglied Professor Dr. ZUCKER herausgeben; es setzt eine große Berliner Tradition fort. Die Zeitschrift der Savigny-Stiftung für Rechtsgeschichte wird von der genannten, zur Zeit freilich illiquiden Stiftung getragen, welche die Akademien zu Berlin, München und Wien gemeinsam verwalten. Ihre Romanistische und in gewissem Umfange auch ihre Kanonistische Abteilung gehören zu den besten Publikationsorganen auf dem in der Deutschen Demokratischen Republik gegenwärtig sehr vernachlässigten Gebiet der antiken Rechtsgeschichte.

Besondere Aufmerksamkeit verdient in diesem Zusammenhang die Zeitschrift „Das Altertum". Sie wird von der Sektion für Altertumswissenschaft herausgegeben und von der Arbeitsgruppe Publikationen betreut. Die Zeitschrift will „an die gegenwärtigen Probleme der Altertumswissenschaft heranführen und ... die Lösungsversuche zeigen, an denen die Forschung heute arbeitet" (Jahrgang 1, 1955, 4). Im gleichen Geiste wie die Sektion sieht sie ihr Aufgabengebiet nicht auf die klassische Antike beschränkt, sondern schließt sie in dieses den Alten Orient mit ein als nicht minder bedeutsame Komponente im Ensemble der alten Mittelmeerkulturen. Beiträge über das Weiterwirken der Antike sowie über den altsprachlichen und altgeschichtlichen Unterricht sollen die Brücke von der Vergangenheit zur Gegenwart schlagen. Ansprechen möchte die Zeitschrift alle, „die an den antiken Kulturen und an der Arbeit und den Ergebnissen der Altertumsforschung Anteil nehmen: die Studenten, die eine Erweiterung ihres Studiengebietes suchen, die Lehrer, die im Geschichts-, Sprach- und Literaturunterricht die alte Welt berühren, die Forscher, die auf Nachbargebieten arbeiten und nur gelegentlich" (a. a. O. 3) das Altertum „streifen, und nicht zuletzt die große Zahl der Altertumsfreunde in anderen Berufen, die einen Zugang zur antiken Welt suchen" (a. a. O. 4). Es ist der Redaktion

[11]) Vgl. hierzu JOHANNES IRMSCHER, Wissenschaftliche Annalen 4, 1955, 647ff.

gelungen, namhafte Gelehrte, auch des Auslandes, als Mitarbeiter zu gewinnen; unbefriedigend ist dagegen noch die Beteiligung der Schule. Die Lehrer- und pädagogischen Fachzeitschriften der Deutschen Demokratischen Republik haben bis heute von dem neuen Organ und seinen Bestrebungen noch nicht einmal Kenntnis, geschweige denn dazu Stellung genommen. Allerdings muß ebenso kritisch festgestellt werden, daß noch nicht alle Beiträge auf den Leserkreis abgestimmt sind, um den die Zeitschrift bemüht ist; die große Kunst, gelehrte Dinge allgemeinverständlich darzustellen, wird eben nicht ohne lange Übung und nur unter mancherlei Fehlschlägen erreicht.

Was die bibliographische Erfassung und kritische Berichterstattung angeht, so ist hier zunächst auf die Deutsche Literaturzeitung hinzuweisen. Sie wird von den Akademien Berlin, Göttingen, Heidelberg, Leipzig, München und Wien gemeinsam herausgegeben, wobei die Federführung in Berlin liegt. Sie schenkt von jeher den verschiedenen Zweigen der Altertumswissenschaft besondere Beachtung und sollte viel mehr als bisher von den Oberschullehrern herangezogen werden, um sich über die wichtigste neu erschienene Literatur auf den sie betreffenden Gebieten informieren zu lassen. Mit einem Spezialorgan wird die Arbeitsgruppe Publikationen in Kürze an die Öffentlichkeit treten, der Bibliotheca classica orientalis. Diese Zeitschrift soll in Autorreferaten mit den neu herausgekommenen Arbeiten der Altertumsforschung in der Sowjetunion und den Ländern der Volksdemokratie bekanntmachen. Durch eine solche Dokumentation wird dieses Schrifttum, werden seine Anliegen und Ergebnisse besser zugänglich und damit für die eigene Arbeit und Entwicklung stärker fruchtbar werden.

Ebenso wie die von der Arbeitsgruppe besorgten Zeitschriften tragen auch die von ihr betreuten Schriftenreihen teils esoterischen, teils exoterischen Charakter. Zuerst sind hier die Schriften der Sektion für Altertumswissenschaft zu nennen, eine Reihe, in der monographische Arbeiten, vor allem auch des Nachwuchses, veröffentlicht werden. Eine ganze Anzahl von Arbeiten befindet sich zur Zeit im Druck und wird im Laufe des Jahres 1956 vorgelegt werden können; bereits erschienen ist ein Band, der aber gerade für die Hand des Lehrers von nicht geringem Wert ist: GYULA MORAVCSIK, Stand und Aufgaben der klassischen Philologie in Ungarn, Berlin 1955. In dieser Schrift wird in deutscher Übersetzung das Protokoll einer Ende 1951 von der Ungarischen Akademie der Wissenschaften veranstalteten Fachtagung über Stand und Aufgaben der klassischen Philologie wiedergegeben, welches das einleitende Referat MORAVCSIKS, der sich durch seine byzantinistischen Arbeiten internationales Ansehen erworben hat, sowie die Diskussionsbeiträge von Fachgenossen enthält. Über die seitherige Entwicklung der klassischen Studien in Ungarn berichtet ein zweiter Beitrag MORAVCSIKs. Die in diesem Bande zusammengefaßten Arbeiten zeugen von der lebendigen Auseinandersetzung, welche die ungarischen Gelehrten um den Aufbau einer neuen Altertumsforschung führen, und können darin auch für Deutschland durchaus beispielhaft sein. Andere Abhandlungen, welche in dieser Reihe erscheinen werden, betreffen den Homerischen Götterapparat, die in der Historia Augusta verwendeten Stilmittel, die Alexanderüberlieferung in den Weltreligionen, die Entstehung des Weihnachtsfestes und anderes mehr.

Neben der Monographienreihe steht eine Textreihe „Schriften und Quellen der alten Welt". Sie soll, im allgemeinen zweisprachig, jedoch unbelastet von gelehrtem Ballast, altklassische und altorientalische Geschichtsquellen und Literaturwerke vorlegen und so auch demjenigen zugänglich machen, der die alten Sprachen nicht oder nur unzulänglich beherrscht. Sie möchte nicht zuletzt dem Unterricht an Schule und Hochschule dienen, indem sie dazu beiträgt, ihn zu verlebendigen. Selbstverständlich werden diese zweisprachigen Ausgaben mit knappen, das Wesentliche enthaltenden Einleitungen und, soweit notwendig, mit erklärenden Anmerkungen versehen sein. Als erster Band werden Apulejus' Metamorphosen erscheinen; Martial, Tibull, Herodot und die „Imagines" des Philostrat sollen sich anschließen. Für die Planung wäre es wünschenswert, wenn die Schule ihre Forderungen und Erwartungen, die sie an diese Reihe richtet, anmeldete.

Schließlich ist noch eine dritte Serie in Vorbereitung, welche freilich einiger Anlaufzeit bedürfen wird, die Berliner kommentierten Texte. Es ist bekannt, wieviel die deutsche Altertumsforschung in der zweiten Hälfte des vergangenen und im Anfang unseres Jahrhunderts für die Erklärung und Kommentierung der klassischen Autoren geleistet hat.[12]) Voran ging dabei der Altmeister der deutschen Philologie, ULRICH VON WILAMOWITZ-MOELLENDORFF; im wesentlichen trugen diese Arbeit jedoch nicht die Universitäten, sondern Direktoren und Lehrer der Gymnasien. Mit dem gelehrten Oberlehrer ist daher leider auch der wissenschaftliche Kommentar weithin verschwunden — und das, obgleich doch gerade in unserer Zeit das Bedürfnis nach kommentierten Textausgaben erheblich gewachsen ist: bei dem Lehrer, der seinen Unterricht

[12]) Vgl. hierzu JOHANNES IRMSCHER, Deutsche Literaturzeitung 76, 1955, 335ff.

nach dem letzten Stand der Wissenschaft zu gestalten bemüht ist, bei dem Studenten, der mit der Gegenwartsproblematik vertraut werden möchte, aber auch bei dem Forscher, der auf einem von ihm selbst nicht gepflegten Gebiet Orientierung sucht. Allen diesen Forderungen möchte die neue Reihe Rechnung tragen, indem sie sich um einen Mittelweg bemüht, der mehr bietet als der Schülerkommentar und sich doch andererseits freihält von der Anhäufung gelehrten Materials in altholländischer Manier. Daß dieses Ziel nicht ohne Schwierigkeiten erreicht werden wird, steht außer Zweifel. Es wird indes um so eher erreicht werden, je stärker sich die Schule mahnend und ratend an der Planung und Gestaltung der Kommentarreihe beteiligt.

Mit diesen Schriftenreihen scheint allen publizistischen Erfordernissen unseres Fachgebietes Genüge getan zu sein, und es kommt jetzt darauf an, die gegebenen Möglichkeiten zu nutzen und vor allem solche Arbeiten anzuregen und zum Druck zu bringen, welche die aktuellen Probleme aufgreifen und ihre Lösung fördern. Auf ein Desiderat, das in letzter Zeit mehrfach vorgetragen wurde, sollte jedoch noch eingegangen werden. Die Schriften der Sektion für Altertumswissenschaft bringen Forschungsarbeiten mit neuen Ergebnissen; sie werden dadurch notwendigerweise thematisch eng spezialisiert sein und, da in ihrer Auflagenhöhe begrenzt, preislich nicht immer für jedermann erschwinglich. Sie versehen also in gewissem Sinne in der Buchproduktion die gleiche Funktion wie im Zeitschriftenwesen der „Philologus" und die „Klio"; von daher liegt es nahe zu fragen, ob nicht „Das Altertum", dessen Berechtigung und Notwendigkeit uns neben Organen von der Art der genannten erwiesen schien, nicht auch ein Gegenstück in einer Schriftenreihe erhalten sollte, welche in zusammenfassender Form die Ergebnisse der Forschung auf umfassenderen Teilgebieten der Wissenschaft denjenigen zugänglich macht, die selbst an ihr aktiv nicht teilnehmen können, d. h. also in erster Linie den Lehrern. Jedenfalls gibt es im Ausland solche Reihen; ich denke vor allem an die Biblioteczka popularna Meandra in Polen. Für unsere Nachwuchskräfte an den Universitäten und in der Akademie böte sich hier ein großes Aufgabenfeld, und der Schule könnte nicht zu unterschätzende Hilfe geleistet werden, wenn sich diese Arbeiten vor allem auf jene Themen richteten, die neu in die Lehrpläne aufgenommen wurden oder sich unter unseren heutigen Aspekten wesentlich anders darbieten als noch in jüngster Vergangenheit. Selbstverständlich könnte, um Überschneidungen zu vermeiden, eine solche Reihe nur in engem Zusammenwirken mit der Gesellschaft zur Verbreitung wissenschaftlicher Kenntnisse aufgebaut werden; sie zur Diskussion zu stellen, scheint indes die Zeit gekommen zu sein.

Die Bibliotheca Teubneriana, um auf das dritte Aufgabengebiet der Arbeitsgruppe Publikationen einzugehen, wurde im Jahre 1849 durch den Leipziger Verleger B. G. TEUBNER ins Leben gerufen; im Verlaufe eines knappen Jahrhunderts entwickelte sie sich zur umfassendsten Textsammlung griechischer und lateinischer Autoren. Die Ausbombung des Leipziger Verlagshauses im Jahre 1943 führte zum Verlust fast sämtlicher Lagerbestände, so daß die Wiederaufnahme des Unternehmens nach Kriegsende beinahe unmöglich schien. Dieses kam erst recht eigentlich in Gang, nachdem zu seiner Fortführung im Jahre 1952 die B. G. TEUBNER-Verlagsgesellschaft und der Akademie-Verlag eine Arbeitsgemeinschaft eingegangen waren[13]); diese Arbeitsgemeinschaft betraute die damalige Kommission für griechisch-römische Altertumskunde mit der Leitung des Unternehmens. Die Redaktion liegt jetzt bei der Arbeitsgruppe Publikationen. Über die Bedeutung der Bibliotheca Teubneriana und die Notwendigkeit, sie wieder herzustellen und fortzuführen, braucht hier kein Wort verloren zu werden; es sei jedoch darauf hingewiesen, daß das Verlagsprogramm vier Gruppen von Texten unterscheidet. Die wichtigsten davon bilden die kritischen Neuausgaben; zu ihr gehören die Plutarch-Ausgabe von HUBERT und POHLENZ (Moralia) sowie KONRAT ZIEGLER (Viten), die von HAAS fortgeführte Äsop-Ausgabe HAUSRATHS, die Sammlung der Fragmente des Pompejus Trogus durch SEEL und anderes mehr. Als zweite Gruppe sind die anastatischen Nachdrucke solcher Texte zusammengefaßt, zu denen in den letzten Jahren Fortsetzungsbände herauskamen; auf diese Weise soll dem Interessenten die gesamte Ausgabe parat gehalten werden. Hierzu rechnen der erste Teil der KÖRTEschen Menander-Ausgabe und Band 1 des Äsop. Dieses Verfahren zu komplettieren war natürlich nur bei einigen wenigen in jüngster Vergangenheit erschienenen Ausgaben durchführbar; bei älteren Editionen ist in jedem Einzelfalle zu prüfen, ob eine völlige Neuausgabe erforderlich ist oder der photomechanische Nachdruck genügt, wenn ihm ein Anhang von Nachträgen und Berichtigungen beigegeben wird. Solche berichtigten Nachdrucke umfaßt die dritte Gruppe der BT-Produktion. Apulejus' Metamorphosen in der Edition von RUDOLF HELM und HOHLs Scriptores historiae Augustae werden demnächst wieder vorliegen. Die vierte Gruppe schließlich bringt durchgesehene Neuauflagen solcher Editionen, welche anch der Wiederaufnahme der Bibliotheca Teubneriana teils neu, teils wiederaufgelegt herauskamen. SNELLs Pindar, die von KURFESS edierten Pseudo-Sallustiana und der MARTINsche Lukrez gehören dieser Gruppe zu. Die Biblio-

[13]) Vgl. WALTER MARG, Gnomon 24, 1952, 302.

theca Teubneriana stimmt ihren Produktionsplan mit der Mommsen-Gesellschaft, dem Verband der deutschen Altertumsforscher, ab; ebenso wichtig wäre jedoch eine Fühlungnahme mit den Vertretern des Schulwesens, damit auch dessen Bedürfnisse im Rahmen des Möglichen befriedigt werden können.

So viel über das Arbeits- und Publikationsprogramm des Instituts für griechisch-römische Altertumskunde und seiner Organe! In ihm erschöpfen sich jedoch die altertumswissenschaftlichen Arbeiten der Akademie noch keineswegs; denn die Akademie ist ja nicht nur eine Zusammenfassung von Forschungseinrichtungen von der Art des Instituts für griechisch-römische Altertumskunde, sondern zugleich eine Gesellschaft hervorragender Gelehrter, deren persönliche Arbeiten sie fördert und zum Druck bringt, und schließlich ist das Gebiet der Altertumskunde ein so weites, daß an seiner Bearbeitung nicht nur das Spezialinstitut, sondern auch andere Forschungseinrichtungen teilnehmen. Zuerst ein Wort über die Akademie als gelehrte Gesellschaft! Zu ihr gehören ordentliche Mitglieder, das sind Gelehrte aus ganz Deutschland, die sich vierzehntäglich zu wissenschaftlichen Sitzungen zusammenfinden, ferner korrespondierende Mitglieder, das sind deutsche und ausländische Gelehrte, welche mit der Akademie in ständiger Verbindung stehen, und schließlich eine kleine Zahl von Ehrenmitgliedern. Als Publikationsorgane für die Arbeiten der Mitglieder und in gewissem Umfange auch für die Arbeiten Außenstehender, deren Druck von Mitgliedern empfohlen wird, erscheinen die Abhandlungen und die Sitzungsberichte der Deutschen Akademie der Wissenschaften, und zwar in fünf Reihen gemäß der Zahl der Klassen der Akademie. Für unser Gebiet kommen im allgemeinen nur die Schriften der Klasse für Sprachen, Literatur und Kunst und der Klasse für Philosophie, Geschichte, Staats-, Rechts- und Wirtschaftswissenschaften in Betracht. Der Unterschied zwischen den „Abhandlungen" und „Sitzungsberichten" liegt im wesentlichen nur im Umfang; kleinere Arbeiten kommen in den „Sitzungsberichten", größere in den „Abhandlungen" heraus. Der allzu früh verstorbene erste Präsident der Deutschen Akademie der Wissenschaften, Professor Dr. JOHANNES STROUX, hat mehrere Untersuchungen in den Sitzungsberichten seiner Klasse, der Klasse für Sprachen, Literatur und Kunst, herausgebracht, zuletzt eine neue Lesung und Interpretation des „Historischen Fragments des Papyrus 40 der Mailänder Sammlung", Berlin 1953. Ferner bedienen sich die Direktoren am Institut für griechisch-römische Altertumskunde Professor Dr. WERNER HARTKE und Professor Dr. GÜNTHER KLAFFENBACH sowie der Vorsitzende des Wissenschaftlichen Rates des Instituts, Professor Dr. FRIEDRICH ZUCKER, dieser Reihe zur Veröffentlichung ihrer Arbeiten. Aus den Sitzungsberichten der Klasse für Philosophie, Geschichte, Staats-, Rechts- und Wirtschaftswissenschaften sind vor allem die Schriften ERNST HOHLs zu nennen, welche Fragen der römischen Geschichte der Kaiserzeit in stets neuartiger Beleuchtung behandeln. Von den in den Abhandlungen erschienenen Arbeiten seien genannt: GERHARD KLEINERs Untersuchungen über „Alexanders Reichsmünzen", Berlin 1947 — Alexander der Große ließ entgegen dem Brauch bei seinem Regierungsantritt keine neuen Münzen schlagen —, die von RUDOLF HERZOG und GÜNTHER KLAFFENBACH besorgte Ausgabe von „Asylieurkunden aus Kos", Berlin 1952, sowie KLAFFENBACHs neue Behandlung der berühmten „Astynomen-Inschrift von Pergamon", Berlin 1954. Außer diesen beiden in erster Linie für die Hand des Gelehrten bestimmten Reihen gibt die Akademie eine populärwissenschaftliche Serie unter dem Titel „Vorträge und Schriften" heraus. Aus dieser gehen den Altertumskundler vor allem die Arbeiten HERMANN GRAPOWs an, so „Die Begründung der Orientalischen Kommission von 1912", Berlin 1950, „Das Wörterbuch der ägyptischen Sprache", Berlin 1953, „Die Erforschung der altägyptischen Kultur im Rahmen der Akademie", Berlin 1954. Von Allerjüngstem sei die wichtige Übersicht genannt, welche KURT ALAND über „Die Arbeiten der Deutschen Akademie der Wissenschaften auf dem Gebiet der Religionsgeschichte", Berlin 1955, gab. Die Zeitschriften, welche von der Akademie, nicht von einzelnen Instituten herausgegeben werden, berücksichtigen gemäß der Berliner Tradition sämtlich die altertumswissenschaftlichen Disziplinen in vorzüglichem Maße. Von der Deutschen Literaturzeitung war schon die Rede; hinzu kommen die „Forschungen und Fortschritte" als „Nachrichtenblatt", das mit neugewonnenen Ergebnissen bekanntmacht, und die „Wissenschaftlichen Annalen", die sich die Popularisierung solcher Forschungsleistungen zur Aufgabe gestellt haben. Unter den Mitarbeitern dieser Zeitschriften begegnet man nicht selten auch Lehrern, zur Zeit überwiegend solchen aus Westdeutschland; dieser Zustand sollte sich, glaube ich, zugunsten einer paritätischen Teilnahme der Lehrerschaft aus der Deutschen Demokratischen Republik ändern.

Kürzer fassen möchte ich mich hinsichtlich der übrigen Forschungsinstitute, deren Tätigkeit die Aufmerksamkeit des Lehrers der alten Sprachen und der alten Geschichte verdient. Wenn wir die Sprachwissenschaftliche Kommission übergehen, in der unter anderem an einem Wörterbuch der grammatischen Terminologien gearbeitet wird, die Arbeitsstelle der Monumenta Germaniae historica mit ihren Textausgaben zur mittelalterlichen deutschen Geschichte[14]) und das Institut für Vor- und Frühgeschichte, zu dessen Arbeitsbereich auch die Keltenforschung gehört, so bleibt uns nur das Institut für Orientforschung zu nennen, das, obgleich erst nach der Wiedereröffnung der Akademie ins Leben getreten, sich in der wissenschaftlichen Welt vor allem durch seine Publikationen Geltung und Ansehen verschafft hat. Das Institut besitzt Abteilungen für die beiden klassischen Disziplinen der Altorientalistik, die Keilschriftforschung und die Ägyptologie; mit seinen Abteilungen Arabistik und Turkologie, Iranistik und Indologie sowie Ostasiatische Forschung dehnt es seine Arbeiten auf Mittelalter und Neuzeit aus; schließlich hat es auch die Afrikanistik in seine Obhut genommen. Neben so bedeutsamen Werken wie dem Wörterbuch der ägyptischen Sprache, das unlängst unter Leitung von Nationalpreisträger Professor Dr. HERMANN GRAPOW abgeschlossen werden konnte, bringt das Institut eine Veröffentlichungsreihe heraus, von der bis jetzt 29 Nummern vorliegen; die letzte davon enthält die anläßlich des 70. Geburtstages von HERMANN GRAPOW vorgelegte Festschrift „Ägyptologische Studien", herausgegeben von O. FIRCHOW, Berlin 1955. In dieser Publikationsreihe erscheinen ausführlichere, in den von FRITZ HINTZE redigierten, alljährlich in einem Bande herauskommenden „Mitteilungen des Instituts für Orientforschung" kürzere Abhandlungen, dic sich in erster Linie an den Mitforscher wenden; dasselbe gilt für die von FRITZ HINTZE und SIEGFRIED MORENZ herausgegebene Zeitschrift für ägyptische Sprache und Altertumskunde. Dagegen sucht die

[14]) Die seit 1945 in der Deutschen Demokratischen Republik erschienenen Editionen der Monumenta Germaniae historica verzeichnet J. IRMSCHER, Acta antiqua 3, 1955, 187.

von RICHARD HARTMANN redigierte Orientalistische Literaturzeitung ganz bewußt einen weiteren Kreis anzusprechen; sie ist das beste Mittel, um sich über den Fortgang der orientalistischen Wissenschaft in allen ihren Sparten zu orientieren, und sollte daher von keinem Lehrer, dem in der Oberstufe der Unterricht über die Geschichte der alten Sklavenhaltergesellschaften anvertraut ist, unbeachtet gelassen werden.

Wir stehen am Ende eines Überblicks über gelehrte Arbeiten von einem Ausmaß, auf das, wie mir scheinen will, die Deutsche Akademie der Wissenschaften und unser Arbeiter- und Bauernstaat mit Recht stolz sein dürfen. Wissenschaft wird jedoch ebensowenig wie die Kunst um ihrer selbst willen betrieben; sie muß ausstrahlen auf die geistige und materielle Existenz der gesamten Gesellschaft, muß zur Hebung des allgemeinen Wohlstandes, zur Erhöhung des Bildungsniveaus aller beitragen. Unsere eingangs getroffene Feststellung, daß Wissenschaft und Schule zusammengehören, findet so ihre Begründung und Bestätigung. Wir hörten davon, wie sich Einrichtungen der Deutschen Akademie der Wissenschaften darum bemühten, auf dem Gebiete der Altertumskunde, von dem hier allein die Rede zu sein brauchte, eine engere Verbindung zwischen der in der Akademie zusammengefaßten Forschung auf der einen und der Lehrerschaft auf der anderen Seite herzustellen, und durften einige Erfolge auf diesem Wege konstatieren. Im ganzen ist die Lage jedoch noch wenig befriedigend. Zwar ist von der Notwendigkeit, das wissenschaftliche Niveau des Unterrichts zu erhöhen, oft genug die Rede; doch wird dabei, wie mir scheinen will, zumeist zu einseitig lediglich an die methodisch-didaktische Seite des Unterrichts gedacht. Der beste Erzieher ist jedoch nichts nütze, wenn es ihm an fachlicher Fundierung fehlt, wenn er nicht den neuesten Stand des Wissenschaftsgebietes kennt, das er in seinem Unterricht zu vertreten hat. Das muß dort um so nachdrücklicher festgestellt werden, wo es um ein Bildungsgut geht, dessen Bewertung infolge der Strukturwandlung, die sich in unserem Gesellschaftsaufbau vollzogen hat, unklar geworden ist. Denn abgesehen davon, daß die Kenntnis der lateinischen Sprache für eine Vielzahl von Berufen unentbehrlich ist, wird niemand die Tatsache leugnen wollen, daß die Antike in unserem Bildungserbe einen gewichtigen Platz einnimmt, was die Notwendigkeit einbegreift, zu erörtern, welche Funktion ihr in unserer neuen, demokratischen Schule zukommt. Geführt werden muß diese Diskussion, bei der es sicher oft heiß hergehen wird, von Schule und Wissenschaft gemeinsam; bisher hat man sie jedoch auf beiden Seiten umgangen — die Schule, indem sie den altsprachlichen Zug aufs Altenteil setzte und ohne ideologische Hilfe ließ, die Wissenschaft, indem sie die Gegenwartsproblematik weithin bewußt ignorierte und sich auf die gewiß notwendige, in gewollter Selbstbeschränkung jedoch gefahrbringende Spezialforschung zurückzog. Dieser Zustand des Nebeneinanders dort, wo ein fruchtbares Miteinander zu finden sein müßte, sollte baldigst beseitigt werden. Ich sprach vorhin von einer Vielzahl wissenschaftlicher Leistungen, welche von der Deutschen Akademie der Wissenschaften und ihren Einrichtungen hervorgebracht wurden und immer neu hervorgebracht werden. Die Akademie als die oberste wissenschaftliche Institution unseres Staates hat ein Recht darauf, zu fordern, daß diese ihre Arbeiten mit weitestgehender Unterstützung der Schulverwaltungen der Lehrerschaft zugänglich gemacht und zur Erhöhung der wissenschaftlichen Qualität des Unterrichts verwendet werden; sie darf erwarten, daß die pädagogischen und Lehrerzeitschriften diese Arbeiten besprechen und sich mit ihnen, wenn es not tut, kritisch auseinandersetzen. Andererseits hat die Schule, hat die Lehrerschaft einen Anspruch darauf, daß sie die Akademie, eben als oberste Institution, in ihrem Ringen um die Neuwertung des antiken Bildungsguts und in ihrem Bemühen um die Neugestaltung des altsprachlichen und altgeschichtlichen Unterrichts nach Kräften unterstützt. Mit der Bildung der Sektion für Altertumswissenschaft und des Instituts für griechisch-römische Altertumskunde hat die Akademie die organisatorischen Voraussetzungen für ein solches Mitwirken an der Neugestaltung unseres Bildungswesens geschaffen. Sie zu nutzen, ist das Gebot der Stunde.

Berlin und die mittellateinische Philologie

VON JOHANNES SCHNEIDER

Auf zahlreichen Gebieten des Geisteslebens hat sich das wissenschaftliche Berlin, verkörpert in Akademie und Universität, einen hervorragenden Platz als ständiges und führendes Zentrum fachlicher Forschung und Lehre erobert und bis zur Gegenwart behauptet. Das gilt, wenn wir den Blick speziell auf die Geisteswissenschaften richten, ohne daß dabei die vielen hervorragenden Vertreter der anderen Disziplinen übersehen werden sollen, besonders für die Ägyptologie und Orientalistik, für Germanistik und klassische Philologie. Dagegen trifft es nicht in gleichem Maße auf die mittellateinische Philologie zu, der in der noch kurzen Zeit ihrer Geschichte eine sehr wechselvolle und unstete Entwicklung beschieden war, und zwar nicht etwa nur in Berlin, sondern mit Ausnahme von München allgemein in Deutschland.

Nachdem um die Jahrhundertwende in der kurzen Spanne von nur 9 Jahren an 3 Universitäten Lehrstühle für die eben selbständig gewordene Disziplin neu errichtet worden waren — 1895 in Göttingen für WILHELM MEYER aus Speyer, 1903 in München für LUDWIG TRAUBE, 1904 in Berlin für PAUL VON WINTERFELD —, setzte eine Zeit erstaunlicher Blüte ein, von der zahlreiche, auch heute noch grundlegende Werke beredtes Zeugnis ablegen, wie z. B. die Forschungen W. MEYERs auf dem Gebiet der Rhythmik, die LUDWIG TRAUBEs in der Textgeschichte und Paläographie und die literarhistorischen PAUL VON WINTERFELDs, zu denen bei den letzten beiden noch große editorische Leistungen im Dienste der Monumenta Germaniae historica kamen. Aber nur an der Münchner Universität hat sich die große Tradition im Geiste LUDWIG TRAUBEs über seinen Schüler und Nachfolger PAUL LEHMANN bereits in die dritte Forschergeneration vererbt und ist, wie ihre Schwesterdisziplin, die byzantinistische Philologie, aus dem geistigen Leben Münchens nicht mehr wegzudenken. Dagegen ging der Göttinger Lehrstuhl mit dem Tode seines ersten Inhabers zunächst wieder ein, während den Berliner wenigstens zwei bedeutende Vertreter ihres Faches bis 1931 ununterbrochen besetzen konnten.[1]

Wenn es auch in hohem Maße der Persönlichkeit LUDWIG TRAUBEs zuzuschreiben ist, daß sich ein besonders ausgeprägter und fortwirkender Schülerkreis gerade um ihn scharte, so liegen die Ursachen für diese aufs Ganze gesehen doch etwas überraschende Entwicklung der mittellateinischen Philologie keineswegs nur auf personellem Gebiet. Vielmehr ist die mittel-

[1] Vgl. dazu auch K. LANGOSCH, Mittellatein als Deutschkunde. Breslau 1937, S. 116ff. Daneben gab und gibt es allerdings an mehreren anderen Universitäten noch Extraordinariate oder Dozenturen, z. T. nur für mittellateinische Philologie, z. T. in Verbindung mit einem geschichtlichen oder anderen philologischen Spezialgebiet. Ein Ordinariat für mittellateinische Philologie, von dem 1955 verstorbenen WALTER STACH besetzt, bestand von 1941 bis 1945 in Straßburg.

lateinische Philologie — und das hat sie nicht nur in ihren ersten Jahrzehnten hinreichend bewiesen — einerseits zwar eine völlig eigenständige Disziplin, aber ebensosehr ist sie auch eine Wissenschaft zwischen den Fächern, die sich überhaupt erst dann entfalten konnte, als das deutsche Mittelalter in seiner ganzen Bedeutung und Eigenart neu erfaßt und die Erschließung seiner Quellen als eine hervorragend nationale Aufgabe erkannt worden war. Dadurch aber, daß sie stets im Schatten ihrer älteren und gewichtigeren Schwestern, der klassischen, romanischen und deutschen Philologie, stand und auch heute noch steht, war es für sie von vornherein sehr schwer, sich durchzusetzen. Würde statt der Gliederung nach Einzelfächern einmal ein zusammenfassendes eigenes Fach „Mediävistik" entstehen, dann dürfte die mittellateinische Philologie darin allerdings einen zentralen Platz einnehmen.[2])

Bei aller Würdigung, die die erwähnten und andere Fächer der mittellateinischen Philologie als notwendige Ergänzung und Abrundung des eigenen Aufgabenkreises zuteil werden ließen, war sie doch wohl am engsten der mittelalterlichen Geschichte verbunden, die unmittelbar aus ihren Methoden und Forschungsergebnissen weithin den größten Gewinn zog.[3]) Bezeichnend ist für diese Tatsache, daß z. B. der Traube-Schüler SIGMUND HELLMANN oder später CARL ERDMANN gleich Bedeutendes auf dem Gebiet der mittellateinischen Philologie wie als mittelalterliche Historiker leisteten, daß zahlreiche mittelalterliche Historiker von W. WATTENBACH über H. BRESSLAU und B. SCHMEIDLER bis hin zu R. HOLTZMANN sich als Editoren mittellateinischer Texte einen guten Namen erworben haben, bezeichnend auch, daß E. E. STENGEL als Präsident des damaligen Reichsinstituts für ältere deutsche Geschichtskunde die 1941 erschienene Festschrift für KARL STRECKER mit folgender Widmung an den 80jährigen eröffnete: „Sie verkörpern ... die Fühlung, ja, den engen Zusammenhang mit der lateinischen Philologie des Mittelalters, die einem auf die Edition der Quellen der älteren deutschen Geschichte gerichteten Unternehmen ... mehr denn je not tut wie das tägliche Brot".[4])

Diese enge Verbundenheit mit der großen mittelalterlichen deutschen Geschichtsforschung, die in dem einzigartigen Werk der Monumenta Germaniae historica gipfelt, war es denn auch, die der Entwicklung der mittellateinischen Philologie weithin das Gepräge gab. Daß dabei gerade auch von Berlin immer wieder neue Impulse ausgingen, hatte seinen guten Grund natürlich auch darin, daß Berlin seit 1875 Sitz der Zentraldirektion der Monumenta war. Freilich der erste der drei „Gründer", WILHELM MEYER, nimmt noch eine Sonderstellung ein, da er wissenschaftlich und persönlich kaum engere Beziehungen zu Berlin angeknüpft hat. Zwar war auch er bereits in den 80er Jahren des vorigen Jahrhunderts zur Mitarbeit bei den Monumenta gewonnen worden, aber auf Grund von Differenzen, die sich mit TH. MOMMSEN bei den Vorarbeiten zur Ausgabe der Briefe Cassiodors ergeben hatten, wurde die Verbindung seitens der Monumenta 1886 wieder gelöst[5]), so daß sich in der 111

[2]) Vgl. dazu E. R. CURTIUS, Europäische Literatur und lateinisches Mittelalter. 2°. Bern 1954, S. 22f., 605f.

[3]) Ausführlicher über diese Zusammenhänge W. STACH, Mittellateinische Philologie und Geschichtswissenschaft. Historische Vierteljahresschrift 26 (1931), S. 1ff. S. HELLMANN, Das Problem der mittellateinischen Philologie. Historische Zeitschrift 29 (1935), S. 639.

[4]) Vgl. Corona Quernea. Festgabe KARL STRECKER zum 80. Geburtstag dargebracht. Leipzig 1941 (= Schriften des Reichsinstituts für ältere deutsche Geschichtskunde 6), S. VII.

[5]) Vgl. H. BRESSLAU, Geschichte der Monumenta Germaniae Historica. Neues Archiv 42 (1921), S. 648.

Nummern umfassenden Bibliographie WILHELM MEYERs keine unmittelbar zu den Monumenta gehörige Arbeit findet.[6]) Dagegen hat es geradezu symbolischen Charakter, wenn LUDWIG TRAUBE, der Berliner Arztsohn, bereits als 17jähriger Gymnasiast, und zwar Berliner Gymnasiast, die Ausgabe der Gesta Apollonii regis Tyri, eines etwa 850 entstandenen poetischen Werkes, die der Hallenser Historiker und spätere Vorsitzende der Zentraldirektion der Monumenta, ERNST DÜMMLER, veranstaltet hatte, 1878 im „Literarischen Centralblatt" rezensierte, und zwar so, daß er damit zu der Neuausgabe dieses Textes in den Poetae Latini aevi Carolini Bd. II einen nützlichen Beitrag leistete.[7]) In der Leitung der Abteilung „Antiquitates" und damit als Mitglied der Zentraldirektion wurde TRAUBE dann auch unmittelbar Nachfolger ERNST DÜMMLERs und eröffnete mit dem 3. Band die Reihe der philologisch musterhaften Poetae-Bände. Damit übernahmen in der Edition der Poetae-Reihe, sehr zum Vorteil der Monumenta, an Stelle der Historiker die mittellateinischen Philologen die Führung.[8])

Wenn auch TRAUBE seit seiner Studienzeit in München einen neuen Heimatboden gefunden hatte, so blieb er doch weiterhin mit Berlin eng verbunden, einmal durch die Teilnahme an den Sitzungen der Zentraldirektion, zum anderen durch die stete Verbindung mit PAUL VON WINTERFELD, der sein Mitarbeiter bei der Poetae-Ausgabe war. Infolge des diffizilen Charakters WINTERFELDs verursachte dieses Verhältnis TRAUBE freilich viel Kummer, so daß er seine Berliner Reisen zur Zentraldirektion seinen „Winterfeldzug" zu nennen pflegte. Diese dauernden Schwierigkeiten verleideten ihm schließlich sogar die weitere Leitung der Abteilung.[9])

Inzwischen war es PAUL VON WINTERFELD gelungen, nicht nur selbst an der Berliner Universität Fuß zu fassen, sondern auch der mittellateinischen Philologie dort einen Platz zu sichern. Wie MEYER und TRAUBE „Autodidakt" auf dem Gebiet des Mittellateins, kam auch er von der klassischen Philologie her[10]), die er seit 1899 als Privatdozent, seit 1903 als Extraordinarius vertrat. Daraus ergibt sich der formal zwar erklärliche, aber der Sache nach kuriose Tatbestand, daß ausgerechnet PAUL VON WINTERFELD im „Gesamtverzeichnis des Lehrkörpers der Universität Berlin"[11]) unter den klassischen Philologen rangiert, nicht aber in der Sparte „Mittellatein", wo nur die Namen STRECKERs und LANGOSCHs aufgeführt sind.

Zum ersten Male finden sich die Ankündigungen WINTERFELDs im Vorlesungsverzeichnis der Berliner Universität für das Sommersemester 1900. Neben einer Vorlesung im Rahmen der klassischen Philologie sind darin auch zwei mittellateinische Lehrveranstaltungen verzeichnet, eine zweistündige Vorlesung über „Ekkehards I. Waltharius" und eine zweistündige „mittelalterlich-philologische Übung (ältere Sequenzen)", und zwar als eigene

[6]) Vgl. die Bibliographie von Meyers Schriften bei K. LANGOSCH, Wilhelm Meyer aus Speyer und Paul v. Winterfeld. Berlin 1936, S. 112—120.

[7]) Abgedruckt in: L. TRAUBE, Vorlesungen und Abhandlungen. Band III. München 1920, S. 178; vgl. FR. BOLL, ebendort Band I. München 1909. Biographische Einleitung S. XVI und XLI.

[8]) Vgl. K. LANGOSCH, Mittellatein als Deutschkunde. Breslau 1937, S. 109.

[9]) Vgl. H. BRESSLAU a. a. O. S. 721.

[10]) Vgl. K. LANGOSCH, Mittellatein als Deutschkunde. Breslau 1937, S. 115.

[11]) Herausgegeben von JOHANNES ASEN. Berlin 1955, S. 257 bzw. 262.

Gruppe eingeordnet, so daß auch äußerlich die Selbständigkeit des neuen Faches dokumentiert wurde. Merkwürdigerweise verschwand diese das Mittellatein von den anderen Fächern klar abhebende Gliederung nach fünf Semestern noch einmal: WINTERFELDs mittellateinische Vorlesungen und Übungen erscheinen teils unter den Veranstaltungen der Germanisten, wie etwa im Wintersemester 1903/04 die für WINTERFELD charakteristische Ankündigung „Über die vornehmsten Denkmale der lateinischen Dichtung des Mittelalters, ihren Stil und ihre Nachbildung in moderner Kunstform, mit vielen Proben", teils unter der Sparte Geschichte als „mittelalterlich-philologische Übungen". Erst ab Wintersemester 1904/05 hat der nunmehrige Professor VON WINTERFELD, nachdem 1904 eine außerordentliche Professur für mittellateinische Philologie an der Berliner Universität eingerichtet worden war, mit seinen Ankündigungen in den Vorlesungsverzeichnissen einen festen Platz im Anschluß an die Vorlesungen der klassischen Philologen und vor deren Übungen gefunden. Gerade auch in diesen Äußerlichkeiten spiegelt sich wider, wie die junge Disziplin auf dem Boden der Berliner Universität bisher noch einigermaßen unsicher gestanden hatte.

Durch den frühen Tod des noch nicht einmal 33jährigen WINTERFELD im April 1905 fielen in diesem Jahr die mittellateinischen Fachveranstaltungen bereits wieder aus. Da war es ein besonders glücklicher Umstand für das neue Fach, daß mit KARL STRECKER ein mittellateinischer Philologe gewonnen wurde, der ihm dank seiner hervorragenden Leistungen zum endgültigen Durchbruch an der Berliner Universität verhalf. Seit dem Sommersemester 1906 erscheinen STRECKERs Anzeigen mehr als 25 Jahre hindurch, auch durch den ersten Weltkrieg nicht ein einziges Semester unterbrochen, im Berliner Vorlesungsverzeichnis, nunmehr deutlich als selbständiges Fach unter den Philologien gekennzeichnet, stets an der gleichen Stelle, mit dem kleinen Unterschied, daß sporadisch in einigen Jahren, so von 1910 bis 1915 und von 1922 bis 1927 zwischen der klassischen Philologie und dem Mittellatein von PAUL MAAS durchgeführte byzantinistische Übungen erscheinen, eine Tatsache, die erkennen läßt, daß der Berliner Boden zunächst auch für die byzantinistische Philologie noch wenig geeignet war, während später mittelgriechische Vorlesungen und Übungen seit 1929 bis 1943 regelmäßig den mittellateinischen vorangehen.

STRECKER, seit 1923 persönlicher Ordinarius, wurde mit Ende des Sommersemesters 1929 entpflichtet, aber trotz seines hohen Alters übte er seine Lehrtätigkeit noch weitere zwei Jahre bis zu seinem 70. Lebensjahr im vollen Umfang aus. Der damalige Abschied von der Universität wurde für ihn dadurch besonders schmerzlich, daß er bei seinem Weggang den Zusammenbruch alles dessen, was er organisatorisch für das Mittellatein an der Berliner Universität aufgebaut zu haben glaubte, erleben mußte. NORDEN und WILAMOWITZ lehnten die vorgeschlagene Berufung des Frankfurter Privatdozenten OTTO SCHUMANN nach Berlin ab, und STRECKERs Lehrstuhl wurde zugunsten des mit ERNST LEWY besetzten neu errichteten Ordinariats für allgemeine Sprachwissenschaft eingezogen. Das mochte wohl auch deshalb weniger schwierig gewesen sein, weil es STRECKER nicht gelungen war, ein eigenes mittellateinisches Institut an der Universität zu schaffen.[12]) So war es nach reichlich 30 Jahren fruchtbarer Arbeit mit der anerkannten Selbständigkeit des Mittellateins an der

[12]) Dieser sowie einige andere wertvolle Hinweise werden der freundlichen Auskunft NORBERT FICKERMANNS verdankt.

Berliner Universität zunächst wieder zu Ende. Dafür widmete STRECKER seine ganze Arbeitskraft den Poetae, aber auch hier blieb ihm die bittere Enttäuschung nicht erspart, im Wüten des Bombenterrors die Druckbogen des 1. Teiles von Poetae VI ein Raub der Flammen werden zu sehen. Als er bald nach Beendigung des Krieges 1945 in Berlin starb, schied mit ihm „der letzte Mitarbeiter aus der alten Philologenphalanx des 19. Jahrhunderts, der sich dem großen Nationalwerk der deutschen Historiker mit Herz und Hand verschrieben hatte".[13]) Die Berliner mittellateinische Philologie aber hatte ihre tragende Säule verloren.

Völlig war freilich auch nach 1931 der mittellateinische Lehrbetrieb an der Berliner Universität nicht zum Erliegen gekommen. Zunächst kündigte STRECKER selbst noch einige Jahre lang wenigstens jeweils eine zweistündige Übung an, bis sich im Vorlesungsverzeichnis des Wintersemesters 1935/36 die den endgültigen Schlußstrich unter STRECKERS Lehrtätigkeit ziehende Bemerkung „liest nicht" findet. Bezeichnenderweise wurden aber seit dem Sommersemester 1933 gleichsam als Ausgleich wenigstens für ein Teilgebiet vulgärlateinische und auch mittellateinische Übungen für Romanisten von EDUARD WECHSSLER abgehalten. Nach der völligen Vakanz im Wintersemester 1935/36 erhielt KARL LANGOSCH, ein Schüler STRECKERS, dessen mannigfache Bemühungen, das Mittellatein in Berlin wieder stärker zu verankern[14]), letzten Endes erfolglos blieben, Anfang 1936 einen Lehrauftrag für Mittellatein und Germanistik, und nun fanden wieder bis 1945 mittellateinische Vorlesungen und Übungen statt. Aber auch das dürfte für die Verschiebung der Verhältnisse als symptomatisch anzusehen sein, daß diese teils wieder bei den geschichtlichen Hilfswissenschaften, teils bei der klassischen Philologie erscheinen, wie es schon einmal bei WINTERFELD, nie aber bei STRECKER der Fall gewesen war. Übrigens sind Geschichte und klassische Philologie auch die beiden Fächer, die nach der Studienreform in der Deutschen Demokratischen Republik Mittellatein als fakultative bzw. obligatorische Veranstaltung in ihre Studienpläne aufgenommen haben.

Angesichts dieser besonderen Entwicklung und Stellung des Faches „Mittellatein" an der Berliner Universität kann es bei der engen Beziehung von Universität und Akademie nicht wundernehmen, daß auch im Rahmen der Berliner Akademie das Mittellatein lange Zeit nur relativ wenig in Erscheinung getreten ist, zumal auch KARL STRECKER keine Beziehungen zur Akademie hatte. Während in den Sitzungsberichten und Abhandlungen der Göttinger und Münchner Akademie die Namen MEYERS, TRAUBES und LEHMANNS begreiflicherweise häufig erschienen, ist in den Veröffentlichungen der Berliner Akademie, abgesehen von einem Beitrag WINTERFELDS über den „Rhythmus der Satzschlüsse in der Vita Bennonis", den er als Exkurs zu einer Abhandlung des Historikers SCHEFFER-BOICHORST beigesteuert hatte[15]), über ein Thema aus dem Gebiet des Mittellateins von einem unmittelbaren Vertreter dieses Faches nicht geschrieben worden. Denn WILHELM MEYERS Untersuchung über „die Berliner Centones der Laudes Dei des Dracontius", die JOHANNES VAHLEN im Jahre 1890 vorlegte, war einer Berliner Handschrift des am Ende des 5. Jahrhunderts

[13]) Vgl. N. FICKERMANN, Nachruf auf KARL STRECKER, Deutsches Archiv 8 (1951), S. 266.

[14]) Vgl. K. LANGOSCH, Mittellatein als Deutschkunde. Breslau 1937, S. 139f.

[15]) Sitzungsberichte der Preußischen Akademie der Wissenschaften. Philol.-hist. Klasse 1901, S. 163 bis 168.

lebenden christlichen römischen Dichters Dracontius gewidmet. Das will jedoch keineswegs besagen, daß das Verständnis für das Mittellatein nicht auch an der Berliner Akademie von jeher lebendig gewesen wäre. Nur waren es einzelne hervorragende Vertreter anderer, der mittellateinischen Philologie nahestehende Disziplinen, deren gelegentliche Arbeiten über mittellateinische Probleme in die Akademiepublikationen Aufnahme fanden. Vor allem sind da die Historiker WILHELM WATTENBACH, ERNST DÜMMLER und DIETRICH SCHÄFER sowie der Germanist GUSTAV ROETHE zu nennen.

Plötzlich aber, zum erstenmal im Jahre 1941, wird in den Jahresberichten der Akademie eine neue, und zwar unmittelbare Beziehung der Berliner Akademie zum Mittellatein sichtbar, die seitdem bis heute ständig und stets weiter gefestigt wiederkehrt. Im ,,Jahrbuch der Preußischen Akademie der Wissenschaften" für 1941 berichtete JOHANNES STROUX, der damals auch Vizepräsident der Union académique internationale war, für 1940 von der Schaffung der Organisation einer zentralen deutschen Arbeitsstelle für das mittellateinische Wörterbuch in München in Anlehnung an den Thesaurus Linguae Latinae und unter der Leitung von OTTO PRINZ[16]). Als Mitglieder der Kommission werden für 1941 neben STROUX als Vorsitzendem BRANDI-Göttingen, STACH-Leipzig, LEHMANN-München und MEISTER-Wien genannt, als weitere Teilnehmer K. A. VON MÜLLER-München, GRABMANN-München und Prof. SCHEEL von der Berliner Akademie; gleichzeitig erfolgte die Zuwahl von Prof. STENGEL und STRECKER.

Die starke Initiative, die bei der Gründung und dem Aufbau dieses Unternehmens von der Berliner Akademie und JOHANNES STROUX selbst ausging, zeigte sich nicht zuletzt auch darin, daß die Kosten für die Mitarbeiter in München und für zahlreiche organisatorisch-technische Ausgaben bis Kriegsende im wesentlichen von der Berliner Akademie bestritten wurden. Nunmehr war dem Mittellatein der Weg auch in die Berliner Akademie voll erschlossen, und zweifellos darf die Wahl des Münchner Ordinarius für mittellateinische Philologie, PAUL LEHMANN, zum korrespondierenden Mitglied der Berliner Akademie im Jahre 1948 neben der Anerkennung seiner persönlichen wissenschaftlichen Verdienste auch mit als ein Ausdruck der Würdigung angesehen werden, die die Berliner Akademie in der Person seines führenden und international anerkannten Vertreters dem Mittellatein zuteil werden lassen wollte. PAUL LEHMANN ist auch heute noch maßgeblich an der Leitung des mittellateinischen Wörterbuchs beteiligt.

Vollends mit der Gründung einer eigenen, in engster sachlicher und persönlicher Verbindung mit der Münchner Zentrale stehenden Arbeitsstelle bei der Deutschen Akademie der Wissenschaften zu Berlin im Jahre 1950, deren Kapazität dank der großzügigen Förderung durch die Akademie von Jahr zu Jahr gesteigert werden konnte, wurden die Voraussetzungen für eine fruchtbare Mitarbeit einmal an dem deutschen Unternehmen zur Herstellung eines mittellateinisch-deutschen Wörterbuchs und zum anderen an dem internationalen Gemeinschaftsunternehmen der Union académique internationale zur Herstellung eines umfassenden, das Glossarium Du Canges ersetzenden Wörterbuchs geschaffen. Der gute Fortgang der Arbeiten in München und Berlin läßt für das deutsche Unternehmen

[16]) S. 56 für 1940; S. 97 für 1941.

in durchaus absehbarer Zeit greifbare Ergebnisse erhoffen, die nicht nur für die mittellateinische Philologie, sondern mindestens ebensosehr für alle anderen an der Mediävistik interessierten Fächer von Bedeutung sein werden.[17])

In den deutschen und zugleich internationalen, schon lange Jahre währenden Bemühungen um die Erschließung des mittellateinischen Wortschatzes, die, dem Wesen des Mittellatein entsprechend, über die Grenzen hinwegreichen[18]), hat nun auch die Deutsche Akademie der Wissenschaften zu Berlin durch die dem Institut für griechisch-römische Altertumskunde angegliederte „Arbeitsgruppe Mittellateinisches Wörterbuch" ihren festen Platz. Die zu den anderen deutschen Akademien selbstverständlich bestehenden unmittelbaren Beziehungen

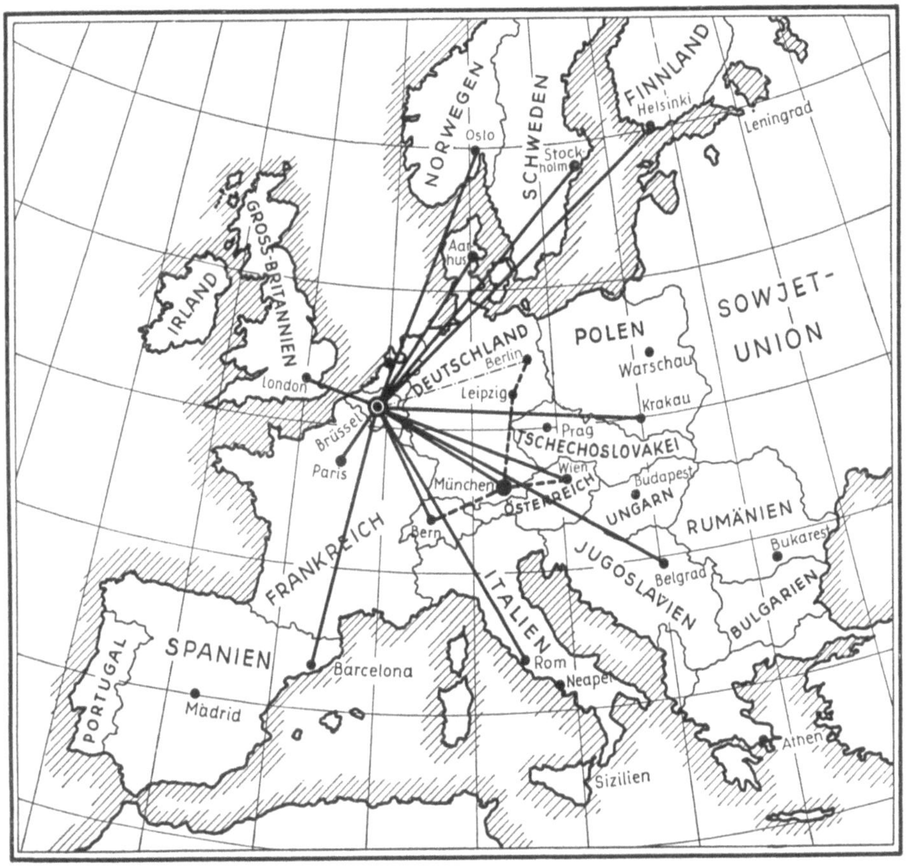

Die internationale Zusammenarbeit auf dem Gebiet der mittellateinischen Lexikographie im Rahmen der Union académique internationale

[17]) Über den bis Ende 1955 erreichten Stand der Arbeiten vgl. künftig den Bericht von J. SCHNEIDER in: „Das Institut für Griechisch-römische Altertumskunde. Protokoll der Eröffnungstagung vom 24.—26. Oktober 1955" (Deutsche Akademie der Wissenschaften zu Berlin. Schriften der Sektion für Altertumswissenschaft. Heft 6, Berlin 1957).

[18]) Ausführlicher darüber J. SCHNEIDER, Entwicklung und Stand der mittellateinischen Lexikographie. Forschungen und Fortschritte 28 (1954), S. 281ff.

werden über die Verbindung mit der zentralen Münchner Arbeitsstelle noch vertieft, insbesondere zu der am deutschen Unternehmen auch unmittelbar beteiligten Leipziger Akademie. In München laufen auch die Fäden zusammen, die Österreich und die Schweiz mit dem deutschen Unternehmen verbinden, und über München wiederum führt der Weg nach Brüssel als dem Sitz der internationalen Kommission für das mittellateinische Wörterbuch, in der die verschiedenen am Mittellatein interessierten europäischen Länder zu gemeinsamer wissenschaftlicher Arbeit sich vereinigt haben. Darüber hinaus ist aber auch schon der Erfahrungsaustausch mit den an den gleichen Problemen interessierten Ländern der Volksdemokratie Polen, Ungarn und der Tschechoslowakei aufgenommen worden.

Indessen wäre die Darstellung des gegenwärtigen Standes der mittellateinischen Philologie in Berlin unvollständig, wenn nicht auch der Tatsache gebührend gedacht würde, daß die Deutsche Akademie der Wissenschaften zu Berlin nach Verlegung der Zentraldirektion der Monumenta Germaniae historica nach München eine eigene Arbeitsstelle errichtet hat, in der die Tradition der Abteilung „Antiquitates" weiterlebt. Als Schüler und enger Mitarbeiter KARL STRECKERs ist NORBERT FICKERMANN wie kein anderer berufen, die Reihe der Poetae-Ausgaben im Geiste TRAUBEs, WINTERFELDs und STRECKERs und damit die für die Monumenta so fruchtbare Verbindung mit der mittellateinischen Philologie erfolgreich fortzuführen. Daneben wird hier auch durch die Editionsarbeiten von KARL MANITIUS auf dem Gebiet der Epistolae ein wichtiger Beitrag zum Mittellatein geleistet.

So hat sich die mittellateinische Philologie, die stolz darauf ist, anderen Disziplinen helfend zur Seite stehen zu können, allen Wechselfällen zum Trotz auch an der Berliner Akademie einen zwar bescheidenen, aber festen Platz errungen und trägt zu ihrem Teil bei, die so wichtige deutsche und internationale Zusammenarbeit auf dem Gebiet der Wissenschaft weiter zu pflegen und zu fördern.

Grundsätzliches zur Gestaltung des wissenschaftlichen Wörterbuchs

VON KURT BALDINGER

Die Ausarbeitung wissenschaftlicher Wörterbücher zählt seit jeher und heute mehr denn je zu den zentralen Aufgaben der sprachwissenschaftlichen Institute der Akademie. Die Gestaltung des wissenschaftlichen Wörterbuchs gehört deshalb zu den eigentlichen „Lebensfragen", die im Rahmen der Gesamtentwicklung der Sprachwissenschaft stets neu durchdacht werden müssen. In diesem Sinne müssen wohl auch die Worte verstanden werden, mit denen H. TIKTIN vor bald 50 Jahren einen Vortrag einleitete: „Alles Menschenwerk ist unvollkommen. Zu den unvollkommensten Erzeugnissen des Menschen gehören aber unstreitig die Wörterbücher"[1]). Eine Diskussion, die sich vor einem Jahr an einen Vortrag über die Entwicklung der Semasiologie anknüpfte und an der sich Mitarbeiter verschiedener Institute beteiligten, bestätigte die Divergenz der Auffassungen und damit zugleich die Aktualität des Problems. Als Diskussionsbeitrag mögen auch unsere aus der romanistischen Erfahrung gewonnenen Überlegungen gelten.

„Die Sprachwissenschaft des 20. Jahrhunderts unterscheidet sich von derjenigen des 19. Jahrhunderts in erster Linie durch ihre strukturelle Orientierung"[2]), durch die Entwicklung von der ein- zur dreidimensionalen Betrachtungsweise, die sowohl die Synchronie, d. h. den Systemcharakter der Sprache (s. SAUSSURE und BALLY), als auch die Diachronie, d. h. die historische Entwicklung dieses sprachlichen Systems, in sich schließt.[3])

Alle sprachwissenschaftlichen Teilgebiete gewannen im Rahmen dieser Entwicklung neue Aspekte. Neben die Lautlehre trat die Phonologie (d. h. neben den Laut das Phonem)[4]); neben die isolierte Betrachtung der einzelnen Wortbildungselemente, der Prä- und Suffixe, trat die funktionelle Wortbildungslehre, welche diese einzelnen Elemente in ihrem gegenseitigen Verhältnis, in der Komplexität ihrer Funktionen und gegenseitigen Beziehungen

[1]) TIKTIN, H., Wörterbücher der Zukunft, Germ. Rom. Monatsschrift 2, 1910, 243—253.

[2]) Formulierung von S. ULLMANN, Précis de sémantique française, Bern 1952, S. 299 (Zitat von uns übersetzt). — Ähnlich B. POTTIER: „Una de las tendencias más reveladoras de la lingüística moderna es la de establecer las estructuras de las lenguas" Bol. Inst. de Filología, Universidad de Chile, 8, 1954—55, S. 347.

[3]) W. v. WARTBURG spricht 1939 von der „Fahrt des sprachlichen Struktursystems durch die Zeit" (Mélanges Bally 1939, S. 6), zu gleicher Zeit Amado Alonso von der *marcha histórica del sistema* (Revista de Filología Hispánica 1, 1939; wiederaufgenommen in Estudios Lingüísticos, Madrid 1951, S. 286).

[4]) „L'analyse fonctionnelle et structurale, lorsqu'on la conduit judicieusement... conduit à une hiérarchie des valeurs au moins aussi „réelle" et infiniment plus productive que la masse des faits considérés un à un" ANDRÉ MARTINET, Économie des changements phonétiques. Traité de phonologie diachronique, Bibliotheca Romanica. Series prima. X. Bern 1955, Vorwort.

untersucht; neben das die einzelnen Wörter isolierende alphabetische Wörterbuch trat das begrifflich geordnete Wörterbuch[5]). Etymologie wurde von der lautlichen Herleitung zur Wortgeschichte. Die Semasiologie erhielt durch die Verbindung mit der Kultur- und Geistesgeschichte neue richtungweisende Impulse[6]); die atomare Semasiologie (l'atomisme sémantique, ULLMANN, Précis 30) wurde allmählich überwunden. In allen Gebieten der Sprachwissenschaft erfolgte und erfolgt eine ,kopernikanische Umwälzung'.

Welche Konsequenzen ergeben sich theoretisch im Rahmen dieser Gesamtentwicklung für die Gestaltung des wissenschaftlichen Wörterbuchs (wissenschaftlich im Gegensatz zu dem rein praktischen Zwecken dienenden Gebrauchswörterbuch, welches keinen Anspruch erhebt, neue Erkenntnisse zu vermitteln)? *Erkenntnis bedeutet Erkennen von Zusammenhängen*, sei es im synchronischen oder diachronischen Rahmen. Zusammenhang aber setzt mindestens zwei Pole voraus. Die erste Konsequenz ist somit die Forderung der *Zwei-* oder *Mehrpoligkeit*, oder negativ ausgedrückt die theoretische Ablehnung der Einpoligkeit (s. oben die Charakterisierung mit ,isolierend' oder ,atomar'). Auf SAUSSURE fußend, gibt ULLMANN, Précis 28, folgendes Schema der sprachlichen Beziehungsmöglichkeiten auf der synchronischen Ebene (die Reihenfolge der Spalten wurde von uns geändert):

enseignement

clément	changement	enseigner	apprentissage
justement	armement	enseignons	éducation
etc.	etc.	etc.	etc.
Verbindung durch ein oder mehrere Phoneme	Verbindung durch das Suffix, d. h. durch das Morphem	Verbindung durch den Wortstamm	Verbindung durch den Wortinhalt (Begriff)
1	2	3	4

Die Verbindung durch ein oder mehrere Phoneme (Spalte 1) gehört in das Gebiet der Phonologie, die Verbindung durch ein Morphem (Spalte 2) in das Gebiet der strukturellen Morphologie. Spalte 3 ist das Korrelat zu Spalte 2: die Verbindung wird statt durch ein Affix durch den Wortstamm hergestellt. In allen drei Spalten umfaßt die Beziehung nur einen Teil des Wortes (einen grundsätzlich zunächst eingliedrigen Teil bei der phonologischen Beziehung, einen in der Regel mehrgliedrigen Teil bei der morphologischen Beziehung der Spalten 2 und 3). In allen drei Teilen ist die Beziehung primär formal, sekundär semantisch (semantisch von 1 bis zu 3 in steigendem Maße). Im Gegensatz dazu gibt Spalte 4 ausschließlich eine semantische (= inhaltliche) Beziehung: die formale Beziehung fällt weg; andererseits wird das ganze Wort, eine Worteinheit, in Beziehung zu anderen Worteinheiten gesetzt.

[5]) S. unseren historischen Überblick „Die Gestaltung des wissenschaftlichen Wörterbuchs. Historische Betrachtungen zum neuen Begriffssystem als Grundlage für die Lexikographie von HALLIG und WARTBURG". Romanistisches Jahrbuch 5, 1952 [erschienen 1954], 65—94.

[6]) S. Verf., Die Semasiologie, Versuch eines Überblicks, Forsch. und Fortschritte 30, 1956, 148-155, 173-179.

Die Spalte 1 führt demnach zur phonologischen, die Spalten 2 und 3 führen zur morphologischen Struktur (zwei Spalten gemäß dem Doppelaspekt der Struktur des Wortes), die Spalte 4 führt zur lexikalischen Struktur.

Daraus ergibt sich, daß uns bei einem synchronischen Querschnitt nur eine Möglichkeit gegeben ist, die lexikalische Struktur zu erfassen: *das inhaltlich oder begrifflich geordnete Wörterbuch*. Da die 4 Betrachtungsweisen einander ausschließen, wird dabei auf phonologische und morphologische Zusammenhänge verzichtet. Keinen Platz findet infolge seiner Einpoligkeit das synchronische alphabetische Wörterbuch, welches weder formale noch semantische Zusammenhänge berücksichtigt und somit auch keine strukturellen Zusammenhänge offenbaren kann. Sein Wert bleibt beschränkt auf eine die einzelnen lexikalischen Elemente isolierende Bestandsaufnahme des heutigen Wortschatzes oder des Wortschatzes einer vergangenen Epoche[7]). Es zerlegt die Struktur oder besser die oben charakterisierten verschiedenen Strukturen in willkürlich angeordnete einzelne Elemente, während bei den oben angedeuteten Möglichkeiten jeweils ein strukturelles Prinzip erhalten bleibt.[8])

Schwieriger wird das Problem beim Übergang von der synchronischen zur diachronischen Betrachtung, d. h. wenn wir den synchronisch-zweidimensionalen Querschnitt um eine dritte Dimension, die historische, bereichern, folglich beim Übergang von der Struktur*beschreibung* zur Struktur*geschichte*[9]). Im obigen Schema wird Spalte 1 zur historischen Phonologie (die Verbindung zweier Wörter durch ein Phonem als kleinste Struktureinheit ist so locker, daß eine Darstellung des Wortschatzes nach Phonemen nur in Grenzfällen lexikalisch noch etwas aussagt, so bei einer Häufung gleicher Phoneme bis zum Extremfall der Homonymie). Spalte 2 wird zur historischen strukturellen Morphologie (Verschiebung der Struktur der Morpheme, der Prä- und Suffixe); für die Ableitungen und Zusammensetzungen ist die Untersuchung der Veränderungen der Strukturverhältnisse der Morpheme, die noch kaum in Angriff genommen worden ist, von großer Bedeutung. Spalte 3 führt zum etymologischen

[7]) Dies im Hinblick auf die Struktur des Wortschatzes; hingegen vermag das synchronische alphabetische Wörterbuch sehr wohl die semantische Struktur eines einzelnen Wortes, der einzelnen Wörter zu geben (s. zur Gliederung dieser semantischen Struktur des Einzelwortes z. B. J. CASARES, Introducción a la lexicografía moderna, CSIC, RFE anejo 52, Madrid 1950. Prólogo de W. v. WARTBURG. XV + 354 S. — speziell S. 57ff., 67f.). Wie fruchtbar die Aufgliederung des Bedeutungsfeldes eines Wortes auf der synchronischen Ebene sein kann, zeigt z. B. die Monographie von GERTRUD HAGER, Gesund bei Goethe. Eine Wortmonographie. Deutsche Akademie der Wissenschaften zu Berlin. Veröffentlichungen des Instituts für Deutsche Sprache und Literatur 5. Berlin 1955, 51 S.

[8]) „Bisher war das wissenschaftliche Wörterbuch eine nach unwissenschaftlichem Prinzip geordnete Sammlung von tausenden wissenschaftlich gehaltener Einzelartikel. Was würde man zu einem naturwissenschaftlichen Museum sagen, in dem die verschiedenen Tiere, wie die Wörter bei GRIMM oder LITTRÉ oder im Oxford Dictionary einfach nach dem Namen im Alphabet eingereiht wären? Der Zweck eines wissenschaftlichen deskriptiven Wörterbuchs muß in Zukunft sein, das Ausdruckssystem, das nun einmal das Vokabular einer Sprache ist, darzustellen und in seiner inneren Ökonomie erkennen zu lassen". WARTBURG, Mélanges de Linguistique offerts à Charles Bally, Genève 1939, S. 10f. — „Das wissenschaftliche, deskriptive Wörterbuch muß die nichtssagende, unwissenschaftliche Anordnung nach dem Alphabet aufgeben". WARTBURG ib. S. 11 und Einführung 161.

[9]) S. die programmatischen Aufsätze WARTBURGS: Das Ineinandergreifen von deskriptiver und historischer Sprachwissenschaft. In: Ber. üb. die Verh. der Sächs. Akad. d. Wiss. zu Leipzig, philol.-hist. Kl. 83, 1 (1931) 1—23; Betrachtungen über das Verhältnis von historischer und deskriptiver Sprachwissenschaft. In: Mélanges de Linguistique offerts à Charles Bally. Genève 1939, S. 3—18; Einführung in Problematik und Methodik der Sprachwissenschaft. Halle 1943. VII, 209 S. (speziell S. 125ff.).

Wörterbuch nach Wortfamilien. Zu den durch den Wortstamm gegebenen formalen Beziehungen treten in vermehrtem Maße semantische Beziehungen. Eine wirkliche Strukturgeschichte des Wortschatzes jedoch kann wiederum nur das begrifflich geordnete historische Wörterbuch (Spalte 4) geben. Ein solches Wörterbuch setzt sich aus einer Fülle von historisch aufgebauten onomasiologischen Einzelzellen zusammen[10]), zu einem sprachlichen Bild der Welt (,l'image linguistique de l'univers', ULLMANN, Précis 310). Die Struktur und die Zusammenfügung dieser Einzelzellen oder sprachlichen Felder zu einem Ganzen hat in den letzten Jahren, vor allem im Anschluß an das Begriffssystem von HALLIG und WARTBURG, zu heftigen Diskussionen geführt.[11]) Selbst wenn die Gegner des Begriffssystems recht haben, daß es keine objektiv gegebene Ordnung gibt, sondern nur muttersprachlich oder sogar individuell gebundene und gesetzte Ordnungen, bleibt die Tatsache bestehen, daß auch eine gesetzte Ordnung besser ist als gar keine. *Jede* sinnvolle Gliederung ist — sobald uns an der Erkenntnis struktureller Zusammenhänge gelegen ist — der alphabetischen Entgliederung überlegen.[12]) Eine Einigung auf ein bestimmtes Gliederungsprinzip, das je nach der Epoche, dem Autor oder der Sprache modifiziert werden kann, bringt allerdings große praktische Vorteile mit sich (s. WARTBURG, Mélanges Bally 15f. und Einführung 163). Eine grundsätzliche Ablehnung der vom Begriff ausgehenden Methode dürfte jedenfalls angesichts der zahlreichen Einzelarbeiten, welche ihre Fruchtbarkeit erwiesen haben, heute wohl nicht mehr möglich sein.[13])

[10]) Onomasiologische Einzeluntersuchungen behalten als Teiluntersuchungen ihren vollen Wert („Zwar werden wir diese Einzelforschung nie entbehren können. Sie bleibt unsere festeste Grundlage im geschichtlichen wie im beschreibenden Teil der Sprachwissenschaft" WARTBURG, Einführung 164). Erst ihre Zusammenfügung ergibt jedoch einen Überblick über die Entwicklung des gesamten Wortschatzes. Die Entwicklung des Ganzen muß somit das letzte Ziel der Onomasiologie bleiben (B. QUADRI, Aufgaben und Methoden der onomasiologischen Forschung. Eine entwicklungsgeschichtliche Darstellung. Bern 1952, sieht wie sein Lehrer JUD das Ziel in Einzeluntersuchungen. JUD schreckte vor den mit dem Begriffssystem verbundenen Schwierigkeiten zurück).

[11]) HALLIG, R. und W. v. WARTBURG: Begriffssystem als Grundlage für die Lexikographie. Versuch eines Ordnungsschemas = Abh. d. Dt. Akad. d. Wiss. zu Berlin, Kl. f. Sprachen, Literatur und Kunst, Jg. 1952, Nr. 4. Berlin 1952. XXXV, 140 S. Dazu Rez. F. DORNSEIFF, DLZ 74 (1953) 397—399 und die Erwiderung von R. HALLIG, Zum Aufbau eines Ordnungsschemas für Wortschatzdarstellungen, ZRPh 70 (1954) 249 bis 256 (mit einer ergänzenden Notiz WARTBURGs). Weitere Besprechungen: Zf Mundartforschung 22, 1954, 34—45 (H. GLINZ: Die Darstellung des Wortschatzes); Zf Romanische Philologie 71, 1955, 77—81 (G. REDARD); Romance Philology 8, 1954, 96—102 (EMIDIO DE FELICE); Archivum Linguisticum 5, 1953, 51—53 (WASSERSTEIN); Philosophisches Jahrbuch 63/1, 1955, 225 (H. D.); Zf philos. Forschung 7, 1953, 622 bis 625 (E. OTTO; s. auch ERNST OTTO, Stand und Aufgabe der allgemeinen Sprachwissenschaft, Berlin 1954, S. 114—121); Paideia 8, 1953, 301—302 (V. PISANI); Archivio Glottologico Italiano 38, 1953, 109—111 (G. VIDOSSI); Revista Portuguesa de Filologia 6, 1953—55, 404—411 (M. DE PAIVA BOLÉO); Romanische Forschungen 67, 1955, 120—123 (H. KRÖLL); Romania 76, 1955, 384—386 (FÉLIX LECOY). S. außerdem zur historischen Einordnung K. BALDINGER, Die Gestaltung des wissenschaftlichen Wörterbuchs. Historische Betrachtungen zum neuen Begriffssystem als Grundlage für die Lexikographie von HALLIG und WARTBURG, Romanistisches Jahrbuch 5, 1952 [1954], S. 65—94.

[12]) Wobei uns bewußt ist, daß die Grenzen der einzelnen Begriffsfelder unscharf sind (und zwar in sehr unterschiedlichem Maße) und sie sich nicht mit mathematischer Präzision aneinanderfügen.

[13]) Über „Wortfelder" ist (besonders seit Trier) viel geschrieben worden. An neuesten Arbeiten s. etwa BETZ, Zur Überprüfung des Feldbegriffs, Zf vergleichende Sprachforschung auf dem Gebiet der indogermanischen Sprachen, 71 (1953) 189—198 (s. dazu unsere kritischen Bemerkungen in: Die Semasiologie. Versuch eines Überblicks, Deutsche Ak. d. Wiss., Vorträge und Schriften, Heft 61, 1956, S. 17, Anm. 32). —

Aus unserem Ausgangsschema ergibt sich somit, daß zwei Typen von historischen Wörterbüchern eine unmittelbare „strukturelle“ Berechtigung besitzen: das etymologische Wörterbuch nach Wortfamilien, dessen Gliederungskern zunächst nur im formalen Bereich liegt; das begrifflich geordnete Wörterbuch, welches sich von jeder formalen Bindung frei gemacht hat und nur der gedanklichen Struktur des Wortschatzes und der Verschiebung dieser Struktur Rechnung trägt. In beiden Fällen haben wir 3 Komponenten: 1 + 2 synchronische Zusammenhänge (Wortfamilie; Begriffsfeld), 3 die historische Komponente.

Hier aber öffnet sich nun ein Raum für das *historische alphabetische Wörterbuch:* synchronisch betrachtet fehlen ihm sowohl der formale als auch der begriffliche Strukturkern: es ist in seinem Kern einpolig; durch die Diachronie jedoch gewinnt es eine zweite Komponente, die historische, wird infolgedessen zweipolig und vermag somit Zusammenhänge sichtbar zu machen, d. h. Erkenntnisse zu vermitteln. Diese Erkenntnisse sind infolge der synchronischen Einpoligkeit entwicklungsgeschichtlicher und nicht historisch-struktureller Natur. Das alphabetische Wörterbuch setzt als Einheit die Form des Wortes; das begrifflich geordnete Wörterbuch setzt als Einheit den Inhalt. Beide Typen sind somit eigentliche Gegenpole, die beiden einzigen Typen, die vom Wortganzen ausgehen. Beide Typen sind die logische Konsequenz aus der Tatsache, daß das Wort als lexikalisches Urelement zwei sprachliche Aspekte hat: einen formalen, den Wortkörper (*le signifiant*), und einen inhaltlichen oder begrifflichen (*le signifié*). Beide Typen schließen einander aus, ergänzen sich somit gegenseitig. Daraus folgt, daß wir notgedrungen auf *einen* Zusammenhang verzichten müssen, sobald wir uns für *ein* Prinzip entscheiden. Setzen wir den Wortkörper als Einheit, so entgeht uns die Einordnung in die begriffliche Struktur; setzen wir den Begriff als Einheit, so entgehen uns die entwicklungsgeschichtlichen Zusammenhänge der *Wort*einheit. Konkret ausgedrückt: Ordnen wir nach Wortkörpern, so trennen wir z. B. die semantischen Beziehungen zwischen *soulier*, *galoche*, *pantoufle* usw.; ordnen wir nach Inhalten, so trennen wir die formale Beziehung zwischen *galoche* „Art Schuh“, *galoche* „externer Student der Universität Paris“, *galoche* „Schneestollen“, *galoche* „Korkspiel“, usw., die sich alle im Rahmen der Familie gall. ***gallos** „Stein“ entwickelt haben; über diese formale Beziehung hinaus trennen wir aber auch die semantischen Entwicklungszusammenhänge zwischen diesen drei Bedeutungen von *galoche* [s. etwa auch als besonders instruktives Beispiel lt. *cappa* → vlt. **cappella* „Mantel des heiligen Martin (Diminutivum, da dieser im Winter 338 die Hälfte abgeschnitten hatte, um sie einem Armen zu geben)“ > „Raum, in dem die Reliquie aufbewahrt wird (zunächst nur in Tours)“ > „Oratorium der königlichen Residenz (auch

Als praktische Demonstration (für *eine* Art der Realisierungsmöglichkeiten) s. den Aufsatz von PAUL IMBS, Le Diable dans l'œuvre de Rabelais: étude de vocabulaire, Mélanges Bruneau 1954, 241—261, der einen Einblick in die Vorstellungswelt Rabelais vermittelt, wie sie eine andere Methode nicht zu geben vermöchte [„la présente étude . . . a voulu *regrouper* les éléments épars du vocabulaire diablologique, de manière à rendre évidente chez Rabelais l'existence d'un champ *sémantique nettement caractérisé* et plus ou moins systématiquement *organisé* selon un principe d'unité, qui est la représentation du monde des diables comme un troisième royaume, vivant à côté ou en face des royaumes de la terre et du royaume des cieux. La méthode consistera à analyser les *associations sémantiques* qui relient entre eux les mots dont est formé le champ qui les groupe“, S. 242. — „L'ensemble des mots qui gravitent autour de la notion de diable forme un *champ sémantique* d'une structure très nette et très caractéristique“ S. 258. — „La notion de champ sémantique concerne en effet essentiellement des faits de langage spontané et habituellement inconscients“, S. 259.]

außerhalb von Tours)" > „Privatkapellen anderer Großen (seit 783)", usw., bis zur heutigen Jazzkapelle]. Diese Überlegungen führen uns somit zu einem in den letzten 50 Jahren oft debattierten Gegensatz: das alphabetische Wörterbuch, das auf der im Sprachganzen isolierten Wort*form* aufbaut, gibt die *semasiologischen* Zusammenhänge; das begrifflich geordnete Wörterbuch, das auf dem Wort*inhalt* aufbaut, gibt die *onomasiologischen* Zusammenhänge. Ist nun infolge der neueren Erkenntnisse vom Systemcharakter der Sprache das semasiologische Prinzip überflüssig geworden?[14]) Die Antwort ergibt sich aus dem oben Gesagten von selbst: Nur die semasiologische Darstellung vermag die Zusammenhänge zwischen ganz verschiedenen semantischen Bezirken, d. h. Bedeutungen eines Wortes aufzuklären. Im Deutschen z. B. wächst das Wort *fromm* vom Mittelalter bis zur Neuzeit in ein ganz anders geartetes Begriffsfeld hinein, so daß es im begrifflich geordneten Wörterbuch an verschiedenen Stellen behandelt werden muß; d. h. die Fäden der semantischen Entwicklung führen durch verschiedene Begriffsfelder hindurch — und dies ist nicht die Ausnahme, sondern die Regel. Nun ist aber oft die Verschiebung innerhalb eines Begriffsfeldes entscheidend für die Entwicklung des einzelnen Elementes; dies bedeutet, daß auch bei einer semasiologischen Betrachtungsweise der onomasiologische Aspekt wenigstens supplementär herangezogen werden muß, ebenso wie umgekehrt bei der onomasiologischen Betrachtungsweise die semasiologischen Zusammenhänge nicht außer acht gelassen werden dürfen.

Dies sieht nun zunächst so aus, als ob es nur zwei historische Wörterbücher geben könnte: das alphabetische auf semasiologischer Grundlage, welches zwar auf dem isolierten Wort fußt, aber dafür entwicklungsgeschichtliche Zusammenhänge gibt, die beim zweiten Typus getrennt werden; das begriffliche Wörterbuch auf onomasiologischer Grundlage, welches den strukturellen Veränderungen innerhalb des Wortschatzes Rechnung trägt, andererseits semasiologische Zusammenhänge trennt.

Doch haben wir oben schon festgestellt, daß das historisch-alphabetische Wörterbuch zweipolig, das historisch-begriffliche Wörterbuch jedoch dreipolig ist. Es fehlt dem alphabetischen Wörterbuch die dritte Komponente, d. h. die Einordnung in ein formales System. Ein solches formales System ist jedoch durch die *Wortfamilie* gegeben, so daß sich der Ring folgendermaßen schließt:

Vom *Wortkörper* aus:	Vom *Begriff* aus:
a) Hist.-alphabet. Wörterbuch (2polig: Wort + semantische Entwicklung) *Semasiologischer Standpunkt*	
b) Etym. Wörterbuch nach Wortfamilien (3polig: System der Wortfamilie + semantische Entwicklung) *Semasiologischer + morphologischer Standpunkt*	c) Historisches, nach Begriffen geordnetes Wörterbuch (3polig: Begriffsfeld + histor. Entwicklung) *Onomasiologischer Standpunkt*

[14]) WEISGERBER, L., Die Bedeutungslehre — ein Irrweg der Sprachwissenschaft? GRM 15, 1927, 161—183 (W. bezeichnet die Bedeutungslehre als „das typische Bild einer Pseudowissenschaft").

Da b) nicht nur die semasiologischen Zusammenhänge, sondern auch die Entwicklungszusammenhänge innerhalb der Wortfamilie berücksichtigt, ist b) dem Typus a) überlegen. Dies ist nicht belanglos, da verschiedene Bedeutungen einer Ableitung oft an ganz verschiedene Bedeutungen des Grundwortes anknüpfen (so findet sich etwa fr. *courage* in ganz verschiedenen Paragraphen des Artikels **cor** im FEW). Durch die Trennung der Ableitungen und Zusammensetzungen vom Grundwort wird organisch Zusammengehörendes auseinandergerissen.[15]) Erst wenn wir die oben angeführten Bedeutungen von *galoche* in die Gesamtentwicklung der Wortfamilie einbetten, wird die semantische Entwicklung deutlich:

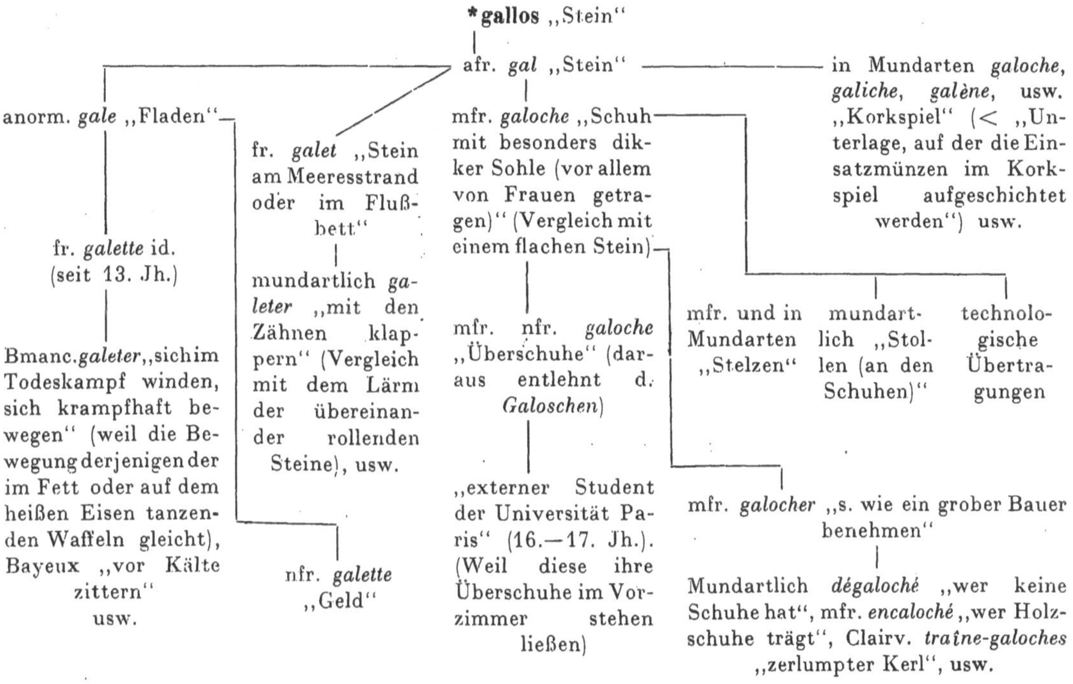

[15]) S. schon die Kritik von H. Paul, Über die Aufgaben der wissenschaftlichen Lexikographie mit besonderer Rücksicht auf das deutsche Wörterbuch, Sitzungsberichte der phil.-phil. und hist. Classe der k. b. Akademie der Wissenschaften zu München, Jg. 1894, München 1895, S. 53—91 (speziell S. 77ff.): ,,Ich komme jetzt auf ein Gebiet, in dem das Deutsche Wörterbuch ganz besonders zu wünschen übrig läßt. Die Aufgaben der Wortforschung sind nicht erfüllt, so lange die Behandlung der einzelnen Wörter eine isolierte bleibt (v. H. Paul gesperrt). Soweit ein Zusammenhang in der Entwicklung besteht, muß derselbe auch dargelegt werden. Zunächst muß der etymologische Zusammenhang durchweg zum Ausdruck kommen. Die alphabetische Reihenfolge läßt denselben nicht ohne weiteres erkennen" (S. 77). Paul klagt darüber, daß die Auflösung in Einzelelemente sogar noch den einzelnen Wortartikel selbst treffe und *Erbse* z. B. an sechs verschiedenen Stellen behandelt werde (*Arbeiß*, *Erbeiß*, *Erbes*, *Erbis*, *Erbse*, *Erweiß*). Darüber hinaus aber verlangt er, daß der Zusammenhang ,,zwischen dem etymologisch Zusammengehörigen" hergestellt werde. Schließlich kam schon H. Paul zur Forderung nach zwei sich ergänzenden Wörterbüchern: ,,Das Ideal des Wörterbuchs wie der Wortbildungslehre und der Syntax wäre eigentlich eine doppelte Darstellung, die eine nach den zur Verfügung stehenden lautlichen Mitteln, die andere nach dem zum Ausdruck kommenden Vorstellungsinhalt" (S. 82), schreckte jedoch vor den Schwierigkeiten der begrifflichen Gliederung zurück: ,,Die Durchführung aber der letzteren, die auf grammatischem Gebiet wohl möglich ist, stößt hinsichtlich des Wortschatzes auf unüberwindliche Schwierigkeiten. Es läßt sich kein Prinzip denken, nach dem sich die ganze Masse der zum Ausdruck kommenden Vorstellungen ordnen

Die semantische Entwicklung führt demnach Grundwort und Ableitungen in die verschiedensten Bedeutungsfelder hinein. Diese Zusammenhänge werden sowohl durch das alphabetische als auch durch das begrifflich geordnete historische Wörterbuch zerrissen (müssen also durch Verweise notdürftig ersetzt werden); nur das Wörterbuch nach Wortfamilien vermag das semantisch-etymologische Wachstum in dem von der Sprache gesetzten formalen Rahmen organisch darzustellen.[16])

Zum älteren Typus a (der dem Typus b unterlegen ist, sofern die Zielsetzung linguistisch, d. h. historisch-strukturell ist) gehören große im 19. Jahrhundert unternommene und z. T. noch unvollendete Standardwerke wie das Grimmsche Wörterbuch, das New Oxford Dictionary. Aber noch heute sind große Wörterbücher wie das historische Wörterbuch der spanischen Akademie von demselben Typus geplant. Zum jüngeren Typus b finden sich ebenfalls Ansätze im 19. Jahrhundert (RAYNOUARD, DIEZ, MEYER-LÜBKE)[17]); das größte Werk von diesem Typus ist das FEW.

Der Typus c bleibt vorläufig ein Desideratum. Das Institut für Romanische Sprachwissenschaft der Deutschen Akademie der Wissenschaften zu Berlin unternimmt mit dem in Redaktion befindlichen Altgaskognischen Wörterbuch (von ca. 1100 bis zur fr. Revolution) einen ersten *Versuch* in dieser Richtung. Das altgask. Wörterbuch berücksichtigt alle Sprachtypen, die in der Gascogne in Verwendung waren, d. h. das Mlt. (als zunächst vorwiegende Schriftsprache), das Agask. (als Vulgärsprache) und das Französische (als allmählich stärker hervortretende Schriftsprache). Die Belege werden innerhalb der drei Sprachtypen zeitlich gestaffelt. An die Darstellung der einzelnen Bezeichnungen und ihre Belege knüpft sich dort, wo das Material genügend reichhaltig ist, eine kurze strukturgeschichtliche Zusammenfassung an, z. B.:

Schluß des Artikels *blé* „Getreide": Während das klt. **triticum** nur in konservativen Randgebieten erhalten blieb und **frumentum** schon in vorliterarischer Zeit auf die wichtigste Getreideart, den Weizen, eingeschränkt worden war (s. FEW 3, 829a), hielt sich in der ganzen Galloromania der germ. Typus **blad** (schriftsprachlich bis heute) in der allg. Bedeutung „Getreide". In der Gascogne (zum mindesten in der Gegend von Bayonne) allerdings stieß **blad** auf einen wohl älteren Typus *laurat* (< **laboratum**, eig. „das bestellte Feld"), das sich noch im 14. Jh. in der Gegend von Bayonne als Normalwort behauptete. Es scheint, daß erst nach der Rückeroberung der Gascogne (1451) der schriftsprachliche Typus **blad** *laurat* auch hier allmählich zu verdrängen vermochte. Heute ist **blad** der Normaltypus im gask. (Séguy Crit 3). Seit dem 14. Jh., und vor allem — wohl ebenfalls unter fr. schriftsprachlichem Einfluß — nach 1451, findet sich sodann recht häufig aus der Bed. „Korn" verallgemeinertes **granum** neben seltenerem *granage*; (alt sind die Ablt. von **graneus**). — Vgl. auch FEW **annona**, das im gask. nicht bezeugt ist.

Schluß des Artikels *résine*: J. A. DE THOU (1553—1617) schildert die Küste des Landes folgendermaßen: „Sobald man über das Meduler Land Médoc auf dem linken Ufer der Garonne hinausgekommen ist, säumt das Gestade zur Linken ein Bestand schlanker Föhren, aus denen das *Harz* hervorgelockt wird. Und da nach dem Abschälen der Rinde die unteren Teile bloßliegen, so sorgt die Natur, daß überall aufsprossende

ließe" (ib.). Er schließt mit dem noch heute bemerkenswerten Satz: „Wenn man einmal erkennt, daß das Wörterbuch ein Werk von selbständigem wissenschaftlichem Wert sein soll, nicht ein bloßes Hilfsmittel zum Nachschlagen bei der Lektüre, so muß man alles nur als Fortschritt begrüßen, was von der äußerlichen, zufälligen alphabetischen Anordnung zu einer dem realen Zusammenhange entsprechenden Gruppierung hinüberführt" (S. 91).

[16]) S. als Beispiel den nachfolgenden FEW-Artikel *sibilare*.

[17]) Fast alle dieser Werke sind in erster Linie *philologische* Wörterbücher, d. h. geben eine möglichst umfassende Stellensammlung. Sie geben damit eine äußerst wertvolle Grundlage (aber eben nur eine Ausgangsbasis) für eine *linguistische*, d. h. sprachgeschichtliche Auswertung.

Erdbeerbäume (arbutus unedo) ... den Zwischenraum zwischen den Stämmen füllen und nicht nur jenen Defekt decken, sondern die Anmut des Waldes erhöhen; es tritt hinzu der Ausblick auf das weite Meer, die wohltuendste Augenweide" SCHÖNF 134. — Das Harz war eines der wichtigsten Handels- und Ausfuhrobjekte der Gascogne (s. die Abb. zur Harzgewinnung im Lar 1930 s. v. *gemmage*). Die alteinheimische Bezeichnung des Harzes ist *geme* (schon Plinius nennt das Harz des Weihrauchbaumes *gemma turis*, was wohl wegen der Durchsichtigkeit aus ,,Edelstein" übertragen ist, FEW 4, 95a). Diese Bed. lebt nur im Südwesten der Galloromania weiter. Ebenso häufig findet sich daneben — meist gepaart mit *geme* — der im apr. und fr. schriftsprachliche Typus **resina** (*arrosie, rosie, rosine, rousine* usw.). Eine semantische Differenzierung ist aus den Belegen nicht zu erkennen. Die regionale und fachtechnische Bezeichnung *geme* wanderte mit dem Produkt aus dem Südwesten nach Norden (mfr. nfr. *gemme*), in jüngerer Zeit ebenso verschiedene Ablt. (nfr. *gemmer* ,,exploiter la résine" seit 1820; nfr. *gemmage* ,,récolte de la résine" seit 1864) FEW **gemma**. — Semantisch und etymologisch unklar sind die gelegentlich bezeugten *brey* und *bressilh*.

Schluß des Artikels ,,*médecin*" ,,Arzt": Die erbwörtliche Form *medge* wurde nach der Rückeroberung der Gascogne (1450/1) unter dem Einfluß der französischen Kanzleisprache ziemlich rasch durch die Lehnform *medecin* verdrängt. 1492 finden sich in einem Dokument aus Lectoure noch *megge* und *medici* (Versuch einer Anpassung) nebeneinander, nach 1500 nur noch *medecin*. — Im Beleg aus den Et Bay 474 (15. Jh.) werden die *medges* in der Reihenfolge der Berufsgruppen in einer Prozession nach den Bruderschaften unter den Zünften an 9. Stelle von 27 Korporationen genannt. S. auch *curador* ,,médecin" FEW 2, 1558b.

Schluß des Artikels *mort* adj.: Das Normalwort *mort* wird sehr häufig durch euphemistische Wendungen ersetzt (regelmäßig findet sich *mort* nur, wenn es in Gegensatz zu *vif* gestellt wird, so schon 1087 vivus an mortuus). Die häufigste euphemistische Wendung im agask. ist *qui fo*, im Plural *qui foren*, noch npr. *qui-fou* (über 50 Belege; bis jetzt nur einmal bei LÉVY und einmal im FEW belegt). Es wird vor allem konkurrenziert durch den Typus **defunctum** (agask. *defunt*, vereinzelt mit Präfixabfall *funt*) und in geringerem Maße durch den Typus **transpassatum**, die durch die mlt. und fr. Kanzleisprache gestützt werden. Seltener sind andere Wendungen, so mlt. *ab hac luce subtracto, de bona memoria*; agask. *sa-en-rer* (vgl. apr. *sa entras*); fr. *feu* < **fatutu** wird sporadisch entlehnt; apr. *descenhs* ,,tot" ist im agask. nicht belegt. Nur in fr. Texten findet sich *jadis*. — Vgl. noch die euphemistischen Wendungen unter *mourir*.

Sehr viel mehr Voraussetzungen braucht es jedoch, um ein begrifflich geordnetes historisches Wörterbuch für eine der großen Literatursprachen zu schaffen. Eine Unzahl von Vorarbeiten ist notwendig, sowohl von synchronischen lexikalischen Querschnitten durch die Sprache eines Autors oder einer Epoche[18]), als auch von historisch vertieften onomasio-

[18]) Für das Französische: G. HEIDEL, La langue et le style de Philippe de Commynes, Leipziger Romanistische Studien, I. Sprachwiss. Reihe, Heft 8; Leipzig-Paris 1934; W. RUNKEWITZ, Der Wortschatz der Grafschaft Rethel nach dem Trésor des Chartes du Conte de Rethel (Heft 16; 1937); K. HEILEMANN, Der Wortschatz von Georges Chastellain, nach seinen Chroniken (Heft 19; 1937); C. BEVANS, Le vocabulaire de la Champagne au 13e siècle d'après les Comptes de Champagne, p. p. A. Longnon, Chicago 1941; ORNE, Vocabulaire de l'architecture française au commencement du 16e siècle, Chicago 1941 (nur Manuskript); H.-E. KELLER, Etude descriptive sur le vocabulaire de Wace = Dt. Akad. d. Wiss. Berlin, Veröff. d. Inst. f. Rom. Sprachw. Nr. 7. 1953; H. SCKOMMODAU, Der französische psychologische Wortschatz der 2. Hälfte des 18. Jh. Leipzig-Paris 1933; G. MATORÉ, Le vocabulaire et la société sous Louis-Philippe = Société de publications romanes et françaises sous la direction de Mario Roques. XXXIII, 1951.

Für das Italienische: T. REINHARD, L'uomo nel Decamerone. Saggio di Vocabolario semantico. Diss. Basel 1948. Tipografia Porziuncola — Santa Maria degli Angeli (Assisi) 1951.

Für das Rätoromanische: M. H. J. FERMIN, Le vocabulaire de Bifrun dans sa traduction des quatre évangiles. Amsterdam 1954.

MATORÉ setzt sich zum Ziel, ,,de considérer le mot non plus comme un objet isolé, mais comme un élément à l'intérieur d'ensembles plus importants, que nous classons hiérarchiquement en partant d'une analyse des structures sociales". In seinem Aufsatz La méthode en lexicologie (zusammen mit Greimas) Romanische Forschungen 60, 1947, 411—419, und 62, 1950, 208—221 vertritt er allerdings Auffassungen, denen wir nicht immer zustimmen können (z. B. zur Generationentheorie). S. auch G. MATORÉ, La méthode en lexicologie, Paris 1954, und als konkretes Beispiel seinen Aufsatz *Cancan* et *chahut*, termes de danse (1829—1845) in Mélanges de Linguistique française offerts à M. CHARLES BRUNEAU, Paris 1954, S. 177—183. — Methodisch wichtig auch B. QUEMADA, Introduction à l'Étude du Vocabulaire Médical (1600—1710), Annales litt. de l'Univ. de Besançon, 1955 (mit Vorwort von G. MATORÉ).

logischen Arbeiten, die jeweils einen kleinen Ausschnitt aus dem Gesamtsystem des Wortschatzes in seiner strukturellen Entwicklung untersuchen.[19]) Sie setzen eine dichte zeitlich und geographisch gestaffelte Fülle von Belegen voraus, die wiederum nur in denjenigen Sprachen erreichbar ist, die über eine dichte urkundliche und literarische Tradition verfügen. Das letzte und noch ferne Ziel ist die aus diesen Vorarbeiten erwachsende Strukturgeschichte des Gesamtwortschatzes einer Sprache.[20]) Eine solche Strukturgeschichte des Wortschatzes aber wird zugleich zu einer inneren Geschichte des Volkes, das diese Sprache spricht. In dieser Perspektive schließen sich das auf morphologisch-semasiologischen Prinzipien aufgebaute etymologische Wörterbuch nach Wortfamilien und das auf onomasiologischen Prinzipien aufgebaute historische Wörterbuch mit begrifflicher Gliederung zu einer höheren Einheit zusammen.

Nachtrag. — Siehe auch den Beitrag von BERNHARD BECKMANN, „Das Deutsche Wörterbuch am Vorabend der Vollendung", in dieser Festschrift. Darin nimmt B. nicht Stellung zum Typus des Wörterbuchs nach Wortfamilien, das wir als notwendiges Korrelat zum begrifflich geordneten Wörterbuch vorschlagen und welches die semasiologischen Zusammenhänge in gleicher Weise wie das von ihm verteidigte alphabetische Wörterbuch zu berücksichtigen vermag. Andere Punkte bedürften einer ausführlichen Erwiderung.

[19]) Einen Überblick über diese Arbeiten gibt BRUNO QUADRI, Aufgaben und Methoden der onomasiologischen Forschung. Bern 1952.

[20]) „Das Ziel muß sein, die Gesamtstruktur einer Sprache in ihrem allmählichen Umwandlungsprozeß zu verfolgen. Dermaßen wird die Sprachwissenschaft in einer neuen Phase ihrer Entwicklung zur Strukturgeschichte", WARTBURG, Einführung 164; s. auch Mélanges Bally S. 17. — S. auch ULLMANN, Précis 305: „En opposant les uns aux autres des états successifs de la même langue, on pourra amorcer l'histoire structurale du lexique. On aura besoin à cette fin de nombreuses monographies portant sur des phases très rapprochées les unes des autres. Faute de ces travaux préalables, l'étude diachronique des champs sémantiques reste un desideratum pour le moment."

sibilare pfeifen, zischen[1])

VON WALTHER VON WARTBURG

I. 1. a.*α*.a'. Afrcomt. *sibler* v.n. „siffler (d'un serpent)" Ys, mfr. id. (1532), „jouer d'une flûte" (1521, Violier hist. rom. 221), „siffler (d'une personne)" (1388, DC; Calvin; BPériers; Pléïade; Bouchet), apr. *siblar*, *siular*, bmanc. hmanc. *sibier*, ang. *sibler*, Vienne *siblai* [*siblẹ*], *sibyá* (p 509), loch. centr. verdch. *sibler*, dauph. *siblá* Ch, voir. Romans, Die *siblar*, Trém. *siblá*, Drôme id.[2]) (p 920, 847, 857), bdauph. id., HAlpes id., *siblar*, Queyr. Lallé, Barc. id., pr. *siblá*, mars. *siblar* A, Gard *siblá*, Hér. *siplá*, Hospitalet *tšiŭlá* RDR 3, 163, Larzac, Meyr. St-GermC. Barre, PradesL. Ste-En. PontM. Vialas, Bleym. *siplá*, Joy. Valg. Vallon, Vans *siblá*, Cantal *siblar*, Chav. *chiôoulá* „filer les sons", gask. *šiŭlá*, bearn. id., *siulá*, *siblá*, Teste *chioulá*. ALF 1231; Sal 44; ALLo 447. — Ang. *cibrer* „aspirer violemment".

Ablt. — Teste *chioulan* m. „canard siffleur". — Bdauph. Alais *siblado* f. „coup de sifflet", bearn. *siulade*. — Npr. *sibladis* m. „long sifflement". — Dauph. *sibla* f. „sorte de flûte" Ch, bdauph. *siblo* „gros sifflet", Lallé *sibla*. Champsaur *sãtas siblas* „orgue d'église". — Afr. *sible* m. „sifflement" (FetR; BestAm), mfr. *en un sible* „unanimement" GuillMach, Gresse *síblə* m. „sifflet", Chich. daupha. *síble*, PontM. Meyr. *síple*. — Afr. *siblet* „sifflet" Joinv, mfr. id. (16.jh., Gdf; Violier hist. rom. 221), apr. id. (Provence 15.jh.), hmanc. *sibiet*, Vienne *siblet* [*siblẹ*], loch. verdch. *siblet*, Châten. *chè·yă*, Ain *siblẹ* (p 913), dauph. *siblet* (17.jh.), Isère *siblẹ* (p 942, 940, 849), HAlpes, Barc. *siblẹt*, Die *siblet*, Drôme, pr. *siblẹ́*, mars. *siblet* A, Gard *siblẹ́*, Alzon, Hér. *siplẹ́t*, aveyr. *siplet* (p 737, 748), St-Affrique id., Fourn. Ste-En. Meyr. Barre, St-GermC. Bleym. *siplẹ́t*, PradesL. Par. *siplẹ́*, gask. *šiŭlẹt*, bearn. *siulet* „id.; sifflement" ALF 1232; ALLo 1228. St-AndréV. *siblẹ́* „manière de joindre 2 poutres en plan oblique". Apr. *siblet* „soufflet" (hap. 14.jh.). Mars. *siblet de crestaire* „sifflet avec lequel le châtreur de porcs annonce son arrivée", bearn. *siulet-crestadou*. SeineM. *siplè* „silène enflé" RlFl 2,248, LotG. *chioulet*. Bearn. *siuletis* m. „manière de siffler". Bearn. *siuletáyre* „celui qui siffle". Bdauph. *sïbleto* f. „petit sifflet". Bearn. *siuleteyá* v. n. „siffler à petits coups". — Land. *siŭlọt* m. „sifflet" (p 675), bearn. *siulot*; *siuloutère* f. „coups de sifflet"; *siulouteyá* „siffler à petits coups". — Puyb. *siblœ̄ẅ* m. „sifflet" (-*ellu*, RPGR 3,

[1]) *Vorbemerkung der Redaktion*: Der nachfolgende Beitrag ist ein Vorabdruck eines Artikels aus dem Französischen Etymologischen Wörterbuch (FEW; bis jetzt sind erschienen Bde 1—5, Buchstaben A—L 1928—1955, Band 7, N—Pas, sowie einzelne Faszikel aus Band 8 und 16). Der Artikel *sibilare* wird im Werk selbst erst in etwa 10 Jahren in Satz gehen. — Zum methodischen Aspekt siehe den vorangehenden Beitrag von KURT BALDINGER, Grundsätzliches zur Gestaltung des wissenschaftlichen Wörterbuchs. — Kleinschreibung gemäß dem Schriftsatz des FEW.

[2]) Ronjat 2,238 will auch mdauph. *syọwlá* „pousser des cris perçants" hierherstellen. Doch läßt sich das bestehen einer zweiten form schwer rechtfertigen, und die bed. paßt schlecht zu „pfeifen". Es handelt sich bei diesem wort eher um eine schallnachahmende neubildung. S. SIU-. S. auch noch Hubschm 49.

280). — Queyr. *siblailh*, Lallé *siblaou*. — Apr. *siolon* „sifflement des vents" SHon; HVienne *siblú* „sifflet" (p 606), Teste *chiouloun*, bearn. *siuloú*. — Aun. *sibrole* f. — Bearn. *sioulatère* f. „coups de sifflet". — Afr. *schieulement* m. „sifflement" Job, mfr. *siblement* (1560—Hardy, Rigal 574), hdauph. bdauph. *siblamen*. Mfr. *siblement* m. „moquerie" (1563)[3]. — Bdauph. *siblarió* f. „manie de siffler". — Bdauph. Queyr. *sibláire* m. „siffleur", pr. id., mars. id. A, Alais id., bearn. *siuladou*. Toulon *sibláire* „mauvis" RlFl 2,244, Barc. id.; pr. „crenilabrus mediterraneus"[4]. — Bdauph. *siblarèu* adj. „qui aime à siffler." — Trièves *sibletá* „siffloter". — Apr. *eschiular* v.n. „siffler" (ca. 1350), lim. *eissiblar* DD, Lomagne *ichioulá*, Bagnères *eš-šewlá*, Biros *eschiulá* Cast 55. Lomagne *ichioulet* „sifflet". Afr. *eschielement* m. „souffle de vent" (Job, TL 3,903). — Tarerach *ašiŭlá* „siffler" RDR 3,163.

b'. Isère *siboló* „siffler" (p 912), *šibŭlá* (p 931), *sibolá* (p 921), TFr. id., *šyəbŭlá*. — Ablt. Isère *sibǫ́la* f. „clarinette" ALF 298 p 921, Cr. *sibŭ́əla* „sifflet", Gill. *sibáŭla*, Gren. *sibôla*. Isère *sibǫlǿ* m. (p 912), *sibolẹ́* (p 921), *šibŭlǿ* (p 931), Cr. *sibolẹ́*.

β. Agn. *subler* v.n. „murmurer, grogner" QLivre, mfr. „siffler" (1459—Cotgr 1611, Gdf; Rab; DuFail; Paré; Pleïade), Provins id., *chubler*, norm. *sûbler*, Eure *subler* (p 321), Anet id., Alençon id. DT, *subier*, Tinch. Villiers-le-Pré, mal. *subler*, IlleV. *subeler*, Fougères *sübyẹ̌*, cogl. *sübyə* ABret 18,545, Dol, Canc. renn. *subler*, Pléch. *sübl*ə, CôtesN. Morb. *süblẹ*, *sübyœ̨*, Mée, nant. Blain *subler*, LoireI. *sübyẹ*, *sübyœ̨*, bmanc. id., *sœbyẹ*, hmanc. *süblẹ*, *subier*, *seubier*, Perche, St-Victor *subler*, ang. id., *subier*, poit. *süblẹ*, Vendée *subliâer* (1807), ChefB. *subler*, Elle *sublyai*, aun. saint. *subler*, *sübyẹ*, SeudreS. *sublier*, *seublier*, loch. *subier*, IndreL. Blois, Vendôme, Loiret *subler*, orl. id. (schon Desgr 1821), Sologne id., *suber*, berr. *subler* RD, bourg. *sublai* N, Nièvre *šülẹ* (p 4), morv. *chuler*, *suïer*, SaôneL. *süblẹ* (p 919), *šülẹ* (p 6), *sülẹ* (p 7, 11), verdch. *subler*, *seûiller*, bressch. Mâcon *subler*, louh. Tournus *subier*, Clessé *seubllié*, Igé *subier*, Montceau *chûler*, *sûler*, Minot, Vitteaux, Nuits *suyé*, Ste-Sabine *sûlliai*, Côte d'Or *süyẹ*, *sübyẹ*, Beaune *suiller*, Uchon *suler*, Yonne *subler*, VassyP. *suyer*, Aube *sülẹ* (p 113), Clairv. *soubler*, ChâtillonS. *suillier*, Vosges *χœ̨yi* (p 77, 78), *χǫyi* (p 76), Urim. *χœyẹ́*, Fim. *χœi*, Fraize *χey*, Bar. *šœi*, poutr. Aubure *šœ̨y*, Gérardmer *χǫi* Horning 65, frcomt. *subier*, GrCombe *sübya*, Doubs *süblẹ* (p 41, 32, 31), Mesnay id., fourg. *soublai*[5]), Jura *süblé*, *sübyé*, Vaudioux, Mièges *subler*, Chaussin *sublei*, PtNoir *süblẹ́*, neuch. *sübyá*, *subier*, frb. *süblá*, gruy. *šüblá*, Blon. *süblá*, Pd'Enh. *šübδá*, Ollon *səbδá*, Vionn. *səbδá*, Entremont, Nendaz, Hérém. Vissoye *šŭblá*, Montana *šŭblá*, aost. *seublé*, vsoan. *sübyar* AGl 3,22, Noasca *šübyẹr*, Ala *šübyá*, Bruzolo *šübiẹ́*, sav. *sœblá*, *sublâ*, Abond. *səblá*, Leschaux *soblâ*, Aussois *süblar*, Bugey *seblyâ* R 16,271, Ruff. *səblá*, abress. *sublá* P, Juj. id. Pois. *sublé*, Ain *sŭblá* (p 926), Vaux *sübyá*, Vers. *səblá*, Villié, Villefr. Couzon, Lant. *seblô*, Lyon *subló*, TFr. *süblá*, Isère id. (p 942, 950), Beaur. Cr. id., St-MauriceE. *sueblo* RLR 35, 12, Drôme *süblá*, Charpey *süblar*, wald. *süblá*, Pral id. AGl 11,333, Serres id., NHengst. *tsüblá*, Pietrap. Valdieri *sübiar*, BAlpes, Var, Vaucl. *sublá*, Aix id. P, mars. id. A, Nice id., Tarn *tsüplá* (p 755), *šüplá* (p 744), aveyr. Massegros, Can. St-GermT. Mende. Nasb. Rieut. *süplá*, Gilhoc *sublá*, Chav. *chublá*, *cheblá*. Cr. *süblá* „souffler".

[3]) Ist wohl im anschluß an I 1 b α b' α' entstanden.
[4]) Aus dem vorangehenden übertragen. RLR 56, 237.
[5]) *-ou-* wohl nach *souffler*.

Ablt. — Pd'Enh. *subllo* [*süblo*] m. „sifflement", aost. *seublo*; daupha. *süblę* „sifflet", Valdieri *sœ̨bi*, TarnG. *sŭple* (p 733), aveyr. *súple*, Chav. *chuble*. — Arsure *sŭbla* f. „long sifflet en bois", Vaudioux *súbla*, Blon. *sŭbla* „sifflet fait d'une branche de bois tendre", Montagny *súbla* „sifflet; personne qui manque de parole", mdauph. *sŭblo* „sifflet fait avec l'écorce du saule; écusson à greffer; bourde"; argvs. *sübya* „vipère" AGl 3,57. Drôme *santas sublas* „orgues d'église" (südosten). — Messac *subelée* f. „air sifflé", mdauph. *süblá* „coup de siflet".

Mfr. *sublet* m. „appeau d'oiseleur" (ca. 1530, Gay), „sifflement" (1542, Rab), „sifflet" D'Aubigné, norm. id. Dm, *sûblet*, mal. Dol, Canc. *sublet*, Fougères *subyet*, renn. *sublet*, Pipriac *sübyə* ABret 16, 530, Pléch. *süblę*, Redon *subelet*, CôtesN. Morb. *sübyẹ́*, Malestr. *sublet* „id.; sifflement", LoireI. *sübyé* „sifflet", nant. Blain *sublet*, Maine *subiet* (1624), bmanc. *sübyẹ*, hmanc. *süblé*, *seubiet*, Perche, St-Victor *sublet*, Jubl. ang. *subiet*, poit. *süblẹ́*, Vendée *subliâét* (1807), ChefB. bgât. *sublet*, Elle *sublyet*, saint. *sübyęt*, SeudreS. *seubllet*, IndreL. *süblę́* (p 408), loch. *subiet*, Blois, Vendôme, Loiret, Sologne, centr. *sublet*, berr. id. RD, bourg. *sublot*, morv. *chulot* (auch p 4), Montceau id., verdch. *sublot*, *suillot* „sifflet fait d'une branche de saule", *seûillot*, Mâcon *sublet* „sifflet", Tournus *subiat*, louh. *subiot*, Clessé *seubllieu*, Igé *subieu*, Mouthier *subiot*, Minot *sübyœ*, *süyœ*, Nuits *suyo*, Ste-Sabine *sûillot*, Yonne *sublet*, *sublot*, *sublet*, VassyP. *suyot*, *Aube süló̜* (p 113), Clairv. *soublot*, ChâtillonS. *suliot*, *suillieu*, Metz *sęya* „sifflet fait de l'écorce du saule", Vosges *χœya* „sifflet" (p 78, 86), *χʷœyo̜* (p 67), Urim. *hheuyot*, Fim. *χœyȧ*, Fraize *hheya*, Bar. poutr. *šœyă*, Tholy *hheuyo*, bress. *χœla* BlochAtl 710, frcomt. *subiot*, GrCombe *sübyo̜*, Mesnay *sublo*, fourg. *soublet*, Jura *sübyo̜*, Mièges *süblę*, Vaudioux *sublet*, Chaussin, PtNoir *süblo̜*, neuch. *sübyę*, HBroye *subiet*, gruy. *šüblę*, Pd'Enh. *šübδę́*, Blon. *süblé*, Ollon, Vd'Ill. *səbδẹ́*, Hérém. *šŭblęt*, Grimisuat *choblé* RF 42,426, Vissoye *šüblęt*, Montana *šu̧blęt*, aost. *sœbyęt*, sav. *sublet*, Bruzolo, Ala *šübyät*, *seblet*, *sœblẹ́*, Abond. *səblę*, Aussois *süblęt*, Ruff. *səbl̃é*, Pois. *sublé*, Ain *sœblę* (p 924, 935), *sŭblę* (p 926), *sœblē* (p 917), Juj. *sublè*, Vaux *sübyę*, Villefr. Lant. Villié *seblé*, Couzon *sebleu*, Isère *süblẹ́* (p 829), Beaur. *sublet*, VR. *süblę́*, Drôme *süblé*, wald. Serres, NHengst. *süblet*, Pontech. Pietrap. *sübyęt*, pr. *süblẹ́*, *sublet*, Aix id. P, mars. id. A, Can. Mende *süplęt*, Gilhoc *sublé*; aost. *sœ̨blẹ* „berce" ALFSuppl p 986, Morb. *subyè* RlFl 6,141. Frcomt. *sublot de châtroux* „flûte avec laquelle les châtreurs de porc s'annoncent dans les villages". — Fourg. *soubletot* f. [*sŭbléto*] „petite trompette d'écorce", Blon. *sübléta* „petit sifflet", mdauph. *süblę́to* „id.; pénis d'enfant"; Fraize *hheyatte* „vache maigre". — Aigle *asübyạ́* v.a. „affiler un outil; assembler en biseau 2 pièces de bois"[6]).

Provins *sublot* m. „sifflet", *chublot*, DSèvres *sübyo̜t* (p 513), *süblo̜* (p 512), Vienne *sübyo̜* (p 508). — Orl. *subéliot* Desgr 1821, *subeyau*, *süblęyo̜* RLiR 3,106, centr. *subliau*, bourg. *sublô* RTrP 5,495; Blois *subeliau* „pharynx". — Daupha. *süblal* „sifflet". — Noasca *šübyo̜-la*, Sauze *sübyo̜la*[7]); Germanasca *süvió̜lo* „latte dans laquelle est couchée l'axe de la meule" ARom 23,422. — Mdauph. *süblŭ* „sifflet d'enfant; petit couteau à siffler." — Mfr. *sublement* m. „sifflement" Est 1552, mdauph. *süblamẽη*, Aix *sublamen* P. — Blon. *süb-lădzo*. — Mdauph. *süblaryó̜* f. „manie de siffler". — Ang. *subleux* m. „siffleur", Sologne

[6]) Abgeleitet von *sübyę́*, aber unter auslassung von dessen suffix.
[7]) Westlicher ausläufer von piem. *sübiola*.

„id., joueur de flûte", verdch. *subloû* „siffleur", Vaud *sublláre*, Montana *šu̧blę̄ro*, *-a*, mdauph. *subláire*, BAlpes id., Aix id. P, mars. id. A, aveyr. *supláyre*; St-Victor *subleux* „bouvreuil en cage". — Orl. *sübezyǫ́* „sifflet" RLiR 3,106; sav. *seblaré* adj. „qui siffle souvent", mdauph. *süblarę́*; Albertv. *selbarai* m. „celui qui siffle constamment". Aost. *sœbyęrǫt* „sifflet" (p 985); nant. Blain *sublerot* „pluvier doré". — Mdauph. *süblǫ́w* „instrument qui sert à siffler". — Mars. *sublié* m. „prise d'eau d'un canal" M.

Mfr. *subleter* v.n. „siffloter" (1606, Lac), mdauph. *süblętá*. — Grimisuat *choblata*. — Pléch. *sübyotə*, bmanc. *sübyoté*, ang. maug. *subioter*, Blon. *süblotá*, Vaux *sübyǫtá*. — Sologne *sublailler* „siffler". — Bress. *èkheulè* „percer les oreilles par des sifflements", Creuse *ęšœblá* „siffler" (p 704), Chav. *eïchublá*. Beaur. *essublá* „essoufflé". Chav. *eïchúble* „sifflet".

b.*α*.a'. Fr. *siffler* v.n. „produire un son aigu soit avec les lèvres, soit en soufflant dans un sifflet" (seit Chrestien), mfr. *chiffler* (Modus; 1583 — Régnier, Hu; Chap; BalzacG; Retz), Nivelles, LLouv. rouchi id., Mons id. M, flandr. Lille id., Gondc. *siflę́i*, pik. *siflę́*, PCal. *šiflœ̨ə* (p 289), Friedrichsd. *šiflę́*, Oise id. (p 253, 257), PtAud. *riffler*, Thaon *sēflę́*, bmanc. *šifyé*, Vendôme, centr. *chiffler*[8]), SeineM. *šiflę* (p 210), Aisne *šiflé*, ardch. id. Brun 1467, Besançon *chifler* N 1,115, Allier *siflę́*, SaôneL. *tsifyę́* (p 906), Creuse *siflá*[9]). — In speziellen und sekundären bed. Fr. *siffler* v.n. „produire un son aigu en signe de colère (d'un serpent)" (seit 13.jh.); mars. „corner (des oreilles)" Brun; „émettre un bruit aigu (vent, balle)" (seit D'Aubigné); „faire entendre un sifflement en respirant" (seit Ac 1718); v.a. „appeler en sifflant (p.ex. un chien)" (seit Froiss), neuch. „siffler pour appeler qn"; nfr. „dresser (p.ex. un merle) à siffler, en sifflant soi-même" (seit 1651, Retz), „endoctriner (qn)" (seit Retz), *siffler le droit* „enseigner à un récipiendaire ce qu'il doit répondre à un examen" (Fur 1690 — Trév 1752); *siffler* „exécuter (un air) en sifflant" (seit DuFail). — Mfr. nfr. *siffler en paume* „disposer la paume devant la bouche de manière à produire un sifflement prolongé" (1561 — Ac 1878, Lac); *n'avoir qu'à siffler* „n'avoir qu'à faire connaître sa volonté pour être obéi" (seit Ac 1694); *il n'y a qu'à siffler* „c'est une chose aisée" Oud 1660, *il n'y a qu'à siffler et à remuer les doigts* (Rich 1680 — BL 1808); *tu peux siffler* „n'y compte pas!" (seit Vill 1888); *siffler* v.a. „accueillir avec des sifflements, pour marquer sa désapprobation" (seit Est 1549)[10]), *chiffler* (Régnier; BalzacG), *siffler contre* qn „désapprouver" (Est 1549 — Stoer 1628), *siffler sur*[11]) (ca. 1550, Li; 1672, Sév); *siffler un air de clarinette* „tirer un coup de fusil" (1827, Brunot 9); *siffler la gaule* „faire siffler la gaule pour avertir le cheval quand il ralentit" (1871 — Lar 1875); *siffler au disque* „solliciter qch" (1879, Daud), „faire un appel; faire la cour à une femme" (Vill 1888 — Lar 1923), „demander de l'argent" (Del 1896 — Lar 1923).

Ablt. — Mfr. nfr. *sifflant* adj. „qui siffle; qui produit un sifflement (p.ex. vent)" (seit Est 1552), „qui produit un sifflement (d'une consonne)" (seit Fur 1701). Nfr. *sifflante* f.

[8]) 3. pers. *il chifèle*.

[9]) Steffen 150 stellt auch Remiremont *šifyę* „se dit de la neige poussée par le vent" hierher, doch wohl zu unrecht, da diese form gar nicht zu den einheimischen formen für „siffler" paßt. Es ist wohl eine kreuzung der beiden benachbarten typen *šivę* und *sofyę*.

[10]) Auch schon bei den Römern war das pfeifen ein zeichen der mißbilligung. Ob das auch im Mittelalter der fall war, bleibt abzuklären. Sprachliche belege dafür liegen keine vor.

[11]) Gleich schon in der Vulgata *sibilare super aliquem*.

„consonne sifflante" (seit Ac 1835). Mfr. *sifflantement* adv. „en sifflant" (ca. 1580 — Stoer 1625). — Afr. *sifle* f. „sifflet" (hap. 13.jh.), nfr. *chiffle* (1640), pik. id.; arg. *siffle* „voix" (1837 — Delv 1867); afr. mfr. m. „bruit sifflant, sifflement" (13.jh. — Belleau, Gdf; Chant Rouss).

Fr. *sifflet* m. „petit instrument avec lequel on siffle" (seit ca. 1250), afr. *chifflet* (13. jh., Gdf; Lyc), mfr. nfr. id. (16.—17.jh., Gay; Hu; Mant; BalzacG), nfr. *sifflet* „flûte de Pan, assemblage de tuyaux qui vont en diminuant de longueur" (Oud 1660 — Ac 1878), NivB. *šiflę* „sifflet", pik. norm *siflẹ́*, centr. Guign. *chifflet*. Nfr. *en sifflet* „en biseau" (seit 1793, CAgr 5, 331); *sifflet* „échancrure faite sous la pince d'un cheval atteint d'une seime pour empêcher l'appui du fer sur la partie de la paroi qui est fendue" (1871 — Lar 1875); Calv. „silene inflata" JorFl; mfr. *sifflet de montagne* „sorte de plante" (1611); nfr. *sifflets* „scories qui s'attachent au ringard" (1871 — Lar 1875); argot *sifflet d'ébène* „habit noir" Vill 1888, nfr. *sifflet* (pop., seit Lar 1907); Schweiz „courlis" (1761, Rousseau, Brunot 6; Wissler); mfr. nfr. „gosier par où on respire" (pop., seit Paré), Tinch. kan. id., Auxerre id. L 264, ang. „estomac, ventre", mfr. nfr. *couper le sifflet à* qn „étrangler, égorger" (seit Brantôme), „faire taire" (seit Ac 1740), Paris id. B, arg. *coup de sifflet* „couteau" (1849)[12]), nfr. *serrer le sifflet à* qn „étrangler" (1697; Ac 1835—1878); arg. *s'affûter le sifflet* „boire" Delv 1867, *se rincer le sifflet* Delv 1867; *sifflet* „trou qu'on fait au-dessus de l'anus d'un cheval poussif pour lui faciliter la respiration" (Ac 1762 — Lar 1875); mfr. nfr. „action de siffler" (ca. 1380 — Buffon, Aalma *sibilus*; Lar 1875); *coup de sifflet* (Mon 1636 — Pom 1700), „action de souffler dans un sifflet, bruit qui en résulte" (seit 1654) nfr. *sifflet* „improbation manifestée par des sifflements" (seit 1694); havr. *avé le sifflet à Bastian* „ne rien recevoir dans une distribution". — St-Pol *siflḗt* f. „petite trompette faite avec un fétu encore vert".

Afr. *sifflot* m. „sifflet" (hap. 13.jh., Gdf; 1322, Runk), mfr. id. Molin, *chifflot* MistSQ, LLouv. id., Mons id. Dl, *sifflot* Dl, Nord *šiflọ* (p 270, 272), *siflọ* (p 271), Friedrichsd. *chiflot*, pik. „id.; gosier", boul. *sifflot* „gosier", Créq. *cauper le siflot* „couper la gorge"; Fruges *siflọ̄* „bouvreuil". Dém. *sifflote* f. „jouet de la forme du flageolet fabriqué avec l'écorce du lilas"; Charlev. *šiflọt* „noisette trouée d'un ver" Brun 1468. Flandr. Lille *chifflotiau* „petit sifflet, flageolet", Gondc. *siflotẹọ*. — Albi *siflọl* „flûte en buis à 5 ou 6 trous" RPGR 2, 285. — Afr. *ciflement* m. „bruit qu'on fait en sifflant, que font le vent, la flèche, etc., que font certains animaux" (ca. 1180), mfr. nfr. *sifflement* (seit Desch), *sifflement* „sifflement de désapprobation" (1672—1871), *chifflement* „bruit d'une respiration pénible" Paré, *sifflement* (seit Ac 1694). — Nfr. *sifflerie* f. „action de siffler" (Cotgr 1611; Oud 1660; GSand), „sifflets au théâtre" (1772, Voltaire). — Nfr. *sifflage* m. sifflement de désapprobation" (1788, Gohin); „bruit que font entendre en respirant les chevaux poussifs" (seit AcC 1842), Alençon id. — Mfr. *siflée* f. „action de siffler" Desch, neuch. *sifflée*. — Nfr. *sifflade* „concert de sifflets" (1638 — Wid 1675, Chap). — Genève *sifflasson* m. „sorte de bécasseau" (1761, Rousseau; Wissler). — Bmanc. *šifyar* „anguille à large tête".

Mfr. nfr. *siffleur* adj. „qui siffle (de certains oiseaux)" (1555, RPh 43, 203; seit Ac 1835), „corneur (d'un cheval)" (seit Ac 1835); m. „bouvreuil" (1555 — Lar 1875, Belon 358), ardch.

[12]) Offenbar aus *coupe-sifflet* umgebildet.

šiflœ Brun 189; nfr. *siffleur* „oiseau de St-Domingue" (Valm 1776 — Lar 1875); „variété de canard sauvage" (seit Baudr 1834), pik. *petit sifleur*; nfr. „sapajou" (Valm 1776 — Lar 1875); „marmotte du Canada" (Boiste 1803 — Lar 1875); mfr. *chiffleur* „celui qui joue de la flûte" (1583), nfr. *siffleur* „celui qui siffle" (seit Cresp 1606), Varennes, verdch. *siflou*, Guign. *chiffleux*; nfr. *siffleur* „maître qui enseigne le droit en chambre" (1666 — Trév 1752). — Nfr. *sifflomane* m. „personne qui siffle avec un talent particulier; personne qui a la manie de siffler" (seit Lar 1907). — Nfr. *sifflable* adj. „qui mérite d'être sifflé (pièce de théâtre)" (Voltaire — DG). — Nfr. *siffletis* m. „sifflement" (1620, Binet Oeuv. spirit. 8, 189, 340; ca. 1630, Champ-Repus 34, Db).

Nfr. *siffloter* v.a.n. „siffler souvent ou négligemment" (seit Besch 1845), Giv. *chiflotè*, LLouv. rouchi *chifloter*, St-Pol *siflotẹ*, havr. *siffloter* „siffler un air faiblement; siffler médiocrement". Nfr. *sifflotement* „action de siffloter" (seit 1885, Daud); *sifflotis* „bruit produit en sifflotant" (1885, Daud). St-Pol *siflotyẹǭw* m. „flûte". Giv. *chifloteur* „qui sifflote", LLouv. rouchi *chifloteux* „joueur de flageolet". — Agn. *recifler* „siffler" (Bibb; ca. 1400, StNph 15, 207); nfr. *resiffler* „siffler de nouveau" (1738 — Lar 1875).

Zuss. — Nfr. *anchifflure* f. „trou de ver à une douve de tonneau"[13]) (1751 — DG), Vendôme *enchifflure* „fente qui traverse une douelle de part en part". Andelis *en avoir pour une ensiflée* „avoir à payer une note qui s'élève haut".

b'. *α'*. Afr. *chifler* „v.n. plaisanter; v.a.r. se moquer de" (12.—13.jh., Gdf; TL; Cristal), *cifler* (13.jh., TL; JehBouche), *xifler* ChansSat, apr. *chiflar* (hap.)[14]), nfr. *sifler* qn „se moquer de, mépriser" (De Brieux 1672, 174), pr. *chifflá* v.r. „se moquer de", Toulouse *chiflá* „plaisanter", *chinflá* „railler"[15]). — Afr. *chifle* m. „moquerie" (13.jh., Gdf; Z 26,100), npr. „mot piquant"[16]). Pr. *chifflo* f. — Afr. *ciflerie* f. (Huon SQuentin; ca. 1320, Gdf). — Afr. *chiflois* m. (1195 — 13.jh., Gdf; TL; Helinant), *ciflois* (13.jh., Gdf; TL; BalJos). — Afr. *ciffleux* „moqueur" (hap.), pr. *chiffláire* (f. *-arello*), *chifflur* (*-uso*). — Npr. *chiflet* m. — Afr. *eschiffler* „se moquer de" PhNavarre; *eschifle* m. „moquerie" (1284). — Mfr. *esbau-chiffler* v.a. „malmener" Molin. Nfr. *persifler* „v.a. se moquer (de qn, de qch), par des paroles ironiques; v.n. parler avec ironie"[17]) (seit 1762), Bordeaux *perchioulá* M[18]), bearn. *persiulá*. Nfr. *persiflage* m. „propos de celui qui persifle" (seit 1735); *persifleur* „personne qui persifle" (seit Ac 1762), adj. „qui persifle" (1788 — Ac 1935, Gohin).

β'. Mfr. nfr. *siffler* v.n. „boire" (15.jh. — Rich 1759; Delv 1867; 1873, Daud), *chifler* (Wid 1669 — Rich 1759), *siffler* v.a. „boire d'un trait" (seit DCom 1718), St-Pol, havr. Chablis „boire", Hérém. *tsiflá*, bearn. *siflá*; nfr. *siffler la rôtie* „boire" Oud C 1640, *siffler pour les bourgeois* „boire beaucoup" (pop., OudC 1640 — Oud 1660), *siffler la linotte* (OudC 1640 — Ac 1878); arg. *siffler* v.a. „dépenser, dilapider". — Hérém. *tsifláyə* „action de

[13]) Wegen des pfeifenden geräusches, das durch ein solches loch entsteht. Spitzer Z 46, 575; Barbier Proc 4, 281. Ein verbum *enchifler* deswegen anzunehmen ist wohl nicht nötig.

[14]) Das verbum wie das subst. *chifla* nur je bei einem it. troubadour.

[15]) Nasaleinschub zur verstärkung der expressivität. So auch montañés *chinflar* „chiflar".

[16]) Daraus vielleicht entlehnt piem. *fẹ tšiflis* „fallir nell'intento" Levi Piem.

[17]) Der erste teil dieser bildung ist die lt. präp. *per*.

[18]) Fr. *persifler* nach gask. *chioulá* umgebildet.

boire une grande quantité". — Mfr. *sifflet* m. „cabaret" Belleau. — Mfr. *siffleur* „grand mangeur" (1537); „buveur" Belleau. — Mfr. *sifflard* (Bèze, Hist. eccl. 1,845, Db).

γ'. Bearn. *siflá* „cingler d'un coup de scion", *chiflá*. — Ablt. Bearn. *chifle* „gaule flexible", *cifle*, *cible*; *ciflat* „coup porté avec une verge", *chiflat*.

. β. a'. Malm. *hüyi* v.n. „siffler", Faymonv. *χüyẹ*, Bast. *šüfli*, lütt. Marche, War. *hüflẹ*, nam. Din. Jam. Nivelles, LLouv. Soign. Thuin *šüflẹ*, Mons *chufler* (schon Dl), *chufeler* Dl, Rethel *chuffler*, Florent *sûfler*, argonn. *sûflè*, norm. *sûffler*, Calv. Tinch. *süflẹ́*, Mesnil-Az. *slüfẹ*, Manche *süfyẹ́* (p 358), *süfyi* (p 377), Jers. Guern. *süflẹ*, Aurigny *süfyay*; nam. *chuffler* „vomir; aller en prison". — Ablt. Verv. lütt. *hüflę̀* m. „sifflet", Marche, War. *hüflẹ́*, Din. nam. *šüflę̀*, Tourc. *chufflet*, Nord *šüflẹ́* „id., flûte" (p 282, 295), norm. *sûfflet* „sifflet; gosier", Calv. *süflę̀* „sifflet", Jers. Guern. *süfyę̀*; Hesb. *en huflèt* „de biais" Warn 117. Charl. *chuflot* „sifflet, flûte" BSLW 62, 131, Philipp. Nivelles, LLouv. Thuin, Soign. Mons, Rethel id., argonn. *sûflot*. Mons *chufloter* „jouer du fifre", nam. LLouv. Nivelles „siffloter"; *chuflot'min* „sifflotement"; Nivelles *chuflotia* m. „celui qui sifflote"; *chufloteû*, LLouv. Mons „celui qui joue du fifre"; Nivelles *chuflotau*, *-te* „celui, celle qui sifflote"; *chuflotine* f. „décharge de chevrotines". Malm. *huïeur* „siffleur", lütt. *hufleû*, nam. Nivelles *chuffleu*. Nivelles *chuflau*, *-te*, lütt. *huflâ* „id.; bouvreuil". Nivelles *chuflèmint* „action de siffler"; *chuflâdje*. Lütt. *ahûfler* „arriver en sifflant (des balles)". Malm. *rahuî* „rappeler qn en sifflant".

b'. α'. Afr. *chufler* „v.n. plaisanter; v.a.r. se moquer de" (13.jh., Gdf; TL; Ph Navarre; Nph M 1942, 139), apr. *chuflar* v.a. „se moquer de" (13.—14.jh.). — Ablt. Apr. *chufla* f. „moquerie" (hap. 14.jh.), afr. *chufle* (hap.). Afr. *chuflois* m. (13.jh.); *chuflement* „sujet de moquerie" (hap.). Afr. *chufleor* m. „railleur" (hap. 13.jh.). Apr. *achuflar* v.a. „se moquer de" (1282, Rn).

β'. Nam. *chufler* „boire", Mons *chuflé* „avalé" Rp 40. — Ablt. Nivelles *chuflot* m. „petit verre de liqueur", Mons id. Rp 40. Gondc. *šüferlü* „boisson mal soignée (surtout café)".

2. a. Poit. *flubé* „siffler", *fyübẹ* (p 511), centr. *fubler*, *fluber*, berr. Charost, Iss. Sanc. tour. id., Allier *fübló* (p 800), Varennes, Franchesse *fubler*, Seignelay *fiouler* „siffler dans l'air (d'une pierre)", Villié *fioulô* „siffler, jouer du flageolet", Rhône *fyu̯lǫ́* „siffler" (p 818), Ponc. *fyǫlá*, *fyu̯lá*, Alais *fioulá* „siffler (la linotte)", Hér. „siffler" (p 766, 777), Péz. *fiblá*, Aude, Ariège, HGar. *fyu̯lá*, Toulouse *fiulá* G, Tarn *fiu̯lá*, rouerg. *fioulá* Pr, St-AlbanL. *fyu̯gá*, Ardèche *fyu̯lá* (p 824, 826, 825), HLoire id. (p 817, 815), *fiu̯ᵛwá* (p 814), *fyüᵛá* (p 813), Ambert *χiœu̯lá*, PuyD. *fyu̯lé* (p 809, 806, 804), *fyu̯lá* (p 705), Eglis. *fieülá*, Lastic *fyœlá* M 82, Creuse *fyolá* (p 702), Corr. *fyu̯lá* (p 706), Agen *fioülá*, bearn. *fiulá*. — Bearn. *fiu-fiu* „sifflet d'enfant". Corr. *fyu̯l* (p 706). — Bearn. *fiulat* m. „coup de sifflet". Lang. *fieulado* f. M. — Lang. *fieuladis* m. „long sifflement" M. — Eglis. *fieüle* „sifflet". — Stéph. *fiolai* V (*-ellu*), Hér. Aude, HGar. *fiu̯lel*, Toulouse *fiulél* G, Tarn *fiu̯lẹl*, rouerg. *fioulel* Pr; Ponc. *fyǫlǫ́* „id.; sexe de l'homme". — Bigorre, Gers *fiulò* „sifflet". HLoire *fyu̯lǫ́* (p 817). Ambert *fieuloto* f. „id.; pipeau", loch. *flubotte* „sifflet"; *flubotter* „siffler". — Ambert *χiœu̯lǫ́* „sifflet", Agen *fioulet* „id.; appeau", DSèvres *fyübẹ́* „sifflet" (p 511), Indre *flübẹ*, centr. *fublet*, *flubet*, berr. Charost, Iss. id., Toulouse *fiuletá* „prendre à la pipée; attirer,

charmer". — HLoire *fyuvõ* „sifflet" (p 813), PuyD. *fyulú* (p 705). — Bearn. *fiuláyre* „siffleur"; Péz. *fiblaire* „canard sauvage". Loire *fyurái* „sifflet" (p 816, -ACULUM), HLoire *fyulá* (p 817).

b. α. a'. Mfr. *étiveler* „siffler comme un chasseur" Cotgr 1611; aveyr. *estifla* v.n. „siffler" (auch p 716, 727, 718), St-André, Ytrac id., Aurillac id. Verm 176, Cantal *ẹštyiflá* (p 719), Lot *ehtiflá* (p 713), Dord. *etiflá* (p 611), *estiflá* (p 634), Agen, Lomagne id.; aveyr. *estifla* „boire", Excid. *tiflá* „avaler prestement un verre" Lal 83. — Ablt. Aveyr. *estífle* m. „sifflet". Cantal *eštyifla* (p 719; -ACULUM). Mfr. *estiflet* D'Aubigné, Agen id. Aveyr. *estiflwọl* (p 716, 727), *estiflọl* (p 716), Ytrac *estiflọ́w*, Murat *stiflohr* MAnt 12, 380, Lot *ehtiflọl* (p 713), Dord. *ẹtiflo* (p 612); Ytrac *enpelá en estiflọ́w* „greffer en forme de sifflet". Agen *estiflado* f. „sifflement". Aveyr. *estiflal* m. Aveyr. Agen, Ytrac *estifláyre* „siffleur". Aveyr. *estiflejá* „siffloter"; *estiflejáyre* „siffleur".

b'. Sarrancolins *stiflat* „soufflet sec" Arm Mount 1927, 25, gask. *estiflat* „coup de baguette; gifle"; *estiflade* f. Bigorre *estifloú* m. Gask. *estiflét* m. „houssine; enfant mince et espiègle", Aire „outil quelconque". St-Affrique *estiflo* f. „gifle". Barc. *estiflar* „gifler". — Bearn. *tiflat* m. „gifle"; *tiflade* f. SeudreS. *tifflle* [*tifl*] „forme de la main ouverte pour frapper". — Lang. *teffle* „gifle" Mém Montp 1841, 127.

β. Puiss. TarnG. Cahors *estuflá* „siffler", Lot *ehtüflá*, rouerg. *estuflá* Pr, aveyr. id., *ehtüflá* (p 724), St-André *estuflá*, Cantal id. (p 715, 717, 714), hauv. id. MAnt 9, 378, Mauriac *stuflá*, lim. *estuflar*, Corr. *ẹstüflá* (p 711, 617), *etuflá* (p 609), blim. *estsuflá*, périg. *eituflá*, Périgueux id. Benoit F 86, Dord. *eištüflá* (p 616, 626); lim. *estuflar aus merles* „perdre son temps". — Ablt. Rouerg. *estufle* m. „sifflet" Pr, aveyr. id., Cantal id. (p 714), Corr. *stüflə* (p 707), *etufle* (p 609), *ẹstǘfle* (p 617), blim. *estsufle*, Dord. *eištüfle* (p 616, 626), *eitüfle* (p 624). Hauv. *estuflo* f. Dord. LotG. *estüflet* m. (p 628, 638), Périgueux *eituflé* BenoitS 28, St-Pierre *eituflet*, lim. *estuflet*, blim. *estsuflet*; aveyr. *estufléto* f. „petit sifflet", *uous o l'estufleto* „œufs frits et réunis par les glaires". Lim. *estuflot* m. „sifflet". TarnG. *estüflẹl* (p 731, 741), Lot *ehtüflẹl* (p 619, 720), aveyr. id. (p 724). TarnG. *estüflọl* (p 730), aveyr. *estuflouol*, Lot *ehtüflọl* (p 712, 618), blim. *estsuflol*, Corr. *ẹhtüflọu* (p 710). Mauriac *stuflau*; aveyr. *estuflal* „sifflement". St-Pierre *eituflado* f. „coup de sifflet". Aveyr. *estufláyre* m. „siffleur". Aveyr. *estuflejá* „siffloter"; *estuflejáire* „siffleur"; *estuflouná* „siffloter"; *estuflounejá*; *estuflounejáyre* „siffleur".

II. 1. a. Nfr. *sibilant* adj. „qui a le caractère d'un sifflement (p. ex. respiration)" (seit AcC 1842), *râle sibilant* „râle qu'on entend dans la bronchite" (seit 1871). — Ablt. Nfr. *sibilance* f. „caractère des râles sibilants (1871 — Lar 1933).

b. α. Mfr. *sibilation* f. „moquerie, dérision" (1530, Lef Jérémie 18, 19).

β. Mfr. „action de souffler (du vent)" (ca. 1510 — ca. 1540).

γ. Nfr. „manière de siffler" (seit Moz 1842).

c. Nfr. *exsibilé* „sifflé (d'un acteur)" (1640, Chap).

2. a. Mfr. *sibilateur* m. „joueur de sifflet" (1521, Violier des hist. rom. 221).

b. Mfr. *sibilot* m. „bouffon" (Bouchet; Cotgr 1611), nfr. *faire le sibilot* „faire le badin, le bouffon" OudC 1640, *sibilot* „sot dont on se moque" (1597 — Trév 1752)[19]; „oison"[20] (regional, Mén 1694 — Trév 1771).

Lt. SĪBĬLARE „zischen, pfeifen" lebt in der ganzen Romania weiter. Es ist allerdings vielfach modifiziert worden, teils durch lautmalende tendenzen, teils durch den einfluß semantisch benachbarter wörter. Schon in römischer zeit (4.—5. jh.)[21] steht daneben, mit *-f-* statt *-b- sifilare*, eine form, die Nonius als vulgär tadelt; so auch App. Probi *sibilus non sifilus*. Man sieht in dieser form gewöhnlich die oskisch-umbrische entsprechung von lt. *sibilare*. Da aber die parallelen indogerm. formen *sibilare* nicht restlos entsprechen, könnte man in SIFILARE auch eine lautanalogische form sehen oder auch eine lautmalende umbildung, da *-f-* als wiedergabe eines pfeifenden geräusches empfunden werden kann. Die beiden grundformen leben im gallorom. weiter (I 1): a setzt die form mit *-b-* fort, b diejenige mit *-f-*. Bei beiden typen wird übrigens der anlaut mannigfachen modifikationen unterworfen, die verschiedene formen des zischens und pfeifens wiedergeben sollen (*ts-*, *tš-*, *š-*), und die sich ganz kapriziös einstellen[22]. Bei a wie bei b besteht neben der klt. form mit *sī-* noch eine solche mit *sū-*[23] (daher oben jeweils *α*, *β*). Die zuteilung der romanischen formen an die sich so ergebenden vier typen ist unsicher, weil bei vielen auch jüngerer lautwandel (z. b. *i* vor labial zu *ü*) vorliegen kann. Die verteilung der formen unter *α* und *β* ist daher sowohl bei a wie bei b mit diesem vorbehalt aufzufassen. SĪBĬLARE (1a*α*) lebt auch weiter in rum. *suera*, mazrum. *șiura*, gen. *šigwâ* AGl 16, 358, VAntr. *siwlá*, VAnz. *šulá*[24]), Oberhalbstein *tšivlar* Grisch 107, Bergün *šivler* Lutta 161, trent. *šigular*, Livinallongo *šyolẹ́*, frl. *sivilá*, *šivulá*, kat. *siular*, *xiular*, sp. *silbar*, Maragatería *jibrar*, astur. *xiplar* RLu 1, 285, pg. *silvar*. In der Dauphiné hat, zu welcher zeit, läßt sich kaum feststellen, das suffix den akzent auf sich gezogen (b', gegenüber a')[25]. Der typus *SŪBĬLARE (1a*β*) ist in afr. und nfr. zeit bereits im norm. und westfr. bereich belegt und beherrscht den südlichen

[19]) Fur 1690 definiert noch „celui qui contrefait les esprits et qui siffle et parle du ventre" (so bis Trév 1771). Hat diese bed. wirklich bestanden?

[20]) Diese bed. ist dem wort wohl gegeben worden in anlehnung an weit verbreitetes *bilot* „oison".

[21]) S. ThGloss; außerdem *sibilus non sifilus* in der Appendix Probi. ALL 9, 428; 11,326; RF 7,216. Wohl kaum, wie Bertoni RFCl 38,33 meint, *-f-* aus *-v'l-* entwickelt.

[22]) Es läge nahe, frb. *dzüblá* „glisser", Blon. *dziblá* usw. auch zu SIBILARE zu stellen, wobei der anlaut eine weitere variante darstellen würde. Nach dieser richtung weisen auch die bed.entw. von mhd. *siffeln* „gleiten", Tirol „bei schleppendem gang den boden streifen", it. *scivolare* „pfeifen; gleiten" (AGl 15,218; s. auch, besonders für Unteritalien, AIS 847). Aber nördlich schließt an lothr. *χọi* „glisser", dessen herkunft möglicherweise mit derjenigen von *dzüblá* im zusammenhang steht, so daß ein entscheid über dieses allein gewagt wäre.

[23]) Ist vielleicht durch vokalmetathese aus einem **sībŭlare* entstanden, oder aber unter dem einfluß des von Ennius gebrauchten *sūbŭlo*, *-onis* „flötenspieler", das nach Varro etruskischer herkunft gewesen sein soll und sich auch als etrusk. familienname findet, s. Glotta 4, 189. Zu letzterer erklärung würde sehr gut passen, daß tosk. *zufolare* diese vokalisierung festhält. Eine form *suiflum* für *sifilum* ist schon CGl 4,395,3 belegt, s. auch Baehrens 89.

[24]) Die it. formen im einzelnen s. AIS 752, 753.

[25]) Ein ähnlicher typus liegt vor in agen. *sivóllo* „fischio" AGl 15,76. Man könnte an eine abfolge *sībĭlare* > **sībŭlare* > **sībŭllare* (dieses nur als typus gemeint) denken. Oder liegt eine spätere zerdehnung des zweiten teils des wortkörpers vor, durch die der eindruck der abschwächung entstehen soll? Vgl. piem. *cifulè* „susurrare" neben monferr. *ciflè* „fischiare".

teil des fr. gebietes bis ins Berry, in die südl. Champagne und Lothringen, ferner das frpr., und endlich, zum teil mit *a* untermischt, den größten teil des occit., wo nur die Gascogne eindeutig zu *a* hält. Anschließend nach osten piem. *sübyę*, Arbedo *šürá*, Leventina *sürę́*, ven. *sŭbyar*, Dignano *sŭlá* Ive 110, Muggia *sŭblar* AGl 12, 347, obeng. *tšüvler*, ueng. *šüblar*, Comelico *sŭbyę* ARom 10, 173, vegl. *sublar*, ferner kors. *sŭlá* (auch *sciuvolone* „buffo di vento" RLomb 49, 811), Sassari *sŭlá* „soffiare leggermente" AGl 14, 178, nuor. *survare* „pfeifen", logud. *sulare*, campid. *suilai*, *sulai* ARom 24, 21, endlich, im iberorom. apg. *suviar*, *asoviar*, galiz. *asubiar* (R 10, 340; Arch 127, 373), Santander *sullar* „schreien (eule)" GDiego. Der typus SIFILARE gehört im gallorom. ausgesprochen dem nördl. teil des fr. sprachgebietes an (b*a*). Darüber hinaus piem. *siflè* „fischiare" (oder dieses aus dem fr. ?), monferr. *ciflè*, piem. *cifulè* „susurrare", Modena, ReggioE. *stšiflęr* „fischiare" AGl 3, 154, mail. *sifŭlá*, Como *tšifŭlá*, Veltlin *tsifŭlá*, sp. *chiflar*, *chillar*, galiz. *chifrar*. Aus dem it. entlehnt Tirol *siffeln* „zischen", aus dem fr. ebenso mhd. *siflen* „flüstern", fläm. *schiffelen* „durch die finger pfeifen" Schuermans. Aus der bed. „pfeifen" (a') haben sich verschiedene sekundäre bed. entwickelt (b'): die bed. „spotten" (*α*') ist schon im Mittelalter vorhanden; sie eignet auch dem sp. *chiflar* und liegt VAnz. *tsiflŭn* „uomo che insulta la gente", montañés *chiflón* „charlatán" zugrunde. Die bed. „(in einem zug) trinken" (*β*') erklärt sich durch die leichtigkeit und geschwindigkeit, womit der wein die offene gurgel hinunterfließt, vergleichbar dem pfiff, zu dem auch nur einmal angesetzt wird.[26]) Auch arag. *chiflar* „verschlucken; essen". *γ*' erklärt sich durch das zischende, pfeifende geräusch der zum schlag verwendeten gerte. Vgl. arag. *chifletazo* „schlag mit dem handrücken" BCat 24, 166. Endlich der typus *SŪFĬLARE ist bereits für das lt. gesichert durch die glosse *suiflum* : *sifilum* (9. jh., ALL 9, 428). Er lebt in tosk. *zufolare*, sen. *suffilare* Z 9, 541, agen. *iufrar* AGl 8, 363, Alessandria *ssûflè*, südwestlomb. *süflá*, Piacenza id. Z 14, 146, westemil. *süflä*, auch im iberorom., wenn auch hier nur noch in sekundären bed. Im gallorom. sind es zwei geschlossene gebiete, welche diesen typus gewählt haben: das wallon. (mit hain. und der nördl. Champagne), und das westnorm. (*β* a')[27]). Die sekundären bed. (b') entsprechen denen von *siffler*. Es fällt aber auf, daß die bed. „spotten" (*α*') die regionale beschränkung von a' nicht kennt, dafür aber allerdings nur im Mittelalter belegt ist. Dazu auch andal. *chuflarse* „burlarse", sp. pg. *chufar*. Nach dieser geographischen verteilung muß man annehmen, daß *SŪFĬLARE in Italien, Frankreich und Hispanien diffus und neben anderen typen gelebt hat, daß es sich dann aber im größten teil des gallorom. und in Hispanien früh auf die übertragene bed. zurückgezogen und die eigentliche bed. den anderen typen überlassen hat. Die schwach vertretene bed. „trinken" (*β*') ist wohl nach dem vorbild von fr. *siffler* (*β* b' *β*')

[26]) FEW 3,614 wird *siffler* „boire" als synonymalbildung zu *flûter* angesehen. Da es aber viel früher belegt ist als dieses, kann diese erklärung wohl nicht aufrechterhalten werden — [vgl. in deutschen mundarten *pfiff* „kleines glas bier", berlin. *einen zwitschern gehen* „einen trinken gehen (auf die schnelle)". — Baldinger].

[27]) Wegen des anlautes wird für das wallon. meist einfluß von *schuifelen* „pfeifen" angenommen. Doch ist das ganz überflüssig angesichts der von der norm abweichenden gestaltung des anlauts in so vielen gegenden der Romania. Vgl. dazu zuletzt Remh 87. Sehr auffällig ist auch, daß diese beiden fr. zonen von *suffler* in unmittelbarem geographischem kontakt stehen mit kleinen zonen, in denen *souffler* die bed. von „siffler" übernommen hat.

entstanden. Unter 2 stehen zwei worttypen, für die sicher von SĪBĬLARE auszugehen ist, die aber durch das zusammentreffen mit anderen wörtern lautlich stark verändert worden sind. Bei a ist der anlaut (*f-* statt *s-*) wohl durch den einfluß von *flûter* modifiziert worden; es wurden davon sowohl vertreter von SĪBĬLARE, wie solche von *SŪBĬLARE betroffen. Bei b sind zwei typen zu unterscheiden, mit stammvokal *ī* (*α*) und mit *ū* (*β*), entsprechend den zwei varianten von SĪBĬLARE. Ihre genaue entsprechung haben sie in der Emilia (Modena *stiflèr* „pfeifen", Bologna *štufilẹr*). Die erklärung des wortanfangs macht schwierigkeiten. Am ehesten möchte man annehmen, SĪFĬLARE, resp. *SŪFĬLARE, seien unter dem einfluß eines mit *st-* beginnenden wortes zu **stīfĭlare*, resp. **stū-* umgebildet worden. Als induzierendes wort könnte vielleicht STĪPŬLA „strohhalm" in frage kommen, das zwar nirgends in der Romania in entsprechender bed. belegt zu sein scheint, das aber doch, z. b. bei Vergil, als benennung einer primitiven rohrpfeife vorkommt. Die kreuzung müßte daher schon sehr früh erfolgt sein, wodurch auch ein ursprünglicher zusammenhang zwischen der occit. und der emil. zone eher in den bereich der möglichkeit rückt. Bei *α* hat sich eine ähnliche sekundäre bed. eingestellt wie bei *siffler* (b *α* b'*γ*'). Sie mündet dann allerdings in eine form mit stammvokal *e* aus, die wohl wiederum eine andere wortgruppe hinter sich hat. — Diez 440, 678; Gröber ALL 5, 468; MussBeitr 105; Z 11, 578; Baehrens 89; RFE 9, 122; Bartoli 36; ML 7890; AGl 28, 107.

II 1 umfaßt die entlehnungen aus dem lt., 2 die im fr. gebildeten ablt. zu lt. wörtern. 1a ist durch die mediziner aus dem part. präs. *sibilans* entlehnt, b aus lt. *sibilatio* „das pfeifen" (mehrmals, daher *α*, *β*, *γ*). c aus *exsibilare* „auspfeifen" entlehnt. 2a abgeleitet auf grund von lt. *sibilare*, b wohl nach dem vorbild von *subulo* zu *sibilare* gebildet. Nach einem bericht, der schon bei Cotgr 1611 steht, wäre *sibilot* zuerst der übername des narrs Heinrichs III. gewesen.

Die Aufgaben eines Forschungsinstituts für Kunstgeschichte an der Deutschen Akademie der Wissenschaften zu Berlin

VON RICHARD HAMANN

Kunstgeschichte ist eine junge Wissenschaft. Ihre ersten selbständigen Schritte liegen kaum 150 Jahre zurück. So ist es verständlich, daß ältere Wissenschaften etwas mißtrauisch auf diese jüngere Schwester schauen, die zudem in dem Verdacht bloßer Schönrednerei steht, und nicht geneigt sind, ihr die gleichen Rechte wie den traditionellen Fächern zuzugestehen. Aber die Kunstgeschichte hat ihre Ernsthaftigkeit durch mehr als eine bedeutende Leistung bewiesen und ist in den letzten Jahrzehnten so entschieden in die vorderste Linie der Geisteswissenschaften eingerückt, daß sie mit ihrer Methode zeitweise selbst Nachbardisziplinen hat anregen können. Heute nun in einer Zeit, da der wissenschaftliche Fortschritt so stark auf die Gebiete verschoben erscheint, wo zwei oder mehrere Wissenschaften sich berühren, darf die Kunstgeschichte, deren Sphäre tief in alles Menschliche hineinreicht und die damit zu den verschiedensten anderen Wissenschaftsgebieten offen ist, für die gemeinschaftliche Arbeit und für das übergreifende gemeinsame Ziel der Wissenschaften nicht fehlen. Aber nicht nur vom Ganzen her gesehen ist das Gebiet, das die Kunstgeschichte betreut, von größter Wichtigkeit geworden, sondern es besitzt auch für sich allein eine hohe Bedeutung. Die ewige Aufgabe der Kunstgeschichte ist es doch, das Verständnis für die Werte der bildenden Kunst lebendig zu erhalten und die Kenntnis von ihrem Wesen und ihrer Geschichte zu erweitern und zu vertiefen. Die bildende Kunst stellt aber einen wesentlichen Teil der menschlichen Kultur überhaupt dar. Und dieser Kulturbesitz will nicht nur geschützt und gepflegt sein, sondern er muß nach einem bekannten Schillerwort durch wirkliches Verständnis und innere Aneignung auch immer neu erworben werden, um wirksam zu sein. Das aber ist schließlich der eigentliche Sinn der kunstgeschichtlichen Forschung.

Hat also aus diesem doppelten Grund die kunstgeschichtliche Forschung Anspruch auf staatliche Förderung, so kann es keinem Zweifel unterliegen, daß die natürliche Stelle für ihre letzte Verankerung nur an dem eigentlichen Zentrum der Forschung liegen kann, d. h. an der Deutschen Akademie der Wissenschaften. 1949 war ein ausführlicher Plan für ein Forschungsinstitut für Kunstgeschichte ausgearbeitet und der Deutschen Akademie der Wissenschaften vorgelegt und vom Präsidium genehmigt worden. Als die Gründung einer Arbeitsstelle am 1. 9. 1954 schließlich erfolgte, war es nur ein kleiner Teil der Pläne, der damit in die Sphäre des zu Verwirklichenden eintrat. Deshalb kann vieles von dem, was über die Aufgaben und Ziele eines Forschungsinstituts für Kunstgeschichte hier zu sagen ist, bisher nur als Wunsch für die zukünftige Entwicklung der Arbeitsstelle geäußert werden.

Als die grundlegenden Aufgaben eines Forschungsinstituts für Kunstgeschichte lassen sich etwa herausheben:

1. die Übernahme von Forschungsaufgaben, die die Kräfte eines Einzelnen überschreiten,
2. die Bereitstellung zentraler Forschungsmittel für die kunstgeschichtliche Arbeit (Bibliothek und Fotothek),
3. die Schaffung von Publikationsmöglichkeiten für wertvolle kunstgeschichtliche Forschungsarbeiten,
4. die Förderung des wissenschaftlichen Nachwuchses durch Gewährung von Auslandsstipendien und Vergebung von Forschungsaufträgen.

Davon sind Punkt 1 und 2, wenn auch mit bescheidenen Mitteln, in Angriff genommen. Punkt 3 wird demnächst folgen. Punkt 4 steht noch aus.

Im einzelnen wäre zu diesen Punkten — in umgekehrter Reihenfolge — einiges zu sagen.

1. Die Nachwuchsförderung. Für die Gewährung von Reise- und Forschungsstipendien gibt es in einer Schwesterwissenschaft ein beneidenswert gut organisiertes Vorbild, nämlich in der klassischen Archäologie, wo diese Dinge beim Deutschen Archäologischen Institut zusammenlaufen. Dort wurde diese Einrichtung geschaffen, weil man einsah, daß Studenten nicht über die eigenen Mittel verfügen können, um längere Zeit nach Italien, Griechenland oder gar den Ländern des vorderen Orients zu reisen. Ohne solche Reisen aber ist eine archäologische Forschung nicht denkbar. Also wurden für die Begabten öffentliche Mittel zur Verfügung gestellt. Das gleiche gilt für die Kunstgeschichte. Größere Reisen, selbst wenn sie auch nur in näherliegende Länder führen sollten, kann ein Student aus eigenen Mitteln nicht bestreiten, abgesehen davon, daß die Devisen- und Paßschwierigkeiten in einem solchen Maße gewachsen sind, daß sie ohne staatliche Hilfe gar nicht mehr überwunden werden können. Die kunstgeschichtliche Forschung ist ohne stete lebendige Verbindung mit den Denkmälern ebenfalls zum Sterben verurteilt. Auch die deutsche Kunst allein ist bei ihrer vielseitigen Verflechtung in die allgemein europäische Kunstwelt nur aus sich selbst heraus nicht zu begreifen. Man sollte daher auch hier ein geregeltes Stipendienwesen für längere Auslandsreisen und für Forschungsaufträge schaffen, um damit den begabten Nachwuchs zu fördern und die Forschung lebendig zu erhalten. Daß ein Teil der Nachwuchsförderung und -lenkung damit einer zentralen Forschungsstelle in die Hand gegeben würde, kann nur als Vorteil gewertet werden, abgesehen davon, daß für die Verteilung der Stipendien ein größeres Gremium verantwortlich gemacht werden könnte. Notwendig aber wäre unbedingt die Bereitstellung und zentrale Verwaltung der Mittel.

Hier ist noch eine allgemeine Bemerkung einzuschieben. Die Kunstgeschichte teilt mit der Archäologie, der Sinologie und ähnlichen Disziplinen die unangenehme Eigenschaft, viele Geldmittel zu brauchen. Kostspielige Reisen, kostspielige Fotografien, kostspielige Bücher, das alles pflegt besonders philologischen Fächern luxuriös zu erscheinen. Es gehört aber leider zum „Handwerk". Einsparungen an dieser Stelle würden der kunstgeschichtlichen Forschung nicht dienlich sein.

2. Publikationsmöglichkeiten. Streng wissenschaftliche Publikationen zur Kunstgeschichte erfordern meist den Einsatz erheblicher finanzieller Mittel, und es kann nicht einmal immer gesichert werden, daß sie in voller Höhe durch den Verkauf zurückfließen. Ist keine staatliche Stelle da, die diese Mittel aufzubringen und eventuell auch einen Verlust zu tragen in der Lage ist, so werden solche Arbeiten in den Schreibtischen der Gelehrten liegen bleiben und bald wohl auch gar nicht mehr angefertigt werden. In beiden Fällen läuft die Forschung Gefahr, sich selbst aufzuzehren. Man wird dann Bilderbücher zusammenstellen und mit einer kurzen, allgemeinverständlichen Einleitung versehen, da solche Bücher stets ihren Käuferkreis

finden. Nichts ist an sich gegen solche Bilderbücher zu sagen, im Gegenteil alles für sie. Aber wenn sie allein die Federn der Forschung in Bewegung setzen, ist etwas nicht in Ordnung. Eine Möglichkeit, größere kunstgeschichtliche Arbeiten zu veröffentlichen, kann durch ein Forschungsinstitut für Kunstgeschichte im Zusammenhang mit dem Akademie-Verlag in Zukunft zweifellos geschaffen werden, und damit kann die strenge Forschung den Antrieb erhalten, den sie braucht, um lebendig zu bleiben.

3. Zentrale Forschungsmittel. Berlin hatte früher durch die Staatsbibliothek, die Kunstbibliothek, die Zentralbibliothek der Staatlichen Museen und die Bibliothek des Kunsthistorischen Instituts der Universität buchmäßig einen glänzenden Fundus für kunstgeschichtliche Arbeiten. Jetzt fehlen eine Reihe dieser Bibliotheken in Berlin ganz, oder sie sind stark dezimiert. Um diese riesigen Verluste aufzuholen, sind große Anstrengungen nötig. Berlin sollte die jetzige Situation benützen, um an einer Stelle eine kunstgeschichtliche Bibliothek ersten Ranges zu schaffen, die die für die Forschung wichtigen Werke restlos enthalten müßte, während die Museumsbibliothek daneben durchaus ihren Sinn behalten könnte als Sammelstelle für die Literatur, die den spezielleren Fragen der musealen Welt nachgeht. Durch Vereinigung der Bibliotheken des Forschungsinstituts der Akademie mit der des kunsthistorischen Instituts der Universität und raschen planmäßigen Ausbau dieser Gesamtbibliothek könnte ein solches zentrales Instrument verhältnismäßig schnell und mit relativ geringen Kosten geschaffen werden.

Der Gedanke einer zentralen Fotothek ist wohl fast so alt wie die kunstgeschichtliche Forschung selbst. In Marburg habe ich eine solche ins Leben rufen können, die dem Idealbild relativ nahe gekommen ist. Aber auch Berlin braucht eine Zentrale für Fotografien kunstgeschichtlicher Art, zumal in der heutigen Situation. Mag man sich auch zunächst darauf beschränken, Positive anzukaufen und nur die Negative zu sammeln, die im Forschungsinstitut selbst für eigene Arbeiten hergestellt werden, so kann ein solcher Ausweg doch nur als Provisorium angesehen werden. Der Ausbau einer derartigen Fotostelle zu einem Bild- und Negativarchiv im Sinne von Foto-Marburg oder der ehemaligen Staatlichen Bildstelle müßte immer im Blickfeld bleiben. Er kann im Grunde gar nicht großzügig genug angefangen werden, zumal nach einer gewissen Anlaufzeit eine solche Einrichtung sich weitgehend finanziell selbst zu tragen vermag, wie wiederum Foto-Marburg beweist.

4. Überpersönliche Forschungsaufgaben. Bei der ständig fortschreitenden Spezialisierung und Verzweigung aller Forschung ist es unvermeidlich, daß in immer stärkerem Maße die Kräfte eines Einzelnen für große Aufgaben nicht ausreichen. Besonders ist es die sorgfältige Erfassung bestimmter Materialgruppen in ihrer Gesamtheit, d. h. die Schaffung von Corpus-Werken, die nur kollektiv durchgeführt werden kann. Nur mit den Mitteln eines Instituts ist der Aufwand an Kraft, Zeit und Geld zu leisten, der in solchen Fällen erforderlich ist. Aber gerade diese Corpus-Werke sind es, die auf die Länge gesehen die Wissenschaft voranbringen können. Es geht nicht an, daß wir unsere Quellen immer wieder nur ungenügend kennen und damit die Forschung auf ungefähren Kenntnissen aufbauen. Selbstverständlich kann die Schaffung solcher Materialunterlagen niemals den genialen Funken des einzelnen Forschers ersetzen, der den Dingen eine neue Fragestellung abgewinnt oder sie überraschend

neu zu ordnen weiß. Aber es ist unwissenschaftlich, wenn alle Wandlung der Forschung sich etwa immer wieder am gleich unvollständigen Material vollzieht. In der Sprachwissenschaft z. B. ist es selbstverständlich, daß in den großen Wörterbuchunternehmen, Thesaurus Linguae Graecae und Latinae, Grimms Wörterbuch, in sorgfältigster Kleinarbeit jedes Wort, seine Bedeutungen und die zugehörigen Belegstellen gesammelt werden. Auf dem Gebiet der Kunstgeschichte ist nur für winzige Ausschnitte (Elfenbeine, Bronzegerät z. B.) Ähnliches begonnen worden. Wir besitzen keine vollständige Übersicht über unsere ältesten Bauten, Bildhauerarbeiten, Malereien usw. Gewiß, je weiter wir uns der Gegenwart nähern, um so hoffnungsloser muß der Gedanke auch nur einer relativen Vollständigkeit werden. Aber eben die ältesten Dinge kann und muß man sammeln. Die natürliche Zerstörung der Zeit bedroht gewiß alles Geschaffene. Aber viele künstlerischen Erzeugnisse sind in ihrer Verletzlichkeit und Empfindlichkeit dieser Vernichtung ganz besonders ausgesetzt. Man denke an die Glasmalerei, an Porzellane, an die Tafel- und Wandmalerei, wo Bild und Bildträger oft zerstörend gegeneinander arbeiten, aber auch an unbenutzt stehende Bauwerke, Ruinen aller Art, die leichter vergehen, als man meinen könnte. Wenn aber das kunstgeschichtliche Material z. T. so ganz besonders vom Untergang bedroht ist, so ist es auch um so mehr unsere Pflicht, uns zu bemühen, diese Dinge wenigstens im Bild und in der Beschreibung und Deutung für die Nachwelt zu erhalten. Aus solchen Überlegungen ergibt sich, daß diese grundlegende Aufgabe eines Forschungsinstituts für Kunstgeschichte gar nicht ernst genug genommen und gar nicht energisch genug angefaßt werden kann. Es ergibt sich daraus weiter, daß unsere Kraft sich zunächst auf die ältesten Denkmäler zu richten hat, da bei ihnen die Möglichkeit, sie vollständig zu erfassen, am ehesten gegeben ist und jeder neue Verlust unser Bild am stärksten zu trüben vermag. Außerdem kann ihre genaue Kenntnis aller Forschung, die sich mit jüngeren Gegenständen befaßt, eine festere Grundlage geben. Dann aber sind vor allem auch die gefährdetsten Denkmäler zu berücksichtigen, da nie abzusehen ist, wie lange sie der Forschung noch zur Verfügung stehen.

Als Corpus-Werke wurden daher zunächst in Angriff genommen:

1. Romanische Kunst Mitteldeutschlands.

2. Deutsche Inschriften.

Die romanische Kunst Mitteldeutschlands ist eine der großartigsten und geschlossensten Leistungen der deutschen Frühzeit, die bisher keine zusammenfassende Bearbeitung gefunden hat. Hier soll dafür die feste Grundlage durch ein Corpus-Werk geschaffen werden, das die Bauwerke, die Bildhauerarbeiten und die Wandmalereien zu umfassen haben wird, während die Buchmalerei, da sie besonderen Bedingungen unterliegt, zunächst nicht einbezogen werden muß. Dagegen wäre eine spätere Ausweitung auf die romanische Kunst Nordostdeutschlands sinnvoll. Als Leiter des Unternehmens konnte ein vorzüglicher Kenner der romanischen Kunst, Prof. Dr. EDGAR LEHMANN, gewonnen werden. Von Anfang an soll dieses Werk auf die Zusammenarbeit von Kunsthistoriker, Historiker und Architekt eingestellt werden, um Einseitigkeiten der Betrachtung, wie sie bei rein kunsthistorischer Bearbeitung sich leicht einschleichen könnten, zu vermeiden und um eine möglichst allseitige Erfassung der Denkmäler und ihrer Verankerung in ihrer Zeit und an ihrem Ort zu gewährleisten.

Das für die Grundlagenforschung der Kunstgeschichte so außerordentlich wichtige Corpus der deutschen Inschriften ist ein Gemeinschaftswerk der deutschen Akademien. Seine Wiederaufnahme ist in Berlin im Rahmen der Arbeitsstelle für Kunstgeschichte möglich geworden. Näheres darüber wird der verantwortliche Bearbeiter, Dr. ERNST SCHUBERT, in einem besonderen Beitrag selbst sagen. Erfreulicherweise konnte ihm seit dem 1. 1. 1956 ein zweiter Mitarbeiter beigegeben werden.

Die Inangriffnahme einer Reihe weiterer solcher großer Forschungsarbeiten ist für die Zukunft geplant, und zum Teil sind dafür auch bereits vorbereitende Schritte getan worden.

Sie seien zunächst aufgezählt:

1. Mittelalterliche Glasmalerei im Gebiet der DDR,
2. Mitteldeutsche Porzellane (sowie Fayencen und Gläser),
3. Gotische Wandmalerei im Gebiet der DDR,
4. Frühmittelalterliche Kirchen Deutschlands,
5. Norddeutscher Backsteinbau im Mittelalter,
6. Die deutschen Grabmäler der Frühzeit,
7. Katalog der Bestände an Buchmalerei in der DDR.

Dazu wäre erläuternd kurz zu bemerken:

Von dem großen internationalen Corpus Vitrearum Medii Aevi entfallen mehrere Bände auf das Gebiet der Deutschen Demokratischen Republik (besonders Erfurt und Stendal). Die Bearbeitung dieser Bände findet in dem Forschungsinstitut für Kunstgeschichte ihr natürliches Zentrum. Ein größerer Satz entsprechenden Fotomaterials (ca. 4000 Aufnahmen), dessen Besitzverhältnisse allerdings noch nicht endgültig geklärt sind, würden hier für diese Arbeit zur Verfügung stehen. Eine Schülerin des Leipziger Kunsthistorischen Instituts ist mit der Herstellung eines Katalogs sämtlicher mittelalterlicher Scheiben im Bereich der Deutschen Demokratischen Republik beschäftigt. Ihre spätere Übernahme an die Arbeitsstelle für Kunstgeschichte ist mit dem Leipziger Institut vereinbart.

Die Produktion der mitteldeutschen Porzellan- und Fayence-Werkstätten ist nie zusammenfassend gesammelt und beschrieben worden, obgleich sie sowohl für die sogenannte hohe als auch für die Volkskunst wichtiges Material bietet. Bei der leichten Zerstörbarkeit wäre die Aufstellung dieses Corpus von hoher Dringlichkeit. Die Erfassung der Fayencen und Gläser sollte sich anschließen.

Von besonderer Vergänglichkeit ist weiter die Wandmalerei, die ja bei uns im Mittelalter in „al secco"-Techniken ausgeführt wurde. Wichtige Denkmäler davon sind außerdem zur Zeit dem Verfall ausgesetzt, weil die Gebäude, in denen sie sich befinden, als Ruinen dastehen. Auch hier ist der Arbeitsstelle für Kunstgeschichte ein in vielen Jahren mühseliger Arbeit zusammengetragenes Manuskript über die romanische Wandmalerei in Mitteldeutschland angeboten worden, das die Grundlage für ein Corpus-Werk, wenigstens für diesen Zeitraum, abgeben könnte.

Die katalogmäßige Erfassung der deutschen frühmittelalterlichen Kirchen würde eines der wichtigsten und interessantesten Kapitel der deutschen Kunstgeschichte erschließen. Sie wird im Zentralinstitut für Kunstgeschichte in München eingeleitet durch Anlage einer

Kartei nach dem Vorbild des Pariser „fichier préroman". Doch muß die zusammenfassende Darbietung im Grunde von einem Gelehrten allein geleistet werden. Prof. LEHMANN ist durch sein Buch über den frühen deutschen Kirchenbau für diese Aufgabe vorzüglich vorbereitet und will sich ihr später widmen.

Die vollständige Erfassung der norddeutschen Backsteinbauten des Mittelalters ist ein altes nationales Anliegen. Durch die Bedrohung einer Reihe wichtiger Denkmäler in ihrem Bestand ist auch dieses Werk von großer Dringlichkeit.

Die Grabmäler sind durch ihre häufig feste Datierung für die stilkritische Forschung von größter Wichtigkeit. Dazu kommt das spezielle historische Interesse, das sie meist bieten. Ihre umfassende Sammlung und Abbildung, wenigstens soweit sie der Frühzeit angehören, gehört daher zu den grundlegenden Aufgaben der Kunstgeschichte.

Schließlich sind die Bestände der Buchmalerei in den Bibliotheken sonderbarerweise noch immer ungenügend bekannt, vor allem ganz ungenügend publiziert. Bei ihrer Wichtigkeit für die Kenntnis der Entwicklung der Malerei im Mittelalter überhaupt gilt es auch hier, vieles dringend nachzuholen.

Es ist selbstverständlich, daß das Forschungsinstitut für Kunstgeschichte auch für alle anderen, für die Forschung gerade wichtigen Fragen sich offen hält und für ihre Erledigung sich zur Verfügung stellt. Eine solche brennende Frage ist zur Zeit die Neuherausgabe des DEHIOschen Handbuchs der deutschen Kunstdenkmäler für den Bereich der Deutschen Demokratischen Republik, wofür Vorarbeiten in verschiedenen Richtungen an der Arbeitsstelle für Kunstgeschichte geleistet werden. Eine wichtige Rolle in diesem Rahmen spielt die Zusammenstellung von regionalen Bibliographien zur Kunstgeschichte im Sinne des Schrifttums zur rheinischen Kunst. Dieses erschien 1949 als Beiheft des Schrifttums zur deutschen Kunst, eines vom Deutschen Verein für Kunstwissenschaft getragenen Unternehmens, das leider seit einigen Jahren zum Erliegen gekommen ist. Es werden 6 Hefte vorbereitet, je eines für die ehemaligen Länder der Deutschen Demokratischen Republik und ein zusätzliches für Berlin und Potsdam. Auch sonst wird das Forschungsinstitut auf bibliographische Arbeiten sein besonderes Augenmerk zu richten haben, da sie zu den grundlegenden Aufgaben der Forschung gehören. Das natürliche Zentrum bibliographischer Tätigkeit, Leipzig, hat durch sein Kunsthistorisches Institut diese Absicht bisher aufs Vorbildlichste unterstützt.

Die häufig wiederkehrende Begrenzung in der Aufgabenstellung des Instituts auf das Gebiet der Deutschen Demokratischen Republik ist keine grundsätzliche Entscheidung, sondern eine aus der augenblicklichen Lage sich notwendig ergebende, aber auch meist sinnvolle Beschränkung. Ihre selbstverständlich wünschenswerte Erweiterung auf den größeren Rahmen einer gesamtdeutschen Kunstgeschichte ist jederzeit ohne Schwierigkeiten möglich.

Alle diese Arbeiten erfordern in hohem Maße den Einsatz von Mitteln und von lebendigen, vom Geist der Forschung beseelten Menschen. Ein Anfang zu ihrer Bewältigung ist gemacht. Möchte diesem ein gedeihlicher und erfolgreicher Fortgang in einem gut ausgestatteten Forschungsinstitut für Kunstgeschichte beschieden sein!

Die Inschriftenabteilung der Arbeitsstelle für Kunstgeschichte

VON ERNST SCHUBERT

Die Gründung der Arbeitsstelle für Kunstgeschichte an der Deutschen Akademie der Wissenschaften zu Berlin am 1. September 1954 ermöglichte es Richard Hamann, dem Leiter der Arbeitsstelle, einen lange gehegten Wunsch in die Tat umzusetzen: die Weiterführung der Sammlung der deutschen Inschriften innerhalb des von Friedrich Panzer inaugurierten Gemeinschaftsunternehmens der deutschen Akademien „Die Deutschen Inschriften". Der Krieg mit allen seinen Folgen hatte ja die Fortsetzung und den weiteren Ausbau dieses weitausschauenden und für die deutsche Wissenschaft so bedeutsamen Unternehmens vereitelt.

Die Arbeit kann nicht allein von Kunsthistorikern geleistet werden. Die sogenannten Inschriftenträger fallen freilich sämtlich ins Arbeitsgebiet der Kunstgeschichte; die Bearbeitung der Inschriften aber ist Sache der Philologen und Historiker. Daraus ergibt sich die Notwendigkeit einer Gemeinschaftsarbeit. Indem die Arbeiten von Philologen innerhalb der Arbeitsstelle für Kunstgeschichte durchgeführt werden, ist das Problem der notwendigen Zusammenarbeit von Kunsthistorikern und Philologen aufs glücklichste gelöst.

Der Anlage der Inschriftensammlung wurde das Panzersche Vorbild zugrunde gelegt. Es geschah dies aus wissenschaftlich-sachlichen Erwägungen und in der Absicht, ein einheitlich begonnenes, großartig geplantes Werk auch einheitlich im Osten und Westen Deutschlands fortsetzen zu helfen. Die Zentralstelle für „Die Deutschen Inschriften" in Heidelberg (Fritz Ernst) hat die Aufnahme der Arbeiten befürwortet und lebhaft begrüßt.

Die Inschriftenabteilung begann (am 1. September 1954) mit der Sammlung der Inschriften der Stadt Naumburg an der Saale. Zunächst standen ausgedehnte bibliographische Vorarbeiten im Vordergrund: möglichst vollständige Zusammenstellung der Literatur zur Geschichte der Stadt Naumburg und ihrer Kunstaltertümer, Information über die Geschichte von Stadt und Dom und Verzeichnung der Inschriften aus Quellen und Literatur (Handschriften aus dem Archiv des Domkapitels und dem Stadtarchiv, Chroniken, vorwiegend epigraphische Literatur der neueren Zeit). Im Sommer des vergangenen Jahres erfolgte dann die Aufnahme der Inschriften an Ort und Stelle: die Inschriften wurden gelesen und aufgezeichnet, epigraphische Besonderheiten wurden vermerkt und die Inschriftenträger, soweit nötig, beschrieben und datiert. Nach dieser Bearbeitung der einzelnen Inschriften wurden etwa vorhandene frühere Lesungen an Ort und Stelle mit den eigenen verglichen. Gleichzeitig wurde der größte Teil der Inschriften photographisch aufgenommen. Bis zum Herbst vergangenen Jahres wurden 115 Inschriften auf diese Weise bearbeitet. Seitdem gelten die Bemühungen der Kommentierung: Übersetzung, Datierung, Feststellung des ursprünglichen Anbringungsortes, soweit die Inschriften bzw. Inschriftenträger versetzt wurden, Feststellung der Erwähnungen in der einschlägigen Literatur sowie Bemerkungen zu den historischen, kunsthistorischen und baugeschichtlichen Zusammenhängen.

Wenn nicht unvorhergesehene Schwierigkeiten eintreten, kann das Manuskript für die erste Lieferung der Naumburger Inschriften — Dom und Domfreiheit — noch in diesem Jahr abgeschlossen werden. Dann sollen die Inschriften von Stadt und Kreis Naumburg folgen; Vorarbeiten dafür sind im Gange.

Für die Zukunft ist die Sammlung und Bearbeitung der Inschriften von Merseburg, Magdeburg und Halberstadt geplant. Wie schnell die Veröffentlichungen folgen können, hängt nicht zuletzt von der Gewinnung weiterer legitimierter Fachkräfte ab.

Über Citoyenseite und höchstes Gut

VON ERNST BLOCH

Jede Zeit hatte es nötig, Wünsche des vollkommeneren Seins zu hegen und auszubilden. Aber zum *Ersten* ist es lehrreich, daß *ideale Gestalten* nie heftiger und zum Leben gespannter dargestellt wurden als in der *bürgerlichen* Gesellschaft. Vor allem die pathetischen Dichter des achtzehnten und beginnenden neunzehnten Jahrhunderts überbieten sich an solchen Gestalten, an solchen des Widerstands und Kampfes gegen Mattigkeit oder regierende Gemeinheit. Die Antike kennt das nicht im gleichen Ausmaß, trotz Prometheus, das Mittelalter noch weniger. Aber von ADDISON bis ALFIERI, von SCHILLER bis SHELLEY läuft eine dramatische Dichtung, die sich nicht genug daran tun kann, erhabene Leitbilder vorzuformen. ADDISON gab das Thema, indem er Cato als Helden wählte, den unbeugsamen, mit jeder Bürgertugend geschmückten Republikaner. Die Catos wurden erst nur puritanisch belebt in ihrer Kampfstellung gegen feudale Verderbnis, dann aber zog der Citoyen in sie ein, am deutlichsten in den dramatischen Statuen ALFIERIs und ihrer Freiheitssprache. Überall erscheint ein hochgesteigertes ideales Leitbild bürgerlich-reiner Art; starrköpfige Tugend mit prometheischen Lichtfunken. Der Grund für diese Lust am positiv-idealen Helden ist ein gesellschaftlich-realer: er ist Entzweiung mit der feudalen Gesellschaft, Entzweiung des Bürgers in der bürgerlichen Gesellschaft dazu. Bis um die Zeit der Französischen Revolution war das Ideal des Citoyen nur gegen den Adel gewendet, aber implicite wirkte darin schon der später, der bei SCHILLER, gar HÖLDERLIN und völlig bei SHELLEY ausgebrochene Gegensatz zwischen Citoyen und Bourgeois. MARX hat diesen Gegensatz und zugleich diese Einheit im revolutionär gewesenen Bürgertum zuerst hervorgehoben: der Bourgeois ist der wirkliche Privatmensch der freien Konkurrenz, der Citoyen der abstrakte unegoistische Gattungsmensch einer ebenso abstrakten Polis. Die unmögliche Einheit zwischen Citoyen und Bourgeois zerriß bei den großen idealistischen Dichtern dieser Zeit. Von daher also das so gesteigert dargestellte Idealbild; es ist die *Citoyenseite* des Bürgers oder das humanistische Leitbild der revolutionären Bourgeoisie, das sich im Widerspruch zur entstandenen bürgerlichen Gesellschaft erfaßt. Deshalb kann die idealistische Spannung des Ideals zur Gegegebenheit und Gewordenheit nicht besser studiert werden als bei den pathetischen Dichtern dieser Zeit: immer wird SCHILLER fürs Ideale, in dieser feurig-abstrakten Gestalt, bezeichnend bleiben. Im Vergleich mit solch tönenden Imagobildern sind alle früheren Dichter unbefangene Plastiker, auch DANTE ist dann einer, denn es fehlt ihnen die Entzweiung zwischen Ideal und Leben, die erst die kapitalistische Arbeitsteilung und Verdinglichung gebracht hat; zur pathetischen wie zur revolutionär-idealistischen Schärfung fehlte noch der Anlaß. Einzig die frühere Ideologie der Ketzersekten, mit ihrem schlechthin kompromißlosen Jesusbild, könnte, aus ganz anderen Gegenden, zum Vergleich herangezogen werden.

Die in die Höhe gedachten Menschen sind aber nicht das höchste Gut, denn sie streben ja gerade danach. So ist es *zum Zweiten* lehrreich, daß zwar nicht ideale *Gestalten*, wohl aber das Problem des *Ideals überhaupt* gerade in der Antike und dem Mittelalter am intensivsten bedacht wurde, nicht oder fast nur bei KANT in der Neuzeit. Es gibt keinen antiken oder mittelalterlichen SCHILLER, der antithetische Menschenbilder aufgestellt hätte, wohl aber führt selbst HORAZ die allgemeinere Frage nach dem höchsten Gut in seinem sonst so leichten Gesang. Wie stark erst beschäftigten sich die antiken und mittelalterlichen Denker mit diesem altmodischen Terminus; KANT lebt, wo er das höchste Gut behandelt, auf altem Boden. Auch dies Übergewicht der Summum bonum-Frage hat einen gesellschaftlich-realen Ursprung, einen vom idealen Heldeninteresse freilich verschiedenen. Es ist gerade die noch relative Einheitlichkeit der vorkapitalistischen, besonders mittelalterlichen Gesellschaft, welche für eine zentrale Zielfrage und ihren Inhalt empfänglich macht. Vor allem wenn eine Gesellschaft wie die mittelalterliche ohnehin in der finalen Zuordnung zum Heil lebt; mit einer durchgängigen Ideologie irdisch-überirdischer Stufenbildungen. *Dauer, Einheit, Endzweck*: das sind die hier ausgearbeiteten Formalbestimmungen des höchsten Gutes als Ideals; eben deshalb lag dieses Problem einer relativ unentzweiten Gesellschaft näher als der bürgerlich zerrissenen. Darum also die Prävalenz des Einen, Notwendigen über die glänzend-partialen Idealbilder der neueren sentimentalischen Dichtung und ihres unmittelbaren revolutionären Interesses. So reicht die Fragestellung nach dem höchsten Gut von den sieben Weisen und ihrem ständigen respice finem über CICERO und die römische Stoa zu AUGUSTIN und der Scholastik bis zu KANT, um hier fast zu erlöschen. CICERO, in „De finibus bonorum et malorum“ (I, 42), gab dem Begriff des höchsten Gutes, in popularisierter Stoa, die weltmännische Definition, die ihm seitdem trotz aller Theologie geblieben ist: „Extremum bonum, quod ipsum nullam ad aliam rem, ad id autem res referuntur omnes.“ Und die Stoa bezog diese Definition wiederum aus PLATON, aus jener Ratio des Eros nach oben, die zuerst die Ideen werthaft gestaffelt hat, mit der Idee des Guten als höchster unter ihnen. „Ein Wesen“, sagt derart PLATON im „Philebos“ (und er schaltet damit ein für allemal die alienatio, die Entfremdung oder Anderheit vom höchsten Gut aus), „ein Wesen, dem das Gute immer bis ans Ende ganz und in jeder Beziehung innewohnt, bedarf keines anderen jemals weiter, sondern hat vollkommenes Genüge“ (ἱκανὸν τελεώτατον ἔχειν, Phileb. 60 C). Vernunft und höchstes Gut sind hier noch schlechthin eines; die Idee des Guten macht in dergleichen Mitteilungen ihrer selbst alle Handlungen gut und Vorstellungen wahr, sofern sie an der Idee des Guten letzthin teilnehmen. Diese Einheit, als die des höchst Sittlichen und höchst Wahren ununterscheidbar zugleich, besteht auch noch bei AUGUSTIN, von PLATONS höchster Idee auf den christlichen Gott übertragen: Gott als höchstes Gut (eine Bestimmung, die durch AUGUSTIN sämtliche Ideale des Mittelalters regiert) ist im gleichen Wesen Unum, Verum, Bonum. Und auseinandergetreten ist die Identität von Bonum und Verum erst in der Scholastik; erst hier wurde es zum Problem, ob Wille oder Verstand, Güte oder Wahrheit den Primat in Gott besitzen, folglich die Urqualität des höchsten Gutes ausmachen. Gott ist für DUNS SCOTUS primär *Wille* des Guten, der frei verordnet, was das Gute sei; für THOMAS ist Gott primär *Verstand* des Guten, an den Gottes Wille gebunden ist. Für die Ideale des Menschenlebens folgt dementsprechend aus Güte als höchstem Gut der franziskanische ordo amoris, aus Wahrheit als höchstem Gut der dominikanische ordo cognitionis. In beiden aber bleibt Gott das Ziel aller Wertziele, mit der mystischen Erweiterung oder Verengerung freilich, daß ebenso die Ähnlichwerdung mit ihm das höchste Gut sei. Jedes Streben nach Vollkommenheit involviert daher nach THOMAS Gott: „Quod igitur est summum bonum, est maxime omnium finis . . . Ei igitur res omnes in Deum sicut in ultimum finem tendunt, ut ipsius bonitatem consequantur, sequitur, quod ultimus rerum finis sit Deo assimilari" (Contra gentiles I, 3, cap. 17, 19). Diese Ähnlichwerdung mit Gott ist für THOMAS wie für die Mystik das gleiche wie höchste Glückseligkeit (also das Optimum dessen, was Platon „vollkommenes Genüge" genannt hatte). Neu vereinigt sich mit der Bestimmung des höchsten Gutes auch die des mächtigsten Glückes; ja sie vereinigt sich mit ihm so dauerhaft, daß auch nach Abschwächung und Ende des realen Gottesglaubens die Glückseligkeit als Wesen des höchsten Gutes übrigbleibt. So bei KANT; er definiert das höchste Gut als Hoffnungsinhalt einer Welt, worin Tugend und Glückseligkeit vereinigt sind; in der vorhandenen Welt kann die Tugend zur Glückseligkeit nur würdig machen. Soweit das Ideal des höchsten Gutes als Bestimmungsgrund des letzten Zweckes der reinen Vernunft dargestellt wird, kann es „durch die Vernunft nicht erkannt werden, wenn man bloß Natur zum Grund legt, sondern darf nur gehofft werden, wenn eine höchste Vernunft, die nach moralischen Gesetzen gebietet, zugleich als Ursache der Natur zugrunde gelegt wird" (Werke, Hartenstein III, S. 535). Dergleichen reicht bei KANT völlig über die Grenzen der theoretischen Naturerfahrung hinaus, jedoch zugleich hat seine transzendente *Realität* ausgespielt. Es wird genau Hoffnungsinhalt (summum bonum = suprema spes), und zwar diesseitiger, obzwar mit chiliastischem Glanz. Höchstes Gut, als Einheit von Tugend und Glück, wird bei bloß noch postulierter „höchster Vernunft" die Chiffre fürs „Reich Gottes auf Erden". Damit ist die äußerste Zuspitzung der Idee des vollendeten Guten gelungen — freilich um den Preis ebenso äußerster Zerreißung zwischen Naturmechanik und Reich. Der absolute Zweck des höchsten Gutes erscheint als einer, dem die Wirklichkeit als unüberwindliche Schranke gegenübersteht. Das höchste Gut ist bei KANT zugleich so losgerissen und entlegen wie die Idealmenschen (Marquis Posa), auch Idealbegriffe (Kohlhaas oder die Rechtsidee) bei den idealistischen Dichtern. Schroffer, undialektischer Dualismus trennte hier folglich auch am höchsten Gut die Citoyenseite des Bürgers (in höchster Gestalt: „Reich Gottes auf Erden") von seiner wirklichen, empirischen Seite und ihrer „Natur". Doch hat KANT zum letztenmal auf lange Zeit den ehrwürdigen Begriff des höchsten Gutes vorgetragen und ihn an die Stelle gesetzt, wo dem Schiffer der Polarstern steht. Der Denker des Unbedingten konnte diese Stelle nicht übersehen, ebensowenig das Charakteristikum, das seit PLATON dem Begriff des höchsten Gutes eignet: situationsfrei zu sein, keine Alteritas an sich zu tragen. FICHTE formulierte dieses Sinns die Kantische Aussicht nochmals: Höchstes Gut sei „die vollkommene Übereinstimmung des Menschen mit sich selbst und — damit er mit sich selbst übereinstimmen könne — die Übereinstimmung aller Dinge außer ihm mit seinen notwendigen praktischen Begriffen von ihnen" (Werke, Medicus I, S. 227). An der Spitze der Ideale bleibt es das utopische Objekt, das gleichzeitig keines mehr ist, sondern mit dem Subjekt identisch ist. Das ist bei FICHTE noch eine idealistische Formulierung, doch kein Zweifel besteht, daß das *Problem* des einen höchsten Gutes nach Ablauf der kapitalistischen Gesellschaftsweise (als der zersplittert-antithetischen par excellence) endlich wieder spruchreif wird. Indem das höchste Gut dem Gründlichsten im Willen, dem Überhaupt des menschlichen Intendierens zugeordnet ist, steht es selber als das „Wozu überhaupt" utopisch da, oder, mit populärem Ausdruck, als der (noch nicht manifest gewordene) „Sinn des Lebens"; dieser müßte allerdings sowohl ein Unum wie ein Bonum wie vor allem ein Verum sein, um als Sinn zu bestehen.

Die Leibniz-Ausgabe der Berliner Akademie

VON KURT MÜLLER

Als vor zehn Jahren unsere Akademie ihre Arbeit wieder aufnahm, stand dieser Neubeginn unter dem Zeichen ihres Gründers und ersten Präsidenten GOTTFRIED WILHELM LEIBNIZ. Damals wurde sein 300. Geburtstag gefeiert. THEODOR LITT hielt am 4. Juli 1946 die Festrede über „Leibniz und die deutsche Gegenwart", und bald danach erschien die Untersuchung LISELOTTE RICHTERS „Leibniz und sein Rußlandbild". Bereits die Thematik dieser beiden Festschriften spiegelt die Situation, welche die Akademie nach dem Ende des zweiten Weltkrieges vorfand. Leibniz wird herbeigerufen, um Rat zu geben, um zur Besinnung zu führen in höchster Not deutschen Lebens, diese so vergleichbar der Drangsal, welche nach 30jährigem Krieg im Lande von 1646 ab seine Kindheit und Jugend beschattete. Die Überwindung der „europäischen Ordnungskrise" (R. W. MEYER) ist die geheime Zielsetzung seines Denkens, Planens und Handelns. „Diese Tätigkeit erstreckt sich von dem Nachdenken über die abstraktesten Prinzipien des spekulativen Geistes ... bis zum Eindringen in die subtilsten Einzelheiten diplomatischer, religionspolitischer, administrativer, nationalökonomischer, technischer Aktionen." Die Vielheit der Aufgaben und Probleme zerreißt jedoch nicht, wie LITT ausdrücklich betont, die gestraffte Kraft des Philosophen, der es versteht, die unendliche Mannigfaltigkeit der Sachen und Bewegungen auf ein Ordnungsschema zu beziehen, das jeder Erscheinung ihre Stelle im Ganzen zuweist. So entgeht sein auf die Praxis ausgerichtetes Denken jener großen Gefahr, sich nur vom subjektverhafteten Willen bei der Erkenntnis und beim Aufbau seines Systems beraten und leiten zu lassen. Der glückliche Einfall vom prästabilierten Harmoniereich der Monaden, wohl ästhetisch gefärbtes Wunschbild, aber zugleich, wie Leibniz bekennt, eine göttlichem Ordo abgenommene, durch logisches Denken und Vernunft gesicherte Universalschau, gibt ihm ein sicheres Gehäuse für seine in kontinuierlicher Folge ablaufenden Gedanken. Von anthropologischem und theologischem Relativismus ist Leibniz gleich weit entfernt. Er steht damit genau an der Schwelle des bald von der Aufklärung beherrschten Zeitraumes. In ihm verbindet sich die Erfahrung der Vergangenheit mit den Wünschen der Zukunft. Ihm gilt als Leitsatz, ein Maximum an Ordnung mit einem Maximum an Mannigfaltigkeit zu vereinigen. Diesen Grundsatz in stets erneuertem Ansatz zu verwirklichen, ist der Gegenwart von Leibniz aufgegeben.

LISELOTTE RICHTER zeichnet das Bild des späten Leibniz. 1697 berührte Zar Peter der Große auf seiner berühmt gewordenen Hollandreise die braunschweigischen Lande. Die Kurfürstinnen Sophie von Hannover und Sophie Charlotte von Brandenburg geben ihrem Philosophen eine erste lebendige Schilderung von dem Eindruck, welchen „le Grand Homme" auf sie machte. Leibniz legt ein eigenes Diarium an, um Peters Aufenthalt in England und Holland ständig vor Augen zu haben. In unablässiger Bemühung ringt er in den darauffolgenden Jahren um eine persönliche Audienz beim Zaren, dem er seine weitgreifenden Pläne mit politischer, wirtschaftlicher, verkehrstechnischer und wissenschaftsorganisatorischer Zielsetzung entwickeln will. Ihm schwebt vor, die Mittelstellung des russischen Reiches zu einer Landverbindung zu nutzen, die zwischen Europa und China eine stetige Kommunikation zustande bringen soll. Auf diese Weise wird der materielle und ideelle Austausch zwischen zwei in sich ruhenden Kulturen möglich, die sich gegenseitig zum Besten der Menschen ergänzen sollten. Erst 1711, fünf Jahre vor seinem Tode, trat Leibniz dem Zaren in Torgau zum erstenmal persönlich gegenüber. Er wird nicht enttäuscht, denn er findet beim russischen Fürsten ein offenes Ohr für seine Ideen. Bereits ein Jahr später kommt es zu einer zweiten Begegnung in Karlsbad, wo Leibniz in diplomatischer Mission für Braunschweig und zugleich in eigener Sache wirken kann. „S. Mt. haben mir mit einer ungeheuren Generosität begegnet, nicht allein ein Patent wegen einer Bestallung und Pension von jährlich 1000 Albertustalern einhendigen, sondern auch wegen des verflossenen Jahrs 500 Ducaten in specie auszahlen lassen", berichtet er dem Herzog Moritz Wilhelm von Sachsen-Zeitz. Mit Stolz verkündet er, daß diese Würdigung seiner Arbeit ihn verpflichte, als Geh. Justizrat im Dienste des Zaren gewissermaßen als der „Solon de la Russie" zu wirken. Denn „redresser les loix et projetter des réglements sur le droit et l'administration de la justice" sind die Aufgaben, die ihm gestellt wurden. So ähnelt die Tätigkeit der letzten Lebensjahre der Reformarbeit der Frühzeit, als Leibniz nach Abschluß seines Studiums im Dienste des Kurfürsten von Mainz mit der Neufassung und Modernisierung des Corpus juris beauftragt war. Leibniz ist in erster Linie Rechtsdenker. Wir müssen uns immer vor Augen halten, daß er nicht nur in seinen ersten Berufsjahren als Jurist arbeitete, sondern auch später. Sein offizieller Amtstitel war Geh. Justizrat: 1696 in Braunschweig, 1700 in Preußen, 1712 in Rußland. Unter dem Gesichtspunkt der Ordnung stehen seine Bemühungen bei der Organisation der wissenschaftlichen Forschung, mag es nun darum gehen, geographische und geophysikalische Aufgaben durchzuführen oder den Ursprung und die Verwandtschaft der Völker zu bestimmen.

Diese am Einzelbeispiel gefundenen Hinweise konfrontierten die Akademie 1946 mit dem ganzen Leibniz im Reichtum seiner Problemenfülle. Sie ließen noch einmal zum Bewußtsein kommen, daß es an der Zeit ist, durch die Erschließung des Überlieferten die Mannigfaltigkeit seines Schaffens und Schreibens, seines Denkens und Spekulierens im überschaubar geordneten Gesamtopus sichtbar, faßbar, analysierbar, ausdeutbar zu machen. Denn LITTs Wesensschau konnte von bekannten Faktoren ausgehend nur spekulativ andeuten; L. RICHTERs Spezialuntersuchung mußte trotz zeitbedingter Enge und nachkriegsbedingter Not auf die ungehobenen Schätze des Nachlasses zurückgreifen, um ihrem Thema Sicherung und Wahrheit zu geben, wobei der vom Zufall begleitete Griff in den Berg des noch nicht Geborgenen entschied.

In welcher Situation befand sich nach Kriegsende die Leibniz-Forschung in Berlin? Bis auf LISELOTTE RICHTER hatten alle an der Leibniz-Ausgabe beteiligten Mitarbeiter die Stadt verlassen. Im letzten Kriegsjahr war der Arbeitsapparat aufgelöst und verlagert worden. Nur mit größter Anstrengung gelang es dem Verfasser dieses Berichtes, nach seiner Rückkehr das 1946 zurückgekommene Material erneut zu ordnen und die Kataloge, die Handbibliothek, die Archivsammlungen wieder benutzbar zu machen. Jedoch es fehlte an praktischer Unterstützung durch eingearbeitete wissenschaftliche Hilfskräfte. Wegen der Teilung Deutschlands war der Leibniz-Nachlaß in Hannover nur unter schwierigsten Bedingungen erreichbar. Aber über alle trennenden Barrieren hinweg kam ein lockerer Kontakt zwischen den Leibniz-Interessenten zustande. Der langjährige Vorsitzende der Leibniz-Kommission, NICOLAI HARTMANN, unterstützte den Neubeginn, als der stellvertretende Vorsitzende, JOHANNES STROUX, finanzielle Mittel der Deutschen Akademie der Wissenschaften bereitstellte, um die Weiterführung der Ausgabe zu sichern. Es war ein Sprung ins Ungewisse. Denn würde es glücken, in kurzer Zeit Nachwuchskräfte heranzubilden, um eines der schwierigsten editorischen Unternehmen für die Zukunft zu sichern, woran bereits viele Vorgänger gescheitert waren? Erleichtert wurde der Entschluß durch die Tatsache, daß gerade im Leibniz-Jahr 1946 die Gestalt dieses Vertreters der Universalbildung des 17. Jahrhunderts Deutsche, Franzosen und andere gleichzeitig faszinierte, daß Anzeichen vorhanden waren, man werde gerade ihn bemühen, um mit der Schwere des geschichtlichen Schicksals, das Europa ereilt hatte, fertig zu werden. ERICH HOCHSTETTER, der sich sehr früh der Leibniz-Forschung und -Edition verschrieb und viele Jahre mit der Akademiearbeit verbunden war, konnte mit einer Gruppe von Kennern ein Sammelwerk „Leibniz zu seinem 300. Geburtstag" beginnen, das in reicher Fülle, ganz nach Leibniz' Vorstellungen, unter verschiedenartigsten Aspekten die Gestalt dieses Denkers anvisiert. Der allzu früh verstorbene, um die Wiederbelebung der Leibniz-Forschung hochverdiente GASTON GRUA konnte aus dem Nachlaß „Textes inédits" vorlegen, welche wertvolles Material zum Rechtsdenken von Leibniz enthalten. Es kam 1946 und kommt heute noch darauf an, die Zersplitterung der Kräfte zu überwinden und sich gemeinsam dem Gesamtwerk von Leibniz zu widmen; denn nur dadurch kann vollendet werden, was nach 250jähriger Geschichte Forderung geblieben war. Ein kurzer historischer Rückblick soll den bis 1945 zurückgelegten Weg skizzieren.

Die Leibniz-Gesamtausgabe wurde nicht von Berlin angeregt, wie überhaupt das Interesse der Berliner Akademie am Werk ihres Gründers selten die traditionsverpflichtete Höflichkeit gegenüber einem der Ihren verließ. Es waren die jährlich wiederkehrenden Leibniz-Tage, welche einige wichtige Betrachtungen veranlaßten. Aber die Leibniz-Bibliographie verzeichnet mit Ausnahme von WILHELM DILTHEY nur selten Namen, deren Träger als Akademiemitglied wesentlich mit Leibniz-Forschung befaßt waren. Sieht man ab vom 1710 erschienenen ersten Band der „Miscellanea Berolinensia", worin Leibniz mit Aufsätzen aus eigener Produktion die Publikationen der Akademie eröffnete, und von den auf Forderung des preußischen Königs Friedrichs II. 1757 veröffentlichten Leibniz-Briefen an den Baseler JACOB HERMANN, so blieb es dem ersten Weltkrieg des 20. Jahrhunderts vorbehalten, in der Preußischen Akademie der Wissenschaften den Willen zu wecken, eine Leibniz-Ausgabe von Rang zu versuchen. Nur sehr zögernd hatte man sich im 19. Jahrh. mit der Frage einer Gesamtausgabe auseinandergesetzt, und zwar immer von außen dazu veranlaßt. So entwickelte auf seinen Wunsch der erste Leibniz-Biograph G. E. GUHRAUER, der nach einem Wort PAUL RITTERS zu seiner Zeit „allein die deutsche Leibniz-Forschung vertrat", in der Gesamtsitzung der Akademie vom 2. April 1840 seine „Ideen zu einer kritischen Gesammtausgabe der Werke von Leibnitz". Nach seiner Ansicht hatten Mangel an Nationalgefühl und Zunftgeist der Schulen eine solche bisher verhindert. Dies sei um so bedauerlicher, als weder die „tumultuarische Sammlung der Schriften Leibnitzens" des Schweizers L. DUTENS von 1768 noch das zufällige und prinziplose Erscheinen späterer Einzelveröffentlichungen die lebendige Individualität und die Totalität des Leibniz-Denkens sichtbar werden ließ. GUHRAUERS Vorschlag, Leibniz' 200jährigen Geburtstag durch Beschluß einer Gesamtausgabe zu feiern, zeigte keine Wirkung. Vielleicht weil inzwischen HEINRICH PERTZ, der, als GUHRAUER in der Akademie sprach, noch Bibliothekar in Hannover war, eine neue Edition in Angriff nahm. Der Erstdruck von Leibniz' historischem Lebenswerk, den auf 2300 Seiten angeschwollenen „Annales Imperii Occidentis Brunsvicenses", begann im Herbst 1841; er konnte mit dem dritten Band am 1. Juli 1846 abgeschlossen werden. Inzwischen amtierte PERTZ als Oberbibliothekar an der Königlichen Bibliothek in Berlin. Ein erster Berührungspunkt zwischen Edition und Akademie ergab sich, als der energische Editor der Annales am 23. Januar 1843 zum ordentlichen Mitglied ernannt wurde. Dieser Kontakt sollte sich als fruchtbar erweisen. AUGUST BÖCKH war es, der in seiner Gedächtnisrede auf Leibniz am 7. Juli 1859 „insbesondere über die Herausgabe seiner Schriften" sprach. Er bekannte sich darin zu der Verpflichtung der Akademie, für zwei ihrer großen Männer, welche sie sich zu ihren „eponymen Heroen erwählt" hat, Friedrich den Großen und Leibniz, eine Gesamtausgabe ihrer Schriften zu schaffen. Der Rückblick auf universale Geister lasse erkennen, daß nur eine Akademie deren Werke „möglichst vollständig und berichtigt" der Welt zugänglich machen könne. Das PERTZsche Unternehmen „scheint geeignet, daß es nachträglich einen großen Umfang erhalte und sich zu einem akademischen ausdehne". CARL IMMANUEL GERHARDT war damals als Mitarbeiter mit der Herausgabe der mathematischen Schriften (1849—63) beschäftigt. Die Akademie wählte ihn 1861 zum korrespondierenden Mitglied, so daß seine zahlreichen quellenkritischen Leibniz-Untersuchungen in den Akademie-Abhandlungen erscheinen konnten. Auch die bis heute maßgebliche siebenbändige Ausgabe der „Philosophischen Schriften" (1875—90) wurde unterstützt, obwohl sie kein Akademieunternehmen war. Die bereits von BÖCKH erwähnten theologischen, rechts- und staatswissenschaftlichen, philologischen und naturwissenschaftlichen Abteilungen blieben unerledigt. Glaubte man mit der ideellen Unterstützung GERHARDTs seine Pflicht erfüllt zu haben?

Der Sommer 1901 brachte eine überraschende Wendung. Auf der konstituierenden Versammlung der internationalen Association der Akademien in Paris tauchte unter den Anträgen für die erste Generalversammlung der Vorschlag der „Académie des sciences morales et politiques" (Paris) auf, eine „Prüfung der Mittel zur Vorbereitung und Veröffentlichung einer vollständigen Ausgabe der Werke von Leibniz" vorzunehmen. LOUIS COUTURATs Nachlaßforschung in Hannover hatte den Antrag der Pariser ausgelöst, dem sich die völlig unvorbereitete Berliner Akademie nicht gut entziehen konnte. Den weiteren Verlauf der bis 1914 währenden deutsch-französischen Zusammenarbeit nachzuzeichnen, ist hier nicht am Platz. Es soll bei anderer Gelegenheit geschehen. Im Vorwort des ersten Bandes unserer Ausgabe ist im übrigen einiges dazu gesagt worden. Mir scheint es nur wichtig, einmal festzuhalten, daß nicht nur die Widerspenstigkeit des Stoffes die Editionsarbeit so sehr verzögerte. AUGUST BÖCKH war sich bereits der Schwere des Unternehmens bewußt, als er die Notwendigkeit eines guten organisatorischen Rahmens hervorhob. Das in dieser Hinsicht vorbildliche Alexandrinische Museum hätte so etwas leisten können, wie er sagte. Die finanziellen Mittel, die nach 1918 dem ersten Leiter der Ausgabe, PAUL RITTER, zur Verfügung standen, waren streng bemessen. Die außerhalb Berlins arbeitenden freien Mitarbeiter blieben meist auf sich selbst angewiesen. Trotzdem konnten sechs voluminöse Großquartbände publiziert werden und, was noch entscheidender war, ein technischer Apparat mit mehreren Katalogen, einer Bibliothek, einem Archiv für entzifferte Handschriften und anderen Sammlungen (Wasserzeichen, Filme) sorgte für die Erfassung der über Europa und darüber hinaus zerstreuten Leibniz-Handschriften. Bisher wurden 53000 Manuskripte und Drucke katalogisiert und zum größten Teil abgeschrieben oder fotokopiert. In dieser Zahl sind auch die Briefe der Korrespondenten enthalten, die im Leibniz-Nachlaß auftauchten. Auch sie werden gedruckt. Deshalb ist der Name „Leibniz-Ausgabe" irreführend; er entspricht nicht dem, was nach Abschluß der Edition vorliegen wird. Durch den epistolischen Teil bekommt der Forscher Einblick in kulturhistorische Zusammenhänge, in zeitgeschichtliche Vorgänge, in geistige Auseinandersetzungen, in polemische Streitfragen, in das Werden von neuzeitlichen Wissenschaftszweigen, auch wenn Leibniz damit nur zufällig in Berührung kam. Seine Umwelt präsentiert sich in derselben Weise wie er selbst.

Über die vor 1945 erschienenen Bände der Leibniz-Ausgabe orientiert in einem materialreichen Überblick eine Beschreibung HELFRIED HARTMANNs: „Die Leibniz-Ausgabe der Berliner Akademie". Damals waren vom Allgemeinen politischen und historischen Briefwechsel drei Bände erschienen, die Leibniz' Korrespondenz bis 1683 führen. Von dem Philosophischen Briefwechsel (1663—85) und den Philosophischen Schriften (1667—71) lag je ein Band vor und von den Politischen Schriften (1667—76) ebenfalls der erste Band. Bei den mathematischen Reihen klafft bis heute die bedenkliche Lücke der Ausgabe. Der vorzeitige Tod DIETRICH MAHNKES, das Ausscheiden JOS. E. HOFMANNs, die anderweitige Inanspruchnahme KONRAD MÜLLERs haben es zu keinem druckreifen Manuskript für den mathematischen Teil kommen lassen. Die Nachkriegszeit verhinderte auch, daß HOFMANNs quellenkritische Untersuchungen über die Entwicklungsgeschichte der Leibnizschen Mathematik im Rahmen der Akademie herauskommen konnten. Der Wiederbeginn stand also 1946 unter denkbar ungünstigen Aspekten, auch als es gelungen war, den komplizierten Arbeitsapparat wieder ineinanderzufügen. Denn die Menschen, die eingearbeiteten Mitarbeiter und Hilfskräfte, fehlten. Auch zeigten sich Verluste bei Handschriften. Aus dem Nachlaß in Hannover sind einige Faszikel mit politischen Aufsätzen und Schriften, darunter das gesamte handschriftliche Material, das zum Caesarinus Fürstenerius gehörte, verlorengegangen. Für den in Vorbereitung befindlichen politischen Schriftenband können wir vielleicht die Verluste ausgleichen, da uns ältere, bereits kollationierte Abschriften zur Verfügung stehen. Jedenfalls kann die Ausgabe nach den vor 25 Jahren gefaßten Plänen fortgeführt werden.

Zunächst bestand die Verpflichtung, Leibniz selbst an der Feier zum 250jährigen Bestehen der Akademie zu beteiligen. Denn seine Gründung hatte den zweiten Weltkrieg überstanden; unter neuem Namen war sie wieder zum Leben erwacht, und es galt nun, auch nach außen hin die Verbundenheit mit Leibnizischem Geist zu dokumentieren. Ermutigt durch den langjährigen ersten Leiter der Ausgabe, PAUL RITTER, bereitete der Verfasser dieser Betrachtung den Druck des vierten Bandes des Allgemeinen politischen und historischen Briefwechsels vor. Dieser umfaßt die Jahre 1684—87. Es wurde ein reiner Textband, der sich auf Vorarbeiten PAUL RITTERs und PAUL SCHRECKERs stützen konnte. Entscheidende Themen des voraufgehenden Briefbandes werden darin abgeschlossen. Leibniz arbeitete damals im Harz an technischen Konstruktionen, welche den braunschweigischen Bergbau aus einer Notlage befreien sollten. Trockene Sommer hatten die Wasserkünste der Harzer Gruben wochenlang zum Stillstand gebracht. Die tiefliegenden Stollen konnten vom Grundwasser nicht mehr freigehalten werden. Angeregt durch die Poldermühlen der Holländer hoffte Leibniz, mit Hilfe von Windkünsten den Jahr für Jahr wachsenden wirtschaftlichen Schaden zu beheben. Die Denkschriften, Eingaben, Promemorias, die Sitzungsprotokolle des Clausthaler Bergamts lassen den schwierigen Stand des experimentierenden Hofrats erkennen. Zwischen dem Theoretiker, der sich nutzbringende Neukonstruktionen errechnet und den allen Neuerungen skeptisch gegenüberstehenden Gewerken entwickelt sich, durch Unglücksfälle und Mißerfolge noch befördert, ein unerfreulicher Zustand. Verdächtigung, Intrige, Mißgunst und Feindschaft schaffen zwischen beiden Parteien eine unüberwindliche Abneigung. Bei wem dabei die Hauptschuld lag, wurde noch nicht festgestellt. Nur das eine läßt sich zunächst sagen: Leibniz war ehrlich darum bemüht, seiner Regierung zu helfen, um einen produktionstechnischen Notstand durch Anwendung neuer Maschinen zu überwinden. Der Anteil Leibniz' an der wirtschaftlich-technischen Entwicklung im Lande Braunschweig kann erst untersucht werden, wenn alle Zeugnisse vorliegen. Dabei wird sich herausstellen, daß er den merkantilistischen Denkern des 17. Jahrhunderts sehr nahesteht. Er hat enge Beziehungen zu Johann Joachim Becher, Philipp Wilhelm von Hörnigk und zu dem Bischof Christoph de Rojas y Spinola. Sein umfangreicher Briefwechsel mit einem aus diesem Kreise, Johann Daniel Krafft, darf zum Beleg herangezogen werden, wie stark ihn ökonomische, technische, chemische Versuche und Neugründungen interessieren. Denn er sieht in der Intensivierung und Entwicklung wirtschaftlicher Ordnung und der methodischen Ausnutzung maschineller Erfindungen den einzigen Weg, der Deutschland vor dem gänzlichen Verfall in Konkurrenz mit dem aufstrebenden Frankreich, England und den Niederlanden bewahren kann. „Sed ego ita dudum statui, rem Oeconomicam esse multo maximam civilis scientiae partem, ejusque ignoratione aut neglectu Germaniam perire". Diese Worte offenbaren die geheimen Gedanken, welche Leibniz veranlaßten, einen maximalen Teil seines Lebens dem technischen Experiment zuzuwenden. Wenn wir richtig gerechnet haben, verbrachte er zwischen 1684 und 1686 im ganzen 16 Monate und eine Woche in den Harzbergen, um mit zäher Beharrlichkeit seine Pumpanlage zur Wirksamkeit zu bringen. Der Allgemeine Briefwechsel deckt also Zusammenhänge auf, welche nicht nur biographisch neue Seiten herausheben, sondern welche vor allem Richtung und Absicht seiner unermüdlichen, kaum faßbaren Tätigkeit verstehen lassen.

Am 31. Juli (10. August) 1685 wird der praktischen Tätigkeit ein Ende gesetzt. Leibniz bekommt von seinem Herzog den Auftrag, eine Geschichte des Hauses Braunschweig-Lüneburg zu schreiben. Deshalb wird ihm „seine bis daher gehabte besoldung in eine pension ad vitam verwandelet". Das Schicksal des historischen Opus kennen wir bereits. Es blieb unvollendet und, so weit fertig, unveröffentlicht, bis sich HEINRICH PERTZ des Werkes annahm. Die Anfänge der Geschichtsschreibung beginnen etwa eineinhalb Jahre vor seiner Italienreise.

Der vierte Briefband bringt dazu mehrere Belege. Sie zeigen, daß Leibniz sich der Überlegenheit französischer Urkundenforschung bewußt war. Mabillon, Du Cange, Toinard werden von ihm um Rat gefragt, er hofft von ihnen Aufklärung über die Genealogie der Este und Welfen zu bekommen. Doch bald stellt sich heraus, daß sie genau so wenig wie der Helmstedter Historiker Heinrich Meibom endgültigen Aufschluß über das genannte Problem geben können. Alle Auskünfte, mögen sie nun aus Frankreich, den Niederlanden (die an der Weiterführung der Acta Sanctorum arbeitenden Schüler Bollands werden dort befragt), aus Italien oder Deutschland kommen, blieben unbefriedigend. Denn Leibniz lehnt immer wieder ungesicherte Hypothesen ab. Er steht auf dem Boden moderner, durch Urkunden beglaubigter Geschichtsforschung. Die polemische Auseinandersetzung mit dem italienischen Abt Damaideno (I, 4 N. 454ff.), der einen lückenlosen Stammbaum von 2436 Jahren für Herzog Ernst August von Hannover zusammengestellt hatte, ist ein Musterbeispiel für seine Haltung. Er dringt auf Vorlage von Urkunden. Sie müssen kritisch auf ihre Echtheit geprüft werden. Erst wenn die Diplome, Inschriften, Chroniken einer philologisch exakten Untersuchung standhalten, darf der Versuch gemacht werden, die Geschlechterfolge aufzuzeichnen. Jede voreilige Annahme, wie sie gerade in der Barockzeit so beliebt war, muß ausgeschaltet bleiben. Leibniz erkennt bald, daß er ohne eine Fahrt zu den wichtigsten Bibliotheken und Archiven, welche Welfenurkunden bewahren, nicht auskommen kann.

Darüber berichtet der 5. Allgemeine Briefband, der, bearbeitet von KURT MÜLLER und ERIK AMBURGER, als zweite Nachkriegspublikation 1954 herauskam. Dem äußeren Umfang nach übersteigt dieser Teil mit rund 800 Seiten alle übrigen. Er begleitet mit seinen 417 Stücken, von denen 295 zum erstenmal ediert wurden, Leibniz auf der großen Forschungsreise zu den Archiven in München, Augsburg, Wien, Modena und Vangadizza. Die Verwandtschaft zwischen den Welfen und den Este war im Jahre 1687, als die Reise begann, nicht gesichert. Mit vollem Erfolg konnte der hannoversche Geschichtsschreiber, stolz auf sein positives Ergebnis, 1690 seine Reise beenden. Sie war sehr bald über den eng begrenzten ursprünglichen Zweck hinausgewachsen. Denn Leibniz steuerte nicht geradlinig auf seine Ziele zu, sondern er verschaffte sich Gelegenheit, alte Freundschaften zu erneuern (wir denken an den Landgrafen Ernst von Hessen-Rheinfels, an Hiob Ludolf, an J. D. Krafft, an Chr. de Rojas y Spinola), die Stadt seines ersten Aufsehen erregenden öffentlichen Auftretens, Nürnberg, zu besuchen und überall wichtige Verbindungen anzuknüpfen. Die Abtrennung der philosophischen und mathematisch-naturwissenschaftlichen Korrespondenzen, die in eigenen Reihen der Ausgabe erscheinen, läßt noch nicht mit übersichtlicher Klarheit den vollen Umfang dieser Kontaktfindung hervortreten. Gerade mit Italien verbindet ihn seit der Reise eine lebhafte naturwissenschaftliche Korrespondenz; wir denken an Rudolf Christian Freiherrn von Bodenhausen, an Ramazzini. Doch schon in der vorliegenden Beschränkung liefert der 5. Allgemeine Briefband einen reichen Ertrag. Denn er belegt nicht nur den vollen Erfolg der historisch-genealogischen Forschungen, sondern er verdeutlicht zugleich, welche menschlichen Beziehungen sich während der Reisemonate entwickelten. Der rückschauende Brief aus Venedig vom 23. März 1690 an A. Arnauld legt dafür Zeugnis ab. Ende Oktober 1687 wird Leibniz Hannover verlassen haben. Als Sekretär begleitete ihn der technisch interessierte Friedrich Heyn, von dessen Hand sehr viele Aufzeichnungen stammen, die Leibniz unterwegs durch eigene Notizen ergänzte und zu einem Reisetagebuch zusammenfaßte. Dieses Diarium ist bisher nicht veröffentlicht. Es lohnt deshalb, daraus einiges mitzuteilen. Denn die Korrespondenz des 5. Briefbandes enthält begreiflicherweise große Lücken. Auch der leidenschaftlichste Briefschreiber, und ein solcher war Leibniz, wird auf Reisen abgelenkt werden. Gerade aus den Orten, welche das Tagebuch erwähnt und beschreibt, liegen sonst nur wenige Mitteilungen vor. Auf der ersten Durchgangsstation Hildesheim bereitete Leibniz bereits seinen Wiener Aufenthalt vor. Er erkundigte sich dort bei dem gelehrten Kapuzinerpater Dionysius Werlensis nach dem Bischof Spinola, der im Auftrag des Kaisers in Hannover Reunionsgespräche geführt hatte. Nach seiner Ernennung zum Bischof von Wiener-Neustadt hatte man nichts mehr von ihm vernommen. Auch das Naturalienkabinett des verstorbenen Hildesheimer Arztes Dr. Friedrich Lachmund wurde besichtigt. Für Teile der Protogaea wurden die Funde später ausgewertet. Dasselbe geschah in Kassel, wo sich auf der herzoglichen Bibliothek eine Naturaliensammlung befand. Beachten wir noch den Besuch bei dem hessischen Bergwerksinspektor Johann Christian Orschall in Frankenberg und die Zusammenkunft mit dem Leibarzt Johann Jakob Waldschmidt in Marburg, welche der Erörterung physikalischer Probleme galt, dann springt deutlich in die Augen, daß naturwissenschaftliche und technische Interessen die Reise von Anfang an beeinflußten. Leibniz fuhr von Hessen aus über Rheinfels das Rheintal aufwärts, berührte Frankfurt a. M., Aschaffenburg, Würzburg, Nürnberg, Sulzbach, von wo aus er einen Abstecher nach Böhmen machte, um den schon mehrfach genannten Johann Daniel Krafft aufzusuchen. Erzgewinnung, Goldwäscherei, Münzreform, Farbenherstellung, Weinbereitung und ähnliche Fragen werden in Graupen mit Krafft erörtert. Der Rückweg geht über Altenberg durchs Rotental nach Freiberg; er berührt Marienberg, Annaberg, Ehrenfriedersdorf, wo eine neue Pumpanlage des englischen Technikers Kirkby besichtigt wird, Beyerfeld, Aue, Johanngeorgenstadt, Joachimsthal, Karlsbad, Eger; in der letzten Januarwoche (a. St.) wird Leibniz wieder in Sulzbach eingetroffen sein, das er am 11. (21.) Februar 1688 endgültig in Richtung Amberg verläßt. Ab 2. März (a. St.) ist Leibniz 14 Tage in Regensburg; er besichtigt den Reichssaal des Rathauses, in welchem der „Immerwährende Reichstag" von 1663—1806 seine Sitzungen abhielt, und läßt sich von dem politischen Fluidum dieser Stadt einfangen im vertrauten Verkehr mit dem kaiserlichen Sekretär Phil. Wilh. v. Hörnigk, dem er bei der Abreise am 16. (26.) März einen Teil seines Reisegepäcks anvertraut. Am 20. (30.) März ist München erreicht. Nach sechsmonatiger Abwesenheit geht aus der bayerischen Hauptstadt die erste Nachricht nach Hannover, wo man den auf Dienstreise befindlichen Hofrat bereits für tot hielt. Aber Leibniz hätte über den eigentlichen Zweck seiner Forschungsreise nicht berichten können; deshalb schwieg er lieber. Von den im Tagebuch auftauchenden Begegnungen und Beobachtungen erscheint nichts in der erhaltenen Korrespondenz. An diesem Beispiel läßt sich bereits der Wert unserer Ausgabe ermessen. Mit ihr kann man zum erstenmal verfolgen, welche Beweggründe und Motive in den einzelnen Jahren im Vordergrund von Leibniz' Tätigkeit stehen. Die Erläuterungen zu unseren Texten weisen auf Quellen, die zusätzlich herangezogen werden müssen, in unserem Beispiel: die Tagebuchaufzeichnungen. So wächst mit jedem Band das Material für die bis heute fehlende zuverlässige Leibniz-Biographie, die zugleich ein

Stück Zeitgeschichte und Kulturgeschichte, Wissenschaftsgeschichte und Geistesgeschichte sein wird.

Inzwischen liegt ein weiterer Band, bearbeitet von KURT MÜLLER und GÜNTER SCHEEL, zum Druck bereit. Er zeigt Leibniz bei der Urkundenbeschaffung für sein Geschichtswerk. Es wird erkennbar, daß die Auswertung italienischer Dokumente für seine Geschichtsuntersuchung von entscheidender Bedeutung war. Zugleich wird der Briefwechsel über Reunionsfragen durch die Auseinandersetzung mit Paul Pellisson-Fontanier in ein kritisches Stadium geführt. In Wien war Leibniz diesem Problemkreis wieder nahe gekommen. Mit Unterstützung des Bischofs Spinola wurde noch einmal versucht, zusammen mit französischen Theologen (J.-B. Bossuet wird in den nächsten Bänden als der große Gesprächspartner in Erscheinung treten) eine gemeinsame Basis für eine allgemeine christliche Kirche zu finden. Nur andeutungsweise konnte auf den Inhalt der in den letzten Jahren erarbeiteten Bände eingegangen werden. Sie stellen über das sachlich Neue hinaus zugleich für die Geschichte der Ausgabe einen Fortschritt dar. Denn es wurde nun endlich eine lang gehegte Erwartung der Forscher erfüllt: Die Bände erscheinen ab I, 5 mit einem kritischen Apparat. Für jedes Stück wird in knapper Weise die Überlieferung angegeben; im Bedarfsfall wird der Text durch Lesarten ergänzt und seine Erschließung durch sachliche Erläuterungen für den Forscher vorbereitet. Diesem Zweck dienen auch die neben dem Personenverzeichnis zusätzlich erscheinenden Korrespondenten-, Schriften- und Sachverzeichnisse.

Welchen Wert solche Register haben können, das zeigt die bibliographische Aufnahme der Schriften zu I, 5. Dort wird als eines der umfangreichsten Stücke ein bisher unbekannter Entwurf einer Bibliotheca Universalis Selecta abgedruckt. Er ist einer der für Leibniz charakteristischen Vorschläge. Der Regelung der Buchproduktion, des Buchverkehrs, der bibliographischen Erfassung und bibliothekarischen Ordnung des Schrifttums war von frühen Jahren an sein Interesse gewidmet. Er schwelgt gern in Buchtiteln, die ihm von allen Seiten zufließen. Die Briefe ergänzen dabei die erst im Entstehen befindlichen Zeitschriften mit Buchanzeigen und Rezensionen. Der Bibliothekar Magliabechi in Florenz, der wie ein Bibliomane nur zwischen Bücherstapeln leben konnte, hat deshalb seine volle Sympathie, denn jener wird nicht müde, ihn in laufender Korrespondenz mit allen wichtigen Neuerscheinungen bekanntzumachen. Deshalb nimmt es nicht wunder, daß sich Leibniz in den Gaststätten und Herbergen Italiens, fernab von allen Handbüchern, hinsetzt, um sein Ideal einer allgemeinen wissenschaftlichen Handbibliothek zu entwickeln. Aus dem Gedächtnis stellt er zwischen Venedig, Ferrara, Rom und Neapel Autoren und Buchtitel zusammen und schickt seine Listen nach Wien, um dort die von ihm erdachte Büchersammlung zusammenbringen zu lassen. 1632 Nummern verzeichnet unser Bibliotheksplan, den das Schriftenverzeichnis bibliographisch erschließt. Hier wird uns der Wissensschatz des Jahrhunderts im Blickwinkel eines der universalen Denker in konzentrierter Form dargereicht.

Die aus sachlichen Gründen erfolgte Beschränkung unserer Arbeit auf die Allgemeine Briefreihe wird in Zukunft beibehalten. Denn gerade sie deckt am schnellsten das noch unbekannte Material auf und legt sich nach ihrer Vollendung wie eine Schneise durch das Dickicht des Nachlasses. Nur mit Hilfe der Allgemeinen Bände wird es gelingen, zu einer einigermaßen zuverlässigen Chronologie der Schriften, Aufzeichnungen, Notizen und Auszüge zu kommen, die für die Schriftenreihen vorgesehen sind. Am 2. Band der Politischen Schriften, der diese Reihe bis an die italienische Reise heranführt, wird von LOTTE KNABE bereits gearbeitet. Er wird neben staatsrechtlichen Untersuchungen (Caesarinus Fürstenerius) und politischen Flugschriften (Mars Christianissimus) zum erstenmal Proben aus Leibniz' zivilrechtlicher Praxis bringen. G. GRUA hat noch kürzlich auf die Dringlichkeit hingewiesen, diese juristische Tätigkeit kennenzulernen. Sie ist bisher von niemandem beachtet worden.

Darüber hinaus sind alle Vorbereitungen getroffen, um in absehbarer Zeit auch wieder an die Bearbeitung der Philosophischen Reihen zu gehen. Leider ist es uns nicht vergönnt, vom besten Kenner der Théodicée ein Manuskript für die Neuausgabe dieses Hauptwerkes von Leibniz zu erhalten. GASTON GRUA, der noch kurz vor seinem Tode in Berlin weilte, hinterläßt zwar wertvolle Vorarbeiten für eine französische Studienausgabe, aber die Einfügung in die kritische Gesamtausgabe muß nun einem anderen übertragen werden. Seine Mitarbeit hätte der Beginn sein können, die deutsch-französische Gemeinschaftsarbeit wieder aufleben zu lassen, die, wie wir sahen, ursprünglich das ganze Unternehmen tragen sollte. Kontakte sind inzwischen hergestellt, die uns ermutigen, weiterhin diesem Ziele nachzugehen. Zunächst richtet sich unser Interesse auf den 2. Band der Philosophischen Schriften und der Philosophischen Briefe. In Westdeutschland und in Frankreich lebende Leibniz-Forscher bemühen sich, die kritische Editionsarbeit weiter auszubauen. Wir hoffen, daß diese Bestrebungen bald der Leibniz-Forschung zugute kommen. Vielleicht kann dann dort wieder angeknüpft werden, wo während des zweiten Weltkrieges die Arbeit unterbrochen wurde. Denn das Ziel ist, dem besten Fachkenner die Erschließung des von ihm beherrschten Gebietes anzuvertrauen. Die Leibniz-Kommission der Berliner Akademie wird alles tun, um der Leibniz-Gesamtausgabe auch über ihren akademischen Rahmen hinaus Mitarbeiter zuzuführen, die bereit sind, das Vermächtnis dieses wahrhaft großen Menschen und Denkers zu pflegen, der von sich selbst bekannte: Ich bin nicht von denen so auf ihr Vaterland oder sonst auf eine gewisse Nation erpicht seyn; sondern ich gehe auf den Nutzen des ganzen menschlichen Geschlechts.

Bibliographische Angaben

I. Veröffentlichungen der Leibniz-Kommission

Gottfried Wilhelm Leibniz: Sämtliche Schriften und Briefe

Reihe I: Allgemeiner politischer und historischer Briefwechsel.

1. Bd. 1668—1676. Bearbeitet von PAUL RITTER, WILLY KABITZ und ERICH HOCHSTETTER. XLVII, 546 S. Darmstadt 1923.
2. Bd. 1676—1679. Bearbeitet von PAUL RITTER. XXXVIII, 588 S. Darmstadt 1927.
3. Bd. 1680—1683. Bearbeitet von PAUL RITTER, WALDEMAR VON OLSHAUSEN und KURT DÜLFER. XLVIII, 664 S. Leipzig 1938.
4. Bd. 1684—1687. Bearbeitet von PAUL RITTER, PAUL SCHRECKER und KURT MÜLLER. LVI, 752 S. Berlin und Leipzig 1950.
5. Bd. 1687—1690. Bearbeitet von KURT MÜLLER und ERIK AMBURGER. XLIX, 794 S. Berlin 1954.
6. Bd. 1690—1691. Bearbeitet von KURT MÜLLER und GÜNTER SCHEEL. Im Druck.
7. Bd. 1691—1692. Bearbeitet von GÜNTER SCHEEL, KURT MÜLLER und GEORG GERBER. In Vorbereitung.

Reihe II: Philosophischer Briefwechsel.
1. Bd. 1663—1685. Bearbeitet von ERICH HOCHSTETTER, WILLY KABITZ und PAUL RITTER. XXXIV, 581 S. Darmstadt 1926.
Reihe IV: Politische Schriften.
1. Bd. 1667—1676. Bearbeitet von PAUL RITTER. XXXVIII, 611 S. Darmstadt 1931.
2. Bd. 1677—1687. Bearbeitet von LOTTE KNABE. In Vorbereitung.
Reihe VI: Philosophische Schriften.
1. Bd. 1663—1672. Bearbeitet von WILLY KABITZ. XXVIII, 581 S. Darmstadt 1930.

II. Arbeiten der Mitarbeiter seit 1945

RICHTER, LISELOTTE: Leibniz und sein Rußlandbild. Berlin 1946.
MÜLLER, KURT: [Bespr. v.] H. L. Matzat, Gesetz und Freiheit. (Köln) 1948. In: Deutsche Lit. Ztg. [zit.: DLZ] 71, 1950, 434—436.
—: [Bespr. v.] Gottfried Wilhelm Leibniz, Protogaea. Übers. v. W. v. Engelhard. Stuttgart 1949. In: DLZ 72, 1951, 158—160.
—: [Bespr. v.] K. Huber, Leibniz. München 1951. In: DLZ 73, 1952, 385—388.
—: Die Leibniz-Ausgabe der Berliner Akademie. Universitas 7, 1952, 969—971.
—: [Bespr. v.] Gottfried Wilhelm Leibniz, Schöpferische Vernunft. Marburg 1951. In: DLZ 74, 1953, 385—388.
—: [Bespr. v.] Leibniz zu seinem 300. Geburtstag 1646—1946. Lfg. 1. 2. 3. 5. 6. 7. Berlin 1946—52. In: DLZ 72, 1951, 385—395; 74, 1953, 705—706.
—: Die Erschließung des Leibniz-Nachlasses. Forschungen u. Fortschritte 28, 1954, 57—60.
—: [Bespr. v.] H. J. Kanitz, Das Übergegensätzliche gezeigt am Kontinuitätsprinzip bei Leibniz. Hamburg (1951). In: Theol. Lit. Ztg. 1955, Sp. 296—298.
MÜLLER, KURT: Gottfried Wilhelm Leibniz und Nicolaas Witsen. Berlin 1955. (Sitzungsber. d. Deutschen Akad. d. Wissensch. Klasse f. Philosophie [usw.] Jg. 1955, Nr. 1.)
GERBER, GEORG: Die Neu-Atlantis des Francis Bacon und die Entstehung der Academia Naturae Curiosorum (Leopoldina) und der Societät der Wissenschaften in Berlin. Wissenschaftl. Annalen 4, 1955, 552—560.
KNABE, LOTTE: Leibniz' Vorschläge zum Archiv- und Registraturwesen. In: Archivar und Historiker. Festschr. f. H. O. Meisner. Berlin [1956]. S. 107—120.
GERBER, GEORG: Die Beziehungen Leibniz' zu Francis Bacon. Wissenschaftl. Annalen 5, 1956, 275—282.

III. Im Text erwähnte Leibniz-Ausgaben

Miscellanea Berolinensia ad incrementum scientiarum, ex scriptis societatis regiae scientiarum exhibitis, edita Berolini 1710.
Lettres de M. de Leibniz à Mr. Hermann. Histoire de l'Académie Royale des Sciences et Belles Lettres. Année 1757. Berlin 1759. S. 451—522.
Annales imperii occidentis Brunsvicenses. Ed. Georgius Heinricus Pertz. Tom. I—III. Hannoverae 1843—46. (Leibnizens Gesammelte Werke. Hrsg. v. G. H. PERTZ 1. Folge, 1.—3. Bd.)
Leibnizens mathematische Schriften. Hrsg. v. C[arl] I[mmanuel] Gerhardt. Bd. 1—7. Halle 1855—63. (Leibnizens Gesammelte Werke. Hrsg. v. G. H. PERTZ 3. Folge.)
Die philosophischen Schriften von Gottfried Wilhelm Leibniz. Hrsg. v. C. I. GERHARDT. 1.—7. Bd. Berlin 1875—90.
G. W. Leibniz. Textes inédits ... publ. et annotés par Gaston Grua. Tome I. II. Paris 1948.

IV. Benutzte Leibniz-Literatur

GUHRAUER, G. E.: Ideen zu einer kritischen Gesammtausgabe der Werke von Leibnitz. In: Bericht über die zur Bekanntmachung geeigneten Verhandlungen d. Kgl. Preuß. Akad. d. Wiss. zu Berlin. Aus dem Jahre 1840. Berlin [1841]. S. 69—72.

BÖCKH, A.: Gedächtnisrede auf Leibniz, insbesondere über die Herausgabe seiner Schriften. Monatsberichte d. Kgl. Preuß. Akad. d. Wiss. zu Berlin. Aus dem Jahre 1859. Berlin 1860. S. 533—548.
HARTMANN, H.: Die Leibniz-Ausgabe der Berliner Akademie. Blätter f. deutsche Philos. 13, 1939, 408—421.
LITT, TH.: Leibniz und die deutsche Gegenwart. Wiesbaden (1946).
Leibniz. Zu seinem 300. Geburtstage 1646—1946. Hrsg. v. E. HOCHSTETTER. Berlin 1946—52.
1. Lfg.: Leibniz als Metaphysiker v. N. HARTMANN.
2. Lfg.: Leibniz und Peter der Große v. E. BENZ.
3. Lfg.: Zu Leibniz' Gedächtnis. Eine Einl. v. E. HOCHSTETTER.
4. Lfg.: Leibniz' mathematische Studien in Paris v. J. E. HOFMANN.
5. Lfg.: Leibniz' Forschungen auf dem Gebiete der Syllogistik v. K. DÜRR.
6. Lfg.: Leibniz als Historiker v. W. CONZE.
7. Lfg.: Leibniz' Erkenntnislehre v. R. ZOCHER.
8. Lfg.: Leibniz und China v. R. F. MERKEL.
MEYER, R. W.: Leibniz und die europäische Ordnungskrise. Hamburg 1948.
HOFMANN, J. E.: Die Entwicklungsgeschichte der Leibnizschen Mathematik. München 1949.

Zur Geschichte der Kant-Ausgabe 1896—1955

VON GERHARD LEHMANN

Es war im Februar 1896, als in den wichtigsten Zeitungen und Zeitschriften der Reichshauptstadt ein „Aufruf“ erschien: die Kgl. Preußische Akademie der Wissenschaften habe beschlossen, eine vollständige, kritische Ausgabe der Werke Kants zu veranstalten; sie möchte dadurch eine „Ehrenschuld der Nation gegenüber ihrem großen Philosophen abtragen“ und bitte um Unterstützung aller, die im Besitze von Kantmaterialien sind. Dieser Aufruf gehörte zu einem „Zirkular“, dem eine „Orientierung über die Kant-Ausgabe der Kgl. Preußischen Akademie“ beigegeben war. Zwei weitere Zirkulare wurden an Bibliotheken und Archive sowie an „Autographensammler“ versandt. [1])

Das war der erste Schritt, mit dem die neugegründete „Kommission der Kgl. Preußischen Akademie der Wissenschaften für Herausgabe der Werke Kants“ an die Öffentlichkeit trat. Unterzeichnet hatten die Mitglieder DILTHEY, DIELS, STUMPF, VAHLEN und WEINHOLD.

Damit beginnt die Geschichte der Kant-Ausgabe, die mit der Veröffentlichung von Band XXIII im Dezember 1955 ihren Abschluß gefunden hat (wenn wir von zwei noch fertigzustellenden Indexbänden absehen).

Sie hat eine Vorgeschichte. Eine offizielle, die DILTHEY im ersten Bande der „Werke“ (1902) gibt, und eine inoffizielle, die sich in DILTHEYs Briefwechsel mit dem Grafen YORK VON WARTENBURG (Halle 1923) findet. Natürlich ist die inoffizielle interessanter und datenreicher. Wir erfahren aus ihr, wie groß der wirkliche Anteil DILTHEYs, des Initiators und Organisators der Ausgabe, an den Vorarbeiten war. Wir erfahren, daß er den Plan im Jahre 1893 dem damaligen Kultusminister FR. ALTHOFF sowie der Akademie vortrug und daß seine Denkschrift „ein ganzes Buch“ war, daß die Ausgabe ein „Gegenstück“ zur Goetheausgabe sein sollte, „aber von einer ganz anderen Fruchtbarkeit“, daß erst „nach Beendigung des Kant“ die Leibnizausgabe folgen sollte. Im Jahre 1894 wurde die Ausgabe von der Akademie beschlossen. Und im Mai 1896 schreibt DILTHEY, daß er nunmehr auch einen „guten Sekretär“ für die „Kantvorbereitungsarbeiten“ habe. Dieser Sekretär war PAUL MENZER, auch heute noch außerakademisches Mitglied der Kantkommission — damals dreiundzwanzigjährig, jetzt der Nestor der deutschen Philosophen. Über den Anteil MENZERs an der Ausgabe wird zu berichten sein; damals stand er noch vor der Promotion und hatte die umfangreichen Konzepte und Briefe DILTHEYs abzuschreiben.

Man kann fragen, wie es überhaupt zu dem Gedanken einer Kant-Ausgabe der Preußischen Akademie der Wissenschaften kam? Fehlte es an Ausgaben der Werke Kants? Keineswegs. Es lagen um diese Zeit nicht weniger als drei Gesamtausgaben vor: eine 10bändige von HARTENSTEIN 1838/39, eine 12bändige von ROSENKRANZ und SCHUBERT 1838/42 und eine 8bändige chronologische, ebenfalls von HARTENSTEIN, 1867/69. Dazu kamen die wohlfeilen Ausgaben von v. KIRCHMANN (1868f.) und KEHRBACH (bei Reclam) o. J. [2]), die zwar nicht

[1]) Abdruck in: Kantstudien I, 1896, S. 148—154.

[2]) Die berühmte, textkritisch hervorragende Ausgabe der Kritik der reinen Vernunft von KEHRBACH hat ein Vorwort vom März 1877.

vollständig sein wollten, von denen aber besonders die letzte bald eine große Verbreitung erlangte. Es fehlte auch nicht an Veröffentlichungen aus Kants Nachlaß — von BENNO ERDMANN (1882ff.), R. REICKE (1889ff.) u. a. —, aus Kants Vorlesungen und aus Kants Briefwechsel.

Aber es fehlte eine Ausgabe, die nicht nur dies alles vereinigte, sondern auch Neues, noch gar nicht Aufgefundenes, bringen konnte — eine Ausgabe auf lange Sicht und auf Zuwachs geplant. Diese Ausgabe mußte ein *Organ* haben, in welchem vorher veröffentlicht wurde, was später als Konjekturen, exegetische und textkritische Miszellen, in die Ausgabe Aufnahme finden konnte. Daher erfolgte 1896 die Parallelgründung der „Kantstudien", die auch heute noch bestehen, und die zuerst von HANS VAIHINGER herausgegeben wurden. Auf Wunsch des Herausgebers traten DILTHEY und seine Mitarbeiter in die Redaktion der Kantstudien, so daß von Zeit zu Zeit „authentische Berichte über den Stand der neuen Ausgabe" gebracht werden konnten. [3])

Was nun den Plan selbst betrifft, so waren ursprünglich 8 Bände Werke, 4 Bände Briefe, 7 Bände Nachlaß und eine noch unbestimmte Anzahl von Vorlesungsbänden vorgesehen. Eine gewisse Inkonvenienz ergab sich daraus, daß erstens das eigentliche Nachlaßwerk Kants (Opus postumum), d. h. das umfangreiche Manuskript über den „Übergang" von der Naturmetaphysik zur Physik, an welchem Kant in seinen letzten Lebensjahren arbeitete, der Akademieausgabe (zunächst) nicht zugänglich war — es war Privatbesitz, und der Versuch der Akademie, die Überlassung der Editionsrechte gerichtlich zu erzwingen, scheiterte 1902 —, daß Kant ferner mehrere Vorlesungen Schülern zur Veröffentlichung übergeben hatte (Logik, Physische Geographie, Pädagogik), die noch zu seinen Lebzeiten erschienen, daß es drittens Schriften von Kant gab, die er überhaupt nicht selber herausgegeben hatte (wie die sogenannte Preisschrift über die Fortschritte der Metaphysik, die von RINK, oder die sogenannte Erste Einleitung in die Kritik der Urteilskraft, die im Auszuge von BECK publiziert worden war), und daß 1817 und 1821 Vorlesungsnachschriften erschienen waren (die sogenannten PÖLITZ-Vorlesungen über Kants Religionsphilosophie und Metaphysik), die als Apokrypha dem festen Bestande der Kantliteratur angehörten.

An allen diesen Punkten — abgesehen vom letzten, der, wie der Gesamtkomplex „Vorlesungen", noch unerledigt ist — mußte der Plan revidiert werden.

Zunächst erschien jedenfalls der Briefwechsel KANTs, und zwar Band I und II 1900, Band III 1902. Es war das Lebenswerk des Königsberger Bibliothekars R. REICKE († 1905) und brachte die Briefe von und an Kant, die Notierungen aller nachweisbaren, aber nicht erhaltenen Briefe, eine Auswahl aus dem amtlichen Schriftverkehr, öffentliche Erklärungen, Denkverse, biographische Urkunden usw. Ein IV. Band: Anmerkungen und Register, sollte folgen, konnte aber von REICKE nicht mehr beendet werden und erschien erst nach der zweiten Auflage der drei Briefbände im Jahre 1922. Besorgt hat ihn nach REICKEs Tode PAUL MENZER in Verbindung mit REICKEs Sekretärin R. BURGER. Dieser Band ist mit seinen 699 Seiten präzisester Angaben ein Meisterwerk, und macht die Akademieausgabe der Briefe Kants zu der einzig kritischen, grundlegenden Ausgabe, die durch keine andere ersetzbar ist.

Ähnliches läßt sich leider von der Veröffentlichung der „Werke" (d. h. der Druckschriften Kants) in der Akademieausgabe *nicht* sagen. Sie sind, vor durchschnittlich 40—50 Jahren bearbeitet, heute zum Teil überholt. Aber auch abgesehen davon, sind sie nicht überall zuverlässig. Es haben zu viele Forscher an ihnen gearbeitet; zu viele „Kommissionen" haben dazwischen geredet, und die Editionsprinzipien waren nicht so

[3]) H. VAIHINGER, in Kantstudien I a. a. O., S. 6.

unfehlbar, wie sie es um 1900 schienen. Man hatte für die Textbearbeitung „Regeln für die Abteilung der Werke" aufgestellt und gedruckt, die außer allgemeinen Angaben solche über Sprache, Orthographie und Interpunktion enthielten. Darin heißt es z. B.: „Es ergab sich, daß Kants orthographische Gewohnheiten eines systematischen Zusammenhangs und einer folgerichtigen Durchführung entbehren; es wird die von Kants Brauch sich nicht allzu weit entfernende Schreibung durchgeführt, die bis 1880 in den preußischen Schulen herrschte ..." (S. 4). Oder (S. 5): „Die Überfülle der Kommata in den Drucken wird nicht bewahrt, vielmehr das Zeichen (für dessen Gebrauch Kants interpungierte Handschriften keine Regeln liefern) auf die Fälle beschränkt, in denen die schulmäßige Interpunktionslehre es fordert ..." Was dabei verlorenging, war gerade die Urkundlichkeit. Und mit Recht schreibt der alte ZELLER (1908) in einem Briefe an DILTHEY (vom 13. Nov. 1899): „Die Sprache, Orthographie und Interpunktion zur Bequemlichkeit der heutigen Leser, für deren Bedürfniss schon von anderer Seite gesorgt wird, zu modernisiren, halte ich um so weniger erlaubt, da vieles, was jetzt correct erscheint, in 100 Jahren vielleicht wieder antiquirt ist ..." Nur hätte es heißen müssen: in 50 Jahren sicherlich antiquiert sein wird.

Immerhin ist zu betonen, daß die Akademieausgabe nicht, wie die ab 1912 erschienene CASSIRERsche Ausgabe von Kants „Werken", das Unternehmen einer *Schule* war — des Neukantianismus, sondern daß an ihr Forscher aller Richtungen, auch Gegner der Philosophie Kants mitgearbeitet haben. Wir nennen von den sogenannten „Fachherausgebern" der Werke die wichtigsten (mit den Nummern der Bände, die sie ganz oder zum Teil bearbeitet haben): E. ADICKES (II), B. ERDMANN (III, IV), M. FRISCHEISEN-KÖHLER (II, VIII), P. GEDAN (II), A. HÖFLER (IV), O. KÜLPE (VII), K. LASSWITZ (I, II), H. MAIER (VIII), P. MENZER (II, IV, VIII), P. NATORP (V, VI), J. RAHTS (I), K. VORLÄNDER (VII), W. WINDELBAND (V), G. WOBBERMIN (VI). Die Bände selbst — wohlgemerkt, immer die „Werke" oder Druckschriften Kants — erschienen ab 1902 in bunter Reihenfolge: 1902 (I), 1903 (IV), 1904 (III), 1905 (II), 1907 (VI u. VII), 1908 (V), 1912 (VIII). (Da der Verlag de Gruyter, mit dem die Akademie 1898 Vertrag geschlossen hatte, ab 1910 *Neuauflagen* der Bände veranstaltete, ohne sie als solche zu kennzeichnen, findet man in der Literatur stets falsche bibliographische Angaben.) Band I und II enthalten die sogenannten vorkritischen Schriften, abschließend mit der von ADICKES bearbeiteten Inauguraldissertation; Band III gibt den Text der zweiten Auflage der Kritik der reinen Vernunft (1787) in BENNO ERDMANNS Bearbeitung — die Abweichungen der ersten Auflage (1781) sind dann mit den Prolegomenen, der Grundlegung zur Metaphysik der Sitten und den metaphysischen Anfangsgründen der Naturwissenschaft in Band IV erschienen. Band V enthält die Kritik der praktischen Vernunft (NATORP) und die Kritik der Urteilskraft (WINDELBAND), Band VI die Religion innerhalb der Grenzen der bloßen Vernunft (WOBBERMIN) und die Metaphysik der Sitten (NATORP), Band VII den Streit der Fakultäten (VORLÄNDER) und die Anthropologie (KÜLPE), Band VIII — nach einem besonderen Vorschlage DILTHEYS — die kleineren Abhandlungen nach 1781 in der Bearbeitung von MENZER, MAIER und FRISCHEISEN-KÖHLER. Hinzu kommt noch Band IX mit den gedruckten Vorlesungen über Logik, Physische Geographie und Pädagogik, der aber — nach heftigem Kommissionsstreit — erst 1923 ausgegeben werden konnte (M. HEINZE, der Herausgeber der Logik, ist schon 1909 gestorben) — womit dann die „Werke" abgeschlossen waren, denn von Band X an zählt der Briefwechsel.

Wir sagten schon, daß nicht in den „Werken" der eigentliche Wert der Akademieausgabe KANTS liegt, sondern im Briefwechsel und im *handschriftlichen Nachlaß;* ihm wenden wir uns nunmehr zu.

Für den handschriftlichen Nachlaß — abgesehen vom eigentlichen Nachlaßwerk (Opus postumum), auf das später noch einzugehen ist — gab es zwei Fundstätten: die Handexemplare Kants, d. h. die Kompendien, nach denen er, der Sitte der Zeit gemäß, las (z. B.

Kants Handexemplar der Beobachtungen über das Gefühl des Schönen und Erhabenen, Titelseite. Abdruck der Reflexionen in Band XX.

Achenwall, Baumgarten, Eberhard, Meier) und auf deren Durchschußseiten er fortlaufende Textzusätze (sogenannte Reflexionen) schrieb, sowie die sogenannten Losen Blätter, d. h. Einzelpapiere verschiedenen Formats (meist Oktavblätter), mit Reflexionen, Fragmenten, Entwürfen beschrieben. Die Reflexionen zur Anthropologie und Metaphysik (d. i. Kritik der reinen Vernunft) hatte B. Erdmann, die — von Fr. W. Schubert geordneten — Losen Blätter (Königsberger Kant-Nachlaß) hatte R. Reicke abgedruckt. Beider

Sammlungen waren unvollständig, und eine chronologische Ordnung war entweder gar nicht vorhanden oder höchst mangelhaft.

Aus diesen Vorarbeiten eine mustergültige, zuverlässige vollständige Ausgabe des handschriftlichen Nachlasses hergestellt zu haben, ist das Verdienst von E. ADICKES, mit dem die Akademie 1896 Vertrag schloß.[4]) ADICKES — einer unserer bedeutendsten Kantforscher — war damals noch einfacher Realschullehrer in Bremen, und seine Aufgabe war auf vier Jahre berechnet. In Wirklichkeit hat er 32 Jahre für den handschriftlichen Nachlaß gebraucht und ist nicht fertiggeworden. 1911 erschien der erste Band (Mathematik, Physik, Physische Geographie; in der Gesamtzählung Bd. XIV), 1913 der zweite (Anthropologie XV), 1914 der dritte (Logik, XVI), 1926 der vierte (Metaphysik I; XVII), 1928 der fünfte (Metaphysik II, XVIII), 1934 — sechs Jahre nach ADICKES' Tode, in der Bearbeitung seines Tübinger Assistenten F. BERGER — der sechste Band (Moral-, Rechts-, Religionsphilosophie; XIX). Wie häufig im wissenschaftlichen Leben, erklärt sich auch hier die Länge der Arbeitszeit aus den neu eingeschalteten Schwierigkeiten: die Datierungen immer genauer anzugeben und Kants oft in wenigen, flüchtigen Worten bestehenden Texte immer genauer aufzufassen. Was ADICKES hier geleistet hat, ist beispiellos und übersteigt die Kraft eines Einzelnen. Galt es doch, jedes Papierfetzchen zu identifizieren, zu entziffern und zu kommentieren. Wir geben hier nur an, daß ADICKES nicht weniger als 33 Phasen der Kantschen Handschrift aufstellte: nach Tinte, Duktus, Stellungsindizien usw. In einem Abschlußbande sollte die Richtigkeit dieser Einteilungen durch zahlreiche Handschriftproben bewiesen werden; dazu ist es nicht gekommen, und er hat das Geheimnis seiner Methode mit ins Grab genommen. Man hat viele Vorwürfe gegen ihn erhoben: in Band XIV — dem allerdings schwierigsten Bande des Nachlasses — kommen z. B. auf ein Paar Seiten Text 24 bis 30 Seiten Anmerkungen in Petit; und auch die Art der Edition, die Einfügung von g. u. s. Klammern, eckigen und runden Interpunktionszeichen usw., kann nicht sehr glücklich genannt werden. Aber wenn seine Erläuterungen zu umfangreich sind, sind sie doch richtig, und wenn der Text zu unübersichtlich behandelt wird, ist er doch fehlerfrei.

Strenggenommen gehörten noch zwei Abteilungen zum handschriftlichen Nachlaß, die ADICKES nicht bearbeitet hat: die sogenannten Vorarbeiten und Nachträge, und das Opus postumum. Wir gehen zunächst auf das Opus postumum ein.

Grund dafür, daß es der Akademieausgabe zugänglich gemacht werden konnte, war ein äußerer Faktor — die Inflation. Nach dem Tode des Hamburger Pastors KRAUSE hatte sich sein Erbe, Oberlehrer Dr. KRAUSE, zur Abtretung der Editionsrechte für ganze 1000 Goldmark entschlossen, und es war sehr wichtig, daß auf Grund dieser Regelung das Manuskript damals nicht ins Ausland wanderte. Die Editionsrechte hatte jedoch der *Verlag* erworben (Oktober 1923) und in einem „Sonderabkommen" zum Vertrage von 1898 (im Dezember 1923) die Kosten für die Herausgabe übernommen, unter der Bedingung, seinerseits eine Einzelausgabe des Werkes — also außerhalb der Akademieausgabe — zu veranstalten. Initiator der ganzen Aktion war der Neukantianer A. BUCHENAU († 1946) als Verlagslektor; ihm wurde, unter Oberaufsicht von ADICKES, die Ausgabe übertragen; der eigentliche Bearbeiter war G. LEHMANN. ADICKES, der 1920 eine umfangreiche Darstellung des Nachlaßwerkes veröffentlicht hatte, trat am 19. Juni 1926 vom Vertrage zurück. 1936 erschienen in diplomatisch getreuer, d. h. nicht chronologischer Ausgabe, Band I des Nachlaßwerkes (XXI bzw. handschriftlicher Nachlaß Bd. 8, Konvolut I—VI), zwei Jahre danach Band II (XXII bzw. handschriftlicher Nachlaß Bd. 9, Konvolut VII—XIII).

Über Wert oder Unwert des Nachlaßwerkes, des monströsesten Produktes aus Kants Feder, etwas auszusagen, ist hier nicht der Ort. Jedenfalls hat sich die Spekulation, die sich an den Namen eines angeblich neuen „Werkes" von Kant knüpfte, als Fehlspekulation erwiesen, und die Fachwelt ist heute noch zu keinem

[4]) Vgl. hierzu die in den *Beilagen* abgedruckten Briefe DILTHEYS an ADICKES, die allerdings aus den Jahren 1904/5 stammen.

endgültigen Urteil über das Opus postumum gelangt. Wenn dennoch die Ausgabe, an deren Zuverlässigkeit kein Zweifel möglich ist und in der ja auch alle Forschungen von ADICKES verwertet sind, eine Bedeutung für die Gesamtinterpretation der Kantschen Philosophie besitzt, so verdankt sie das nicht zuletzt dem im zweiten Bande (XXII) enthaltenen *Index zum Nachlaßwerk*, der die Ausweitung der Systematik des Kritizismus um 1800 deutlich macht und zum Verständnis der Terminologie Kants überhaupt unentbehrlich ist.

Was noch zu erledigen blieb, waren die „*Vorarbeiten und Nachträge*". Diese Abteilung des handschriftlichen Nachlasses sollte die Vorarbeiten und Nachträge zu Kants Druckschriften enthalten, also diejenigen unter den Reflexionen und Losen Blättern, die sich als von einer Druckschrift bestimmt erweisen. Das ist sehr dehnbar; vieles kann sich auf ein geplantes Werk beziehen, braucht es aber nicht. Und die „Vorarbeiten" zur Kritik der reinen Vernunft waren von ADICKES sowieso abgesondert worden; sie wurden zu den Metaphysikreflexionen gerechnet. Die Schwierigkeit ist ja eigentlich die, daß man jede Kantsche Bemerkung auf eine geplante Druckschrift beziehen *kann* bzw. daß die Druckschriften oder Werke nur Ausschnitte aus einem Denkprozeß sind, an dem Kant Tag für Tag zu formulieren sucht.

Immerhin hatte schon ADICKES aus den Materialien zu Band XIV bis XIX alles beiseite gelegt, was sich eindeutig als „Vorarbeit" einer Druckschrift ansehen ließ. Und wenn er dabei auch den Rahmen der „Vorarbeiten und Nachträge" zu sehr einengte, schadete dies nichts. Eine Sonderstellung nehmen die wichtigen „Bemerkungen zu den Beobachtungen über das Gefühl des Schönen und Erhabenen" ein, d. h. die Zusätze Kants zum Handexemplar der „Beobachtungen"[5]). Dieses war kein Kompendium, und die Zusätze hatten in der Tat den Charakter von „Nachträgen"; sie wurden — nachdem sie größtenteils schon von ADICKES entziffert worden waren — in Band XX abgedruckt.

Dieser Band — eigentlich der erste Band der „Vorarbeiten und Nachträge" — erschien 1942 in der Bearbeitung von G. LEHMANN; er enthielt den sogenannten Rostocker Kantnachlaß, insbesondere die Erste Einleitung in die Kritik der Urteilskraft und die Preisschrift über die Fortschritte der Metaphysik (1804). Aus äußerlichen Gründen mußte er dem Opus postumum vorangestellt werden und ist dadurch vom zweiten Bande der „Vorarbeiten" um zwei Bände getrennt. So sieht er wie ein Lückenbüßer aus, ist es aber nicht.

Noch einmal griff eine äußere Macht in die Geschichte der Kant-Ausgabe ein: der zweite Weltkrieg. 1945 nämlich, nach Abschluß der Kampfhandlungen, waren die in der Nähe von Greifswald zum Schutze gegen Fliegereinwirkungen verlagerten Materialien (Originale, Abschriften, Photokopien usw.) — darunter die Abschrift von Kants Zusätzen zum Handexemplar der Kritik der reinen Vernunft — verloren, und auch die meisten der in Ostpreußen selbst verlagerten Kantmaterialien der ehemaligen Universitätsbibliothek Königsberg müssen als verloren angesehen werden. Für den zweiten Band der „Vorarbeiten und Nachträge" (XXIII) ist das ein unersetzlicher Verlust; wohl hatten REICKE, WARDA, ERDMANN, KULLMANN u. a. die meisten Stücke schon veröffentlicht, aber nur weniges einwandfrei und den Forderungen der Akademieausgabe entsprechend. Es schien also damals,

[5]) Vgl. hierzu G. TONELLI, Kant dall'Estetica Metafisica all'Estetica Psicoempirica, in: Memorie della Accademia delle Scienze di Torino, Serie 3, Tomo 3, Parte II. S. 123ff. (1955), sowie schon vorher: P. MENZER, Kants Ästhetik in ihrer Entwicklung, Abhandlungen der Deutschen Akademie d. Wissensch. zu Berlin, Jahrg. 1950, Nr. 2 (1952) Klasse für Gesellschaftswissenschaften, S. 50ff.

nach dem Untergange der alten Preußischen Akademie der Wissenschaften, auch die Kant-Ausgabe unabschließbar geworden zu sein.

Wie so viele andere Ausgaben wurde jedoch auch die Kant-Ausgabe von der vor zehn Jahren gegründeten Deutschen Akademie der Wissenschaften zu Berlin übernommen. Und wenn auch dem Bearbeiter (G. LEHMANN) die Wiederherstellung des Bandes XXIII in der ursprünglichen Gestalt unmöglich war, so konnte doch aus noch erhaltenen Originalen, Sekundärdrucken und Abschriften — unter Angleichung an die Editionsprinzipien der Akademieausgabe und Anlehnung an die Systematik der einzelnen Druckschriften (auf genaue Datierung der Handschriften mußte natürlich verzichtet werden) ein einigermaßen gleichwertiges Werk geschaffen werden, das zur Erforschung der Kantschen Philosophie, insbesondere der Metaphysik der Sitten (Rechtslehre), auf Grund der umfangreichen „Vorarbeiten" bzw. Losen Blätter des ehemaligen Königsberger Kant-Nachlasses, unentbehrlich ist.

Dieser Band, von N. HARTMANN († 1950) und P. MENZER aufs wärmste gefördert, konnte nach großen Schwierigkeiten Ende 1955 das Licht der Welt erblicken. Der handschriftliche Nachlaß Kants ist damit abgeschlossen. Nicht dagegen der ursprüngliche Plan der Kant-Ausgabe. Dieser sah als letzte Abteilung die Nachschriften der Vorlesungen vor, und W. DILTHEY hatte mit Nachdruck von der Wichtigkeit der Arbeit daran gesprochen (cf. I, S. XIVf. 1902). Die Nachschriften sind Quellen. „Sie dienen der Aufgabe, . . . die Druckschriften KANTs zum Zusammenhang seines Systems zu ergänzen." Kann man dies insofern bezweifeln, als das dabei resultierende „System" mehr ein äußerliches, exoterisches, fürs Publikum bestimmtes, nicht das eigentliche System des Kritizismus ist, so kann man andererseits geltend machen, daß ja der handschriftliche Nachlaß alle Voraussetzungen für die Vorlesungsnachschriften enthält, indem er Kants Aufzeichnungen für seine Vorlesungen in den Kompendien genau wiedergibt. Diese Materialien durch das Geschwätz der Nachschreiber zu verwässern, dürfte nur insofern zu rechtfertigen sein, als es darauf ankäme, von Kants Vorlesungen ein ausführliches, *anschauliches* Bild zu erhalten. Dann aber ist es notwendig, aus den Vorlesungsnachschriften einen Querschnitt durch das *ganze* Vorlesungswesen Kants, d. h. durch die ganze „Systematik" seiner Philosophie, herzustellen. Das war um 1900, und erst recht später, als ADICKES seine „Untersuchungen zu Kants physischer Geographie" (1911) schrieb, möglich. Heute, nach den Verlusten des zweiten Weltkrieges, ist es nicht mehr möglich. Und wenn man damals, im sicheren Besitz so vieler Vorlesungsnachschriften, einen Abdruck der PÖLITZ-Vorlesungen (s. o.) für eine der Akademie unwürdige Sache hielt, so dürfte heute ein Ergänzungsband mit den apokryphen PÖLITZ-Vorlesungen sehr nützlich sein.

Soviel über die noch ungeklärte Vorlesungsfrage. Daß die Kant-Ausgabe ohne einen ausführlichen und auf zwei Bände berechneten *Index* unbenutzbar ist, versteht sich besonders im Hinblick auf den handschriftlichen Nachlaß. Für den Briefwechsel gibt es ein Register; für die Druckschriften gibt es genug andere Register, — der Index der Akademieausgabe hätte hier nur den Wert, den Zusammenhang zwischen Druckschriften und handschriftlichem Nachlaß herzustellen. Denn die Hauptschwierigkeit bei der Benutzung der Gesamtausgabe ist ja die, daß den gegliederten, systematischen Zusammenhängen der Druckschriften die fragmentarischen, oft aus wenigen Worten, nicht einmal Sätzen, bestehenden Reflexionen des handschriftlichen Nachlasses gegenüberstehen und daß dabei auf die Gruppierung und Numerierung der Reflexionen (bei ERDMANN und ADICKES, später ist die Numerierung abgeschafft worden) kein Verlaß ist. Für die Technik der Verzettelung ist entscheidend der *Wechsel des Maßstabes*: will man wiedergeben, was Kant auf zwei Zeilen gesagt hat, so kommt man natürlich nicht mit dem Maßstab aus, den man unter Umständen für zwei Seiten in sich klargegliederten Textes einer Druckschrift benötigt. — Es ist übrigens sonderbar, daß DILTHEYs Plan keinen Index umfaßte; dieser wurde erst in den dreißiger Jahren unter HEINRICH MAIER beschlossen.

Inzwischen hat der Zahn der Zeit, wie alles, so auch die Akademieausgabe kräftig benagt. Von 23 Bänden sind 6 Bände vergriffen: III, IV, V, IX, XIX, XX. Das heißt, daß von Werken Kants in der Akademieausgabe nicht zu erhalten sind: die Kritik der reinen Vernunft, die Prolegomena, die Grundlegung zur Metaphysik der Sitten, die Metaphysischen Anfangsgründe der Naturwissenschaft, die Kritik der praktischen Vernunft und die Kritik der Urteilskraft. Nicht zu erhalten sind ferner die von Kant seinen Schülern übergebenen Vorlesungen über Logik, Physische Geographie und Pädagogik, vom handschriftlichen Nachlaß (Reflexionen) der Band Rechts-, Moral- und Religionsphilosophie und von den Vorarbeiten und Nachträgen der erste Band. Diese Bände können nicht vollständig neu bearbeitet werden, weil der Index die Erhaltung des Satzspiegels verlangt; sie können nur durch Zusätze ergänzt werden, und das müssen sie auch, wenn sie wieder erscheinen sollen.

Die Kant-Ausgabe der Deutschen Akademie der Wissenschaften zu Berlin ist das geblieben, was sie in der Preußischen Akademie der Wissenschaften war: ein nationales Unternehmen und ein Instrument der Forschung. Gewaltig aber haben sich die Zustände in der Philosophie und in unserem Vaterlande seit den Tagen DILTHEYS und ZELLERS geändert. Der Neukantianismus, damals eine noch aufsteigende Macht, ist heute aus der Philosophie verschwunden. Aber das heißt nicht, daß Kants Probleme und Antworten aus ihr verschwunden sind. Generationen von Forschern aller Richtungen — auch solche, die in den Texten und Erläuterungen nicht genannt sind — waren an der Kant-Ausgabe beteiligt[6]; ADICKES hat noch auf dem Totenbette daran gearbeitet. Und das Wort DILTHEYS: „. . . so hängt . . . mit den größten Aufgaben überall die Andacht zum Unbedeutenden und Kleinen zusammen, welche das Merkmal des echten historischen Geistes ist" (I. S. VIII), hat sich immer wieder bewährt. Unser Rückblick auf die mehr als fünfzigjährige Geschichte der Kant-Ausgabe ist auf diese Kleinarbeit der Forschung nicht eingegangen, sondern nur auf die größeren Zusammenhänge. Viel wäre von der Behandlung der Handschriften und Lesarten, von der Interpretation und Erläuterung der Texte im einzelnen zu berichten. Aber das sind Dinge, die sich — wie im Leben das Moralische — immer von selbst verstehen und zu deren Bewältigung man eben Philologe ist. Außerdem gibt es keinen Maßstab der Akribie und Zuverlässigkeit, den die Kant-Ausgabe für sich gepachtet hätte und dessen sie sich anderen Ausgaben gegenüber rühmen könnte. Dazu ist sie — auch das bringt ein halbes Jahrhundert Geschichte mit sich — viel zu uneinheitlich. Selbst das Lob, ganz oder zum größten Teil „fertig" zu sein, ist zweifelhaft. Wir haben ja gesehen, wie mancherlei es noch — selbst abgesehen vom Index — daran zu tun gibt. Ebendarum aber kann sie doch auch noch etwas erwarten lassen; sie besteht nicht aus abgelegten Akten. Im übrigen aber ist und bleibt die Kant-Ausgabe so lebendig, wie KANT selber lebendig sein und bleiben wird.

Beilagen: Vier Briefe Wilhelm Diltheys an Erich Adickes (Winter 1904—1905)

Brief von Wilhelm Dilthey an Erich Adickes

30. 11. 1904.

Sehr geehrter Herr College!

In Bezug auf Ihre Anordnung ersuche ich in einigen Punkten um Aufklärung. Es ist ja selbstverständlich, daß schließlich der Herausgeber selber den Inbegriff der Gründe für die Anordnung überblickt, da die Masse der Manuskripte selbst hier die Entscheidungsgründe in erster Linie in sich enthält: aber da doch unter der

[6]) Wir erinnern hier nur an die Zusammenarbeit NATORPS mit STAMMLER oder an die Hilfe ADICKES' durch WARDA.

Verantwortlichkeit der Commission die Ausgabe stattfindet, ist es doch zweckmäßig, daß vor Ihrer Übergabe der Manuskripte, solange Ihre Arbeit noch im Fluß ist, eine Verständigung stattfindet.

I.

So viel ich sehe, handelt es sich darum, eine Vermittlung zu finden, welche das in den Phasen[1]) Zusammengehörige zusammenzuhalten und doch eine Anordnung im Sinne Kants zu geben ermöglicht.

Jede solche Anordnung von Bd. I—V kann sich in den Hauptabteilungen nur an die spätere Kantische Anordnung halten.

Diese aber kann nach zwei Gesichtspunkten geschehen. Entweder legt man die bei seinem akademischen Unterricht befolgte Idee zu Grunde, wie sie im Aufsatz „Über die verschiedenen Racen" gegeben ist. Dort[2]) bezeichnet er die Vorlesungen über physische Geographie und Anthropologie als „Vorübung in der Kenntnis der Welt". Ich habe mich hierüber öfter geäußert, daß das über Anthropologie vereinigte Material unter diesem Gesichtspunkt seine inneren Zusammenhänge besitzt; will man sie nicht zerreißen, was ich mit Ihnen gemeinsam als notwendig erachte, dann muß man diesen Gesichtspunkt auch in der Anordnung zur Geltung bringen. Alsdann sind Geographie und Anthropologie vorauszuschicken. Hierauf würden dann Logik, Metaphysik (Transcendentalphilosophie) und die beiden Zweige der Metaphysik, Metaphysik der Natur als reine und dann als angewandte Wissenschaft in der Abfolge von Mathematik, Physik und Astronomie zu stehen kommen. Der andere Zweig, Metaphysik der Sitten und ihre Anwendungen, wovon nachher ein Mehreres. Will man nun diese Anordnung nicht wählen, so müßte man von der Einteilung ausgehen, wie sie Kant seit der Niederschrift der Methodenlehre in der Vernunftkritik entworfen hat, in gewissen Hauptzügen übereinstimmend, sonst mit manchen Unterschieden.

Die Unterscheidung in reine und empirische Philosophie müßte entweder principiell als Haupteinteilung zu Grunde gelegt werden oder bei den einzelnen Disciplinen gemacht werden. Ich darf nun voraussetzen, daß der Bestand der Manuskripte die erste Einteilung nicht möglich macht, bliebe dann die zweite. So entstünde das Schema

Logik

Metaphysik (Transcendentalphilosophie)

Metaphysik der Natur	Metaphysik der Sitten
a) Körperlehre	a) Moral
b) Seelenlehre	b) Rechtslehre.

Dies wäre zunächst die Anordnung des Rationalen Systems. Schwierigkeit böte dabei nur, daß die Transcendentalphilosophie der Moral eigentlich der Metaphysik der Sitten vorangehen müßte, worauf dann diese als Rechtslehre und Sittenlehre folgen müßte: ein Verfahren, das wohl dem Material gegenüber unausführbar ist. Die weitere Frage wäre dann, wie diesen Disciplinen der rationalen Philosophie als Metaphysik der Natur und der Sitten die weiteren angewandten Disciplinen zuzuordnen wären.

Wählt man nun diese Einteilung, dann müßten aus Ihrer Anordnung Mathematik, Physik, Astronomie und physische Geographie den Platz wechseln, es gibt wohl in Kants Anordnung eine Möglichkeit, die Mathematik da zu belassen, dagegen die drei anderen naturwissenschaftlichen Disciplinen würden nach keiner Kantischen Einteilung an dieser Stelle Platz finden.

Die Anthropologie weiter müßte dann ihre systematische Stelle als zweiter Teil der Metaphysik der Natur einnehmen, und wenn sie so vor die Moral zu stehen kommt, so entspricht das auch der Stelle, in welcher er die[3]) Anthropologie als den empirischen Teil der Moral im weiteren Sinne bezeichnet.

Soll nun diese Anordnung zu Grunde gelegt werden, dann muß auch ihre Systematik angegeben und bei der ganzen Einteilung durchgeführt werden, so daß der Leser sich nach dem Schema Kants leicht zurecht findet und in Kants Anordnung überall der Rechtsgrund für die Abfolge der Disciplinen ersichtlich ist.

Soweit kann ich selbst mir die Dinge klarlegen. Da Sie nun aber für Ihre Einteilung die Gründe nicht angegeben haben und in dieser offenbar ein anderes Princip der Einteilung obwaltet, so möchte ich zu meiner Aufklärung die Angabe dieser Gründe erbitten. Die Einteilung in gleichmäßige Bände ist ja sicher wünschens-

[1]) Schriftphasen.

[2]) II 443.

[3]) „er die" Text versehentlich: „es die". Gemeint ist die Stelle IV 388: „Die Physik wird also ihren empirischen, aber auch einen rationalen Theil haben; die Ethik gleichfalls, wiewohl hier der empirische Theil besonders *praktische Anthropologie*, der rationale aber eigentlich *Moral* heißen könnte." (Grundlegung zur Metaphysik der Sitten.)

wert, wenn wir sie aber bei der sachlichen Anordnung mitspielen ließen, so würden wir der Kritik gegenüber schweren Stand haben. Und da diese Bände ja in erster Linie für in Kants Werken Orientierte bestimmt sind, so würden diese sich ungern in eine aus Kant selbst nicht begründbare Einteilung finden.

Da die Masse des in Bd. I—V Vereinigten vornehmlich der älteren Zeit Kants angehört, so ist jede Einteilung nach Kants späterer Systematik dem Stoff gegenüber gewaltsam.

Ich glaube aber, daß der hieraus entstehende Schaden sich am wenigsten stark geltend macht, wenn man die ursprüngliche Intention der Anthropologie, wie sie in jener ersten Einteilung zu Grunde liegt, frei walten läßt, entsprechend also[4]) physische Geographie und Anthropologie voraussendet, denn dann ist ganz freier Raum, die Bezüge der Anthropologie insbesondere zur Völkerkunde, Philosophie der Geschichte und Moral sich ausbreiten zu lassen. Dagegen bei jeder späteren Einordnung Anthropologie nach dem *sonst angewandten Princip einer sachlich systematischen Einteilung* einzurücken wäre auf das Ihrem Begriff Zugehörige. Dies ist die große Inconvenienz, auf welche ich Sie schon früher aufmerksam gemacht habe. Nach wie vor will mir scheinen: soll Anthropologie der später rubricirte systematische Teil sein, so besteht kein Recht, die Reflectionen in ihrem natürlichen Zusammenhange zu belassen, was doch selbstverständlich notwendig ist. Ich habe untergeordnetere Fragen der Einteilung, die Schwierigkeiten bieten, hier übergangen. Es handelt sich ja zunächst darum, die Hauptzüge der Einteilung festzustellen und diese meine Bemerkungen sollten Ihnen die Anregung geben, mich zunächst über die Gründe Ihrer Anordnung zu orientieren. Wenn ich gern auch Anderen diese Fragen vorzulegen, mir offen halten wollte, so haben diese immerhin darin, daß der weitaus größte Teil dieser Abteilung I—V ja gedruckt vorliegt, einen Anhalt für die Erwägung der Sache, aber wenn es uns gelingt, die Anordnung so zu gestalten, daß sie Durchsichtigkeit der Gruppierung mit den Anforderungen das Material nicht zu zerreißen, verbindet, so bedarf es ja in diesem Fall der Urteile anderer Kantkenner durchaus nicht.

Ich bemerke noch hierzu, daß zu meinem eigenen Urteil und meiner Intention wünschenswert wäre zu wissen, welches der Inhalt der Abtheilungen Mathematik, Physik und Astronomie sei, wie dieselben systematisch orientiert sind, ob außerphilosophischen Vorlesungen angehörig.

II.

Eine besondere Frage hätte ich noch in Bezug auf die Anordnung der Reflectionen zur Anthropologie zu thun. Da Kant sowohl in der Grundidee seiner Anthropologie als in der Einteilung und Behandlung des Stoffes vielfach von den Compendien Baumgartens abweicht und zumal in seinen geschichtsphilosophischen Betrachtungen Gegenstände zuzieht, die außerhalb des Rahmens des Compendiums liegen, so möchte ich gerne wissen, warum Sie die Einteilung des Stoffes bei Erdmann nach der Anordnung der Kantschen Anthropologie der nach[5]) dem Compendium vorziehen. Hier ist jedenfalls ein Punkt, den sowohl die Kritik als die Benutzer stark erwägen und discutieren werden. Darin verstehe ich Sie doch richtig, daß Sie eine Anordnung der Logik und der Anthropologie nicht durchführbar finden, weil die chronologischen Anhaltspunkte die Möglichkeit nicht darbieten. Sonst würde ich immer noch, obwohl ja in diesem Sinne bei den Verhandlungen die Sache schon erörtert ist, eine Gleichmäßigkeit der Anordnung auf allen Gebieten und zwar in Bevorzugung des chronologischen[6]) Einteilungsgrundes wünschenswerter finden. Bei der Anthropologie mindestens besteht doch ein sehr starkes Interesse, den Gang seiner Arbeit und die Gruppe seiner Untersuchung beisammen zu haben, gerade besonders auch die Art, wie eine solche Untersuchung aus anderen entspringt. Könnte dies geleistet werden, so wäre das von außerordentlichem Werte.

Endlich verstehe ich nicht ganz, wie Sie es, da wo Sie die Phasenfolge zu Grunde legen[7]), mit dem Abdruck des Baumgartenschen Compendiums halten wollen, da ja dann die in diesem enthaltene sachliche Anordnung nur zweiter Einteilungsgrund ist.

Der Abdruck der Seiten 37—108 von Eberhard ist natürlich überflüssig.

Mit ausgezeichneter Hochachtung
der Ihrige
Wilhelm Dilthey

[4]) „also“ Text versehentlich: „als“.
[5]) „der nach“ Text: „die nach“. Vgl. hierzu XIV, S. LI unten.
[6]) „des chronologischen“ Text versehentlich: „der chronologischen“.
[7]) Siehe hierzu ebenfalls XIV S. LI.

Brief von Dilthey an Erich Adickes

Berlin 31. XII. 1904.

Sehr geehrter Herr College!

Gern würde ich ja, da Sie es wünschen, darauf verzichten, auch die Ansicht anderer Kantkenner, insbesondere Erdmanns, der dem Gegenstande so nahesteht, zu hören und in Überlegung zu ziehen: jedoch hängt dies davon ab, daß wenigstens wir uns über die Anordnung verständigen und hierbei ist natürlich ausgeschlossen, daß die Anordnung als die meinige in der Ausgabe aufträte. Können wir beide nicht zu einer gemeinsamen Überzeugung gelangen, so sehe ich keine Möglichkeit, daß einer von uns sich dabei beruhige, diese wichtige Sache gegen seine Überzeugung geschehen zu lassen, als wenn er sieht, daß auch Andere, die die Frage überblicken können, als Sachverständige die Ansicht für richtig halten, der er sich fügen soll. Ohnehin muß ich ja doch auch <nach> dem Geschäftsgang in einer so wichtigen Frage der Commission von den Hauptpunkten der Anordnung schriftlich oder mündlich Bericht erstatten. In Bezug auf diese Verständigung bitte ich davon auszugehen, was ja auch mein letzter Brief deutlich aussprach, daß ich gänzlich unvoreingenommen an die Sache herantrete und, da Sie ja letztlich die Verantwortung zu tragen haben, nur soweit beteiligt bin, daß ich Klarheit über die Gründe haben muß, und da jede Einteilung nur relativ genügen kann, nicht geradezu etwas, das mir unmöglich dünkt, acceptieren kann, daß ich es in unserer Besprechung acceptiert hätte, darüber ist weder in meiner Erinnerung noch in der Aufzeichnung, die Dr. Menzer gemacht hat und die bei den Akten liegt, etwas enthalten. In diesen letzteren findet sich nur, daß über unsere beiderseitigen Ansichten eine Aussprache stattgefunden hat. Nimmt man die Anthropologie in dem Umfang, in welchem Kant sie in seiner Vorlesung behandelt hat, dann muß man sie auch nach dem Zusammenhang des didaktischen Planes, der Menschen- und Weltkenntnis vorausschickt, in ihrer Stellung bestimmen. Will man dies nicht, will man vielmehr die Anthropologie hinter Logik und Transzendentalphilosophie stellen, dann muß sie an diesem systematischen Orte auch auf den Umfang eingeschränkt werden, welcher ihr derselben entsprechend als zweiter Teil der Metaphysik der Natur zukommt. Ich bin nun ganz selbstverständlich mit Ihnen der Ansicht, daß gerade das Wesentliche ist, daß gerade das Zusammengedachte nicht auseinandergerissen werde. Und wie dem Nachlaß, der die Vorbereitung der Werke und ihre Verbesserung enthält, naturgemäß gegenübersteht der Inbegriff derjenigen Aufzeichnungen, die in näherer oder entfernterer Verbindung mit seinen Vorlesungen in ihm entstanden sind, scheint mir auf diese Weise eine völlig einleuchtende Anordnung des Ganzen zu entstehen, gerade so wird dann auch plausibel, daß die Aufzeichnungen über Logik sich auch auf ästhetische Objecte erstrecken und auch hier kein äußerliches Richtmaß nach einer strengen Systematik vom Herausgeber angelegt wird.

Ich gehe nun auf die Bedenken ein, welche Sie einer solchen Anordnung gegenüberstellen.

Erstens ich kann die Einteilung, in welcher Kant sein System entwickelt von Logik und Transzendentalphilosophie aufwärts in den Hauptzügen nicht künstlich finden. Die Anordnung Logik-Transzendentalphilosophie als die Methode, das Apriori zum Bewußtsein zu bringen und dann Metaphysik der Natur und der Sitten als die Darlegung dieses Apriori ist in sich notwendig und natürlich und so fürchte ich auch nicht, daß irgend ein mit Kant einigermaßen Vertrauter — und an diese ist ja vornehmlich in diesem schwierigen Studium des Nachlasses zu denken — an den Nachlaß heranträte ohne die Kenntnis dieser Anordnung. Wenn ein solcher im Nachlaß etwas aufsucht, wird er immer in diesem Zusammenhang der Teile der Philosophie Kants sich orientieren wollen. In der Einleitung wird zudem die Anordnung angegeben. Wollen wir eben Kant geben und nur ihn, dann können wir unmöglich dies in einer Einteilung thun, die nicht Kantisch ist.

Brief von Wilhelm Dilthey an Erich Adickes

Berlin, den 10. I. 1905.

Sehr verehrter Herr College

Ihr Vorschlag, womöglich die beiden Abteilungen[8]) gleichmäßig zu gestalten und zwar „nach Anhörung beider", was ich so fasse, daß wir uns darüber verständigen müssen unter Mitwirkung Heinzes wird von mir gern acceptiert. Denn auch der in Ihrem letzten Brief entwickelte Gesichtspunkt, „den Stoff genetisch zu

[8]) Abteilungen: Handschriftlicher Nachlaß und Vorlesungen; als Leiter der Abteilung Vorlesungen war Heinze bestimmt.

betrachten", scheint mir nicht auf die Stellung zu führen, welche Sie der Anthropologie gegeben haben. Genetisch betrachtet bildet, wie Sie ausführen, Naturwissenschaft im weiteren Sinn die Grundlage. Und wenn Sie nun diese voranschicken wollen, wie Sie erklären, dann können Sie die Anthropologie nicht ausschließen. Denn wie diese aus der kosmischen Betrachtung Kants entstanden ist, welche in den Relationen des Kosmos, des in ihm befaßten Sonnensystems, der so bestimmten Erde und des hierdurch bestimmten Menschen als eines Naturwesens verläuft, so kann sie auch unmöglich aus diesem Zusammenhang herausgenommen und an eine späte Stelle versetzt werden. Ich bitte in dieser Rücksicht die Andeutungen in der „Naturgeschichte des Himmels" und dann Hartenstein II 447 unten (Racen der Menschen)[9]) vergleichen zu wollen. Hier ist ausdrücklich der Standpunkt als kosmologisch bezeichnet und diese anthropologische Betrachtung unterschieden[10]) von der empirischen Seelenlehre. Die Thatsache, daß Kant sich so äußerte, als sich die Loslösung der Anthropologie als einer gesonderten Vorlesung vollzog, giebt dieser Stelle eine besondere Bedeutung, die ich nicht so, wie Sie es thun, interpretieren kann, daß jene Einteilung als „ein nachträglicher architektonischer Zierrat" hinzu gekommen sei. Dagegen finde ich für Ihre Ansicht, daß aus der empirischen Psychologie sich seit Anfang der 70ger Jahre die Anthropologie entwickelt habe und zwar aus der empirischen Psychologie, wie sie im Grundriß Baumgartens sich darstellte, keinen Beweis. Selbstverständlich dasjenige zugestanden, was eben aus der Benutzung eines solchen Compendiums sich ergab. Endlich scheint mir die Reihenfolge überhaupt einen solchen genetischen Zusammenhang nicht darstellen zu können, dieser müßte dann auch auf die weiteren Teile Anwendung finden. Kant hatte ja selbstverständlich von Anfang an nebeneinander die verschiedenen Disziplinen im Kopfe und eben das Verhältnis des Menschen als eines Naturwesens und des Menschen im späteren transzendentalen Verstande bildete für seine Weltanschauung (nicht natürlich für seine Transzendentalphilosophie) das Problem. So wenigstens möchte ich die Sache ansehen. Ich werde nun also unsere beiderseitigen Auffassungen pure Heinze mitteilen und ihn um Äußerung bitten, wie er sich zu einer solchen einheitlichen Anordnung stelle und welche Einteilung als die gemeinschaftliche er selber als wünschenswert ansehe.

So hoffe ich, daß wir bald uns dem Beginn des Druckes nähern können.

Mit meinen besten Grüßen
der Ihrige
Wilhelm Dilthey.

Brief von Wilhelm Dilthey an Erich Adickes

Berlin d. 24. I. 05.

Sehr geehrter Herr College!

Wie ich Ihnen schon mitteilte, bin ich im Verfolg der Frage einer gleichmäßigen Anordnung beider Abteilungen Ihrer Äußerung, daß Herr Heinze darüber zuzuziehen sein würde, nachgegangen, habe ihm die über die Einteilungsfrage gepflogene Correspondenz vorgelegt und hier liegt nun seine Antwort vor[11]). Ich denke, daß wir uns nun wohl auf dieses Superarbitrium einigen können, ich wenigstens ordne mich gern in bezug auf die Stellung der Religionsphilosophie unter, da in diesem Punkte auf Grund Ihrer Darlegung über den Inhalt der entsprechenden Manuskripte Herr Heinze Ihnen beypflichtet. Und nun, lieber Herr College, wenn Sie sich einverstanden erklären können, so schlage ich vor möglichst rasch an den Druck des ersten Bandes zu gehen. Ich verzichte ungern darauf das fertiggestellte Ganze vor mir zu haben, aber ich sehe ein, daß es schwer ist, ein zu umfangreiches Ganze vor dem Beginn des Druckes von vorn bis hinten fertig zu stellen.

Vielleicht komme ich im Frühjahr auf einige Tage nach Tübingen um mir wenigstens einen flüchtigen Einblick in den Zusammenhang des Ganzen zu verschaffen. Dem Druck stehen gerade jetzt keine Schwierigkeiten entgegen, vielmehr ist Raum für ununterbrochene Edition der ganzen Abteilung.

[9]) II 443.
[10]) „unterschieden" Text: „unterstrichen".
[11]) Nicht erhalten.

Eines ist natürlich nicht möglich: eine Edition darf nicht durchblicken lassen, indem sie[12]) mir die Anordnung zuschreibt, was in diesem Umfange nicht einmal richtig ist, da verschiedene Möglichkeiten desselben bestehen. Sie muß geschlossen auftreten. Sollten Sie sich also nicht entschließen können, daß ohne einen solchen Zusatz diese Anordnung nun so gewählt wird (als unter denen, die auf Kant gegründet, und am meisten dem Material entsprechend,) dann würden wir doch wieder dahin gelangen, daß der Commission die Entscheidung anheimfiele, wobei natürlich andere Sachverständige zugezogen werden müßten, um so zu einem möglichst objectiven Urteil gleichsam von außen zu gelangen.

Aber da weder Sie noch Heinze auf die Anordnung Wert legen und doch sicher auch nach Ihrer Ansicht die so eintretende starke Gründe für sich hat, so wünschte ich sehr, daß mit dem Urteil Heinzes Sie sich zufrieden geben könnten, und zwar vornehmlich, weil die Befragung anderer Kantautoritäten Ihnen nicht genehm ist.

In größter Hochachtung
der Ihrige
Wilhelm Dilthey.

[12]) „indem sie" lies: „daß sie?" „desselben" lies: „derselben?"

Zehn Jahre Institut für deutsche Volkskunde

VON INGEBORG WEBER-KELLERMANN

Die Geschichte unseres Instituts für deutsche Volkskunde hätte bereits im Jahre 1938 beginnen können. Damals hatte das Plenum der Preußischen Akademie der Wissenschaften den Berliner Ordinarius und führenden deutschen Volkskundler ADOLF SPAMER, der sich durch zahlreiche Veröffentlichungen, vor allem durch seine zweibändige „Deutsche Volkskunde"[1]), über die deutschen Grenzen hinaus bekannt gemacht hatte, zum ordentlichen Mitglied erwählt.

Seine Wahl wurde wegen seiner sozialistischen Gesinnung nicht bestätigt. So vergingen fast 10 Jahre, bis die Gründung einer volkskundlichen Akademie-Arbeitsstelle erfolgen konnte.

Im Jahre 1946 bestätigte die sich neu konstituierende Deutsche Akademie der Wissenschaften zu Berlin die 1938 getroffene Wahl des bedeutenden Gelehrten, und SPAMER begann trotz seiner schwachen Gesundheit sofort seine Tätigkeit. Von mir als seiner Berliner Schülerin und seit dem 1. 9. 1947 an der Akademie tätigen Mitarbeiterin wurden schon im Sommer 1946 die im Kriege in die Nähe von Greifswald verlagerten Buchbestände des alten Berliner Universitäts-Volkskundeseminars unter erheblichen Bemühungen nach Berlin zurückgeführt, so daß von Anfang an ein Bestand von ca. 2000 Fachbüchern, wenn auch zum Teil in argem Zustand, vorhanden war. Dann erfolgte 1947 die Begründung einer Kommission für Volkskunde mit einer wissenschaftlichen Hilfskraft, die die Belange der Berliner Arbeitsstelle in Anbetracht des Dresdner Wohnsitzes ADOLF SPAMERs zu ordnen hatte. Auf dieser Grundlage nun entwickelte SPAMER eine umfassende Planung für die Arbeit eines zu errichtenden volkskundlichen Instituts. Ähnliche Zielsetzungen waren immer wieder schon zur Zeit seiner Tätigkeit im Verband der deutschen Vereine für Volkskunde in freundschaftlichem Zusammenwirken mit dem Senior der Volksliedforschung in Freiburg/Breisgau, Prof. Dr. JOHN MEIER[2]), besprochen worden und schienen später während SPAMERs Arbeit am Atlas der deutschen Volkskunde ihrer Verwirklichung zuzustreben.[3])

Doch haben äußere Umstände und politische Einbrüche in unsere Wissenschaft diese Ziele nie zur Reife kommen lassen. So entbehrt es nicht der Tragik, rückschauend nach seinem

[1]) Ein Gesamtverzeichnis der Spamerschen Publikationen befindet sich in der Spamer-Festschrift „Beiträge zur sprachlichen Volksüberlieferung" = Bd. 2 der Veröffentlichungen des Instituts für deutsche Volkskunde, S. 292—296. Akademie-Verlag, Berlin 1953.

[2]) „Schöpfung eines Instituts für deutsche Volkskunde" („streng vertraulich", Privatdruck etwa 1916).

[3]) „Aufgaben und Arbeiten der ‚Abteilung Volkskunde' in der ‚Reichsgemeinschaft der deutschen Volksforschung'." In: Niederdeutsche Zs. f. Vkde., 14, 1936, 145—154.

zu frühen Tode zu sehen, mit welch freudigem Eifer sich Spamer unmittelbar nach seiner Ernennung von neuem an den Bau seines alten Traumgebäudes begab und der Akademie ein Schriftstück einreichte, in dem er seine Pläne ausführlich begründete und entfaltete. Während er unmittelbar nach seiner Wiederwahl in einem ersten Schreiben der Akademie die Traditionen volkskundlicher Arbeit in Deutschland mit ihren einzelnen Arbeitszentren geschildert und, seiner engen Verbundenheit mit all diesen Einzelunternehmungen entsprechend, eine Weiterentwicklung auf den früher gesetzten Grundsteinen vorgeschlagen hatte, setzte er nun in einem neuen Schreiben vom 23. Januar 1948 sehr konkret Arbeitsziel — Arbeitsplan — Arbeitsgrundlagen eines Instituts für Volkskunde auseinander. Hier heißt es:

„Die von der Deutschen Akademie der Wissenschaften zu Berlin ins Leben gerufene Kommission für Volkskunde erachtete zur Durchführung ihrer Pläne die Errichtung eines Instituts für Volkskunde als zentrale Stelle und Arbeitsträger der volkskundlichen Forschungsaufgaben für notwendig. Nachdem die philosophisch-historische Sektion der Deutschen Akademie der Wissenschaften sich diesen Kommissionsbeschluß sowie einen ihr vorgelegten vorläufigen Arbeitsplan zu eigen gemacht hatte, stimmte das Akademieplenum im Juni 1947 der Begründung eines solchen Instituts für Volkskunde zu. Ausschlaggebend für den Wunsch nach einer baldmöglichsten Institutsgründung waren gleichermaßen allgemeine Erwägungen wissenschaftlicher Art wie auch die Überzeugung, daß nur im Rahmen eines Akademieinstitutes dem gänzlichen Zerfall der deutschen volkskundlichen Forschung in unfruchtbare oder bestenfalls zusammenhanglose Einzelaktionen gesteuert, ihr einstiges Ansehen bei den anderen Völkern wiedergewonnen werden könne. Vor allem aber die Erkenntnis, daß gerade in der gegenwärtigen Situation einer tiefgehenden sozialen Umschichtung und Neugestaltung der Lebensformen der Lösung erkenntnistheoretischer Probleme im Rahmen der volksmäßigen Wesensäußerungen eine weit unmittelbarere Bedeutung für die Staatsleitung zukomme als je zuvor. Aus diesen Gründen erschien es zwingend, ungeachtet aller äußeren, gegenwärtig noch bestehenden Arbeitserschwernisse ein Forschungsprogramm aufzustellen, das im Hinblick auf letzte Arbeitsziele zunächst Einzelaufgaben in Angriff nimmt, deren Durchführung z. Z. unmittelbar möglich erscheint."

Diese Forderung des verehrten Begründers unseres Instituts steht unablässig über unserer Arbeit, deren schwungvolles Streben auf das von ihm gesteckte Ziel hin er nicht mehr erleben durfte. — Im Verlauf seines genannten Schreibens gibt Spamer nun weiterhin eine Schilderung der vorhandenen Arbeitsgrundlagen, aus der sehr klar die Verzettelung des einst mehr oder weniger in Berlin konzentrierten Materials und die Benachteiligung Ostdeutschlands auf diesem Gebiete hervorgeht: Während das von John Meier gegründete deutsche Volksliedarchiv, das als größte europäische Volksliedsammlung heute weit über 250000 Nummern zählt, traditionsgemäß seinen Sitz in Freiburg/Breisgau hatte, waren die Originale der Fragebogenmaterialien aus dem 1927 begründeten „Atlas der deutschen Volkskunde" im Verlaufe des Krieges nach Frankfurt/Main gewandert. Auch die übrigen volkskundlichen Archive, die im Rahmen des großen Planes eines umfassenden „Reichsinstituts für Volkskunde" in den zwanziger Jahren begründet worden waren und unter dem Druck der politischen Verhältnisse 1938 von der SS („Ahnenerbe") annektiert wurden, zerflatterten nach dem Krieg in alle Winde: Mit dem Atlas gingen auch die in Hessen evakuiert gewesenen „volkskundlichen Bestandsaufnahmen der deutschen Archive" (etwa 2000 Nummern) „und der deutschen Museen" (5000 Lichtbilder) sowie die Sammlungen und Manuskripte des „Corpus der deutschen Hausinschriften" nach Frankfurt/Main, letzteres dann nach Kassel. Das in Berlin befindliche „Zentralarchiv der deutschen Volkserzählung" (dem noch vor dessen Überführung in das „Ahnenerbe" das Mitglied der Berliner Akademie der Wissenschaften

JOHANNES BOLTE den wertvollsten Bestandteil seiner Bücherei übergeben hatte, ohne sein weiteres Schicksal ahnen zu können) kam auf Umwegen nach seiner Evakuierung wieder in die kundigen Hände des seinerzeitigen Abteilungsleiters im Volkserzählungsinstitut, GOTTFRIED HENSSEN, der es nach Marburg/Lahn überführte und der dortigen Universität eingliederte (Stand 1938: etwa 20000 Nummern).

Das war aus der Berliner Sicht der entmutigende Stand der Dinge, den SPAMER bei Gründung seiner Akademie-Kommission vorfand. Es galt, aus dem absoluten Nichts und nur im Vertrauen auf die Möglichkeiten und die Unterstützung der Akademie, die guten Beziehungen zu den westdeutschen Fachkollegen und auf die eigene Leistungsfähigkeit wieder ganz von neuem aufzubauen. Wie sich SPAMER diesen Wiederaufbau dachte, geht aus den Punkten 2 und 3 seines Entwurfs vom 23. Januar 1948 deutlich hervor:

2. Das Arbeitsziel:

Bleiben so auf weitere Sicht gesehen die praktischen Arbeitsgänge eines Akademieinstitutes für Volkskunde teilweise bedingt von der Möglichkeit oder Unmöglichkeit einer Rückführung der in die anderen Zonen überführten, einst aus Berlin im Rahmen der Notgemeinschaftsarbeit verlagerten Materialien, so berühren diese (zunächst für einen wissenschaftlichen Aufbau sicher wenig förderlichen) Verhältnisse nicht das Arbeitsziel des Akademieinstitutes. Dieses Ziel bleibt, rein vom Arbeits- und Forschungsstoff her gesehen, ein doppeltes. Einmal gilt es, in der Bearbeitung von Einzelthemen, die sich der Problemlösung durch einzelpersönliche Forschungsarbeiten entziehen, die entwicklungsgeschichtlichen Linien und Strebungen in ihren festen Elementen und den wandelnden Zeitbildern herauszuarbeiten. Hier wird es sich also im wesentlichen um historische Arbeitsprozesse handeln, deren Bewältigung philologisch-historische Hilfsarbeiten in weiterem Ausmaß erfordert und die doch lediglich zu dem Zweck ausgerichtet sind, das gegenwärtige Volksleben als Produkt einer längeren geschichtlich-soziologischen Entwicklung zu erkennen. Daneben steht die zweite Aufgabe: die Erfassung des geistig-seelischen Strukturwandels der Volksgemeinschaft in ihren Einheiten und sozialen Gliederungen, in ihren verschiedenen Altersschichten und der Geschlechterzweiheit. Gegenüber der einmaligen Erhebung des Atlas der deutschen Volkskunde, die notgedrungen wesentlich im rein Stofflichen steckenbleiben mußte, ermöglicht die permanente Beobachtung der geistig-seelischen Lebensprozesse an ihren Ausdrucksformen in Erzählgut und Gesang, den Sitten und Bräuchen, Vergnügungen und Spielen, Glaubensvorstellungen und bildnerischem Werk Einblicke in die tatsächlichen Abläufe des inneren Volkslebens und den Prozeß der gestaltenden Faktoren, wobei dem Intensitätsfaktor der einzelnen Erscheinungsformen ebenso eine besondere Bedeutung zuerkannt, den bisher oft allzusehr vernachlässigten Gebieten der Großstadt und der Fabrikarbeitergemeinschaften erhöhte Aufmerksamkeit zugewandt werden muß.

3. Der Arbeitsplan:

Eine solche Beobachtung des Volkslebens, die aus einer permanenten Statistik der geistig-seelischen Lebensformen allgemeinere kulturbiologische Erkenntnisse gewinnen will, setzt die Einrichtung eines wissenschaftlich organisierten Apparates und dessen Ausprobung zunächst in engeren Landschaftsräumen voraus, die die Grenzen ihrer exakten Möglichkeiten erkennen und zugleich die Voraussetzungen für ein alle diese Möglichkeiten bis ins letzte ausschöpfenden Beobachtungsnetzes schaffen. Es dürften aber die vorbereitenden Arbeiten zur Aufstellung und Ingangsetzung einer solchen (in der Regel „ehrenamtlich" arbeitenden) Organisation ein Jahr dauern. Demgegenüber sind gewisse historische Arbeiten unverzüglich durchführbar. Die Akademiekomission für Volkskunde hat daher beschlossen, zunächst für zwei Arbeitsgebiete die personellen und sachlichen Voraussetzungen zu schaffen:

a) *Neuaufnahmen der volkskundlichen Exzerpierung der archivalischen Bestände Deutschlands.* Diese umfangreiche und darum nicht kurzfristig zu erledigende Arbeit erscheint unumgänglich zur Klärung des volkstümlichen Glaubens- und Brauchlebens in seiner zeit- und gesellschaftsbedingten Entwicklung und damit zugleich zur Deutung des heutigen Lebensbildes. Da diese Archivalien (besonders in den Ortsarchiven) erst seit dem 16. Jh. reichere volkskundliche Beiträge liefern, für das Mittelalter aber die Handschriftenbeschreibungen der „Deutschen Kommission" der Akademie uns diesen (in jener Frühzeit freilich weit spärlicheren) Stoff buchen, so erscheint das örtliche Nebeneinander der beiden Akademieunternehmen in Berlin äußerst zweckmäßig in der Benutzung für die verschiedensten Sonderuntersuchungen der deutschen und internationalen Forschung. Nachdem die augenblicklichen, teilweise noch von dem Zusammenbruch her wenig geklärten Archivverhältnisse die Arbeitspraxis der Aushebeverfahren auch neu erproben müssen, genügt fürs erste Arbeitsjahr der Einsatz von 2—3 jungen, im Archivwesen und der Handschriftenlesung bewanderten Wissenschaftlern. Das bisher bearbeitete Material stände uns auch dann in Abschriften zur Verfügung, wenn es die Frankfurter Stelle (die übrigens m. W. kein Interesse an ihm hat) nicht wieder zur Verfügung stellen sollte.

b) *Vorbereitung einer historischen Ausgabe der volkstümlichen Zauberbücher.* Diese „Zauberbücher"-Kompilationen aus magisch-kabbalistischem Gut mit volkstümlichen abergläubischen und heilkundlichen Vorstellungen aller Zeiten und entstellt durch zahllose flüchtige Nachdrucke und Abschriften haben (wie bekannt) das Volksleben vieler Generationen bis in unsere Tage lebhaft bewegt. Doch ist ihre Geschichte nur höchst dürftig geklärt. Je länger ein historisch-genetischer Versuch ihrer kritischen Ausgabe herausgeschoben wird, desto geringer werden die zur Verfügung stehenden Unterlagen, nachdem Drucke von ihnen nur noch in wenigen Bibliotheken befindlich sind und die in breiten Volkskreisen umlaufenden Drucktexte und Handschriften mehr und mehr der Vernichtung anheimfallen. Als Vorbedingung erfordert so die Arbeit eine Erfassung aller dieser Texte in Fotokopie, Mikrofotografie bzw. Abschrift sowie eine kleine Handbücherei, die die noch im Buchhandel bis vor kurzem erhältlichen Zauberbücher sowie die einschlägigen bibliographischen Werke umfaßt. An Personalausgaben kommen zwei Schreib- und Hilfskräfte mit wissenschaftlicher bzw. guter schulischer Ausbildung in Frage, während der Leiter des volkskundlichen Akademieinstitutes in der Lage ist, die eigentliche wissenschaftliche Arbeit an diesem Unternehmen zunächst allein durchzuführen.

Zum Wiederaufbau der nur noch in Resten erhaltenen Bücherei des volkskundlichen Instituts in Berlin und ihrem Ausbau ist seit Sommer vorigen Jahres eine wissenschaftliche Hilfskraft tätig.

Als SPAMER am 20. Juni 1953 nach dreijährigem schweren Krankenlager starb, hatte er nur einen Teil seiner so mutig und begeistert begonnenen und bis zum letzten Atemzug ihn beschäftigenden Unternehmungen in Gang setzen können. Am 1. Dezember 1951 übernahm auf ADOLF SPAMERs Bitte WOLFGANG STEINITZ die Berliner Vertretung des in Dresden schwer erkrankten Gelehrten und nach seinem Tode die Gesamtleitung des Instituts. Der Arbeitsstelle, die am 22. August 1953 zu einem „Institut für deutsche Volkskunde" umgewandelt wurde, wuchs damit ein Direktor zu, durch dessen Tatkraft, Kenntnisreichtum und planvolle Phantasie sich neben zahlreichen neuen Unternehmungen die zaghaften bisherigen Ansätze voll entwickelten.

Am 1. Januar 1954 wurde diesem Institut die „Forschungsstelle Dresden" unter der Leitung von FRIEDRICH SIEBER angegliedert, am 4. Mai 1954 kam die Wossidlo-Forschungsstelle in Rostock unter der Leitung von PAUL BECKMANN als weitere Zweigstelle hinzu. Die Dresdener Abteilung des Instituts für Volkskunde läßt sich in ihren ersten Arbeits- und Forschungsansätzen auf den Lehrauftrag für deutsche Philologie und Volkskunde an der kulturwissenschaftlichen Abteilung der Technischen Hochschule zurückführen, den von 1919 bis 1924 KARL REUSCHEL innehatte. Ihm war die Durchführung umfangreicher Sammlungen des Vereins für Volkskunde zu danken, deren reiche Ergebnisse nunmehr in der Hochschule ihren archivalischen Platz fanden. Als die akademische Lehrerbildung dringlich die Weiterentwicklung der volkskundlichen Arbeitsansätze forderte, trat an die Stelle des früh verstorbenen REUSCHEL im Jahre 1926 ADOLF SPAMER. Mit seinem planmäßigen Lehrauftrag war die Einrichtung eines selbständigen Seminars für Volkskunde verbunden, das er zu einer Wirkstätte der allseitigen volkskundlichen Erfassung des sächsischen Landes durch Einzelarbeiten ausgestaltete. Bald darauf erwuchs aus ihr eine feste Organisation von ständigen Mitarbeitern in allen Schulorten des Landes, deren umfangreiche Einsendungen ein gesondertes Landesarchiv für Volksforschung erforderlich machten und die Dresdener Stelle zu einer der bestausgebauten volkskundlichen Einrichtungen an deutschen Hochschulen werden ließen. Am 13. Februar 1945 fielen die reichen Bestände in den Kellern der Technischen Hochschule der völligen Vernichtung anheim.

Bereits am Ausgange des gleichen Jahres erhielt jedoch der von Berlin nach Dresden heimgekehrte ADOLF SPAMER den Auftrag zum Wiederaufbau eines Instituts für Volkskunde, das, in den Räumen des ehemaligen Landtagsgebäudes an der Augustusstraße beheimatet, bis 1950 mit der Technischen Hochschule verbunden war und im Dienste der Ausbildung von Germanisten stand. Neben der Wiederbeschaffung verlorener Materialbestände galten die Bemühungen der ersten Jahre der Hausforschung in sächsischen Gebirgslandschaften und — über rein volkskundliche Arbeitsweisen zum Teil hinausgehend — einer Aufnahme aller volks- und heimatkundlichen Werte in Sachsen.

Nach Verlegung der germanistischen Ausbildung an die Universität Leipzig wurde das Institut 1951 der Sächsischen Akademie der Wissenschaften angeschlossen. 1952 erfolgte im Rahmen der Kunstverwaltung ein Ausbau mit Betonung von Aufgaben der Volkskunstforschung. Die Leitung übernahm nach der Emeritierung SPAMERs FRIEDRICH SIEBER.

Am 1. Januar 1954 erfolgte der endgültige Anschluß an das Institut für deutsche Volkskunde zu Berlin, mit dem bereits seit Jahren eine enge Zusammenarbeit bestanden hatte.

Wenn wir heute nach fast 10jährigem Bestehen unseren Stand mit den Anfängen von 1946/47 vergleichen, so ergibt sich ein Niveauunterschied von beträchtlicher Höhe auf den verschiedensten Gebieten volkskundlicher Forschung, die wir nun im einzelnen abschreiten wollen.

Auf dem Gebiet des *Volksglaubens* hatte SPAMER das geplante „Corpus der Segen und Beschwörungsformeln" bis zu seinem Tode in großem Arbeitstempo auf einen Stand von 22000 Nummern gefördert. In Dresden exzerpierte seine Mitarbeiterin LILI STRUVE, geb. v. HAEBLER, nach seiner Anweisung die einschlägige Literatur sowie die reichen Kleindrucke und Handschriften seiner Privatbibliothek; in Berlin wurden von seiner Mitarbeiterin die dortigen Bibliotheksbestände durchgearbeitet und aus den ca. 18000 Handschriftenbeschreibungen der Deutschen Kommission die einschlägigen Materialien exzerpiert.

Dieses imponierende, nach Motiven geordnete Segen-Archiv wanderte nach SPAMERs Tod mit dem von der Akademie erworbenen gesamten wissenschaftlichen Nachlaß des Institutsbegründers[4]) nach Berlin und wurde der am 1. Juli 1954 eingestellten SPAMER-Schülerin JOHANNA NICKEL zur Betreuung übergeben. Das Segen-Archiv nun sollte ja nach SPAMERs Plan zur Vorbereitung einer kritischen Ausgabe der volkstümlichen deutschen Zauberbücher dienen. Er selbst hatte die kritisch kommentierte Ausgabe des „Romanusbüchleins" begonnen und weit vorangefördert. JOHANNA NICKEL konnte dieses Fragment nun abschließen und wird es zum Druck als nachgelassene Schrift ADOLF SPAMERs vorlegen. Eine Fortführung solcher Untersuchungen für weitere Zauberbücher erscheint nicht, dagegen soll das „Corpus" durch Anfertigung verschiedener, teilweise auch zu publizierender Kataloge schon in den nächsten Jahren allgemein nutzbar gemacht und einige, für die vergleichend-historische Forschung besonders wichtige Zaubersprüche monographisch dargestellt werden. Eine weitere Arbeit zum Gebiet des Volksglaubens hatte SPAMER im Jubiläumsjahr der Akademie unter dem Titel „Ein Handwörterbuch des deutschen Aberglaubens und sein Verfasser" in den Miscellanea[5]) publiziert, eine aufschlußreiche Untersuchung über die

[4]) Siehe INGEBORG WEBER-KELLERMANN, Der wissenschaftliche Nachlaß ADOLF SPAMERs. In: Dt. Jb. f. Vkde. II (1956), S. 237—245, Akademie-Verlag, Berlin.

[5]) Zur Aberglaubenbekämpfung des Barock. Ein Handwörterbuch deutschen Aberglaubens von 1721 und sein Verfasser. In: Miscellanea Academica Berolinensia. Abhandlungen zur Feier des 250jährigen Bestehens der Dt. Akad. d. Wiss. zu Berlin. Berlin 1950, Bd. II 1, S. 133—159.

Aberglaubensbekämpfung des Barock, dargestellt an der Lebensgeschichte des GEORG CHRISTOPH ZIMMERMANN.

Eng benachbart dem Volksglauben steht das Gebiet des *Volksbrauches*, auf dem sich nach SPAMERs Tode, aufbauend auf seinen zentralen Untersuchungen zu diesem Thema, neue Institutsarbeiten entwickelten. Durch unsere beratende Tätigkeit für die Praxis der Volkskunstgruppen und im Verlaufe unserer intensiven Zusammenarbeit mit dem Zentralhaus für Volkskunst in Leipzig wurden wir immer wieder vor die Notwendigkeit gestellt, leicht greifbare Literatur als Grundlage für die Ausgestaltung von Fest und Feier und zur Geschichte bestimmter Brauchtumserscheinungen zu nennen. Weiterhin war es die wachsende Bedeutung, die die Volks- und Heimatkunde in den letzten Jahren auch für den Schulunterricht gewann, die uns veranlaßte, ein Brauchtumsarchiv aufzubauen sowie einen großen Sammelband der Spamerschen Stoffsammlungen und gedruckten und ungedruckten Untersuchungen zu Sitte und Brauch zum Druck vorzubereiten.[6])

Aber auch dem Gebiet der Großstadtvolkskunde konnten fruchtbare Untersuchungen zum Kinderbrauchtum im Spiel der schulpflichtigen Jugend bereits dem Abschluß entgegengeführt werden. REINHARD PEESCH, ebenfalls ein SPAMER-Schüler, der am 15. Juni 1954 seinen Arbeitsplatz am Brandenburg-Berlinischen Wörterbuch mit unserem Institut vertauschte, hat durch Umfragen bei insgesamt ca. 5000 Schülern an Ost- und Westberliner Schulen und durch kartographische Darstellung seiner Ergebnisse methodisch neue Wege für die Großstadtvolkskunde beschritten.[7]) REINHARD PEESCH hatte bereits von der Wortkunde her versucht, eine bestimmte Gruppe der Berliner Großstadtbevölkerung durch den für sie charakteristischen Wortschatz zu typisieren und 1945 eine Arbeit über den „Wortschatz der Fischer im Kietz von Berlin-Köpenick" vorgelegt.[8])

Die größte und bedeutsamste Ausweitung jedoch fand die Institutsarbeit auf dem Gebiet des *Volksliedes*. Hier hat der Institutsleiter, WOLFGANG STEINITZ, sofort nach seiner Berufung 1952 weitreichende Pläne entwickelt und Wege gewiesen, die vor allem auf das Arbeitsziel ausgerichtet waren, die bisher unbeachteten und unterdrückten demokratisch-oppositionellen Äußerungen des Volkes, der Bauern, Arbeiter und Soldaten, zum Ertönen zu bringen. Als Frucht solcher Bemühungen reifte sehr schnell sein umfänglicher 1. Band der „Deutschen Volkslieder demokratischen Charakters"[9]) heran, dem in absehbarer Zeit ein 2. Band folgen soll.[10]) Als Mitarbeiter für die Volksliedsparte konnte am 1. Februar 1952 HARRY SCHEWE[11]) gewonnen werden, der lange Jahre an der Seite JOHN MEIERs in Freiburg/Br. gewirkt hatte.

[6]) ADOLF SPAMER, Volksbrauch im Jahreslauf und Lebenskreis. Hrsg. von INGEBORG WEBER-KELLERMANN und WILHELM HANSEN. (Veröff. des Inst. f. dt. Vkde. In Vorbereitung.)

[7]) REINHARD PEESCH, Das Berliner Kinderspiel der Gegenwart = Bd. 13 der Veröffentlichungen des Instituts f. dt. Vkde. Akademie-Verlag, Berlin 1957.

[8]) Bd. 3 d. Veröff. d. Inst. f. dt. Spr. u. Literatur d. DAdW., Akad.-Verl., Berlin 1955.

[9]) WOLFGANG STEINITZ, Deutsche Volkslieder demokratischen Charakters aus sechs Jahrhunderten. Bd. I = Bd. 4, 1 der Veröffentlichungen des Instituts f. dt. Vkde. Akademie-Verlag, Berlin 1954.

[10]) Bd. II wird Lieder aus dem politischen Freiheitskampf von 1789 bis 1945, u. a. Freiheits- und Kampflieder der 48er Revolution, Lieder aus den revolutionären Kämpfen 1918—1923 und aus den Konzentrationslagern enthalten.

[11]) Verzeichn. d. wissenschaftl. Publikationen von HARRY SCHEWE s. Dt. Jb. f. Vkde. II (1956), S. 231 f., Akademie-Verlag, Berlin.

Seit dem 15. April 1952 wurde auch die musikalische Seite der Volksliedarbeit durch ERICH STOCKMANN und seit dem 1. Oktober 1953 durch DORIS STOCKMANN, geb. MEHNERT, besetzt. Die Initiative des Institutsleiters auf dem Gebiet der Volksliedarbeit zeitigte um so reichere Früchte, als er in einer Berliner Arbeitstagung am 3. und 4. Mai 1952 sich der Mitarbeit der altbewährten Fachkräfte auf diesem Gebiet versichert hatte. Die Leiter der von JOHN MEIER seinerzeit ins Leben gerufenen Volkslied-Landesstellen: ALFRED WIRTH-Dessau, ARNO SCHMIDT-Greifswald und HANS ERDMANN-Schwerin sagten freudig ihre Mitarbeit zu und stellten dem neu gegründeten Berliner Volksliedarchiv ihre Materialien für seine Themen zur Verfügung. Dieses Berliner Volksliedarchiv, das sich örtlich und thematisch begrenzte Arbeitsaufgaben stellt, erstrebt keine Wiederholung des Freiburger Volkslied-Archivs, sondern steht mit diesem im Gegenteil in freundschaftlichem materiellen und wissenschaftlichen Austausch.

Als Einzelunternehmungen auf dem Gebiet des Volksliedes ist weiterhin die von HARRY SCHEWE vorbereitete, kritisch kommentierte Neuausgabe von „Des Knaben Wunderhorn" zu nennen, über deren editorische Grundsätze er im Dt. Jb. f. Vkde., Bd. 2, ausführlicher berichtet.[12]) Ihr tritt ein weiteres Unternehmen zur Seite: Da im Kranze der Volkslied-Landesstellen gerade diejenige der Mark durch Kriegsverluste ausfällt, wird das Vorhandensein einer 782 Nummern umfassenden altmärkischen Volksliedersammlung aus der Mitte des vorigen Jahrhunderts, die wir dem demokratischen Schriftsteller und Politiker LUDOLF PARISIUS zu verdanken haben, in besonderem Maße begrüßt. Diese bisher unveröffentlichte, große Volksliedausgabe konnte nun von mir vorgelegt werden[13]) und stellt eine nach den Liederrepertoires der Gewährsleute aufgebaute Ausgabe mit ausführlichen Kommentaren dar, wobei die über 200 aufgezeichneten Melodien von ERICH STOCKMANN bearbeitet wurden. Als Vergleich zu dieser umfänglichen Sammlung nahm DORIS STOCKMANN im Sommer 1955 während mehrerer Studienfahrten in die Altmark ca. 500 Nummern des heute dort lebendigen Volksgesanges auf, deren Zusammenstellung nach volkskundlichen und musikwissenschaftlichen Gesichtspunkten ihre Dissertation bilden wird.

Zählt man zu diesen Unternehmungen noch den von ERICH STOCKMANN angelegten Katalog der europäischen Musikinstrumente, den er auf verschiedenen Studienreisen nach Ungarn und Albanien durch Tonbandaufnahmen instruktiv zu illustrieren vermochte, zudem den 1953 vorgelegten anastatischen Neudruck des sorbischen Liedgutes[14]) und die weiterweisende Volkstanzuntersuchung von FELIX HOERBURGER[15]), so ergibt sich auf dem Gebiet des Volksliedes eine der Förderung von WOLFGANG STEINITZ zu verdankende erfreuliche und fruchtbare Aktivität, die dem Interesse der Allgemeinheit gerade an diesem Thema Rechnung trägt.

[12]) Vgl. HARRY SCHEWE, Vorauswort zu einer historisch-kritischen und an Hand der Originalquellen kommentierten Wunderhorn-Ausgabe. In: Dt. Jb. f. Vkde. II (1956), S. 51—72, Akademie-Verlag, Berlin.

[13]) INGEBORG WEBER-KELLERMANN, Ludolf Parisius und seine altmärkischen Volkslieder = Bd. 10 der Veröffentlichungen d. Inst. f. dt. Vkde. Akademie-Verlag, Berlin 1956.

[14]) LEOPOLD HAUPT/JOHANN ERNST SCHMALER, Volkslieder der Sorben in der Ober- und Niederlausitz. Anastatischer Neudruck der Ausgabe von 1841 = Bd. 3 d. Veröffentl. d. Inst. f. dt. Vkde. Akademie-Verlag, Berlin 1953.

[15]) FELIX HOERBURGER, Die Zwiefachen. Gestaltung und Umgestaltung der Tanzmelodien im nördlichen Altbayern = Bd. 9 der Veröffentlichungen des Instituts für dt. Vkde. Akademie-Verlag, Berlin 1956.

Auf dem Gebiet der *Volkserzählung* liegen ähnlich weitgespannte Pläne vor, die den sozialen Gehalt von Märchen und Sage erfassen sollen. (Bearbeiterin seit dem 15. Januar 1956 GISELA SCHNEIDEWIND.) Außerdem wuchs dem Institut eine reiche Stoffsammlung mit dem wissenschaftlichen Nachlaß des großen Mecklenburger Volkskundlers und Sammlers RICHARD WOSSIDLO zu — ein Material, das neben einer Reihe von Kästen zu Brauch und Glauben des mecklenburgischen Volkes vor allem dessen Volksdichtung in rund 2 Millionen Zetteln enthält.

Der Nachlaß des 1939 verstorbenen Forschers war zunächst einem Kuratorium unterstellt und wurde von seinem alten Schüler und Mitarbeiter PAUL BECKMANN in Rostock verwaltet. Er rettete das in Rostock lagernde Material über die Kriegswirren hinweg, während die nach Schwerin verlagert gewesenen Bestände erst in den letzten Jahren zurückgeführt werden konnten. Und nun war es PAUL BECKMANN selbst, der, schon seit dem 1. Januar 1953 mit der Akademie durch einen Werkvertrag verbunden, den Anschluß an das Berliner Volkskundeinstitut suchte. Am 4. Mai 1954 wurde die Wossidlo-Forschungsstelle in Rostock feierlich in die Verwaltung der Akademie übernommen und dem Berliner Volkskundeinstitut angegliedert, ohne ihren angemessenen Standort in Rostock (Thomas-Mann-Str. 6) zu verlassen. Dabei ergaben sich für die Arbeit der Forschungsstelle hoffnungsvolle neue Möglichkeiten. Nach Anstellung einer wissenschaftlichen Assistentin (INGEBORG MÜLLER seit dem 1. März 1953) und einer technischen Mitarbeiterin (GERTRUD HOFFMEISTER seit dem 1. April 1953) konnte vor allem das gewaltige Zettelmaterial übersichtlich geordnet und eine Katalogisierung begonnen werden. Damit entwickelte sich die Forschungsstelle zu einem voll arbeitsfähigen Apparat, der auf jede Anfrage ergiebige Auskunft zu geben vermag. Neben dieser Auskunftstätigkeit, der praktischen Beratung innerhalb des Landes und der fortlaufenden Befragung zum gegenwärtigen Stand der mecklenburgischen Volksdichtung begann die unmittelbare Auswertung des überreichen und erst zum Teil publizierten Zettelmaterials. GOTTFRIED HENSSEN, Marburg, legte eine Ausgabe der mecklenburgischen Märchen aus dem Wossidlo-Nachlaß vor, die in der Reihe der Berliner Institutsveröffentlichungen erscheint[16]). WILL-ERICH PEUCKERT, Göttingen, verwertete einen Teil des Sagenbestandes für seinen in Arbeit befindlichen Sagen-Motiv-Katalog. INGEBORG MÜLLER, Rostock, untersucht im Rahmen ihrer Dissertation die Zusammenhänge zwischen Zwergensagen und vorgeschichtlichen Grabfunden. Eine Zusammenstellung der mit slawischen Kultstätten, insbesondere mit Rethra in Verbindung stehenden Sagen von PAUL BECKMANN, Rostock, befindet sich noch in Bearbeitung. Ein Katalog der von WOSSIDLO befragten Gewährsleute, aufgefächert nach Alter, Geschlecht, sozialer Herkunft und Lebensumständen, wird von INGEBORG MÜLLER aufgebaut. Dem mecklenburgischen Volkslied, Volkstanz und der Volksmusik widmet sich der seit dem 1. April 1953 der Akademie mit einem Werkvertrag verbundene HANS ERDMANN, Schwerin[17]), dem mecklenburgischen Bauernhaus KARL BAUMGARTEN, Rostock[18]).

Damit verlassen wir die Wossidlo-Forschungsstelle, die als Exponent der mecklenburgischen Volksforschung, obgleich unter dem Oberkapitel der Volksdichtung, hier mit all ihren verschiedenen Teilgebieten komplex behandelt wurde.

Ein neues entscheidendes Arbeitsgebiet des Instituts, die *Volkskunst*, erhielt seine tragende Kraft durch den Eintritt des Kunsthistorikers und Volkskundlers WILHELM FRAENGER[19]) am 1. Januar 1953. Sein Forschungsauftrag, den er sozusagen dem Institut mit in die Ehe brachte, hieß: „Jörg Ratgeb, ein Maler und Märtyrer des Bauernkriegs“.

Neben dieser Untersuchung, die nach einer Studienreise des Verfassers an die Ratgebstätten in West- und Süddeutschland im Sommer 1955 vor dem Abschluß steht und

[16]) GOTTFRIED HENSSEN, Mecklenburger erzählen = Bd. 14 der Veröffentlichungen des Instituts f. dt. Vkde. Akademie-Verlag, Berlin 1957.

[17]) Vgl. HANS ERDMANN, Zur musikalischen Praxis des mecklenburgischen Volkstanzes. In: Dt. Jb. f. Vkde. II (1956), S. 212—225.

[18]) KARL BAUMGARTEN, Probleme der Niedersachsenhausforschung in Mecklenburg. In: Dt. Jb. f. Vkde. I (1955), S. 169—182.

[19]) Eine Zusammenstellung der Publikationen WILHELM FRAENGERs befindet sich im Dt. Jb. f. Vkde. II (1956), S. 232—235.

dann in den „Veröffentlichungen des Instituts" herausgegeben wird, erschienen in kurzer Aufeinanderfolge zwei weitere bedeutungsvolle Schriften: „Dürers Gedächtnissäule für den Bauernkrieg" und „Der Teppich von Michelfeld"[20]. Im Institut wirkt W. FRAENGER seit dem 1. Januar 1954 als stellvertretender Direktor, der die Mitarbeiter mit unerschöpflichen Anregungen zu formen und zu leiten vermag, wie er auch die Dissertation über die Oberlausitzer Töpferei von KARL WEINHOLD, einem Mitarbeiter des Zentralhauses für Volkskunst in Leipzig, fördernd betreut. — Fast abgeschlossen bis auf einige Ergänzungen aus dänischem Bestand liegt ein Sammelband vor, den WILHELM FRAENGER aus den eigenen und den SPAMERschen weitverstreuten Untersuchungen zum volkstümlichen Bilderbogen zusammenstellte.[21] — Ein weiteres Untersuchungsergebnis auf dem Gebiet der Volkskunst fügte der Leiter der Dresdner Forschungsstelle, FRIEDRICH SIEBER, mit dem Thema: „Bunte Möbel der Oberlausitz"[22] den Institutsarbeiten hinzu.

Findet in diesen und weiteren noch laufenden Unternehmungen die bildnerische Volkskunst ihre Untersuchung und Darstellung, so eröffnete sich für das Gebiet von *Arbeit und Wirtschaft* durch die Tätigkeit der Dresdener Forschungsstelle eine neue und hoffnungsvolle Perspektive. Im Rahmenthema einer volkskundlichen Monographie des erzgebirgischen Bergmannes wurde hier im Laufe der letzten 2 Jahre eine umfängliche, reich bebilderte Untersuchung zur Tracht des erzgebirgischen Bergmannes (KARL EWALD FRITZSCH und FRIEDRICH SIEBER: „Bergmännische Trachten des 18. Jahrhunderts im Erzgebirge und im Mansfeldischen, Bd. I"[23]) erarbeitet.

HERBERT CLAUSS schloß eine Untersuchung über: „*Das Erbbereiten, ein alter Freiberger bergmännischer Rechtsbrauch*" ab, die im Rahmen der Veröffentlichungen der Freiberger Bergakademie zum Abdruck kommt.

Die Bearbeitung der Archivalien der erzgebirgischen Bergbaustädte wird laufend fortgeführt; das Dresdener Institut besitzt eine Fachbibliothek von fast 9000 Nummern und reiche Bild- und Kartenarchive zur sächsischen Landes- und Volkskunde, in deren Rahmen eine heimatkundliche Inventarisation Sachsens eingeleitet wurde, von der am 15. Oktober 1955 der Akademie als Probe die Darstellung des Bezirks Königstein vorgelegt wurde.

Für die *volkstümlichen Arbeitsgeräte* begründete der am 1. Juli 1956 nach zweijähriger Tätigkeit wieder ausgeschiedene HEINZ KOTHE eine eigene Abteilung des Instituts, für die er die Bezeichnung „Forschungsstelle für Agrarethnographie" wählte. Mit Hilfe eines Assistenten wurde von hier aus im letzten Jahr eine Umfrage in 401 Museen der DDR nach dem Bestand an landwirtschaftlichen Arbeitsgeräten durchgeführt, welche Bestandsaufnahme WOLFGANG JACOBEIT inzwischen durch ein umfangreiches Bildarchiv erweitern konnte. Unabhängig von diesen Arbeitsunternehmungen, jedoch in der gleichen Richtung, entwickelte

[20]) In: „Beiträge zur sprachlichen Volksüberlieferung" = Bd. 2 der Veröffentlichungen des Instituts f. dt. Vkde., S. 126—140 und Dt. Jb. f. Vkde. I (1955), S. 183—211.

[21]) Der Bilderbogen, historisch dargestellt und volkskundlich betrachtet, von ADOLF SPAMER und WILHELM FRAENGER. (Veröffentlichungen d. Instituts f. dt. Vkde. In Vorbereitung.)

[22]) Bd. 6 der Veröffentlichungen d. Instituts f. dt. Vkde. Akademie-Verlag, Berlin 1955.

[23]) Bd. 12 der Veröffentlichungen des Instituts f. dt. Vkde. Akademie-Verlag, Berlin 1957.

REINHARD PEESCH einen „Fragebogen über Wirtschaftsgeräte des Fischers", den er öffentlich zur Diskussion stellte.[24])

All die genannten Untersuchungen zu einer bisher arg vernachlässigten Kunde der Arbeitsgeräte verfolgen das Ziel, bestimmte wirtschaftlich-kulturelle Typen herauszuarbeiten, bestimmte Gruppentypiken zu erkennen, — ein Ziel, das auch weiterhin, z. B. auf dem Gebiet der Schäferei, verfolgt werden wird, wofür seit dem 1. Januar 1956 WOLFGANG JACOBEIT, der bereits seit längerem auf diesem Gebiet arbeitet, aus Göttingen gewonnen wurde.

Das Material für alle derartigen Untersuchungen wird zum Teil auf dem Wege der Befragung erlangt werden müssen, und es wird also in gewisser Weise für die genannten Forschungsobjekte das Fragebogenwerk des „*Atlas der deutschen Volkskunde*" fortgeführt. Was nun die reichen, bisher noch nicht ausgewerteten Antworten des „Atlas" anbetrifft, so war die DDR, wie eingangs erwähnt, für dieses Gebiet stark benachteiligt: das gesamte Atlasmaterial befand sich in Frankfurt a. M., jetzt in Bonn, wo es unter finanzieller Betreuung seitens der Deutschen Forschungsgemeinschaft von M. ZENDER bearbeitet und ausgewertet wird. Der Initiative von WOLFGANG STEINITZ nun ist es zu verdanken, daß im Verlauf der letzten 2 Jahre die bei den einzelnen Landesstellen (Rostock, Greifswald, Jena, Halle, Dessau) verbliebenen und erhaltenen 14547 Fragebogen-Durchschriften der Serien I—V nach Berlin zusammengezogen werden konnten, wo sie REINHARD PEESCH, der in den Jahren 1929—1934 selbst am Atlas mitgearbeitet hatte, nach Fragenkomplexen ordnete und katalogisierte und sie auf diese Weise in weit größerem Maße als bisher der wissenschaftlichen Benutzung eröffnete. Die auf den Landesstellen in Verlust geratenen Bestandteile, besonders diejenigen für Brandenburg und Sachsen, werden für bestimmte Fragenkomplexe laufend in freundschaftlichem Austausch mit der Bonner (bisher Frankfurter) Atlasstelle: Zentralstelle des Atlas der deutschen Volkskunde (Institut für geschichtliche Landeskunde der Rheinlande an der Universität Bonn, Leitung: Dozent Dr. M. ZENDER), ergänzt, ohne daß vom Berliner Institut aus grundsätzlich die selbständige kartographische Auswertung des ADV-Materials geplant wäre. Doch werden die von REINHARD PEESCH gesichteten Bestände einzelnen Mitarbeitern bei ihren vorerwähnten Arbeitsthemen wertvolle Unterlagen bieten können, während sich die Neubefragung zunächst auf das Gebiet der Wirtschaftsethnographie und der Volksmusikinstrumente beschränkt.

Neben diesem wertvollen Atlasarchiv und dem Corpus der Segen und Beschwörungsformeln bot der vom Institut 1953 käuflich erworbene wissenschaftliche Nachlaß ADOLF SPAMERs den Grundstock zum Aufbau weiterer Sammlungen und *Archive*, deren Ordnung im Gange ist: ein Bild- und Wortarchiv zu Sitte und Brauch, ein Bildarchiv zu Tracht, Volkskunst, Gerät und Hausbau — Materialien, die der Vorlesungstätigkeit einzelner Mitarbeiter und der *beratenden Funktion* des Instituts sehr zugute kommen. Daneben sind die Sammlungen der volkstümlichen Bilderbogen und Kleindrucke zu nennen.

Neben solchen Archiven besteht nun schließlich die umfängliche *Fachbibliothek* des Instituts, die sich zu einer zentralen Volkskundebibliothek der DDR entwickeln konnte. Aus den eingangs erwähnten Anfängen, den etwa 2000 Nummern umfassenden Beständen des

[24]) s. Dt. Jb. f. Vkde. I (1955), S. 302—319.

ehemaligen volkskundlichen Universitätsseminars, erwuchs sie in den seither verflossenen 10 Jahren zu einem Umfang von 10000 Bänden (Einzelwerken und Zeitschriften) und rund 1600 Sonderdrucken. Diese Bücherei, für die ein Autoren-, ein systematischer und ein Standort-Katalog erarbeitet wurden und die seit dem 15. November 1954 eine eigene Betreuung durch den Bibliothekar HANS LAESSIG besitzt, wurde aus Antiquariaten, Nachlässen und Neudrucken zusammengekauft, vor allem aber durch eine außerordentlich intensive Tauschtätigkeit mit fast allen Ländern Europas und der USA auf einen weitmöglich aktuellen Stand gebracht (Bearbeitung: INGEBORG WEBER-KELLERMANN und ERNA DIETZEL).

Der fruchtbare Ausbau dieses Bücheraustausches jedoch wurde erst ermöglicht durch die aktive *Publikationstätigkeit* des Instituts. ADOLF SPAMER begann die „Veröffentlichungen der (damaligen) Kommission für Volkskunde" 1950 mit dem Abdruck einer bedeutungsvollen Arbeit des Freiburger Gelehrten JOHN MEIER: „Ahnengrab und Rechtsstein"; ihr folgte 1953 als Bd. 2 die SPAMER-Festschrift: „Beiträge zur sprachlichen Volksüberlieferung", die ihm wenigstens noch im Umbruch an seinem 70. Geburtstag, kurz vor seinem Tode, überreicht werden konnte. Nach der Übernahme der Institutsleitung förderte WOLFGANG STEINITZ das rasche Wachstum der Reihe:

1953:

Bd. 3 = LEOPOLD HAUPT/JOHANN ERNST SCHMALER: „Volkslieder der Sorben in der Ober- und Niederlausitz. Anastatischer Neudruck der Ausgabe von 1841."

1954:

Bd. 4 = WOLFGANG STEINITZ: „Deutsche Volkslieder demokratischen Charakters aus sechs Jahrhunderten, Bd. I."

Bd. 5 = „Völkerforschung. Vorträge der Tagung für Völkerkunde an der Humboldt-Universität Berlin vom 25. bis 27. April 1952."

Bd. 7 = LEOPOLD SCHMIDT: „Das deutsche Volksschauspiel in zeitgenössischen Zeugnissen."

1955:

Bd. 6 = FRIEDRICH SIEBER: „Bunte Möbel der Oberlausitz",

während Bd. 8 = „Volkskundliche Bibliographie für die Jahre 1937/38"; Bd. 9 = FELIX HOERBURGER: „Die Zwiefachen. Gestaltung und Umgestaltung der Tanzmelodien im nördlichen Altbayern"; Bd. 10 = INGEBORG WEBER-KELLERMANN: „Ludolf Parisius und seine altmärkischen Volkslieder", und die neueröffnete Bildbandreihe von WOLF LÜCKING: „Deutsches Trachtenleben" Bd. 1: Schaumburg-Lippe, Bd. 2: Die Lausitz, Sorbische Trachten, im Laufe des letzten Jahres erschienen.

Wie wir auf diese Weise nach Aussage des Wiener Ordinarius LEOPOLD SCHMIDT[25]) die umfänglichste deutsche Publikationsserie auf dem Gebiet der Volkskunde herausbrachten, so erreichten wir im März 1955 einen Höhepunkt unserer Veröffentlichungstätigkeit mit der Herausgabe des ersten, 448 Seiten umfassenden Bandes einer Zeitschrift, des „Deutschen Jahrbuchs für Volkskunde". Sein Initiator und unermüdlicher Schriftleiter ist WILHELM

[25]) S. Österr. Zs. f. Vkde. N. F., Bd. 9 (1955), H. 3/4.

FRAENGER, der mit einem Redaktionsausschuß von 7 Mitgliedern (WOLFGANG STEINITZ, HARRY SCHEWE, INGEBORG WEBER-KELLERMANN, REINHARD PEESCH, PAUL BECKMANN, PAUL NEDO, FRIEDRICH SIEBER) die Arbeiten leitete und bereits wieder den Doppelband des Jahrganges 1956 zum Druck förderte. Durch die vielfarbige Auffächerung des Inhalts konnte das Jahrbuch schon in seinem ersten Band der selbstgestellten Aufgabe weitgehend genügen, ein Mittler zwischen Ost und West zu sein und beide Teile von den gegenseitigen Leistungen zu unterrichten, besonders aber Thematik und Zielsetzung der eigenen Arbeiten wirkungsvoll herauszustellen. Welch dankbare und zustimmende Resonanz diese Unternehmung schon mit ihrem ersten Bande fand, zeigten die zahlreichen positiven Besprechungen, die der Band überall erfuhr, wie die bereitwillige Mitarbeit von Autoren aus allen Teilen Europas.

Der lang gehegte Plan zur Herausgabe eines volkskundlichen Organs erfuhr seine Verwirklichung im Anschluß an unseren ersten großen *Volkskundekongreß* vom 3.—6. September 1953, zu dem das Institut rund 350 Teilnehmer aus der DDR, Westdeutschland und dem Ausland in Berlin zusammenführte. War auch das Publikum zu groß und zu vielschichtig, als daß der Kongreß neue Forschungsergebnisse hätte erzielen können, so bildete er doch nach dem Kriege die erste entscheidende Zusammenkunft aller Fachkräfte und volkskundlich interessierten Menschen, insbesondere aus der DDR, die damit — vor allem durch den einführenden programmatischen Vortrag von WOLFGANG STEINITZ[26]) — einen richtungweisenden Anstoß für ihre Arbeit an Schulen und Museen, in Betrieben und Volkskunstzirkeln erhielten. Spätere Tagungen beschränkten sich auf Einzelthemen und einen engeren Kreis von Fachgelehrten; so führten wir im Anschluß an die Jahrestagung der Akademie im März 1955 eine Sonderkonferenz mit dem Thema: „Lied, Märchen, Sage und Sprichwort als ‚Stimme des Volkes' (Herder)" durch, deren Vortrag von WOLFGANG STEINITZ über das Konferenzthema sowie eine Reihe der übrigen Vorträge im Band 1956 unseres Jahrbuches zum Abdruck gelangten. Die Forschungsstelle für Agrarethnographie veranstaltete mit großem Erfolg in der Zeit vom 29. September bis 1. Oktober 1955 einen Fachkongreß mit 65 Gelehrten aus: Bulgarien, ČSR, Dänemark, Deutsche Bundesrepublik, Deutsche Demokratische Republik, Finnland, Jugoslawien, UdSSR, Ungarn und USA[27]). Und wie die Fachgelehrtenwelt bei uns zu Gaste war, so nahmen auch wir an den Fachkongressen außerhalb der Grenzen der DDR teil und traten mit teilweise stark beachteten Vorträgen und Berichten hervor. Vertreter unseres Instituts besuchten regelmäßig den „Deutschen Volkskundetag" des Verbandes der Vereine für Volkskunde, dessen Mitglied wir sind und dessen 14köpfigem Vorstande unsere Mitarbeiter WILHELM FRAENGER und HARRY SCHEWE angehören. Dieser deutsche Volkskundekongreß, der, einem $1^1/_2$jährigen Turnus folgend, Ostern 1950 in Jugenheim a. d. Bergstraße, August 1952 in Passau, Ostern 1954 in Celle und August 1955 in Schleswig stattfand, wird laut geheimer Wahl auf der letzten Abgeordnetenversammlung in Schleswig seine nächste Zusammenkunft zu Ostern

[26]) „Die volkskundliche Arbeit in der Deutschen Demokratischen Republik." Zweite durchgesehene Auflage. F. HOFFMEISTER, Leipzig 1955. (Kleine Beiträge zur Volkskunstforschung, Heft 1.)

[27]) Die Vorträge dieses Kongresses erscheinen demnächst in einem Sammelband „Agrarethnographie" = Bd. 15 der Veröffentlichungen des Instituts f. dt. Vkde.

1957 in Dresden abhalten. Aber auch auf außerdeutschen Kongressen war das Institut eingeladen und vertreten, so auf der Pflugforschertagung in Kopenhagen (1.—5. Juni 1954), dem Kongreß für Volksmusik in Oslo (29. Juni bis 5. Juli 1955) und dem Internationalen Volkskundekongreß in Arnhem (20.—24. September 1955)[28].

Bedeutsam für die Geschichte des Instituts ist schließlich noch die Zusammensetzung seines wissenschaftlichen *Beirats* (THEODOR FRINGS, HERMANN GRAPOW, ERNST HOHL, LUDWIG JUSTI, LEOPOLD MAGON, WILHELM UNVERZAGT), ist die Gründung einer „Sektion für Völkerkunde und deutsche Volkskunde" am 6. Dezember 1952, die in etwa halbjährigen Abständen derzeit insgesamt 26 Vertreter der genannten Fachgebiete zu Konferenzen über schwebende Probleme der Forschung, der Lehre und des Museumswesens, über die Anwendung der Forschungsergebnisse auf die Praxis (Volkskunstarbeit, Schulunterricht u. ä.) und über Prinzipienfragen, wie z. B. Völkerkunde und Volkskunde, zusammenruft.

Die Volkskunde mit ihrem weitumspannenden Stoffgebiet und ihrer sich erst entwickelnden Methodik reagierte von jeher gegen äußere Einflüsse von den verschiedensten Seiten her weit empfindlicher und empfänglicher als viele andere Wissenschaften. So hatte sie auch in der Zeit des Nationalsozialismus so tiefreichende Verfälschungen und mißbräuchliche Interpretationen über sich ergehen zu lassen, daß nach dem Zusammenbruch eine allgemeingültige Rehabilitierung zunächst kaum möglich erschien und nur ein wissenschaftlich so integrer und international bewährter Gelehrter wie ADOLF SPAMER den Neuaufbau eines volkskundlichen Wissenschaftsgebäudes im Rahmen eines Akademieforums wagen konnte. Aus dem damaligen tastenden Neubeginn hat sich nun in den vergangenen zehn Jahren ein Zentrum deutscher Volkskundearbeit entwickelt, das durch seine bisherigen Publikationen zur Rechtfertigung der Volkskunde als Wissenschaft maßgebend beigetragen hat.

[28]) Über die besuchten Kongresse wird laufend in unserem Jahrbuch berichtet, wo auch die von unserer Seite gehaltenen Referate zum großen Teil ihren Abdruck finden.

Abbildungsnachweis:

Die Bildvorlagen stellten die Forschungsinstitute zur Verfügung; weitere stammen aus dem Archiv der Deutschen Akademie der Wissenschaften zu Berlin und dem Zentralbild, Berlin.

FSC
www.fsc.org
MIX
Papier | Fördert
gute Waldnutzung
FSC® C083411

Kolibri 360 GmbH
Ferdinand-Jühlke-Straße 7
99095 Erfurt, Deutschland
produktsicherheit@kolibri360.de